Energietechnik mit EXCEL und VBA

Uwe Feuerriegel

Energietechnik mit EXCEL und VBA

Energietechnische Berechnungen und Simulationen effektiv durchführen und professionell dokumentieren

Springer Vieweg

Uwe Feuerriegel ⓘ
Fachbereich Maschinenbau und Mechatronik
FH Aachen
Aachen, Deutschland

ISBN 978-3-658-50893-7   ISBN 978-3-658-50894-4   (eBook)
https://doi.org/10.1007/978-3-658-50894-4

Die Deutsche Nationalbibliothek verzeichnet diese Publikation in der Deutschen Nationalbibliografie; detaillierte bibliografische Daten sind im Internet über https://portal.dnb.de abrufbar.

Planung/Lektorat: Eric Blaschke
Springer Vieweg ist ein Imprint der eingetragenen Gesellschaft Springer Fachmedien Wiesbaden GmbH und ist ein Teil von Springer Nature.
Die Anschrift der Gesellschaft ist: Abraham-Lincoln-Str. 46, 65189 Wiesbaden, Germany

Wenn Sie dieses Produkt entsorgen, geben Sie das Papier bitte zum Recycling.

Vorwort

Energietechnische Berechnungen – wobei in diesem Buch die Einschränkung auf die *thermische Energietechnik* erfolgt – sind für die Auslegung und die Simulation von Prozessen insbesondere im Rahmen der *Transformation der Energiesysteme* erforderlich. Das in den beiden Büchern *Verfahrenstechnik mit EXCEL* [52] und *Wärmeübertragung mit EXCEL und VBA* [53] vorgestellte Konzept zur Anwendung von Excel[1] mit Visual Basic for Applications (VBA) wird auch hier zur Standardisierung der Arbeitsschritte angewendet.

Excel lässt sich für komplexe Berechnungen sowie mathematische Optimierungen erfolgreich einsetzen und ist an praktisch jedem Arbeitsplatz vorhanden. Außerdem bietet Excel die Funktionalitäten von VBA mit den Möglichkeiten der Erstellung benutzerdefinierter Funktionen (UDFs), die in Add-Ins zusammengefasst und zur Standardisierung von Berechnungen z. B. in Projektteams genutzt werden können. Neu – im Vergleich zu den beiden vorgenannten Büchern – ist die Verwendung von TREND[2] [126] zur Berechnung von Stoffwerten.

Inhaltlich deckt dieses Buch die Bandbreite energietechnischer Prozesse von der Verbrennung über die Produktion, Speicherung und Nutzung von Wasserstoff bis zu den Kreisprozessen zum Heizen und Kühlen und zur Bereitstellung elektrischer Energie ab. Es basiert auf meiner Lehrveranstaltung *Energietechnik* im Bachelorstudiengang Maschinenbau an der FH Aachen und auf diversen energietechnischen Projekten im Rahmen von Kooperationen mit Industrieunternehmen. Die für die Arbeit mit diesem Buch erforderlichen Kenntnisse zum ersten und zum zweiten Hauptsatz der Thermodynamik einschließlich der Bewertung von Prozessen auf Basis der Entropieproduktion und der Exergieverluste werden im Kapitel 3 ausführlich behandelt.

Herzlichst gedankt sei Herrn Dr.-Ing. Michael Kleiber für die vielen Hintergrundinformationen zur „Aufzucht und Hege" der im VDI-Wärmeatlas aufgeführten Stoffwertekorrelationen [86–89].

Ein ganz besonderer Dank gilt auch denen, die während ihres Studiums an der FH Aachen, mit ihrer von mir betreuten Abschlussarbeit oder sogar viele Jahre danach an der Entstehung dieses Buches mitgewirkt haben. Dies sind die Herren Tolga Gezer B. Eng., Muhammad Hamiduddin Bin Hamdan M. Sc., Raphael Langer B. Eng., Lukas Merkenich B. Eng. und Dr.-Ing. Stefan Pinnow.

Auch dieses dritte Buch wäre ohne Stefan Pinnow nicht entstanden. Das betrifft die Inhalte und die VBA-Codes, die von ihm kritisch gelesen, verbessert und überarbeitet wurden sowie die Unterstützung bei der strukturierten Anwendung des Add-Ins TREND. Und es betrifft den Satz und das Layout dieses Buches mit LaTeX, das nur Dank seiner aktiven Hilfe, seines Expertenwissens sowie seiner immerwährenden

---

[1] Microsoft® Office Excel®
[2] *TREND: Thermodynamic Reference and Engineering Data 5.0* [126].

geduldigen Unterstützung entstehen konnte. Besonders hervorzuheben sind auch die Arbeiten von Herrn Merkenich zur Verbrennung und den Blockheizkraftwerken, von Herrn Langer zu den exergetischen Bewertungen und zur Gasverflüssigung, von Herrn Hamdan zur Elektrolyse und den Brennstoffzellen sowie von Herrn Gezer zu den Kreisprozessen. Allen danke ich für die engagierten Zuarbeiten, für die sorgfältigen Korrekturen, die vielen Verbesserungsvorschläge und die immer freundschaftliche und sehr angenehme Zusammenarbeit!

Es ist auch die wichtigste Gruppe zu erwähnen, die Studierenden, für die dieses Buch geschrieben wurde und die mitgewirkt haben, indem sie sich – freiwillig oder auch unfreiwillig – mit den Inhalten der Lehrveranstaltungen auseinandersetzten, Excel-Berechnungsmodule unter Anleitung erstellten, Fehler fanden, dieses Konzept testeten und in der Regel für gut befanden.

Herrn Blaschke als Lektor und geduldigem Ansprechpartner bei Springer Vieweg sei für die immer konstruktive und herzliche Zusammenarbeit sowie für die Freiheiten bei der Erstellung dieses Buches gedankt, das als fertiges PDF-Dokument erstellt und eingereicht wurde.

Das Manuskript dieses Buches wurde von mehreren Personen kritisch gelesen, um die Zahl der Fehler zu minimieren. Wo dies nicht gelang, danke ich für Hinweise, die bitte an meine E-Mail-Adresse gesendet werden. Auch Fragen, Anregungen oder Verbesserungsvorschläge nehme ich gern auf: feuerriegel@fh-aachen.de.

Zusätzliches Material zu diesem Buch ist über die URL www.unit-operations.de verfügbar. Dazu gehören beispielhafte Excel-Berechnungsblätter und Excel-Add-Ins mit den VBA-Codes. In den Downloads sind aber nicht alle Berechnungsbeispiele enthalten, um insbesondere die Studierenden nicht davon abzuhalten, eigene Berechnungen zu erstellen. Hierfür bitte ich um Verständnis.

Formales zu Excel und VBA

- Über Dialogelemente wie Befehlsregisterkarten, Symbole und Buttons einzugebende Anweisungen werden wie folgt dargestellt: Daten ⟩ Sortieren und Filtern ⟩ Sortieren. Dieses Beispiel fordert auf, die Registerkarte Daten zu öffnen und unter Sortieren und Filtern den Button Sortieren anzuklicken.

- In Zellen im Arbeitsblatt *einzugebende* Befehle wie `=WENN(T<T_kr;p_S;1000)` oder die `RGP`-Funktion werden in hellblauer Schrift dargestellt.

- Werte, die im Arbeitsblatt *ausgegeben* werden, stehen in blauvioletter Farbe, wie z. B. der Fehlerwert #NV.

- Die Bezeichnungen oder Namen von Zellen oder Zellbereichen im Arbeitsblatt stehen in der Farbe magenta, z. B. die Zellen B1 oder Zielzelle.

- In oranger Farbe steht VBA-Code im Fließtext, der im VBA-Editor schwarz dargestellt wird, wie z. B. `Application.WorksheetFunction`; wird Code dagegen im VBA-Editor blau dargestellt, wie z. B. die Schlüsselwörter `If` oder `For`, wird diese Darstellungsart auch im Fließtext verwendet.

Aachen, im Dezember 2025   Uwe Feuerriegel

Interessenkonflikt Der/die Autor*in hat keine relevanten Interessenskonflikte im Zusammenhang mit dieser Publikation.

Inhaltsverzeichnis

Abkürzungsverzeichnis

AEL	alkalische Elektrolyse (*engl.:* Alkaline Electrolysis)
AFC	alkalische Brennstoffzelle (*engl.:* Alkaline Fuel Cell)
BHKW	Blockheizkraftwerk
BImSchG	Bundes-Immissionsschutzgesetz
CcH_2	Cryo-compressed Hydrogen
CCS	Carbon Capture and Storage
CCU	Carbon Capture and Utilization
CFK	kohlenstofffaserverstärkter Kunststoff
CGH_2	Compressed Gaseous Hydrogen
CNG	Compressed Natural Gas
COP	Coefficient of Performance
CSP	Concentrating Solar Power
DIN	Deutsches Institut für Normung
EER	Energy Efficiency Ratio
FCEV	Fuel Cell Electric Vehicle
FCKW	Fluorchlorkohlenwasserstoffe
FSRU	Floating Storage and Regasifaction Unit
GWP	Treibhauspotenzial (*engl.:* Global Warming Potential)
HC	Hydrocarbon
HFKW	teilfluorierte Kohlenwasserstoffe
HFO	Hydro-Fluor-Olefine
IPCC	Intergovernmental Panel on Climate Change
JAZ	Jahresarbeitszahl einer Wärmepumpe
KSG	Klimaschutzgesetz
KVBG	Kohleverstromungsbeendigungsgesetz
KWK	Kraft-Wärme-Kopplung
KWKK	Kraft-Wärme-Kälte-Kopplung
LH_2	Liquefied Hydrogen
LNG	Liquefied Natural Gas
LOHC	Flüssige organische Wasserstoffträger (*engl.:* Liquid Organic Hydrogen Carriers)
MCFC	Schmelzcarbonat-Brennstoffzelle (*engl.:* Molten Carbonate Fuel Cell)
ORC	Organic Rankine Cycle
PAFC	Phosphorsäure-Brennstoffzelle (*engl.:* Phosphoric Acid Fuel Cell)

PEM	Polymerelektrolytmembran
PEMEL	Polymerelektrolytmembran-Elektrolyse
PEMFC	Polymerelektrolytmembran-Brennstoffzelle
PFKW	perfluorierte Kohlenwasserstoffe
PKW	Personenkraftwagen
PPDS	Physical Properties Data Service
PtG	Power-to-Gas
PtH	Power-to-Heat
PtL	Power-to-Liquid
PtX	Power-to-X
SCR	Selective Catalytic Reduction
SOEL	Hochtemperatur- oder Festoxid-Elektrolyse (*engl.:* Solid Oxide Electrolysis)
SOFC	Hochtemperatur- oder Festoxid-Brennstoffzelle (*engl.:* Solid Oxide Fuel Cell)
THGE	Treibhausgasemissionen
TREND	Thermodynamic Reference and Engineering Data [126]
UDF	benutzerdefinierte Funktion (*engl.:* User Defined Function)
UTF	Unicode Transformation Format
VB	Visual Basic
VBA	Visual Basic for Applications
VKM	Verbrennungskraftmaschine
WKM	Wärmekraftmaschine
YSZ	Yttrium-stabilisiertes Zirkoniumdioxid
ZDQ	Zentraler Differenzenquotient

Symbolverzeichnis

Lateinische Symbole

A	Fläche, Querschnittsfläche	m^2
a	Temperaturleitfähigkeit	$\mathrm{m^2\,s^{-1}}$
B	Rotationskonstante	K
$\bar{C}_p$	molare isobare Wärmekapazität	$\mathrm{kJ\,kmol^{-1}\,K^{-1}}$
$\bar{C}_V$	molare isochore Wärmekapazität	$\mathrm{kJ\,kmol^{-1}\,K^{-1}}$
c	spezifische Wärmekapazität	$\mathrm{kJ\,kg^{-1}\,K^{-1}}$
c_p	spezifische isobare Wärmekapazität	$\mathrm{kJ\,kg^{-1}\,K^{-1}}$
c_V	spezifische isochore Wärmekapazität	$\mathrm{kJ\,kg^{-1}\,K^{-1}}$
d	Durchmesser	m
E	Energie, thermodynamische Gesamtenergie	kJ
E^{A}	Anergie oder Anergieanteil der Energie	kJ
E^{E}	Exergie oder Exergieanteil der Energie	kJ
$\dot{E}$	Energiestrom	W
$\dot{E}^{\mathrm{E}}$	Exergiestrom	W
$\bar{E}^{\mathrm{E}}$	molare Exergie	$\mathrm{kJ\,kmol^{-1}}$
e	Elementarladung $(1{,}602\,176\,634 \cdot 10^{-19}\ \mathrm{C})$	C
e	spezifische Energie	$\mathrm{kJ\,kg^{-1}}$
e^{E}	spezifische Exergie	$\mathrm{kJ\,kg^{-1}}$
F	FARADAY-Konstante $(F = 96\,485{,}332\,12\ \mathrm{C\,mol^{-1}})$	$\mathrm{C\,mol^{-1}}$
F	Freie Energie oder HELMHOLTZ-Funktion	kJ
f	spezifische Freie Energie oder HELMHOLTZ-Funktion	$\mathrm{kJ\,kg^{-1}}$
G	Freie Enthalpie	kJ
$\bar{G}$	molare Freie Enthalpie	$\mathrm{kJ\,kmol^{-1}}$
g	Fallbeschleunigung $(g = 9{,}806\,65\ \mathrm{m\,s^{-2}})$	$\mathrm{m\,s^{-2}}$
g	spezifische Freie Enthalpie	$\mathrm{kJ\,kg^{-1}}$
$\Delta_{\mathrm{f}}\bar{G}_i(T_\circ, p_\circ)$	molare Freie Standardbildungsenthalpie	$\mathrm{kJ\,kmol^{-1}}$
$\Delta_{\mathrm{M}}\bar{G}$	molare Freie Mischungsenthalpie	$\mathrm{kJ\,kmol^{-1}}$
$\Delta_{\mathrm{r}}\bar{G}$	molare Freie Reaktionsenthalpie	$\mathrm{kJ\,kmol^{-1}}$
H	Enthalpie	kJ
$\dot{H}$	Enthalpiestrom	W
$\bar{H}$	molare Enthalpie	$\mathrm{kJ\,kmol^{-1}}$

$\bar{H}_i$	partielle molare Enthalpie	$\mathrm{kJ\,kmol^{-1}}$
$\bar{H}_\mathrm{i}$	molarer Heizwert	$\mathrm{kJ\,kmol^{-1}}$
$\bar{H}_\mathrm{s}$	molarer Brennwert	$\mathrm{kJ\,kmol^{-1}}$
h	PLANCK-Konstante	$\mathrm{J\,Hz^{-1}}$
	$(h = 6{,}626\,070\,15 \cdot 10^{-34}\,\mathrm{J\,Hz^{-1}})$	
h	spezifische Enthalpie	$\mathrm{kJ\,kg^{-1}}$
h_i	spezifischer Heizwert	$\mathrm{kJ\,kg^{-1}}$
h_s	spezifischer Brennwert	$\mathrm{kJ\,kg^{-1}}$
$\Delta_\mathrm{f}\bar{H}_i(T_\circ, p_\circ)$	molare Standardbildungsenthalpie	$\mathrm{kJ\,kmol^{-1}}$
$\Delta_\mathrm{M}\bar{H}$	molare Mischungsenthalpie	$\mathrm{kJ\,kmol^{-1}}$
$\Delta_\mathrm{r}H$	Reaktionsenthalpie	kJ
$\Delta_\mathrm{r}\bar{H}$	molare Reaktionsenthalpie	$\mathrm{kJ\,kmol^{-1}}$
$\Delta_\mathrm{r}\bar{H}_i(T_\circ, p_\circ)$	molare Standardreaktionsenthalpie	$\mathrm{kJ\,kmol^{-1}}$
$\Delta_\mathrm{vap}\bar{H}$	molare Verdampfungsenthalpie	$\mathrm{kJ\,kmol^{-1}}$
$\Delta_\mathrm{vap}h$	spezifische Verdampfungsenthalpie	$\mathrm{kJ\,kg^{-1}}$
h_{1+X}	spezifische Enthalpie (bezogen auf trockene Luft)	$\mathrm{kJ\,kg^{-1}}$
I_{H_2}	Trägheitsmoment des Wasserstoffatoms	$\mathrm{g\,cm^2}$
	$(I_{\mathrm{H}_2} = 4{,}67 \cdot 10^{-41}\,\mathrm{g\,cm^2})$	
k_B	BOLTZMANN-Konstante	$\mathrm{J\,K^{-1}}$
	$(k_\mathrm{B} = 1{,}380\,649 \cdot 10^{-23}\,\mathrm{J\,K^{-1}})$	
l	Länge	m
l	volumenbezogener Luftbedarf	$\mathrm{m^3\,m^{-3}}$
l'	massenbezogener Luftbedarf	$\mathrm{m^3\,kg^{-1}}$
l^*	massenbezogener Luftbedarf	$\mathrm{kg\,kg^{-1}}$
l_min	minimaler volumenbezogener Luftbedarf	$\mathrm{m^3\,m^{-3}}$
l'_min	minimaler massenbezogener Luftbedarf	$\mathrm{m^3\,kg^{-1}}$
l^*_min	minimaler massenbezogener Luftbedarf	$\mathrm{kg\,kg^{-1}}$
M	molare Masse	$\mathrm{kg\,kmol^{-1}}$
m	Masse	kg
$\dot{m}$	Massenstrom	$\mathrm{kg\,s^{-1}}$
N_A	AVOGADRO-Konstante	$\mathrm{mol^{-1}}$
	$(N_\mathrm{A} = 6{,}022\,140\,76 \cdot 10^{23}\,\mathrm{mol^{-1}})$	
n	Polytropenexponent	1
n	Stoffmenge	kmol
$\dot{n}$	Stoffmengenstrom	$\mathrm{kmol\,s^{-1}}$
o_min	minimaler volumenbezogener Sauerstoffbedarf	$\mathrm{m^3\,m^{-3}}$
o'_min	minimaler massenbezogener Sauerstoffbedarf	$\mathrm{m^3\,kg^{-1}}$
o^*_min	minimaler massenbezogener Sauerstoffbedarf	$\mathrm{kg\,kg^{-1}}$
P	Leistung	W
P_t	technische Leistung	W
p	Druck	Pa
p_i	Partialdruck der Komponente i	Pa
$p_{\mathrm{S}i}$	Sättigungsdampfdruck der Komponente i	Pa
Pr	PRANDTL-Zahl	1

Q	Wärme	kJ
$\dot{Q}$	Wärmestrom	kW
$\bar{Q}$	molare Wärme	$\mathrm{kJ\,kmol^{-1}}$
$\bar{Q}_\mathrm{M}$	molare Mischungswärme	$\mathrm{kJ\,kmol^{-1}}$
q	spezifische Wärme	$\mathrm{kJ\,kg^{-1}}$
$\dot{q}$	Wärmestromdichte	$\mathrm{W\,m^{-2}}$
R	universelle Gaskonstante	$\mathrm{kJ\,kmol^{-1}\,K^{-1}}$
	$(R = 8{,}314\,462\,618\,\mathrm{kJ\,kmol^{-1}\,K^{-1}})$	
R_i	spezielle Gaskonstante der Komponente i	$\mathrm{kJ\,kg^{-1}\,K^{-1}}$
S	Entropie	$\mathrm{kJ\,K^{-1}}$
S	normierenden Summe	1
S	Stromzahl	1
$\dot{S}$	Entropiestrom	$\mathrm{W\,K^{-1}}$
$\bar{S}$	molare Entropie	$\mathrm{kJ\,kmol^{-1}\,K^{-1}}$
s	spezifische Entropie	$\mathrm{kJ\,kg^{-1}\,K^{-1}}$
$\Delta_\mathrm{M}\bar{S}$	molare Mischungsentropie	$\mathrm{kJ\,kmol^{-1}\,K^{-1}}$
$\Delta S_{Q_\mathrm{rev}}$	Entropieänderung infolge reversibler Wärmeübertragung	$\mathrm{kJ\,K^{-1}}$
$\Delta_\mathrm{r}\bar{S}$	molare Reaktionsentropie	$\mathrm{kJ\,kmol^{-1}\,K^{-1}}$
$\Delta_\mathrm{M}s$	spezifische Mischungsentropie	$\mathrm{kJ\,kg^{-1}\,K^{-1}}$
T	thermodynamische Temperatur	K
t	Zeit	s
U	Innere Energie	kJ
U	Umsatzgrad	$\mathrm{kmol\,kmol^{-1}}$
$\bar{U}$	molare Innere Energie	$\mathrm{kJ\,kmol^{-1}}$
$\bar{U}_i$	partielle molare Innere Energie	$\mathrm{kJ\,kmol^{-1}}$
u	spezifische Innere Energie	$\mathrm{kJ\,kg^{-1}}$
V	Volumen	$\mathrm{m^3}$
$\dot{V}$	Volumenstrom	$\mathrm{m^3\,s^{-1}}$
$\bar{V}$	molares Volumen	$\mathrm{m^3\,kmol^{-1}}$
v	spezifisches Volumen	$\mathrm{m^3\,kg^{-1}}$
v_{1+X}	spezifisches Volumen (bezogen auf trockene Luft)	$\mathrm{m^3\,kg^{-1}}$
W	Arbeit	kJ
W_t	technische Arbeit	kJ
$\bar{W}_\mathrm{t}$	molare technische Arbeit	$\mathrm{kJ\,kmol^{-1}}$
$\hat{W}_\mathrm{el}$	auf Normvolumenstrom des zugeführten Wasserstoffs bezogene elektrische Leistung	$\mathrm{kJ\,m^{-3}}$
w	spezifische Arbeit	$\mathrm{kJ\,kg^{-1}}$
w	Strömungsgeschwindigkeit	$\mathrm{m\,s^{-1}}$
w_t	spezifische technische Arbeit	$\mathrm{kJ\,kg^{-1}}$
w_i	Massenanteil der Komponente i	$\mathrm{kg\,kg^{-1}}$
X	Wasserbeladung	$\mathrm{kg\,kg^{-1}}$
x	Dampfgehalt, Dampfmassenanteil	$\mathrm{kJ\,kg^{-1}}$
x	Koordinate	m

x_i	Stoffmengenanteil der Komponente i	$\mathrm{kmol\,kmol^{-1}}$
Y	Flüssigkeitsausbeute, Verhältnis von Massenströmen	1
Z	Realgasfaktor	1
Z	Verhältnis von Massenströmen, Anteil des zur Expansionsmaschine geführten Gases	1
$\bar{Z}$	molare Zustandsgröße	$\mathrm{kJ\,kmol^{-1}}$
$\Delta_\mathrm{M}\bar{Z}$	molare Mischungsenergie	$\mathrm{kJ\,kmol^{-1}}$
z	geodätische Höhe, Koordinate	m

Griechische Symbole

α	dimensionslose spezifische Freie Energie oder HELMHOLTZ-Funktion	1
δ	dimensionsloses spezifisches Volumen	1
δ_h	JOULE–THOMSON-Koeffizient	$\mathrm{K\,MPa^{-1}}$
ε	Leistungszahl	1
ε	Verdichtungsverhältnis	1
ζ	exergetischer Wirkungsgrad	1
η_C	CARNOT-Faktor	1
η	dynamische Viskosität	$\mathrm{Pa\,s}$
η	Wirkungsgrad	1
λ	Luftverhältnis	1
ν	kinematische Viskosität	$\mathrm{m^2\,s^{-1}}$
ν_i	stöchiometrischer Koeffizient der Komponente i	1
ν_{e^-}	stöchiometrische Koeffizient der Elektronen (in der Anodenreaktion)	1
ξ	äquivalente Stoffmengenänderung, auch Umsatzvariable oder Reaktionslaufzahl	kmol
$\dot{\xi}$	äquivalenter Stoffmengenstrom	$\mathrm{kmol\,s^{-1}}$
π	Kreiszahl ($\pi = 3{,}141\,592\,6\ldots$)	1
ϱ	Dichte	$\mathrm{kg\,m^{-3}}$
τ	dimensionslose Temperatur	1
φ	relative Feuchte	1
Ψ	Druckverhältnis	1
χ_i	Volumenanteil der Komponente i (in einem Gasgemisch)	1

Hochgestellte Indizes

$'$	siedende Flüssigkeit, Zustand auf Siedelinie	
$''$	gesättigter Dampf, Zustand auf Taulinie	
$\circ$	idealer Gaszustand	
$*$	massenbezogen (Verbrennung)	
A	Anergie(-anteil)	
E	Exergie(-anteil)	
G	Gas oder Gasphase	
L	Flüssigkeit oder Flüssigphase	

S	fest, Feststoff
V	Dampf oder Dampfphase

Tiefgestellte Indizes

$_\circ$	Referenzzustand, Standardzustand
∞	Umgebung
0	Anfangszustand
$1 + X$	bezogen auf trockene Luft
A	Abgaskomponente
Anz	Anzapf(-massenstrom)
AM	Arbeitsmedium
ab	Abfuhr
ad	adiabat
aus	Austritt
B	Behälter
B	Brennstoff
Bezug	Bezugszustand
BZ	Brennstoffzelle
C	CARNOT
chem	chemisch
dross	Drosselung
ELZ	Elektrolysezelle
e	effektiv, effektiver Mitteldruck
eff	effektiv
ein	Eintritt
el	elektrisch
exp	Expansion
F	Feed
F	feuerungstechnisch
f	feucht
G	Generator
G	Gut
Ges	Gesamt
H	Heizen, Heizfall
H	Hubvolumen Motor
HEL	Heizöl EL schwefelarm
h	Hubvolumen Zylinder
i	Zählindex
irr	irreversibel
j	Zählindex
K	Kessel, Dampferzeuger
K	Kühlen, Kühlfall
KM	Kältemaschine
k	Zählindex
kin	kinetisch
kond	Kondensation

konv	konvektiv, Konvektion
kr	kritisch, kritischer Punkt
L	flüssig (liquid)
L	(trockene) Luft
M	Mischung
m	mittlerer, Mittelwert
mech	mechanisch
max	maximal
min	minimal
N	Nutzen, Nutz(arbeit)
n	Normzustand (nach DIN 1343 [31])
P	Produkt
P	Pumpe
Pinch	Pinch
pot	potenziell
rev	reversibel
S	Asche, Schlacke
S	Sättigung, Siede- oder Sättigungszustand
S	System
SG	Systemgrenze
TN	thermoneutral
TW	Thermalwasser
therm	thermisch
tr	Tripelpunkt, Tripelzustand
tr	trocken
U	Spannung
Umg	Umgebung, Umgebungszustand
V	Verlust
VA	Verschiebearbeit
vap	Verdampfung
verd	Verdichtung
W	Wasserdampf, Wasser
WP	Wärmepumpe
wue	Wärmeübertragung
Z	Zwischendruck
zell	Zelle
zu	Zufuhr
α	Eintritt, Anfang
ω	Austritt, Ende

1 Einleitung

Dieses Buch soll den Leserinnen und Lesern ein vertieftes Verständnis energietechnischer Prozesse und Umwandlungen vermitteln und sie befähigen, Simulationen zur Berechnung, Untersuchung und Optimierung solcher Prozesse zu entwickeln und anzuwenden.

Wesentliche Inhalte dieses Buches

In den nachfolgenden Kapiteln werden die Grundlagen der thermischen Energietechnik mit der Schwerpunktsetzung auf Prozesse der Erneuerbaren Energien behandelt:

- Kapitel 2 fokussiert auf die Berechnung von Stoffwerten unter Verwendung des Add-Ins TREND [126] und der Korrelationsgleichungen aus dem VDI-Wärmeatlas [129] sowie auf die Verwendung von VBA.

- Kapitel 3 legt die thermodynamischen Grundlagen für die nachfolgenden Kapitel.

- In Kapitel 4 wird die Verbrennung von festen, flüssigen und gasförmigen Energieträgern und darauf aufbauend in Kapitel 5 Blockheizkraftwerke und die Kraft-Wärme-Kopplung behandelt.

- In den Kapiteln 6 bis 8 geht es um die Produktion von Wasserstoff durch Elektrolyse, dessen Druckspeicherung und Bereitstellung sowie die Nutzung von Wasserstoff in Brennstoffzellen.

- In den Kapiteln 9 bis 11 werden links- und rechtsläufige Kreisprozesse für Wärmepumpen, Kältemaschinen sowie den Dampfkraft- und den ORC-Prozess behandelt.

- Kapitel 12 betrachtet ausgewählte energietechnische Prozesse, u. a. die Elektrifizierung von Prozesswärme sowie die Verflüssigung von Wasserstoff.

Nicht in diesem Buch behandelt werden u. a. auf Solarstrahlung basierende Systeme (siehe dazu [53]) sowie Wasserkraft- und Windkraftanlagen.

Ziele des Bundes-Klimaschutzgesetzes und Treibhausgasemissionen 1990 bis 2045

Im deutschen Bundes-Klimaschutzgesetz (KSG) [16] steht, dass es der „Zweck dieses Gesetzes ist [...], zum Schutz vor den Auswirkungen des weltweiten Klimawandels die Erfüllung der nationalen Klimaschutzziele sowie die Einhaltung der europäischen Zielvorgaben zu gewährleisten. [...] Grundlage bildet die Verpflichtung nach dem Übereinkommen von Paris aufgrund der Klimarahmenkonvention der Vereinten Nationen, wonach der Anstieg der globalen Durchschnittstemperatur auf deutlich unter 2 °C und möglichst auf 1,5 °C gegenüber dem vorindustriellen Niveau zu begrenzen ist, um die Auswirkungen des weltweiten Klimawandels so gering wie möglich zu halten".

© Der/die Autor(en), exklusiv lizenziert an
Springer Fachmedien Wiesbaden GmbH, ein Teil von Springer Nature 2026
U. Feuerriegel, *Energietechnik mit EXCEL und VBA*,
https://doi.org/10.1007/978-3-658-50894-4_1

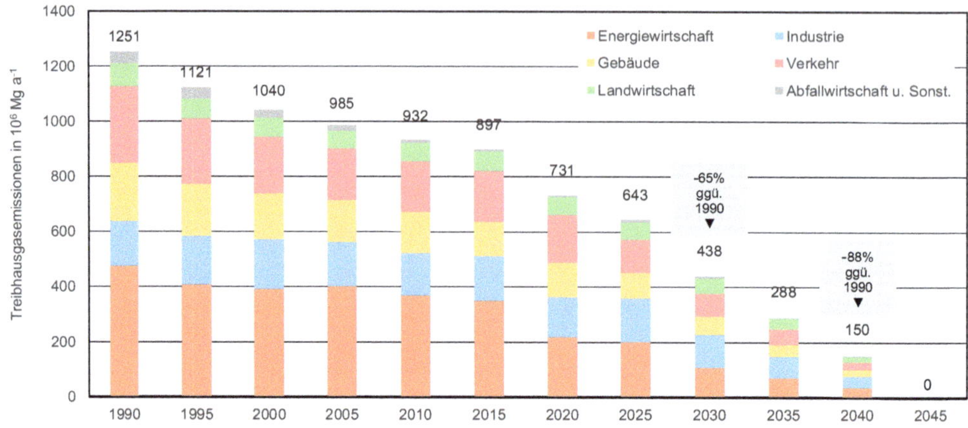

Abbildung 1.1: Anthropogene Treibhausgasemissionen in Deutschland basierend auf Daten des Umweltbundesamts 1990 bis 2020 [139] und im Bundes-Klimaschutzgesetz [16]. © U. Feuerriegel 2025. All Rights Reserved.

Abbildung 1.1 zeigt die in Deutschland emittierten jährlichen anthropogenen Treibhausgasemissionen[1] (THGE) bis zum Jahr 2020 (basierend auf Daten des Umweltbundesamts [139]) und die laut Bundes-Klimaschutzgesetz zukünftig noch zulässigen maximalen jährlichen Treibhausgasemissionen bis zur „Netto-Treibhausgasneutralität" im Jahr 2045 für die Sektoren der Energiewirtschaft, der Industrie, der Gebäude, des Verkehrs, der Landwirtschaft und der Abfallwirtschaft einschließlich Sonstiges. Das Bundes-Klimaschutzgesetz gibt im Vergleich zum Bezugsjahr 1990 eine Minderung der Treibhausgasemissionen um 65 % bis zum Jahr 2030 und um 88 % bis zum Jahr 2040 vor. Dass die in Deutschland und in vielen weiteren Ländern beschlossenen Klimaschutzgesetze ausreichen, die vom Intergovernmental Panel on Climate Change (IPCC) [81] empfohlenen Vorgaben einzuhalten, ist unwahrscheinlich.

Wichtige Begriffe

- *Primärenergie, Primärenergieträger*: Primärenergie liegt in der Natur als chemisch gespeicherte Energie in den fossilen Primärenergieträgern Kohle, Erdöl und Erdgas sowie in Biomasse vor (siehe Abb. 1.2). Auch Siedlungsabfall, der zumeist aus Hausmüll besteht, ist ein Energieträger mit chemisch gespeicherter Energie. Weitere Primärenergieträger sind die Geothermie, die solare Strahlungsenergie und die Innere Energie der Umgebung. Außerdem gibt es die kinetische Energie des Windes sowie die kinetische und potenzielle Energie des Wassers und des Meerwassers. Da Wasserstoff in der Natur nicht vorliegt, ist es kein Primärenergieträger, sondern erfordert Primärenergie für seine Herstellung.

---

[1] Anthropogene Treibhausgasemissionen: Infolge menschlicher Aktivitäten verursachte Freisetzung von Treibhausgasen in Mg Kohlendioxidäquivalenten. Treibhausgase nach KSG: Kohlendioxid (CO_2), Methan (CH_4), Distickstoffoxid (N_2O), Schwefelhexafluorid (SF_6), Stickstofftrifluorid (NF_3) sowie teilfluorierte Kohlenwasserstoffe (HFKW) und perfluorierte Kohlenwasserstoffe (PFKW).

Energieträger (Primärenergie)	Energieformen	Umwandlung	Nutzenergie, Endenergie
fossile Energieträger: Kohle, Erdöl, Erdgas	chemische Energie	Kraftwerk	elektrische und thermische Energie
Siedlungsabfälle, Hausmüll, Klärschlamm, Deponiegase		Kraftwerk	elektrische und thermische Energie
Altholz, Holzpellets, Stroh, Getreide, Biodiesel, Biogas		Kraftwerk oder Pyrolyse (Verkokung, Vergasung, Verflüssigung)	elektrische und thermische Energie (oder Koks, Gas, Pyrolyseöl)
Innere Energie der Erdkruste (Geothermie)	thermische Energie	Kraftwerk (auch ORC-Prozess, Wärmepume)	elektrische und thermische Energie
solare Strahlungsenergie		Solartechnik	elektrische und thermische Energie
Innere Energie der Umgebung: Luft, Wasser		Wärmepumpe	thermische Energie
Windenergie (kinetische Energie Wind)	potenzielle/kinetische Energie	Windkraftanlage	elektrische Energie
Wasserkraft (kinetische und potenzielle Energie Wasser)		Wasserkraftwerk	elektrische Energie
Gezeiten (kinetische und potenzielle Energie Wasser)		Gezeitenkraftwerk	elektrische Energie

Abbildung 1.2: Energieträger, Energieformen, Umwandlung und Nutzenergie.

- *Sekundärenergie, Sekundärenergieträger*: Sekundärenergieträger sind Verarbeitungsprodukte wie Benzin, Diesel und weitere Produkte der Rohöldestillation (z. B. Naphtha als Rohstoff für Kunststoffe), Koks (für die Stahlindustrie) oder auch Wasserstoff. Weitere Produkte der – teilweise mit erheblicher Exergievernichtung verbundenen Prozesse – sind die elektrische Energie und thermische Energien zur Beheizung (u. a. „Fernwärme").

- *Erneuerbare Energien*: Erneuerbare oder auch Regenerative Energien stehen praktisch uneingeschränkt zur Verfügung oder „erneuern" sich innerhalb einer Generation. Dazu gehören die Biomasse, die Geothermie, die solare Strahlungsenergie, die Innere Energie der Umgebung, die Windenergie sowie die Energie aus Wasser und Meerwasser. Zu den erneuerbaren Energieträgern können unter Umständen auch Siedlungsabfall, Klärschlamm und sich daraus entwickelnde Deponiegase gezählt werden. Zu beachten sind bei den Erneuerbaren Energien die unterschiedlichen Verfügbarkeiten und die Exergieanteile.

- *Nutzenergie, Endenergie*: Darunter kann die Energie verstanden werden, die den Nutzern für ihre Bedarfe zur Verfügung stehen. Dies sind die elektrische Energie, Erdgas, die thermische Energie zum Heizen von Gebäuden und Prozessen sowie zur Warmwasserbereitung und auch die mechanische Energie. Diese Energien verteilen sich auf die Sektoren der Industrie, der Gebäude, des Verkehrs, der Haushalte sowie der Gewerbe des Handels und der Dienstleistungen.

Die Betrachtung ausschließlich energetischer Umwandlungen der Energieträger ist unvollständig. Wie in der Tabelle in Abb. 1.2 angedeutet, kann z. B. Biomasse auch stofflich durch Pyrolyse genutzt werden. Ebenso sind die – mit erheblichen energetischen Umwandlungen verbundenen – stofflichen Umwandlungen zur Produktion von Gebrauchsgütern (chemische Grundstoffe, Dünger, Kunststoffe, Farben und Lacke, Pharmazeutika, ...), die noch vorwiegend insbesondere aus Erdöl hergestellt werden, zu beachten.

Brennstoff			Methan	Wasserstoff	Ammoniak	Methanol	Heizöl EL	Braunkohle	Steinkohle	Holz lufttr.
Summenformel			CH_4	H_2	NH_3	CH_3OH				
molare Masse	M	kg kmol^{-1}	16,04	2,016	17,03	32,04				
Siedetemperatur bei Normdruck	$\vartheta_s(p_n)$	°C	-161,5	-252,8	-33,32	64,48				
Dichte Gas im Normzustand	$\rho^G_n(T_n,p_n)$	kg m^{-3}	0,717	0,090	0,772	1,221				
Dichte sied. Flüssigkeit Normdruck	$\rho^L_n(p_n)$	kg m^{-3}	422,4	70,85	681,6	809,7	850			
mol. Reaktionsenthalpie Oxidation	$\Delta_r\bar{H}(T_o,p_o)$	kJ mol^{-1}	-802,3	-241,8	-316,8	-638,6				
spezifischer Heizwert	$h_i(T_o,p_o)$	MJ kg^{-1}	50,01	120,0	18,60	19,93	42,7	8,1	28,0 – 32,0	14,7 – 16,8
		kWh kg^{-1}	13,89	33,32	5,167	5,54	11,9	2,3	7,8 – 8,9	4,1 – 4,7
spezifischer Brennwert	$h_s(T_o,p_o)$	MJ kg^{-1}	55,49	141,8	22,47	22,67	45,4	9,9	30,0 – 34,0	15,9 – 18,0
		kWh kg^{-1}	15,41	39,38	6,243	6,298	12,6	2,8	8,3 – 9,4	4,4 – 5,0
volumenbez. Heizwert Gas i.N.	$h_{i,n}(T_n,p_n)$	MJ m^{-3}	35,88	10,78	14,35	24,33				
		kWh m^{-3}	9,966	2,995	3,987	6,758				
volumenbez. Brennwert Gas i.N.	$h_{s,n}(T_n,p_n)$	MJ m^{-3}	39,81	12,74	17,34	27,68				
		kWh m^{-3}	11,06	3,540	4,817	7,689				
CO_2-Emissionen bez. auf Heizwert	$m_{CO2}/(m_B\,h_i(T_o,p_o))$	g MJ^{-1}	54,86	0	0	68,92	74,0	111	93,9	0
		g kWh^{-1}	197,5	0	0	248,1	266	399	338	0

Abbildung 1.3: Daten gasförmiger, flüssiger und fester Brennstoffe (siehe dazu die Hinweise im Text). © U. Feuerriegel 2025. All Rights Reserved.

Vergleich fester, flüssiger und gasförmiger Brennstoffe

Die Tabelle in Abb. 1.3 enthält eine Gegenüberstellung wichtiger Eigenschaften und Daten gasförmiger, flüssiger und fester Brennstoffe:

- Methan bildet die Hauptkomponente von Erdgas und kann zur näherungsweisen Berechnung der Stoffwerte von Erdgas verwendet werden. Für Methan, Wasserstoff, Ammoniak und Methanol wurden die Siedetemperaturen im Normzustand nach DIN 1343 [31] bei der Normtemperatur $T_n = 273,15$ K und dem Normdruck $p_n = 1,013\,25$ bar mit TREND berechnet, siehe Abschnitt 2.2.3. Zur Ermittlung der spezifischen und volumenbezogenen Heiz- und Brennwerte dieser Komponenten bei den Standardbedingungen $T_o = 298,15$ K und $p_o = 1,0$ bar siehe Abschnitt 3.6. Die auf die Heizwerte bezogenen CO_2-Emissionen wurden auf Basis der Reaktionsgleichungen für die Totaloxidation berechnet. Zur Ermittlung der Emissionen bei der Umwandlung in elektrische Energie sind die entsprechenden Wirkungsgrade zu berücksichtigen.

- Wasserstoff soll zukünftig zur flexiblen Speicherung und Nutzung von Energie im Rahmen der Sektorkopplung eingesetzt werden. Zudem kommt Wasserstoff als Grundstoff in der Chemischen Industrie eine besondere Bedeutung zu und Wasserstoff soll z. B. auch für die Direktreduktion von Stahl eingesetzt werden. Bestimmte Anwendungen in der Industrie lassen sich nur unter Verwendung von Wasserstoff dekarbonisieren, z. B. durch Bereitstellung von Prozesswärme auf höherem Temperaturniveau durch Verbrennung. Zu beachten sind beim Wasserstoff die sehr niedrige Siedetemperatur, die sehr niedrige Dichte im flüssigen Zustand und der höchste spezifische Heizwert aller Gase.

- Ammoniak und Methanol bieten sich zur chemischen Speicherung von Wasserstoff an oder dienen ebenfalls als Grundstoffe in der chemischen Industrie. Vorteile bei der Verwendung dieser beiden Stoffe als Energieträger sind die höheren Energiedichten im flüssigen Zustand bei deutlich günstigeren Siedetemperaturen als beim Wasserstoff. Die Verbrennung von Ammoniak mit Luft verursacht keine CO_2-Emissionen. Die Verbrennung von Methanol setzt das bei der Synthese eingebundene CO_2 wieder frei, weshalb es sich anbietet, das dafür erforderliche CO_2 aus CCS- oder CCU-Prozessketten (Carbon Capture and Storage or Utilization) zu gewinnen [55]. Nachteilig ist z. B. der Energieaufwand bei der Durchführung der Reaktionen zur Produktion von Ammoniak und Methanol.

- Heizöl EL, Braunkohle und Steinkohle sind zum Vergleich als fossile Energieträger aufgeführt. Die Heiz- und Brennwerte wurden [9, 128] entnommen. Die Dichte von Heizöl EL (bei 15 °C) stammt aus [9], die auf die Heizwerte bezogenen CO_2-Emissionen aus [138].

- Die energetischen Eigenschaften von Holz hängen von der chemischen Zusammensetzung, die u. a. von der Holzart beeinflusst wird, und vom Wassergehalt ab. Die in der Tabelle aufgeführten Werte wurden [128] entnommen und entsprechen Wassergehalten von ca. 10 % bis 20 %. Die Verbrennung von Holz ist nur dann CO_2-neutral, wenn genau so viel Holz entnommen wird, wie wieder nachwachsen kann. Werden Landnutzungsänderungen durchgeführt, wirkt sich das negativ auf die CO_2-Bilanz aus, wird dagegen aufgeforstet, hat dies eine positive Auswirkung auf die CO_2-Bilanz.

Die in der Tabelle aufgeführten, auf die Heizwerte bezogenen CO_2-Emissionen werden auch als Kohlendioxid-Emissionsfaktoren bezeichnet.

Integrierte Entwicklung des Energiesystems – PtX und Sektorkopplung

Die *Sektorkopplung* ist das Schlüsselkonzept bei der *Transformation der Energiesysteme*, also dem Übergang von der Nutzung fossiler oder nuklearer Energieträger zu einer auf Erneuerbaren Energien basierenden Energieversorgung. Wie in Abb. 1.4 dargestellt, werden bei der Sektorkopplung die Sektoren Strom, Wärme und Verkehr verbunden [130]. Diese Kopplung ermöglicht die Nutzung elektrischer Energie aus erneuerbaren Energieträgern für die sog. Dekarbonisierung der weiteren Sektoren. Dies soll zunehmend durch die sog. Power-to-X-Technologien (PtX) erfolgen, die mit den Pfeilen in der Abbildung angedeutet werden, z. B. Power-to-Heat (PtH) für die Kopplung der Sektoren Strom und Wärme z. B. durch Wärmepumpensysteme, Power-to-Gas (PtG) für die Erzeugung von Wasserstoff, Methan oder Ammoniak oder Power-to-Liquid (PtL) für die Erzeugung von Methanol oder von synthetischen Kraftstoffen, was regelmäßig mit teilweise deutlichen Exergieverlusten verknüpft ist. Als verbindendes Element bietet sich der Gassektor an, weil die Speicherung von z. B. Wasserstoff in Kavernenspeichern relativ günstig und in großem Maßstab möglich ist (Power-to-Gas $\rightarrow$ Gasspeicherung $\rightarrow$ Gas-to-Power). Die Sektorkopplung ist somit gleichbedeutend mit einer Elektrifizierung.

Simulation und exergetische Bewertung energetischer Prozesse

In der Thermodynamik wird der Energiebegriff eingeführt, der eine Erweiterung des Energiebegriffs aus der Mechanik darstellt. Gemäß dem ersten Hauptsatz der Thermodynamik ist die Energie eine Erhaltungsgröße und wird deshalb weder erzeugt

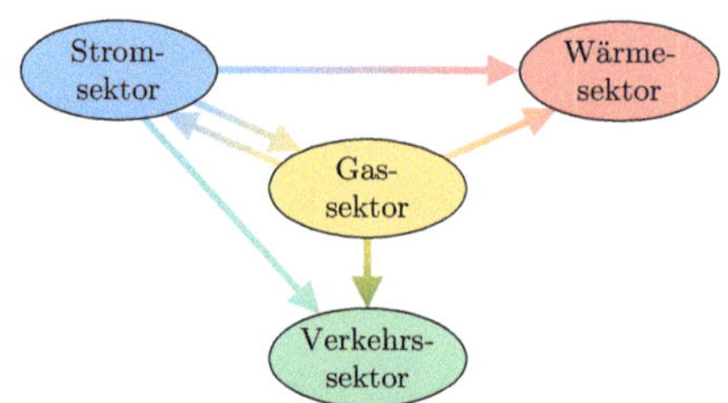

Abbildung 1.4: Sektorkopplung zur Verbindung der Sektoren Strom, Wärme
und Verkehr über den Gassektor (nach [130])

noch verbraucht, sondern kann nur *umgewandelt* oder *entwertet* werden [71]. Bei der
Entwertung von Energie wird Exergie verbraucht und Anergie erzeugt und gemäß
dem zweiten Hauptsatz der Thermodynamik Entropie produziert. Der erste Hauptsatz
macht keine Aussagen dazu, ob bestimmte Energieumwandlungen durchführbar sind;
dies ist erst mit dem zweiten Hauptsatz möglich. So wird in Wärmekraftmaschinen
nur ein Teil der zugeführten Wärme in Arbeit umgewandelt, weil vom Prozess stets
Wärme auf einem niedrigen Temperaturniveau abgegeben werden muss [9, 75, 78, 127].

Auf Basis der thermodynamischen Analyse eines Prozesses kann ein mathematisches
Modell (*Modellierung*) erstellt werden. Bei der *Simulation* werden Untersuchungen
auf der Basis dieses Modells unter Verwendung eines Softwaretools durchgeführt.

Warum Excel und VBA?

Die Beispiele in diesem Buch werden unter Verwendung von Microsoft® Office Excel®
mit VBA erstellt, dass an fast jedem Arbeitsplatz zur Verfügung steht und im Vergleich
zu anderen Softwareprodukten keine Zusatzkosten verursacht [52, 53, 152].

VBA ist eine vollwertige, relativ einfach zu erlernende Programmiersprache, die
innerhalb einer bestehenden Anwendungssoftware verwendet wird und mit deren
Bedienoberflächen und Funktionen arbeitet, was viel Entwicklungsaufwand sparen hilft
[152]. Sie entstand aus dem BASIC-Dialekt Visual Basic (VB). Zu VBA gibt es viele
Informationsmöglichkeiten, z. B. in der Fachliteratur oder im Internet. Außerdem lassen
sich über sogenannte *Add-Ins* eigene Programme erstellen, die nach Bedarf installiert
werden können. Auch werden Add-Ins aus unterschiedlichen Quellen zur Verfügung
gestellt. Dazu gehört z. B. das in Kapitel 2 beschriebene Add-In TREND [126] zur
exakten Berechnung von Stoffwerten (und ähnliche Anwendungen wie z. B. CoolProp
[12, 19], FluidProp [8] oder REFPROP [98]). Ein wichtiges Add-In für Excel ist der
Solver[2], ein Zusatzprogramm von Excel, das lediglich aktiviert werden muss. Mit dem
Solver können – ohne vertiefte mathematische Kenntnisse – z. B. Gleichungssysteme
gelöst und Optimierungen durchgeführt werden [52, 53].

---

[2]Frontline Systems Inc. http://www.solver.com

2 Berechnung von Stoffwerten mit TREND und nach VDI-Wärmeatlas

Mitautoren: STEFAN PINNOW und RAPHAEL LANGER

Zielsetzung

Behandlung der theoretischen Grundlagen zur Ermittlung von thermophysikalischen Stoffwerten und Zustandsgrößen aus Fundamentalgleichungen unter Verwendung der Software TREND. Einrichten von Berechnungsblättern in Excel sowie Grundlagen und Tipps zu VBA. Behandlung der Ortho-Para-Umwandlung von Wasserstoff und beispielhafte Berechnungen einschließlich des JOULE–THOMSON-Effekts bei der adiabaten Drosselung realer Gase. Verwendung der Stoffwertekorrelationen aus dem *VDI-Wärmeatlas* sowie der Erstellung und Verwendung benutzerdefinierter Funktionen (UDFs) in VBA zur Berechnung dieser Werte. Anwendung der Stoffwerteberechnungen für energetische Berechnungen unter Verwendung der kalorischen Zustandsgleichungen und der Entropie-Zustandsgleichung.

Empfohlene Literatur

Thermodynamik von BAEHR und KABELAC [9], *Multiparameter equations of state* von SPAN [125], *Technische Thermodynamik* von HERWIG, KAUTZ und MOSCHALLSKI [76], *VDI-Wärmeatlas* [129].

Berechnungsbeispiele in Excel

- Stoffwerte und Zustandsgrößen von Wasserstoff mit TREND (Abb. 2.2).
- JOULE–THOMSON-Effekt bei der adiabaten Drosselung von Wasserstoff und von R-410a (Abb. 2.7 bis 2.9).
- Stoffwerte von Gasen nach *VDI-Wärmeatlas* (Abb. 2.11 bis 2.13).
- Gasdichten und spezifische Wärmekapazitäten nach *VDI-Wärmeatlas* (Abb. 2.14).
- Enthalpie- und Entropiedifferenzen ausgewählter Gase bei vorgegebener Temperaturänderung nach *VDI-Wärmeatlas* und mit TREND (Abb. 2.15).
- Temperaturabhängigkeit der spezifischen Wärmekapazität von CO_2 (Abb. 2.16).
- Sättigungsdampfdruck und Sättigungstemperatur von Wasser (Abb. 2.17).

2.1 Theoretische Grundlagen zu TREND

Die vom Lehrstuhl für Thermodynamik der Ruhr-Universität Bochum erstellte Software TREND [126] ist ein äußerst effektives Tool für u. a. die präzise Berechnung thermophysikalischer Stoffwerte und Zustandsgrößen von reinen Stoffen, aber auch von

© Der/die Autor(en), exklusiv lizenziert an
Springer Fachmedien Wiesbaden GmbH, ein Teil von Springer Nature 2026
U. Feuerriegel, *Energietechnik mit EXCEL und VBA*,
https://doi.org/10.1007/978-3-658-50894-4_2

Stoffgemischen.[1] Die Berechnungen können aus unterschiedlichen Anwendungen wie z. B. Excel, MATLAB® von MathWorks® oder Python™ aufgerufen werden. TREND beruht auf den thermodynamischen Fundamentalgleichungen, weshalb die Ermittlung von Stoffwerten und Zustandsgrößen aus diesen Gleichungen einleitend behandelt wird. Alternativen zu TREND sind CoolProp [12, 19], FluidProp [8] oder REFPROP [98].

Thermodynamische Zustandsgleichungen

Der Zustand eines thermodynamischen Systems lässt sich durch voneinander unabhängige Zustandsgrößen beschreiben. Die Anzahl der Zustandsgrößen hängt von der Art des Systems ab und ist umso größer, je komplexer dessen Aufbau ist (Anzahl der Komponenten, der Phasen, mit oder ohne chemische Reaktionen). Liegt z. B. ein Reinstoff (eine reine Komponente) in nur einer fluiden Phase (als Flüssigkeit oder als Gas) vor (homogenes System), lässt sich das System mit zwei unabhängigen *intensiven* Zustandsgrößen und einer *extensiven* Zustandsgröße beschreiben. Ist die Größe des Systems irrelevant, so lässt sich der Zustand des Systems durch die beiden intensiven Zustandsgrößen beschreiben. In diesem Fall hängen alle weiteren Zustandsgrößen von den beiden unabhängigen Zustandsgrößen ab und es existieren Stoffwertegleichungen der Form

$$z = f(x, y) , \tag{2.1}$$

die zu den drei Zustandsgleichungen für Reinstoffe führen:

- der thermischen Zustandsgleichung $p = p(v, T)$,

- der kalorischen Zustandsgleichung $h = h(T, p)$ oder $u = u(v, T)$ und

- der Entropie-Zustandsgleichung $s = s(p, T)$ oder $s = s(v, T)$,

siehe dazu die Abschnitte 2.3.1 und 2.3.2. Es stehen p für den Druck, v für das spezifische (also massenbezogene) Volumen, T für die thermodynamische oder absolute Temperatur, u für die spezifische Innere Energie, h für die spezifische Enthalpie und s für die spezifische Entropie. Zustandsgleichungen werden in der Praxis empirisch durch Messungen oder durch physikalische Modellvorstellungen ermittelt.[9, 76]

Thermodynamische Fundamentalgleichungen

„Der mathematische Zusammenhang thermodynamischer Größen eines bestimmten Stoffes stellt eine Fundamentalgleichung dieses Stoffes dar, wenn daraus die drei Zustandsgleichungen (thermische, kalorische und Entropie-Zustandsgleichung) abgeleitet werden können. Aus einer thermodynamischen Fundamentalgleichung können alle thermodynamisch relevanten Größen eines Stoffes bestimmt werden." [76]

Zunächst wird die allgemeinste Form einer Fundamentalgleichung $u = u(s, v)$ hergeleitet. Es gilt nach dem ersten Hauptsatz für ortsfeste, geschlossene Systeme in differentieller Form

$$\mathrm{d}u = \delta q + \delta w \tag{2.2}$$

---

[1]Auf Nachfrage erhältlich über TREND@thermo.rub.de oder direkt downloadbar über www.unit-operations.de.

mit der spezifischen Wärme q und der spezifischen Arbeit w. Die Schreibweisen δq und δw zeigen, dass die Wärme und die Arbeit Prozessgrößen sind und deshalb kein vollständiges oder totales Differenzial dieser beiden Größen existiert.

Bei reversiblen Prozessen gelten die Beziehungen für die reversibel übertragene Wärme und die hier relevante reversible Volumenänderungsarbeit

$$\delta q_{\mathrm{rev}} = T\,\mathrm{d}s \quad \text{bzw.} \quad \delta w_{V,\mathrm{rev}} = -p\,\mathrm{d}v \;. \tag{2.3}$$

Durch Einsetzen in Gleichung (2.2) folgt die Fundamentalgleichung

$$\mathrm{d}u = T\,\mathrm{d}s - p\,\mathrm{d}v \tag{2.4}$$

und das vollständige Differenzial von $u = u(s,v)$

$$\mathrm{d}u = \left(\frac{\partial u}{\partial s}\right)_v \mathrm{d}s + \left(\frac{\partial u}{\partial v}\right)_s \mathrm{d}v \quad \text{mit} \quad \left(\frac{\partial u}{\partial s}\right)_v = T(s,v) \quad \text{und} \quad \left(\frac{\partial u}{\partial v}\right)_s = -p(s,v) \;, \tag{2.5}$$

aus der die thermische Zustandsgleichung $p = p(v,T)$, die kalorische Zustandsgleichung $u = u(v,T)$ und die Entropie-Zustandsgleichung $s = s(v,T)$ hergeleitet werden können (siehe dazu [76]).

Für Anwendungen sind vor allem Fundamentalgleichungen relevant, die leicht messbare unabhängige Variablen wie T und v oder T und p enthalten. Mithilfe der LEGENDRE-Transformation[2] lässt sich die Fundamentalgleichung $u = u(s,v)$ in die alternative Form der Fundamentalgleichung mit der spezifischen Freien Energie $f = f(T,v)$ oder HELMHOLTZ-Funktion

$$f = u - Ts \tag{2.6}$$

überführen. Die entsprechende Fundamentalgleichung lautet

$$\mathrm{d}f = -s\,\mathrm{d}T - p\,\mathrm{d}v \;. \tag{2.7}$$

Analog zur Vorgehensweise oben folgt ihr vollständiges Differenzial zu

$$\mathrm{d}f = \left(\frac{\partial f}{\partial T}\right)_v \mathrm{d}T + \left(\frac{\partial f}{\partial v}\right)_T \mathrm{d}v \quad \text{mit} \quad \left(\frac{\partial f}{\partial T}\right)_v = -s(T,v) \quad \text{und} \quad \left(\frac{\partial f}{\partial v}\right)_T = -p(T,v) \;. \tag{2.8}$$

Die HELMHOLTZ-Funktion stellt eine sog. charakteristische Funktion dar, weil aus ihr durch Differenzieren nach den beiden unabhängigen Variablen alle thermodynamischen Eigenschaften einer Phase eines reinen Stoffes berechnet werden können.[9, 76]

---

[2] Die LEGENDRE-Transformation garantiert, dass beim Wechsel der unabhängigen Variablen von s zu T und von v zu p kein Informationsverlust auftritt.

Mathematischer Zusammenhang zwischen der Fundamentalgleichung und den Stoffwertegleichungen

Es ist üblich, die HELMHOLTZ-Funktion oder spezifische Freie Energie mit einer Division durch die spezifische Gaskonstante R_i der Komponente i (siehe Gleichung (2.43)) und die Temperatur T in dimensionsloser oder besser entdimensionierter Form[3]

$$\alpha(T, v) = \frac{f(T, v)}{R_i T} \tag{2.9}$$

zu schreiben. Um die unabhängigen Zustandsgrößen ebenfalls zu entdimensionieren, werden die kritischen Daten verwendet:

$$\tau = \frac{T_{\mathrm{kr}}}{T} \quad \text{und} \quad \delta = \frac{v_{\mathrm{kr}}}{v} = \frac{\rho}{\rho_{\mathrm{kr}}} \; . \tag{2.10}$$

Dies führt zur entdimensionierten Fundamentalgleichung

$$\alpha(\tau, \delta) = \alpha^\circ(\tau, \delta) + \alpha^{\mathrm{r}}(\tau, \delta) \; , \tag{2.11}$$

wobei α° das Verhalten des idealen Gases beschreibt und α^{r} die Abweichung zum idealen Gaszustand erfasst [125].

Aus der nach der spezifischen Inneren Energie u umgestellten Gleichung (2.6) und der darin eingesetzten Beziehungen der spezifischen Entropie s in Gleichung (2.8) und der HELMHOLTZ-Funktion f in Gleichung (2.9) wird

$$u = f + Ts = f - T\left(\frac{\partial f}{\partial T}\right)_v = R_i T\alpha - T\left(\frac{\partial(R_i T\alpha)}{\partial T}\right)_v = -R_i T^2\left(\frac{\partial \alpha}{\partial T}\right)_v \tag{2.12}$$

erhalten [125]. Aus der entdimensionierten Größe τ in Gleichung (2.10) folgt durch Differenzieren

$$\frac{\partial \tau}{\partial T} = -\frac{T_{\mathrm{kr}}}{T^2} \quad \text{oder} \quad \partial T = -\frac{\partial \tau\, T^2}{T_{\mathrm{kr}}} \; . \tag{2.13}$$

Gleichung (2.13) eingesetzt in Gleichung (2.12) liefert nach [125] den gewünschten Zusammenhang zwischen der Fundamentalgleichung und einer Zustandsgröße am Beispiel der spezifischen Inneren Energie

$$\frac{u}{R_i T} = -T\left(\frac{\partial \alpha}{-\frac{\partial \tau\, T^2}{T_{\mathrm{kr}}}}\right)_\delta = \frac{T_{\mathrm{kr}}}{T}\left(\frac{\partial \alpha}{\partial \tau}\right)_\delta = \tau\left(\frac{\partial \alpha}{\partial \tau}\right)_\delta = \tau(\alpha_\tau^\circ + \alpha_\tau^r) \; . \tag{2.14}$$

Eine analoge Herleitung ist für jede weitere thermodynamische Größe eines Stoffes möglich.

---

[3]BAEHR und KABELAC weisen in [9] darauf hin, dass die Bezeichnung dieser Größe als dimensionslose Freie Energie oder dimensionslose HELMHOLTZ-Funktion „thermodynamisch nicht ganz korrekt" ist, da infolge der Division durch die Temperatur eine entropieartige Funktion entsteht.

2.2 Anwendung von TREND in Excel und mit VBA

Nachfolgend wird die Anwendung von TREND 5.0 [126] für ausgewählte Aufgabenstellungen der Reinstoffthermodynamik beschrieben. Die Leistungsfähigkeit von TREND für Anwendungen der Gemisch- und Mehrphasenthermodynamik wird im aktuellen Buch nicht genutzt.

Installation und Aktivierung des TREND-Add-Ins
Für die Verwendung von TREND werden lediglich die XLAM-, die DLL- und die LIB-Dateien aus dem ZIP-Ordner[4] benötigt und – in *einem* nicht zu tiefen Verzeichnis – entpackt. Hilfreich sind auch die Manuals (die beiden PDF-Dateien), die `TREND.xlsx`-Datei, welche beispielhafte Berechnungen mit TREND zeigt, sowie die Datei `RegisterTrendFunctions.xlsm`, die weiter unten beschrieben wird. Diese Dateien sollten ebenfalls in den zuvor gewählten Ordner entpackt werden.

Optionale Verwendung des Add-Ins `FixLinks2UDF.xlam`: Dieses Add-In, das nicht im ZIP-Ordner enthalten ist, passt die Links zu den unterstützten Add-Ins an. Damit werden Probleme umgangen, die auftreten können, wenn mehrere Personen abwechselnd an einer Excel-Datei arbeiten, aber zu verwendende Add-Ins an unterschiedlichen Orten abgelegt haben. Das Add-In korrigiert dies automatisch beim Öffnen der Excel-Datei. Wenn Sie sicher sind, dass nur Sie allein Excel-Dateien erstellen und bearbeiten und nicht austauschen oder weitergeben, können Sie diesen Punkt ignorieren:

1. Aktivierung der Dateinamenerweiterung im Explorer unter der Registerkarte ⟨Anzeigen⟩⟩⟨Einblenden⟩, weil sonst die Dateiendungen nicht zu sehen sind.

2. Eine Arbeitsmappe wird geöffnet. Für die Nutzung der Entwicklertools (und für den Aufruf des VBA-Editors) muss die Registerkarte ⟨Entwicklertools⟩ in der Hauptansicht angezeigt werden. Dazu wird unter der Registerkarte ⟨Datei⟩⟩⟨Optionen⟩⟩⟨Menüband anpassen⟩ im rechten Fenster unter Hauptregisterkarten das Kontrollkästchen ⟨Entwicklertools⟩ aktiviert. Über die nun sichtbare Registerkarte ⟨Entwicklertools⟩ der Hauptansicht kann mit der Schaltfläche ⟨Visual Basic⟩ der VBA-Editor aufgerufen werden.

3. Falls Sie das optionale FixLinks2UDF-Add-In verwenden möchten, weil Sie mit mehreren Personen abwechselnd an Excel-Dateien arbeiten, führen Sie zunächst die Installation im nachfolgenden Abschnitt „Installation und Aktivierung des FixLinks2UDF-Add-Ins" aus, bevor Sie die nachfolgenden Punkte bearbeiten.

4. Die Aktivierung des Add-Ins `TREND.xlam` erfolgt – mit oder ohne das optionale Add-In – über die Registerkarte ⟨Entwicklertools⟩⟩⟨Add-Ins⟩⟩⟨Excel-Add-Ins⟩. Wenn noch nicht erfolgt, kann bei dieser Gelegenheit auch der „Solver" aktiviert werden. Falls das Add-In blockiert wird, ist im Explorer durch einen Rechtsklick auf das Add-In über „Eigenschaften" unter ⟨Allgemein⟩ und „Sicherheit" der Punkt „Zulassen" anzuklicken.

5. Um die in den Add-Ins enthaltenen UDFs auch in VBA verwenden zu können, ist im VBA-Editor unter ⟨Extras⟩⟩⟨Verweise⟩ ebenfalls das Add-In zu aktivieren, am besten auch hier gleich der Solver.

---

[4]Auf Nachfrage erhältlich über TREND@thermo.rub.de oder direkt downloadbar über www.unit-operations.de.

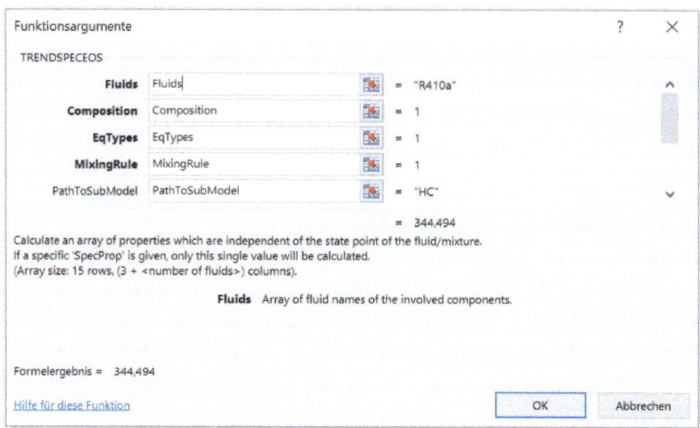

Abbildung 2.1: Excel-Menu für die Eingabe der Funktionsargumente in TREND für die Berechnung mit der UDF TRENDSPECEOS

6. Die in diesem Abschnitt beschriebenen und in TREND enthaltenen benutzerdefinierten Funktionen (UDFs) können direkt eingegeben oder über die Registerkarte Formeln ⟩ Funktionsbibliothek ⟩ Funktionen einfügen aus der Kategorie „Benutzerdefiniert" eingefügt werden, da den Funktionen in TREND keine Kategorie zugeordnet ist. Alternativ dazu bietet sich die automatische (einmalige) Einrichtung einer Kategorie „TREND" durch Starten der im ZIP-Ordner enthaltenen Datei `RegisterTrendFunctions.xlsm` und drücken des Buttons „Register" an. Anschließend können entweder wie zuvor über die Registerkarte oder durch Aufruf über die Befehlsschaltfläche Funktion einfügen (links neben der Bearbeitungsleiste) aus der Kategorie „TREND" die gewünschten Funktionen eingegeben werden. Dabei erscheint das in Abb. 2.1 dargestellte Excel-Menü für die Eingabe der Funktionsargumente, durch dessen Aufruf hier beispielhaft unter Verwendung der UDF TRENDSPECEOS die kritische Temperatur für das Kältemittel R-410a in Abb. 2.8 gemäß der Aufgabenstellung in Beispiel 2.3 berechnet wird.

Anpassung der Links zu Add-Ins in Arbeitsmappen

Gegebenenfalls müssen Links zu Add-Ins wie TREND (oder weiteren, siehe Abschnitt 2.4) in Arbeitsmappen angepasst werden. Dafür ist für „ältere" Excel-Versionen unter Daten ⟩ Verbindungen ⟩ Verknüpfungen bearbeiten der Status prüfen-Button zu drücken. Sollte in der Status-Spalte die Meldung „Fehler: Quelle nicht gefunden" auftauchen, ist für das Add-In die entsprechende Zeile zu markieren, Quelle ändern zu drücken und in dem sich öffnenden Fenster am Ablageort die entsprechende Excel-Add-In-Datei auszuwählen und mit Öffnen zu bestätigen. Für neuere Versionen von Microsoft 365 findet sich ein entsprechender Bereich unter Daten ⟩ Abfragen & Verbindungen ⟩ Workbook Links ⟩ Links zu den Arbeitsmappen, wo für das Add-In ebenfalls die entsprechende Zeile zu markieren und in dem sich öffnenden Menü über Quelle ändern das Add-In am Ablageort auszuwählen ist.

Installation und Aktivierung des FixLinks2UDF-Add-Ins
Das Add-In `FixLinks2UDF.xlam` ist unter `https://github.com/VBA-tools2/FixL`
`inks2UDF.vba` erhältlich. Dort ist auch eine ausführliche Anweisung für die Installation
zu finden, die derselben Vorgehensweise wie bei TREND bis einschließlich Punkt 4
entspricht (siehe oben). Das FixLinks2UDF-Add-In muss immer *vor* den Add-Ins,
die – wie TREND – davon abhängen, geladen werden, um die ordnungsgemäße
Funktionsweise sicherzustellen.

2.2.1 Einrichten von Berechnungsblättern in Excel

Ein klar strukturiertes und übersichtlich gestaltetes Excel-Berechnungsblatt signali-
siert Sorgfalt, erleichtert die Nachvollziehbarkeit und dient als Dokumentation der
Berechnungen und Simulationen. Diagramme mit typischen Verläufen und markierten
Arbeitspunkten steigern die Anschaulichkeit. Für Ausdrucke und PDFs ist das A4-
Format (nach DIN 476 [34]) Standard und sollte bereits bei der Erstellung berücksich-
tigt werden. Titel, Projektname, Randbedingungen, Datenquellen, Erstelldatum und
Verfasserangabe auf dem Berechnungsblatt gehören zur Dokumentation. Farben sollten
sparsam und gezielt eingesetzt werden – idealerweise kräftige, gut unterscheidbare
Töne. Die Einstellungen erfolgen über Seitenlayout ⟩ Farben .

Schriftart, Formatierungen   Für die in diesem Buch gezeigten Berechnungsblätter
wird die Schriftart Arial verwendet – platzsparend und systemweit verfügbar. Physikalische Symbole werden gemäß DIN 1338 [30] in Times New Roman (kursiv) dargestellt.
Formelzeichen stehen kursiv, Indizes je nach Bedeutung kursiv oder aufrecht, Einheiten
stets aufrecht und in Arial (ohne Serifen). Zur besseren Übersicht empfiehlt sich eine
einheitliche Zellformatierung:

Eingaben grau hinterlegt, fette schwarze Schrift.

Berechnungen normale schwarze Schrift.

Verknüpfte Zellen graue Schrift.

Ergebnisse können durch Formatierung hervorgehoben werden.

Formatvorlagen (ggf. als Excel-Vorlage) erleichtern eine konsistente Darstellung.

Symbole für zeitliche Ableitungen   Symbole für zeitliche Ableitungen oder molare
Größen lassen sich in Excel seit Einführung der UTF-8-Zeichenkodierung relativ einfach
darstellen. In gängigen Schriftarten wie Arial, Times New Roman oder Calibri geht
man dabei wie folgt vor: Zunächst wird beispielsweise V in eine Zelle eingegeben.
Während der Cursor rechts neben dem Buchstaben steht, öffnet man unter Einfügen ⟩
⟩ Symbole ⟩ Symbol das Dialogfeld, wählt die Schriftart ⟩ Times New Roman und gibt den
Zeichencode „U+0307" („Combining Dot Above") ein. Das Einfügen des Zeichens
erzeugt das kombinierte Symbol $\dot{V}$. Nach dem Schließen des Fensters kann dieses
kursiv formatiert werden. Für $\bar{V}$ wird analog der Zeichencode „U+0304" („Combining
Macron") verwendet.

Absolute Zellbezüge, Namen

Zellen in Berechnungsblättern sollten nach Möglichkeit mit Namen (z. B. Symbole oder Abkürzungen) versehen werden, siehe dazu die Beschreibungen für das Beispiel 2.1 in Abschnitt 2.2.3. Dies erleichtert die Eingabe und Lesbarkeit von Formeln und stellt *absolute Zellbezüge* her, sodass Bezüge beim Kopieren oder Verschieben erhalten bleiben. In Visual Basic for Applications (VBA)-Makros ist dies besonders wichtig, da sonst Zellbezüge bei Änderungen im Arbeitsblatt – etwa durch das Einfügen von Zeilen – manuell angepasst werden müssten.

Signifikante Stellen

Excel rechnet intern mit 15 Stellen, gibt Ergebnisse jedoch meist gerundet aus. Für praktische Berechnungen ist die korrekte Angabe der Zahlenwerte – insbesondere die Anzahl signifikanter Stellen – entscheidend, siehe DIN 1333 [29]. Nach dieser Norm sind alle Ziffern von der ersten von null verschiedenen Stelle bis zur Rundungsstelle signifikant. Dazu zählen auch Nullen zwischen signifikanten Ziffern sowie Endnullen in Nachkommastellen. Die wissenschaftliche Schreibweise ist dabei eindeutiger und grundsätzlich zu bevorzugen: Die Zahl $3{,}42 \cdot 10^{11}$ wird in Excel als 3,42E+11 notiert und besitzt drei signifikante Stellen; $3{,}4200 \cdot 10^{11}$ (Excel: 3,4200E+11) dagegen fünf.

Rechnen mit signifikanten Stellen Bei Addition und Subtraktion richtet sich die Anzahl der Nachkommastellen im Ergebnis nach der Zahl mit den wenigsten Nachkommastellen. Bei Multiplikation oder Division bestimmt die geringste Anzahl signifikanter Stellen das Ergebnis.

Zwischenergebnisse Für Zwischenergebnisse werden häufig zusätzliche Stellen angegeben. In den Berechnungsbeispielen dieses Buches werden zur besseren Vergleichbarkeit teilweise mehr Stellen dargestellt, als es die Regeln für signifikante Stellen vorsehen.

Beispielhaftes Excel-Berechnungsblatt

Abbildung 2.2 enthält die Druckansicht für ein beispielhaftes Excel-Berechnungsblatt (zur Erstellung der Berechnungen siehe Abschnitt 2.2.3). Anmerkung: Die nachfolgenden Berechnungsblätter werden aus Platzgründen ausnahmslos ohne Kopf- und Fußzeilen dargestellt.

2.2.2 Grundlagen und Tipps zu VBA

VBA ist eine leistungsfähige Skriptsprache und bereits Bestandteil der Programme von Microsoft® Office. Excel besitzt als Entwicklungsumgebung den sogenannten VBA-Editor, der umfangreiche Berechnungen ermöglicht, die in einer reinen „Tabellenkalkulation" nicht oder nur sehr umständlich durchführbar wären. Im Buch *Wärmeübertragung mit EXCEL und VBA* [53] sind im Abschnitt 2.2 Grundlagen und Tipps zu VBA deutlich ausführlicher als nachfolgend beschrieben.

Aufruf des VBA-Editors Um den VBA-Editor aufrufen zu können, muss die Registerkarte Entwicklertools in der Hauptansicht angezeigt werden. Dazu wird in der Registerkarte Datei ⟩ Optionen ⟩ Menüband anpassen im rechten Fenster unter Hauptregisterkarten das Kontrollkästchen Entwicklertools aktiviert, damit die Schaltfläche Visual Basic für den Aufruf des VBA-Editors zu sehen ist.

Sicherheitseinstellungen in Excel Die Sicherheitseinstellungen für Makros sind zu kontrollieren. Unter der Registerkarte Entwicklertools ⟩ Code ⟩ Makrosicherheit sollte die folgende Option aktiviert sein: Deaktivieren von Makros mit Benachrichtigung. Arbeitsmappen mit Makros werden als „Excel-Arbeitsmappe mit Makros (∗.xlsm)" abgespeichert.

Makros aufzeichnen Zur Automatisierung von Abläufen in der Arbeitsmappe oder zur Ermittlung geeigneter VBA-Befehle für bestimmte Aktionen kann der Makrorekorder genutzt werden. Nach Betätigen der Schaltfläche Entwicklertools ⟩ Makro aufzchn. werden sämtliche Aktionen in der Arbeitsmappe als VBA-Code protokolliert. Mit Aufzeichnung beenden wird die Aufnahme abgeschlossen. Der aufgezeichnete Code lässt sich im VBA-Editor unter Projekt-Explorer ⟩ Module einsehen und bei Bedarf anpassen.

Makros ausführen Erstellte Makros können durch unterschiedliche Befehle ausgeführt werden:

- Über die Schaltfläche mit dem grünen Play-Symbol im VBA-Editor,
- in Excel manuell über das Dialogfenster unter Entwicklertools ⟩ Code ⟩ Makros,
- über selbst erstellte Schaltflächen in der Arbeitsmappe (wie in der Bearbeitung für das Beispiel 9.2 im Fall b) beschrieben) sowie
- wie im Beispiel 2.4 automatisch bei Änderungen im Arbeitsblatt.

Zellen, Zellbereiche, absolute Zellbezüge, Namen Mit den Befehlen `Cells` und `Range` kann aus VBA auf Zellen oder Zellbereiche im Arbeitsblatt zugegriffen werden, z. B. `Range("E42")` oder `Range("A2:E42")`. `Cells` bietet Vorteile, weil es numerische Werte erwartet. So lauten die entsprechenden Befehle für diese beiden Beispiele `Cells(42, 5)` (Zeile 42, Spalte 5) und `Range(Cells(2, 1), Cells(42, 5))`. Werden in Arbeitsblättern Spalten oder Zeilen eingefügt oder gelöscht, ändern sich automatisch die Bezüge in den Formeln der von der Verschiebung betroffenen Zellen. Wird dagegen in VBA auf eine Zelle oder einen Zellbereich verwiesen und dann im Arbeitsblatt eine Spalte oder Zeile eingefügt oder gelöscht, steht in VBA nach wie vor der ursprüngliche Zellbereich. Dieses Problem kann umgangen werden, wenn Zellen oder Zellbereichen im Arbeitsblatt Namen zugewiesen und diese in VBA verwendet werden, siehe dazu die Beschreibungen für das Beispiel 2.1 in Abschnitt 2.2.3.

Punkte, Kommata und Semikola Die Syntax ist in den Arbeitsblättern und im VBA-Editor teilweise unterschiedlich. In der deutschsprachigen Excel-Version werden im Arbeitsblatt (standardmäßig) Kommata als Dezimaltrennzeichen verwendet und Semikola zur Trennung von Parametern in einer Funktion. Der VBA-Editor versteht dagegen vorwiegend Englisch. Daher werden dort Punkte als Dezimaltrennzeichen verwendet und Kommata zur Trennung von Parametern einer Funktion. Im VBA-Editor kommen zudem englische Funktionsnamen zur Anwendung.

Prozeduren Prozeduren werden durch Steuerelemente oder Ereignisse gestartet und dienen zur Automatisierung. Prozeduren werden nach folgendem Muster erstellt:

```
Sub ProzedurName()
    <Code>
End Sub
```

Funktionen Elementarer Bestandteil von Programmen sind Funktionen. Benutzerdefinierte Funktionen erweitern die Excel-Bibliothek, siehe [53]. Eine Function kann aus einer Prozedur ausgegliedert werden, um die Übersicht zu verbessern oder um die Verwendung in weiteren Prozeduren zu ermöglichen. Funktionen werden nach folgendem Muster erstellt:

```
Function FunktionName(Argument1 As Datentyp,...) As Datentyp
    <Code>
    FunktionName = <Ergebnis>
End Function
```

Die Argumente in der Funktion sind die Variablen, von denen das Ergebnis der Funktion abhängt; der gewählte Datentyp am Ende der ersten Zeile ist der Datentyp des Ergebnisses. Die Funktion kann sowohl mit FunktionName(Argument1,...) mit den eingegebenen Variablen in einer Prozedur in VBA als auch mit FunktionName(Argument1;...) im Arbeitsblatt verwendet werden. Das Einfügen von Prozeduren und Funktionen erfolgt manuell oder durch Aufrufen des Menüs Einfügen ⟩ Prozedur einfügen.

2.2.3 Berechnung von Stoffwerten mit TREND

Beispiel 2.1

Für Wasserstoff ist eine Auswahl von thermophysikalischen Stoffwerten und Zustandsgrößen unter Anwendung von TREND beispielhaft zu berechnen (Ergebnisse im Excel-Berechnungsblatt in Abb. 2.2.)

Beispiel 2.2

Für Kohlendioxid CO_2 ist ein maßstäbliches p, v, T-Diagramm unter Anwendung von TREND zu erstellen (siehe Abb. 2.3).

Die in TREND enthaltenen UDFs verwenden für die Berechnungen die nachfolgend aufgeführten Parameter (mit den im Arbeitsblatt verwendeten Namen), siehe dazu auch die beiden User Manuals im TREND-Ordner. Die in eckigen Klammern angegeben Parameter sind optional, wobei von TREND Default-Werte aufgerufen werden. Weitere Informationen sind in den Manuals enthalten. Hilfreich kann auch die Excel-Beispieldatei `TREND.xlsx` sein, da die Manuals recht knapp gehalten sind.

Input Code (`InputCode`): Gibt an, welche Parameter vorgegeben werden. Die Eingabe `TP` steht z. B. für die Temperatur und den Druck. Weitere mögliche Input Codes sind `TD` für Temperatur und Dichte, `PH` für Druck und spezifische Enthalpie sowie `PS` für Druck und spezifische Entropie. Mehr im Excel-Manual.

Input Value(s) (z. B. `InputValue1` und `InputValue2`): Zum Input Code passende Werte (alternativ z. B. auch `T` und `p`).

Fluid(s) (`Fluids`): Eingabe des zu berechnenden Reinstoffs oder der Gemischkomponenten.

Composition (`Composition`): Gibt die Zusammensetzung bei Gemischen an. Bei einem Reinstoff wird ausschließlich der Wert 1 angegeben.

Equation Type(s) (`EqTypes`): Gibt die zu verwendenden Zustandsgleichungen für die Stoffe vor. Für die Berechnungen in diesem Buch wird ausnahmslos der Wert 1 eingegeben, womit auf die HELMHOLTZ-Funktion bezogen wird.

Mixing Rule (`MixingRule`): Gibt die zu verwendende Mischungsregel an. In diesem Buch wird ausschließlich der Wert 1 eingegeben, womit die Mischungsregel GERG-2004 [94] verwendet wird.

[Path to Sub-Model] (`PathToSubModel`): In diesem und den nachfolgenden Kapiteln verwenden wir in der Regel die Eingabe `HC` (hard coded), bei der lediglich die DLL-Dateien und eventuell die LIB-Datei verwendet werden. Ohne eine Eingabe oder Angabe des Pfads werden zumindest Teile der anderen Verzeichnisse oder Dateien verwendet.

[Unit] (`Unit`): Berechnung massenbezogener (`specific`) oder stoffmengenbezogener Größen (`molar`) (Default).

[Show Error Code] (`ShowErrorCode`): Steuert die Fehlerbehandlung der Funktionen. Tritt ein Fehler in der Berechnung auf, wird entweder der Excel-Fehlerwert #NV (bei Show Error Code = `FALSCH`) oder ein in der Software definierter Fehlercode (eine negative Ganzzahl bei Show Error Code = `WAHR`) zurückgegeben.[5]

Bearbeitung der in Beispiel 2.1 gegebenen Aufgabenstellung
Für die Bearbeitung der Aufgabenstellung gemäß Beispiel 2.1 wird ein Excel-Berechnungsblatt wie in Abb. 2.2 erstellt. Dafür müssen die im Abschnitt 2.2.4 beschriebenen Korrekturen für die Komponente Wasserstoff (`hydrogen`) durchgeführt werden und das Argument `PathToSubModel` *leer* bleiben.

---

[5] Es empfiehlt sich, diesen Parameter auf `FALSCH` zu setzen, damit im Fehlerfall *der Fehlerwert* #NV weitergegeben und nicht mit dem Fehlercode weitergerechnet wird. Ein mit Show Error Code = `WAHR` gelieferter Fehlercode kann über das Manual oder mit der TREND-Funktion ERRORTEXT ergründet werden.

FH Aachen, Lehrgebiet Thermische Energietechnik

Prof. Dr.-Ing. Uwe Feuerriegel

Stoffwerte und Zustandsgrößen für Wasserstoff mit TREND

Beispielhafte Berechnung einer Auswahl von Stoffwerten und Zustandsgrößen unter Verwendung von TREND 5.0.
Span, R., Beckmüller, R., Hielscher, S., Jäger, A., Mickoleit, E., Neumann, T., Pohl, S. M., Semrau, B., Thol, M. (2020) TREND: Thermodynamic Reference and Engineering Data 5.0. Lehrstuhl für Thermodynamik, Ruhr-Universität Bochum.

Eingabeparameter TREND

Path to Sub-Model				
Input Code				TP
Input Value 1	T		K	500,00
Input Value 2	p		MPa	100,00
Unit				specific
Show Error Code				FALSCH
Fluid				Hydrogen
Composition				1
Equation Type				1
Mixing Rule				1

Berechnungen TREND

		CalcType	Unit		
Temperatur	T	T	K	K	500,00
Dichte	ρ	D	kg/m3	kg m^{-3}	34,982
Druck	p	P	MPa	bar	1000,0
spezifische Innere Energie	u	U	J/kg	kJ kg^{-1}	5046,8
spezifische Enthalpie	h	H	J/kg	kJ kg^{-1}	7905,4
spezifische Entropie	s	S	J/(kg K)	kJ kg^{-1} K^{-1}	47,166
spez. Freie Enthalpie (GIBBS-Funktion)	$g = h - Ts$	G	J/kg	kJ kg^{-1}	-15677,4
spez. Freie Energie (HELMHOLTZ-Funktion)	$f = u - Ts$	A	J/kg	kJ kg^{-1}	-18536,0
spezifische isobare Wärmekapazität	c_p	CP	J/(kg K)	kJ kg^{-1} K^{-1}	14,850
spezifische isochore Wärmekapazität	c_v	CV	J/(kg K)	kJ kg^{-1} K^{-1}	10,815
Schallgeschwindigkeit	w_s	WS	m/s	m s^{-1}	2317,6
zweiter Virialkoeffizient	B	BVIR	m3/kg	m^3 kg^{-1}	8,121E-03
dritter Virialkoeffizient	C	CVIR	m6/kg2	m^6 kg^{-2}	6,032E-05
vierter Virialkoeffizient	D	DVIR	m9/kg3	m^9 kg^{-3}	5,705E-04
erste Ableitung zweiter Virialkoeffizient	dB/dT	DBDT	m3/(kg K)	m^3 kg^{-1} K^{-1}	1,522E-06
erste Ableitung dritter Virialkoeffizient	dC/dT	DCDT	m6/(kg2 K)	m^6 kg^{-2} K^{-1}	-3,886E-08
spezifische isobare Wärmekapazität id. Gas	c_p°	CP0	J/(kg K)	kJ kg^{-1} K^{-1}	14,512
Realgasfaktor	Z	Z	-	1	1,3862
thermischer Volumenausdehnungskoeffizient	a_v	VEXP	1/K	K^{-1}	0,0014
Isentropenexponent	κ	EXPS	-	1	1,8790
JOULE-THOMSON-Koeffizient	δ_h	JTCO	K/MPa	K MPa^{-1}	-0,5428
Phasenidentifikationsparameter	P	PIP	-	1	1,3893
Phasentyp	PHT	PHASE	-	1	2,0000
Ableitung des Drucks nach der Temp.	$(\partial p/\partial T)_v$	DPDT	MPa/K	MPa K^{-1}	0,1965
Ableitung der Dichte nach der Temp.	$(\partial \rho/\partial T)_p$	DDDT	kg/(m3 K)	kg m^{-3} K^{-1}	-0,0502
Ableitung des Drucks nach der Dichte	$(\partial p/\partial r)_T$	DPDD	(MPa m3)/kg	MPa m^3 kg^{-1}	3,9121
JOULE-THOMSON-Inversionstemperatur	T_{INV}	TJTINV	K	K	200,77

Viskosität	η	ETA	µPa s	Pa s	1,4600E-05
Wärmeleitfähigkeit	λ	TCX	W/(m K)	W m^{-1} K^{-1}	0,3312
Dielektrizitätskonstante	ε	DE	-	1	1,1099

		SpecProp	Unit		
molare Masse	M	MW	kg/mol	kg kmol^{-1}	2,0159
Tripeltemperatur	T_{tr}	Ttrip	K	K	13,9570
Tripeldruck	p_{tr}	ptrip	MPa	bar	0,07358
kritische Temperatur	T_{kr}	Tcrit	K	K	33,1450
kritischer Druck	p_{kr}	pcrit	MPa	bar	12,9648
kritische Dichte	ρ_{kr}	Dcrit	kg/m3	kg m^{-3}	31,2623
azentrischer Faktor	ω	AF	-	1	-0,2190
minmale Temperatur	T_{min}	Tmin	K	K	13,96
maximale Temperatur	T_{max}	Tmax	K	K	1000
maximaler Druck	p_{max}	pmax	MPa	bar	20000
maximale Dichte	ρ_{max}	Dmax	kg/m3	kg m^{-3}	205,62

CAS-Registriernummer (Chemical Abstracts Service)	1333-74-0

UnitOps TREND ET Kap2 H2.xlsm Properties H2 TREND B2.1 / UF / D 03.06.2025

UnitOperations.de

Abbildung 2.2: Druckansicht des Excel-Berechnungsblatts für die Stoffwerte und Zustandsgrößen von Wasserstoff, berechnet mit TREND [126]

1. Im oberen Teil des Berechnungsblatts werden die vorstehend aufgeführten Eingabeparameter für TREND vorgegeben. Diese Zellen erhalten die oben aufgeführten Namen. Um einem Zellbereich – bestehend aus einer oder aus mehreren Zellen – im Arbeitsblatt einen Namen zuzuweisen, wird dieser Bereich markiert und nach einem Klick auf `Neu...` im Namens-Manager unter `Formeln` ⟩ `Definierte Namen` ⟩ `Namen definieren` im Feld `Neuer Name` der Name eingegeben. Unter `Bereich` kann gewählt werden, ob der Name für die gesamte Arbeitsmappe oder nur für ein bestimmtes Arbeitsblatt gelten soll. Häufig ist es sinnvoll, einen Namen nur für ein bestimmtes Arbeitsblatt zu vergeben. So besteht die Möglichkeit, diesen Namen auch in anderen Arbeitsblättern definieren zu können. Alternativ kann der Name direkt im `Namenfeld` links neben der `Bearbeitungsleiste` eingegeben werden, gilt dann allerdings für die gesamte Arbeitsmappe.

2. In der Spalte „CalcType" werden die Kennungen für die in den Zeilen des Arbeitsblatts zu berechnenden Parameter eingegeben. In der Spalte „Unit" wird die in TREND verwendete Dimension abgerufen, z. B. für die Ermittlung der Dimension der Temperatur T durch die Eingabe

```
=PROPUNIT(E20;Unit;ShowErrorCode)
```

unter Bezug auf die Kennung T in der Spalte „CalcType". In dieser Spalte erscheint die von TREND vorgegebene Schreibweise für die Dimensionen. In einer zusätzlichen Spalte werden „eigene" Dimensionen unter Verwendung der Potenzschreibweise vorgegeben, die ausnahmslos für die in der äußersten rechten Spalte berechneten Zahlenwerte gelten, auch in den folgenden Berechnungsblättern, und wofür entsprechende Umrechnungen erforderlich sind.

3. Die Berechnungen im zweiten und im dritten Teil des Arbeitsblattes erfolgen ausschließlich mit der Funktion TRENDEOS und unterscheiden sich nur durch den CalcType. Beispielsweise berechnet sich der Druck p durch den Aufruf

```
=10*TRENDEOS(E21;InputCode;InputValue1;InputValue2;Fluids;
Composition;EqTypes;MixingRule;PathToSubModel;Unit;
ShowErrorCode)
```

unter Bezug auf die Kennung P in der Spalte „CalcType" inklusive einer Umrechnung von MPa in bar (unter Verwendung des Faktors 10).

4. Im vierten Teil des Berechnungsblatts erfolgt die Berechnung der Stoffwerte mit der Funktion TRENDSPECEOS z. B. durch die Eingabe

```
=TRENDSPECEOS(Fluids;Composition;EqTypes;MixingRule;
PathToSubModel;Unit;ShowErrorCode;E74)
```

5. Zusätzlich wurde im Berechnungsblatt die CAS-Registriernummer (Chemical Abstracts Service) des Fluids ermittelt:

```
=CASFROMFLUID(Fluids;ShowErrorCode)
```

Teilweise können mit TREND auch Größen spaltenweise durch Array-Funktionen berechnet werden, siehe dazu das Manual. Bezüglich der in diesem und in den nachfolgenden Beispielen verwendeten Dimensionen sind ggf. erforderliche Umrechnungen zu beachten, wenn entweder eine Umrechnung der in TREND berechneten Größe oder ein Eingabeparameter für TREND in einer bestimmten Dimension erforderlich ist.

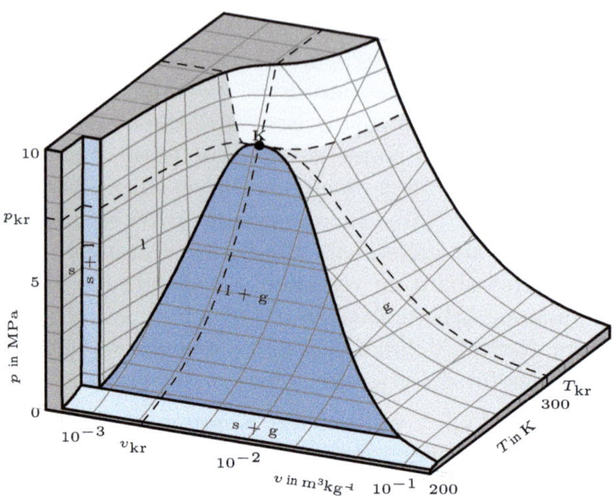

Abbildung 2.3: Maßstäbliches p, v, T-Diagramm für Kohlendioxid, berechnet mit TREND in Excel und visualisiert mit Gnuplot. © U. Feuerriegel 2025. All Rights Reserved.

Bearbeitung der in Beispiel 2.2 gegebenen Aufgabenstellung

Die Daten für die in Abb. 2.3 dargestellte p, v, T-Fläche von CO_2 wurden unter Verwendung von TREND in Excel berechnet und mittels Gnuplot [64] in LaTeX visualisiert. Dies erfordert recht umfangreiche Berechnungen der Phasengrenzkurven, der Abgrenzungen der Flächen sowie der Isothermen, Isochoren und Isobaren.

2.2.4 Kernspin-Isomere des Wasserstoffs, Ortho-Para-Umwandlung

Vor den weiteren Berechnungen ist eine Besonderheit der Komponente Wasserstoff zu behandeln. Wasserstoff tritt als Mischung von zwei Kernspin-Isomeren oder auch Kernspin-Allotropen des Moleküls auf, die als Orthowasserstoff (o-H_2) und als Parawasserstoff (p-H_2) bezeichnet werden und teilweise unterschiedliche physikalische Eigenschaften aufweisen, z. B. unterschiedliche spezifische Wärmekapazitäten [51, 69, 97, 153].[6]

Das Verhältnis z. B. der Stoffmengenanteile des Orthowasserstoffs $x_{o\text{-}H_2}$ zum Parawasserstoff $x_{p\text{-}H_2}$ im Gleichgewicht hängt erheblich von der Temperatur ab, siehe dazu das Diagramm in Abb. 2.4. So besteht die Mischung im chemischen Gleichgewicht bei 298,15 K aus 25,1 % p-H_2 – auch als Normalwasserstoff (n-H_2) bezeichnet. Bei 20 K dagegen beträgt der Stoffmengenanteil des Parawasserstoffs 99,8 % [3, 51, 69, 141].

In der Literatur wird die auf der BOLTZMANN-Verteilung basierende Näherungsglei-

---

[6]Für die Erschaffung der Quantenmechanik, die u. a. zur Erklärung des Auftretens der Isomere des Wasserstoff-Moleküls diente, erhielt HEISENBERG 1932 den Nobelpreis für Physik.

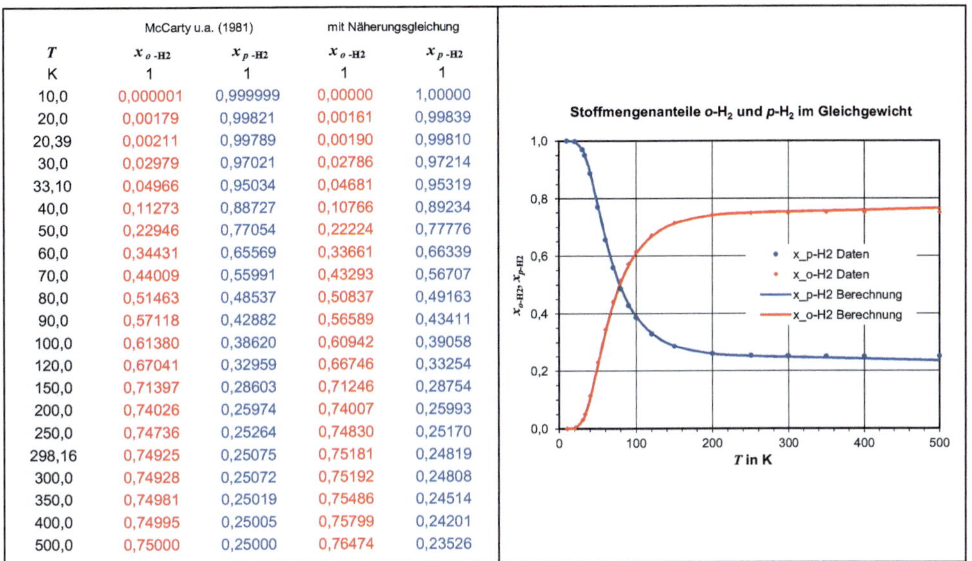

T	McCarty u.a. (1981)		mit Näherungsgleichung	
	$x_{o\text{-}H2}$	$x_{p\text{-}H2}$	$x_{o\text{-}H2}$	$x_{p\text{-}H2}$
K	1	1	1	1
10,0	0,000001	0,999999	0,00000	1,00000
20,0	0,00179	0,99821	0,00161	0,99839
20,39	0,00211	0,99789	0,00190	0,99810
30,0	0,02979	0,97021	0,02786	0,97214
33,10	0,04966	0,95034	0,04681	0,95319
40,0	0,11273	0,88727	0,10766	0,89234
50,0	0,22946	0,77054	0,22224	0,77776
60,0	0,34431	0,65569	0,33661	0,66339
70,0	0,44009	0,55991	0,43293	0,56707
80,0	0,51463	0,48537	0,50837	0,49163
90,0	0,57118	0,42882	0,56589	0,43411
100,0	0,61380	0,38620	0,60942	0,39058
120,0	0,67041	0,32959	0,66746	0,33254
150,0	0,71397	0,28603	0,71246	0,28754
200,0	0,74026	0,25974	0,74007	0,25993
250,0	0,74736	0,25264	0,74830	0,25170
298,16	0,74925	0,25075	0,75181	0,24819
300,0	0,74928	0,25072	0,75192	0,24808
350,0	0,74981	0,25019	0,75486	0,24514
400,0	0,74995	0,25005	0,75799	0,24201
500,0	0,75000	0,25000	0,76474	0,23526

Abbildung 2.4: Stoffmengenanteile von p-H$_2$ und o-H$_2$ im Gleichgewicht (vgl. [3, 69, 103])

chung für die Temperaturabhängigkeit der Gleichgewichtszusammensetzung

$$\frac{x_{p\text{-}H_2}}{x_{o\text{-}H_2}} = \frac{1}{3} \frac{1 + 5 \exp\left(-6\frac{B}{T}\right)}{3 \exp\left(-2\frac{B}{T}\right) + 7 \exp\left(-12\frac{B}{T}\right)} \tag{2.15}$$

mit der sog. Rotationskonstante

$$B = \frac{h^2}{8\pi^2 I_{H_2} k_B} \tag{2.16}$$

und darin der PLANCK-Konstante $h = 6{,}626\,070\,15 \cdot 10^{-34}\,\mathrm{J\,Hz^{-1}}$, der BOLTZMANN-Konstante $k_B = 1{,}380\,649 \cdot 10^{-23}\,\mathrm{J\,K^{-1}}$ sowie dem Trägheitsmoment des Wasserstoffatoms $I_{H_2} = 4{,}67 \cdot 10^{-41}\,\mathrm{g\,cm^2}$ angegeben [51, 69, 136]. Wasserstoff im Gleichgewicht wird auch als sog. Gleichgewichtswasserstoff (e-H$_2$) bezeichnet.

Für die Berechnung des Stoffmengenanteils des Parawasserstoffs $x_{p\text{-}H_2}$ wird in Gleichung (2.15) der Stoffmengenanteil des Orthowasserstoffs $x_{o\text{-}H_2} = 1 - x_{p\text{-}H_2}$ ersetzt, die Gleichung nach dem Stoffmengenanteil des Parawasserstoffs

$$x_{p\text{-}H_2} = \frac{\frac{1}{3} \frac{1 + 5 \exp\left(-6\frac{B}{T}\right)}{3 \exp\left(-2\frac{B}{T}\right) + 7 \exp\left(-12\frac{B}{T}\right)}}{1 + \frac{1}{3} \frac{1 + 5 \exp\left(-6\frac{B}{T}\right)}{3 \exp\left(-2\frac{B}{T}\right) + 7 \exp\left(-12\frac{B}{T}\right)}} \tag{2.17}$$

umgestellt und die in Listing 2.1 aufgeführte UDF x_p_H2 verwendet, siehe dazu in

Abb. 2.4 zum Vergleich die aus [103] übernommenen und die mit Gleichung (2.17) berechneten sowie die jeweils im Diagramm dargestellten Stoffmengenanteile.

Listing 2.1: VBA-Code für die Berechnung des Stoffmengenanteils des Parawasserstoffs im thermischen Gleichgewicht

```vba
'Tiesinga, E. u. a. „CODATA Recommended Values of the Fundamental Physical
'Constants: "2018. In: Journal of Physical and Chemical Reference Data
'50.3 (2021), S. 033105 -161. DOI: 10.1063/5.0064853.
'BOLTZMANN-Konstante, [k_B] = J K^-1
Const k_B As Double = 1.380649E-23
'PLANCK-Konstante, [h] = [J Hz^-1]
Const h As Double = 6.62607015E-34
'Trägheitsmoment Wasserstoffatom, [I_H2] = g cm^2
Const I_H2 As Double = 4.67E-41


'Berechnung Stoffmengenanteil Parawasserstoff im Gleichgewicht, [x_i] = 1
'Temperatur [T] = K, Rotationskonstante [B] = K
Function x_p_H2(T As Double) As Double

    Dim B As Double
    Dim x_p_H2_zu_x_o_H2 As Double

    B = 10000000 * h ^ 2 / (8 * Application.WorksheetFunction.Pi ^ 2 * I_H2 * k_B)

    x_p_H2_zu_x_o_H2 = 1 / 3 * (1 + 5 * Exp(-6 * B / T)) / ((3 * Exp(-2 * B / T)) _
        + (7 * Exp(-12 * B / T)))

    x_p_H2 = x_p_H2_zu_x_o_H2 / (1 + x_p_H2_zu_x_o_H2)

End Function
```

Die Bedeutung der Ortho-Para-Umwandlung liegt darin, dass sie stets unterhalb der Umgebungstemperatur stattfindet und exotherm ist. Wird Normalwasserstoff von 25 °C ohne eine Umwandlung bis auf den Sättigungszustand verflüssigt, so führt die Umwandlung im Sättigungszustand zu einer Verdampfung von fast 70 % des verflüssigten Wasserstoffs – zusätzlich zu den Verlusten infolge einer Wärmezufuhr von außen in den tiefkalten Behälter [57, 69]. Deshalb ist es sinnvoll, bei der Verflüssigung die Umwandlungsenthalpie bei möglichst hohen Temperaturen abzuführen, um wenig Entropie zu erzeugen.

Nach [51, 69] ist es möglich, die Gleichgewichtseinstellung durch eine heterogen katalysierte Reaktion schon bei der Abkühlung im Prozessablauf zu erreichen. Dafür können poröse Katalysatoren aus Eisenoxid (Fe_2O_3) z. B. in die Innenrohre eines Doppelrohr- oder eines Rohrbündel-Wärmeübertragers gefüllt werden.

TREND rechnet für die Komponente Wasserstoff (hydrogen) mit der oben angegebenen Zusammensetzung für Normalwasserstoff (n-H_2) bei 298,15 K, auch bei niedrigen Temperaturen [134]. Somit kann in den weiteren Berechnungen – insbesondere zur Verflüssigung von Wasserstoff im Abschnitt 12.3 – die Ortho-Para-Umwandlung mit TREND nicht direkt berücksichtigt werden. Wie trotzdem z. B. spezifische Enthalpien und spezifische Entropien von Gleichgewichtswasserstoff (e-H_2) sowie Umwandlungsenthalpien ermittelt werden können, wird in Abb. 2.5 gezeigt:

- Dafür sind zunächst die folgenden Korrekturen in TREND in der Version 5.0 im Ordner **fluids** auf Empfehlung des Entwicklerteams durchzuführen, damit die Komponenten identische Referenzzustände haben [96, 135]:
  - In der Datei **hydrogen.fld** ist die Zeile 14 mit dem Referenzzustand NBP zu ersetzen durch diese *zwei* Zeilen:
    1. `OTO !Default reference state that agrees with those of LeRoy et al., J. Phys. Chem., 94:923-929, 1990`
    2. `25.0 0.1 1582.739 137.2105`
  - In der Datei **parahyd.fld** ist die Zeile 14 mit dem Referenzzustand NBP zu ersetzen durch diese *zwei* Zeilen:
    1. `OTO !Default reference state that agrees with those of LeRoy et al., J. Phys. Chem., 94:923-929, 1990`
    2. `25.0 0.1 519.654 123.5089`
  - Der Referenzpunkt von Orthowasserstoff ist standardmäßig bereits „`OTO`" und bleibt daher unverändert.

  Damit die Korrekturen bei den Berechnungen Anwendung finden, muss bei den TREND-Aufrufen nun unbedingt das Argument `PathToSubModel` *leer* bleiben!

- Im oberen Bereich des Berechnungsblatts werden die Eingabeparameter für TREND vorgegeben. Die Zellen in diesem Teil erhalten am besten dieselben Namen, wie im Beispiel 2.1. Im zweiten Bereich des Berechnungsblatts folgt die Sättigungstemperatur für Orthowasserstoff (orthohyd) über die Eingabe

  `=TRENDEOS("T";"PLIQ";p_MPa;42;H23;Composition;EqTypes;`
  `MixingRule;PathToSubModel;Unit;ShowErrorCode)`

  und wird als untere Temperaturgrenze für die nachfolgenden Berechnungen übernommen. Die weiteren Berechnungen in diesem zweiten Bereich sind optional.

- Im dritten Bereich des Berechnungsblatts wird zunächst der Temperaturbereich von der soeben berechneten Sättigungstemperatur bis zur Temperatur T vorgegeben – wobei Zwischenwerte aus Platzgründen ausgeblendet wurden – und damit die spezifischen Enthalpien $h(T,p)$ für die Einzelkomponenten Parawasserstoff (parahyd), Orthowasserstoff (orthohyd) und Normalwasserstoff (hydrogen) berechnet, z. B. für Parawasserstoff durch die Eingabe

  `=0,001*TRENDEOS("H";"TP";T;p_MPa;"parahyd";Composition;EqTypes;`
  `MixingRule;PathToSubModel;Unit;ShowErrorCode)`

- Für die Berechnung der spezifischen Enthalpie des Gleichgewichtswasserstoffs werden zuerst – wie bereits oben in Abb. 2.4 – die Stoffmengenanteile des Parawasserstoffs $x_{p\text{-}H_2}$ und des Orthowasserstoffs $x_{o\text{-}H_2}$ mit der UDF `x_p_H2` ermittelt. Für die nachfolgende Berechnung werden im zweiten Bereich in das Array `Fluids_Gasmix` die Namen der Komponenten eingefügt und zusätzlich in einer weiteren Spalte die EqTypes für die Komponenten mit dem Wert 1 und dem Namen `Array_EqTypes` eingegeben, womit auf die HELMHOLTZ-Funktion bezogen wird. Die Berechnung der spezifischen Enthalpie $h_{e\text{-}H_2}(T,p)$ erfolgt durch die Eingabe

```
=0,001*TRENDEOS("H";InputCode;M48;p_MPa;Fluids_Gasmix;M54:M55;
Array_EqTypes;MixingRule;PathToSubModel;Unit;ShowErrorCode)
```

Dafür befindet sich der Wert für die Temperatur in der Zelle M48 und die Werte für die Stoffmengenanteile im Zellbereich M54:M55. Eine Umrechnung der Stoffmengenanteile x_i in die Massenanteile w_i ist hier nicht erforderlich, da – wegen identischer molarer Massen der Kernspin-Isomere – $x_i = w_i$. Im Diagramm oben links in Abb. 2.5 werden die temperaturabhängigen Verläufe der spezifischen Enthalpien von Parawasserstoff $h_{p\text{-}H_2}$, Orthowasserstoff $h_{o\text{-}H_2}$, Normalwasserstoff $h_{n\text{-}H_2}$ und Gleichgewichtswasserstoff $h_{e\text{-}H_2}$ dargestellt.

- In der Abb. 2.5 im Diagramm oben rechts ist der temperaturabhängige Verlauf der spezifischen Umwandlungsenthalpie

$$\Delta h(T,p) = h_{e\text{-}H_2}(T,p) - h_{p\text{-}H_2}(T,p) \tag{2.18}$$

von Gleichgewichtswasserstoff zu Parawasserstoff dargestellt, im Diagramm unten links der Verlauf der spezifischen Umwandlungsenthalpie

$$\Delta h(T,p) = h_{n\text{-}H_2}(T,p) - h_{e\text{-}H_2}(T,p) \tag{2.19}$$

von Normal- zu Gleichgewichtswasserstoff und im Diagramm unten rechts der Verlauf der spezifischen Umwandlungsenthalpie

$$\Delta h(T,p) = h_{o\text{-}H_2}(T,p) - h_{p\text{-}H_2}(T,p) \tag{2.20}$$

von Ortho- zu Parawasserstoff, also der bei der Abkühlung von Wasserstoff ggf. zu berücksichtigenden Ortho-Para-Umwandlung (vgl. dazu die entsprechenden in [51] mit REFPROP [98] berechneten und dargestellten Daten).

2.2.5 Adiabate Drosselung einer Gasströmung (Joule–Thomson-Effekt)

> **Beispiel 2.3**
>
> Für die adiabate Drosselung a) von Wasserstoff von einem Anfangsdruck $p_1 = 80{,}0\,\text{MPa}$ auf einen Enddruck von $p_2 = 10{,}0\,\text{MPa}$ bei einer Anfangstemperatur von $T_1 = 293{,}15\,\text{K}$ und b) des Kältemittels R-410a von einem Anfangsdruck $p_1 = 2{,}41\,\text{MPa}$ im Sättigungszustand auf einen Enddruck von $p_2 = 1{,}08\,\text{MPa}$ ist jeweils die Endtemperatur T_2 nach der Drosselung und die Änderung der spezifischen Entropie Δs zu berechnen. Die Temperatur der Umgebung beträgt jeweils $T_\text{U} = 283{,}15\,\text{K}$. Außerdem sind die Prozesse im T,s-Diagramm und im $\lg p, h$-Diagramm quantitativ richtig darzustellen. Zusätzlich ist die Zustandsänderung für die adiabate Drosselung c) von Wasserstoff von einem Anfangsdruck $p_3 = 10{,}0\,\text{MPa}$ auf einen Enddruck von $p_4 = 0{,}10\,\text{MPa}$ bei einer Anfangstemperatur von $T_3 = 45{,}0\,\text{K}$ darzustellen. (Ergebnisse in den Excel-Berechnungsblättern in Abb. 2.7 und 2.8.)

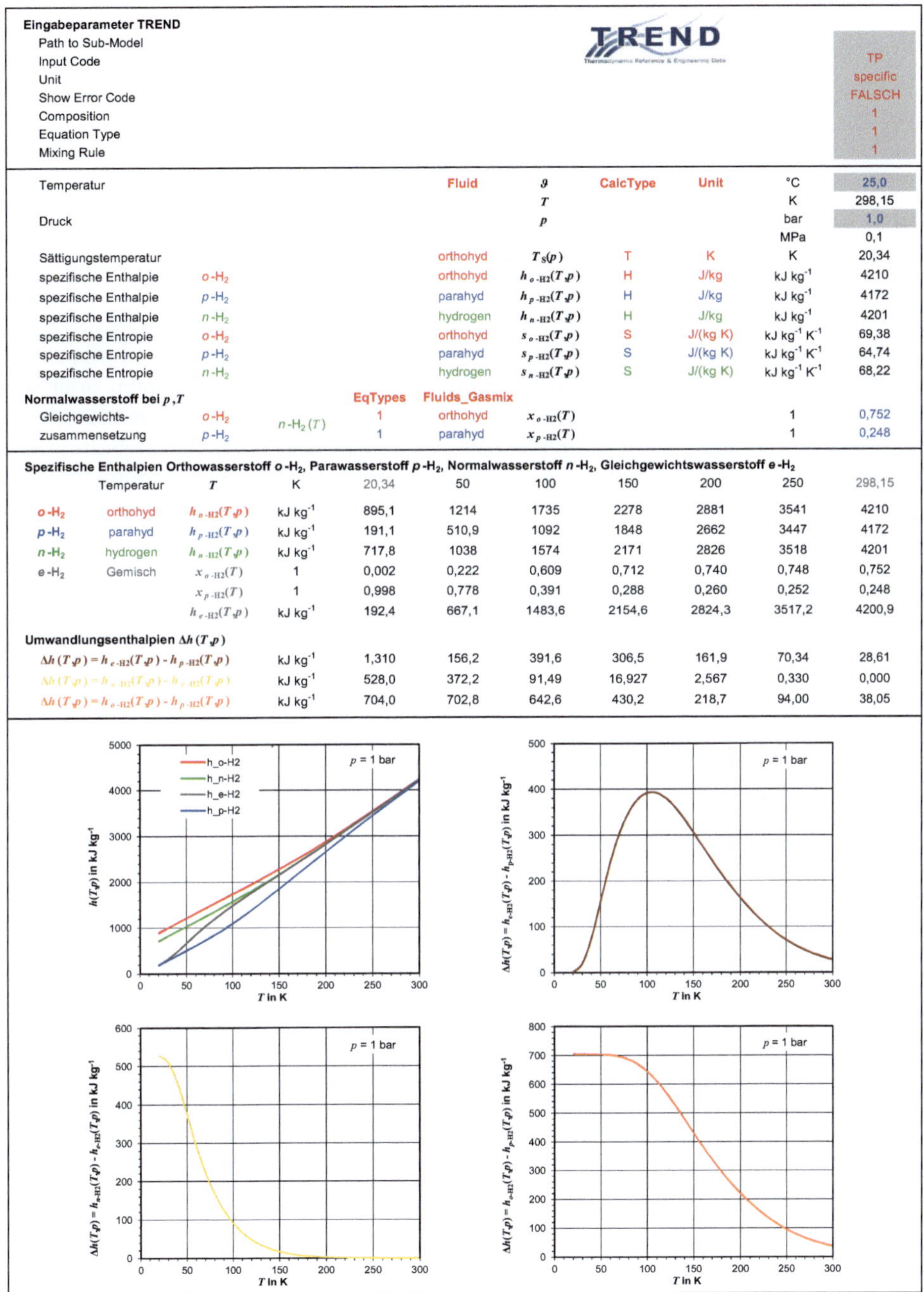

	Fluid	ϑ	CalcType	Unit	°C	25,0
Temperatur		T			K	298,15
Druck		p			bar	1,0
					MPa	0,1
Sättigungstemperatur	orthohyd	$T_s(p)$	T	K	K	20,34
spezifische Enthalpie	o-H_2	orthohyd	$h_{o\text{-}H2}(T,p)$	H	J/kg	kJ kg^{-1}	4210
spezifische Enthalpie	p-H_2	parahyd	$h_{p\text{-}H2}(T,p)$	H	J/kg	kJ kg^{-1}	4172
spezifische Enthalpie	n-H_2	hydrogen	$h_{n\text{-}H2}(T,p)$	H	J/kg	kJ kg^{-1}	4201
spezifische Entropie	o-H_2	orthohyd	$s_{o\text{-}H2}(T,p)$	S	J/(kg K)	kJ kg^{-1} K^{-1}	69,38
spezifische Entropie	p-H_2	parahyd	$s_{p\text{-}H2}(T,p)$	S	J/(kg K)	kJ kg^{-1} K^{-1}	64,74
spezifische Entropie	n-H_2	hydrogen	$s_{n\text{-}H2}(T,p)$	S	J/(kg K)	kJ kg^{-1} K^{-1}	68,22

Normalwasserstoff bei p,T

			EqTypes	Fluids_Gasmix				
Gleichgewichts-	o-H_2	n-$H_2(T)$	1	orthohyd	$x_{o\text{-}H2}(T)$		1	0,752
zusammensetzung	p-H_2		1	parahyd	$x_{p\text{-}H2}(T)$		1	0,248

Spezifische Enthalpien Orthowasserstoff o-H_2, Parawasserstoff p-H_2, Normalwasserstoff n-H_2, Gleichgewichtswasserstoff e-H_2

	Temperatur	T	K	20,34	50	100	150	200	250	298,15
o-H_2	orthohyd	$h_{o\text{-}H2}(T,p)$	kJ kg^{-1}	895,1	1214	1735	2278	2881	3541	4210
p-H_2	parahyd	$h_{p\text{-}H2}(T,p)$	kJ kg^{-1}	191,1	510,9	1092	1848	2662	3447	4172
n-H_2	hydrogen	$h_{n\text{-}H2}(T,p)$	kJ kg^{-1}	717,8	1038	1574	2171	2826	3518	4201
e-H_2	Gemisch	$x_{o\text{-}H2}(T)$	1	1	0,002	0,222	0,609	0,712	0,740	0,748	0,752
		$x_{p\text{-}H2}(T)$	1	1	0,998	0,778	0,391	0,288	0,260	0,252	0,248
		$h_{e\text{-}H2}(T,p)$	kJ kg^{-1}	192,4	667,1	1483,6	2154,6	2824,3	3517,2	4200,9

Umwandlungsenthalpien $\Delta h(T,p)$

			20,34	50	100	150	200	250	298,15
$\Delta h(T,p) = h_{e\text{-}H2}(T,p) - h_{p\text{-}H2}(T,p)$	kJ kg^{-1}		1,310	156,2	391,6	306,5	161,9	70,34	28,61
$\Delta h(T,p) = h_{o\text{-}H2}(T,p) - h_{e\text{-}H2}(T,p)$	kJ kg^{-1}		528,0	372,2	91,49	16,927	2,567	0,330	0,000
$\Delta h(T,p) = h_{o\text{-}H2}(T,p) - h_{p\text{-}H2}(T,p)$	kJ kg^{-1}		704,0	702,8	642,6	430,2	218,7	94,00	38,05

Abbildung 2.5: Temperaturabhängigkeit der spezifischen Enthalpien und Umwandlungsenthalpien von p-H_2, o-H_2, n-H_2 und e-H_2 (vgl. [51])

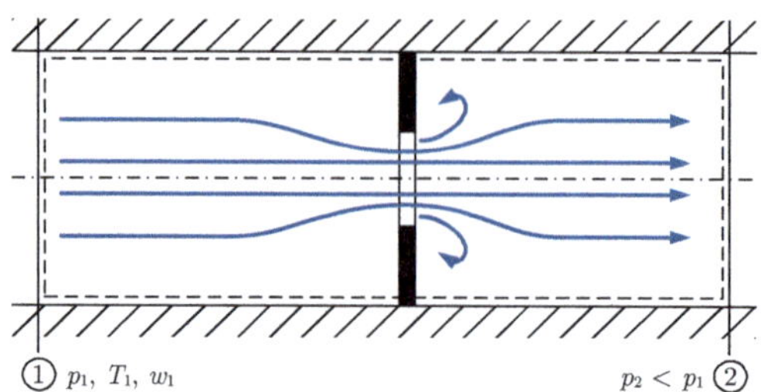

Abbildung 2.6: Rohrleitung mit adiabater Drosselung einer Gasströmung

Die Drosselung von Gasen oder teilweise auch von überkritischen Fluiden findet in Kreisprozessen statt, z. B. in Wärmepumpen und in Kältemaschinen, oder dient zur Verflüssigung von Gasen, siehe dazu die Kapitel 10 bis 12. Anwendungen des vorgenannten Beispiels sind die Drosselung von Wasserstoff bei der Beladung eines Fahrzeugtanks und die Drosselung von R-410a in einem Wärmepumpenprozess zur Beheizung von Gebäuden. Das Kältemittel R-410a ist ein Gemisch aus jeweils 50 % Difluormethan R-32 und Pentafluorethan R-125, siehe Abb. 10.1.[7]

Joule–Thomson-Effekt

Ein reales Gas (oder ein überkritisches Fluid) strömt durch eine adiabate Rohrleitung mit einer Querschnittsverengung entsprechend Abb. 2.6:

- Aus dem Druckverlust infolge der Drosselung resultiert eine Abnahme der Temperatur des Gases.

- Aus den Reibungseffekten an der Querschnittsverengung resultiert ein Anstieg der Temperatur infolge Dissipation (irreversible Umwandlung hier von mechanischer Energie in Innere Energie [76]).

Welcher der beiden Effekte dominiert? Tritt der JOULE–THOMSON-Effekt auch bei idealen Gasen auf?

Es gilt der erste Hauptsatz für ein als stationär angenommenes, offenes System mit den spezifischen, auf den Massenstrom $\dot{m}$ bezogenen Energien

$$w_{\mathrm{t}12} + q_{12} = h_2 - h_1 + \frac{1}{2}\left(w_2^2 - w_1^2\right) + g\left(z_2 - z_1\right) \; . \tag{2.21}$$

Darin stehen $w_{\mathrm{t}12}$ für die spezifische technische Arbeit, q_{12} für die spezifische Wärme, w für die Strömungsgeschwindigkeit, g für die Fallbeschleunigung und z für die geodätische Höhe. Da keine technische Arbeit verrichtet wird ($w_{\mathrm{t}12} = 0$), das System adiabat ist ($q_{12} = 0$) sowie unter Vernachlässigung der Änderungen kinetischer und potenzieller Energien folgt die isenthalpe Zustandsänderung

$$h_1 = h_2 \; . \tag{2.22}$$

---

[7]R-410a hat einen relativ hohen GWP-Wert (Global warming potential, Treibhauspotenzial) und kann z. B. durch reines (aber brennbares) R-32 ersetzt werden [80].

Mit dem totalen Differenzial für die spezifische Enthalpie

$$\mathrm{d}h = \underbrace{\left(\frac{\partial h}{\partial T}\right)_p}_{c_p(T,p)} \mathrm{d}T + \left(\frac{\partial h}{\partial p}\right)_T \mathrm{d}p = 0 \, , \tag{2.23}$$

worin direkt die spezifische isobare Wärmekapazität c_p definiert wird, folgt der JOULE–THOMSON-Koeffizient

$$\delta_h = \left(\frac{\partial T}{\partial p}\right)_h = -\frac{(\partial h/\partial p)_T}{(\partial h/\partial T)_p} = -\frac{(\partial h/\partial p)_T}{c_p} \, . \tag{2.24}$$

Mit der MAXWELL-Beziehung [9, 76]

$$\left(\frac{\partial h}{\partial p}\right)_T = v - T\left(\frac{\partial v}{\partial T}\right)_p \tag{2.25}$$

ergibt sich für den JOULE–THOMSON-Koeffizienten

$$\delta_h = \frac{T(\partial v/\,\mathrm{d}T)_p - v}{c_p} \, . \tag{2.26}$$

Daraus folgt für ein ideales Gas mit der Zustandsgleichung idealer Gase

$$\left(\frac{\partial v}{\partial T}\right)_p = \frac{R_i}{p} \tag{2.27}$$

mit der spezifischen Gaskonstante R_i und für den JOULE–THOMSON-Koeffizienten

$$\delta_h = \left(\frac{\partial T}{\partial p}\right)_h = \frac{T(\partial v/\,\mathrm{d}T)_p - v}{c_p} = \frac{T(R_i/p) - v}{c_p} = 0 \, . \tag{2.28}$$

Ein ideales Gas erfährt bei einer adiabaten Drosselung keine Temperaturänderung, weil die beiden oben genannten Effekte sich kompensieren. Hingegen tritt bei einem realen Gas nur eine Teilkompensation der beiden Effekte auf.

Reale Gase oder überkritische Fluide können bei der adiabaten Drosselung in der Nähe des Nassdampfgebiets – das Zweiphasengebiet unterhalb des kritischen Punkts – eine Abkühlung erfahren, siehe dazu die beiden T, s-Diagramme für Wasserstoff und für das Kältemittel R-410a in den Abb. 2.7 und 2.8. Das Vorzeichen des in Gleichung (2.24) definierten JOULE–THOMSON-Koeffizienten δ_h hängt von der Temperatur und dem Druck im Zustand 1 ab. Deshalb lässt sich für $(\partial T/\partial p)_h = 0$ eine Inversionstemperatur T_{Inv} definieren. Oberhalb dieser Temperatur erfährt ein reales Gas eine Erwärmung ($\delta_h < 0$) oder die Temperatur bleibt bei niedrigen Drücken nahezu konstant, weil die Linien $h = $ konst rechts im Diagramm horizontal verlaufen, da die Enthalpie hier praktisch nur von der Temperatur abhängt (wie beim idealen Gas). Unterhalb der Inversionstemperatur *kann* ein reales Gas bei der adiabaten Drosselung eine Abkühlung erfahren ($\delta_h > 0$). Dafür ist eine negative Steigung der Isenthalpen erforderlich, wodurch sich der Bereich der Abkühlung im T,s-Diagramm auf das Gebiet unterhalb der Inversionstemperatur und rechts der Scheitelpunkte der Isenthalpen beschränkt. Die Abkühlung ΔT ist grundsätzlich um so größer, je niedriger die Anfangstemperatur und je höher der Anfangsdruck der Drosselung gewählt werden.[13]

Beispielhafte Inversionstemperaturen für reale Gase: trockene Luft 645,50 K, N_2 607,87 K, H_2 200,77 K und He 45,65 K (mit TREND berechnet). Für die Verflüssigung von Gasen – z. B. nach dem LINDE-Verfahren in Abschnitt 12.2 oder dem CLAUDE-Verfahren in Abschnitt 12.3 – kann eine Vorkühlung erforderlich sein, wenn die Abkühlung durch den JOULE–THOMSON-Effekt in einer Drossel nicht ausreichend ist. Die Berechnung des JOULE–THOMSON-Koeffizienten für reale Gase ist z. B. unter Verwendung von Gleichung (2.26) und einer geeigneten Zustandsgleichung oder direkt mit TREND möglich, siehe den nachfolgenden Abschnitt.

Bearbeitung der in Beispiel 2.3 gegebenen Aufgabenstellung

Für die Bearbeitung der Aufgabenstellung gemäß Beispiel 2.3 werden die beiden Excel-Berechnungsblätter in den Abb. 2.7 und 2.8 erstellt, wobei Abb. 2.7 ausschließlich die Berechnung für den Fall a) für Wasserstoff enthält (aber im T,s-Diagramm zusätzlich der Prozessverlauf für den Fall c) dargestellt ist). Die Anleitung erfolgt zunächst beispielhaft für die adiabate Drosselung von Wasserstoff für den Fall a), der – im Unterschied zum Fall c) – vollständig im überkritischen Bereich abläuft. Anschließend wird der Fall b) für das Kältemittel R-410a behandelt:

1. Im oberen Teil des Berechnungsblatts werden die Eingabeparameter für TREND vorgegeben. Die Zellen in diesem Teil erhalten am besten dieselben Namen, wie im Beispiel 2.1. Aus Platzgründen wurden Zeilen im Berechnungsblatt ausgeblendet. Damit die im Abschnitt 2.2.4 beschriebenen Korrekturen in der Datei `hydrogen.fld` bei den Berechnungen Anwendung finden, muss auch hier das Argument `PathToSubModel` in der Abb. 2.7 leer bleiben!

2. Im zweiten Teil des Berechnungsblatts erfolgen die Berechnungen mit TREND. In der Spalte „CalcType" werden die Parameter für die Berechnungen vorgegeben und in der Spalte „Unit" die Dimensionen dieser Parameter z. B. durch die Eingabe

   ```
   =PROPUNIT("Tcrit";Unit;ShowErrorCode)
   ```

   ermittelt. Die kritische Temperatur T_{kr} (und analog dazu der kritische Druck) folgt aus

   ```
   =TRENDSPECEOS(Fluids;Composition;EqTypes;MixingRule;
   PathToSubModel;Unit;ShowErrorCode;"Tcrit")
   ```

   und der JOULE–THOMSON-Koeffizient δ_h aus

   ```
   =TRENDEOS("JTCO";InputCode;T_1;p_1;Fluids;Composition;EqTypes;
   MixingRule;PathToSubModel;Unit;ShowErrorCode)
   ```

Der JOULE–THOMSON-Koeffizient, die Inversionstemperatur und die nachfolgenden Größen lassen sich mit der TRENDEOS-Funktion für die Anfangsbedingungen T_1 und p_1 berechnen (allerdings hier nicht für das Kältemittelgemisch R-410a). Die Berechnungen unterscheiden sich nur durch den zu verwendenden CalcType.

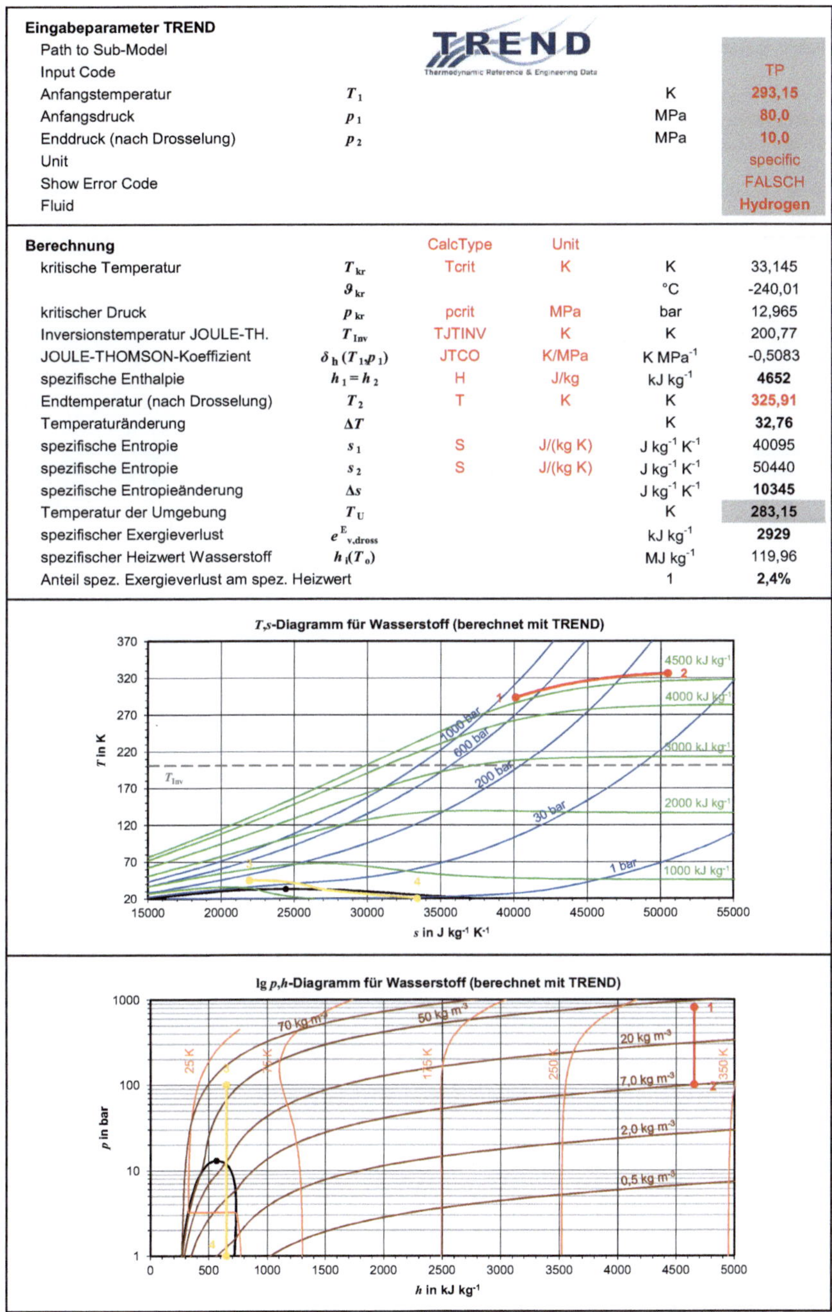

Abbildung 2.7: Excel-Berechnungsblatt zum JOULE–THOMSON-Effekt bei der adiabaten Drosselung von Wasserstoff

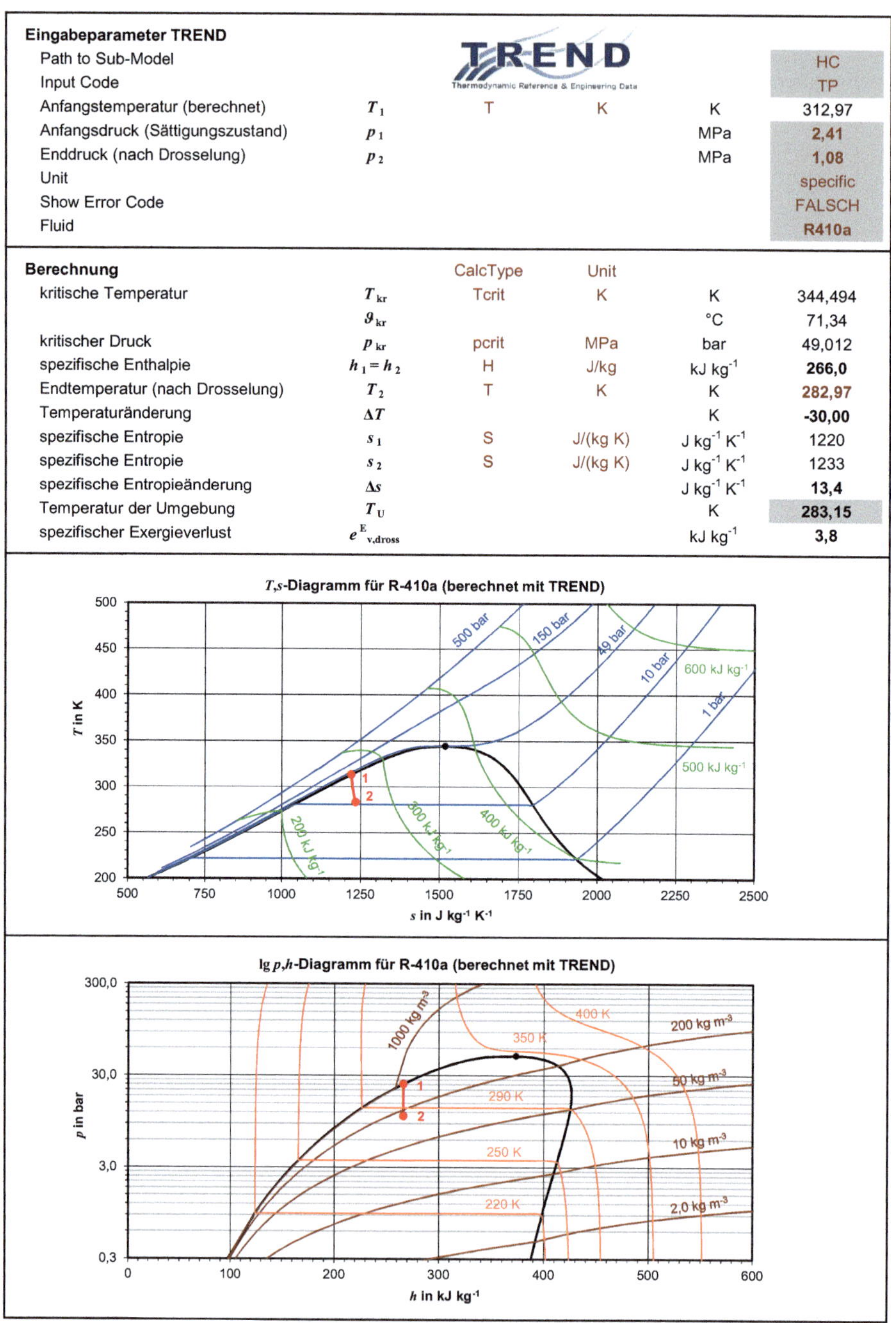

Abbildung 2.8: Excel-Berechnungsblatt zum JOULE–THOMSON-Effekt bei der adiabaten Drosselung von R-410a

Selbstverständlich sollte z. B. im vorstehenden Code der Input Code JTC0 besser durch einen Verweis auf die Zelle in der Spalte „CalcType" übernommen werden. Die hier im Text verwendete Schreibweise dient nur der besseren Übersicht.

3. Entsprechend der Bedingung in Gleichung (2.22) ergibt sich die spezifische Enthalpie $h_1 = h_2$ mit

```
=0,001*TRENDEOS("H";InputCode;T_1;p_1;Fluids;Composition;
EqTypes;MixingRule;PathToSubModel;Unit;ShowErrorCode)
```

und daraus die gesuchte Temperatur T_2 nach der Drosselung mit dem Input Code PH über den Enddruck p_2 und die spezifische Enthalpie mit

```
=TRENDEOS("T";"PH";p_2;1000*h_1;Fluids;Composition;EqTypes;
MixingRule;PathToSubModel;Unit;ShowErrorCode)
```

und die spezifische Entropie s_1 (sowie entsprechend s_2) zu

```
=TRENDEOS("S";InputCode;T_1;p_1;Fluids;Composition;EqTypes;
MixingRule;PathToSubModel;Unit;ShowErrorCode)
```

4. Als Vorgriff auf die exergetischen Betrachtungen in Kapitel 3 wird mit der Umgebungstemperatur T_U gemäß Gleichung (3.117) der spezifische Exergieverlust $e_{V,\mathrm{dross}}^{E}$ berechnet. Für die Drosselung von Wasserstoff wird außerdem die in Abb. 3.19 ermittelte molare Standardbildungsenthalpie $\Delta_r \bar{H}(T_\circ)$ für die Reaktionsgleichung (3.138) durch die molare Masse M von Wasserstoff dividiert, woraus der (in Abb. 1.3 aufgeführte) spezifische Heizwert $h_i(T_\circ)$ von Wasserstoff folgt. Daraus wird für die Drosselung der Anteil des Exergieverlusts am Heizwert gebildet.

Da die Drosselung für das Kältemittel R-410a im Zustand der gesättigten oder siedenden Flüssigkeit startet, ist hierzu eine leicht angepasste Berechnung erforderlich:

5. Im Bereich der Eingabeparameter für TREND wird direkt die Anfangstemperatur $T_1 = T_S(p_1)$ berechnet, die der Siede- oder Sättigungstemperatur beim Anfangsdruck p_1 entspricht:

```
=TRENDEOS("T";"PLIQ";p_1;42;Fluids;Composition;EqTypes;
MixingRule;PathToSubModel;Unit;ShowErrorCode)
```

Ebenso wird auch die spezifische Enthalpie $h_1 = h_2$ für diesen Zustand ermittelt

```
=0,001*TRENDEOS("H";"PLIQ";p_1;42;Fluids;Composition;EqTypes;
MixingRule;PathToSubModel;Unit;ShowErrorCode)
```

und entsprechend die spezifische Entropie s_1. Dabei ist nur die Angabe jeweils eines Parameters erforderlich und für den zweiten Parameter ist eine beliebige ganze Zahl einzugeben. Die spezifische Enthalpie s_2 folgt aus

```
=TRENDEOS("S";"PH";p_2;1000*h_1;Fluids;Composition;EqTypes;
MixingRule;PathToSubModel;Unit;ShowErrorCode)
```

Für die Visualisierung der Prozesse lassen sich mit Hilfe von TREND das T,s- und das $\lg p,h$-Diagramm für beide Stoffe erstellen:

6. Grundsätzlich sollten zuerst die Siede- und die Taulinien berechnet werden:

- Für das T, s-Diagramm werden in einer Tabelle Werte für die Temperaturen bis zur kritischen Temperatur vorgegeben und die spezifischen Entropien für die Siede- und die Taulinie mit den Input Codes `TLIQ` bzw. `TVAP` berechnet.

- Für das $\lg p, h$-Diagramm werden Werte für die Drücke bis zum kritischen Druck vorgegeben und die spezifischen Enthalpien für die Siede- und die Taulinie mit den Input Codes `PLIQ` bzw. `PVAP` berechnet.

7. Anschließend folgen die Isolinien für die beiden Diagrammdarstellungen:

- Isobaren im T, s-Diagramm: Hier werden Werte für die spezifischen Enthalpien vorgegeben und daraus für unterschiedliche Drücke die Datenpunkte für die Temperaturen und die spezifischen Entropien mit dem Input Code `PH` berechnet.

- Isenthalpen im T, s-Diagramm: Hier werden Werte für die Drücke vorgegeben und daraus für unterschiedliche spezifische Enthalpien die Datenpunkte für die Temperaturen und die spezifischen Entropien mit dem Input Code `PH` berechnet.

- Isothermen im $\lg p, h$-Diagramm: Hier werden Werte für die Dichte vorgegeben und daraus für unterschiedliche Temperaturen die Datenpunkte für die Drücke und die spezifischen Enthalpien mit dem Input Code `TD` (mit `D` für die Dichte) berechnet.

- Isodensen (Linien konstanter Dichte) im $\lg p, h$-Diagramm: Hier werden Werte für die Temperaturen vorgegeben und daraus für unterschiedliche Dichten die Datenpunkte für die Drücke und die spezifischen Enthalpien mit dem Input Code `TD` berechnet.

Die Darstellung der Isolinien erfordert eine ausreichende Anzahl von Stützstellen – insbesondere an den Rändern des Nassdampfgebiets.

8. Zum Abschluss werden die Zustandsänderungen in die Diagramme übernommen. Die Zustandsänderung im $\lg p, h$-Diagramm erfordert nur zwei Datenpunkte, die Zustandsänderungen im T, s-Diagramm hingegen mehrere Stützstellen für die Drücke zwischen p_1 und p_2, wofür mit dem Input Code `PH` die Datenpunkte für die Temperaturen und spezifischen Entropien berechnet werden, was aus Platzgründen in den Berechnungsblättern nicht aufgeführt ist.

Die beiden in die Diagramme eingetragenen Zustandsänderungen für die adiabate Drosselung von Wasserstoff für die Fälle a) und b) unterscheiden sich nicht nur durch den Temperatur- und den Druckbereich. Da die Zustandsänderung von 1 nach 2 nach Fall a) oberhalb der Inversionstemperatur von Wasserstoff erfolgt, erwärmt sich das Gas. Diese Zustandsänderung ist beispielhaft für z. B. die Einspeicherung von Wasserstoff aus einem Vorratstank mit hohem Druck über ein Ventil in einen Fahrzeugtank. Wasserstoff erwärmt sich nicht nur beim Verdichten, sondern möglicherweise auch beim Entspannen, was eine Kühlung erfordern kann. Die Zustandsänderung von 3 nach 4 ist repräsentativ für z. B. die Drosselung bei der Verflüssigung, da der Zustandspunkt 4 im Nassdampfgebiet liegt. Wie oben beschrieben, ist die Abkühlung bei der Drosselung oder Entspannung nur unterhalb der Inversionstemperatur *und* rechts der Scheitelpunkte der Isenthalpen möglich. Mehr dazu in Abschnitt 12.3.

Wie bereits oben beschrieben, hängt das Vorzeichen des JOULE–THOMSON-Koeffizienten δ_h von der Temperatur und dem Druck nur im Zustand 1 ab. Die Parameter für die Zustände 1 und 2 können so gewählt werden, dass für den Zustand 1 ein negativer JOULE–THOMSON-Koeffizient erhalten wird, aber insgesamt eine Abkühlung erfolgt, z. B. für Wasserstoff mit $T_1 = 90{,}0\,\mathrm{K}$, $p_1 = 20{,}0\,\mathrm{MPa}$ und $p_2 = 3{,}0\,\mathrm{MPa}$.

Gemäß der Erwartung nimmt in beiden Prozessen während der Zustandsänderung – unabhängig von der Erwärmung oder Abkühlung – die Entropie zu, da nach dem zweiten Hauptsatz der Thermodynamik die Entropie keine Erhaltungsgröße ist, sondern in realen oder irreversiblen Prozessen stets wächst, was mit einem Verlust an Exergie verbunden ist, siehe Abschnitt 3.2.6. Der Anteil des Exergieverlusts am Heizwert bei der Drosselung im Fall a) ist recht gering.

2.2.6 Anwendung von **TREND** in VBA

Aufbauend auf den Berechnungen zu Beispiel 2.3 in Abschnitt 2.2.5 wird die Durchführung von Berechnungen mit TREND in VBA behandelt.

> **Beispiel 2.4**
>
> Für die Darstellung im T,s-Diagramm sind die Wertepaare für die Temperatur und die spezifische Entropie für die Zustandsänderung der isenthalpen Drosselung von Wasserstoff ausgehend von einem Anfangsdruck $p_1 = 50\,\mathrm{MPa}$ auf einen Enddruck von $p_2 = 2{,}5\,\mathrm{MPa}$ bei einer Anfangstemperatur von $T_1 = 100\,\mathrm{K}$ in VBA unter Verwendung von TREND zu berechnen. Das VBA-Makro ist automatisch bei Änderung relevanter Daten im Berechnungsblatt aufzurufen und eine Tabelle mit den Wertepaaren auszugeben, in der $n = 10$ hinsichtlich des Druckes äquidistante Wertepaare für die Diagrammdarstellung aufgeführt sind. (Ergebnisse im Excel-Berechnungsblatt in Abb. 2.9.)

Bearbeitung der in Beispiel 2.4 gegebenen Aufgabenstellung

Für die Bearbeitung der Aufgabenstellung gemäß Beispiel 2.4 wird ein Excel-Berechnungsblatt wie in Abb. 2.9 erstellt:

1. Im oberen Teil des Berechnungsblatts werden die Eingabeparameter für TREND vorgegeben. Die Zellen in diesem Teil erhalten am besten dieselben Namen, wie im Beispiel 2.1. Damit die im Abschnitt 2.2.4 beschriebenen Korrekturen in der Datei `hydrogen.fld` bei den Berechnungen Anwendung finden, muss auch hier das Argument `PathToSubModel` leer bleiben! Im zweiten Teil des Berechnungsblatts können optional die Berechnungen analog zum Punkt 2 von Beispiel 2.3 erfolgen, sind aber für die nachfolgenden Berechnungen in VBA nicht erforderlich. Die Zeile mit der Vorgabe der Anzahl n der Wertepaare wird ergänzt.

2. Nach dem Öffnen des VBA-Editors z. B. über $\boxed{\text{Entwicklertools}} \gg \boxed{\text{Code}} \gg \boxed{\text{Visual Basic}}$ wird der Verweis auf TREND (und am besten auch gleich für den Solver) im VBA-Editor unter $\boxed{\text{Extras}} \gg \boxed{\text{Verweise}}$ eingerichtet. Im $\boxed{\text{Projekt-Explorer}}$ (im linken Fenster des VBA-Editors) werden die Verweise unter dem Punkt $\boxed{\text{Verweise}}$ angezeigt.

Eingabeparameter TREND

Path to Sub-Model				
Input Code				TP
Anfangstemperatur	T_1		K	100
Anfangsdruck	p_1		MPa	50,0
Enddruck (nach Drosselung)	p_2		MPa	2,5
Unit				specific
Show Error Code				FALSCH
Fluid				Hydrogen
Composition				1
Equation Type				1
Mixing Rule				1

Berechnung

		CalcType	Unit		
kritische Temperatur	T_{kr}	Tcrit	K	K	33,145
	ϑ_{kr}			°C	-240,01
kritischer Druck	p_{kr}	pcrit	MPa	bar	12,965
Inversionstemperatur JOULE-TH.	T_{Inv}	TJTINV	K	K	200,77
JOULE-THOMSON-Koeffizient	δ_h	JTCO	K/MPa	K MPa^{-1}	-0,5709
spezifische Enthalpie	$h_1 = h_2$	H	J/kg	kJ kg^{-1}	**1631**
Endtemperatur (nach Drosselung)	T_2	T	K	K	107,56
	ϑ_2			°C	-165,59
Temperaturänderung	ΔT			K	7,56
spezifische Entropie	s_1	S	J/(kg K)	J kg^{-1} K^{-1}	26677
spezifische Entropie	s_2	S	J/(kg K)	J kg^{-1} K^{-1}	41329
spezifische Entropieänderung	Δs			J kg^{-1} K^{-1}	**14652**
Anzahl Wertepaare für Tabelle unten	n			1	**10**

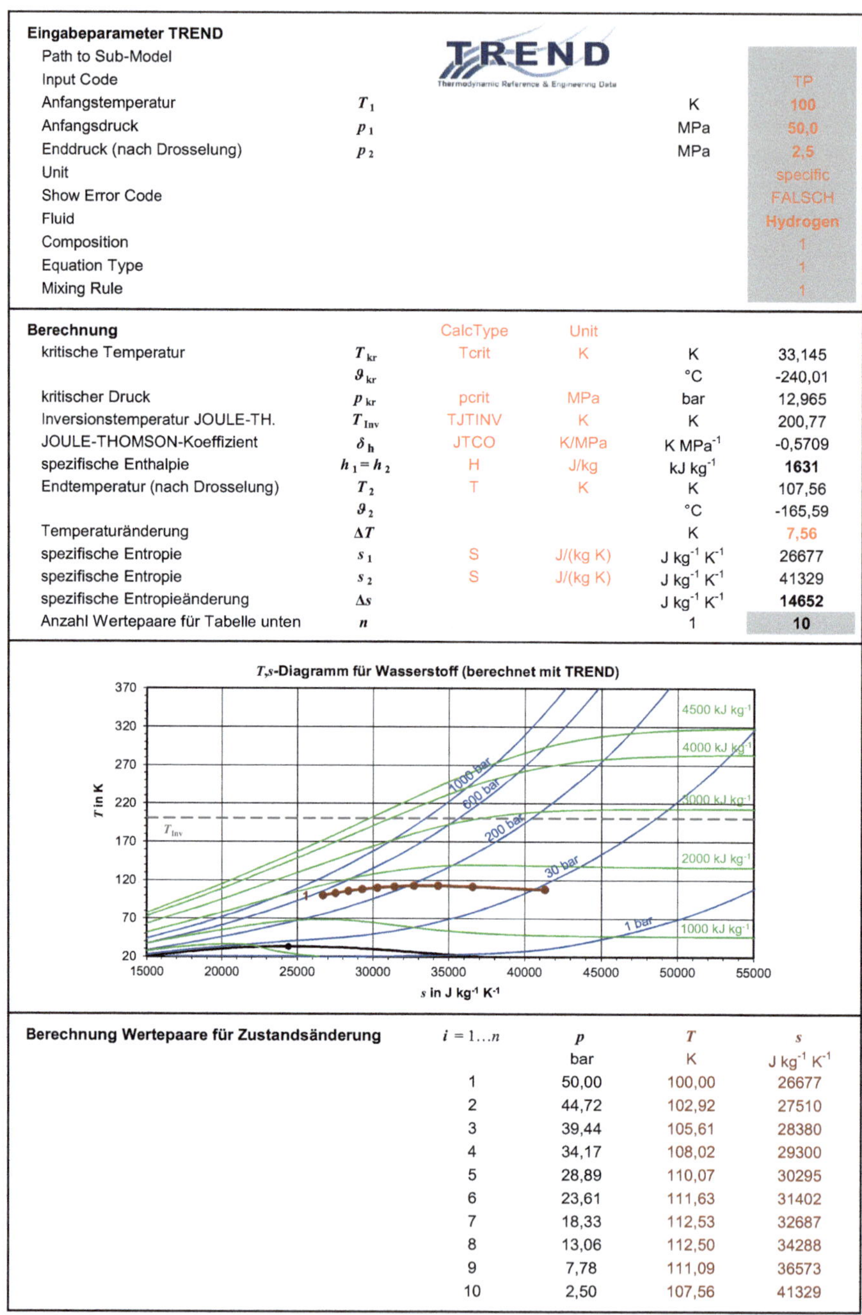

Berechnung Wertepaare für Zustandsänderung $i = 1 \ldots n$

i	p bar	T K	s J kg^{-1} K^{-1}
1	50,00	100,00	26677
2	44,72	102,92	27510
3	39,44	105,61	28380
4	34,17	108,02	29300
5	28,89	110,07	30295
6	23,61	111,63	31402
7	18,33	112,53	32687
8	13,06	112,50	34288
9	7,78	111,09	36573
10	2,50	107,56	41329

Abbildung 2.9: Excel-Berechnungsblatt zum JOULE–THOMSON-Effekt bei der adiabaten Drosselung von Wasserstoff, Berechnung der Wertepaare mit TREND für die Zustandsänderung in VBA

3. Die Erstellung des Codes erfolgt im aktuellen Projekt, das im VBA-Editor im Projekt-Explorer ausgewählt wird. Der im Listing 2.2 aufgeführte Code beginnt in der ersten Zeile mit `Option Explicit`, was automatisch vor fehlenden Variablendeklarationen warnt. Die untere Standardgrenze für die verwendeten Array-Indizes wird mit `Option Base 1` von standardmäßig 0 auf 1 gesetzt.

4. Mit dem `Worksheet_Change`-Ereignis wird das in Listing 2.2 aufgeführte Makro bei Änderungen im Arbeitsblatt automatisch ausgeführt. Die Prozedur `FillTable()` wird aufgerufen, wenn eine Zelle mit der Formatvorlage „Eingabe" geändert wurde. Diese Formatvorlage wurde den grau unterlegten Zellen im Berechnungsblatt über Start ⟩ Formatvorlagen ⟩ Eingabe zugewiesen. Zu weiteren Möglichkeiten zum Aufruf von Makros siehe weiter oben.

5. In der Prozedur `FillTable()` in Listing 2.2 werden die verwendeten Variablen einschließlich des Datenarrays `arrTabelle()` für die auszugebende Tabelle definiert und den Variablen über den `Range`-Befehl die Werte aus dem Berechnungsblatt zugewiesen. Ebenso werden die TREND-Parameter definiert und zugewiesen.

6. Mit dem `ReDim`-Befehl wird die Größe des dynamischen Arrays `arrTabelle()` definiert. Die oberste linke Datenzelle in der Tabelle mit den Wertepaaren in Abb. 2.9 (mit dem Wert 1 für den Zähler i) bekommt den Namen `oberste_Zelle`. Eventuell vorhandene Werte in der Tabelle im Berechnungsblatt werden automatisch gelöscht.

7. Für die erste Zeile der Tabelle ($i = 1$) werden die spezifische Enthalpie und die spezifische Entropie mit TREND berechnet und in das Datenarray geschrieben.

8. In der `For`-Schleife erfolgt die Berechnung der restlichen Zeilen. Dafür ist die Schrittweite hinsichtlich des Drucks erforderlich. Abschließend wird das Array mit den Daten in das Arbeitsblatt eingefügt.

Listing 2.2: VBA-Code für die Berechnung der Wertepaare bei der Zustandsänderung der adiabaten Drosselung von Wasserstoff

```vba
Option Explicit                    'explizite Variablen-Deklaration
Option Base 1                      'untere Standardgrenze für Array-Indizes


Private Sub Worksheet_Change(ByVal Target As Range)
    'Zellenformatvorlage "Eingabe" auf alle "grauen" Zellen angewendet
    If Target.Style = "Eingabe" Then
        FillTable
    End If
End Sub


Sub FillTable()

    Dim p As Double                'Druck
    Dim p_1 As Double              'minimaler Druck
    Dim p_2 As Double              'maximaler Druck
    Dim s As Double                'spezifische Entropie
    Dim T As Double                'Temperatur
    Dim h As Double                'spezifische Enthalpie (h = konst.)
```

```vb
    Dim n As Long                    'Anzahl Intervalle
    Dim arrTabelle() As Double       'Datenarray
    Dim i As Long                    'Schleifenzähler
    Dim DeltaP As Double             'Schrittweite

    p_1 = Range("p_1")               'Einlesen Daten aus Berechnungsblatt
    p_2 = Range("p_2")
    n = Range("n")
    T = Range("T_1")

    Dim PathToSubModel As String         'Definition Parameter TREND
    Dim Unit As String
    Dim Fluids As String
    Dim Composition As Double
    Dim EqTypes As Double
    Dim MixingRule As Double

    PathToSubModel = Range("PathToSubModel")  'Einlesen/Zuweisung Parameter TREND
    Unit = Range("Unit")
    Fluids = Range("Fluids")
    Composition = Range("Composition")
    EqTypes = Range("EqTypes")
    MixingRule = Range("MixingRule")

    ReDim arrTabelle(n, 4)        'Erzeugt 'arrTable'
    'Löscht den Inhalt der (alten) Tabelle vor dem Start der Berechnungen
    Range(Range("oberste_Zelle"), _
        Range("oberste_Zelle").End(xlDown).End(xlToRight)).ClearContents

    h = TRENDEOS("H", "TP", T, p_1, Fluids, Composition, EqTypes, _
        MixingRule, PathToSubModel, Unit)
    DeltaP = (p_2 - p_1) / (n - 1)   'Berechnung Schrittweite

    p = p_1
    For i = 1 To n                   'Berechnung der der Tabelle
        T = TRENDEOS("T", "PH", p, h, Fluids, Composition, EqTypes, _
            MixingRule, PathToSubModel, Unit)
        s = TRENDEOS("S", "PH", p, h, Fluids, Composition, EqTypes, _
            MixingRule, PathToSubModel, Unit)
        arrTabelle(i, 1) = i         'Speichern der Daten für die Tabelle
        arrTabelle(i, 2) = p
        arrTabelle(i, 3) = T
        arrTabelle(i, 4) = s
        p = p + DeltaP               'nächster Druck
    Next

    'Einfügen der Werte des Arrays 'arrTabelle' in das Arbeitsblatt
    Range("oberste_Zelle").Resize(UBound(arrTabelle, 1), _
        UBound(arrTabelle, 2)) = arrTabelle

End Sub
```

2.3 Kalorische und Entropie-Zustandsgleichung

Die kalorische Zustandsgleichung und die Entropie-Zustandsgleichung verknüpfen die Enthalpie, die Innere Energie und die Entropie mit den messbaren Größen T, p und v und sind teilweise für die energetischen Berechnungen in nachfolgenden Abschnitten und Kapiteln erforderlich.

2.3.1 Kalorische Zustandsgleichung

Die Enthalpie $h(T,p)$ besitzt das vollständige Differenzial

$$\mathrm{d}h = \left(\frac{\partial h}{\partial T}\right)_p \mathrm{d}T + \left(\frac{\partial h}{\partial p}\right)_T \mathrm{d}p \,, \tag{2.23}$$

worin die partielle Ableitung nach der Temperatur die sog. spezifische isobare Wärmekapazität

$$c_p = \left(\frac{\partial h}{\partial T}\right)_p \tag{2.29}$$

bildet. Durch Integration folgt aus Gleichung (2.23) die *kalorische Zustandsgleichung*

$$h(T,p) = h(T_0,p_0) + \int_{T_0}^{T} \left(\frac{\partial h}{\partial T}\right)_p \mathrm{d}T + \int_{p_0}^{p} \left(\frac{\partial h}{\partial p}\right)_T \mathrm{d}p \,. \tag{2.30}$$

Im zweiten Integral wird $(\partial h/\partial p)_T$ durch die aus der MAXWELL-Beziehung in Gleichung (2.25) umgeformte Beziehung

$$\left(\frac{\partial h}{\partial p}\right)_T = -T^2 \left(\frac{\partial (v/T)}{\partial T}\right)_p \tag{2.31}$$

ersetzt, siehe dazu eine entsprechende Herleitung für $u(T,v)$ in [76]. Wird angenommen, dass es sich um die Zustandsänderung eines idealen Gases handelt und der Bezugszustand T_0 und p_0 entsprechend gewählt, folgt

$$h(T,p) = h(T_0,p_0) + \int_{T_0}^{T} c_p^\circ(T)\,\mathrm{d}T - T^2 \int_{p_0}^{p} \left(\frac{\partial (v/T)}{\partial T}\right)_p \mathrm{d}p \,. \tag{2.32}$$

Spezialfall: ideales Gasverhalten
Hier liefert das zweite Integral in Gleichung (2.32) keinen Beitrag:

$$h(T) = h(p_0) + \int_{T_0}^{T} c_p^\circ(T)\,\mathrm{d}T \,. \tag{2.33}$$

Der Zustand des idealen Gases wird durch den Index $°$ gekennzeichnet. Da $c_p^°(T)$ (leicht) von der Temperatur abhängt, lässt es sich oft einfacher mit der mittleren spezifischen isobaren Wärmekapazität des idealen Gases im Temperaturintervall T_1 bis T_2 rechnen

$$\overline{c_p^°} = \frac{1}{T_2 - T_1} \int_{T_1}^{T_2} c_p^°(T)\, \mathrm{d}T\,. \tag{2.34}$$

Daraus ergibt sich für die Änderung der spezifischen Enthalpie

$$h_2 - h_1 = \overline{c_p^°}(T_2 - T_1)\,. \tag{2.35}$$

Völlig analog gilt für $u = u(v, T)$ (vergleiche die entsprechende Herleitung in [76])

$$u(v, T) = u(v_0, T_0) + T^2 \int_{v_0}^{v} \left(\frac{\partial p / T}{\partial T} \right)_v \mathrm{d}v + \int_{T_0}^{T} c_v^°(T)\, \mathrm{d}T \tag{2.36}$$

mit der mittleren spezifischen isochoren Wärmekapazität des idealen Gases im Temperaturintervall T_1 bis T_2

$$\overline{c_v^°} = \frac{1}{T_2 - T_1} \int_{T_1}^{T_2} c_v^°(T)\, \mathrm{d}T \tag{2.37}$$

und daraus für die Änderung der spezifischen Inneren Energie

$$u_2 - u_1 = \overline{c_v^°}(T_2 - T_1)\,. \tag{2.38}$$

2.3.2 Entropie-Zustandsgleichung

Analog zur Vorgehensweise bei der Bestimmung der kalorischen Zustandsgleichung folgt mit dem vollständigen Differenzial der Entropie $s = s(p, T)$ (vergleiche die Herleitungen in [76])

$$\mathrm{d}s = \left(\frac{\partial s}{\partial p} \right)_T \mathrm{d}p + \left(\frac{\partial s}{\partial T} \right)_p \mathrm{d}T \tag{2.39}$$

für die Entropie-Zustandsgleichung unter der Annahme idealen Gasverhaltens

$$s(p, T) = s(p_0, T_0) - R_i \ln \frac{p}{p_0} + \int_{T_0}^{T} \frac{c_p^°(T)}{T}\, \mathrm{d}T\,. \tag{2.40}$$

Daraus folgt für die Änderung der spezifischen Entropie mit der mittleren spezifischen isobaren Wärmekapazität des idealen Gases

$$s_2 - s_1 = \overline{c_p^\circ} \ln \frac{T_2}{T_1} - R_i \ln \frac{p_2}{p_1} \; . \tag{2.41}$$

Gleichung (2.41) ist das bestimmte Integral über

$$\mathrm{d}s = c_p^\circ(T) \frac{\mathrm{d}T}{T} - R_i \frac{\mathrm{d}p}{p} \; . \tag{2.42}$$

Aus der Definition der spezifischen Gaskonstante R_i der Komponente i

$$R_i = \frac{R}{M_i} \tag{2.43}$$

mit der molaren Masse M_i der Komponente i und der universellen Gaskonstante R sowie dem *Isentropenexponenten für ideale Gase*

$$\kappa(T) = \frac{c_p^\circ(T)}{c_v^\circ(T)} = 1 + \frac{R_i}{c_v^\circ(T)} \tag{2.44}$$

folgt

$$R_i = c_p^\circ(T) - c_v^\circ(T) \tag{2.45}$$

und daraus für eine isentrope Zustandsänderung

$$\frac{\mathrm{d}T}{T} + (\kappa(T) - 1) \frac{\mathrm{d}v}{v} = 0 \; . \tag{2.46}$$

Die Temperaturabhängigkeit der spezifischen Wärmekapazitäten kann oft vernachlässigt werden, woraus $\kappa = \mathrm{konst}$ folgt. Aus Gleichung (2.46) kann die *Isentropenbeziehung* für ideale Gase erhalten werden

$$pv^\kappa = \mathrm{konst} \; . \tag{2.47}$$

Die Isentropenbeziehung in Gleichung (2.47) wird im Abschnitt 3.1.3 auf die Polytropenbeziehung in Gleichung (3.31) zur allgemeineren Beschreibung der Zustandsänderungen idealer Gase bei Verdichtungs- und Entspannungsvorgängen erweitert.

Die analoge Ableitung ausgehend vom vollständigen Differenzial der Entropie für $s = s(v, T)$ mit der mittleren spezifischen isochoren Wärmekapazität des idealen Gases (vergleiche auch hier die Herleitungen in [76]) ergibt

$$s_2 - s_1 = \overline{c_v^\circ} \ln \frac{T_2}{T_1} + R_i \ln \frac{v_2}{v_1} \; . \tag{2.48}$$

2.4 Stoffwerte aus dem VDI-Wärmeatlas

Beispiel 2.5

Für trockene Luft, Kohlendioxid und Wasserdampf sind unter Verwendung von Gleichung (2.55) für die Temperaturabhängigkeit der spezifischen isobaren Wärmekapazität idealer Gase und zum Vergleich mit TREND die Enthalpie- und Entropiedifferenzen von jeweils $V = 10\,\mathrm{m}^3$ bei einer Temperaturänderung von $\vartheta_1 = 10\,^\circ\mathrm{C}$ auf $\vartheta_2 = 800\,^\circ\mathrm{C}$ zu berechnen. Für trockene Luft und Kohlendioxid ist ein konstanter Druck von $p = 1013\,\mathrm{hPa}$ anzunehmen. Der Wasserdampf liegt im Zustand 1 im Sättigungszustand vor. Damit entspricht der Anfangsdruck dem Sättigungsdampfdruck $p_1 = p_\mathrm{S}(T_1)$ und der Enddruck p_2 hat denselben Wert, wie bei den beiden vorgenannten Komponenten. (Ergebnisse im Excel-Berechnungsblatt in Abb. 2.15.)

Beispiel 2.6

Die Extrapolierbarkeit von Gleichung (2.55) für die Temperaturabhängigkeit der spezifischen isobaren Wärmekapazität idealer Gase ist durch direkten Vergleich entsprechender Berechnungen mit TREND am Beispiel von Kohlendioxid für einen konstanten Druck von $p = 1000\,\mathrm{hPa}$ zu überprüfen. (Ergebnisse im Excel-Berechnungsblatt in Abb. 2.16.)

In diesem Abschnitt wird die Anwendung der ausschließlich temperaturabhängigen Stoffwertekorrelationen aus dem Abschnitt „D3.1 Thermophysikalische Stoffwerte sonstiger reiner Flüssigkeiten und Gase" des *VDI-Wärmeatlas* [89] beschrieben, siehe dazu die teilweise gleichlautenden, aber umfassenderen Beschreibungen im Kapitel 3 in [53]. Der aktuelle Abschnitt enthält nur die für die nachfolgenden Kapitel erforderlichen Gleichungen: der Dichte idealer Gase, der spezifischen Wärmekapazität idealer Gase und Flüssigkeiten sowie des Sättigungsdampfdrucks und der spezifischen Verdampfungsenthalpie. Zusätzlich wurden auch die Gleichungen für die Wärmeleitfähigkeit sowie die dynamische Viskosität von Gasen aufgenommen. Wichtige Hinweise:

- Die Druckabhängigkeit der Stoffwerte wird in den Stoffwertekorrelationen aus dem *VDI-Wärmeatlas* vernachlässigt. Dies kann bei höheren Drücken zu Abweichungen führen.

- Im *VDI-Wärmeatlas* sind beispielhaft berechnete Werte aufgelistet. Diese Werte dienen zur Überprüfung eigener Berechnungen und geben gleichzeitig den Gültigkeitsbereich der Gleichungen wieder [87]. Eine Extrapolation über diese Gültigkeitsbereiche hinaus sollte deshalb unterbleiben.

- Die Quellen für die im *VDI-Wärmeatlas* aus Platzgründen nicht aufgeführten Rohdaten sind publizierte Messdaten, Präzisionsgleichungen (unter Verwendung von TREND [126]) oder Schätzmethoden (siehe Abschnitt „D1 Berechnungsmethoden für thermophysikalische Stoffeigenschaften" [88]) [87].

Installation und Verwendung der benutzerdefinierten Funktionen (UDFs)

Es bietet sich an, für die aufgeführten Korrelationsgleichungen benutzerdefinierte Funktionen (UDFs) in VBA zu erstellen und diese in ein Add-In einzubinden (siehe [53]). Ein umfassender VBA-Code mit diesen Korrelationsgleichungen steht unter www.unit-operations.de zum Download bereit und ist dort im Add-In `UnitOps_VT.xlam` im Modul `modPropertyDataVDIWA12` zu finden.

Das in Abschnitt 2.2 bereits beschriebene Add-In `FixLinks2UDF.xlam` umgeht Probleme, die auftreten können, wenn mehrere Personen abwechselnd an einer Excel-Datei arbeiten, aber zu verwendende Add-Ins an unterschiedlichen Orten abgelegt haben. Das Add-In korrigiert dies automatisch beim Öffnen der Excel-Datei. Wenn Sie sicher sind, dass nur Sie allein Excel-Dateien erstellen und bearbeiten und nicht austauschen oder weitergeben, können Sie diesen Punkt ignorieren:

1. Falls die Aktivierung der Dateinamenerweiterung im Explorer und die Aktivierung der Registerkarte Entwicklertools in Excel noch nicht erfolgt ist, kann dies entsprechend der Anleitung in Abschnitt 2.2 nachgeholt werden.

2. Das Add-In `UnitOps_VT.xlam` ist an den Standardordner `C:`‣`Users`‣`<username>`‣`AppData`‣`Roaming`‣`Microsoft`‣`AddIns` zu kopieren.

3. Falls Sie das optionale FixLinks2UDF-Add-In verwenden möchten, weil Sie mit mehreren Personen abwechselnd an einer Excel-Datei arbeiten, führen Sie bitte zunächst die Installation gemäß dem Abschnitt „Installation und Aktivierung des FixLinks2UDF-Add-Ins" in Abschnitt 2.2 aus, bevor Sie die nachfolgenden Punkte bearbeiten.

4. Die Aktivierung des Add-Ins `UnitOps_VT.xlam` erfolgt über die Registerkarte Entwicklertools ≫ Add-Ins ≫ Excel-Add-Ins. Falls das Add-In blockiert wird, ist im Explorer durch einen Rechtsklick auf das Add-In über „Eigenschaften" unter Allgemein und „Sicherheit" der Punkt „Zulassen" anzuklicken.

5. Um die in den Add-Ins enthaltenen UDFs auch in VBA verwenden zu können, ist im VBA-Editor unter Extras ≫ Verweise ebenfalls das Add-In zu aktivieren (und falls noch nicht erfolgt auch hier gleich der Solver).

6. Der Aufruf der in diesem Abschnitt beschriebenen UDFs erfolgt über die Registerkarte Formeln ≫ Funktionsbibliothek ≫ Funktionen einfügen aus den Kategorien „UnitOps: VDI-WA" und „UnitOps: Stoffdaten", siehe dazu die nachfolgenden Anleitungen. Die Ziffern „11" oder „12" in den Namen der Module oder der UDFs kennzeichnen, um welche Auflage des VDI-Wärmeatlas es sich handelt (11. bzw. 12. Auflage [129, 144]).

Für eine ggf. erforderliche Anpassung des Links zum Add-In – falls Sie das Add-In FixLinks2UDF nicht verwenden – folgen Sie bitte der Beschreibung zur „Anpassung der Links zu Add-Ins in Arbeitsmappen" in Abschnitt 2.2. In der Beispieldatei `UnitOps_VT_WUE_Vorlage_mit_Verzeichnis.xlsm` in der Arbeitsmappe „Installation, Verwendung" aus dem Downloadordner ist ebenfalls eine detaillierte Beschreibung für die Installation und die Anpassung der Links zu finden.

Temperaturabhängigkeit der Stoffwerte

Zur praktischen Berücksichtigung der Temperaturabhängigkeit der Stoffwerte – hier am Beispiel der spezifischen Wärmekapazität $c(T)$ – können drei Fälle angewendet werden:

I. Für den Fall, dass die Änderung der Temperatur nicht zu groß ist, kann angenähert mit konstanten Stoffwerten gerechnet werden, z. B. $c(T_\circ) = \text{konst.}$

II. Für den Fall, dass die Änderung der Temperatur nicht zu groß ist und sich der zu berechnende Stoffwert nur wenig und näherungsweise linear mit der Temperatur ändert, kann in vielen Fällen mit einer für technische Berechnungen ausreichenden Genauigkeit im Temperaturintervall T_i bis T_j gemittelt werden, indem z. B. der Stoffwert der spezifischen Wärmekapazität c bei einer Bezugstemperatur T_{Bezug} bestimmt wird,

$$\bar{c} = c(T_{\text{Bezug}}) \,, \tag{2.49}$$

wobei für diese Bezugstemperatur der arithmetische Mittelwert

$$T_{\text{Bezug}} = \frac{T_i + T_j}{2} \tag{2.50}$$

Anwendung findet.

III. Für den Fall, dass sich die Temperatur erheblich ändert und eine integrierbare Funktion für die relevante Stoffeigenschaft existiert, kann der integrale Mittelwert z. B. der spezifischen Wärmekapazität

$$\bar{c} = \frac{1}{T_j - T_i} \int_{T_i}^{T_j} c(T)\,\mathrm{d}T \tag{2.51}$$

verwendet werden, siehe dazu die Gleichungen (2.34) und (2.37).

In der Regel findet die zweitgenannte Methode in den nachfolgenden Kapiteln Anwendung. Gemäß der Aufgabenstellung in Beispiel 2.5 werden die drei vorstehenden Fälle in Abb. 2.15 beispielhaft berechnet und die Ergebnisse mit den mit TREND durchgeführten Berechnungen verglichen.

2.4.1 Stoffwertekorrelationen für Gase und Flüssigkeiten

Dichte idealer Gase

Aus der thermischen Zustandsgleichung idealer Gase

$$pV = nRT \tag{2.52}$$

mit der Stoffmenge n in mol oder kmol und der universellen (oder auch molaren, also stoffmengenbezogenen) Gaskonstante $R = 8{,}314\,462\,618\,\text{kJ}\,\text{kmol}^{-1}\,\text{K}^{-1}$ (nach [136]) folgt mit der molaren Masse der Komponente i

$$M_i = \frac{m_i}{n_i} \qquad (2.53)$$

und der spezifischen Gaskonstante der Komponente i

$$R_i = \frac{R}{M_i} \qquad (2.43)$$

die *nicht* im *VDI-Wärmeatlas* aufgeführte Gleichung zur Berechnung der Dichte idealer Gase (mit dem Index G für Gas oder Gasphase)

$$\varrho^{\mathrm{G}} = \frac{pM}{RT} = \frac{p}{R_i T} \ . \qquad (2.54)$$

Die Berechnung kann unter Verwendung der UDF `Gasdichte_ideal` erfolgen, die unter der Kategorie „UnitOps: Stoffdaten" zu finden ist.

Die thermische Zustandsgleichung idealer Gase und davon abgeleitete Gleichungen sollten nur für niedrige Drücke (bis etwa 5 bar im unterkritischen Temperaturbereich) und nicht zu tiefe Temperaturen verwendet werden. Besondere Vorsicht gilt bei Berechnungen realer Gase in der Nähe des Sättigungszustands. Dort kann der Fehler schon bei Umgebungsdruck mehrere Prozent betragen [9]. Zur Berechnung der Dichte realer Gase auf Basis der PENG–ROBINSON-Gleichung siehe die Anleitung in [53] (unter Verwendung der UDF `Gasdichte_real_PR`). Hierfür ist der Wert des azentrischen Faktors ω erforderlich, der z. B. auch im *VDI-Wärmeatlas* aufgeführt ist.

Spezifische isobare Wärmekapazität idealer Gase

Die spezifische isobare Wärmekapazität idealer Gase (Index ^{G}) bei konstantem Druck folgt anhand einer Korrelationsgleichung vom Typ der sog. PPDS-Gleichung. Aber nicht die entsprechende Gleichung aus dem Abschnitt „D3.1 Thermophysikalische Stoffwerte sonstiger reiner Flüssigkeiten und Gase" der aktuellen Auflage [89] mit dort sieben Koeffizienten, sondern einer neuen, besser extrapolierbaren Gleichung nach KLEIBER [86] mit acht Koeffizienten A bis H

$$c_p^{\mathrm{G}} = \frac{R}{M}\left\{ B + (C - B)\gamma^2 \left[1 + (\gamma - 1)(D + E\gamma + F\gamma^2 + G\gamma^3 + H\gamma^4)\right]\right\} \qquad (2.55)$$

mit

$$\gamma = \frac{(T/\mathrm{K})}{A + (T/\mathrm{K})} \ . \qquad (2.56)$$

Listing 2.3 enthält den beispielhaften Code, der mit der UDF `c_p_G_VDI_13_arr` aus der Kategorie „UnitOps: VDI-WA" aufgerufen werden kann.

Beim Erstellen der benutzerdefinierten Funktion gibt es möglicherweise eine Fehlermeldung, weil die Gleichung zu „komplex" ist, siehe die Excel-Hilfe zu „Ausdruck zu komplex (Fehler 16)". Ursache dafür sind zu viele ineinander verschachtelte Unterausdrücke. Abhilfe liefert die in diese und auch in nachfolgende Funktionen integrierte

Funktion ExtractNumericVector[8], die im Add-In **UnitOps_VT.xlam** enthalten ist.

Die für die Anwendung der nachfolgend aufgeführten Stoffwertekorrelationen aus dem *VDI-Wärmeatlas* ggf. erforderlichen kritischen Daten (kritische Temperatur T_{kr}, kritischer Druck p_{kr}), molaren Massen M und Koeffizienten A bis H sind im Abschnitt „D3.1 Thermophysikalische Stoffwerte sonstiger reiner Flüssigkeiten und Gase" des *VDI-Wärmeatlas* [89] für insgesamt 284 Stoffe aufgeführt.

Für die Berechnung z. B. der Enthalpiedifferenz mit dem integralen Mittelwert der spezifischen isobaren Wärmekapazität gemäß dem Fall III. in Gleichung (2.51)

$$\Delta H = H(T_j) - H(T_i) = m \int_{T_i}^{T_j} c_p(T)\, \mathrm{d}T \tag{2.57}$$

kann das Integral über die spezifische Wärmekapazität für das gegebene Temperaturintervall von T_i bis T_j in Gleichung (2.57) mit der in Listing 2.3 enthaltenen UDF c_p_G_VDI_13_arr_Integral aus der Kategorie „UnitOps: VDI-WA" direkt berechnet werden.

Listing 2.3: VBA-Code für die Berechnung der spezifischen Wärmekapazität idealer Gase (Parameter A bis H als Array) und des Integrals über c_p

```vba
'Universelle Gaskonstante, [R] = kJ kmol^-1 K^-1
'Tiesinga, Eite; Mohr, Peter J.; Newell, David B.; Taylor, Barry N. (2021):
'CODATA Recommended Values of the Fundamental Physical Constants: 2018.
'In: J. Phys. Chem. Ref. Data 50 (3), S. 33105 1-61. DOI: 10.1063/5.0064853.
Const R As Double = 8.314462618

'Spezifische Wärmekapazität idealer Gase bei konstantem Druck
'[c_p_G] = kJ kg^-1 K^-1, [T] = K, [M] = kg kmol^-1
Function c_p_G_VDI_13_arr( _
    T As Double, _
    M As Double, _
    a As Variant _
      ) As Double

    Dim TA As Double
    Dim b() As Double

    '==============================================================
    'Anzahl Parameter 'a'
    Const N As Long = 8
    '==============================================================

    'Falls 'a' ein Range-Objekt ist, konvertiere es zu einem Array
    a = a

    'Extrahiere den Vektor 'b' aus 'a', wenn 'a' "richtig" gegeben ist
    If Not ExtractNumericVector(a, b, N) Then Exit Function
```

---

[8] Die Funktion ExtractNumericVector greift auf das (von uns modifizierte) Modul modArraySupport2 zu, das auf dem Modul modArraySupport basiert, welches unter http://www.cpearson.com/excel/VBAArrays.htm heruntergeladen werden kann.

```vba
    TA = T / (b(1) + T)

    c_p_G_VDI_13_arr = (((b(4) + b(5) * TA + b(6) * TA ^ 2 + b(7) * TA ^ 3 + b(8) _
        * TA ^ 4) * (TA - 1) + 1) * (b(3) - b(2)) * TA ^ 2 + b(2)) * (R / M)

End Function

'Berechnung des Integrals für den thermischen Anteil der Reaktionsenthalpie
'[c_p_G] = kJ kg^-1 K^-1, [T] = K, [M] = kg kmol^-1
Function c_p_G_VDI_13_arr_Integral( _
    T1 As Double, _
    T2 As Double, _
    M As Double, _
    a As Variant _
        ) As Double

    Dim F_b As Double
    Dim F_a As Double
    Dim b() As Double

    '==========================================================================
    'Anzahl Parameter 'a'
    Const N As Long = 8
    '==========================================================================

    'Falls 'a' ein Range-Objekt ist, konvertiere es zu einem Array
    a = a

    'Extrahiere den Vektor 'b' aus 'a', wenn 'a' "richtig" gegeben ist
    If Not ExtractNumericVector(a, b, N) Then Exit Function

    'Berechnung der Integralgrenzen
    F_a = c_p_G_VDI_13_arr_Integral_Grenze(T1, M, b)
    F_b = c_p_G_VDI_13_arr_Integral_Grenze(T2, M, b)

    c_p_G_VDI_13_arr_Integral = (F_b - F_a) / (T2 - T1)

End Function

Private Function c_p_G_VDI_13_arr_Integral_Grenze( _
    T As Double, M As Double, b() As Double _
        ) As Double

    Dim z As Double
    z = b(1) + T

    c_p_G_VDI_13_arr_Integral_Grenze = (1 / (60 * z ^ 6)) * (R / M) _
    * (-10 * b(1) ^ 7 * b(2) * b(8) + 10 * b(1) ^ 7 * b(3) * b(8) _
    + 12 * b(1) ^ 6 * b(2) * z * (b(7) + 6 * b(8)) _
    - 12 * b(1) ^ 6 * b(3) * z * (b(7) + 6 * b(8)) _
    - 15 * b(1) ^ 5 * b(2) * z ^ 2 * (b(6) + 5 * (b(7) + 3 * b(8))) _
    + 15 * b(1) ^ 5 * b(3) * z ^ 2 * (b(6) + 5 * (b(7) + 3 * b(8))) _
    + 20 * b(1) ^ 4 * b(2) * z ^ 3 * (b(5) + 4 * b(6) + 10 * (b(7) + 2 * b(8))) _
    - 20 * b(1) ^ 4 * b(3) * z ^ 3 * (b(5) + 4 * b(6) + 10 * (b(7) + 2 * b(8))) _
    - 30 * b(1) ^ 3 * b(2) * z ^ 4 * (b(4) + 3 * b(5) + 6 * b(6) + 10 * b(7) + 15 * b(8)) _
    + 30 * b(1) ^ 3 * b(3) * z ^ 4 * (b(4) + 3 * b(5) + 6 * b(6) + 10 * b(7) + 15 * b(8)) _
    + 60 * b(1) ^ 2 * b(2) * z ^ 5 * (2 * b(4) + 3 * b(5) + 4 * b(6) + 5 * b(7) + 6 * b(8) + 1) _
```

```
 - 60 * b(1) ^ 2 * b(3) * z ^ 5 * (2 * b(4) + 3 * b(5) + 4 * b(6) + 5 * b(7) + 6 * b(8) + 1) _
     + 60 * b(1) * b(2) * z ^ 6 _
     * Log(z) * (b(4) + b(5) + b(6) + b(7) + b(8) + 2) - 60 * b(1) * b(3) * z ^ 6 _
     * Log(z) * (b(4) + b(5) + b(6) + b(7) + b(8) + 2) + 60 * b(3) * T * z ^ 6)

End Function
```

Spezifische isobare Wärmekapazität von Flüssigkeiten

Die spezifische Wärmekapazität von Flüssigkeiten bei konstantem Druck folgt aus der im *VDI-Wärmeatlas* [89] und in [63] aufgeführten sog. PPDS-Gleichung

$$c_p^{\mathrm{L}} = \frac{R}{M} \left(\frac{A}{\Theta} + B + C\Theta + D\Theta^2 + E\Theta^3 + F\Theta^4 \right) \quad \text{mit} \tag{2.58}$$

$$\Theta = 1 - \frac{T}{T_{\mathrm{kr}}} . \tag{2.59}$$

Siehe dazu die UDF `c_p_L_VDI_12_arr` aus der Kategorie „UnitOps: VDI-WA".

Wärmeleitfähigkeit von Gasen

Die Wärmeleitfähigkeit von Gasen bei niedrigen Drücken folgt aus dem im *VDI-Wärmeatlas* [89] und in [63] aufgeführten Polynom

$$\frac{\lambda^{\mathrm{G}}}{\mathrm{W/(m\,K)}} = A + B \left(\frac{T}{\mathrm{K}} \right) + C \left(\frac{T}{\mathrm{K}} \right)^2 + D \left(\frac{T}{\mathrm{K}} \right)^3 + E \left(\frac{T}{\mathrm{K}} \right)^4 . \tag{2.60}$$

Siehe dazu die UDF `lambda_G_VDI_12_arr` aus der Kategorie „UnitOps: VDI-WA".

Dynamische Viskosität von Gasen

Die dynamische Viskosität von Gasen bei niedrigen Drücken folgt aus dem im *VDI-Wärmeatlas* [89] und in [63] aufgeführten Polynom

$$\frac{\eta^{\mathrm{G}}}{\mathrm{Pa\,s}} = A + B \left(\frac{T}{\mathrm{K}} \right) + C \left(\frac{T}{\mathrm{K}} \right)^2 + D \left(\frac{T}{\mathrm{K}} \right)^3 + E \left(\frac{T}{\mathrm{K}} \right)^4 . \tag{2.61}$$

Daraus wird die kinematische Viskosität über die Beziehung

$$\nu = \frac{\eta}{\varrho} \tag{2.62}$$

erhalten. Insbesondere für Gase ist die dynamische Viskosität wegen ihrer relativ geringen Druckabhängigkeit bevorzugt zu verwenden. Siehe dazu die UDF `eta_G_VDI_12_arr` aus der Kategorie „UnitOps: VDI-WA".

Sättigungsdampfdruck

Für die Berechnung von Sättigungsdampfdrücken oder Dampf-Sättigungspartialdrücken hat in den letzten Jahren der Typ der nachfolgend aufgeführten WAGNER-Gleichung hohe Verbreitung gefunden, die gegenüber der noch oft verwendeten AN-

TOINE-Gleichung einen wesentlich größeren Gültigkeitsbereich aufweist und in der Regel den Bereich von der Tripeltemperatur T_{tr} bis zur kritischen Temperatur T_{kr} mit hoher Genauigkeit beschreibt. Diesen Gleichungstyp gibt es mit vier bis sechs Koeffizienten. Im *VDI-Wärmeatlas* [89] ist ein Gleichungstyp mit vier Koeffizienten

$$\ln \frac{p_S(T)}{p_{kr}} = \frac{T_{kr}}{T} \left(A\Theta + B\Theta^{1,5} + C\Theta^{2,5} + D\Theta^5 \right) \tag{2.63}$$

mit Θ nach Gleichung (2.59) angegeben, siehe dazu auch [52, 53]. Gegenüber der ANTOINE-Gleichung hat die WAGNER-Gleichung den Nachteil, dass sie nicht nach der Temperatur aufgelöst werden kann, weshalb die Berechnung von Sättigungstemperaturen bei vorgegebenem Druck nur iterativ möglich ist. Die im *VDI-Wärmeatlas* nicht aufgeführte Tripeltemperatur kann durch die dort aufgeführte Schmelztemperatur angenähert werden.

Sättigungsdampfdrücke lassen sich mit der UDF `p_S_VDI_12_arr` aus der Kategorie „UnitOps: VDI-WA" direkt berechnen. Für die Ermittlung von Sättigungstemperaturen bei vorgegebenem Druck findet die „Umkehrfunktion" `T_S_VDI_12_arr` Anwendung. In dieser Funktion wird die UDF `ZDQ_Solver` aufgerufen, die auf dem Verfahren des zentralen Differenzenquotienten (ZDQ-Verfahren) zur Nullstellensuche beruht und einen geeigneten Startwert für die Temperatur erfordert. Das ZDQ-Verfahren ist in Kapitel 2 in [52] beschrieben und im Add-In `UnitOps_VT.xlam` enthalten.

Spezifische Verdampfungsenthalpie

Die spezifische Verdampfungsenthalpie folgt aus der im *VDI-Wärmeatlas* [89] und in [63] aufgeführten WATSON-Gleichung mit Θ nach Gleichung (2.59) zu

$$\Delta_{vap}h = \frac{RT_{kr}}{M} \left(A\Theta^{1/3} + B\Theta^{2/3} + C\Theta + D\Theta^2 + E\Theta^6 \right) . \tag{2.64}$$

Siehe dazu die UDF `Delta_vap_h_VDI_12_arr` aus der Kategorie „UnitOps: VDI-WA".

2.4.2 Beispielhafte Berechnungen für ausgewählte reine Gase

In den nachfolgenden Abbildungen sind beispielhafte Berechnungsblätter der temperaturabhängigen Stoffwerte für trockene Luft, Kohlendioxid und Wasserdampf (Abb. 2.11 bis 2.13) sowie auch für Schwefeldioxid, Sauerstoff und Stickstoff (Abb. 2.14) aufgeführt, weil diese insbesondere für die energetische Bilanzierung von Verbrennungsprozessen in Kapitel 4 erforderlich sind. Teilweise wird auch die PRANDTL-Zahl

$$Pr = \frac{\nu}{a} = \frac{\eta c_p}{\lambda} \tag{2.65}$$

ermittelt. Sie ist eine dimensionslose Kennzahl, die u. a. für die Berechnung des konvektiven Wärmeübergangs erforderlich ist und sich ausschließlich aus Stoffwerten zusammensetzt: der kinematischen Viskosität ν und der Temperaturleitfähigkeit

$$a = \frac{\lambda}{\varrho c_p} . \tag{2.66}$$

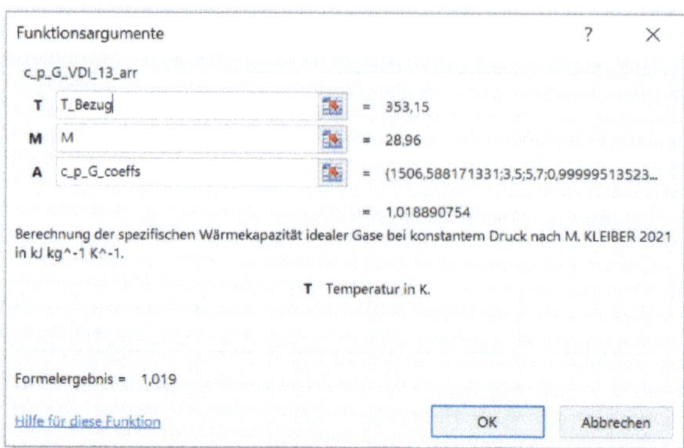

Abbildung 2.10: Excel-Menü für die Eingabe der Funktionsargumente für die Berechnung der spezifischen Wärmekapazität

Die Berechnungsblätter enthalten die Koeffizienten für die Berechnungen mit den oben aufgeführten Gleichungen (2.55), (2.60), (2.61), (2.63) und (2.64). Zur besseren Unterscheidung sind die grau unterlegten Zellen Eingabezellen. In den nicht farblich unterlegten Zellen erfolgen Berechnungen. In den nachfolgenden Kapiteln sind Zellen, in die Werte aus anderen Zellen – teilweise auch aus anderen Arbeitsblättern oder sogar Arbeitsmappen – übernommen wurden, in grauer Schrift dargestellt. Farbige Schriften dienen der Hervorhebung.

Die Berechnung der Stoffwerte unter Verwendung der für die vorgestellten Gleichungen vorhandenen UDFs ist denkbar einfach und erfolgt z. B. für die Berechnung der spezifischen isobaren Wärmekapazität nach Gleichung (2.55) durch die Eingabe

```
=c_p_G_VDI_13_arr(T_Bezug;M;c_p_G_coeffs)
```

Dafür wurden den Zellen im Arbeitsblatt Namen gegeben: T_Bezug für die Zelle mit der Bezugstemperatur, M für die Zelle mit der molaren Masse und c_p_G_coeffs für das Array mit den Koeffizienten. Alternativ kann die Eingabe der UDF über die Befehlsschaltfläche Funktion einfügen (links neben der Bearbeitungsleiste in der entsprechenden Kategorie, hier „UnitOps: VDI-WA") eingefügt werden. Dabei erscheint das in Abb. 2.10 dargestellte Excel-Menü für die Eingabe der Funktionsargumente. Zur Erstellung von UDFs und entsprechender Kurzbeschreibungen zu den Funktionsargumenten, die beim Aufruf von Funktionen erscheinen, siehe Kapitel 2 in [53].

Die Vergabe von Namen hat die Vorteile, dass Gleichungen in Zellen leichter eingegeben werden können sowie besser lesbar sind [53]. In VBA-Makros ist dies noch wichtiger, da sonst z. B. beim Einfügen von Zeilen im Arbeitsblatt jeder Bezug im VBA-Code manuell korrigiert werden muss. Um einem Zellbereich – bestehend aus einer oder aus mehreren Zellen – im Arbeitsblatt einen Namen zuzuweisen, wird dieser Bereich markiert und nach einem Rechtsklick auf Namen definieren im Feld Name der Name eingegeben. Unter Bereich kann gewählt werden, ob der Name für die gesamte Arbeitsmappe oder nur für ein bestimmtes Arbeitsblatt gelten soll. Häufig ist es sinnvoll, einen Namen nur für ein bestimmtes Arbeitsblatt zu vergeben. So besteht die Möglichkeit, diesen Namen auch in anderen Arbeitsblättern separat definieren zu kön-

Stoffdaten (nach VDI-Wärmeatlas)			Luft, gasförmig, trocken
Bezugstemperatur	$\vartheta_{\mathrm{Bezug}}$	°C	80,0
	T_{Bezug}	K	353,2
Bezugsdruck	p_{Bezug}	bar	1,0
molare Masse	M	kg kmol^{-1}	28,96
kritische Temperatur	T_{kr}	K	132,53
kritischer Druck	p_{kr}	bar	37,86
kritische Dichte	ρ_{kr}	kg m^{-3}	343
azentrischer Faktor	ω	1	0,038
Dichte Gas mit idealer Gasgleichung	ρ^{G}	kg m^{-3}	**0,986**
Dichte Gas mit der Peng-Robinson-Gleichung	$\rho^{\mathrm{G}}_{\mathrm{PR}}$	kg m^{-3}	**0,986**
spezifische isobare Wärmekapazität Gas	c_p^{G}	kJ kg^{-1} K^{-1}	**1,019**
Koeffizienten Funktion spez. Wärmekapazität	A	1	1506,5882
	B	1	3,5000
	C	1	5,7000
	D	1	1,0000
	E	1	0,4084
	F	1	-23,1592
	G	1	35,1756
	H	1	-7,3278
Wärmeleitfähigkeit Gas	λ^{G}	W m^{-1} K^{-1}	**0,0303**
Koeffizienten Funktion Wärmeleitfähigkeit Gas	A	1	-9,0806E-04
	B	1	1,1161E-04
	C	1	-8,4333E-08
	D	1	5,6964E-11
	E	1	-1,5631E-14
dynamische Viskosität Gas	η^{G}	Pa s	**2,104E-05**
Koeffizienten Funktion Viskosität Gas	A	1	-1,7020E-07
	B	1	7,9965E-08
	C	1	-7,2183E-11
	D	1	4,9600E-14
	E	1	-1,3878E-17
Prandtl-Zahl	$Pr = \eta c_p/\lambda$	1	**0,708**

Abbildung 2.11: Kritische Daten, Koeffizienten für die Stoffwertekorrelationen und beispielhafte Stoffwerte für trockene Luft (Koeffizienten nach [86, 129])

nen. Alternativ kann der Name direkt im Namenfeld links neben der Bearbeitungsleiste eingegeben werden, gilt dann allerdings für die gesamte Arbeitsmappe [53]. Im Namens-Manager (Formeln 〉 Definierte Namen 〉 Namens-Manager) sind nachträgliche Änderungen oder das Löschen von Namen möglich.

Bearbeitung der in Beispiel 2.5 gegebenen Aufgabenstellung

Für die Bearbeitung der Aufgabenstellung gemäß Beispiel 2.5 wird ein Excel-Berechnungsblatt wie in Abb. 2.15 erstellt:

1. Zunächst werden die mit der Aufgabenstellung gegebenen Daten in das Berechnungsblatt übernommen und den Zellen geeignete Namen gegeben. Die Bezugstemperatur T_{Bezug} gemäß dem Fall II. folgt aus Gleichung (2.50).

2. Für die drei Gase werden jeweils die molaren Massen eingegeben und die Dichten im Zustand 1 mit Gleichung (2.54) berechnet. Die Massen folgen aus dem

Stoffdaten (nach VDI-Wärmeatlas)			Kohlendioxid, gasförmig
Bezugstemperatur	ϑ_{Bezug}	°C	**500,0**
	T_{Bezug}	K	773,2
Bezugsdruck	p_{Bezug}	bar	**1,0**
molare Masse	M	kg kmol^{-1}	44,01
kritische Temperatur	T_{kr}	K	304,13
kritischer Druck	p_{kr}	bar	73,77
kritische Dichte	ρ_{kr}	kg m^{-3}	467,6
azentrischer Faktor	ω	1	0,244
Dichte Gas mit idealer Gasgleichung	ρ^{G}	kg m^{-3}	**0,685**
Dichte Gas mit der Peng-Robinson-Gleichung	$\rho^{\text{G}}_{\text{PR}}$	kg m^{-3}	**0,685**
spezifische isobare Wärmekapazität Gas	c_p^{G}	kJ kg^{-1} K^{-1}	**1,159**
Koeffizienten Funktion spez. Wärmekapazität	A	1	94,3226
	B	1	3,4650
	C	1	8,2161
	D	1	1,0000
	E	1	-3,0942
	F	1	12,7696
	G	1	-5,5517
	H	1	-2,8044
Wärmeleitfähigkeit Gas	λ^{G}	W m^{-1} K^{-1}	**0,0536**
Koeffizienten Funktion Wärmeleitfähigkeit Gas	A	1	-3,8820E-03
	B	1	5,2830E-05
	C	1	7,1460E-08
	D	1	-7,0310E-11
	E	1	1,8090E-14
dynamische Viskosität Gas	η^{G}	Pa s	**3,329E-05**
Koeffizienten Funktion Viskosität Gas	A	1	-1,8024E-06
	B	1	6,5989E-08
	C	1	-3,7108E-11
	D	1	1,5860E-14
	E	1	-3,0000E-18
Prandtl-Zahl	$Pr = \eta c_p / \lambda$	1	**0,719**

Abbildung 2.12: Kritische Daten, Koeffizienten für die Stoffwertekorrelationen und beispielhafte Stoffwerte für Kohlendioxid (Koeffizienten nach [86, 129])

Stoffdaten (nach VDI-Wärmeatlas)			Wasserdampf
Bezugstemperatur	ϑ_{Bezug}	°C	55,0
	T_{Bezug}	K	328,15
Bezugsdruck	p_{Bezug}	bar	1,0
molare Masse	M	kg kmol^{-1}	18,015
kritische Temperatur	T_{kr}	K	647,10
kritischer Druck	p_{kr}	bar	220,64
kritische Dichte	ρ_{kr}	kg m^{-3}	322
azentrischer Faktor	ω	1	0,344
Dichte Gas mit der idealen Gasgleichung	ρ^{G}	kg m^{-3}	0,660
Dichte Gas mit der Peng-Robinson-Gleichung	$\rho^{\text{G}}_{\text{PR}}$	kg m^{-3}	0,668
spezifische isobare Wärmekapazität Gas	c_p^{G}	kJ kg^{-1} K^{-1}	1,876
Koeffizienten Funktion spez. Wärmekapazität	A	1	631,9420
	B	1	4,0000
	C	1	8,6000
	D	1	0,7251
	E	1	4,1035
	F	1	-9,9247
	G	1	11,7692
	H	1	-7,6655
Wärmeleitfähigkeit Gas	λ^{G}	W m^{-1} K^{-1}	0,0205
Koeffizienten Funktion Wärmeleitfähigkeit Gas	A	1	1,3918E-02
	B	1	-4,6985E-05
	C	1	2,5807E-07
	D	1	-1,8315E-10
	E	1	5,5092E-14
dynamische Viskosität Gas	η^{G}	Pa s	1,082E-05
Koeffizienten Funktion Viskosität Gas	A	1	6,4966E-06
	B	1	-1,5102E-08
	C	1	1,1593E-10
	D	1	-1,0080E-13
	E	1	3,1001E-17
Sättigungsdampfdruck WAGNER-Gleichung	p_{s}	bar	0,158
Koeffizienten Funktion Sättigungsdampfdruck WAGNER-Gleichung	A	1	-7,86975
	B	1	1,90561
	C	1	-2,30891
	D	1	-2,06472
spezifische Verdampfungsenthalpie	$\Delta_{\text{vap}}h$	kJ kg^{-1}	2368
Koeffizienten Funktion spezifische Verdampfungsenthalpie	A	1	6,853070
	B	1	7,438040
	C	1	-2,937595
	D	1	-3,282093
	E	1	8,397378
Prandtl-Zahl	$Pr = \eta c_p / \lambda$	1	0,993

Abbildung 2.13: Kritische Daten, Koeffizienten für die Stoffwertekorrelationen und beispielhafte Stoffwerte für Wasserdampf (Koeffizienten nach [86, 129])

Bezugsdaten für die Berechnungen

Bezugstemperatur	ϑ_{Bezug}	°C	**100,0**
	T_{Bezug}	K	373,2
Bezugsdruck	p_{Bezug}	bar	**1,0**

Stoffdaten Luft, trocken

molare Masse	M	kg kmol^{-1}	28,958
Dichte Gas mit idealer Gasgleichung	ρ^G	kg m^{-3}	0,933
spezifische isobare Wärmekapazität Gas	$c_p^{\,G}$	kJ kg^{-1} K^{-1}	1,021

Stoffdaten Wasserdampf

molare Masse	M	kg kmol^{-1}	18,015
Dichte Gas mit idealer Gasgleichung	ρ^G	kg m^{-3}	0,581
spezifische isobare Wärmekapazität Gas	$c_p^{\,G}$	kJ kg^{-1} K^{-1}	1,893

Stoffdaten Kohlendioxid

molare Masse	M	kg kmol^{-1}	44,010
Dichte Gas mit idealer Gasgleichung	ρ^G	kg m^{-3}	1,419
spezifische isobare Wärmekapazität Gas	$c_p^{\,G}$	kJ kg^{-1} K^{-1}	0,914

Stoffdaten Schwefeldioxid

molare Masse	M	kg kmol^{-1}	64,060
Dichte Gas mit idealer Gasgleichung	ρ^G	kg m^{-3}	2,065
spezifische isobare Wärmekapazität Gas	$c_p^{\,G}$	kJ kg^{-1} K^{-1}	0,665
Koeffizienten Funktion spez. Wärmekapazität	A	1	848,4734
	B	1	4,1379
	C	1	-0,0601
	D	1	-4,0449
	E	1	56,0276
	F	1	-109,3350
	G	1	76,8400
	H	1	0,0000

Stoffdaten Sauerstoff

molare Masse	M	kg kmol^{-1}	32,000
Dichte Gas mit idealer Gasgleichung	ρ^G	kg m^{-3}	1,031
spezifische isobare Wärmekapazität Gas	$c_p^{\,G}$	kJ kg^{-1} K^{-1}	0,942
Koeffizienten Funktion spez. Wärmekapazität	A	1	1207,9952
	B	1	3,5000
	C	1	6,0000
	D	1	1,0000
	E	1	-1,9597
	F	1	-12,1286
	G	1	19,9888
	H	1	-0,5265

Stoffdaten Stickstoff

molare Masse	M	kg kmol^{-1}	28,010
Dichte Gas mit idealer Gasgleichung	ρ^G	kg m^{-3}	0,903
spezifische isobare Wärmekapazität Gas	$c_p^{\,G}$	kJ kg^{-1} K^{-1}	1,042
Koeffizienten Funktion spez. Wärmekapazität	A	1	936,3480
	B	1	3,4803
	C	1	3,8495
	D	1	-15,7635
	E	1	141,9479
	F	1	-379,4297
	G	1	263,2613
	H	1	0,0000

Abbildung 2.14: Gasdichten und spezifische Wärmekapazitäten einschließlich der für die Berechnungen erforderlichen Koeffizienten ([86])

Daten		CalcType	Unit		
Volumen der Gase im Zustand 1	V_1			m³	**10,0**
konstanter Druck der Gase	p			hPa	**1013**
Temperatur im Zustand 1	ϑ_1			°C	**10,0**
Temperatur im Zustand 2	ϑ_2			°C	**800,0**
Bezugstemperatur (arithmetischer Mittelwert)	$T_{Bezug} = (T_1 + T_2)/2$			K	678,15
Trockene Luft		CalcType	Unit		
molare Masse	M_{Luft}			kg kmol⁻¹	**28,96**
Dichte mit idealer Gasgleichung	$\rho^G_{1,Luft}$			kg m⁻³	1,246
Masse	m_{Luft}			kg	12,46
Fall I: konst. spez. isobare Wärmekapazität	$c^G_{p,Luft}(T_1)$			kJ kg⁻¹ K⁻¹	1,012
Enthalpiedifferenz	$\Delta H_{Luft,I}$			kJ	**9967**
Entropiedifferenz	$\Delta S_{Luft,I}$			kJ K⁻¹	**16,81**
Fall II: spez. isob. Wärmekapazität bei arithm. gem. Bezugstemp.	$c^G_{p,Luft}(T_{Bezug})$			kJ kg⁻¹ K⁻¹	1,071
Enthalpiedifferenz	$\Delta H_{Luft,II}$			kJ	**10541**
Entropiedifferenz	$\Delta S_{Luft,II}$			kJ K⁻¹	**17,78**
Fall III: integraler Mittelwert der spez. isobaren Wärmekapazität	$\bar{c}^G_{p,Luft}(T_1, T_2)$			kJ kg⁻¹ K⁻¹	1,074
Enthalpiedifferenz	$\Delta H_{Luft,III}$			kJ	**10570**
Entropiedifferenz	$\Delta S_{Luft,III}$			kJ K⁻¹	**17,83**
Berechnung mit TREND					**Air**
spezifische Enthalpie Zustand 1	$h_{Luft,1}(T_1,p)$	H	J/kg	J kg⁻¹	407212
spezifische Entropie Zustand 1	$s_{Luft,1}(T_1,p)$	S	J/(kg K)	J kg⁻¹ K⁻¹	3802
spezifische Enthalpie Zustand 2	$h_{Luft,2}(T_2,p)$	H	J/kg	J kg⁻¹	1254331
spezifische Entropie Zustand 2	$s_{Luft,2}(T_2,p)$	S	J/(kg K)	J kg⁻¹ K⁻¹	5208
Enthalpiedifferenz mit TREND	$\Delta H_{Luft} = m_{Luft}\,\Delta h_{Luft}$			kJ	**10556**
Entropiedifferenz mit TREND	$\Delta S_{Luft} = m_{Luft}\,\Delta s_{Luft}$			kJ K⁻¹	**17,52**
Kohlendioxid		CalcType	Unit		
molare Masse	M_{CO2}			kg kmol⁻¹	**44,01**
Dichte mit idealer Gasgleichung	$\rho^G_{1,CO2}$			kg m⁻³	1,894
Masse	m_{CO2}			kg	18,94
Fall I: konst. spez. isobare Wärmekapazität	$c^G_{p,CO2}(T_1)$			kJ kg⁻¹ K⁻¹	0,827
Enthalpiedifferenz	$\Delta H_{CO2,I}$			kJ	**12378**
Entropiedifferenz	$\Delta S_{CO2,I}$			kJ K⁻¹	**20,88**
Fall II: spez. isob. Wärmekapazität bei arithm. gem. Bezugstemp.	$c^G_{p,CO2}(T_{Bezug})$			kJ kg⁻¹ K⁻¹	1,118
Enthalpiedifferenz	$\Delta H_{CO2,II}$			kJ	**16726**
Entropiedifferenz	$\Delta S_{CO2,II}$			kJ K⁻¹	**28,21**
Fall III: integraler Mittelwert der spez. isobaren Wärmekapazität	$\bar{c}^G_{p,CO2}(T_1, T_2)$			kJ kg⁻¹ K⁻¹	1,092
Enthalpiedifferenz	$\Delta H_{CO2,III}$			kJ	**16339**
Entropiedifferenz	$\Delta S_{CO2,III}$			kJ K⁻¹	**27,56**
Berechnung mit TREND					**CO2**
spezifische Enthalpie Zustand 1	$h_{CO2,1}(T_1,p)$	H	J/kg	J kg⁻¹	493187
spezifische Entropie Zustand 1	$s_{CO2,1}(T_1,p)$	S	J/(kg K)	J kg⁻¹ K⁻¹	2693
spezifische Enthalpie Zustand 2	$h_{CO2,2}(T_2,p)$	H	J/kg	J kg⁻¹	1356746
spezifische Entropie Zustand 2	$s_{CO2,2}(T_2,p)$	S	J/(kg K)	J kg⁻¹ K⁻¹	4088
Enthalpiedifferenz mit TREND	$\Delta H_{CO2} = m_{CO2}\,\Delta h_{CO2}$			kJ	**16353**
Entropiedifferenz mit TREND	$\Delta S_{CO2} = m_{CO2}\,\Delta s_{CO2}$			kJ K⁻¹	**26,42**
Wasserdampf		CalcType	Unit		
molare Masse	M_{H2O}			kg kmol⁻¹	**18,015**
	R_{H2O}			kJ kg⁻¹ K⁻¹	0,462
Dichte mit idealer Gasgleichung	$\rho^G_{1,H2O}$			kg m⁻³	0,775
Masse	m_{H2O}			kg	7,75
Fall I: konst. spez. isobare Wärmekapazität	$c^G_{p,H2O}(T_1)$			kJ kg⁻¹ K⁻¹	1,864
Enthalpiedifferenz	$\Delta H_{H2O,I}$			kJ	**11413**
Entropiedifferenz	$\Delta S_{H2O,I}$			kJ K⁻¹	**3,46**
Fall II: spez. isob. Wärmekapazität bei arithm. gem. Bezugstemp.	$c^G_{p,H2O}(T_{Bezug})$			kJ kg⁻¹ K⁻¹	2,066
Enthalpiedifferenz	$\Delta H_{H2O,II}$			kJ	**12651**
Entropiedifferenz	$\Delta S_{H2O,II}$			kJ K⁻¹	**5,55**
Fall III: integraler Mittelwert der spez. isobaren Wärmekapazität	$\bar{c}^G_{p,H2O}(T_1, T_2)$			kJ kg⁻¹ K⁻¹	2,077
Enthalpiedifferenz	$\Delta H_{H2O,III}$			kJ	**12720**
Entropiedifferenz	$\Delta S_{H2O,III}$			kJ K⁻¹	**5,67**
Berechnung mit TREND					**Water**
Sättigungsdampfdruck	$p_{S,H2O}(T_1)$	P	MPa	hPa	**12,28**
Siedetemperatur	$T_{S,H2O}(p)$	T	K	°C	99,97
spezifische Enthalpie Zustand 1 (temperaturabh. f. gesätt. Dampf)	$h_{H2O,1}(T_1,p)$	H	J/kg	J kg⁻¹	2519208
spezifische Entropie Zustand 1 (temperaturabh. f. gesätt. Dampf)	$s_{H2O,1}(T_1,p)$	S	J/(kg K)	J kg⁻¹ K⁻¹	8900
spezifische Enthalpie Zustand 2	$h_{H2O,2}(T_2,p)$	H	J/kg	J kg⁻¹	4160201
spezifische Entropie Zustand 2	$s_{H2O,2}(T_2,p)$	S	J/(kg K)	J kg⁻¹ K⁻¹	9562
Enthalpiedifferenz mit TREND	$\Delta H_{H2O} = m_{H2O}\,\Delta h_{H2O}$			kJ	**12720**
Entropiedifferenz mit TREND	$\Delta S_{Luft} = m_{H2O}\,\Delta s_{H2O}$			kJ K⁻¹	**5,13**

Abbildung 2.15: Enthalpie- und Entropiedifferenzen ausgewählter Gase bei Temperaturänderung anhand Gleichung (2.55) für die spezifische isobare Wärmekapazität und die direkte Berechnung mit TREND

Volumen V_1 mit

$$m = \varrho V \,. \tag{2.67}$$

3. Für den Fall I. werden die spezifischen Wärmekapazitäten der Gase bei der Temperatur T_1 durch die Eingabe

```
=c_p_G_VDI_13_arr(T_1;M;c_p_G_coeffs)
```

berechnet. Die Koeffizienten der Komponenten für das Array `c_p_G_coeffs` sind in den Abb. 2.11 bis 2.13 aufgeführt. Die Enthalpiedifferenzen folgen aus

$$\Delta H = mc_p\left(T_2 - T_1\right) \tag{2.68}$$

und die Entropiedifferenzen unter Verwendung von Gleichung (2.41) aus

$$\Delta S = m\left(\overline{c_p^\circ}\ln\frac{T_2}{T_1} - R_i\ln\frac{p_2}{p_1}\right)\,, \tag{2.69}$$

wobei für die beiden ersten Komponenten wegen $p = $ konst die rechte Seite von Gleichung (2.69) entfällt, aber bei der dritten Komponente zum Tragen kommt. Für Wasserdampf folgt $R_{\text{H}_2\text{O}}$ aus Gleichung (2.43) mit der in Abschnitt 2.4.1 gegebenen universellen Gaskonstante R.

4. Für den Fall II. folgen die spezifischen Wärmekapazitäten, die Enthalpiedifferenzen und die Entropiedifferenzen wie vorstehend, aber bei der Bezugstemperatur T_{Bezug}.

5. Für den Fall III. werden die integralen Mittelwerte der spezifischen Wärmekapazitäten nach Gleichung (2.51) durch die Eingabe

```
=c_p_G_VDI_13_arr_Integral(T_1;T_2;M;c_p_G_coeffs)
```

und die Enthalpie- und Entropiedifferenzen ebenfalls wie vorstehend ermittelt.

6. Zum Vergleich werden die Enthalpie- und Entropiedifferenzen der Komponenten mit TREND über die spezifischen Enthalpien bzw. die spezifischen Entropien bei den beiden Temperaturen T_1 und T_2 berechnet. Für die spezifische Enthalpie $h_1(T_1,p_1)$ von Luft erfolgt beispielsweise die Eingabe

```
=TRENDEOS("H";InputCode;T_1;p/10000;"air";Composition;EqTypes;
MixingRule;PathToSubModel;Unit;ShowErrorCode)
```

und für die spezifische Entropie $s_1(T_1,p_1)$

```
=TRENDEOS("S";InputCode;T_1;p/10000;"air";Composition;EqTypes;
MixingRule;PathToSubModel;Unit;ShowErrorCode)
```

mit dem Druck in hPa. Die in diesen Funktionen aufgeführten Parameter werden – wie in Abb. 2.2 – in einem separaten Bereich definiert, der in Abb. 2.15 ausgeblendet ist: `PathToSubModel` enthält den Wert `HC`, `InputCode` `TP`, die Zustandsgrößen `InputValue1` und `InputValue2` werden jeweils nachfolgend eingegeben, `Composition`, `EqTypes` und `MixingRule` jeweils 1, `Unit` `specific` und `ShowErrorCode` `FALSCH`. Daraus folgt die Enthalpiedifferenz zu

$$\Delta H = m\,(h_2 - h_1) \tag{2.70}$$

und die Entropiedifferenz zu

$$\Delta S = m\,(s_2 - s_1)\;. \tag{2.71}$$

7. Die Komponente Wasser liegt gemäß Aufgabenstellung bei der Temperatur T_1 wegen $T_1 \leq T_S(p)$ im Sättigungszustand vor. Der Sättigungsdampfdruck folgt aus

```
=10000*TRENDEOS("P";"TVAP";T_1;42;"water";Composition;EqTypes;
MixingRule;PathToSubModel;Unit;ShowErrorCode)
```

und die Siede- oder Sättigungstemperatur aus

```
=TRENDEOS("T";"PVAP";p;42;"water";Composition;EqTypes;
MixingRule;PathToSubModel;Unit;ShowErrorCode)-273,15
```

Für die spezifische Enthalpie des gesättigten Dampfs bei der Temperatur T_1 und ebenso für die spezifische Entropie wird der Input Code auf TVAP geändert:

```
=TRENDEOS("H";"TVAP";T_1;42;"water";Composition;EqTypes;
MixingRule;PathToSubModel;Unit;ShowErrorCode)
```

bzw.

```
=TRENDEOS("S";"TVAP";T_1;42;"water";Composition;EqTypes;
MixingRule;PathToSubModel;Unit;ShowErrorCode)
```

Da für diese Berechnungen jeweils nur eine Zustandsgröße vorzugeben ist, erfordert der zweite Parameter eine beliebige Zahl.

Wie die Berechnungen zeigen, ist die Anwendung der unter Fall I. beschriebenen Methode ungenau. Die beiden Fälle II. und III. liefern bessere Ergebnisse, die für technische Berechnungen recht gut mit den Ergebnissen der Berechnungen mit TREND übereinstimmen. Dadurch wird nachvollziehbar, warum die Berechnung mit einer arithmetisch gemittelten Bezugstemperatur in der Praxis sehr häufig Anwendung findet. Durch eine Veränderung des Drucks kann gezeigt werden, dass Gleichung (2.55) bis zu Drücken von $p \approx 5\,\mathrm{bar}$ für die verwendeten Komponenten noch sehr genaue Ergebnisse liefert.

Die drei Gaskomponenten wurden nicht zufällig ausgewählt, sondern sind die relevanten Komponenten in Abgasen bei der Verbrennung von fossilen Energieträgern mit Luftüberschuss. Die Enthalpiedifferenzen dieser Komponenten sind für die Aufstellung der Energiebilanzen von Verbrennungsprozessen erforderlich, z. B. zur Ermittlung der adiabaten Verbrennungstemperatur in Kapitel 4.

Bearbeitung der in Beispiel 2.6 gegebenen Aufgabenstellung

Für die Bearbeitung der Aufgabenstellung gemäß Beispiel 2.6 wird ein Excel-Berechnungsblatt wie in Abb. 2.16 erstellt:

Eingabeparameter TREND

Path to Sub-Model			HC
Input Code			TP
Input Value 1	T	K	s.u.
Input Value 2	p	MPa	s.u.
Unit			specific
Show Error Code			FALSCH
Fluid			CO2
Composition			1
Equation Type			1
Mixing Rule			1

Allgemeine Daten

konstanter Druck	p	hPa	**1000**
		MPa	0,1000
universelle (molare) Gaskonstante	R	kg kmol⁻¹ K⁻¹	8,31446
molare Masse	M_i	kg kmol⁻¹	44,0098
spezifische Gaskonstante	R_i	kJ kg⁻¹ K⁻¹	0,188923
Tripeltemperatur	T_{tr}	K	216,592

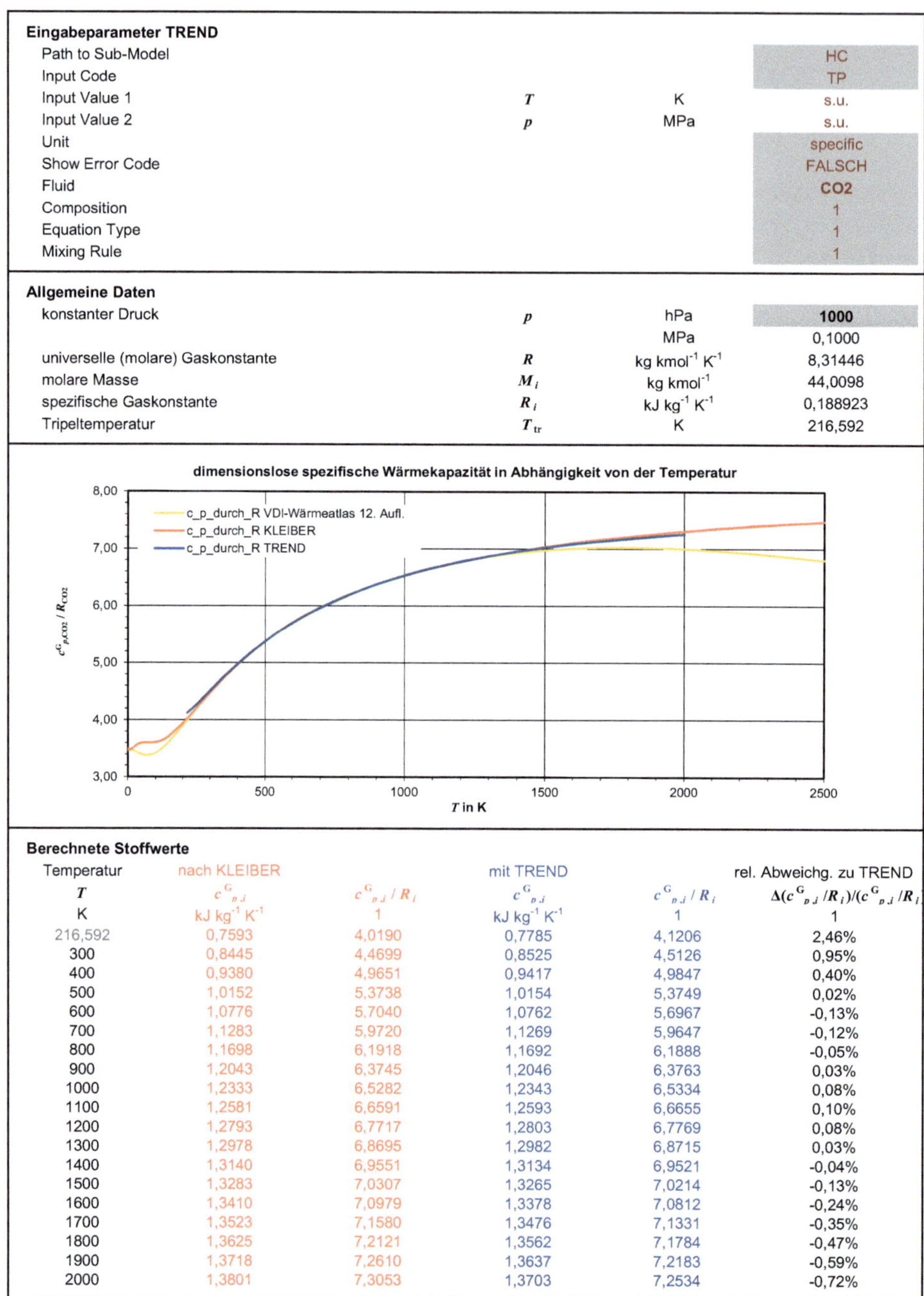

Berechnete Stoffwerte

Temperatur	nach KLEIBER		mit TREND		rel. Abweichg. zu TREND
T	$c^{G}_{p,i}$	$c^{G}_{p,i}/R_i$	$c^{G}_{p,i}$	$c^{G}_{p,i}/R_i$	$\Delta(c^{G}_{p,i}/R_i)/(c^{G}_{p,i}/R_i)$
K	kJ kg⁻¹ K⁻¹	1	kJ kg⁻¹ K⁻¹	1	1
216,592	0,7593	4,0190	0,7785	4,1206	2,46%
300	0,8445	4,4699	0,8525	4,5126	0,95%
400	0,9380	4,9651	0,9417	4,9847	0,40%
500	1,0152	5,3738	1,0154	5,3749	0,02%
600	1,0776	5,7040	1,0762	5,6967	-0,13%
700	1,1283	5,9720	1,1269	5,9647	-0,12%
800	1,1698	6,1918	1,1692	6,1888	-0,05%
900	1,2043	6,3745	1,2046	6,3763	0,03%
1000	1,2333	6,5282	1,2343	6,5334	0,08%
1100	1,2581	6,6591	1,2593	6,6655	0,10%
1200	1,2793	6,7717	1,2803	6,7769	0,08%
1300	1,2978	6,8695	1,2982	6,8715	0,03%
1400	1,3140	6,9551	1,3134	6,9521	-0,04%
1500	1,3283	7,0307	1,3265	7,0214	-0,13%
1600	1,3410	7,0979	1,3378	7,0812	-0,24%
1700	1,3523	7,1580	1,3476	7,1331	-0,35%
1800	1,3625	7,2121	1,3562	7,1784	-0,47%
1900	1,3718	7,2610	1,3637	7,2183	-0,59%
2000	1,3801	7,3053	1,3703	7,2534	-0,72%

Abbildung 2.16: Temperaturabhängigkeit der spezifischen isobaren Wärmekapazität von CO_2 – Vergleich der Berechnungen mit Gleichung (2.55) nach KLEIBER [86], mit TREND [126] und nach VDI-Wärmeatlas [89]

1. Zunächst werden die mit der Aufgabenstellung gegebenen Daten in das Berechnungsblatt übernommen und den Zellen geeignete Namen gegeben. Der Bereich mit den Eingabeparametern für TREND ist diesmal eingeblendet.

2. Der mit der Aufgabenstellung gegebene Druck p wird eingegeben und für die Verwendung mit TREND umgerechnet. Der Wert der universellen Gaskonstante R ist in Abschnitt 2.4.1 aufgeführt, die molare Masse M folgt durch die Eingabe

```
=1000*TRENDSPECEOS(Fluids;Composition;EqTypes;MixingRule;
PathToSubModel;Unit;ShowErrorCode;"MW")
```

   und die spezifische Gaskonstante R_i aus Gleichung (2.43). Die Tripeltemperatur T_{tr} folgt durch die Eingabe

```
=TRENDSPECEOS(Fluids;Composition;EqTypes;MixingRule;
PathToSubModel;Unit;ShowErrorCode;"Ttrip")
```

3. Ausgehend von der Tripeltemperatur werden in der Tabelle die Berechnungen der spezifischen isobaren Wärmekapazitäten mit Gleichung (2.56) durch die Eingabe

```
=c_p_G_VDI_13_arr(T;M;c_p_G_coeffs)
```

   und die Berechnungen mit TREND durch die Eingabe

```
=0,001*TRENDEOS("CP";InputCode;T;p;Fluids;Composition;EqTypes;
MixingRule;PathToSubModel;Unit;ShowErrorCode)
```

   jeweils mit der Temperatur T aus der entsprechenden Zeile durchgeführt. Die Entdimensionierung erfolgt durch Division mit der spezifischen Gaskonstante und daraus die relativen Abweichungen in Bezug zu den mit TREND berechneten Werten. Nicht in Abb. 2.16 enthalten sind die Werte anhand der Korrelationsgleichung für die spezifische Wärmekapazität aus dem VDI-Wärmeatlas [89].

Die Ergebnisse der Berechnungen zur Temperaturabhängigkeit der spezifischen isobaren Wärmekapazität idealer Gase sind für Kapitel 4 relevant und zeigen, dass eine Extrapolation unter Verwendung der Gleichung (2.55) von KLEIBER [86] deutlich nach oben hinaus über den im VDI-Wärmeatlas [89] typischerweise für diesen Stoffwert gegebenen Gültigkeitsbereich (von $-50\,°\mathrm{C}$ bis $500\,°\mathrm{C}$ entsprechend $223\,\mathrm{K}$ bis $773\,\mathrm{K}$) möglich ist (sogar auch bei einer moderaten Erhöhung des Drucks). Dagegen hat die im VDI-Wärmeatlas [89] aufgeführte Gleichung eine eingeschränkte Extrapolierbarkeit, bildet bei sehr niedrigen Temperaturen nicht das z. B. in [106] gezeigte typische Verhalten ab und durchläuft bei hohen Temperaturen ein nicht vorhandenes Maximum.

2.5 Stoffwerte aus weiteren Quellen

Beispiel 2.7

Für Wasser sind der Sättigungsdampfdruck für eine Temperatur von $300\,°\mathrm{C}$ und die Siedetemperatur für einen Druck von $50\,\mathrm{bar}$ zu berechnen. Die Berechnungen sollen mit TREND, nach VDI-Wärmeatlas und mit der nachfolgend vorgestellten Gleichung für den Sättigungsdampfdruck von Wasser durchgeführt werden. (Ergebnisse im Excel-Berechnungsblatt in Abb. 2.17.)

Für Wasser gibt es auch WAGNER-Gleichungen für den Sättigungsdampfdruck *und* für den Sublimationsdruck, was z. B. für die Berechnung von Zuständen der feuchten Frischluft bei Verbrennungsprozessen relevant ist, wenn die Temperatur der Frischluft unterhalb der Tripeltemperatur von Wasser liegt, siehe dazu Abschnitt 9.1 in [52].

Sättigungsdampfdruck und Sublimationsdruck von Wasser

Nach WAGNER u. a. [149] gilt für den Sättigungsdampfdruck von Wasser vom Tripelpunkt bis zum kritischen Punkt

$$\ln \frac{p_{\mathrm{WS,vap}}}{p_{\mathrm{kr}}} = \frac{T_{\mathrm{kr}}}{T} \sum_{i=1}^{6} a_i \left(1 - \frac{T}{T_{\mathrm{kr}}}\right)^{n_i} . \tag{2.72}$$

Für Wasser sind eine kritische Temperatur $T_{\mathrm{kr}} = 647{,}096\,\mathrm{K}$ und ein kritischer Druck $p_{\mathrm{kr}} = 22{,}064\,\mathrm{MPa}$ sowie die in Tabelle 2.1 aufgeführten Koeffizienten und Exponenten einzusetzen [148, 149].

Für die Berechnung des Sublimationsdrucks von Wasser vom Tripelpunkt bis 50 K gilt die Gleichung von WAGNER u. a. [150]

$$\ln \frac{p_{\mathrm{WS,sub}}}{p_{\mathrm{tr}}} = \frac{T_{\mathrm{tr}}}{T} \sum_{i=1}^{3} a_i \left(\frac{T}{T_{\mathrm{tr}}}\right)^{n_i} . \tag{2.73}$$

Darin sind der Tripeldruck und die Tripeltemperatur von Wasser, siehe oben, und die in Tabelle 2.2 aufgeführten Koeffizienten und Exponenten einzusetzen [150].

Für die Berechnungen in Excel stehen die UDFs unter der Kategorie „UnitOps: Stoffdaten" zur Verfügung. Für den Sättigungsdampfdruck von Wasser in Gleichung (2.72) ist dies die UDF `p_S_Wagner_H2O_D` und für die „Umkehrfunktion" `T_S_Wagner_D`. Für den Sublimationsdruck in Gleichung (2.73) steht die UDF `p_S_Wagner_H2O_Sub` zur Verfügung und für die „Umkehrfunktion" `T_S_Wagner_Sub`. Wie bereits oben beschrieben, werden in den „Umkehrfunktionen" die gesuchten Sättigungstemperaturen iterativ berechnet, weshalb beim Aufruf dieser Funktionen ein geeigneter Startwert einzugeben ist, siehe dazu auch Abschnitt 9.1 in [52].

Dichte von flüssigem Wasser

Die im VDI-Wärmeatlas angegebene Gleichung für die Dichte von Flüssigkeiten ist für Wasser nahe dem Tripelpunkt ungenau, da sie das Dichtemaximum bei 4 °C nicht erfasst. Die Dichte von flüssigem Wasser $\varrho_{\mathrm{W}}^{\mathrm{L}}$ wird daher besser mit dem in [63]

Tabelle 2.1: Koeffizienten a_i und Exponenten n_i für die WAGNER-Gleichung (2.72) [148, 149]

$a_1 = -7{,}859\,517\,83$	$n_1 = 1{,}0$
$a_2 = 1{,}844\,082\,59$	$n_2 = 1{,}5$
$a_3 = -11{,}786\,649\,7$	$n_3 = 3{,}0$
$a_4 = 22{,}680\,741\,1$	$n_4 = 3{,}5$
$a_5 = -15{,}961\,871\,9$	$n_5 = 4{,}0$
$a_6 = 1{,}801\,225\,02$	$n_6 = 7{,}5$

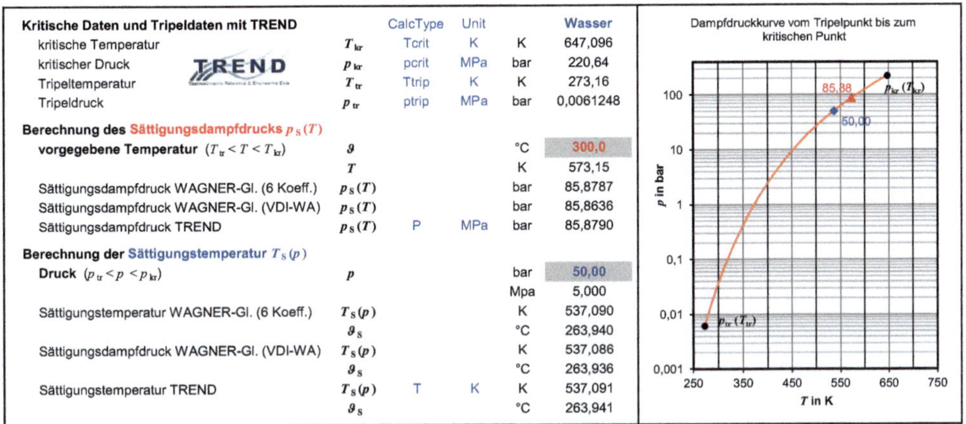

Abbildung 2.17: Berechnung der Sättigungszustände von Wasser mit den WAGNER-Gleichungen und mit TREND

angegebenen Polynom

$$\frac{\varrho_W^L}{\text{kg/m}^3} = 18{,}015 \sum_{i=0}^{5} A_i \left(\frac{T}{\text{K}}\right)^i \tag{2.74}$$

berechnet mit $A_0 = -13{,}418\,392$, $A_1 = 0{,}688\,410\,3$, $A_2 = -2{,}449\,701\,15 \cdot 10^{-3}$, $A_3 = 3{,}706\,066\,7 \cdot 10^{-6}$, $A_4 = -2{,}110\,629\,95 \cdot 10^{-9}$ und $A_5 = -1{,}122\,738\,95 \cdot 10^{-13}$. Diese Gleichung liefert insbesondere unter ca. 20 °C gute Ergebnisse. Siehe dazu die UDF rho_L_Wasser_Polynom in der Kategorie „UnitOps: Stoffdaten".

Bearbeitung der in Abb. 2.17 gegebenen Aufgabenstellung

Für die Bearbeitung der Aufgabenstellung gemäß Beispiel 2.7 wird ein Excel-Berechnungsblatt wie in Abb. 2.17 erstellt:

1. Zunächst wird der Bereich mit den Eingaben erstellt, der in Abb. 2.17 ausgeblendet ist. PathToSubModel enthält den Wert HC, die Zelle InputCode bleibt frei (weil nicht erforderlich). Die Zustandsgrößen InputValue1 und InputValue2 werden nachfolgend eingegeben. Composition, EqTypes und MixingRule jeweils 1, Unit specific und ShowErrorCode FALSCH.

2. Die kritischen Daten und Tripeldaten werden mit TREND über die Anweisung

Tabelle 2.2: Koeffizienten a_i und Exponenten n_i für die WAGNER-Gleichung (2.73) [150]

$a_1 = -21{,}214\,400\,6$	$n_1 = 0{,}003\,333\,333\,33$
$a_2 = 27{,}320\,381\,9$	$n_2 = 1{,}206\,666\,67$
$a_3 = -6{,}105\,981\,3$	$n_3 = 1{,}703\,333\,33$

```
=TRENDSPECEOS(Fluids;Composition;EqTypes;MixingRule;
PathToSubModel;Unit;ShowErrorCode;SpecProp)
```

berechnet. Der Parameter `SpecProp` spezifiziert entweder die kritische Temperatur `Tcrit`, den kritischen Druck `pcrit`, die Tripeltemperatur `Ttrip` oder den Tripeldruck `ptrip`.

3. Die Berechnung des Sättigungsdampfdrucks $p_\mathrm{S}(T)$ für eine vorgegebene Temperatur erfolgt mittels

   a) der WAGNER-Gleichung (2.72) über die Anweisung

   ```
   =p_S_Wagner_H2O_D(T)
   ```

   b) der WAGNER-Gleichung (2.63) aus dem VDI-Wärmeatlas über die Anweisung

   ```
   =p_S_VDI_12_arr(T;p_kr;T_kr;p_S_coeffs)
   ```

   (mit den Koeffizienten für den Array `p_S_coeffs` aus Abb. 2.13)

   c) und mittels TREND über die Anweisung

   ```
   =10*TRENDEOS("P";"TVAP";T;42;Fluids;Composition;EqTypes;
   MixingRule;PathToSubModel;Unit;ShowErrorCode)
   ```

   (auch hier mit dem Wert 42 für den zweiten „leeren" Parameter).

Die Eingabe von Temperaturen $T_\mathrm{tr} < T < T_\mathrm{kr}$ wird über eine „Sicherheitsabfrage" kontrolliert. Dazu wird die Zelle für die Eingabe der Celsius-Temperatur angeklickt und unter $\boxed{\text{Daten}}\!\!\gg\!\!\boxed{\text{Datentools}}\!\!\gg\!\!\boxed{\text{Datenüberprüfung}}\!\!\gg\!\!\boxed{\text{Datenüberprüfung}}$ die Eingabe von Dezimalzahlen größer als die Tripeltemperatur oder kleiner als die kritische Temperatur zugelassen.

4. Die Berechnung der Siede- oder Sättigungstemperatur $T_\mathrm{S}(p)$ für einen vorgegebenen Druck erfolgt mittels

   a) der WAGNER-Gleichung (2.72) mit einem geeigneten Startwert für die interne Iteration über die Anweisung

   ```
   =T_S_Wagner_D(Startwert;p_bar)
   ```

   b) der WAGNER-Gleichung (2.63) aus dem VDI-Wärmeatlas – ebenfalls mit einem geeigneten Startwert – über die Anweisung

   ```
   =T_S_VDI_12_arr(Startwert;p_bar;p_kr;T_kr;p_S_coeffs)
   ```

   c) und mittels TREND über die Anweisung

   ```
   =TRENDEOS("T";"PVAP";p_MPa;42;Fluids;Composition;EqTypes;
   MixingRule;PathToSubModel;Unit;ShowErrorCode)
   ```

Die Eingabe von Werten $p_\mathrm{tr} < p < p_\mathrm{kr}$ wird auch hier über eine „Sicherheitsabfrage" kontrolliert, analog zur oben beschriebenen Vorgehensweise. Zusätzlich kann in einem Diagramm der Verlauf der Dampfdruckkurve einschließlich ausgewählter Datenpunkte dargestellt werden. Die dafür erforderliche Datentabelle ist in der Abbildung nicht aufgeführt.

Erwartungsgemäß stimmen die mit der WAGNER-Gleichung (2.72) und mit TREND berechneten Werte sehr gut überein. Die mit der WAGNER-Gleichung (2.63) aus dem VDI-Wärmeatlas ermittelten Werte weichen nur minimal von diesen Werten ab.

3 Thermodynamik energietechnischer Prozesse

Zielsetzung

Behandlung des ersten Hauptsatzes der Thermodynamik für offene und geschlossene Systeme mit dem Prinzip der Energieerhaltung einschließlich der Prozessgrößen Wärme und Arbeit sowie polytroper Zustandsänderungen idealer Gase. Bewertung von Energieformen und Prozessen durch Anwendung des zweiten Hauptsatzes der Thermodynamik z. B. für die irreversible Wärmeübertragung. Erweiterte Bewertung von Prozessen durch Anwendung des Exergiekonzepts insbesondere für Kompressoren, Expansionsmaschinen und Wärmeübertrager sowie für thermodynamische Kreisprozesse insbesondere beim Heizen und Kühlen. Kenntnisse über die Stöchiometrie einfacher chemischer Reaktionen, um quantitative Aussagen über die stofflichen Umsätze der beteiligten Komponenten machen zu können. Behandlung der Energieumwandlungen von Reaktionen als Grundlage für die Berechnung von Reaktionsenergien und Reaktionsenthalpien. Berechnung der Standardreaktionsenthalpie, der temperaturabhängigen Reaktionsenthalpie sowie der adiabaten Reaktionstemperatur chemischer Reaktionen. Behandlung der Entropie chemischer Reaktionen und chemischer Exergien als Grundlage für die Betrachtung von Verbrennungsprozessen, der Elektrolyse und von Brennstoffzellen.

Empfohlene Literatur

Technische Thermodynamik von HERWIG, KAUTZ und MOSCHALLSKI [76], *Einstoffsysteme* von STEPHAN u. a. [127], *Mehrstoffsysteme und chemische Reaktionen* von STEPHAN u. a. [128], *Thermodynamik* von BAEHR und KABELAC [9], *Exergie: Theorie und Anwendung* von FRATZSCHER, BRODJANSKIJ und MICHALEK [59], *Einführung in die chemische Thermodynamik* von KORTÜM und LACHMANN [91].

Berechnungsbeispiele in Excel

- Berechnung der in einem Drucklufttank gespeicherten Exergie (Abb. 3.8).

- Berechnung der Exergieverluste bei der Erwärmung von Wasser (Abb. 3.9).

- Berechnung der Standardreaktionsenthalpie und der Reaktionsenthalpie bei vorgegebener Temperatur für die Oxidation von Wasserstoff (Abb. 3.19).

- Berechnung der Reaktionstemperatur in einer adiabaten Brennkammer bei der Verbrennung von Methan (Abb. 3.20).

- Berechnung von Standardgrößen verschiedener Oxidationsreaktionen (Abb. 3.21).

- Berechnung der molaren (Standard-)Exergien verschiedener Oxidationsprodukte, von Wasserstoff und Sauerstoff sowie von feuchter Luft (Abb. 3.26 bis 3.28).

© Der/die Autor(en), exklusiv lizenziert an
Springer Fachmedien Wiesbaden GmbH, ein Teil von Springer Nature 2026
U. Feuerriegel, *Energietechnik mit EXCEL und VBA*,
https://doi.org/10.1007/978-3-658-50894-4_3

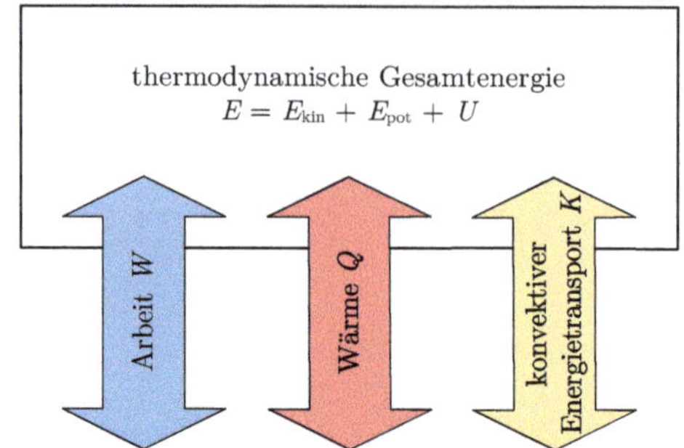

Abbildung 3.1: Energieformen (E_{kin}, E_{pot}, U) und Formen des Energietransports (W, Q, K) über eine Systemgrenze (nach [76])

3.1 Energieerhaltung, Energieformen, energetische Bilanzierung

Der *erste Hauptsatz der Thermodynamik*

$$\Delta E = W + Q + K \,, \tag{3.1}$$

der das Prinzip der Energieerhaltung beschreibt, besagt, dass die thermodynamische Gesamtenergie E des Systems nur durch einen *Energietransport* über die Systemgrenze infolge der Übertragung von Arbeit W, Wärme Q oder infolge eines konvektiven Energietransports K verändert werden kann, siehe Abb. 3.1 [9, 76]. Dabei gilt die allgemeine Vereinbarung, dass zugeführte Größen ein positives und abgeführte Größen ein negatives Vorzeichen erhalten.

Die thermodynamische Gesamtenergie eines Systems

$$E = E_{kin} + E_{pot} + U \tag{3.2}$$

setzt sich aus den *Energieformen* der kinetischen Energie

$$E_{kin} = \frac{mw^2}{2} \tag{3.3}$$

mit der Masse m sowie der Strömungsgeschwindigkeit w, aus der potenziellen Energie

$$E_{pot} = mg\Delta z \tag{3.4}$$

mit der Fallbeschleunigung $g = 9{,}806\,65\,\mathrm{m\,s^{-2}}$ [18] sowie der geodätischen Höhe z und aus der Inneren Energie U zusammen und stellt eine Erhaltungsgröße dar [9, 76, 129].

Die Innere Energie eines Systems kann sich aus einem thermischen und einem chemischen Anteil zusammensetzen

$$U = U_{therm} + U_{chem} \,. \tag{3.5}$$

Der thermische Anteil U_{therm} ergibt sich aus der Summe der Energien der Atome oder Moleküle, der chemische Anteil U_{chem} ist bei chemischen Reaktionen relevant. Die Abhängigkeit des thermischen Anteils der Inneren Energie von den beiden messbaren Größen der Temperatur T und des spezifischen Volumens v wird über die kalorische Zustandsgleichung beschrieben, siehe nachfolgend und in Abschnitt 2.3. Zum chemischen Anteil der Inneren Energie siehe den Abschnitt 3.6.

3.1.1 Erster Hauptsatz für geschlossene Systeme

Für ein geschlossenes System erfolgt kein konvektiver Energietransport K über die Systemgrenze, ein solches System wird nicht durchströmt. Aus dem ersten Hauptsatz in Gleichung (3.1) folgt damit

$$\Delta E = W + Q \ . \tag{3.6}$$

Darin ist ΔE die Änderung der thermodynamischen Gesamtenergie im Zeitintervall Δt, W die in Form von Arbeit im Zeitintervall übertragene Energie und Q die in Form von Wärme im Zeitintervall übertragene Energie (mit den Dimensionen $[\Delta E] = [W] = [Q] = \text{J}$ und $[\Delta t] = \text{s}$)[1], vgl. [53].

Im Zeitintervall zwischen t_1 und t_2 folgt

$$E_2 - E_1 = W_{12} + Q_{12} \ , \tag{3.7}$$

bezogen auf die Masse mit den spezifischen Größen

$$e_2 - e_1 = w_{12} + q_{12} \tag{3.8}$$

und in der sog. Leistungsform die momentane Zustandsänderung

$$\frac{\mathrm{d}E}{\mathrm{d}t} = P(t) + \dot{Q}(t) \ . \tag{3.9}$$

P steht z. B. für die mechanische oder die elektrische *Leistung* und $\dot{Q}$ für den *Wärmestrom* mit $[\mathrm{d}E/\mathrm{d}t] = [P] = [\dot{Q}] = \text{J s}^{-1} = \text{W}$. Im stationären Fall gilt $\mathrm{d}E/\mathrm{d}t = 0$.

Arbeit und Leistung sowie Wärme und Wärmestrom hängen wie folgt zusammen:

$$W_{12} = \int_{t_1}^{t_2} P(t)\,\mathrm{d}t \quad \text{und} \quad Q_{12} = \int_{t_1}^{t_2} \dot{Q}(t)\,\mathrm{d}t \ , \tag{3.10}$$

womit die zeitlichen Verläufe die während eines Prozesses verrichteten Arbeiten oder übertragenen Wärmen bestimmen.

Innere Energie und kalorische Zustandsgleichung
Entsprechend Gleichung (3.2) besteht die thermodynamische Gesamtenergie E von geschlossenen Systemen aus der kinetischen, der potenziellen und der Inneren Energie.

---

[1]Der Wert einer Größe setzt sich zusammen aus dem Zahlenwert multipliziert mit der Dimension $A = \{A\} \cdot [A]$. Beispiel: $p = 10^5\,\text{Pa}$, $\{p\} = 10^5$, $[p] = \text{Pa}$ [18, 28].

Bei *ortsfesten* geschlossenen Systemen sind die potenzielle Energie konstant und die kinetische Energie null. Damit vereinfacht sich der erste Hauptsatz in Gleichung (3.7) zu

$$U_2 - U_1 = W_{12} + Q_{12} \quad \text{oder} \quad u_2 - u_1 = w_{12} + q_{12} \,. \tag{3.11}$$

Die Innere Energie eines Stoffes folgt aus der Summe der Molekülenergien und führt auf eine stetige makroskopische Funktion U oder auch die spezifische Innere Energie $u = U/m$, die bei Reinstoffen stets von zwei unabhängigen makroskopischen Variablen abhängt, z. B. $u = u(v, T)$ oder $u = u(v, p)$ [76]. Diese Formulierungen werden in der Literatur (begrifflich nicht ganz korrekt) als *kalorische Zustandsgleichung* bezeichnet. Siehe dazu die bereits erfolgten Beschreibungen in Abschnitt 2.3.1.

Für ortsfeste geschlossene Systeme hatten wir bereits in Abschnitt 2.1 die differenzielle Form des ersten Hauptsatzes

$$\mathrm{d}u = \delta q + \delta w \tag{2.2}$$

verwendet. Die Schreibweisen δq und δw zeigen, dass die Wärme und die Arbeit Prozessgrößen sind und deshalb kein vollständiges oder totales Differenzial dieser beiden Größen existiert.

Prozessgröße Arbeit

Bei einem Gas kann das Volumen durch eine Verdichtung (z. B. in einem Kompressor) oder durch eine Entspannung (z. B. in einer Expansionsmaschine oder einem Ventil) in einem Prozess verkleinert bzw. vergrößert werden. Bei der Verdichtung wird Arbeit gemäß „Arbeit = Kraft × Weg" verrichtet, $\delta W_V = \vec{F}\,\mathrm{d}\vec{x} = -p\vec{A}\,\mathrm{d}\vec{x}$. W_V ist die Volumenänderungsarbeit eines geschlossenen thermodynamischen Systems [76]

$$W_{V,\mathrm{rev},12} = -\int_{V_1}^{V_2} p\,\mathrm{d}V \,. \tag{3.12}$$

Für den im p,V-Diagramm in Abb. 3.2 dargestellten Prozess der Verdichtung eines Gases vom Zustand 1 auf den Zustand 2 entspricht die Summe der Flächen unter der Kurve der Volumenänderungsarbeit $W_{V,\mathrm{rev},12}$. Ein außen am System vorliegender (Umgebungs-)Druck p_U begünstigt die Verdichtung im System. Wenn am System keine Verluste u. a. durch Reibung auftreten, kann die sog. Nutzarbeit bei der Umkehrung des Prozesses gewonnen werden. Bei realen Prozessen sind die Verluste gering; die Prozesse sind weitgehend reversibel.

Die Nutzarbeit W_N ist derjenige Anteil an der Volumenänderungsarbeit eines geschlossenen thermodynamischen Systems, der nicht durch oder gegen den Umgebungsdruck geleistet wird

$$W_{\mathrm{N},\mathrm{rev},12} = -\int_{V_1}^{V_2} (p - p_\mathrm{U})\,\mathrm{d}V = W_{V,\mathrm{rev},12} + p_\mathrm{U}\,(V_2 - V_1) \,, \tag{3.13}$$

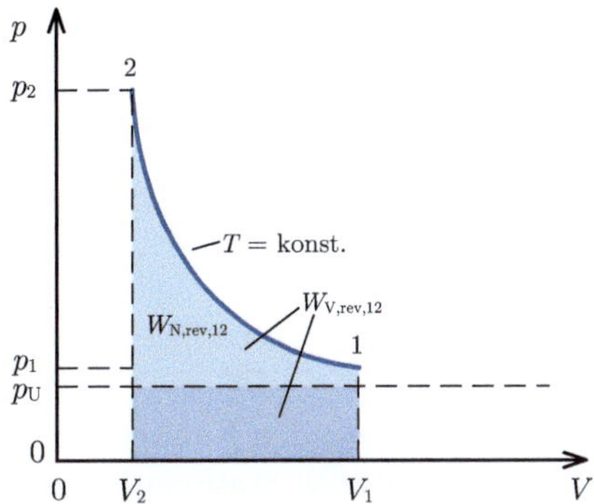

Abbildung 3.2: Verdichtung eines Gases bei T = konst. Volumenänderungs-arbeit $W_{V,12}$: beide Flächen, Nutzarbeit $W_{N,12}$: obere Teilfläche (vgl. [76])

siehe die dunkle Teilfläche in Abb. 3.2. Weitere Arbeitsformen geschlossener Systeme sind z. B. die Wellenarbeit (für Pumpen, Kompressoren oder Turbinen), die elektrische oder elektrochemische Arbeit (für Elektrolyseure oder Brennstoffzellen) und die Formänderungsarbeit.

Da Irreversibilitäten bei Verdichtungs- und Entspannungsvorgängen z. B. in Kolbenmaschinen nach [9] nur bei Kolbengeschwindigkeiten nahe der Schallgeschwindigkeit relevant sind, gilt mit guter Näherung

$$W_{V,\mathrm{irr}} \approx W_{V,\mathrm{rev}} \ . \tag{3.14}$$

Prozessgröße Wärme

Wärmeübertragung ist der Transport von Energie in Form von Wärme über eine Systemgrenze. Wärme ist die Energieform des Übergangs und weder auf der einen noch auf der anderen Seite der Systemgrenze vorhanden und kann nicht gespeichert werden.

Treibende Kraft für Wärmeübertragungsprozesse ist eine Temperaturdifferenz ΔT mit dem Resultat eines Wärmestroms $\dot{Q}$. Nach [76] erfordert eine reversible Wärmeübertragung, dass die räumliche Temperaturdifferenz $\Delta T = T_{\mathrm{SG}} - T_{\mathrm{S}}$ zwischen der Temperatur an der Systemgrenze und der Systemtemperatur gegen null geht,

$$\dot{Q} \neq 0 \quad \text{für} \quad |T_{\mathrm{SG}} - T_{\mathrm{S}}| \to 0 \ . \tag{3.15}$$

Zu den „Verlusten" bei der Wärmeübertragung mit endlichen Temperaturdifferenzen siehe Abschnitt 3.2.

3.1.2 Erster Hauptsatz für offene Systeme

Bei offenen, durchströmten Systemen erfolgt ein konvektiver Energietransport K über die Systemgrenze, was zusätzlich die Aufstellung einer Massenbilanz erfordert. Die Zu- oder Abnahme der Masse des Systems folgt aus der Differenz der ein- und austretenden

Massenströme

$$\frac{\mathrm{d}m}{\mathrm{d}t} = \dot{m}_{\mathrm{ein}}(t) - \dot{m}_{\mathrm{aus}}(t) \; . \tag{3.16}$$

Es können auch mehrere ein- und austretende Massenströme vorhanden sein

$$\frac{\mathrm{d}m}{\mathrm{d}t} = \left(\sum_i \dot{m}_i(t) \right)_{\mathrm{ein}} - \left(\sum_i \dot{m}_i(t) \right)_{\mathrm{aus}} \; . \tag{3.17}$$

In der Mehrzahl werden in den nachfolgenden Kapiteln stationäre, offene Prozesse mit konstanten Massenströmen behandelt. Für stationäre Prozesse mit jeweils einem ein- und einem austretenden Massenstrom gilt

$$\frac{\mathrm{d}m}{\mathrm{d}t} = 0 \quad \text{wegen} \quad \dot{m}_{\mathrm{ein}} = \dot{m}_{\mathrm{aus}} = \dot{m} = \text{konst} \; . \tag{3.18}$$

Für Prozesse mit chemischen Reaktionen, z. B. eine Verbrennung, sind in der Massenbilanz zusätzliche (Quell-)Terme für die an der Reaktion beteiligten Komponenten, z. B. für CH_4 oder CO_2, zu berücksichtigen.

Der konvektive Energietransport K in Gleichung (3.1) kann sich aus mehreren ein- und austretenden Teilmassen

$$K = \sum_i m_i e_{\mathrm{k},i} \tag{3.19}$$

mit den konvektiv übertragenen spezifischen thermodynamischen Gesamtenergien der ein- und austretenden Teilmassen m_i

$$e_{\mathrm{k},i} = \left(u + e_{\mathrm{kin}} + e_{\mathrm{pot}} \right)_{\mathrm{k},i} \tag{3.20}$$

zusammensetzen [76].

Prozessgrößen technische Arbeit und Verschiebearbeit
Die gesamte am offenen System verrichtete Arbeit setzt sich zusammen aus den Anteilen

$$W = W_{\mathrm{t}} + W_{\mathrm{VA}} \tag{3.21}$$

mit

- der technischen Arbeit W_{t} als der Wellenarbeit bei offenen Systemen (z. B. durch Pumpen oder Turbinen) und

- der Verschiebearbeit oder Förderarbeit W_{VA}.

Bedingt durch das in der Regel konstante Volumen treten bei offenen Systemen keine Volumenänderungsarbeiten auf [76].

Unter der technischen Arbeit wird über die Systemgrenze übertragene mechanische Arbeit in Form von Wellenarbeit oder übertragene elektrische Arbeit verstanden. Beide

Arbeitsformen der technischen und der Verschiebearbeit können an oder auch von einem System geleistet werden, was am Vorzeichen erkennbar ist.

Die Verschiebe- oder Förderarbeit $W_{\mathrm{VA},i}$ tritt auf, wenn Teilmassen m_i mit den Volumen $V_i = m_i v_i$ an den durchströmten Querschnitten über die Systemgrenze treten [76]

$$|W_{\mathrm{VA}i}| = |p_i m_i v_i| \ . \tag{3.22}$$

Für jeweils genau eine ein- und austretende Teilmasse lautet der erste Hauptsatz

$$\Delta E = W_{\mathrm{t}} + Q + m_{\mathrm{ein}}\left(u + pv + \frac{w^2}{2} + gz\right)_{\mathrm{ein}} - m_{\mathrm{aus}}\left(u + pv + \frac{w^2}{2} + gz\right)_{\mathrm{aus}} \ . \tag{3.23}$$

Darin ist w die querschnittsgemittelte Strömungsgeschwindigkeit.

Enthalpie und kalorische Zustandsgleichung

Die Innere Energie U und der Term pV werden zu der neuen Zustandsgröße Enthalpie

$$H = U + pV \tag{3.24}$$

oder wegen $h = H/m$ zur spezifischen Enthalpie

$$h = u + pv \tag{3.25}$$

zusammengefasst. Die spezifische Enthalpie eines Stoffes hängt von den messtechnisch leicht zugänglichen intensiven Zustandsgrößen Temperatur und Druck ab, $h(T,p)$, siehe dazu die Beschreibungen zur kalorischen Zustandsgleichung in Abschnitt 2.3.1.

Erster Hauptsatz für offene Systeme in unterschiedlichen Formen

Entsprechend der Betrachtungen für geschlossene Systeme gilt in der *Leistungsform* mit den weiterhin grundsätzlich zeitabhängigen Größen

$$\frac{\mathrm{d}E}{\mathrm{d}t} = P_{\mathrm{t}} + \dot{Q} + \dot{m}_{\mathrm{ein}}\left(h + \frac{w^2}{2} + gz\right)_{\mathrm{ein}} - \dot{m}_{\mathrm{aus}}\left(h + \frac{w^2}{2} + gz\right)_{\mathrm{aus}} \tag{3.26}$$

mit der technischen Leistung P_{t}. Für den stationären Prozess mit $\mathrm{d}E/\mathrm{d}t = 0$ und $\mathrm{d}m/\mathrm{d}t = 0$ folgt

$$P_{\mathrm{t},ij} + \dot{Q}_{ij} = \dot{m}\left[h_j - h_i + \frac{w_j^2 - w_i^2}{2} + g(z_j - z_i)\right] \tag{3.27}$$

mit dem Eintrittsquerschnitt i und dem Austrittsquerschnitt j.

Für die Schreibweise des ersten Hauptsatzes mit den spezifischen Energien werden die spezifische technische Arbeit

$$w_{\mathrm{t},12} = \frac{W_{\mathrm{t},12}}{m_{12}} = \frac{P_{\mathrm{t},12}}{\dot{m}} \tag{3.28}$$

und die spezifische Wärme

$$q_{12} = \frac{Q_{12}}{m_{12}} = \frac{\dot{Q}_{12}}{\dot{m}} \tag{3.29}$$

eingeführt. Diese beiden Größen können entweder als die in einem bestimmten Zeitintervall Δt auf die ausgetauschte Masse m_{12} bezogene und in Form von Arbeit oder in Form von Wärme übertragene Energie oder als die auf den Massenstrom $\dot{m}$ bezogene Leistung oder den bezogenen Wärmestrom zwischen den Querschnitten 1 und 2 interpretiert werden [76].

Durch Bezug auf den Massenstrom $\dot{m}$ folgt die *spezifische Leistungsbilanz*

$$w_{\mathrm{t}12} + q_{12} = h_2 - h_1 + \frac{1}{2}\left(w_2^2 - w_1^2\right) + g\left(z_2 - z_1\right) \; . \tag{2.21}$$

Diese Gleichung scheint auf den ersten Blick sehr ähnlich mit Gleichung (3.8) zu sein. Der Unterschied liegt darin, dass q_{12} in Gleichung (3.8) die auf die Masse m bezogene Wärme ist. Dagegen ist in Gleichung (2.21) q_{12} der auf den Massenstrom $\dot{m}$ bezogene zu- oder abgeführte Wärmestrom [76]. Für die spezifische technische Arbeit gilt

$$w_{\mathrm{t},12} = \int_1^2 v\,\mathrm{d}p \; . \tag{3.30}$$

3.1.3 Polytrope Zustandsänderungen idealer Gase

Dieser Abschnitt ist für die in den nachfolgenden Kapiteln vorkommenden Verdichtungs- oder Entspannungsvorgänge relevant, wobei die Systematik vereinfachend das Verhalten idealer Gase beschreibt. Polytrope Zustandsänderungen idealer Gase gehorchen der Beziehung

$$pv^n = \text{konst} \tag{3.31}$$

mit dem Polytropenexponenten n, der für die nachfolgenden ausgewählten Zustandsänderungen bestimmte Werte annimmt (siehe dazu die Isentropenbeziehung in Gleichung (2.47)) [76]:

- $T = \text{konst}$ (isotherme Zustandsänderung): $n = 1$

- $p = \text{konst}$ (isobare Zustandsänderung): $n = 0$

- $v = \text{konst}$ (isochore Zustandsänderung): $n = \infty$

- $s = \text{konst}$ (isentrope Zustandsänderung): $n = \kappa = \text{konst}$ (Isentropenexponent κ nach Gleichung (2.44))

Technische Prozesse lassen sich oft angenähert als polytrope Prozesse idealer Gase mit $n = \text{konst}$ abbilden. Grundsätzlich kann der Polytropenexponent n Werte im Bereich $-\infty < n < +\infty$ annehmen, wobei der Bereich $1 \leq n \leq \kappa$ besonders relevant sein kann, siehe dazu auch die beispielhaften Verdichtungs- und Entspannungsprozesse

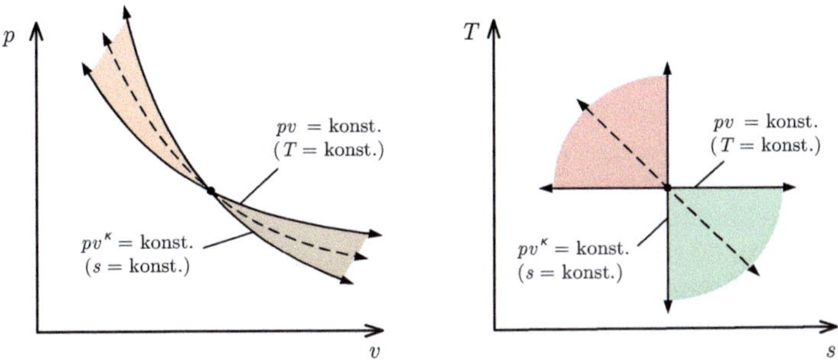

Abbildung 3.3: Polytrope Zustandsänderungen (Prozesse) idealer Gase mit $1 \leq n \leq \kappa$ (nach [76])

in Abb. 3.3 [76]. Hinweise zu den beiden Diagrammen: Vom Zustandspunkt in der Mitte der beiden Diagramme erfolgt im p, v-Diagramm nach links eine Verdichtung, nach rechts eine Entspannung und im T, s-Diagramm nach links eine Wärmeabfuhr und nach rechts eine Wärmezufuhr.

Für die ausgewählten *reversiblen* Zustandsänderungen können die übertragenen Wärmen und Arbeiten zwischen den Zuständen 1 und 2 relativ einfach berechnet werden: Für geschlossene Systeme zwischen zwei Zuständen eines *instationären* Prozesses, für offene, stationäre Systeme zwischen zwei Orten 1 und 2, siehe dazu Tabelle 3.1 (nach [76]).

Tabelle 3.1: Tabellarische Übersicht der reversiblen Zustandsänderungen idealer Gase; geschlossene Systeme: 1, 2 Zeitindizierungen; offene Systeme: 1, 2 Ortsindizierungen (stationärer Prozess) (nach [76])

	isobar $p = \text{konst}$	isotherm $T = \text{konst}$	isochor $V = \text{konst},$ $v = \text{konst}$	isentrop $S = \text{konst},$ $s = \text{konst}$
	$V/T = \text{konst}$ $\dfrac{V_1}{V_2} = \dfrac{T_1}{T_2}$	$pV = \text{konst}$ $\dfrac{V_1}{V_2} = \dfrac{p_2}{p_1}$	$p/T = \text{konst}$ $\dfrac{p_1}{p_2} = \dfrac{T_1}{T_2}$	$pV^\kappa = \text{konst}$ $\dfrac{p_1}{p_2} = \left(\dfrac{V_2}{V_1}\right)^\kappa$ $= \left(\dfrac{T_1}{T_2}\right)^{\frac{k}{\kappa-1}}$
$W_{V,\text{rev},12} = -\displaystyle\int_1^2 p\,dV$ geschlossenes System	$= p(V_1 - V_2)$ $= mR_i(T_1 - T_2)$	$= mR_iT\ln\dfrac{V_1}{V_2}$	$= 0$	$= \dfrac{p_1V_1}{\kappa-1}\left[\left(\dfrac{V_1}{V_2}\right)^{\kappa-1} - 1\right]$ $= m\bar{c}_v^\circ(T_2 - T_1)$
$w_{\text{t},12} = \displaystyle\int_1^2 v\,dp$ offenes System	$= 0$	$= R_iT\ln\dfrac{p_2}{p_1}$	$= v(p_2 - p_1)$ $= R_i(T_2 - T_1)$	$= \bar{c}_p^\circ(T_2 - T_1)$
$Q_{12}\ \left(q_{12} = \dfrac{Q_{12}}{m}\right)$	$= m\displaystyle\int_1^2 c_p^\circ\,dT$ $= m\bar{c}_p^\circ(T_2 - T_1)$	$= -W_{V12}$	$= m\bar{c}_v^\circ(T_2 - T_1)$	$= 0$
$S_2 - S_1\ \left(s = \dfrac{S}{m}\right)$	$= m\bar{c}_p^\circ\ln\dfrac{T_2}{T_1}$	$= mR_i\ln\dfrac{V_2}{V_1}$	$= m\bar{c}_v^\circ\ln\dfrac{T_2}{T_1}$	$= 0$

3.2 Zweiter Hauptsatz, Entropie und Exergie, Exergiebilanz

Beispiel 3.1

In einem Drucklufttank mit einem Volumen von $1{,}0\,\mathrm{m}^3$ wird trockene Luft bei
einem Druck von $60{,}0\,\mathrm{bar}$ bei einer Umgebungstemperatur von $20{,}0\,°\mathrm{C}$ und einem
Umgebungsdruck von $1{,}0\,\mathrm{bar}$ gespeichert. Für die Luft soll ideales Gasverhalten
angenommen werden. Der Tank dient zur Speicherung von Energie, die durch
Verwendung einer Kraftmaschine in mechanische Arbeit umgewandelt werden
soll, wobei ein reversibler Prozess angenommen werden darf (nach [77]).
Berechnen Sie die Masse der Luft im Tank. Wie groß ist die im Tank gespeicherte
Exergie unter der Annahme einer isothermen Entspannung? Wie viel Nutzarbeit
kann dem Tank bei einer isothermen Entspannung maximal entnommen werden
und wie viel thermische Energie wird dabei aus der Umgebung aufgenommen?
Wie groß ist die maximal nutzbare Arbeit unter der Annahme einer reversibel
adiabaten Entspannung mit einem Isentropenexponenten $\kappa = 1{,}4$? Welche Temperatur hat die Luft im Tank nach der isentropen Entspannung und welchen
Druck nimmt die Luft im Tank nach der Erwärmung auf die Umgebungstemperatur an? Die beiden Zustandsänderungen der Entspannung sind in einem p,v-
Diagramm darzustellen. (Ergebnisse im Excel-Berechnungsblatt in Abb. 3.8.)

Beispiel 3.2

Wasser soll in einem stationären, adiabaten Prozess bei einem konstanten Druck
von $1{,}0\,\mathrm{bar}$ ausgehend von einer Umgebungstemperatur von $20{,}0\,°\mathrm{C}$ bis zum siedend flüssigen Zustand unter Verwendung einer elektrischen Beheizung erwärmt
werden. Zu berechnen sind die Siedetemperatur des Wasser beim vorgegebenen
Druck, die spezifische Exergie des siedenden Wassers, der spezifische Exergieverlust, die zuzuführende spezifische Arbeit und der exergetische Wirkungsgrad
des Prozesses. (Ergebnisse im Excel-Berechnungsblatt in Abb. 3.9.)

Der erste Hauptsatz der Thermodynamik beschreibt die Erhaltung der Energie in
thermodynamischen Systemen. Energie kann nicht vernichtet oder erzeugt, sondern nur
umgewandelt oder entwertet werden. Aber nicht alle Energieumwandlungen, die der
erste Hauptsatz erlaubt, sind möglich. So lassen sich die mechanische, die elektrische
oder auch die chemische Energie vollständig in andere Energieformen umwandeln, die
Wärme oder die Innere Energie aber nur eingeschränkt in mechanische, elektrische
oder chemische Energie. Hier kommt der zweite Hauptsatz zur Anwendung.[9]

Die Entropie[2] spielt nach [9, 76] eine besondere Rolle bei

- der *Bewertung von Energieformen* z. B. hinsichtlich der Nutzung von Energie in
  thermischen, mechanischen oder chemischen Prozessen,

---
[2]Einführung des Begriffes Entropie im Jahr 1865 durch CLAUSIUS.

- der *Bewertung von Prozessen* z. B. hinsichtlich ihrer Durchführbarkeit und dem Auftreten von Verlusten sowie

- der Beschreibung des thermophysikalischen *Stoffverhaltens* mit Zustandsgleichungen (siehe Kapitel 2).

Die Entropie S ist eine extensive thermodynamische Zustandsgröße mit der Dimension $[S] = \mathrm{J\,K^{-1}}$. In praktischen Anwendungen werden häufig die spezifische Entropie

$$s = \frac{S}{m} \quad \text{mit} \quad [s] = \mathrm{J\,kg^{-1}\,K^{-1}} \tag{3.32}$$

oder der Entropiestrom

$$\dot{S} = \frac{\mathrm{d}S}{\mathrm{d}t} \quad \text{mit} \quad [\dot{S}] = \mathrm{W\,K^{-1}} \tag{3.33}$$

verwendet.

Zweiter Hauptsatz der Thermodynamik
Es gilt der *zweite Hauptsatz der Thermodynamik* (vgl. [9, 76])

$$\Delta S = \Delta S_{Q_\mathrm{rev}} + \Delta S_\mathrm{konv} + \Delta S_\mathrm{irr} \tag{3.34}$$

oder entsprechend in der Leistungsform

$$\dot{S} = \dot{S}_{Q_\mathrm{rev}} + \dot{S}_\mathrm{konv} + \dot{S}_\mathrm{irr} \; . \tag{3.35}$$

$\Delta S_{Q_\mathrm{rev}}$ oder $\dot{S}_{Q_\mathrm{rev}}$ stehen für die Entropieänderung bzw. den Entropietransportstrom aufgrund der *reversiblen* Übertragung von Wärme und ΔS_konv oder $\dot{S}_\mathrm{konv}$ für die Entropieänderung bzw. den Entropietransportstrom für den konvektiven Entropietransport über die Systemgrenze. Für die *Entropieproduktion* oder den *Entropieproduktionsstrom* im thermodynamischen System gelten (vgl. [9, 76])

$$\Delta S_\mathrm{irr} \quad \text{bzw.} \quad \dot{S}_\mathrm{irr} = \begin{cases} > 0 & \text{für irreversible Prozesse} \\ = 0 & \text{für reversible Grenzprozesse} \end{cases} \tag{3.36}$$

und für die Entropieänderung aufgrund der reversiblen Wärmeübertragung mit T als der thermodynamischen Temperatur *an der Systemgrenze*, an der die Wärme übertragen wird,

$$\Delta S_{Q_\mathrm{rev}} = \int \mathrm{d}S_{Q_\mathrm{rev}} \quad \text{oder} \quad \mathrm{d}S_{Q_\mathrm{rev}} = \frac{\delta Q_\mathrm{rev}}{T} \; . \tag{3.37}$$

Da sich die Entropie in Prozessen infolge von Wärmeübertragungen, konvektivem Entropietransport über die Systemgrenzen sowie durch Entropieproduktion innerhalb des Systems ändern kann, stellt sie keine Erhaltungsgröße dar.

Auf die zeitabhängige Darstellung

$$\dot{S}(t) = \dot{S}_{Q_\mathrm{rev}}(t) + \dot{S}_\mathrm{konv}(t) + \dot{S}_\mathrm{irr}(t) \tag{3.38}$$

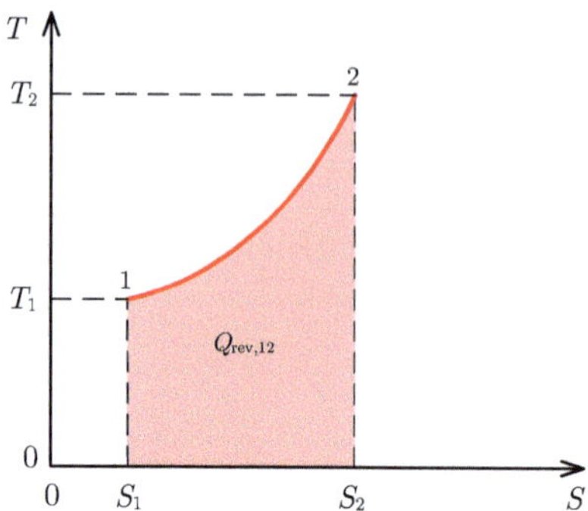

Abbildung 3.4: Reversible Wärmeübertragung zwischen den Zuständen 1 und 2 (vgl. [76])

wird hier nicht weiter eingegangen, da in den nachfolgenden Kapiteln zumeist zeitunabhängige Prozesse behandelt werden. Die nachfolgenden Betrachtungen werden beispielhaft in der Leistungsform formuliert.

Der im Zusammenhang mit Gleichung (3.36) angesprochene reversible Prozess ist ein theoretischer Grenzprozess, für den das System in seinen ursprünglichen Zustand gebracht werden kann, ohne dass hierbei eine Änderung in seiner Umgebung auftritt. Dieser Grenzprozess dient

- zur näherungsweisen Beschreibung realer Prozesse oder

- zur Bewertung realer Prozesse (mit einer Abweichung vom idealen reversiblen Grenzprozess).

Ein Wärmestrom, der einem System zu- oder von einem System abgeführt wird, verursacht eine Entropieänderung *im* System, siehe dazu die näheren Beschreibungen in [9, 74, 76]. Der daraus resultierende Entropiestrom, siehe dazu Abb. 3.4, lautet entsprechend Gleichung (3.37)

$$\dot{S}_{Q_{\mathrm{rev}}} = \frac{\dot{Q}_{\mathrm{rev}}}{T} \tag{3.39}$$

und wenn mehrere Wärmeströme an verschiedenen Stellen der Systemgrenze übertragen werden

$$\dot{S}_{Q_{\mathrm{rev}}} = \sum_i \frac{\dot{Q}_{i,\mathrm{rev}}}{T_i} \ . \tag{3.40}$$

Ein Wärmestrom *in das* System erhöht die Entropie *im* System und ein Wärmestrom *aus dem* System erniedrigt die Entropie *im* System [76].

Ein in ein offenes System ein- oder austretender Stoffstrom verursacht den konvektiven Entropietransportstrom [9, 76]

$$\dot{S}_{\mathrm{konv}} = \sum_i \dot{m}_i s_{\mathrm{konv},i} \ . \tag{3.41}$$

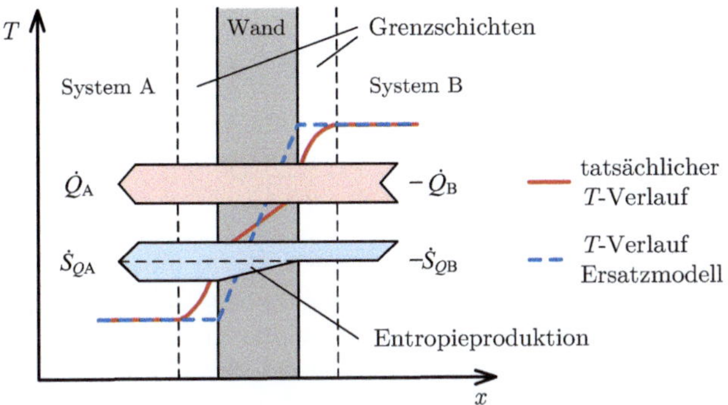

Abbildung 3.5: Wärmedurchgang durch eine Wand, Ersatzmodell für die Verlagerung der Entropieproduktion in die Wand (nach [76])

Treten mehrere ein- und austretende Stoffströme auf, folgt entsprechend

$$\dot{S}_{\text{konv}} = \left(\sum_i \dot{m}_i s_{\text{konv},i} \right)_{\text{ein}} - \left(\sum_i \dot{m}_i s_{\text{konv},i} \right)_{\text{aus}} . \tag{3.42}$$

3.2.1 Irreversible Wärmeübertragung

Die reversible Wärmeübertragung setzt *eine stationäre homogene Phase* mit einer konstanten Temperatur voraus, in der keine Temperaturgradienten auftreten und deshalb keine Entropieproduktion erfolgt. Findet dagegen eine Wärmeübertragung bei einer endlichen Temperaturdifferenz in ein System oder aus einem thermodynamischen System statt, so wird diese als *irreversible* Wärmeübertragung bezeichnet, da Temperaturdifferenzen zu Wärmeströmen und damit stets zur Entropieproduktion führen. Dabei entspricht T weiterhin der Temperatur an der Systemgrenze.[9, 74, 76]

Nach HERWIG [76] ergibt sich der Entropieproduktionsstrom der *irreversiblen* Wärmeübertragung $\dot{S}_{Q_{\text{irr}}}$ aus den Entropieproduktionsströmen infolge der reversiblen Wärmeübertragung $\dot{S}_{Q_{\text{rev}}}$ und infolge der bei der Wärmeübertragung auftretenden Wärmeleitung in der Wand $\dot{S}_{\text{irr}}^{\text{kond}}$ zu

$$\dot{S}_{Q_{\text{irr}}} = \dot{S}_{Q_{\text{rev}}} + \dot{S}_{\text{irr}}^{\text{kond}} \tag{3.43}$$

gemäß dem in Abb. 3.5 dargestellten Ersatzmodell. Die Abbildung stellt den Wärmedurchgang durch eine Wand dar, wie er z. B. auftritt, wenn zwei von Fluiden durchströmte Systeme A und B über eine wärmeleitende Wand miteinander verbunden sind. Infolge der Temperaturdifferenz zwischen den Systemen tritt ein Wärmedurchgang durch die Wand einschließlich der beidseitig erfolgenden Wärmeübergänge mit den resultierenden Grenzschichten auf. Im Ersatzmodell nach HERWIG wird die Entropieproduktion vereinfachend in die Wand verlagert und damit auf die Wärmeleitung in der Wand reduziert. Der Wärmetransport durch die Wand wird also von einer Entropieproduktion begleitet.

Für den Entropieproduktionsstrom infolge der irreversiblen stationären Wärmeleitung in der Wand gilt mit $\dot{Q} = \dot{Q}_A = -\dot{Q}_B$ und $\dot{S}_{Q_A} = \dot{Q}_A/T_A$ sowie $\dot{S}_{Q_B} = \dot{Q}_B/T_B$

$$\dot{S}_{\text{irr}}^{\text{kond}} = \dot{S}_{Q_A} + \dot{S}_{Q_B} = \frac{\dot{Q}_A}{T_A} + \frac{\dot{Q}_B}{T_B} = \dot{Q}\frac{T_B - T_A}{T_A T_B} \geq 0 \ . \tag{3.44}$$

Für $(T_B - T_A) \to 0$ geht die Entropieproduktion gegen null, womit der Fall der reversiblen Wärmeübertragung vorliegt. Wird z. B. Wärme auf einem insgesamt niedrigen Temperaturniveau $T_A T_B$ übertragen, liegt ein relativ großer Entropieproduktionsstrom vor, was für Anwendungen insbesondere im Bereich der Kältetechnik relevant ist, siehe dazu Kapitel 11.[9, 74, 76]

Liegen keine detaillierten Informationen zur Wärmeübertragung vor, folgt vereinfachend unter Verwendung der Gleichungen (3.39) und (3.40) für den Entropietransportstrom stationärer Prozesse

$$\dot{S}_{Q_{\text{irr}}} \approx \dot{S}_{Q_{\text{rev}}} \ . \tag{3.45}$$

Gegebenenfalls muss für die Systemtemperatur in Gleichung (3.39) ein geeigneter Mittelwert angesetzt werden, wenn kein isothermer Prozess vorliegt.

3.2.2 Energie- und Prozessbewertung, Exergie und Anergie

Bei der Bewertung von Energie bzgl. ihrer Qualität spielt der Zustand der thermodynamischen Umgebung eine wichtige Rolle. Wird die Innere Energie eines Fluids betrachtet, kann nur derjenige Anteil genutzt werden, der über der Inneren Energie der Umgebung liegt. Energie kann also nicht beliebig umgewandelt werden. Dies motiviert zur Aufspaltung der Energie in zwei Anteile[3]:

$$\text{Energie} = \text{Exergie} + \text{Anergie} \quad \text{oder} \quad E = E^{\text{E}} + E^{\text{A}} \ . \tag{3.46}$$

Dabei ist

- *Exergie* die Energie, die sich vollständig in jede andere Energieform umwandeln lässt und

- *Anergie* die Energie, die sich nicht in Exergie umwandeln lässt [72].

Für die verschiedenen Energieformen und die Formen des Energietransports über eine Systemgrenze für physikalische Prozesse sind die Exergieanteile in Tabelle 3.2 dargestellt (nach [76]), siehe dazu auch die nachfolgenden Herleitungen.

Die Einführung dieses Konzepts ermöglicht die Bewertung einer irreversiblen Wärmeübertragung in der Art, dass überprüft werden kann, welcher Teil des übertragenen Wärmestroms $\dot{Q}$ in Anergie umgewandelt wird [72]. Dieser Anteil wird als *Exergieverlust* bezeichnet und ergibt sich nach dem GOUY–STODOLA-Theorem für den Exergieverlust, den spezifischen Exergieverlust oder den Exergieverluststrom zu

$$E_V^{\text{E}} = T_U \Delta_{\text{irr}} S \quad , \quad e_V^{\text{E}} = T_U \Delta_{\text{irr}} s \quad \text{bzw.} \quad \dot{E}_V^{\text{E}} = T_U \dot{S}_{\text{irr}} \ , \tag{3.47}$$

---

[3]Einführung der Begriffe Exergie und Anergie im Jahr 1956 durch RANT.

siehe [9, 59, 72, 74, 76, 78, 99, 113]. $\Delta_{\mathrm{irr}}S$ und $\Delta_{\mathrm{irr}}s$ stehen für die Entropieproduktion oder die spezifische Entropieproduktion und $\dot{S}_{\mathrm{irr}}$ für den Entropieproduktionsstrom.

Die mit einem Exergieverlust verbundene irreversible Entropieproduktion führt zu einer Energieentwertung und wird hervorgerufen durch eine *Dissipation*, die z. B. beim nachfolgend beschriebenen Prozess zu einer Verminderung der nutzbaren Leistung führt. Dissipation ist definiert als die Umwandlung von mechanischer oder auch elektrischer Arbeit in Innere Energie, woraus oft ein an die Umgebung abgegebener Wärmestrom resultiert.

3.2.3 Umwandlung von Wärme in Arbeit in Wärmekraftmaschinen

Der Begriff „Thermodynamik" stammt aus dem altgriechischen und setzt sich aus den Wörtern „thermos" für Wärme und „dynamis" für Kraft zusammen, womit die ureigenste Aufgabe der Thermodynamik, die Umwandlung von Wärme in mechanische Energie, beschrieben wird. Begründer der Thermodynamik ist CARNOT mit seiner wegweisenden Publikation „Réflexions sur la puissance motrice du feu et sur les machines propres à développer cette puissance" über Dampfmaschinen aus dem Jahr 1824 [17].

Eine Wärmekraftmaschine WKM realisiert einen rechtsläufigen Kreisprozess, dem thermische Energie über einen *äußeren* Wärmeübergang zugeführt und aus dem mechanische Energie abgeführt wird. Dagegen wird in einer Verbrennungskraftmaschine VKM thermische Energie über einen *inneren* Wärmeübergang durch einen Verbrennungsvorgang zugeführt und ebenfalls mechanische Energie abgeführt [9, 76].

In einem Dampfkraftprozess durchläuft das Arbeitsmedium Wasser[4] einen zeitlich stationären, geschlossenen Kreisprozess, z. B. den sog. CLAUSIUS–RANKINE-Prozess, bei dem das Wasser im Dampferzeuger einen Wärmestrom $\dot{Q}_{\mathrm{zu}}$ auf einem höheren Temperaturniveau T_{zu} aufnimmt und dabei verdampft, in einer Expansionsmaschine in der Gasphase unter Abgabe einer technischen Leistung $P_{\mathrm{t,ab}}$ entspannt wird, auf einem

---

[4]In Kapitel 9 wird der Organic Rankine Cycle (ORC)-Prozess behandelt, bei dem anstatt Wasser ein organisches Arbeitsmedium verwendet wird, wodurch Wärmeströme auf einem deutlich niedrigeren Temperaturniveau genutzt werden können.

Tabelle 3.2: Anteile der Exergie an verschiedenen Energieformen und Formen des Energietransports (nach [76]). Index U: Zustand der thermodynamischen Umgebung.

Energieformen	Exergieanteile
spezifische kinetische Energie $w^2/2$	reine spezifische Exergie ($w_{\mathrm{U}} = 0\,\mathrm{m\,s^{-1}}$)
spezifische potenzielle Energie gz	reine spezifische Exergie ($z_{\mathrm{U}} = 0\,\mathrm{m}$)
spezifische Innere Energie u	$u^{\mathrm{E}} = u - u_{\mathrm{U}} - T_{\mathrm{U}}(s - s_{\mathrm{U}}) + p_{\mathrm{U}}(v - v_{\mathrm{U}})$
spezifische Enthalpie $h = u + pv$	$h^{\mathrm{E}} = h - h_{\mathrm{U}} - T_{\mathrm{U}}(s - s_{\mathrm{U}})$
Formen des Energietransports	
Wärmestrom $\dot{Q}$	$\dot{Q}^{\mathrm{E}} = \eta_{\mathrm{C}}\dot{Q},\ \eta_{\mathrm{C}} = 1 - T_{\mathrm{U}}/T$ (η_{C}: CARNOT-Faktor)
mechanische Leistung P_{mech}	reiner Exergiestrom
elektrische Leistung P_{el}	reiner Exergiestrom

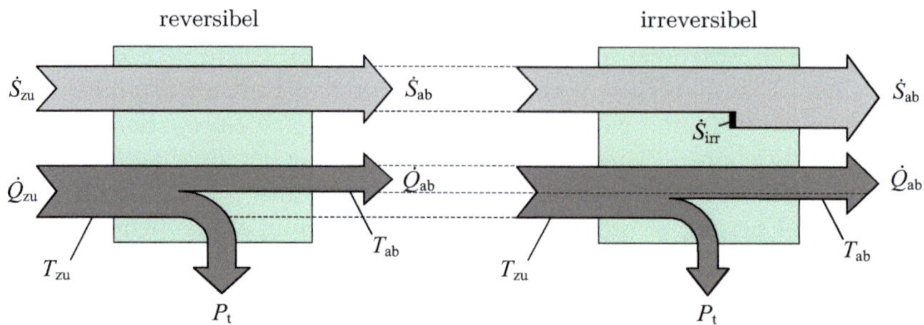

Abbildung 3.6: Energie- und Entropiebilanz einer Wärmekraftmaschine für den reversiblen und den irreversiblen Fall (nach [76])

niedrigeren Temperaturniveau T_{ab} einen Wärmestrom $\dot{Q}_{\text{ab}}$ abgibt, dabei kondensiert und in der Flüssigphase in einer Pumpe unter Aufnahme einer technischen Leistung $P_{\text{t,zu}}$ verdichtet wird. Die netto abgegebene technische Leistung für das in Abb. 3.6 dargestellte, ortsfest angenommene System ergibt sich aus der Differenz der zu- und abgeführten Leistungen

$$|P_{\text{t}}| = |P_{\text{t,ab}} - P_{\text{t,zu}}| \; . \tag{3.48}$$

Mit dem ersten Hauptsatz folgt die Bilanz in der Leistungsform

$$P_{\text{t}} + \dot{Q}_{\text{zu}} + \dot{Q}_{\text{ab}} = 0 \tag{3.49}$$

und mit dem zweiten Hauptsatz für den zunächst als reversibel angenommenen Prozess auf der linken Seite in Abb. 3.6 unter Verwendung der Gleichungen (3.35) und (3.40)

$$\dot{S}_{Q_{\text{zu}}} + \dot{S}_{Q_{\text{ab}}} = 0 \quad \text{oder} \quad \frac{\dot{Q}_{\text{zu}}}{T_{\text{zu}}} + \frac{\dot{Q}_{\text{ab}}}{T_{\text{ab}}} = 0 \tag{3.50}$$

unter Weglassung des Index rev für die Entropie- und die Wärmeströme [9, 76]. Da dem Prozess über den zugeführten Wärmestrom auch ein Entropiestrom zugeführt wird und mit der technischen Leistung keine Entropie abgeführt wird, muss über den abgeführten Wärmestrom zwingend ein Entropiestrom aus dem Prozess abgeführt werden. Für Temperaturen $T_{\text{zu}} > T_{\text{ab}}$ folgt $\dot{Q}_{\text{zu}} > |\dot{Q}_{\text{ab}}|$ und die nutzbare technische Leistung aus der Differenz der beiden Wärmeströme.

Eine Wärmekraftmaschine hat den thermischen Wirkungsgrad

$$\eta_{\text{therm}} = \frac{|P_{\text{t}}|}{\dot{Q}_{\text{zu}}} \tag{3.51}$$

mit dem Verhältnis der abgegebenen technischen Leistung (als Nutzen) zum aufgenommenen Wärmestrom (als Aufwand). Für den reversiblen Prozess folgt

$$\eta_{\mathrm{therm,rev}} = \left(\frac{|P_{\mathrm{t}}|}{\dot{Q}_{\mathrm{zu}}}\right)_{\mathrm{rev}} = 1 - \left(\frac{|\dot{Q}_{\mathrm{ab}}|}{\dot{Q}_{\mathrm{zu}}}\right)_{\mathrm{rev}} = 1 - \left(\frac{T_{\mathrm{ab}}}{T_{\mathrm{zu}}}\right)_{\mathrm{rev}} , \tag{3.52}$$

womit der thermische Wirkungsgrad ausschließlich von den beiden Temperaturniveaus abhängt, auf denen die Wärmeströme zu- und abgeführt werden. Der thermische Wirkungsgrad der reversiblen Wärmekraftmaschine wird auch als CARNOT-Faktor

$$\eta_{\mathrm{C}} = \eta_{\mathrm{therm,rev}} = 1 - \left(\frac{T_{\mathrm{ab}}}{T_{\mathrm{zu}}}\right)_{\mathrm{rev}} \tag{3.53}$$

bezeichnet und bildet die obere Grenze für die Energieumwandlung.[9, 76]

Für die reale, irreversible Wärmekraftmaschine auf der rechten Seite in Abb. 3.6 gilt unter Berücksichtigung der Entropieproduktion

$$\dot{S}_{Q_{\mathrm{zu}}} - |\dot{S}_{Q_{\mathrm{ab}}}| + \dot{S}_{\mathrm{irr}} = 0 \quad \mathrm{oder} \quad \frac{\dot{Q}_{\mathrm{zu}}}{T_{\mathrm{zu}}} - \frac{|\dot{Q}_{\mathrm{ab}}|}{T_{\mathrm{ab}}} + \dot{S}_{\mathrm{irr}} = 0 \tag{3.54}$$

und daraus für den thermischen Wirkungsgrad

$$\eta_{\mathrm{therm}} = \frac{|P_{\mathrm{t}}|}{\dot{Q}_{\mathrm{zu}}} = 1 - \frac{|\dot{Q}_{\mathrm{ab}}|}{\dot{Q}_{\mathrm{zu}}} = 1 - \frac{T_{\mathrm{ab}}}{T_{\mathrm{zu}}} - \frac{T_{\mathrm{ab}}}{\dot{Q}_{\mathrm{zu}}} \dot{S}_{\mathrm{irr}} . \tag{3.55}$$

Die weiter oben bereits beschriebene Dissipation führt im realen Prozess zur Entropieproduktion und vermindert die nutzbare Leistung bei gleichzeitiger Erhöhung des nicht weiter nutzbaren Abwärmestroms.

3.2.4 Exergetischer Wirkungsgrad

Nach [9, 76, 113] gilt für den exergetischen thermischen Wirkungsgrad einer Wärmekraftmaschine

$$\zeta_{\mathrm{therm}} = \frac{|P_{\mathrm{t}}|}{\dot{Q}_{\mathrm{zu}}^{\mathrm{E}}} = \frac{|P_{\mathrm{t}}|}{\eta_{\mathrm{C}} \dot{Q}_{\mathrm{zu}}} = \frac{\eta_{\mathrm{therm,rev}}}{\eta_{\mathrm{C}}} \tag{3.56}$$

als Verhältnis des nutzbaren Exergiestroms – hier der nutzbaren technischen Leistung P_{t} – zum für den Prozess aufgewendeten Exergiestrom – hier dem Exergieanteil des zugeführten Wärmestroms $\dot{Q}_{\mathrm{zu}}^{\mathrm{E}} = \eta_{\mathrm{C}}\dot{Q}$ gemäß Tabelle 3.2. Analoge Definitionen des exergetischen Wirkungsgrads werden u. a. für Wärmepumpen in Kapitel 10 und für Kältemaschinen in Kapitel 11 aufgestellt.

Abbildung 3.7 visualisiert die Exergiebilanz einer Wärmekraftmaschine mit dem reversiblen Grenzprozess auf der linken und dem realen irreversiblen Prozess auf der rechten Seite. Beim irreversiblen Prozess kommt es zu einer Entropieproduktion und damit zu einem Exergieverlust mit einer Energieentwertung. Im SANKEY-Diagramm werden gerichtete Energieströme dargestellt, dessen Breite ein Maß für die Größe der Ströme ist. Der dem Prozess zugeführte Wärmestrom besteht aus den Exergie-

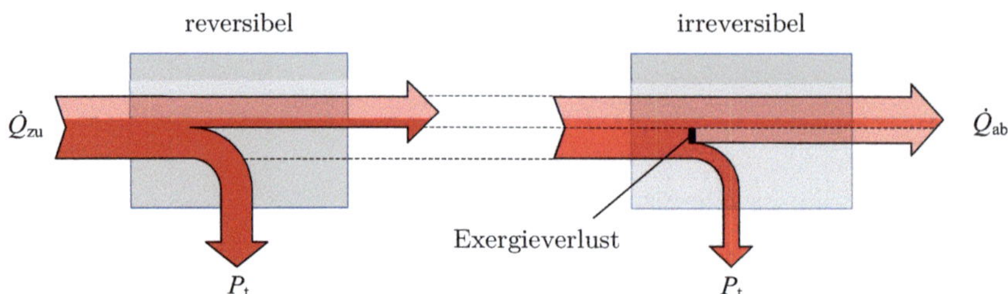

Abbildung 3.7: SANKEY-Diagramm einer Wärmekraftmaschine mit den Exergieströmen (dunkel) und den Anergieströmen (hell) (nach [9, 76])

und Anergieanteilen $\dot{Q}_{\mathrm{zu}}^{\mathrm{E}}$ bzw. $\dot{Q}_{\mathrm{zu}}^{\mathrm{A}}$, die abgeführte technische Leistung P_{t} aus reiner Exergie und der aus dem Prozess abgeführte Wärmestrom im allgemeinen Fall aus den Exergie- und Anergieanteilen $\dot{Q}_{\mathrm{ab}}^{\mathrm{E}}$ bzw. $\dot{Q}_{\mathrm{ab}}^{\mathrm{A}}$.

Bearbeitung der in Beispiel 3.1 gegebenen Aufgabenstellung

Für die Bearbeitung der Aufgabenstellung gemäß Beispiel 3.1 wird ein Excel-Berechnungsblatt wie in Abb. 3.8 erstellt:

1. Die mit der Aufgabenstellung vorgegebenen Daten werden in das Berechnungsblatt eingetragen, ebenso der Wert der universellen Gaskonstante R (aus Abschnitt 2.4.1) und die molare Masse M_{L} der trockenen Luft (aus Abb. 2.11). Mit Gleichung (2.43) wird die spezifische Gaskonstante R_{L} der trockenen Luft berechnet.

2. Aus den Gleichungen (2.43), (2.52) und (2.53) folgt mit der thermischen Zustandsgleichung idealer Gase die gesuchte Masse des Gasvolumens anhand der Parameter für den Anfangszustand 1

$$m = \frac{p_1 V}{R_{\mathrm{L}} T_1} \ . \tag{3.57}$$

3. Für die angenommene *isotherme Entspannung* gilt gemäß der Tabelle 3.2 für den Exergieanteil der Inneren Energie im Zustand 1

$$U_1^{\mathrm{E}} = m[\underbrace{u_1 - u_{\mathrm{U}}}_{=0} - T_{\mathrm{U}}(s_1 - s_{\mathrm{U}}) + p_{\mathrm{U}}(v_1 - v_{\mathrm{U}})] \ , \tag{3.58}$$

wobei der Term mit der Differenz der spezifischen Inneren Energien wegen der ausschließlichen Abhängigkeit der Inneren Energie von der Temperatur für ein ideales Gas für den isothermen Prozess entfällt. Gemäß Tabelle 3.1 folgt mit

$$s_1 - s_{\mathrm{U}} = R_{\mathrm{L}} \ln \frac{v_1}{v_{\mathrm{U}}} \tag{3.59}$$

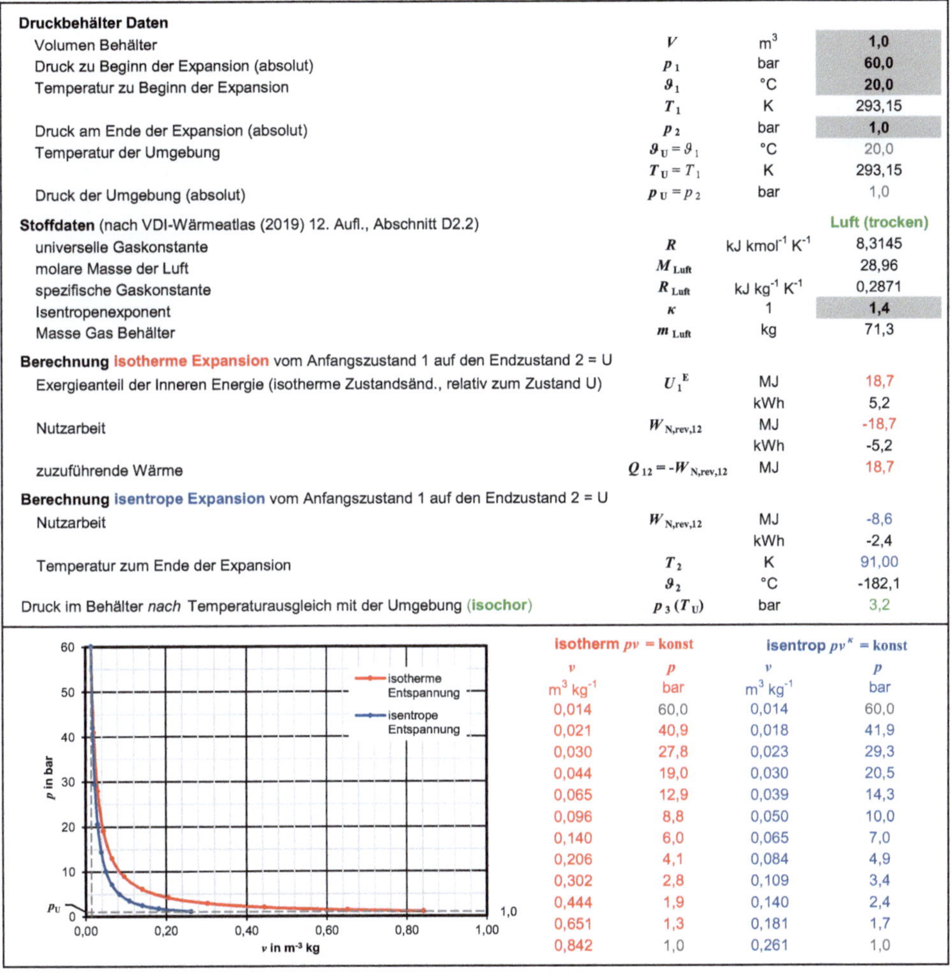

Druckbehälter Daten			
Volumen Behälter	V	m³	**1,0**
Druck zu Beginn der Expansion (absolut)	p_1	bar	**60,0**
Temperatur zu Beginn der Expansion	ϑ_1	°C	**20,0**
	T_1	K	293,15
Druck am Ende der Expansion (absolut)	p_2	bar	**1,0**
Temperatur der Umgebung	$\vartheta_U = \vartheta_1$	°C	20,0
	$T_U = T_1$	K	293,15
Druck der Umgebung (absolut)	$p_U = p_2$	bar	1,0
Stoffdaten (nach VDI-Wärmeatlas (2019) 12. Aufl., Abschnitt D2.2)			**Luft (trocken)**
universelle Gaskonstante	R	kJ kmol⁻¹ K⁻¹	8,3145
molare Masse der Luft	M_{Luft}		28,96
spezifische Gaskonstante	R_{Luft}	kJ kg⁻¹ K⁻¹	0,2871
Isentropenexponent	κ	1	**1,4**
Masse Gas Behälter	m_{Luft}	kg	71,3
Berechnung isotherme Expansion vom Anfangszustand 1 auf den Endzustand 2 = U			
Exergieanteil der Inneren Energie (isotherme Zustandsänd., relativ zum Zustand U)	U_1^{E}	MJ	18,7
		kWh	5,2
Nutzarbeit	$W_{N,rev,12}$	MJ	-18,7
		kWh	-5,2
zuzuführende Wärme	$Q_{12} = -W_{N,rev,12}$	MJ	18,7
Berechnung isentrope Expansion vom Anfangszustand 1 auf den Endzustand 2 = U			
Nutzarbeit	$W_{N,rev,12}$	MJ	-8,6
		kWh	-2,4
Temperatur zum Ende der Expansion	T_2	K	91,00
	ϑ_2	°C	-182,1
Druck im Behälter *nach* Temperaturausgleich mit der Umgebung (isochor)	$p_3(T_U)$	bar	3,2

isotherm pv = konst		isentrop pv^{κ} = konst	
v	p	v	p
m³ kg⁻¹	bar	m³ kg⁻¹	bar
0,014	60,0	0,014	60,0
0,021	40,9	0,018	41,9
0,030	27,8	0,023	29,3
0,044	19,0	0,030	20,5
0,065	12,9	0,039	14,3
0,096	8,8	0,050	10,0
0,140	6,0	0,065	7,0
0,206	4,1	0,084	4,9
0,302	2,8	0,109	3,4
0,444	1,9	0,140	2,4
0,651	1,3	0,181	1,7
0,842	1,0	0,261	1,0

Abbildung 3.8: Excel-Berechnungsblatt für die Entspannung von Luft aus einem Drucklufttank

und der Isothermenbeziehung

$$\frac{v_1}{v_U} = \frac{p_U}{p_1} \tag{3.60}$$

sowie mit der umgeformten Zustandsgleichung idealer Gase

$$v = \frac{R_L T}{p} \tag{3.61}$$

der gesuchte Exergieanteil der Inneren Energie im Zustand 1 (mit $T_1 = T_U$ für den isothermen Prozess)

$$U_1^E = m R_L T_U \left[\ln \frac{p_1}{p_U} + \frac{p_U}{p_1} - 1 \right] . \tag{3.62}$$

4. Die maximale reversible Nutzarbeit $W_{N,rev,12}$ ergibt sich durch Entspannung auf den Umgebungsdruck aus Gleichung (3.13) mit der Gleichung für die reversible Volumenänderungsarbeit $W_{V,rev,12}$ aus Tabelle 3.1 zu

$$W_{N,rev,12} = W_{V,rev,12} + p_U (V_2 - V_1) = m \left[R_L T_1 \ln \frac{p_2}{p_1} + p_U (v_2 - v_1) \right]$$

$$= m R_L T_1 \left[\ln \frac{p_2}{p_1} - \frac{p_U}{p_1} + 1 \right] = -U_1^E . \tag{3.63}$$

Die Nutzarbeit ist bei der Entspannung auf $p_2 = p_U$ betragsmäßig identisch mit dem Exergieanteil der Inneren Energie im Zustand 1, weil mechanische Arbeit aus reiner Exergie besteht.

5. Thermische Energie wird im isothermen Prozess in Form von Wärme aus der Umgebung aufgenommen. Aus Gleichung (3.11) folgt mit $\Delta U = 0$

$$Q_{12} = -W_{N,rev,12} . \tag{3.64}$$

6. Für eine angenommene reversibel adiabate oder *isentrope Entspannung* gilt nach Tabelle 3.1 für die Volumenänderungsarbeit

$$W_{V,rev,12} = \frac{p_1 V_1}{\kappa - 1} \left[\left(\frac{v_1}{v_2} \right)^{\kappa - 1} - 1 \right] . \tag{3.65}$$

Mit der Isentropenbeziehung

$$\frac{v_1}{v_2} = \left(\frac{p_2}{p_1} \right)^{\frac{1}{\kappa}} \tag{3.66}$$

gemäß Tabelle 3.1 folgt die gesuchte reversible Nutzarbeit unter Verwendung von Gleichung (3.13) für die Entspannung auf $p_2 = p_\mathrm{U}$

$$W_{\mathrm{N,rev},12} = \frac{p_1 V_1}{\kappa - 1}\left[\left(\frac{v_1}{v_2}\right)^{\kappa-1} - 1\right] + p_\mathrm{U}(V_2 - V_1)$$

$$= \frac{p_1 V_1}{\kappa - 1}\left[\left(\frac{p_2}{p_1}\right)^{\frac{\kappa-1}{\kappa}} - 1\right] + p_\mathrm{U} V_1\left[\left(\frac{p_1}{p_2}\right)^{\frac{1}{\kappa}} - 1\right]. \tag{3.67}$$

7. Die Temperatur im Tank nach der Entspannung folgt aus der Isentropenbeziehung in Tabelle 3.1 zu

$$T_2 = T_1\left(\frac{p_2}{p_1}\right)^{\frac{\kappa-1}{\kappa}} \tag{3.68}$$

und der Druck nach dem *isochoren* Temperaturausgleich mit der Umgebung (mit $p_2 = p_\mathrm{U}$ und $T_3 = T_\mathrm{U}$) zu

$$p_3 = p_2\frac{T_3}{T_2}. \tag{3.69}$$

Für die Darstellung der Zustandsänderungen im p,v-Diagramm wurde in der Abbildung eine Tabelle angelegt, in der die Drücke in der obersten Zeile aus p_1 und der untersten Zeile aus p_2 und die spezifischen Volumen für diese beiden Zeilen aus Gleichung (3.61) folgen (mit $T = T_2$ in der untersten Zeile für die isentrope Zustandsänderung). Die „Zwischenwerte" der spezifischen Volumen werden logarithmisch äquidistant mit einer sogenannten Normzahlreihe nach DIN 323 [32, 33] berechnet. Die Normzahlen nach RENARD basieren auf einer geometrischen Reihe, die durch den Multiplikator oder Stufensprung $\sqrt[m]{10}$ der Reihe Rm als Verhältnis des Gliedes einer Reihe zum vorhergehenden Wert beschrieben wird, hier $v_i = v_{i-1}\sqrt[m]{10}$ [32, 33, 52, 53]. Darin gibt m die Anzahl der Stufen je Dezimalbereich an. So basiert die Abstufung der spezifischen Volumen für die Reihe der isothermen Zustandsänderung im Beispiel auf der Reihe R6 mit $m = 6$ und für die Reihe der isentropen Zustandsänderung der Reihe R9 mit $m = 9$. Die Drücke zu diesen Zwischenwerten der spezifische Volumen folgen aus der Isothermenbeziehung in Gleichung (3.60) und der Isentropenbeziehung in Gleichung (3.66).

Für eine isotherme Entspannung oder Verdichtung muss der Prozess unendlich langsam ablaufen, damit das sich z. B. bei einer Entspannung abkühlende Gas nach einer kleinen Änderung des Druckes wieder auf die Umgebungstemperatur erwärmt. Hierbei wird von einer *quasistationären* Zustandsänderung als Folge von Gleichgewichtszuständen ausgegangen. Eine isentrope oder reversibel adiabate Entspannung muss dagegen unendlich schnell ablaufen, damit es *nicht* zu einem Temperaturausgleich mit der Umgebung kommt. Ein realer technischer Prozess lässt sich – ideales Gasverhalten vorausgesetzt – annähernd mit einen Polytropenexponenten $1 \leq n \leq \kappa$ beschreiben – siehe die gestrichelte Linie zwischen den beiden idealisierten Zustandsänderungen in Abb. 3.3 in Abschnitt 3.1.3.

Die Nutzarbeiten für die beiden Entspannungsvorgänge entsprechen den Flächen

Daten

Druck	p	bar	**1,00**
Temperatur der Umgebung	ϑ_U	°C	**20,0**
	T_U	K	293,15
Siedetemperatur Wasser (mit UDF T_S_VDI_12_arr)	T_S	K	372,77
	ϑ_S	°C	**99,62**
Änderung der spezifischen Enthalpie	$h_S - h_U = c_p^{L}(T_S - T_U)$	kJ kg^{-1}	332,9
Änderung der spezifischen Entropie	$s_S - s_U = c_p^{L}\ln(T_S/T_U)$	kJ kg^{-1} K^{-1}	1,005
Exergieanteil der spez. Enthalpie im Siedezustand	$h^{E}(T_S)$	kJ kg^{-1}	**38,4**
spezifischer Exergieverlust	$e^{E}_{V} = T_U \Delta s$	kJ kg^{-1}	**294,5**
spez. technische (elektrische) Arbeit (1. HS)	$w_t = w_{el} = h_S - h_U$	kJ kg^{-1}	**332,9**
exergetischer Wirkungsgrad	$\zeta = h^{E}/w_t$	1	**0,115**

Stoffdaten (nach VDI-Wärmeatlas (2019) 12. Aufl. Abschnitt D3.1)   **Wasser, flüssig**

Bezugstemperatur	ϑ_{Bezug}	°C	**59,8**
	T_{Bezug}	K	333,0
spezifische isobare Wärmekapazität Wasser	c_p^{L}	kJ kg^{-1} K^{-1}	4,181
molare Masse	M	kg kmol^{-1}	18,02
kritische Temperatur	T_{kr}	K	647,10
Koeffizienten Funktion spezifische Wärmekapazität	A	1	0,2399
	B	1	12,8647
	C	1	-33,6392
	D	1	104,7686
	E	1	-155,4709
	F	1	92,3726

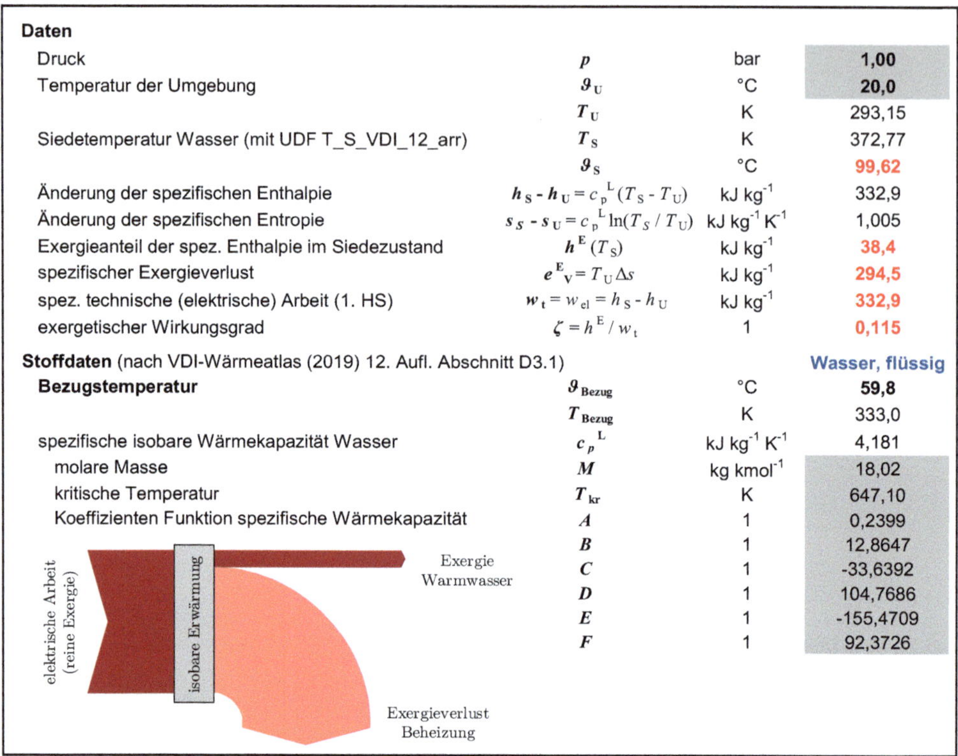

Abbildung 3.9: Excel-Berechnungsblatt für die stationäre Erwärmung von Wasser bis zur Siedetemperatur einschließlich eines SANKEY-Diagramms mit den Exergieströmen (dunkel) und dem Anergiestrom (hell) (siehe ähnliches Beispiel in [9])

unter den beiden Prozessverlaufskurven oberhalb der horizontalen Linie $p_U = \text{konst}$ in Abb. 3.8. Die Nutzarbeit für die isotherme Entspannung ist deutlich größer als für die isentrope Entspannung, erfordert aber einen betragsmäßig gleich großen zuzuführenden Wärmestrom, was mit einem zusätzlichen Energieaufwand verbunden ist. Abschließend ist anzumerken, dass es sich bei einem Druckgasspeicher um einen „Innere-Energie-Speicher" handelt.

Bearbeitung der in Beispiel 3.2 gegebenen Aufgabenstellung

Für die Bearbeitung der Aufgabenstellung gemäß Beispiel 3.2 wird ein Excel-Berechnungsblatt wie in Abb. 3.9 erstellt:

1. Die mit der Aufgabenstellung vorgegebenen Daten werden in das Berechnungsblatt eingetragen. Die Siede- oder Sättigungstemperatur des Wassers T_S oder ϑ_S folgt aus den Gleichungen (2.59) und (2.63) für den Sättigungsdampfdruck entweder iterativ mit der UDF p_S_VDI_12_arr unter Verwendung des Solvers oder besser direkt unter Verwendung der „Umkehrfunktion" T_S_VDI_12_arr,

siehe dazu die Beschreibungen in Abschnitt 2.4.

2. Die für die weiteren Berechnungen erforderliche spezifische Wärmekapazität des flüssigen Wassers c_p^{L} in den Gleichungen (2.58) und (2.59) wird unter Verwendung der UDF `c_p_L_VDIWA_12` ermittelt. Die dafür erforderliche kritische Temperatur T_{kr} und die molare Masse M sowie die Koeffizienten A bis F sind in der Abbildung aufgeführt und wurden dem Abschnitt „D3.1 Thermophysikalische Stoffwerte sonstiger reiner Flüssigkeiten und Gase" des *VDI-Wärmeatlas* [89] entnommen.

3. Für den Exergieanteil der spezifischen Enthalpie $h_{\mathrm{S}}^{\mathrm{E}} = h^{\mathrm{E}}(T_{\mathrm{S}})$ – hier von flüssigem Wasser bei der Siedetemperatur T_{S} – gilt gemäß Tabelle 3.2 unter Vernachlässigung der Änderungen der spezifischen kinetischen und potenziellen Energien (siehe die Gleichungen (3.85) und (3.86))

$$h_{\mathrm{S}}^{\mathrm{E}} = h_{\mathrm{S}} - h_{\mathrm{U}} - T_{\mathrm{U}}(s_{\mathrm{S}} - s_{\mathrm{U}}) \tag{3.70}$$

und darin für die Änderung der spezifischen Enthalpie nach Gleichung (2.35) (hier für flüssiges Wasser)

$$h_{\mathrm{S}} - h_{\mathrm{U}} = \overline{c_p^{\mathrm{L}}}(T_{\mathrm{S}} - T_{\mathrm{U}}) \tag{3.71}$$

sowie entsprechend für die Änderung der spezifischen Entropie nach Gleichung (2.41) bei vorgegebenem konstanten Druck

$$s_{\mathrm{S}} - s_{\mathrm{U}} = \overline{c_p^{\mathrm{L}}} \ln \frac{T_{\mathrm{S}}}{T_{\mathrm{U}}} \; . \tag{3.72}$$

Der gesuchte Exergieanteil der spezifischen Energie $h_{\mathrm{S}}^{\mathrm{E}}$ folgt aus Gleichung (3.70) mit der Änderung der spezifischen Enthalpie $h_{\mathrm{S}} - h_{\mathrm{U}}$ aus Gleichung (3.71) und der Änderung der spezifischen Entropie aus Gleichung (3.72).

4. Der spezifische Exergieverlust $e_{\mathrm{V}}^{\mathrm{E}}$ bei der Erwärmung des Wassers folgt aus Gleichung (3.47) über die mit Gleichung (3.72) berechnete Änderung der spezifischen Entropie. Da elektrische Energie aus reiner Exergie besteht, entspricht die spezifische technische oder elektrische Arbeit der Änderung der spezifischen Enthalpie in Gleichung (3.71) mit

$$w_{\mathrm{t}} = w_{\mathrm{el}} = h_{\mathrm{S}} - h_{\mathrm{U}} \; . \tag{3.73}$$

Der exergetische Wirkungsgrad ζ für den Prozess folgt analog zu Gleichung (3.56) als Verhältnis der nutzbaren Exergie zu der für den Prozess aufgewendeten Exergie mit

$$\zeta = \frac{h_{\mathrm{S}}^{\mathrm{E}}}{w_{\mathrm{t}}} \; . \tag{3.74}$$

Wie aus den berechneten Daten hervorgeht, ist der Exergieverlust $e_{\mathrm{V}}^{\mathrm{E}}$ deutlich größer als der Exergieanteil der spezifischen Enthalpie $h_{\mathrm{S}}^{\mathrm{E}}$ des erwärmten, siedend flüssigen Wassers, da nur $h_{\mathrm{S}}^{\mathrm{E}}$ zur Erhöhung der Exergie des Wassers beiträgt. Die direktelektrische Erwärmung stellt somit einen thermodynamisch ungünstigen und stark irreversiblen Prozess dar, was auch der niedrige exergetische Wirkungsgrad verdeutlicht (vgl. das SANKEY-Diagramm in der Abbildung). Durch den Einsatz einer Wärmepumpe, wie in Kapitel 10 beschrieben, lässt sich die für den Prozess erforderliche elektrische Arbeit verringern und der Exergieverlust deutlich reduzieren.

3.2.5 Kompressoren und Expansionsmaschinen

Kompressoren oder Verdichter und Expansionsmaschinen oder Turbinen sind zentrale Bauteile energietechnischer Anlagen. In Kompressoren wird Wellenarbeit zugeführt, dadurch das strömende Fluid verdichtet und der Druck des Fluids erhöht. In Expansionsmaschinen wird Wellenarbeit abgeführt, dadurch das strömende Fluid entspannt und der Druck des Fluids erniedrigt.

Adiabate Kompressoren und Expansionsmaschinen

Vereinfachend können die Prozessschritte der Verdichtung und der Entspannung als adiabat betrachtet werden, wenn die auftretenden Wärmeströme klein gegenüber den technischen Leistungen sind, ebenso auch die Änderungen der potenziellen Energien, was in der Praxis häufig zutrifft. Wie in [9] empfohlen, werden zudem die Änderungen der kinetischen Energien der Fluide bei der Verdichtung oder der Entspannung vernachlässigt, die gegenüber den Änderungen der Enthalpien erst relevant sind, wenn sehr hohe Strömungsgeschwindigkeiten (wie z. B. in Dampfturbinen) auftreten. Aus der spezifischen Leistungsbilanz in Gleichung (2.21) folgt für die spezifische technische Arbeit des adiabaten Prozesses

$$|w_{t,12}| = h_2 - h_1 \tag{3.75}$$

mit der Leistung des Kompressors oder der Expansionsmaschine

$$|P_{t,12}| = \dot{m} w_{t,12} \, , \tag{3.76}$$

die von den rotierenden Bauteilen an das Fluid bzw. vom Fluid an die rotierenden Bauteile übertragen wird.

In Abb. 3.10 sind die beiden Prozesse der adiabaten Verdichtung und der adiabaten Entspannung im h, s-Diagramm dargestellt. Die reversibel adiabate Verdichtung und die reversibel adiabate Entspannung verlaufen beide jeweils vom Zustand 1 bis zum Zustand 2, s (mit dem Index s für die reversibel adiabate oder isentrope Prozessführung) und die irreversibel adiabaten Prozesse – unter Zunahme der Entropie von s_1 auf s_2 – vom Zustand 1 bis zum Zustand 2.

Infolge der Verluste ist die an der Welle des Kompressors zuzuführende spezifische technische Arbeit $w_{t,\text{verd}}$ größer als die reversible spezifische technische Arbeit und die an der Welle der Expansionsmaschine verfügbare spezifische technische Arbeit $|w_{t,\text{exp}}|$ kleiner als die reversible spezifische technische Arbeit [9].

Für die Beurteilung der „inneren" Irreversibilitäten bei adiabater Prozessführung infolge dissipativer Vorgänge dienen die isentropen Wirkungsgrade oder besser isentropen Gütegrade[5] [9, 76]:

---

[5]Die Bezeichnung als Gütegrade ist hier besser als Wirkungsgrade, da nicht der Nutzen zum Aufwand

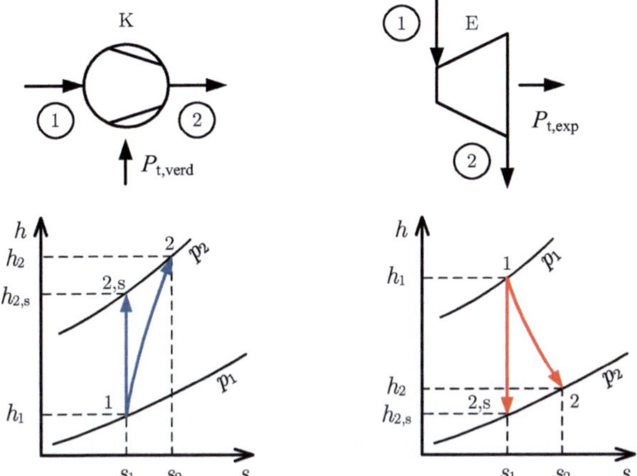

Abbildung 3.10: Reversibel adiabate oder irreversibel adiabate Verdichtung (im Kompressor K) und Entspannung (in der Expansionsmaschine E) im h, s-Diagramm (nach [9])

- Der isentrope Gütegrad der Verdichtung

$$\eta_{s,\text{verd}} = \frac{h_{2,s} - h_1}{h_2 - h_1} = \frac{w_{t,\text{verd},s}}{w_{t,\text{verd}}} \tag{3.77}$$

- und der isentrope Gütegrad der Entspannung

$$\eta_{s,\text{exp}} = \frac{h_2 - h_1}{h_{2,s} - h_1} = \frac{w_{t,\text{exp}}}{w_{t,\text{exp},s}} \ . \tag{3.78}$$

Die reversibel adiabate oder isentrope Entspannung liefert den größten Wert der spezifischen technischen Arbeit für Prozesse der adiabaten Entspannung, siehe Abb. 3.11. Entsprechend ist die spezifische technische Arbeit für Prozesse der isentropen Verdichtung am kleinsten. Typische Werte isentroper Gütegrade nach [9]: für Dampfturbinen 0,88 bis 0,94, für Gasturbinen 0,90 bis 0,95, für Turboverdichter 0,85 bis 0,90.

Nichtadiabate Kompressoren

Für die spezifische technische Arbeit bei der reversiblen Verdichtung in Kompressoren gilt nach Abschnitt 3.1.2

$$w_{t,\text{rev}} = \int_1^2 v \, dp \tag{3.30}$$

---

ins Verhältnis gesetzt, sondern die realen mit den verlustfreien Prozessen verglichen werden [73].

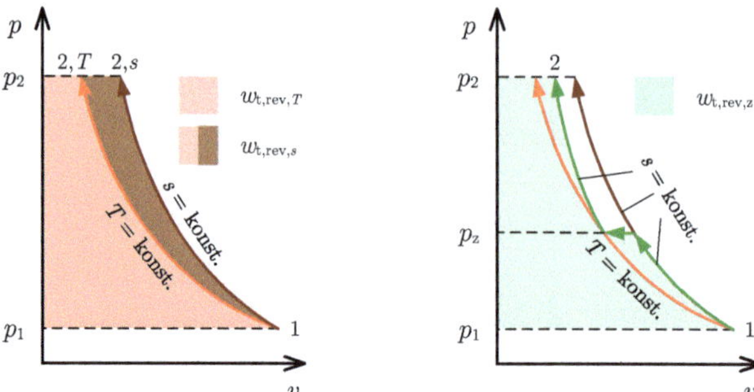

Abbildung 3.11: Verdichtung im p, v-Diagramm. Links: Verdichterarbeit bei reversibel isothermer und isentroper Verdichtung. Rechts: Verdichterarbeit für die zweistufige isentrope Verdichtung mit Zwischenkühlung (nach [9])

unter Vernachlässigung der Änderungen der spezifischen kinetischen und potenziellen Energien (hier mit dem ergänzenden Index rev). Der Arbeitsaufwand hängt vom spezifischen Volumen des Fluids ab und lässt sich durch eine Kühlung bei der Verdichtung verringern. Wie anhand des p, v-Diagramms links in Abb. 3.11 zu sehen, ist der Arbeitsaufwand für den nichtadiabaten reversiblen isothermen Prozess geringer als der Arbeitsaufwand für die isentrope Verdichtung. Für den umgekehrten Prozess, der Entspannung in Expansionsmaschinen empfiehlt sich entsprechend die mehrstufige Energiezufuhr [123].

Für die reversibel isotherme Verdichtung mit $T = T_1 = T_2$ siehe die Berechnungsgleichungen für die spezifische Verdichterarbeit $w_{t,\text{verd,rev}}$ und die abzuführende spezifische Wärme $q_{\text{verd,rev}}$ im nachfolgenden Abschnitt 3.2.6. Für ein ideales Gas gilt mit Gleichung (2.41) und wegen $h_{2,T} = h_1$ (vgl. [9])

$$w_{t,\text{verd,rev}} = R_i T \ln \frac{p_2}{p_1} = -q_{\text{verd,rev}} \cdot \tag{3.79}$$

In der Darstellung im p, v-Diagramm rechts in Abb. 3.11 sind – wie auf der linken Seite – die Prozessverlaufskurven für die reversible isotherme und die isentrope Verdichtung und zusätzlich die Prozessverlaufskurve für eine zweistufige jeweils isentrope Verdichtung mit isobarer Zwischenkühlung dargestellt, siehe dazu auch das Beispiel 7.2 in Abschnitt 7.2. Die Zwischenkühlung kommt in der Praxis z. B. bei gekühlten Kolbenverdichtern zur Anwendung und hat – wie aus der Diagrammdarstellung ersichtlich ist – den Vorteil der Verringerung des Arbeitsaufwands für die Verdichtung. In der Realität erfolgt die Verdichtung in den Stufen irreversibel und die Zwischenkühlung nicht isobar [9].

Für einen irreversiblen gekühlten Verdichter gilt nach der spezifischen Leistungsbilanz in Gleichung (2.21) unter Vernachlässigung der Änderungen der spezifischen kinetischen und potenziellen Energien

$$w_{t,\text{verd}} = h_2 - h_1 - q_{12} \cdot \tag{3.80}$$

Es lässt sich der Wirkungsgrad des gekühlten Verdichters bei isothermer Prozessführung

$$\eta_{T,\text{verd}} = \frac{w_{t,\text{verd,rev}}}{w_{t,\text{verd}}} \tag{3.81}$$

als dem Quotienten aus spezifischer reversibler Verdichterarbeit zur spezifischen irreversiblen oder realen Verdichterarbeit definieren [9], der z. B. bei der Verdichtung von Gasen in Kapitel 7 oder bei den Berechnungen zur Verflüssigung von Erdgas und Wasserstoff in den Abschnitten 12.2 und 12.3 Anwendung findet.

Wie schon oben beschrieben, können Kompressoren (und auch Expansionsmaschinen) in der Praxis näherungsweise als adiabat betrachtet werden. Isotherme Zustandsänderungen sind außerhalb des Nassdampfgebiets kaum praktisch realisierbar und haben dagegen eher eine Bedeutung als Grenzfälle z. B. für exergetische Analysen.

Mechanischer Wirkungsgrad und Gesamtwirkungsgrad

Die im aktuellen Abschnitt 3.2.5 behandelten Leistungen, die in Kompressoren oder Expansionsmaschinen zwischen dem Fluid und der Welle übertragen werden, können auch als *innere* Leistungen bezeichnet werden. Die bei einer Expansionsmaschine an der Welle verfügbare Leistung oder Kupplungsleistung ist kleiner als die innere Leistung und die bei einem Kompressor an der Welle zuzuführende Leistung oder Kupplungsleistung größer als die innere Leistung. Dafür verantwortlich sind Reibungsverluste, die durch den mechanischen Wirkungsgrad η_{mech} erfasst werden können. Der Gesamtwirkungsgrad folgt mit

$$\eta_{\text{Ges}} = \eta_i\,\eta_{\text{mech}} \, , \tag{3.82}$$

wobei der innere Wirkungsgrad η_i dem isentropen Gütegrad η_s oder dem isothermen Gütegrad η_T bei entsprechender Prozessführung entspricht.[9, 23, 49]

3.2.6 Exergieverluste typischer Anlagenkomponenten

Für die exergetischen Bewertungen in den nachfolgenden Kapiteln – zu Wärmepumpen, Kältemaschinen, zum Dampfkraftprozess, zur Abwärmenutzung im ORC-Prozess und zur Verflüssigung von Gasen – sind die spezifischen Exergieverluste der in der Abb. 3.13 schematisch dargestellten Komponenten energietechnischer Anlagen erforderlich.

Exergieanteile eines Wärme- und eines Enthalpiestroms

Die Berechnungsgleichung für den Exergieanteil eines Wärmestroms

$$\dot{Q}^{\text{E}} = \eta_{\text{C}}\,\dot{Q} \quad \text{mit} \quad \eta_{\text{C}} = 1 - \frac{T_{\text{U}}}{T} \, , \tag{3.83}$$

mit dem CARNOT-Faktor η_{C}, die auch in Tabelle 3.2 aufgeführt ist, lässt sich anhand der Betrachtung einer reversiblen Wärmekraftmaschine aus den Gleichungen (3.51) bis (3.53) herleiten [9, 59, 113]. Wird ein Wärmestrom z. B. von einer Wärmepumpe bei einer Temperatur T oberhalb der Temperatur der Umgebung T_{U} abgegeben, ist wegen $T > T_{\text{U}}$ der CARNOT-Faktor positiv – siehe dazu den Verlauf des CARNOT-Faktors

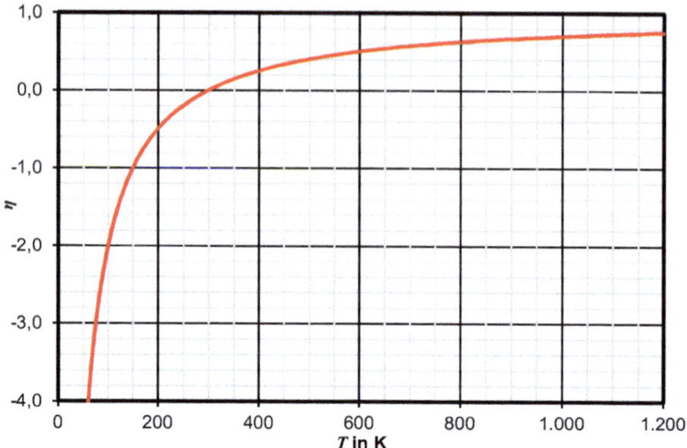

Abbildung 3.12: Verlauf des CARNOT-Faktors in Abhängigkeit von der Temperatur für eine beispielhafte, konstante Umgebungstemperatur von $T_{\mathrm{U}} = 298{,}15\,\mathrm{K}$

in Abhängigkeit von der Temperatur T in Abb. 3.12 für eine beispielhafte, konstante Umgebungstemperatur. Für diesen Fall haben der Wärmestrom und der Exergiestrom dasselbe Vorzeichen. Wird dagegen ein Wärmestrom z. B. von einer Kältemaschine bei einer Temperatur unterhalb der Temperatur der Umgebung aufgenommen, ist wegen $T < T_{\mathrm{U}}$ der CARNOT-Faktor negativ – siehe Abb. 3.12 – und der Wärmestrom und der Exergiestrom erhalten unterschiedliche Vorzeichen, was bedeutet, dass z. B. bei einer Kältemaschine der aufgenommene Wärmestrom von einem entgegengesetzt gerichteten Exergiestrom begleitet wird. Mehr dazu in den Abschnitten 3.3 und 11.2 sowie in Abb. 11.2.

Für den mit einem Stoffstrom transportieren Exergiestrom oder Exergieanteil eines Enthalpiestroms gilt – siehe dazu die Herleitungen in [9, 59, 113] –

$$\dot{H}^{\mathrm{E}} = \dot{m}\, h^{\mathrm{E}} \tag{3.84}$$

mit dem Exergieanteil der spezifischen Enthalpie

$$h^{\mathrm{E}} = h - h_{\mathrm{U}} - T_{\mathrm{U}}(s - s_{\mathrm{U}}) + \frac{1}{2}(w^2 - w_{\mathrm{U}}^2) + g(z - z_{\mathrm{U}}) \tag{3.85}$$

und unter Vernachlässigung der Änderungen der spezifischen kinetischen und potenziellen Energien – siehe Tabelle 3.2 – vereinfacht

$$h^{\mathrm{E}} = h - h_{\mathrm{U}} - T_{\mathrm{U}}(s - s_{\mathrm{U}})\,. \tag{3.86}$$

Der Nullpunkt des Exergieanteils der Enthalpie ist damit durch den Umgebungszustand definiert.[9, 59, 76, 113]

Thermodynamische Mitteltemperatur der Wärmeübertragung

Bei der Wärmeübertragung tritt zumeist der Fall auf, dass die Temperatur vom Ort abhängt, also in Richtung der Strömung zu- oder abnimmt. Nach HERWIG [76] folgt aus

$$\dot{S}_{Q_{\mathrm{irr}}} = \int \frac{\delta \dot{Q}}{T} = \frac{\dot{Q}}{T_{\mathrm{m}}} \tag{3.87}$$

die thermodynamische Mitteltemperatur der Wärmeübertragung

$$T_{\mathrm{m}} = \frac{\dot{Q}}{\dot{S}_{Q_{\mathrm{irr}}}} \tag{3.88}$$

mit der Entropieproduktion $\dot{S}_{Q_{\mathrm{irr}}}$ bei der irreversiblen Wärmeübertragung, die gemäß Gleichung (3.43) aus der Entropieänderung bei der reversiblen Wärmeübertragung und der Entropieproduktion infolge der Wärmeleitung in der Wand besteht.

Entsprechend gilt nach [76, 106, 113] für die thermodynamische Mitteltemperatur zwischen den Querschnitten 1 und 2

$$T_{\mathrm{m},12} = \frac{\dot{Q}_{12}}{\dot{S}_{Q_{\mathrm{irr}},12}} \;. \tag{3.89}$$

Mit dem übertragenen Wärmestrom (unter Vernachlässigung der Änderungen der kinetischen und potenziellen Energien)

$$\dot{Q}_{12} = \dot{m}(h_2 - h_1) \tag{3.90}$$

folgt daraus unter der weiteren Annahme einer reibungsfreien Strömung

$$T_{\mathrm{m},12} = \frac{h_2 - h_1}{s_2 - s_1} \;. \tag{3.91}$$

Verhält sich das Fluid wie ein ideales Gas oder eine inkompressible Flüssigkeit, vereinfacht sich Gleichung (3.91) nach [76] für die isobare Zustandsänderung unter Verwendung der Gleichungen (2.35) und (2.41) zu

$$T_{\mathrm{m},12} = \frac{T_2 - T_1}{\ln \frac{T_2}{T_1}} \;. \tag{3.92}$$

Reversible Verdichtung und Entspannung

Für die Ermittlung der spezifischen Verdichterarbeit, die z. B. für die vereinfachte Berechnung des energetischen Aufwands für die Verflüssigung von Gas in Kapitel 12 Anwendung findet, verwenden wir den ersten Hauptsatz für offene, ortsfeste Systeme in differenzieller Form

$$\mathrm{d}h = \delta q + \delta w_{\mathrm{t}} \tag{3.93}$$

mit der spezifischen Wärme q und der spezifischen technischen Arbeit oder spezifischen Verdichterarbeit w_{t}. Die Schreibweisen δq und δw_{t} zeigen auch hier, dass die Wärme und die Arbeit Prozessgrößen sind und deshalb kein vollständiges oder totales Differenzial dieser beiden Größen existiert, vgl. Abschnitt 2.1. Bei reversiblen Prozessen gelten die Beziehungen für die reversible Wärmeübertragung und die reversible technische Arbeit

$$\delta q_{\mathrm{verd,rev}} = T\,\mathrm{d}s \quad \text{bzw.} \quad \delta w_{\mathrm{t,verd,rev}} = v\,\mathrm{d}p \,, \tag{3.94}$$

siehe dazu Abschnitt 3.1. Durch Einsetzen in Gleichung (3.93) folgt die Beziehung

$$\mathrm{d}h = T\,\mathrm{d}s + v\,\mathrm{d}p \tag{3.95}$$

und die für die *isotherme Verdichtung* des Gases im reversiblen Grenzprozess abzuführende spezifische Wärme (vgl. Gleichung (3.47))

$$q_{\mathrm{verd,rev}} = \frac{\dot{Q}_{\mathrm{verd,rev}}}{\dot{m}} = T(s_2 - s_1) \tag{3.96}$$

sowie die für die *isotherme Verdichtung* im reversiblen Grenzprozess mindestens aufzuwendende spezifische Verdichterarbeit

$$w_{\mathrm{t,verd,rev}} = \frac{P_{\mathrm{t,verd,rev}}}{\dot{m}} = h_2 - h_1 - T(s_2 - s_1) = h_2 - h_1 - q_{\mathrm{verd,rev}} \,. \tag{3.97}$$

Die reversibel isotherme Verdichtung ist der thermodynamisch günstigste Prozess für die Verdichtung von Gasen, siehe Abschnitt 3.2.5.

Für die *adiabate Verdichtung* gilt wegen $q_{\mathrm{verd,rev}} = 0$

$$w_{\mathrm{t,verd,rev}} = \frac{P_{\mathrm{t,verd,rev}}}{\dot{m}} = h_2 - h_1 \tag{3.98}$$

und entsprechend für die *adiabate Entspannung*

$$w_{\mathrm{t,exp,rev}} = \frac{P_{\mathrm{t,exp,rev}}}{\dot{m}} = h_1 - h_2 \,. \tag{3.99}$$

Siehe dazu die schematische Darstellung der Verdichtung im Kompressor K und der Entspannung in der Expansionsmaschine E in Abb. 3.13.

Allgemeine Berechnung von Exergieverlusten

Wir betrachten einen einfachen stationären offenen Prozess, bei dem ein Wärmestrom und eine technische Leistung zwischen dem Eintrittsquerschnitt 1 und dem Austrittsquerschnitt 2 zugeführt werden. Es gilt die Energiebilanz in der Leistungsform nach Gleichung (3.27) (mit $i = 1$ und $j = 2$). Daraus resultiert der Exergieverluststrom

$$\dot{E}_{\mathrm{V}}^{\mathrm{E}} = \dot{H}_1^{\mathrm{E}} - \dot{H}_2^{\mathrm{E}} + P_{\mathrm{t,12}} + \dot{Q}_{12}^{\mathrm{E}} \tag{3.100}$$

mit den Exergieanteilen der ein- und austretenden Enthalpieströme $\dot{H}_1^{\mathrm{E}}$ bzw. $\dot{H}_2^{\mathrm{E}}$ nach Gleichung (3.84), dem Exergieanteil des Wärmestroms $\dot{Q}^{\mathrm{E}}$ nach Gleichung (3.83) und der technischen Leistung $P_{\mathrm{t,12}}$, die aus reiner Exergie besteht, siehe dazu die

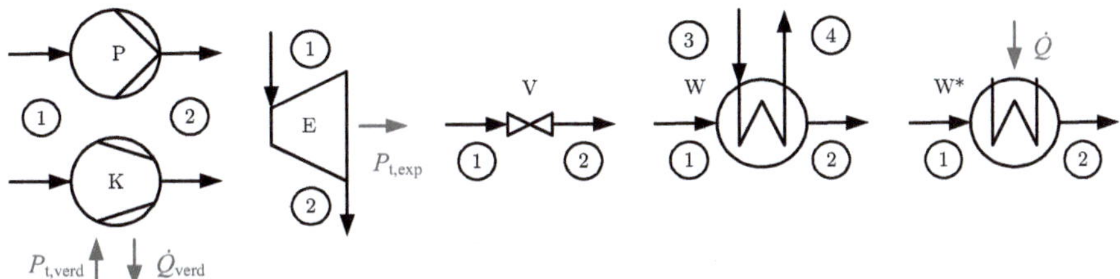

Abbildung 3.13: Typische Komponenten energietechnischer Anlagen (vgl. [105]). Von links nach rechts: P Pumpe, K Kompressor, E Expansionsmaschine, V Ventil oder Drossel, W Wärmeübertrager, W* vereinfachter Wärmeübertrager (grafische Darstellung nach DIN EN ISO 10628 [42, 43])

Herleitungen in [9, 59, 113]. Für den spezifischen Exergieverlust folgt entsprechend

$$e_V^E = h_1^E - h_2^E + w_{t,12} + q_{12}^E \tag{3.101}$$

mit $e_V^E = \dot{E}_V^E / \dot{m}$. Auf Basis dieser beiden Gleichungen können nachfolgend die Exergieverluste typischer Komponenten energietechnischer Anlagen berechnet werden.

Für einen instationären Prozess, z. B. bei der Einspeicherung von Wasserstoff in einen Druckbehälter wie in Abschnitt 7.3, ist dagegen der Exergieverlust relevant:

$$E_V^E = \int_{t_1}^{t_2} \dot{E}_V^E(t)\, \mathrm{d}t = \int_{t_1}^{t_2} \left(\dot{H}_1^E - \dot{H}_2^E + P_{t,12} + \dot{Q}_{12}^E \right) \mathrm{d}t \;. \tag{3.102}$$

Exergieverluste der Komponenten energietechnischer Anlagen

Die Exergieverlustströme $\dot{E}_V^E$ und die spezifischen Exergieverluste e_V^E der in Abb. 3.13 schematisch dargestellten typischen Anlagenkomponenten werden unter Verwendung von Gleichung (3.100) und unter der Annahme stationärer Prozesse, Vernachlässigung der Änderungen der kinetischen und potenziellen Energien sowie der Annahme reibungsfreier Strömungen in den Wärmeübertragern ermittelt (siehe [9, 84, 105, 113]). Die nachfolgenden Gleichungen stellen keine „Exergiebilanzen" dar, weil die Exergie keine Erhaltungsgröße ist:

- Verdichtung in einer Pumpe oder einem Kompressor (stationär mit $\dot{m}_1 = \dot{m}_2 = \dot{m} = \mathrm{konst}$):

$$\dot{E}_{V,\mathrm{verd}}^E = \dot{m} \left[h_1^E - h_2^E + w_{t,\mathrm{verd}} - q_{12}^E \right] \quad \text{oder} \tag{3.103}$$

$$e_{V,\mathrm{verd}}^E = h_1^E - h_2^E + w_{t,\mathrm{verd}} - q_{12}^E \;. \tag{3.104}$$

  - Für die *irreversibel adiabate Verdichtung* folgt mit $w_{t,\mathrm{verd}} = h_2 - h_1$ nach

Gleichung (3.75) und $q_{12} = 0$

$$\dot{E}^{\mathrm{E}}_{\mathrm{V,verd}} = \dot{m}\left[h_1 - h_2 + T_{\mathrm{U}}(s_2 - s_1) + w_{\mathrm{t,verd}}\right]$$

$$= \dot{m}\,T_{\mathrm{U}}(s_2 - s_1) \quad \text{oder} \tag{3.105}$$

$$e^{\mathrm{E}}_{\mathrm{V,verd}} = T_{\mathrm{U}}(s_2 - s_1) \tag{3.106}$$

und für die *reversibel adiabate oder isentrope Verdichtung*

$$\dot{E}^{\mathrm{E}}_{\mathrm{V,verd}} = 0 \quad \text{oder} \quad e^{\mathrm{E}}_{\mathrm{V,verd}} = 0 \ . \tag{3.107}$$

– Für die *irreversible isotherme Verdichtung* folgt mit Gleichung (3.97)

$$\dot{E}^{\mathrm{E}}_{\mathrm{V,verd}} = \dot{m}(w_{\mathrm{t,verd}} - w_{\mathrm{t,verd,rev}}) \quad \text{oder} \tag{3.108}$$

$$e^{\mathrm{E}}_{\mathrm{V,verd}} = w_{\mathrm{t,verd}} - w_{\mathrm{t,verd,rev}} \tag{3.109}$$

und für die *reversibel isotherme Verdichtung*

$$\dot{E}^{\mathrm{E}}_{\mathrm{V,verd}} = 0 \quad \text{oder} \quad e^{\mathrm{E}}_{\mathrm{V,verd}} = 0 \ . \tag{3.110}$$

• Entspannung in einer Expansionsmaschine (stationär mit $\dot{m}_1 = \dot{m}_2 = \dot{m} = \mathrm{konst}$ und adiabat):

$$\dot{E}^{\mathrm{E}}_{\mathrm{V,exp}} = \dot{m}\left[h^{\mathrm{E}}_1 - h^{\mathrm{E}}_2 - w_{\mathrm{t,exp}}\right] \quad \text{oder} \tag{3.111}$$

$$e^{\mathrm{E}}_{\mathrm{V,exp}} = h^{\mathrm{E}}_1 - h^{\mathrm{E}}_2 - w_{\mathrm{t,exp}} \ . \tag{3.112}$$

– Für die *irreversibel adiabate Entspannung* folgt mit $w_{\mathrm{t,exp}} = h_1 - h_2$ nach Gleichung (3.75)

$$\dot{E}^{\mathrm{E}}_{\mathrm{V,exp}} = \dot{m}\,T_{\mathrm{U}}(s_2 - s_1) \quad \text{oder} \tag{3.113}$$

$$e^{\mathrm{E}}_{\mathrm{V,exp}} = T_{\mathrm{U}}(s_2 - s_1) \tag{3.114}$$

und für die *reversibel adiabate oder isentrope Entspannung* mit $w_{\mathrm{t,exp},s} = h_1 - h_{2,s}$

$$\dot{E}^{\mathrm{E}}_{\mathrm{V,exp}} = 0 \quad \text{oder} \quad e^{\mathrm{E}}_{\mathrm{V,exp}} = 0 \ . \tag{3.115}$$

• Drosselung in einem Ventil oder einer Drossel (stationär mit $\dot{m}_1 = \dot{m}_2 = \dot{m} = \mathrm{konst}$, adiabat und isenthalp):

$$\dot{E}^{\mathrm{E}}_{\mathrm{V,dross}} = \dot{m}(h^{\mathrm{E}}_1 - h^{\mathrm{E}}_2) = \dot{m}T_{\mathrm{U}}(s_2 - s_1) \quad \text{oder} \tag{3.116}$$

$$e^{\mathrm{E}}_{\mathrm{V,dross}} = h^{\mathrm{E}}_1 - h^{\mathrm{E}}_2 = T_{\mathrm{U}}(s_2 - s_1) \ . \tag{3.117}$$

• Wärmeübertragung in einem Wärmeübertrager (stationär mit $\dot{m}_1 = \dot{m}_2 = \mathrm{konst}$ und $\dot{m}_3 = \dot{m}_4 = \mathrm{konst}$, isobar und nach außen adiabat mit $\dot{m}_1(h_1 - h_2) =$

$\dot{m}_3(h_4 - h_3)$):

$$\begin{aligned}
\dot{E}^{\mathrm{E}}_{\mathrm{V,wue}} &= \dot{m}_1(h^{\mathrm{E}}_1 - h^{\mathrm{E}}_2) + \dot{m}_3(h^{\mathrm{E}}_3 - h^{\mathrm{E}}_4) \\
&= \dot{m}_1\left[h_1 - h_2 - T_{\mathrm{U}}(s_1 - s_2)\right] + \dot{m}_3\left[h_3 - h_4 - T_{\mathrm{U}}(s_3 - s_4)\right] \\
&= T_{\mathrm{U}}\left[\dot{m}_1(s_2 - s_1) + \dot{m}_3(s_4 - s_3)\right] \quad \text{oder}
\end{aligned} \tag{3.118}$$

$$e^{\mathrm{E}}_{\mathrm{V,wue}} = T_{\mathrm{U}}\left[(s_2 - s_1) + \frac{\dot{m}_3}{\dot{m}_1}(s_4 - s_3)\right] . \tag{3.119}$$

- Wärmezu- oder -abfuhr in einem vereinfacht betrachteten Wärmeübertrager:

  - Konstante und ortsunabhängige Temperaturen auf *beiden* Seiten des Wärmeübertragers. Bekannt sind der im Heizfall zuzuführende Wärmestrom $\dot{Q}$ sowie das als ortsunabhängig und konstant angenommene Temperaturniveau $T_{12} =$ konst auf der „Prozessseite" und das ebenfalls als ortsunabhängig und konstant angenommene Temperaturniveau $T_{\mathrm{G}} =$ konst des Heizmediums auf der „Gegenseite" (stationär, isobar und nach außen hin adiabat mit $|\dot{Q}| = |\dot{Q}_{12}| = |\dot{Q}_{\mathrm{G}}|$ und dem Exergieanteil des Wärmestroms gemäß Gleichung (3.83)):

$$\begin{aligned}
\dot{E}^{\mathrm{E}}_{\mathrm{V,wue}} &= \dot{Q}^{\mathrm{E}}_{\mathrm{G}} - \dot{Q}^{\mathrm{E}}_{12} = \dot{Q}\left[1 - \frac{T_{\mathrm{U}}}{T_{\mathrm{G}}} - \left(1 - \frac{T_{\mathrm{U}}}{T_{12}}\right)\right] \\
&= \dot{Q}\, T_{\mathrm{U}}\left[\frac{T_{\mathrm{G}} - T_{12}}{T_{\mathrm{G}}\, T_{12}}\right] \quad \text{oder}
\end{aligned} \tag{3.120}$$

$$e^{\mathrm{E}}_{\mathrm{V,wue}} = \frac{\dot{Q}\, T_{\mathrm{U}}}{\dot{m}}\left[\frac{T_{\mathrm{G}} - T_{12}}{T_{\mathrm{G}}\, T_{12}}\right] . \tag{3.121}$$

Diese Gleichungen folgen auch unmittelbar aus Gleichung (3.44). Für die im Kühlfall erforderliche Wärmeabfuhr sind die Gleichungen analog aufzustellen. Gemäß der Betrachtungen zur irreversiblen Wärmeübertragung in Abschnitt 3.2.1 – siehe dazu insbesondere Abb. 3.5 und Gleichung (3.44) – folgt der Exergieverlust aus der Differenz der Exergieanteile des vom System aufgenommenen und des dafür auf der „Gegenseite" abgegebenen Wärmestroms (bei Kühlung umgekehrt).

  - Ortsabhängige, also nicht konstante Temperatur auf einer oder auf beiden Seiten des Wärmeübertragers: Hier kann ggf. die thermodynamische Mitteltemperatur T_{m} nach Gleichung (3.91) auf einer oder auf beiden Seiten des Wärmeübertragers in die Gleichungen (3.120) und (3.121) eingesetzt werden.

  - In verschiedenen Prozessen wird entweder ein Wärmestrom auf dem Temperaturniveau der Umgebung aufgenommen oder abgegeben und besteht somit nur aus Anergie; sein Exergieanteil ist null. Beispiele dafür sind der von einer Wärmepumpe aus der Umgebungsluft aufgenommene Wärmestrom in Abschnitt 10.2, der von einer Kältemaschine an die Umgebungsluft abgegebene Wärmestrom in Abschnitt 11.2 sowie die abgegebenen oder aufgenommenen Wärmeströme bei der Ein- oder Ausspeicherung von Wasserstoff in den Abschnitten 7.2 bis 7.4. Für einen auf dem Temperaturniveau T_U der Umgebung aufgenommenen Wärmestrom folgt (mit $q_{12}^E = 0$)

$$\dot{E}_{V,\text{wue}}^E = \dot{m}(h_1^E - h_2^E) = \dot{m}\left[h_1 - h_2 + T_U(s_2 - s_1)\right] \quad \text{oder} \quad (3.122)$$

$$e_{V,\text{wue}}^E = h_1 - h_2 + T_U(s_2 - s_1) \ . \tag{3.123}$$

Liegen detaillierte Informationen vor, kann ggf. mit den Gleichungen (3.118) und (3.119) oder den Gleichungen (3.120) und (3.121) gerechnet werden.

3.3 Warum Kühlen aufwändiger ist als Heizen

Beim Heizen wird einem System ein Wärmestrom zugeführt, um die Systemtemperatur zu erhöhen (transienter Prozess) oder auf einem bestimmten Wert oberhalb der Umgebungstemperatur $T_H > T_U$ zu halten und damit einen nicht erwünschten Wärmestrom aus dem System zu kompensieren (stationärer Prozess). Beim Kühlen wird von einem System ein Wärmestrom abgeführt, um die Systemtemperatur zu erniedrigen (transienter Prozess) oder auf einem bestimmten Wert unterhalb der Umgebungstemperatur $T_K < T_U$ zu halten und damit einen nicht erwünschten Wärmestrom in das System zu kompensieren (stationärer Prozess).[9, 73, 76]

Gemäß Gleichung (3.46) besteht ein Wärmestrom aus einem Exergiestrom- und einem Anergiestromanteil

$$\dot{Q} = \dot{Q}^E + \dot{Q}^A \ . \tag{3.124}$$

Nach [73, 76] folgt mit dem CARNOT-Faktor η_C in Gleichung (3.83) für den Exergiestromanteil

$$\dot{Q}^E = \eta_C \, \dot{Q} \quad \text{oder} \quad \frac{\dot{Q}^E}{\dot{Q}} = \eta_C \tag{3.125}$$

und für den Anergiestromanteil

$$\dot{Q}^A = (1 - \eta_C) \, \dot{Q} \quad \text{oder} \quad \frac{\dot{Q}^A}{\dot{Q}} = 1 - \eta_C \ . \tag{3.126}$$

Für den Heizfall gilt nach [76]

$$\frac{\dot{Q}_H^E}{\dot{Q}_H^A} > 0 \quad \text{oder} \quad \frac{\dot{Q}_H^A}{\dot{Q}_H} < 1 \quad \text{mit} \quad 0 < \eta_C < 1 \tag{3.127}$$

und für den Kühlfall

$$\frac{\dot{Q}_K^E}{\dot{Q}_K^A} < 0 \quad \text{oder} \quad \frac{\dot{Q}_K^A}{\dot{Q}_K} > 1 \quad \text{mit} \quad \eta_C < 0 \ , \tag{3.128}$$

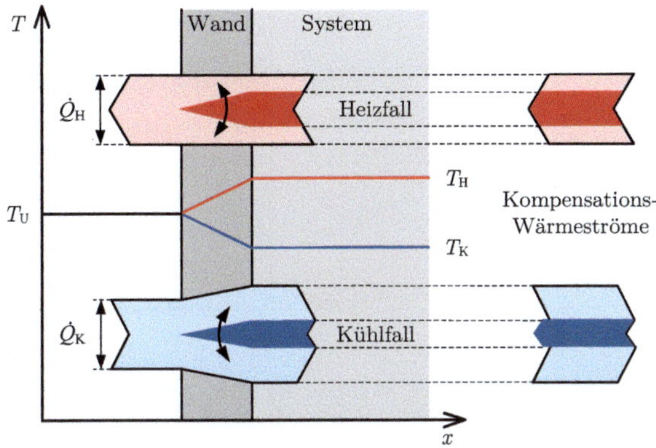

Abbildung 3.14: Wärme- und Exergieströme beim Heizen und Kühlen mit
den Exergieströmen (dunkel) und den Anergieströmen (hell) (nach [9, 73,
76])

siehe dazu den Verlauf des CARNOT-Faktors in Abb. 3.12.

Basierend auf den Erläuterungen in Abschnitt 3.2.1 und dem Ersatzmodell in
Abb. 3.5 für die Verlagerung der Entropieproduktion in die Wand (aufgrund der in der
Wand in Richtung abnehmender Temperatur fließenden Wärmeströme) zeigt Abb. 3.14
die erforderlichen Wärmeströme für den Heizfall und für den Kühlfall, vgl. [9, 73, 76]:

- Im Heizfall muss der Wärmeverluststrom aus dem System durch den Kompensati-
ons-Wärmestrom $\dot{Q}_\mathrm{H}$ ausgeglichen werden. $\dot{Q}_\mathrm{H}$ besteht aus dem Exergiestrom $\dot{Q}_\mathrm{H}^\mathrm{E}$
und dem Anergiestrom $\dot{Q}_\mathrm{H}^\mathrm{A}$. Im Heizfall sind die Wärme-, Exergie- und Anergie-
ströme gleich gerichtet. Beim Wärmetransport durch die Wand kommt es zu einer
Entropieproduktion und damit zu einem Exergieverlust infolge Umwandlung
von Exergie in Anergie, siehe Abschnitt 3.2.2.

- Im Kühlfall muss der Wärmeverluststrom in das System durch den Kompensations-Wärmestrom $\dot{Q}_\mathrm{K}$ ausgeglichen werden. $\dot{Q}_\mathrm{K}$ besteht aus einem Exergiestrom
$\dot{Q}_\mathrm{K}^\mathrm{E}$ und dem Anergiestrom $\dot{Q}_\mathrm{K}^\mathrm{A}$. Im Kühlfall sind die Wärme- und Anergieströme
gleich gerichtet, der Exergiestrom aber entgegen dieser beiden Ströme gerichtet.

Im Heizfall muss zur Kompensation der Verluste ein gleich großer Wärmestrom
$\dot{Q}_\mathrm{Komp} = \dot{Q}_\mathrm{H}$ oder $\dot{Q}_\mathrm{Komp}/\dot{Q}_\mathrm{H} = 1$ in das System geführt werden, um eine gewünschte Temperatur T_H zu halten, siehe den entsprechenden Verlauf dieses Verhältnisses
in Abhängigkeit vom dimensionslosen Temperaturverhältnis T/T_U in Abb. 3.15. Im
Kühlfall dagegen muss zusätzlich der nach außen gerichtete Exergiestrom, der in der
Wand in Anergie umgewandelt wird, ausgeglichen werden, weshalb der Kompensations-
Wärmestrom bei der Kühlung aus dem Wärmestrom $\dot{Q}_\mathrm{K}$ zuzüglich dem abzuführenden Anergiestrom besteht, $\dot{Q}_\mathrm{Komp}/\dot{Q}_\mathrm{K} > 1$. Abbildung 3.15 enthält zusätzlich die
qualitativen Verläufe der beiden Verhältnisse $\dot{Q}^\mathrm{E}/\dot{Q}$ und $\dot{Q}^\mathrm{A}/\dot{Q}$. Die Kompensations-
Wärmeströme müssen durch zusätzliche Prozesse – z. B. durch eine Kältemaschine

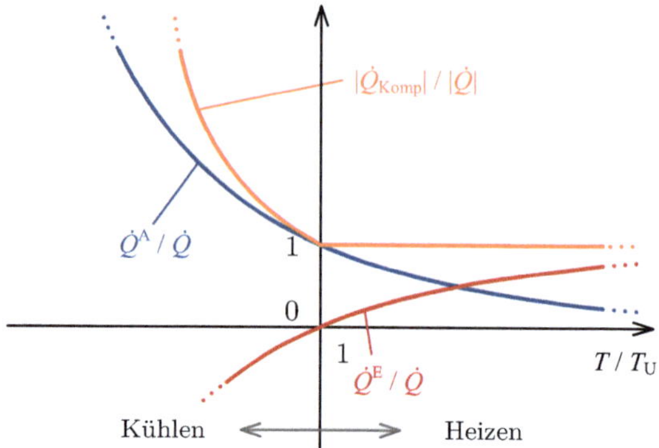

Abbildung 3.15: Qualitative Verläufe der Exergiestrom- und Anergiestrom-Anteile eines Wärmestroms; $\dot{Q}_{\mathrm{Komp}}$ Kompensations-Wärmestrom mit $|\dot{Q}| = |\dot{Q}_{\mathrm{H}}| = |\dot{Q}_{\mathrm{K}}|$ (nach [76])

– bereitgestellt werden, bei denen wiederum zusätzliche Exergieverluste auftreten können, siehe dazu den nachfolgenden Abschnitt 3.4.[9, 73, 76]

3.4 Thermodynamische Kreisprozesse

Ein thermodynamischer Kreisprozess ist eine Abfolge von Zustandsänderungen (Teilprozessen) eines Fluids oder Arbeitsmediums. In der Regel durchläuft das Arbeitsmedium die in Abb. 3.16 dargestellten Teilprozesse und befindet sich danach wieder im Ausgangszustand. In diesen Teilprozessen erfolgt die Übertragung von Arbeit und Wärme von der Umgebung an das Fluid oder vom Fluid an die Umgebung. In Zustandsdiagrammen ergeben sich dadurch geschlossene Kurven.

- Rechtsläufiger Kreisprozess: Die Teilprozesse werden im Uhrzeigersinn durchlaufen. Als Aufwand wird dem Prozess Wärme zugeführt und der Nutzen besteht aus der entnommenen Arbeit. Beispiele: Dampfkraftprozess oder ORC-Prozess (siehe Kapitel 9), geschlossener Gasturbinenprozess, Stirlingprozess. Die spezifische Nutzarbeit für den Prozess folgt aus der Differenz der spezifischen Arbeiten für die Entspannung zwischen den Zuständen 3 und 4 und die Verdichtung zwischen den Zuständen 1 und 2

$$|w_{\mathrm{t}}| = |w_{\mathrm{t},34}| - |w_{\mathrm{t},12}| \; . \tag{3.129}$$

Die Wärmezufuhr erfolgt zwischen den Zuständen 2 und 3 und die Wärmeabfuhr zwischen den Zuständen 4 und 1 mit den spezifischen Wärmen q_{23} bzw. q_{41}, siehe Abb. 3.16.

- Linksläufiger Kreisprozess: Die Teilprozesse werden entgegen dem Uhrzeigersinn durchlaufen. Als Aufwand wird dem Prozess Arbeit zugeführt und der Nutzen besteht aus der abgegebenen oder aus der aufgenommenen Wärme. Beispiele:

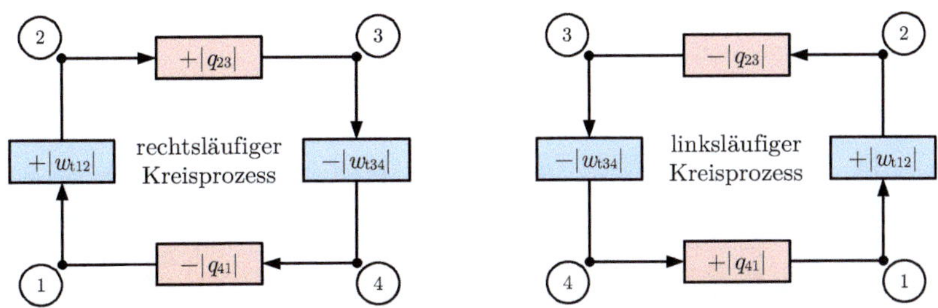

Abbildung 3.16: Schematische Darstellung rechts- und linksläufiger Kreisprozesse mit Arbeits- und Wärmeteilprozessen (nach [73, 76])

Kompressionswärmepumpe (siehe Kapitel 10) bzw. Kompressionskältemaschine (siehe Kapitel 11). Der spezifische Arbeitsaufwand für den Prozess folgt aus der Differenz der spezifischen Arbeiten für die Verdichtung zwischen den Zuständen 1 und 2 und die Entspannung zwischen den Zuständen 3 und 4

$$|w_{\mathrm{t}}| = |w_{\mathrm{t},12}| - |w_{\mathrm{t},34}| \ . \tag{3.130}$$

Die Wärmezufuhr erfolgt zwischen den Zuständen 4 und 1 und die Wärmeabfuhr zwischen den Zuständen 2 und 3 mit den spezifischen Wärmen q_{41} bzw. q_{23}, siehe Abb. 3.16.

Wie schon in Abschnitt 3.2.3 beschrieben, wird bei rechtsläufigen Kreisprozessen ein Wärmestrom infolge eines äußeren oder eines inneren Wärmeübergangs zugeführt (Wärmekraftmaschine WKM bzw. Verbrennungskraftmaschine VKM). Die Zufuhr des Wärmestroms oder der spezifischen Wärme erfolgt auf dem Temperaturniveau $T_{\mathrm{zu}} \gg T_{\mathrm{U}}$. Gleichzeitig wird ein Wärmestrom oder eine spezifische Wärme auf dem Temperaturniveau $T_{\mathrm{ab}} \approx T_{\mathrm{U}}$ sowie eine spezifische technische Arbeit oder technische Leistung abgeführt, siehe Abb. 3.17. Die abgeführte Leistung besteht nach Tabelle 3.2 aus reiner Exergie und kann nicht größer sein als der Exergieanteil des Wärmestroms, der auf dem Temperaturniveau T_{zu} zugeführt wird und dessen Exergieanteil nach Tabelle 3.2 von diesem Temperaturniveau direkt abhängt.[9, 76]

Wie ebenfalls bereits in Abschnitt 3.2.3 beschrieben, gilt der thermische Wirkungsgrad oder CARNOT-Faktor $\eta_{\mathrm{C}} = \eta_{\mathrm{therm,rev}}$ der reversiblen Wärmekraftmaschine nach Gleichung (3.53) mit den beiden konstanten Temperaturniveaus T_{zu} und T_{ab} als obere Grenze für den Prozess. Der thermische Wirkungsgrad ist umso größer, je kleiner das Verhältnis $T_{\mathrm{ab}}/T_{\mathrm{zu}}$ dieser beiden konstanten Temperaturniveaus ist. T_{ab} ist nach unten durch die Umgebungstemperatur T_{U} begrenzt, T_{zu} nach oben durch die Eigenschaften der Werkstoffe. Leider ist der CARNOT-Prozess technisch nicht realisierbar, u. a. wegen der erforderlichen Wärmeübertragung bei konstanter Temperatur.

Bei linksläufigen Kreisprozessen wird ein Wärmestrom oder eine spezifische Wärme auf einem unteren Temperaturniveau aufgenommen und ein Wärmestrom oder eine spezifische Wärme auf einem höheren Temperaturniveau abgegeben. Im Fall einer Kompressions-Kältemaschine besteht der Nutzen in dem auf dem unteren Temperaturniveau $T_{\mathrm{K}} < T_{\mathrm{U}}$ aufgenommenen Wärmestrom und im Fall der Kompressions-Wärmepumpe

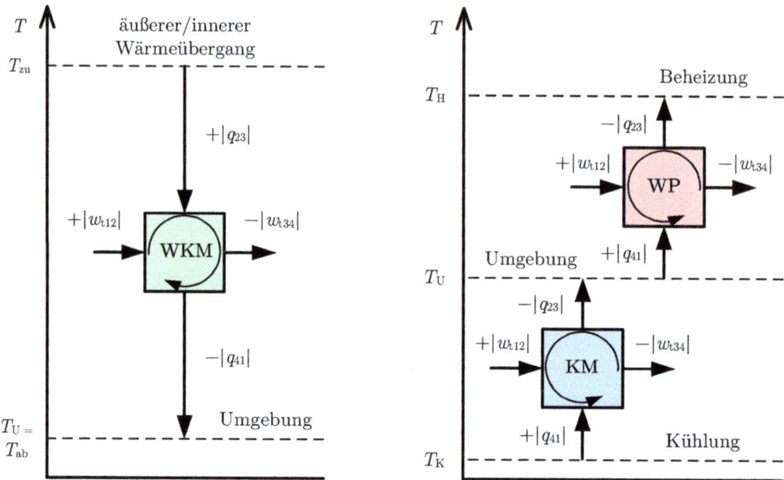

Abbildung 3.17: Vergleich von Arbeits- und Wärmeprozessen nach ihren
Temperaturniveaus (nach [9, 76, 106])

in dem auf dem oberen Temperaturniveau $T_\mathrm{H} > T_\mathrm{U}$ abgegebenen Wärmestrom, siehe
Abb. 3.17. Kältemaschinen arbeiten zwischen den beiden Temperaturniveaus T_K und
T_U und Wärmepumpen zwischen den beiden Temperaturniveaus T_U und T_H. Mehr zu
diesen Prozessen in den Kapiteln 10 und 11.

Energiebilanz für Kreisprozesse

Nach HERWIG, KAUTZ und MOSCHALLSKI [76] kann beim kontinuierlichen Dauerbetrieb zwischen zeitlich periodisch laufenden und räumlich periodisch laufenden
Kreisprozessen unterschieden werden. Zum ersten Fall gehören die Hubkolbenmoto-
ren, zum zweiten Fall der geschlossene Dampfkraftprozess oder Wärmepumpen und
Kältemaschinen.

Für die Teilprozesse eines räumlich periodischen Kreisprozesses gilt die Energiebilanz

$$w_{\mathrm{t},ij} + q_{ij} = h_j - h_i + \frac{(w_j^2 - w_i^2)}{2} + g(z_j - z_i) \,. \tag{3.131}$$

Aufsummiert über die Teilprozesse verbleibt

$$\sum w_{\mathrm{t},ij} + \sum q_{ij} = 0 \,. \tag{3.132}$$

Diese Gleichung enthält nur noch Prozessgrößen.[9, 76]

Entropiebilanz für Kreisprozesse

Ebenfalls für einen räumlich periodischen Kreisprozess gilt für die Teilprozesse die
Entropiebilanz

$$s_{Q_{\mathrm{rev}},ij} + s_{\mathrm{irr},ij} = s_j - s_i \,. \tag{3.133}$$

Aufsummiert über die Teilprozesse verbleibt

$$\sum s_{Q_{\mathrm{rev}},ij} + \sum s_{\mathrm{irr},ij} = 0 \ . \tag{3.134}$$

Daraus folgt mit Gleichung (3.37)

$$\sum \frac{q_{ij}}{T} + \sum s_{\mathrm{irr},ij} = 0 \ . \tag{3.135}$$

Gleichung (3.135) sagt aus, dass ein in das System eintretender Wärmestrom ($q_{ij} \geq 0$) wegen $\sum s_{\mathrm{irr},ij} \geq 0$ zu einem an anderer Stelle aus dem System austretenden Wärmestrom ($q_{ij} \leq 0$) führt, da Arbeitsströme oder Leistungen nicht entropiebehaftet sind.[9, 76]

Zustände im Nassdampfgebiet und Dampfgehalt
Zustände im Nassdampfgebiet – also im Zweiphasengebiet zwischen der Siede- und der Taulinie unterhalb des kritischen Punkts z. B. in den Diagrammen in den Abb. 2.3, 10.5 und 11.3 – werden über den Dampfgehalt

$$x = \frac{m''}{m} = \frac{m''}{m' + m''} \quad \mathrm{mit} \quad 0 \leq x \leq 1 \tag{3.136}$$

beschrieben [9, 76]. Ein hochgestellter Strich kennzeichnet die siedende Flüssigkeit, zwei hochgestellten Striche den gesättigten Dampf. Im Nassdampfgebiet gelten für die spezifische Enthalpie und die spezifische Entropie reiner Komponenten [9, 76]

$$h = h' + x(h'' - h') \quad \mathrm{bzw.} \quad s = s' + x(s'' - s') \ . \tag{3.137}$$

3.5 Stöchiometrie chemischer Reaktionen

Aus thermodynamischer Sicht sind die Energieumwandlungen und die Entropieänderungen beim Ablauf chemischer Reaktionen – also bei Stoffumwandlungen – relevant. Chemische Reaktionen sind in drei technischen Bereichen besonders wichtig:

- Bei der Energieumwandlung z. B. in Kraftwerken, in Motoren oder in Brennstoffzellen,

- bei der Erzeugung von Impulsen, z. B. in Triebwerken oder in Raketen und

- bei der Stoffumwandlung z. B. bei der Herstellung von Kunststoffen und Pharmazeutika, bei der Herstellung von Eisen, bei der Beseitigung von Schadstoffen oder bei der Herstellung von klimaneutralen synthetischen Treibstoffen.

Durch Anwendung der Thermodynamik ist es z. B. möglich, die im Gleichgewicht einer chemischen Reaktion erzielbaren Zusammensetzungen in Abhängigkeit von den vorgegebenen Zustandsgrößen und die dabei umgewandelte Energie zu ermitteln. So können die minimalen oder maximalen Werte der Zusammensetzungen unter gegebenen Bedingungen für den Grenzfall $t \to \infty$ berechnet werden. Aussagen zum zeitlichen Ablauf liefert die *Chemische Reaktionstechnik* ([10, 50, 68]), die hier nicht behandelt wird.

Wir betrachten die *Bruttoreaktionsgleichung* für die vollständige Oxidation von Wasserstoff mit Sauerstoff zu Wasser

$$H_2 + 0{,}5\,O_2 = H_2O \ . \tag{3.138}$$

Läuft die Reaktion von links nach rechts ab, was in der Chemie durch einen Pfeil gekennzeichnet wird, handelt es sich um eine Oxidation, die in einem Verbrennungsprozess oder in einer Brennstoffzelle erfolgen kann

$$H_2 + 0{,}5\,O_2 \longrightarrow H_2O \ . \tag{3.139}$$

Dagegen läuft z. B. bei der Elektrolyse, also bei der Zersetzung des Wassers, die Reaktion in die andere Richtung ab

$$H_2O \longrightarrow H_2 + 0{,}5\,O_2 \ . \tag{3.140}$$

Die chemischen Symbole in Reaktionsgleichungen stellen gleichzeitig die Stoffmengeneinheiten der Komponenten (oder der Stoffe oder auch der Spezies) i mit der Stoffmenge $1\,\text{mol} = 6{,}022\,140\,76 \cdot 10^{23}$ Teilchen dar [136]. Die Stoffmenge n hat die Dimension $[n] = \text{mol}$ oder zweckmäßiger $[n] = \text{kmol}$. Die Teilchenzahl pro mol ist auch unter dem Namen AVOGADRO-Konstante[6] $N_A = 6{,}022\,140\,76 \cdot 10^{23}\,\text{mol}^{-1}$ bekannt [136]. Hinweis: Bei chemischen Reaktionen bleiben die Atome und damit die Stoffmengen *der Elemente* erhalten!

Für die sog. *stöchiometrischen Koeffizienten* ν_i in Gleichung (3.138) – die reine Verhältniszahlen darstellen – gelten

$$\nu_{H_2} = -1, \ \nu_{O_2} = -0{,}5, \ \nu_{H_2O} = +1 \quad \text{mit} \quad \Delta\nu_i = \sum_{i=1}^{k} \nu_i = -0{,}5 \quad \text{und} \quad i = 1, \dots, k \tag{3.141}$$

entsprechend der umgestellten Bruttoreaktionsgleichung (3.138)

$$H_2O - H_2 - 0{,}5\,O_2 = 0 \ . \tag{3.142}$$

Die *Edukte* H_2 und O_2 erhalten negative Vorzeichen, das *Produkt* H_2O ein positives Vorzeichen. $\Delta\nu_i < 0$ bedeutet eine Kontraktion, $\Delta\nu_i > 0$ eine Dilatation und $\Delta\nu_i = 0$ gilt für eine äquimolare Reaktion. k steht für die Anzahl der an der Reaktion beteiligten Komponenten oder Spezies, hier $k = 3$.

Da die Bruttoreaktionsgleichung (3.138) eine quantitative Aussage über die stofflichen Umsätze der Komponenten macht, gibt es eine Stoffmenge, die allen anderen äquivalent ist. Die *äquivalente Stoffmengenänderung*

$$d\xi = \frac{dn_i}{\nu_i} \tag{3.143}$$

---

[6]Streng genommen hat die AVOGADRO-Konstante die Dimension $[N_A] = \text{Teilchen}\,\text{mol}^{-1}$. Teilchen sind Moleküle oder Atome.

wird auch als *Umsatzvariable* oder auch als *Reaktionslaufzahl* ξ bezeichnet. Die Integration dieser Gleichung liefert

$$\int_0^\xi d\xi' = \frac{1}{\nu_i} \int_{n_{i,\alpha}}^{n_{i,\omega}} dn_i' \quad \text{sowie} \tag{3.144}$$

$$\xi = \frac{n_{i,\omega} - n_{i,\alpha}}{\nu_i} \quad \text{oder} \tag{3.145}$$

$$n_{i,\omega} = n_{i,\alpha} + \nu_i \xi . \tag{3.146}$$

$n_{i,\alpha}$ steht für die Stoffmenge der Komponente i im Anfangszustand und $n_{i,\omega}$ für die Stoffmenge in Endzustand. Für den *Umsatz* der Komponente i folgt

$$\Delta n_i = n_{i,\alpha} - n_{i,\omega} = -\nu_i \xi . \tag{3.147}$$

Bei kontinuierlichen Prozessen gilt im stationären Zustand mit dem äquivalenten Stoffmengenstrom $\dot{\xi}$ entsprechend der Gleichungen (3.145) und (3.146) [9, 68]

$$\dot{\xi} = \frac{\dot{n}_{i,\omega} - \dot{n}_{i,\alpha}}{\nu_i} \tag{3.148}$$

bzw.

$$\dot{n}_{i,\omega} = \dot{n}_{i,\alpha} + \nu_i \dot{\xi} . \tag{3.149}$$

Weiterhin lässt sich ein sog. *Umsatzgrad* für chemische Reaktionen

$$U = \frac{n_{i,\alpha} - n_{i,\omega}}{n_{i,\alpha}} = 1 - \frac{n_i}{n_{i,\alpha}} = -\nu_i \frac{\xi}{n_{i,\alpha}} \tag{3.150}$$

definieren. Für eine Bruttoreaktionsgleichung gilt allgemein

$$\sum_{i=1}^k \nu_i A_i = 0 \tag{3.151}$$

mit den k an der Reaktion beteiligten Komponenten A_i.

Bruttoreaktionsgleichungen beschreiben die Mengenverhältnisse beim chemischen Umsatz und liefern keine Aussagen über die bei chemischen Reaktionen stattfindenden komplexen Mechanismen, die Gegenstand der *Chemischen Reaktionskinetik* sind.[7]

---

[7]Die Chemische Reaktionskinetik behandelt die Kinetik der chemischen Reaktionen, die Chemische Reaktionstechnik die Gesamtkinetik inklusive der auftretenden Wärme- und Stofftransportvorgänge [10, 50, 68].

3.6 Energieumwandlungen chemischer Reaktionen

Beispiel 3.3

Für die in Gleichung (3.138) aufgeführte Reaktion der vollständigen Oxidation von Wasserstoff (Knallgas-Reaktion) sind die molare Standardreaktionsenthalpie $\Delta_r \bar{H}(T_\circ, p_\circ)$ für $T_\circ = 298{,}15\,\text{K}$ und die Reaktionsenthalpie $\Delta_r \bar{H}(T, p_\circ)$ für eine Temperatur von $1000\,°\text{C}$ bei einem konstanten (Standard-)Druck von $p_\circ = 1\,\text{bar}$ gesucht. Die molaren Wärmekapazitäten und die molaren Standardbildungsenthalpien sind der Tabelle in Abb. 3.18 zu entnehmen. (Ergebnisse im Excel-Berechnungsblatt in Abb. 3.19.)

Beispiel 3.4

In einer adiabaten, stationär betriebenen Brennkammer wird Methan mit trockener Luft entsprechend der Reaktionsgleichung

$$CH_4 + 2\,O_2 = CO_2 + 2\,H_2O \qquad\qquad (3.152)$$

vollständig und vollkommen oxidiert. Der Stickstoff (N_2) soll sich dabei chemisch inert verhalten. Die Edukte werden dem Prozess mit einer konstanten Temperatur von $T_\circ = 298{,}15\,\text{K}$ und einem konstanten (Standard-)Druck von $p_\circ = 1\,\text{bar}$ zugeführt. Die Luft liegt im Überschuss vor, sodass die Menge des Sauerstoffs im sog. Feed $\lambda = 3{,}0$-mal so groß ist wie der stöchiometrische Bedarf. Für die als trocken angenommene Luft ist vereinfachend ein Volumen- oder Stoffmengenanteil an Sauerstoff von $x_{O_2} = 21\,\%$ und an Stickstoff von $x_{N_2} = 79\,\%$ gegeben. Welche Reaktionstemperatur stellt sich in der Brennkammer ein? (Ergebnisse im Excel-Berechnungsblatt in Abb. 3.20.)

Die stoffliche Umwandlung bei chemischen Reaktionen wird von den energetischen Umwandlungen begleitet. Beispielsweise weist die in Gleichung (3.138) beschriebene Reaktion eine relativ hohe energetische Umwandlung auf.

Wir betrachten die totalen Differenziale der Inneren Energie

$$U = U(T, V, n_i, ...) \quad \text{bei} \quad dT = 0, dV = 0 \qquad\qquad (3.153)$$

und der Enthalpie

$$H = H(T, p, n_i, ...) \quad \text{bei} \quad dT = 0, dp = 0 \; . \qquad\qquad (3.154)$$

Daraus folgen

$$\mathrm{d}U = \sum_{i=1}^{k} \left(\frac{\partial U}{\partial n_i} \right)_{T,V,n_{j\neq i}} \cdot \mathrm{d}n_i = \sum_{i=1}^{k} \bar{U}_i \, \mathrm{d}n_i = \sum_{i=1}^{k} \nu_i \bar{U}_i \, \mathrm{d}\xi \quad \text{bzw.} \tag{3.155}$$

$$\mathrm{d}H = \sum_{i=1}^{k} \left(\frac{\partial H}{\partial n_i} \right)_{T,p,n_{j\neq i}} \cdot \mathrm{d}n_i = \sum_{i=1}^{k} \bar{H}_i \, \mathrm{d}n_i = \sum_{i=1}^{k} \nu_i \bar{H}_i \, \mathrm{d}\xi \ . \tag{3.156}$$

$\bar{U}_i$ und $\bar{H}_i$ sind sog. *partielle molare Größen* (in der Dimension kJ kmol^{-1}), die angeben, wie viel ein mol oder ein kmol der Komponente i in einem Gemisch zu der betreffenden thermodynamischen Eigenschaft des Gemisches beiträgt.[91, 128]

Mit Gleichung (3.143) ergeben die jeweils auf die äquivalente Stoffmenge bezogene Reaktionsenergie und Reaktionsenthalpie (vgl. [91, 128])

$$\left(\frac{\partial U}{\partial \xi} \right)_{T,V} = \sum_{i=1}^{k} \nu_i \bar{U}_i = \Delta_\mathrm{r} \bar{U} \quad \text{bzw.} \tag{3.157}$$

$$\left(\frac{\partial H}{\partial \xi} \right)_{T,p} = \sum_{i=1}^{k} \nu_i \bar{H}_i = \Delta_\mathrm{r} \bar{H} \ . \tag{3.158}$$

Unter Anwendung des ersten Hauptsatzes der Thermodynamik folgen mit der Annahme, dass am Reaktionssystem keine Arbeit geleistet wird und bei Vernachlässigung der Änderungen der kinetischen und potenziellen Energien des Systems

$$\mathrm{d}U = \delta Q_{T,V} = \left(\frac{\partial U}{\partial \xi} \right)_{T,V} \cdot \mathrm{d}\xi \quad \text{und} \tag{3.159}$$

$$\mathrm{d}H = \delta Q_{T,p} = \left(\frac{\partial H}{\partial \xi} \right)_{T,p} \cdot \mathrm{d}\xi \ . \tag{3.160}$$

Die Schreibweise δQ wird verwendet, weil die wegabhängige Wärme Q kein totales Differenzial hat.

Für den Fall einer endlichen Umwandlung bei konstantem T und V oder konstantem T und p liefert die Integration über ξ die infolge der chemischen Reaktion und unter den vorgenannten Randbedingungen zu- oder abzuführenden Wärmen

$$Q_{T,V} = \int_{\xi_1}^{\xi_2} \Delta_\mathrm{r} \bar{U} \, \mathrm{d}\xi \quad \text{bzw.} \tag{3.161}$$

$$Q_{T,p} = \int_{\xi_1}^{\xi_2} \Delta_\mathrm{r} \bar{H} \, \mathrm{d}\xi \ . \tag{3.162}$$

Für den Äquivalenzumsatz der Stoffmenge $\Delta \xi = 1\,\mathrm{mol}$ ergeben sich damit die zu- oder abzuführende Wärmen aus der *molaren Reaktionsenergie* $\Delta_\mathrm{r} \bar{U}$ (bei konstantem T und V) oder aus der *molare Reaktionsenthalpie* $\Delta_\mathrm{r} \bar{H}$ (bei konstantem T und p).

Sind $\Delta_r\bar{U}$ und $\Delta_r\bar{H}$ positiv – bei einer sog. *endothermen Reaktion* – muss Wärme zugeführt werden. Sind dagegen $\Delta_r\bar{U}$ und $\Delta_r\bar{H}$ negativ – bei einer sog. *exothermen Reaktion* – muss Wärme abgeführt werden. Die Reaktionsenergie lässt sich direkt in einer *kalorimetrischen Bombe* messen, die Reaktionsenthalpie in einem *Kalorimeter*.

Für kondensierte Phasen (Flüssigkeiten oder Feststoffe) ist die Differenz zwischen der molaren Reaktionsenergie und der molaren Reaktionsenthalpie

$$\Delta_r\bar{U} \approx \Delta_r\bar{H} \tag{3.163}$$

vernachlässigbar klein. Für Reaktionen idealer Gase gilt [91, 128]

$$\Delta_r\bar{H} - \Delta_r\bar{U} = p\Delta_r\bar{V} = \Delta\nu_i RT. \tag{3.164}$$

So beträgt für die Reaktionsgleichung (3.138) die molare Standardreaktionsenthalpie $\Delta_r\bar{H}(T_\circ, p_\circ) = -241{,}8\,\text{kJ}\,\text{mol}^{-1}$ (exotherme Reaktion, siehe dazu die Berechnung in Abb. 3.19 im Standardzustand[8] bei $T_\circ = 298{,}15\,\text{K}$ und $p_\circ = 1\,\text{bar}$). Daraus folgt nach Gleichung (3.164) eine Differenz von $\Delta\nu_i RT_\circ = -0{,}5RT_\circ = 1{,}24\,\text{kJ}\,\text{mol}^{-1}$.

Die molare Reaktionsenthalpie für die Bildung einer Verbindung aus den Elementen in ihrer stabilsten Form – z.B. C (Graphit), H_2, N_2, O_2 oder S (rhombische Kristallstruktur) – wird als *molare Bildungsenthalpie* bezeichnet. Üblicherweise wird in der Literatur die molare Bildungsenthalpie bei einem Standardzustand von $T_\circ = 298{,}15\,\text{K}$ und $p_\circ = 1\,\text{bar}$ angegeben und deshalb als *molare Standardbildungsenthalpie* $\Delta_f\bar{H}_i(T_\circ, p_\circ)$ bezeichnet (mit dem tiefgestellten Index f für formation), wobei die Standardbildungsenthalpien der Elemente in ihrer stabilen Form zu null gesetzt werden, siehe [9, 91, 128]. Daraus folgt, dass die molare Standardbildungsenthalpie der Komponente i identisch ist mit der molaren Enthalpie bei Standardbedingungen

$$\Delta_f\bar{H}_i(T_\circ, p_\circ) = \bar{H}_i(T_\circ, p_\circ). \tag{3.165}$$

In der Tabelle in Abb. 3.18 sind molare Standardgrößen ausgewählter Komponenten nach [11, 20, 21, 147] aufgeführt. Zu den weiteren in der Tabelle aufgeführten Standardgrößen siehe Abschnitt 3.7.

Kirchhoffsche Gleichungen

$\Delta_r\bar{H}$ und $\Delta_r\bar{U}$ sind wegunabhängige Zustandsgrößen. Treten nur Reaktionen zwischen reinen Phasen oder idealen Mischungen auf, sind die partiellen molaren Enthalpien und ebenso die partiellen molaren Inneren Energien unabhängig von der Zusammensetzung. Für die Temperaturabhängigkeit der molaren Reaktionsenthalpie folgt nach [91, 128] bei konstantem Druck p

$$\left(\frac{d(\Delta_r\bar{H})}{dT}\right)_p = \sum_{i=1}^{k} \nu_i \bar{C}_{p,i}(T) = \Delta_r\bar{C}_p(T) \tag{3.166}$$

---

[8]Standardzustände können grundsätzlich beliebig definiert werden und sind nicht zu verwechseln mit dem Normzustand nach DIN 1343 [31] mit der Normtemperatur $T_n = 273{,}15\,\text{K}$ und dem Normdruck $p_n = 101\,325\,\text{Pa} = 1{,}013\,25\,\text{bar}$.

Formel	Bezeichnung	Zustand bei $T_\circ, p_\circ$	M_i kg kmol⁻¹	$\bar{C}_{p,i}(T_\circ,p_\circ)$ kJ kmol⁻¹ K⁻¹	$\bar{H}_i = \Delta_f\bar{H}_i(T_\circ,p_\circ)$ kJ mol⁻¹	$\bar{S}_i(T_\circ,p_\circ)$ kJ kmol⁻¹ K⁻¹	$\bar{G}_i(T_\circ,p_\circ)$ kJ mol⁻¹	$\Delta_f\bar{G}_i(T_\circ,p_\circ)$ kJ mol⁻¹
C	Graphit	s	12,0110	8,5120	0	5,740	-1,712	0
CO	Kohlenmonoxid	g	28,0104	29,140	-110,541	197,661	-169,474	-137,180
CO$_2$	Kohlendioxid	g	44,0098	37,132	-393,505	213,770	-457,240	-394,364
CH$_4$	Methan	g	16,0428	35,645	-74,873	186,214	-130,393	-50,757
C$_2$H$_6$	Ethan	g	30,0696	52,541	-84,684	229,602	-153,140	-32,830
C$_3$H$_8$	Propan	g	44,0965	73,789	-103,847	270,019	-184,353	-23,370
C$_4$H$_{10}$	n-Butan	g	58,1234	98,273	-126,148	310,227	-218,642	-16,985
C$_5$H$_{12}$	n-Pentan	g	72,1503	120,064	-146,440	349,055	-250,511	-8,180
C$_6$H$_{14}$	n-Hexan	g	86,1772	143,002	-167,193	388,510	-283,027	-0,023
CH$_3$OH (l)	Methanol	l	32,0422	81,588	-238,572	126,775	-276,370	-166,152
CH$_3$OH (g)	Methanol	g	32,0422	43,812	-201,167	239,811	-272,667	-162,448
H	Wasserstoff	g	1,00794	20,786	217,999	114,716	183,796	203,278
H$_2$	Wasserstoff	g	2,0159	28,836	0	130,680	-38,962	0
H$_2$O (l)	Wasser	l	18,0153	75,288	-285,830	69,950	-306,686	-237,141
H$_2$O (g)	Wasser	g	18,0153	33,590	-241,826	188,959	-298,164	-288,620
H$_2$S	Schwefelwasserstoff	g	34,0819	34,187	-20,502	205,753	-81,847	-33,328
O	Sauerstoff	g	15,99940	21,911	249,173	161,058	201,154	231,736
O$_2$	Sauerstoff	g	31,9988	29,376	0	205,147	-61,165	0
N	Stickstoff	g	14,00674	20,786	472,683	153,300	426,977	455,541
N$_2$	Stickstoff	g	28,0135	29,123	0	191,609	-57,128	0
NH$_3$	Ammoniak	g	17,0306	35,650	-45,940	192,778	-103,417	-16,409
S	Schwefel, rhombisch	s	32,06600	22,761	0	32,056	-9,557	0
SO$_2$	Schwefeldioxid	g	64,0648	39,900	-296,813	248,221	-370,820	-300,098
SO$_3$	Schwefeltrioxid	g	80,0642	50,701	-395,765	256,773	-472,322	-371,017

Abbildung 3.18: Molare Standardgrößen ausgewählter Komponenten bei $T_\circ = 298{,}15\,\mathrm{K}$ und $p_\circ = 1\,\mathrm{bar}$ [11, 20, 21, 147]

und analog für die Temperaturabhängigkeit der molaren Reaktionsenergie bei konstantem Volumen V

$$\left(\frac{\mathrm{d}(\Delta_\mathrm{r}\bar{U})}{\mathrm{d}T}\right)_V = \sum_{i=1}^{k} \nu_i \bar{C}_{V,i}(T) = \Delta_\mathrm{r}\bar{C}_V(T) \ . \tag{3.167}$$

Daraus wird durch Integration von der Standardtemperatur $T_\circ$ bis zur Temperatur T die Berechnungsgleichung für die molare Reaktionsenthalpie

$$\Delta_\mathrm{r}\bar{H}(T,p) = \underbrace{\Delta_\mathrm{r}\bar{H}(T_\circ,p)}_{\text{chem. Anteil}} + \underbrace{\sum_{i=1}^{k} \nu_i \int_{T_\circ}^{T} \bar{C}_{p,i}(T)\,\mathrm{d}T}_{\text{therm. Anteil}} \tag{3.168}$$

erhalten, vgl. [128]. Analog ergibt sich für die molare Reaktionsenergie

$$\Delta_\mathrm{r}\bar{U}(T,p) = \underbrace{\Delta_\mathrm{r}\bar{U}(T_\circ,p)}_{\text{chem. Anteil}} + \underbrace{\sum_{i=1}^{k} \nu_i \int_{T_\circ}^{T} \bar{C}_{V,i}(T)\,\mathrm{d}T}_{\text{therm. Anteil}} \ . \tag{3.169}$$

Die molare Reaktionsenthalpie und die molare Reaktionsenergie lassen sich somit in einen chemischen und einen thermischen Anteil aufteilen.

Die Berechnung des chemischen Anteils der molaren Reaktionsenthalpie bei Standardbedingungen $T_\circ$ und $p_\circ$ oder auch der *molaren Standardreaktionsenthalpie* erfolgt unter Verwendung der molaren Standardbildungsenthalpien $\Delta_\mathrm{f}\bar{H}_i(T_\circ, p_\circ)$ mit

$$\Delta_\mathrm{r}\bar{H}(T_\circ, p_\circ) = \sum_{i=1}^{k} \nu_i \bar{H}_i(T_\circ, p_\circ) = \sum_{i=1}^{k} \nu_i \Delta_\mathrm{f}\bar{H}_i(T_\circ, p_\circ) \ , \tag{3.170}$$

da die molaren Enthalpien der reinen Komponenten identisch sind mit den molaren Standardbildungsenthalpien $\bar{H}_i(T_\circ, p_\circ) = \Delta_\mathrm{f}\bar{H}_i(T_\circ, p_\circ)$. Die Temperaturabhängigkeit des thermischen Anteils folgt aus der Temperaturabhängigkeit der molaren Wärmekapazitäten $\bar{C}_{p,i}(T)$ und $\bar{C}_{V,i}(T)$ (beim Druck $p_\circ$), siehe dazu den folgenden Abschnitt. Die erforderlichen Daten können z. B. der Tabelle in Abb. 3.18 entnommen werden.

Für Gemische idealer Gase sind die molare Reaktionsenthalpie und die molare Reaktionsenergie unabhängig vom Druck

$$\Delta_\mathrm{r}\bar{H}(T) = \Delta_\mathrm{r}\bar{H}^\circ(T) \quad \text{bzw.} \tag{3.171}$$

$$\Delta_\mathrm{r}\bar{U}(T) = \Delta_\mathrm{r}\bar{U}^\circ(T) \ , \tag{3.172}$$

was sich durch das hochgestellte Symbol $^\circ$ – auch für die Wärmekapazitäten und die weiteren Größen – kennzeichnen lässt. Da die Berechnungen in diesem und in den nachfolgenden Kapiteln überwiegend unter der Annahme idealen Gasverhaltens durchgeführt werden, wird auf die Verwendung dieses zusätzlichen Index verzichtet.

Ulichsche Näherungen, Temperaturabhängigkeit der Wärmekapazitäten

Für die praktische Berechnung des thermischen Anteils der molaren Reaktionsenthalpien in Gleichung (3.168) werden die ULICHschen Näherungen (bei einem konstanten Druck $p_\circ$) angewendet, siehe dazu die Fälle I bis III in Abschnitt 2.4:

- Die Annahme $\Delta_\mathrm{r}\bar{C}_p = 0$ – in der Literatur bekannt als sog. erste ULICHsche Näherung – tritt auf, wenn die Edukte und die Produkte die gleichen molare Wärmekapazitäten haben. Für diesen Fall ist die molare Reaktionsenthalpie unabhängig von der Temperatur:

$$\Delta_\mathrm{r}\bar{H}(T, p) = \sum_{i=1}^{k} \nu_i \Delta_\mathrm{f}\bar{H}_i(T_\circ, p) = \text{konst} \ . \tag{3.173}$$

Für praktische Anwendungen liefert diese Näherung oft ausreichende Ergebnisse.

- Die Annahme $\Delta_\mathrm{r}\bar{C}_p = \text{konst}$ ist in der Literatur als sog. zweite ULICHsche Näherung bekannt:

$$\begin{aligned}
\Delta_\mathrm{r}\bar{H}(T, p) &= \Delta_\mathrm{r}\bar{H}(T_\circ, p) + \Delta_\mathrm{r}\bar{C}_p(T - T_\circ) \\
&= \sum_{i=1}^{k} \nu_i \Delta_\mathrm{f}\bar{H}_i(T_\circ) + \sum_{i=1}^{k} \nu_i \bar{C}_{p,i}(T - T_\circ) \ .
\end{aligned} \tag{3.174}$$

Diese Näherung kann relativ gut unter Verwendung von Mittelwerten der Wärmekapazitäten für den relevanten Temperaturbereich angewendet werden, wenn das Temperaturintervall nicht zu groß ist. Oft liegen die Werte der Wärmekapazitäten wie in der Tabelle in Abb. 3.18 bei der Standardtemperatur $T_\circ$ vor.

- Für den Fall der dritten ULICHschen „Näherung" liegen die molaren Wärmekapazitäten z. B. als analytisch integrierbare Funktionen $\bar{C}_{p,i}(T)$ für die Komponenten vor. Die Berechnung erfolgt mit Gleichung (3.168). Alternativ ist auch eine numerische Integration möglich, wenn keine analytische Lösung möglich ist. Auch kann man mit der dritten Näherung einen größeren Temperaturbereich in Intervalle aufteilen, wenn für diese Mittelwerte der Wärmekapazitäten vorliegen.

Diese drei Fälle gelten analog für die Berechnung der molaren Reaktionsenergie $\Delta_\mathrm{r}\bar{U}(T,p)$.

Bearbeitung der in Beispiel 3.3 gegebenen Aufgabenstellung
Für die Bearbeitung der Aufgabenstellung gemäß Beispiel 3.3 wird ein Excel-Berechnungsblatt wie in Abb. 3.19 erstellt.

1. Die mit der Aufgabenstellung vorgegebenen Temperaturen werden in das Berechnungsblatt übernommen. Ebenso die erforderlichen Stoffdaten aus der Tabelle in Abb. 3.18. Besser noch wird die Tabelle entsprechend Abb. 3.18 mit den Stoffdaten in einem separaten Berechnungsblatt erstellt und die für die Aufgabenstellung erforderlichen Daten mittels der SVERWEIS-Funktion übertragen. Zum Beispiel erfolgt die Übernahme des Wertes für die molare Wärmekapazität von O_2 aus Abb. 3.18 mit dem Befehl

   ```
   =SVERWEIS("O2";Datenmatrix;5;FALSCH)
   ```

2. Für die Berechnung der molaren Reaktionsenthalpie $\Delta_\mathrm{r}\bar{H}(T_\circ)$ nach der ersten ULICHschen Näherung in Gleichung (3.173) werden den Zellbereichen mit den Werten der ν_i und den Werten der $\Delta_\mathrm{f}\bar{H}_i(T_\circ)$ Namen gegeben und die Berechnung mit der Eingabe

   ```
   =SUMMENPRODUKT(array_nu_i;array_H_i)/-nu_H2
   ```

   durchgeführt, wobei durch die formale Korrektur mit dem stöchiometrischen Koeffizienten von Wasserstoff nu_H2 der Bezug auf den Äquivalenzumsatz der Stoffmenge $\Delta\xi = 1\,\mathrm{mol}$ erfolgt.

3. Die entsprechende Berechnung nach der zweiten ULICHschen Näherung erfolgt mit Gleichung (3.174) unter Verwendung der Daten der molaren Wärmekapazitäten bei der Standardtemperatur $T_\circ$, wobei der thermische Anteil der Reaktionsenthalpie $\Delta_\mathrm{r}\bar{C}_p(T)\Delta T$ zusätzlich in der Tabelle ausgewiesen ist. Die Berechnungen erfolgen mit der Eingabe

   ```
   =0,001*SUMMENPRODUKT(array_nu_i;array_C_p_i)*(T-T_0)
   ```

   sowie durch Addition des thermischen und des chemischen Anteils.

4. Die Berechnung nach der dritten ULICHschen Näherung mit Gleichung (3.168) verwendet die Korrelationsgleichung (2.55) für die Temperaturabhängigkeit der spezifischen Wärmekapazität idealer Gase aus dem *VDI-Wärmeatlas*. Der Term

<table>
<tr><td>Bruttoreaktionsgleichung</td><td></td><td colspan="2">$H_2 + 0{,}5\ O_2 = H_2O$</td><td></td></tr>
<tr><td>Temperatur, vorgegeben</td><td>ϑ</td><td>°C</td><td>1000</td></tr>
<tr><td></td><td>T</td><td>K</td><td>1273,15</td></tr>
<tr><td>Standardtemperatur</td><td>T_0</td><td>K</td><td>298,15</td></tr>
<tr><td>Standarddruck</td><td>p_0</td><td>bar</td><td>1,0</td></tr>
</table>

Molare Reaktionsenthalpie bei vorgegebener Temperatur mit erster ULICHscher Näherung

molare Standardreaktionsenthalpie, chemischer Anteil	$\Delta_r\bar{H}(T_0,p_0) = \Sigma\ \nu_i\ \Delta_f\bar{H}_i\ (T_0,p_0)$	kJ mol^{-1}	**-241,8**

Molare Reaktionsenthalpie bei vorgegebener Temperatur mit zweiter ULICHscher Näherung

thermischer Anteil der molaren Reaktionsenthalpie	$\Delta_r\bar{C}_p\ \Delta T = \Sigma\ \nu_i\ \bar{C}_{p,i}\ (T_0)\ (T\text{-}T_0)$	kJ mol^{-1}	-9,69
mol. Reaktionsenthalpie bei vorgegebeber Temperatur	$\Delta_r\bar{H}(T,p_0) = \Delta_r\bar{H}(T_0,p_0) + \Delta_r\bar{C}_p\ \Delta T$	kJ mol^{-1}	**-251,5**

Molare Reaktionsenthalpie bei vorgegebener Temperatur mit dritter ULICHscher Näherung

unter Verwendung der Korrelationsgl. für $C_p(T)$ mit den Koeff. A bis H aus VDI-Wärmeatlas (20XX) 13. Aufl. Abschnitt D3.1.

therm. Anteil Komponente H_2				$\nu_i\ \int \bar{C}_{p,i}(T)\ \mathrm{d}T$		kJ mol^{-1}	**-29,06**
168,5484	2,4900	6,2127	1,0000	2,5173	-10,2965	-0,6457	16,4589
therm. Anteil Komponente O_2				$\nu_i\ \int \bar{C}_{p,i}(T)\ \mathrm{d}T$		kJ mol^{-1}	**-16,11**
1207,995	3,5000	6,0000	1,0000	-1,9597	-12,1286	19,9888	-0,5265
therm. Anteil Komponente H_2O				$\nu_i\ \int \bar{C}_{p,i}(T)\ \mathrm{d}T$		kJ mol^{-1}	37,74
631,9420	4,0000	8,6000	0,7251	4,1035	-9,9247	11,7692	-7,6655
therm. Anteil der molaren Reaktionsenthalpie				$\Sigma\ \nu_i\ \int \bar{C}_{p,i}(T)\ \mathrm{d}T$		kJ mol^{-1}	**-7,44**
mol. Reaktionsenthalpie bei vorgeg. Temperatur				$\Delta_r\bar{H}(T) = \Delta_r\bar{H}(T_0) + \Sigma\ \nu_i\ \int \bar{C}_{p,i}(T)\ \mathrm{d}T$		kJ mol^{-1}	**-249,3**

Stoffdaten (aus Barin, I. (1993): Thermochemical Data of Pure Substances. 2. Aufl. Weinheim: VCH)

Komponente i	molare Masse	molare isobare Wärmekapazität	molare Standard- bildungsenthalpie	stöchiometr. Koeffizient
	M_i	$C_{p,i}(T_0,p_0)$	$\bar{H}_i = \Delta_f\bar{H}_i\ (T_0,p_0)$	ν_i
	kg kmol^{-1}	kJ kmol^{-1} K^{-1}	kJ mol^{-1}	1
H_2	2,0159	28,836	0	-1
O_2	31,9988	29,376	0	-0,5
H_2O (g)	18,0153	33,590	-241,826	1

Abbildung 3.19: Excel-Berechnungsblatt für die gesuchten Reaktionsenthalpien bei der vollständigen Oxidation von Wasserstoff (Stoffdaten aus [11, 129])

mit dem thermischen Anteil in Gleichung (3.168) wird mit der in Listing 2.3 enthaltenen UDF `c_p_G_VDI_13_arr_Integral` berechnet. Diese Funktion liefert das Integral für das gegebene Temperaturintervall von $T_\circ$ bis T über die *spezifische* Wärmekapazität. Um also den gesamten Term mit dem thermischen Anteil für die Komponente i zu erhalten, muss der mit der UDF berechnete Wert noch mit dem stöchiometrischen Koeffizienten ν_i, mit der molaren Masse der Komponente M_i und mit der Temperaturdifferenz $T - T_0$ multipliziert werden. Der entsprechende Pseudocode lautet z. B. für die Komponente H_2:

```
=0,001*nu_H2*M_H2*c_p_G_VDI_13_arr_Integral(T_0;T;M_H2;
Array_Koeff_H2)*(T-T_0)
```

Die im Arbeitsblatt aufgeführten acht Koeffizienten für die Komponenten werden mit dem Array `Array_Koeff_H2` aufgerufen und anschließend die Anteile der Komponenten aufsummiert.

Bei Variation der vorgegebenen Temperatur ist zu erkennen, dass die erste und die zweite ULICHsche Näherung für niedrige Temperaturen erwartbar gute Ergebnisse liefern, die allerdings für höhere Temperaturen ungenauer werden.

Bearbeitung der in Beispiel 3.4 gegebenen Aufgabenstellung
Für die Bearbeitung der Aufgabenstellung gemäß Beispiel 3.4 wird ein Excel-Berechnungsblatt wie in Abb. 3.20 erstellt:

1. Die mit der Aufgabenstellung vorgegebenen Daten und die erforderlichen Stoffdaten aus der Tabelle in Abb. 3.18 werden in das Berechnungsblatt eingetragen. Dabei werden die Stoffdaten am besten – wie bereits im vorangegangenen Beispiel erläutert – mittels der SVERWEIS-Funktion übernommen.

2. In zwei separaten Spalten werden die Stoffmengen der Komponenten im Feed und im Produkt gemäß der Bruttoreaktionsgleichung (3.152) ermittelt. Ausgehend von der Stoffmenge des Methans im Feed $n_{\mathrm{F,CH_4}} = 1\,\mathrm{mol}$ folgt die Stoffmenge des Sauerstoffs im Feed über das Luftverhältnis λ mit

$$n_{\mathrm{F,O_2}} \quad \texttt{=-nu\_O2*lambda*n\_Feed\_CH4}$$

und die Stoffmenge des Stickstoffs (einschließlich Argon) mit dem Verhältnis der Stoffmengenanteile in der trockenen Luft $x_{\mathrm{N_2+Ar}}/x_{\mathrm{O_2}}$ (siehe Abschnitt 4.1) zu

$$n_{\mathrm{F,N_2}} \quad \texttt{=n\_Feed\_O2*x\_N2\_durch\_x\_O2}$$

3. Die Stoffmenge des Methans im Produkt $n_{\mathrm{P,CH_4}} = 0$ wird vorgegeben und daraus mit Gleichung (3.145) die äquivalente Stoffmenge ξ berechnet, mit der nach Gleichung (3.146) die Stoffmengen der weiteren Produkte folgen.

4. Gemäß Gleichung (3.165) entsprechen die molaren Enthalpien der Komponenten den Standardbildungsenthalpien. Somit lässt sich die Enthalpie des Feeds bei der Temperatur $T_\mathrm{F} = T_\circ$ direkt mit

$$H_\mathrm{F}(T_\circ) = \sum_{i=1} n_{\mathrm{F},i} \bar{H}_{\mathrm{F},i}(T_\circ) \tag{3.175}$$

berechnen. Dafür werden den Zellbereichen mit den Werten der $n_{\mathrm{F},i}$ und den Werten der $\bar{H}_{\mathrm{F},i}$ Namen gegeben und die Enthalpie des Feeds berechnet:

Bruttoreaktionsgleichung	$CH_4 + 2\,O_2 = CO_2 + 2\,H_2O$		
Luftverhältnis $\lambda \geq 1$	λ	1	**3,0**
Verhältnis der Stoffmengenanteile (trockene Luft)	x_{N2+Ar}/x_{O2}	1	3,7710
Temperatur Feed (Standardtemperatur)	$T_F = T_o$	K	298,15
	ϑ_F	°C	25,0
Standarddruck	p_o	bar	1,0
Enthalpie Feed	$H_F(T_o,p_o) = \Sigma\, n_{F,i}\, \bar{H}_{F,i}\,(T_o,p_o)$	kJ	**-74,9**
Temperatur Produkte (variable Zelle Solver)	T_P	K	**1209**
entspricht adiabater Reaktionstemperatur	ϑ_P	°C	936
Enthalpie Produkte, chemischer Anteil	$H_{P,chem} = \Sigma\, n_{P,i}\, \bar{H}_{P,i}\,(T_o,p_o)$	kJ	-877,2
thermischer Anteil	$H_{P,therm} = \Sigma\, n_{P,i}\, \bar{C}_{p,i}\,(T_P - T_o)$	kJ	802,3
Enthalpie Produkte	$H_P(T_P) = H_{P,chem} + H_{P,therm}$	kJ	**-74,9**
Zielzelle Solver	$H_F(T_o) - H_P(T_P) = 0$	kJ	1,38E-03
äquivalente Stoffmenge (Reaktionslaufzahl)	$\xi = \Delta n_{CH42}/v_{CH4}$	mol	1

Stoffdaten (aus Barin, I. (1993): Thermochemical Data of Pure Substances. 2. Aufl. Weinheim: VCH)

Komponente i	Stoffmenge Feed	Stoffmenge Produkt	molare isobare Wärmekapazität	molare Standard- bildungsenthalpie	stöchiometr. Koeffizient
	$n_{F,i}$	$n_{P,i}$	$C_{p,i}(T_o,p_o)$	$\bar{H}_i = \Delta_f \bar{H}_i\,(T_o,p_o)$	v_i
	mol	mol	kJ kmol^{-1} K^{-1}	kJ mol^{-1}	1
CH_4	1,0	0,0	35,645	-74,873	-1
O_2	6,0	4,0	29,376	0	-2
CO_2	0,0	1,0	37,132	-393,505	1
H_2O (g)	0,0	2,0	33,590	-241,826	2
N_2	22,63	22,63	29,123	0	0

Abbildung 3.20: Excel-Berechnungsblatt für die Ermittlung der adiabaten Reaktionstemperatur bei der Oxidation von Methan (Stoffdaten aus [11])

```
=SUMMENPRODUKT(array_n_F_i;array_H_i)
```

5. Die Ermittlung der Temperatur der Produkte T_P, die der adiabaten Reaktionstemperatur entspricht, erfolgt iterativ, da die Wärmekapazitäten der Produkte von dieser Temperatur abhängen. Dafür wird in der variablen Zelle für den Solver eine Starttemperatur für T_P vorgegeben. Der chemische Anteil der Enthalpie bei der Standardtemperatur folgt aus

$$H_{\mathrm{P,chem}} = \sum_{i=1} n_{\mathrm{P},i} \bar{H}_{\mathrm{P},i}(T_\circ, p_\circ) \tag{3.176}$$

mit der Eingabe

```
=SUMMENPRODUKT(array_n_p_i;array_H_i)
```

und der thermische Anteil mit der zweiten ULICHschen Näherung analog Gleichung (3.174) aus

$$H_{\mathrm{P,therm}} = \Delta_\mathrm{r} C_p (T_\mathrm{P} - T_\circ) = \sum_{i=1} n_{\mathrm{P},i} \bar{C}_{p,i} (T_\mathrm{P} - T_\circ) \tag{3.177}$$

mit der Eingabe

```
=0,001*SUMMENPRODUKT(array_n_p_i;array_C_p_i)
*(variable_Zelle-T_0)
```

Abschließend wird die Enthalpie der Produkte

$$H_\mathrm{P}(T_\mathrm{P}) = H_{\mathrm{P,chem}} + H_{\mathrm{P,therm}} \tag{3.178}$$

und in der Zielzelle für den Solver die Differenz

$$H_\mathrm{F}(T_\circ) - H_\mathrm{P}(T_\mathrm{P}) \; . \tag{3.179}$$

berechnet, die gleich null sein soll.

6. Der Aufruf des Solvers soll automatisiert in einem Makro in Visual Basic for Applications (VBA) bei einer Änderung der im Arbeitsblatt grau unterlegten Zelle für das Luftverhältnis λ erfolgen. Dafür wird die vorhandene Zellenformatvorlage „Eingabe" modifiziert: Klicken Sie in der Arbeitsblattansicht unter der Registerkarte `Start` unter `Formatvorlagen` auf `Zellenformatvorlagen` und mit einem Rechtsklick auf die vorhandene Zellenformatvorlage „Eingabe". Wählen Sie die Option `Ändern` und die Füllfarbe grau. Diese Formatvorlage wenden Sie auf die Zellbereiche mit den Eingabedaten an – hier die Zelle mit dem Luftverhältnis.

7. Das Makro für den Aufruf des Solvers wird in das aktuelle Objekt geschrieben und dafür im VBA-Editor unter den VBA-Projekten das aktuelle Arbeitsblatt gewählt. Damit bei einer Änderung der (im Arbeitsblatt grau unterlegten) Eingabedaten die Prozedur `Calc_Temperatur_Produkt` ausgeführt wird, verwenden wir das `Worksheet_Change`-Ereignis, siehe den Code in Listing 3.1.

8. Es bietet sich an, anhand der Simulation den Einfluss des Luftverhältnisses auf die adiabate Reaktionstemperatur zu untersuchen. Dabei darf das Luftverhältnis nur Werte $\lambda \geq 1$ annehmen (siehe dazu die nachfolgenden Anmerkungen), was

durch eine „Sicherheitsabfrage" bereits bei der Eingabe gewährleistet wird. Dazu wird die Zelle für die Eingabe von λ angeklickt und unter [Daten ⟩ Datentools ⟩ ⟩ Datenüberprüfung ⟩⟩ Datenüberprüfung] die Eingabe von Dezimalzahlen sowie von $\lambda \geq 1$ zugelassen.

Listing 3.1: VBA-Code für den automatisierten Aufruf des Solvers

```vba
Private Sub Worksheet_Change(ByVal Target As Range)
    'Zellenformatvorlage "Eingabe" auf alle "grauen" Zellen angewendet
    If Target.Style = "Eingabe" Then
        Calc_Temperatur_Produkt
    End If
End Sub


Private Sub Calc_Temperatur_Produkt()
    SolverOk SetCell:="Zielzelle", MaxMinVal:=3, ValueOf:=0, ByChange:="variable_Zelle", _
        Engine:=1, EngineDesc:="GRG Nonlinear"
    SolverSolve
End Sub
```

Anmerkungen zu den Berechnungen:

- Durch Sauerstoffmangel wird die Bildung von Nebenprodukten unvollständiger Verbrennung wie z. B. H_2 und CO begünstigt, weshalb die vorstehenden Berechnungen mit der gegebenen Bruttoreaktionsgleichung nur für Luftverhältnisse $\lambda \geq 1$ sinnvoll sind.

- Ebenso treten Nebenprodukte bei höheren Temperaturen auf, die zudem infolge Dissoziation in Atome zerfallen können. Dazu können weitergehende thermodynamische Analysen mit sog. Simultangleichgewichten durchgeführt werden.

- Bei der aktuellen Berechnung wurde der Stickstoff als Inertkomponente betrachtet. Bei höheren Temperaturen treten Reaktionen zwischen Stickstoff und Sauerstoff auf, die zu den bekannten Sekundäremissionen der Stickoxide führen, aber für die Energiebilanzierung nicht relevant sind, siehe Abschnitt 4.4.1.

Bei Produktionsprozessen können Abgasströme auftreten, die Verunreinigungen durch Kohlenwasserstoffverbindungen enthalten. Eine Möglichkeit der Behandlung ist die *thermische Nachverbrennung* bei hohen Temperaturen und einem dadurch hohen energetischen Aufwand. Alternativ dazu kann die Oxidation durch eine *katalytische Nachverbrennung* bei relativ geringen Temperaturen durchgeführt werden [54]. Vorteile dieses Verfahrens sind die Vermeidung von Sekundäremissionen sowie der deutlich geringere energetische Aufwand.

Bei der Durchführung von sog. Verbrennungsrechnungen werden im folgenden Kapitel 4 weitergehende Systematiken für die Behandlung gasförmiger und fester oder flüssiger Brennstoffe behandelt. So wird auch Wasserdampf in der feuchten Verbrennungsluft zugelassen und u. a. umfangreiche Berechnungen zur Zusammensetzung der Abgasströme durchgeführt.

3.7 Weitere Standardreaktionsgrößen

Beispiel 3.5

Für die in Gleichung (3.152) aufgeführte Reaktion der Oxidation von gasförmigem Methan, die in Gleichung (3.138) aufgeführte Reaktion der Oxidation von gasförmigem Wasserstoff, die Oxidation von gasförmigem Ammoniak

$$NH_3 + 0{,}75\,O_2 = 0{,}5\,N_2 + 1{,}5\,H_2O \tag{3.180}$$

und die Oxidation von flüssigem Methanol

$$CH_3OH + 1{,}5\,O_2 = CO_2 + 2\,H_2O \tag{3.181}$$

sind jeweils die molare Standardreaktionsenthalpie, die molare Standardreaktionsentropie und die molare Freie Standardreaktionsenthalpie zu berechnen. Das bei den Reaktionen entstehende Wasser soll im gasförmigen Zustand vorliegen. Die erforderlichen Größen sind der Tabelle in Abb. 3.18 zu entnehmen. (Ergebnisse im Excel-Berechnungsblatt in Abb. 3.21.)

Für die thermodynamische Behandlung chemischer Reaktionen in den nachfolgenden Abschnitten und in einigen der nachfolgenden Kapitel sind – neben der Enthalpie H und der Inneren Energie U – zwei zusätzliche Größen erforderlich: die bereits für Reinstoffsysteme eingeführte Entropie S und als neue Größe die Freie Enthalpie G, die – insbesondere in der englischsprachigen Fachliteratur – auch als Gibbs-Funktion bezeichnet wird. Analog zu der Berechnungsgleichung (3.170) für die molare Standardreaktionsenthalpie $\Delta_r \bar{H}(T_\circ, p_\circ)$ folgt nach [9, 91, 128] für die molare Standardreaktionsentropie

$$\Delta_r \bar{S}(T_\circ, p_\circ) = \sum_{i=1}^{k} \nu_i \bar{S}_i(T_\circ, p_\circ) \tag{3.182}$$

und für die molare Freie Standardreaktionsenthalpie

$$\Delta_r \bar{G}(T_\circ, p_\circ) = \sum_{i=1}^{k} \nu_i \bar{G}_i(T_\circ, p_\circ) = \sum_{i=1}^{k} \nu_i \Delta_f \bar{G}_i(T_\circ, p_\circ) \, . \tag{3.183}$$

Molare Entropien $\bar{S}_i(T_\circ, p_\circ)$, molare Freie Enthalpien $\bar{G}_i(T_\circ, p_\circ)$ und molare Freie Bildungsenthalpien $\Delta_f \bar{G}_i(T_\circ, p_\circ)$ ausgewählter Komponenten bei Standardbedingungen sind in der Tabelle in Abb. 3.18 aufgeführt. Wie in der Tabelle zu sehen, sind die molaren Standardentropien der Elemente und die molare Freien Standardenthalpien der Elemente ungleich null, nicht aber die molare Freien Standardbildungsenthalpien.

Für die molare Freie Enthalpie gilt die allgemeine Definition [9, 91, 128]

$$G = H - TS \quad \text{oder} \quad \bar{G} = \bar{H} - T\bar{S} \, . \tag{3.184}$$

Daraus folgt die sog. GIBBS–HELMHOLTZ-Gleichung

$$\Delta_r \bar{G}(T_\circ, p_\circ) = \Delta_r \bar{H}(T_\circ, p_\circ) - T_\circ \Delta_r \bar{S}(T_\circ, p_\circ) \ . \tag{3.185}$$

Die molare Freie Standardreaktionsenthalpie $\Delta_r \bar{G}(T_\circ, p_\circ)$ kann also auf drei Arten berechnet werden: Mit Gleichung (3.183) über die molaren Freien Enthalpien $\bar{G}_i(T_\circ, p_\circ)$, über die molaren Freien Bildungsenthalpien $\Delta_f \bar{G}_i(T_\circ, p_\circ)$ oder mit Gleichung (3.185).

Für die vorstehenden Gleichungen wird angenommen, dass die Edukte sowie die Produkte unvermischt jeweils in den Reaktionsraum eintreten und ihn verlassen. Das gilt auch für die Betrachtungen in Abschnitt 3.6. Mischungsgrößen werden also vernachlässigt.

NERNST postulierte 1906 den sog. NERNSTschen Wärmesatz, auch als dritter Hauptsatz der Thermodynamik bezeichnet, der aussagt, dass die Entropieänderung einer chemischen Reaktion gegen null geht, wenn sich die Temperatur dem Nullpunkt der thermodynamischen Temperatur nähert

$$\lim_{T \to 0} \Delta_r \bar{S}(T) = 0 \ . \tag{3.186}$$

Daraus folgt, dass der absolute Nullpunkt der thermodynamischen Temperatur in einer endlichen Zahl von Prozessschritten nicht erreichbar ist. Praktische Bedeutung hat insbesondere die einheitliche Festlegung des Nullpunkts der Entropie [9, 91, 128].[9]

Zur Gleichung (3.185) sei angemerkt, dass sich nach EMIG und KLEMM [50] vier grundsätzliche Fälle unterscheiden lassen:

1. $\Delta_r \bar{H} < 0$ und $\Delta_r \bar{S} > 0$: Gilt für Reaktionen, die spontan ablaufen, wie z. B. Verbrennungsreaktionen, die stark exotherm sind und bei denen die Entropie zunimmt.

2. $\Delta_r \bar{H} > 0$ und $\Delta_r \bar{S} > 0$: Endotherme Reaktionen sind nur möglich, wenn die Entropie zunimmt und die Temperatur hoch genug ist $\Delta_r \bar{G} = \Delta_r \bar{H} - T \Delta_r \bar{S} < 0$.

3. $\Delta_r \bar{H} < 0$ und $\Delta_r \bar{S} < 0$: Reaktionen mit einer Abnahme der Entropie müssen exotherm sein und laufen nur bei relativ niedriger Temperatur ab, wenn $\Delta_r \bar{G} = \Delta_r \bar{H} - T \Delta_r \bar{S} < 0$. In [50] wird dafür beispielhaft die Knallgasreaktion (3.138) genannt, die nur z. B. bei Umgebungsbedingungen, aber nicht bei sehr hohen Temperaturen abläuft.

4. $\Delta_r \bar{H} > 0$ und $\Delta_r \bar{S} > 0$: Diese Reaktionen sind thermodynamisch unmöglich.

Bearbeitung der in Beispiel 3.5 gegebenen Aufgabenstellung
Für die Bearbeitung der Aufgabenstellung gemäß Beispiel 3.5 wird ein Excel-Berechnungsblatt wie in Abb. 3.21 erstellt.

1. Die Standardbedingungen für die Temperatur $T_\circ$ und für den Druck $p_\circ$ werden in das Berechnungsblatt eingetragen, sind aber für die Berechnungen nicht erforderlich.

---

[9] Für seine Arbeiten auf dem Gebiet der Thermochemie erhielt NERNST 1920 den Nobelpreis für Chemie.

Bruttoreaktionsgleichung $CH_4 + 2\,O_2 = CO_2 + 2\,H_2O$

Standardtemperatur	T_o	K	293,15
Standarddruck	p_o	bar	1,0
molare Standardreaktionsenthalpie	$\Delta_r \bar{H}(T_o,p_o) = \Sigma\, v_i\, \Delta_f\bar{H}_i\,(T_o,p_o)$	kJ mol^{-1}	**-802,28**
molare Freie Standardreaktionsenthalpie	$\Delta_r \bar{G}(T_o,p_o) = \Sigma\, v_i\, \bar{G}_i\,(T_o,p_o)$	kJ mol^{-1}	**-800,85**
	$\Delta_r \bar{G}(T_o,p_o) = \Sigma\, v_i\, \Delta_f\bar{G}_i\,(T_o,p_o)$	kJ mol^{-1}	-800,85
	$\Delta_r \bar{G}(T_o,p_o) = \Delta_r\bar{H}(T_o,p_o) - T_o\,\Delta_r\bar{S}(T_o,p_o)$	kJ mol^{-1}	-800,87
molare Standardreaktionsentropie	$\Delta_r \bar{S}(T_o,p_o) = \Sigma\, v_i\, \bar{S}_i\,(T_o,p_o)$	kJ kmol^{-1} K^{-1}	**-4,82**

Komponente i	molare Standard-bildungsenthalpie $\bar{H}_i = \Delta_f\bar{H}_i\,(T_o,p_o)$ kJ mol^{-1}	molare Freie Enthalpie $\bar{G}_i\,(T_o,p_o)$ kJ mol^{-1}	molare Entropie $\bar{S}_i\,(T_o,p_o)$ kJ kmol^{-1} K^{-1}	molare Freie Standard-bildungsenthalpie $\bar{G}_i = \Delta_f\bar{G}_i\,(T_o,p_o)$ kJ mol^{-1}	stöchiometrischer Koeffizient v_i 1
CH_4	-74,873	-130,393	186,214	-50,757	-1,0
O_2	0	-61,165	205,147	0	-2,0
CO_2	-393,505	-457,24	213,77	-394,364	1,0
H_2O (g)	-241,826	-298,164	188,959	-288,62	2,0
				$\Delta v_i = \Sigma v_i$	0,0

Bruttoreaktionsgleichung $H_2 + 0,5\,O_2 = H_2O$

Standardtemperatur	T_o	K	293,15
Standarddruck	p_o	bar	1,0
molare Standardreaktionsenthalpie	$\Delta_r \bar{H}(T_o,p_o) = \Sigma\, v_i\, \Delta_f\bar{H}_i\,(T_o,p_o)$	kJ mol^{-1}	**-241,83**
molare Freie Standardreaktionsenthalpie	$\Delta_r \bar{G}(T_o,p_o) = \Sigma\, v_i\, \bar{G}_i\,(T_o,p_o)$	kJ mol^{-1}	**-228,62**
molare Standardreaktionsentropie	$\Delta_r \bar{S}(T_o,p_o) = \Sigma\, v_i\, \bar{S}_i\,(T_o,p_o)$	kJ kmol^{-1} K^{-1}	**-44,29**

Komponente i	molare Standard-bildungsenthalpie $\bar{H}_i = \Delta_f\bar{H}_i\,(T_o,p_o)$ kJ mol^{-1}	molare Freie Enthalpie $\bar{G}_i\,(T_o,p_o)$ kJ mol^{-1}	molare Entropie $\bar{S}_i\,(T_o,p_o)$ kJ kmol^{-1} K^{-1}	stöchiometrischer Koeffizient v_i 1
H_2	0	-38,962	130,68	-1,0
O_2	0	-61,165	205,147	-0,5
H_2O (g)	-241,826	-298,164	188,959	1,0
			$\Delta v_i = \Sigma v_i$	-0,5

Bruttoreaktionsgleichung $NH_3 + 0,75\,O_2 = 0,5\,N_2 + 1,5\,H_2O$

Standardtemperatur	T_o	K	293,15
Standarddruck	p_o	bar	1,0
molare Standardreaktionsenthalpie	$\Delta_r \bar{H}(T_o,p_o) = \Sigma\, v_i\, \Delta_f\bar{H}_i\,(T_o,p_o)$	kJ mol^{-1}	**-316,80**
molare Freie Standardreaktionsenthalpie	$\Delta_r \bar{G}(T_o,p_o) = \Sigma\, v_i\, \bar{G}_i\,(T_o,p_o)$	kJ mol^{-1}	**-326,52**
molare Standardreaktionsentropie	$\Delta_r \bar{S}(T_o,p_o) = \Sigma\, v_i\, \bar{S}_i\,(T_o,p_o)$	kJ kmol^{-1} K^{-1}	**32,60**

Komponente i	molare Standard-bildungsenthalpie $\bar{H}_i = \Delta_f\bar{H}_i\,(T_o,p_o)$ kJ mol^{-1}	molare Freie Enthalpie $\bar{G}_i\,(T_o,p_o)$ kJ mol^{-1}	molare Entropie $\bar{S}_i\,(T_o,p_o)$ kJ kmol^{-1} K^{-1}	stöchiometrischer Koeffizient v_i 1
NH_3	-45,94	-103,417	192,778	-1,0
O_2	0	-61,165	205,147	-0,75
N_2	0	-57,128	191,609	0,5
H_2O (g)	-241,826	-298,164	188,959	1,5
			$\Delta v_i = \Sigma v_i$	0,25

Bruttoreaktionsgleichung $CH_3OH + 1,5\,O_2 = CO_2 + 2\,H_2O$

Standardtemperatur	T_o	K	293,15
Standarddruck	p_o	bar	1,0
molare Standardreaktionsenthalpie	$\Delta_r \bar{H}(T_o,p_o) = \Sigma\, v_i\, \Delta_f\bar{H}_i\,(T_o,p_o)$	kJ mol^{-1}	**-638,59**
molare Freie Standardreaktionsenthalpie	$\Delta_r \bar{G}(T_o,p_o) = \Sigma\, v_i\, \bar{G}_i\,(T_o,p_o)$	kJ mol^{-1}	**-685,45**
molare Standardreaktionsentropie	$\Delta_r \bar{S}(T_o,p_o) = \Sigma\, v_i\, \bar{S}_i\,(T_o,p_o)$	kJ kmol^{-1} K^{-1}	**157,19**

Komponente i	molare Standard-bildungsenthalpie $\bar{H}_i = \Delta_f\bar{H}_i\,(T_o,p_o)$ kJ mol^{-1}	molare Freie Enthalpie $\bar{G}_i\,(T_o,p_o)$ kJ mol^{-1}	molare Entropie $\bar{S}_i\,(T_o,p_o)$ kJ kmol^{-1} K^{-1}	stöchiometrischer Koeffizient v_i 1
CH_3OH (l)	-238,572	-276,37	126,775	-1,0
O_2	0	-61,165	205,147	-1,5
CO_2	-393,505	-457,24	213,77	1,0
H_2O (g)	-241,826	-298,164	188,959	2,0
			$\Delta v_i = \Sigma v_i$	0,5

Abbildung 3.21: Excel-Berechnungsblatt für die Ermittlung von Standard-größen verschiedener Oxidationsreaktionen (unter Verwendung der Daten in Abb. 3.18)

2. Die Stoffdaten stammen aus der Tabelle in Abb. 3.18. Am besten wird die Tabelle entsprechend Abb. 3.18 in einem separaten Berechnungsblatt erstellt und die für die Aufgabenstellung erforderlichen Daten aus dieser Tabelle mittels der SVERWEIS-Funktion übertragen. Zum Beispiel erfolgt die Übernahme des Wertes für die molare Standardbildungsenthalpie von CH_4 aus Abb. 3.18 mit dem Befehl

   ```
   =SVERWEIS($A19;Datenmatrix;6;FALSCH)
   ```

3. Für die Berechnungen werden den Zellbereichen mit den Stoffwerten der an der jeweiligen Reaktion beteiligten Komponenten Namen gebeben, z. B. array_H_i_CH4 für die Standardbildungsenthalpien der Komponenten bei der Methan-Oxidation und array_nu_i_CH4 für die entsprechenden stöchiometrischen Koeffizienten ν_i. Die Berechnung z. B. der molaren Standardreaktionsenthalpie $\Delta_r \bar{H}(T_\circ, p_\circ)$ erfolgt gemäß Gleichung (3.170) mit der Eingabe

   ```
   =SUMMENPRODUKT(array_nu_i_CH4;array_H_i_CH4)/-nu_CH4
   ```

   wobei durch die Korrektur mit dem stöchiometrischen Koeffizienten von Methan nu_CH4 der Bezug auf den Äquivalenzumsatz der Stoffmenge $\Delta \xi = 1\,\mathrm{mol}$ erfolgt.

4. Die Berechnung der molaren Freie Standardreaktionsenthalpie $\Delta_r \bar{G}(T_\circ, p_\circ)$ erfolgt für die Methan-Oxidation zum Vergleich auf die drei oben beschriebenen möglichen Arten, um die Ergebnisse beispielhaft miteinander vergleichen zu können. Die molare Standardreaktionsentropie $\Delta_r \bar{S}(T_\circ, p_\circ)$ folgt aus Gleichung (3.182).

Die berechneten molaren Standardreaktionsenthalpien der vier Reaktionen wurden für die Erstellung der Tabelle in der Abb. 1.3 verwendet. Im Beispiel 6.1 in Abschnitt 6.5 sowie im Beispiel 8.2 in Abschnitt 8.3 wird gezeigt, wie die molaren Standardreaktionsgrößen für von den Standardbedingungen abweichende Temperaturen und Drücke berechnet werden können.

3.8 Zweiter Hauptsatz für chemische Reaktionen

Wir betrachten den in Abb. 3.22 dargestellten Reaktionsraum, in den die Edukte und die Produkte getrennt voneinander zu- bzw. abströmen, um Mischungseffekte zu vermeiden, die grundsätzlich für exergetische Betrachtungen berücksichtigt werden müssen. Nach [9] gilt für den als stationär, isobar und isotherm angenommenen Prozess mit Gleichung (3.149) sowie der Reaktionsgleichung (3.151)

$$\dot{n}_{i,\omega} = \dot{n}_{i,\alpha} + \nu_i \dot{\xi} \ . \tag{3.146}$$

In dieser Gleichung verknüpft der äquivalente Stoffmengenstrom $\dot{\xi}$ (oder auch die kontinuierliche Reaktionslaufzahl) die eintretenden Stoffmengenströme $\dot{n}_{i,\alpha}$ der Komponenten mit den austretenden Stoffmengenströmen $\dot{n}_{i,\omega}$.

Für das Bilanzschema in Abb. 3.22 ergibt sich gemäß dem ersten Hauptsatz für ein stationäres, offenes System unter Vernachlässigung der Änderungen der kinetischen und

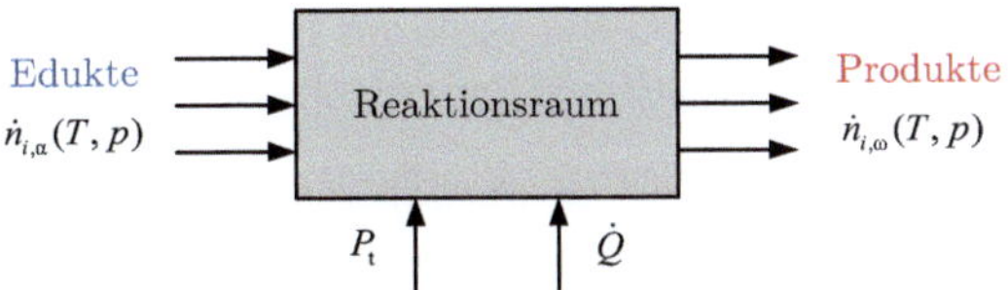

Abbildung 3.22: Bilanzschema für eine chemische Reaktion mit getrennter Zu- und Abfuhr der an der Reaktion teilnehmenden Komponenten (nach [9])

potenziellen Energien (und unter Verwendung der linken Seite von Gleichung (3.170))

$$P_\mathrm{t} + \dot{Q} = \sum_{i=1}^{k} \left(\dot{n}_{i,\omega} - \dot{n}_{i,\alpha} \right) \bar{H}_i(T,p) = \dot{\xi} \sum_{i=1}^{k} \nu_i \bar{H}_i(T,p) = \dot{\xi}\, \Delta_\mathrm{r}\bar{H}(T,p) \; . \tag{3.187}$$

Für eine irreversibel ablaufende chemische Reaktion folgt gemäß dem zweiten Hauptsatz aus den Gleichungen (3.35), (3.39) und (3.42) mit $\dot{m}_i s_i = \dot{n}_i \bar{S}_i$ für den Wärmestrom

$$\dot{Q} = T \sum_{i=1}^{k} \left(\dot{n}_{i,\omega} - \dot{n}_{i,\alpha} \right) \bar{S}_i(T,p) - T\dot{S}_\mathrm{irr} = \dot{\xi}\, T \sum_{i=1}^{k} \nu_i \bar{S}_i(T,p) - T\dot{S}_\mathrm{irr}$$
$$= \dot{\xi}\, T \Delta_\mathrm{r}\bar{S}(T,p) - T\dot{S}_\mathrm{irr} \; . \tag{3.188}$$

Aus den beiden Gleichungen (3.187) und (3.188) wird mit Gleichung (3.185) für die Leistung einer irreversibel ablaufenden Reaktion

$$P_\mathrm{t} = \dot{\xi}\, \Delta_\mathrm{r}\bar{G}(T,p) + T\dot{S}_\mathrm{irr} \tag{3.189}$$

erhalten. Für eine reversible Reaktion folgt wegen $\dot{S}_\mathrm{irr} = 0$

$$P_\mathrm{t,rev} = \dot{\xi}\, \Delta_\mathrm{r}\bar{G}(T,p) \tag{3.190}$$

und daraus die molare reversible Reaktionsarbeit

$$\bar{W}_\mathrm{t,rev} = \frac{P_\mathrm{t,rev}}{\dot{\xi}} = \Delta_\mathrm{r}\bar{G}(T,p) \tag{3.191}$$

als die mindestens für die Durchführung der Reaktion aufzuwendende oder maximal bei Ablauf der Reaktion nutzbare technische Arbeit pro Formelumsatz. Die vorstehenden Gleichungen gelten für chemische Reaktionen, bei denen die Edukte und die Produkte bei gleichen Temperaturen T und Drücken p in den Reaktionsraum ein- und wieder austreten.[9, 73, 128]

Verläuft eine chemische Reaktion – wie meist üblich – ohne Zufuhr oder Abfuhr von Arbeit, wird aus Gleichung (3.189)

$$\dot{S}_\mathrm{irr} = -\frac{\dot{\xi}}{T} \Delta_\mathrm{r}\bar{G}(T,p) \geq 0 \; , \tag{3.192}$$

siehe [9, 128], womit das Vorzeichen der molaren Freien Standardreaktionsenthalpie über die Richtung des Ablaufs der Reaktion entscheidet:

- Da eine Reaktion (gemäß ihrer Reaktionsgleichung von links nach rechts) nur abläuft, wenn die molare Freie Standardreaktionsenthalpie abnimmt, lautet die dafür notwendige, aber nicht hinreichende Bedingung $\Delta_\mathrm{r}\bar{G}(T,p) < 0$.

- Ist dagegen $\Delta_\mathrm{r}\bar{G}(T,p) > 0$, läuft die Reaktion entgegengesetzt (von rechts nach links) ab [9, 128].

Die Beeinflussung des Ablaufs einer Reaktion ist z. B. bei *elektrochemischen* Reaktionen, die mit dem Austausch von Ladungsträgern verbunden sind, möglich. Dazu gehört die Elektrolyse durch Zufuhr von elektrischer Energie, die nicht über einen ohmschen Widerstand dissipiert und in chemische Energie umgewandelt wird, siehe Kapitel 6 [9]. In Brennstoffzellen erfolgt die „Umkehrung" der Elektrolyse mit der Umwandlung von chemischer Energie in elektrische Energie, siehe Kapitel 8. Dementsprechend werden die vorstehenden Betrachtungen im Abschnitt 6.4 für die Elektrolyse zur Produktion von Wasserstoff und im Abschnitt 8.2 für die Nutzung von Wasserstoff in Brennstoffzellen weitergeführt. Im zweitgenannten Abschnitt wird die chemische gespeicherte Energie des Wasserstoffs in Wärme und Arbeit umgewandelt.

3.9 Exergie chemischer Komponenten und Gemische

Beispiel 3.6

Die molaren Standardexergien von flüssigem und gasförmigem Wasser sowie von Kohlendioxid und von Schwefeldioxid sollen anhand der Bildungsreaktionen ermittelt werden (vgl. [9]):

$$H_2O - H_2 - 0{,}5\,O_2 = 0 \tag{3.142}$$
$$CO_2 - C - O_2 = 0 \tag{3.193}$$
$$SO_2 - S - O_2 = 0 \tag{3.194}$$

(Ergebnisse im Excel-Berechnungsblatt in Abb. 3.26.)

Beispiel 3.7

Die molaren Exergien von Wasserstoff und von Sauerstoff sind für eine Temperatur von $\vartheta_\mathrm{ELZ} = 50{,}0\,°C$ und $p_\mathrm{ELZ} = 30{,}0$ bar bei einer Umgebungstemperatur $\vartheta_\mathrm{U} = 15{,}0\,°C$ und einem Umgebungsdruck $p_\mathrm{U} = 1{,}0$ bar zu ermitteln. Diese Werte entsprechen den Betriebsdaten der Elektrolysezelle in Beispiel 6.1 (Ergebnisse im Excel-Berechnungsblatt in Abb. 3.27.)

Beispiel 3.8

Die molare Exergie von Luft mit einer relativen Feuchte von $\varphi = 60{,}0\,\%$ ist für die beiden folgenden Fälle unter Verwendung der in der Tabelle in Abb. 4.2 gegebenen Zusammensetzung der trockenen Luft zu ermitteln: a) Ein als ideal anzunehmendes Gemisch idealer Gase bei einer Temperatur von $\vartheta_{\mathrm{L}} = \vartheta_\circ$ und einem Druck von $p_{\mathrm{L}} = p_\circ$. b) Ein als real anzunehmendes Gemisch realer Gase mit derselben Zusammensetzung wie im Fall a) bei einer Temperatur von $\vartheta_{\mathrm{BZ}} = 80{,}0\,°\mathrm{C}$ und einem Druck von $p_{\mathrm{BZ}} = 1{,}2\,\mathrm{bar}$. Diese Werte entsprechen den Betriebsdaten der Brennstoffzelle in Beispiel 8.2. Für die beiden Fälle beträgt die Umgebungstemperatur $\vartheta_{\mathrm{U}} = 10{,}0\,°\mathrm{C}$ und der Umgebungsdruck $p_{\mathrm{U}} = 1{,}0\,\mathrm{bar}$. (Ergebnisse im Excel-Berechnungsblatt in Abb. 3.28.)

Im Abschnitt 3.2 erfolgten auf Basis des dort behandelten Konzepts der Exergie rein physikalische Berechnungen oder Bewertungen in Bezug auf den thermodynamischen Umgebungszustand. Im Umgebungszustand ist die Exergie eines Systems null und seine Energie besteht nur aus Anergie; dieser Zustand ist also exergielos. Wird dagegen die chemische Exergie z. B. eines Brennstoffs betrachtet, reichen die Bedingungen des thermischen und mechanischen Gleichgewichts mit der Umgebung nicht mehr aus, weil sich dann der Brennstoff auch im chemischen Gleichgewicht mit der Umgebung befinden muss. Die bei diesem Vorgang bei $T = T_{\mathrm{U}}$ und $p = p_{\mathrm{U}}$ maximal umwandelbare Arbeit oder Leistung entspricht der chemischen Exergie der Komponente oder ihres Stoffstroms [9, 27].

Für die exergetische Betrachtung chemischer Reaktionen muss eine Gleichgewichtsumgebung definiert werden, die den Verhältnissen auf der Erde nahekommt. Dabei muss beachtet werden, dass sich die Umgebung auf der Erde nicht im thermodynamischen Gleichgewicht befindet. Die Gleichgewichtsumgebung muss deshalb der Zusammensetzung der irdischen Atmosphäre, des Meerwassers und der Erdkruste zumindest ähnlich sein [9].

In verschiedenen Untersuchungen [4, 27, 107, 114, 132, 133] wurde der Stoffvorrat der thermodynamischen Umgebung aus der Materie der irdischen Atmosphäre, der Hydrosphäre (Meere, Flüsse, Seen) und der Erdkruste bestimmt und dafür die Masse jedes chemischen Elements in der Gleichgewichtsumgebung anhand geochemischer Daten berechnet. Dabei wurden die Dicke der Erdschicht und die Tiefe der Meeresschicht berücksichtigt. Die Umgebungstemperatur wurde auf die Standardtemperatur $T_{\mathrm{U}} = T_\circ$ festgelegt, während der Umgebungsdruck p_{U} sich aus dem Druck der Gasphase auf die flüssige und feste Phase ergibt.

Für die nachfolgenden Berechnungen wird – gemäß der Empfehlung in [9] – die von DIEDERICHSEN [27] angegebene Gleichgewichtsumgebung gewählt, die die 17 häufigsten Elemente der Erde berücksichtigt. Diese basiert auf dem Stoffvorrat der Erdatmosphäre, einer Erdschicht von 0,1 m Dicke und einer Meerestiefe von 100 m. Ausgehend von 971 chemischen Verbindungen und einer Umgebungstemperatur von 298,15 K ergab dies eine Gleichgewichtsumgebung mit einer Gasphase aus acht Komponenten, die 5,820 % der Gesamtmasse ausmacht und einen Druck von 91,771 kPa auf die kondensierten Phasen ausübt. Die flüssige Phase mit 94,176 % der Gesamtmasse enthält 24 gelöste Stoffe, während die feste Phase nur 0,004 % der Gesamtmasse ausmacht. Die Gasphase

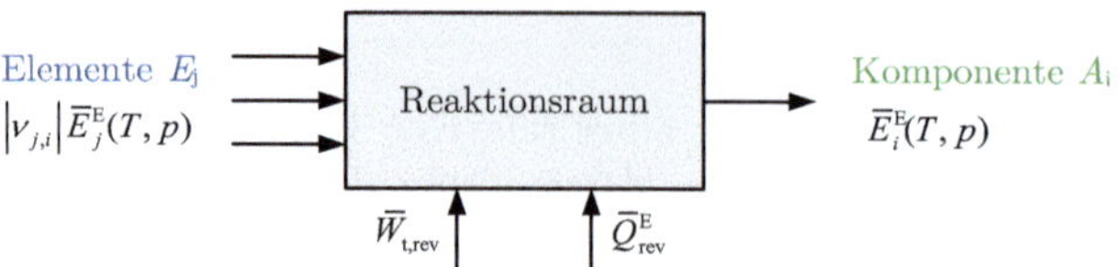

Abbildung 3.23: Bilanzschema zur Ermittlung der molaren Exergien der Komponenten gemäß einer reversiblen, isotherm und isobar ablaufenden Bildungsreaktion (nach [9])

ähnelt der irdischen Atmosphäre und besteht aus N_2, O_2, H_2O, Ar und CO_2 sowie Spuren von Cl_2, HCl und HNO_3, wobei der Anteil des Sauerstoffs etwas kleiner und der Anteil des Stickstoffs etwas größer ist als in der Erdatmosphäre.[9, 27]

Molare Exergie chemischer Komponenten

Ausgehend von einer reversiblen, isotherm und isobar ablaufenden Bildungsreaktion einer chemischen Komponente gemäß dem Bilanzschema in Abb. 3.23 folgt die Komponente A_i aus den Elementen E_j mit der Bildungsreaktionsgleichung

$$A_i - \sum_{j=1}^{l} |\nu_{j,i}|\, E_j = 0 \tag{3.195}$$

mit der Exergiebilanz

$$\bar{E}_i^{\mathrm{E}}(T,p) - \sum_{j=1}^{l} |\nu_{j,i}|\, \bar{E}_j^{\mathrm{E}}(T,p) = \bar{W}_{\mathrm{t,rev}} + \bar{Q}_{\mathrm{rev}}^{\mathrm{E}} \ , \tag{3.196}$$

siehe dazu die Betrachtungen in [9, 27]. Darin stehen $\bar{E}_i^{\mathrm{E}}(T,p)$ für die gesuchte molare Exergie in der Komponente A_i, $|\nu_{j,i}|$ für den Betrag des stöchiometrischen Koeffizienten des Elements E_j der Komponente A_i und $\bar{E}_j^{\mathrm{E}}(T,p)$ für die molare Exergie dieses Elements E_j. Die molare reversible technische Arbeit der Bildungsreaktion nach Gleichung (3.195)

$$\bar{W}_{\mathrm{t,rev}} = \Delta_{\mathrm{r}}\bar{G}(T,p) = \bar{G}_i(T,p) - \sum_{j=1}^{l} |\nu_{j,i}|\, \bar{G}_j(T,p) \tag{3.197}$$

stimmt nach Gleichung (3.191) mit der molaren Freien Reaktionsenthalpie überein. Der für diese Reaktion zu- oder abzuführende Exergieanteil der molaren reversiblen Wärme

$$\bar{Q}_{\mathrm{rev}}^{\mathrm{E}} = \eta_{\mathrm{C}}\,\bar{Q}_{\mathrm{rev}} = \left(1 - \frac{T_{\mathrm{U}}}{T}\right) T \Delta_{\mathrm{r}}\bar{S}(T,p) = (T - T_{\mathrm{U}})\, \Delta_{\mathrm{r}}\bar{S}(T,p) \tag{3.198}$$

ergibt sich aus den Gleichungen (3.39) und (3.83).

Formel	Bezeichnung	Zustand	BARIN M_j	DIEDERICHSEN $\bar{E}^{\mathrm{E}}_j(T_\mathrm{o},p_\mathrm{o})$	RIVERO $\bar{E}^{\mathrm{E}}_j(T_\mathrm{o},p_\mathrm{o})$	SZARGUT $\bar{E}^{\mathrm{E}}_j(T_\mathrm{o},p_\mathrm{o})$	BARIN $\bar{G}_j(T_\mathrm{o},p_\mathrm{o})$
		bei $T_\mathrm{o},p_\mathrm{o}$	kg kmol^{-1}	kJ mol^{-1}	kJ mol^{-1}	kJ mol^{-1}	kJ mol^{-1}
Ar	Argon	g	39,9480	11,642	11,64	11,69	-46,167
C	Graphit	s	12,0110	405,552	410,27	410,26	-1,712
Fe	Eisen	s	55,8470	367,49	374,3	374,3	-8,133
H$_2$	Wasserstoff	g	2,01588	234,683	236,12	236,09	-38,962
N$_2$	Stickstoff	g	28,0135	0,743	0,67	0,72	-57,128
O$_2$	Sauerstoff	g	31,9988	4,967	3,92	3,97	-61,165
P	Phosphor	s	30,9738	846,970	861,3	861,4	-12,245
S	Schwefel, rhombisch	s	32,0660	531,524	609,3	609,6	-9,557
Si	Silicium	s	28,0855	853,19	855,0	854,9	-5,611

Abbildung 3.24: Molare Massen und molare Freie Standardenthalpien (nach [11]) sowie molare Standardexergien einer Auswahl häufiger Elemente der Erde bei den Standardbedingungen $T_\mathrm{o} = 298{,}15\,\mathrm{K}$ und $p_\mathrm{o} = 1\,\mathrm{bar}$ (in ihren stabilsten Zuständen) nach [27, 114, 132, 133]

Mit der molaren Entropie der Bildungsreaktion nach Gleichung (3.195)

$$\Delta_\mathrm{r}\bar{S}(T,p) = \bar{S}_i(T,p) - \sum_{j=1}^{l} |\nu_{j,i}|\,\bar{S}_j(T,p) \tag{3.199}$$

folgt die molare Exergie der Komponente A_i

$$\bar{E}^{\mathrm{E}}_i(T,p) = \bar{G}_i(T,p) + \sum_{j=1}^{l} |\nu_{j,i}|\,\left[\bar{E}^{\mathrm{E}}_j(T,p) - \bar{G}_j(T,p)\right] + (T-T_\mathrm{U})\,\Delta_\mathrm{r}\bar{S}(T,p) \;. \tag{3.200}$$

Werden die Umgebungsbedingungen mit den Standardbedingungen gleichgesetzt – $T = T_\mathrm{U} = T_\mathrm{o}$ und $p = p_\mathrm{o}$ – ergibt sich daraus die gesuchte molare Standardexergie

$$\bar{E}^{\mathrm{E}}_i(T_\mathrm{o},p_\mathrm{o}) = \bar{G}_i(T_\mathrm{o},p_\mathrm{o}) + \sum_{j=1}^{l} |\nu_{j,i}|\,\left[\bar{E}^{\mathrm{E}}_j(T_\mathrm{o},p_\mathrm{o}) - \bar{G}_j(T_\mathrm{o},p_\mathrm{o})\right] \tag{3.201}$$

der aus den Elementen gebildeten Komponente A_i, siehe [9, 27]. Die Tabelle in Abb. 3.24 enthält die für die nachfolgenden Berechnungen erforderlichen molaren Standardexergien $\bar{E}^{\mathrm{E}}_j(T_\mathrm{o},p_\mathrm{o})$ sowie eine Auswahl weiterer Elemente in ihren stabilsten Zuständen bei den Standardbedingungen $T_\mathrm{o} = 298{,}15\,\mathrm{K}$ und $p_\mathrm{o} = 1\,\mathrm{bar}$ nach [27], [114] und [132, 133]. Zusätzlich sind in der Tabelle auch die molaren Massen M_j und die molaren Freien Standardenthalpien $\bar{G}_j(T_\mathrm{o},p_\mathrm{o})$ nach [11] aufgeführt.

Mischungsgrößen

Nach [9, 128] gilt allgemein für eine molare Mischungsgröße eines isotherm und isobar ablaufenden Mischungsprozesses

$$\Delta_\mathrm{M}\bar{Z}(T,p,x_1,\ldots,x_{k-1}) = \bar{Z}(T,p,x_1,\ldots,x_{k-1}) - \sum_{i=1}^{k} x_i\,\bar{Z}_i(T,p) \;. \tag{3.202}$$

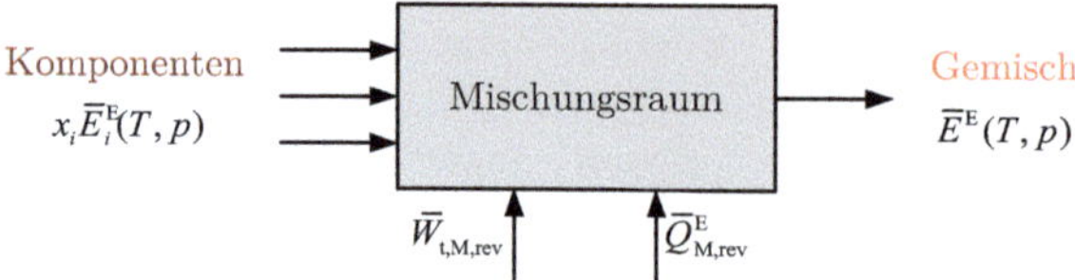

Abbildung 3.25: Bilanzschema eines reversiblen, isotherm und isobar ablaufenden Mischungsprozesses (nach [9])

Die molare Mischungsgröße $\Delta_{\mathrm{M}}\bar{Z}$ hängt von p, T und den $k-1$ unabhängigen Stoffmengenanteilen $x_1, \dots, x_{k-1}$ ab (wegen der sog. „Schließbedingung" in Gleichung (4.3) rechts). Die Mischungsgröße kann das molare Volumen $\bar{V}$, die molare Enthalpie $\bar{H}$, die molare Freie Enthalpie $\bar{G}$ oder die molare Entropie $\bar{S}$ sein. So erfolgt z. B. bei der Mischung von ungefähr gleichen Teilvolumen von Wasser und Ethanol eine deutliche Volumenkontraktion.

Da die isotherme und isobare Mischung von Komponenten ein irreversibler Prozess ist, bleibt die molare freie Mischungsenthalpie stets negativ,

$$\Delta_{\mathrm{M}}\bar{G}(T,p,x_1,\dots,x_{k-1}) = \bar{G}(T,p,x_1,\dots,x_{k-1}) - \sum_{i=1}^{k} x_i \bar{G}_i(T,p) < 0 \ . \qquad (3.203)$$

Für die Umkehrung des Prozesses, die isotherme und isobare Entmischung, muss also Exergie z. B. in Form von Arbeit zugeführt werden.[9]

Molare Exergie eines Gemischs chemischer Komponenten

Bei einer reversiblen, isotherm und isobar ablaufenden Mischung chemischer Komponenten gilt nach [9] gemäß dem Schema in Abb. 3.25 für die molare Exergie des Gemischs

$$\bar{E}^{\mathrm{E}}(T,p,x_1,\dots,x_{k-1}) = \sum_{i=1}^{k} x_i \, \bar{E}_i^{\mathrm{E}}(T,p) + \bar{W}_{\mathrm{t,M,rev}} + \bar{Q}_{\mathrm{M,rev}}^{\mathrm{E}} \ . \qquad (3.204)$$

Die molare Arbeit für diesen Mischungsprozess folgt nach [9] zu

$$\bar{W}_{\mathrm{t,M,rev}} = \Delta_{\mathrm{M}}\bar{G}(T,p) = \Delta_{\mathrm{M}}\bar{H}(T,p) - T\Delta_{\mathrm{M}}\bar{S}(T,p) \qquad (3.205)$$

und der Exergieanteil der molaren reversiblen Wärme zu

$$\bar{Q}_{\mathrm{M,rev}}^{\mathrm{E}} = \eta_{\mathrm{C}} \, \bar{Q}_{\mathrm{M,rev}} = \left(1 - \frac{T_{\mathrm{U}}}{T}\right) T\Delta_{\mathrm{M}}\bar{S}(T,p) = (T - T_{\mathrm{U}}) \, \Delta_{\mathrm{M}}\bar{S}(T,p) \ . \qquad (3.206)$$

Daraus ergibt sich die molare Exergie des Gemischs

$$\bar{E}^{\mathrm{E}}(T,p,x_1,\dots,x_{k-1}) = \sum_{i=1}^{k} x_i \, \bar{E}_i^{\mathrm{E}}(T,p) + \Delta_{\mathrm{M}}\bar{H}(T,p) - T_{\mathrm{U}} \, \Delta_{\mathrm{M}}\bar{S}(T,p) \ . \qquad (3.207)$$

Für eine ideale Gasmischung idealer Komponenten folgt nach [9, 76] mit $\Delta_{\mathrm{M}}\bar{H}(T,p) =$

0 und der molaren Mischungsentropie

$$\Delta_{\mathrm{M}}\bar{S}(T,p,x_1,...,x_{k-1}) = -R\sum_{i=1}^{k} x_i \ln x_i \tag{3.208}$$

die Berechnungsgleichung für die molare Exergie der idealen Gasmischung

$$\bar{E}^{\mathrm{E}}(T,p,x_1,...,x_{k-1}) = \sum_{i=1}^{k} x_i\,\bar{E}_i^{\mathrm{E}}(T,p) + RT_{\mathrm{U}}\sum_{i=1}^{k} x_i \ln x_i \;. \tag{3.209}$$

Die molare Mischungsentropie eines idealen Gasgemischs in Gleichung (3.208) ist stets positiv und hängt nur von der Zusammensetzung und nicht von der Temperatur oder vom Druck ab [9, 76]. Bei unveränderlicher Zusammensetzung fällt die Mischungsentropie heraus. Für die spezifische Mischungsentropie gilt analog zu Gleichung (3.208)

$$\Delta_{\mathrm{M}}s(T,p,x_1,...,x_{k-1}) = -\sum_{i=1}^{k} w_i R_i \ln x_i \tag{3.210}$$

mit den Massenanteilen w_i und der spezifischen Gaskonstante R_i [9, 76]. Daraus lässt sich die spezifische Entropie eines idealen Gemisches idealer Gase unveränderlicher Zusammensetzung

$$s(T,p,x_1,...,x_{k-1}) = \sum_{i=1}^{k} w_i s_i(T,p) + \Delta_{\mathrm{M}}s(T,p) \tag{3.211}$$

oder entsprechend die molare Entropie dieses Gemischs

$$\bar{S}(T,p,x_1,...,x_{k-1}) = \sum_{i=1}^{k} x_i\bar{S}_i(T,p) + \Delta_{\mathrm{M}}\bar{S}(T,p) \tag{3.212}$$

berechnen.

Bearbeitung der in Beispiel 3.6 gegebenen Aufgabenstellung
Für die Bearbeitung der Aufgabenstellung gemäß Beispiel 3.6 wird das Excel-Berechnungsblatt in Abb. 3.26 erstellt:

- Die molaren Standardexergien $\bar{E}_j^{\mathrm{E}}(T_\circ,p_\circ)$ der Elemente sowie die molaren Freien Enthalpien $\bar{G}_i(T_\circ,p_\circ)$ und $\bar{G}_j(T_\circ,p_\circ)$ der Komponenten bzw. der Elemente werden durch Anwendung der SVERWEIS-Funktion aus den Tabellen in den Abb. 3.18 und 3.24 übernommen. Zum Beispiel erfolgt die Übernahme des Wertes für die molare Standardexergie von H_2 aus Abb. 3.24 mit dem Befehl

```
=SVERWEIS("H2";Datenmatrix;5;FALSCH)
```

  Zusätzlich werden die Werte der stöchiometrischen Koeffizienten eingetragen und die molaren Standardexergien mit Gleichung (3.201) berechnet.

Wie zu erwarten, ist die Exergie des reinen flüssigen Wassers am geringsten, aber

Bildungsreaktionsgleichung

molare Standardexergie H_2O (l) $\qquad \bar{E}^E_i(T_o,p_o) = \bar{G}_i(T_o,p_o) + \Sigma\,|v_{j,i}|\,(\bar{E}^E_j(T_o,p_o) - \bar{G}_j(T_o,p_o))$

$H_2O - H_2 - 0{,}5\,O_2 = 0$

kJ mol^{-1} **0,0250**

Komponente i	molare Exergie $\bar{E}^E_i, \bar{E}^E_j(T_o,p_o)$ kJ mol^{-1}	mol. Freie Enthalpie $\bar{G}_i, \bar{G}_j(T_o,p_o)$ kJ mol^{-1}	stöch. Koeffizient v_i 1
H_2	234,683	-38,962	1,0
O_2	4,967	-61,165	0,5
H_2O (l)	0,0250	-306,686	-1,0

Bildungsreaktionsgleichung

molare Standardexergie H_2O (g) $\qquad \bar{E}^E_i(T_o,p_o) = \bar{G}_i(T_o,p_o) + \Sigma\,|v_{j,i}|\,(\bar{E}^E_j(T_o,p_o) - \bar{G}_j(T_o,p_o))$

$H_2O - H_2 - 0{,}5\,O_2 = 0$

kJ mol^{-1} **8,547**

Komponente i	molare Exergie $\bar{E}^E_i, \bar{E}^E_j(T_o,p_o)$ kJ mol^{-1}	mol. Freie Enthalpie $\bar{G}_i, \bar{G}_j(T_o,p_o)$ kJ mol^{-1}	stöch. Koeffizient v_i 1
H_2	234,683	-38,962	1,0
O_2	4,967	-61,165	0,5
H_2O (g)	8,547	-298,164	-1,0

Bildungsreaktionsgleichung

molare Standardexergie CO_2 (g) $\qquad \bar{E}^E_i(T_o,p_o) = \bar{G}_i(T_o,p_o) + \Sigma\,|v_{j,i}|\,(\bar{E}^E_j(T_o,p_o) - \bar{G}_j(T_o,p_o))$

$CO_2 - C - O_2 = 0$

kJ mol^{-1} **16,16**

Komponente i	molare Exergie $\bar{E}^E_i, \bar{E}^E_j(T_o,p_o)$ kJ mol^{-1}	mol. Freie Enthalpie $\bar{G}_i, \bar{G}_j(T_o,p_o)$ kJ mol^{-1}	stöch. Koeffizient v_i 1
C	405,552	-1,712	1,0
O_2	4,967	-61,165	1,0
CO_2	16,16	-457,24	-1,0

Bildungsreaktionsgleichung

molare Standardexergie SO_2 $\qquad \bar{E}^E_i(T_o,p_o) = \bar{G}_i(T_o,p_o) + \Sigma\,|v_{j,i}|\,(\bar{E}^E_j(T_o,p_o) - \bar{G}_j(T_o,p_o))$

$SO_2 - S - O_2 = 0$

kJ mol^{-1} **236,4**

Komponente i	molare Exergie $\bar{E}^E_i, \bar{E}^E_j(T_o,p_o)$ kJ mol^{-1}	mol. Freie Enthalpie $\bar{G}_i, \bar{G}_j(T_o,p_o)$ kJ mol^{-1}	stöch. Koeffizient v_i 1
S	531,524	-9,557	1,0
O_2	4,967	-61,165	1,0
SO_2	236,4	-370,820	-1,0

Abbildung 3.26: Excel-Berechnungsblatt für die Ermittlung der molaren Standardexergien von flüssigem und gasförmigem Wasser sowie Kohlendioxid und Schwefeldioxid

Eingabeparameter TREND

					TP
Path to Sub-Model		TREND			
Input Code		Thermodynamic Reference & Engineering Data			**molar**
Unit					
Show Error Code					**FALSCH**

Temperaturen und Drücke

				Wert
Betriebstemperatur Brennstoffzelle	ϑ_{ELZ}		°C	**50,0**
	T_{ELZ}		K	323,15
Betriebsdruck Brennstoffzelle	p_{ELZ}		bar	**30,0**
			MPa	3,00
Umgebungstemperatur	ϑ_{U}		°C	**15,0**
	T_{U}		K	288,15
Umgebungsdruck	p_{U}		bar	**1,0**
			MPa	0,10
Standardtemperatur	$T_{\circ}$		K	298,15
Standarddruck	$p_{\circ}$		bar	1,0
			MPa	0,1

Molare Exergie — **Hydrogen**

molare Standardexergie	H_2	$\bar{E}^{\text{E}}_i(T_\circ, p_\circ)$			kJ mol^{-1}	**234,683**
molare Standardenthalpie		$\bar{H}_i(T_\circ, p_\circ)$	H	J/mol	kJ mol^{-1}	8,469
molare Enthalpie bei Betriebsbedingungen		$\bar{H}_i(T_{\text{ELZ}}, p_{\text{ELZ}})$	H	J/mol	kJ mol^{-1}	9,221
molare Standardentropie		$\bar{S}_i(T_\circ, p_\circ)$	S	J/(mol K)	kJ kmol^{-1} K^{-1}	137,532
molare Entropie bei Betriebsbedingungen		$\bar{S}_i(T_{\text{ELZ}}, p_{\text{ELZ}})$	S	J/(mol K)	kJ kmol^{-1} K^{-1}	111,537
Änderung Exergieanteil der mol. Enthalpie		$\Delta\bar{H}^{\text{E}}_i = \bar{H}_i(T_{\text{ELZ}}, p_{\text{ELZ}}) - \bar{H}_i(T_\circ, p_\circ) - T_{\text{U}}(\bar{S}_i(T_{\text{ELZ}}, p_{\text{ELZ}}) - \bar{S}_i(T_\circ, p_\circ))$			kJ mol^{-1}	8,243
molare Exergie bei Betriebsbedingungen		$\bar{E}^{\text{E}}_i(T_{\text{ELZ}}, p_{\text{ELZ}}) = \bar{E}^{\text{E}}_i(T_\circ, p_\circ) + \Delta\bar{H}^{\text{E}}_i$			kJ mol^{-1}	**242,926**

Molare Exergie — **Oxygen**

molare Standardexergie	O_2	$\bar{E}^{\text{E}}_i(T_\circ, p_\circ)$			kJ mol^{-1}	**4,967**
molare Standardenthalpie		$\bar{H}_i(T_\circ, p_\circ)$	H	J/mol	kJ mol^{-1}	8,672
molare Enthalpie bei Betriebsbedingungen		$\bar{H}_i(T_{\text{ELZ}}, p_{\text{ELZ}})$	H	J/mol	kJ mol^{-1}	9,215
molare Standardentropie		$\bar{S}_i(T_\circ, p_\circ)$	S	J/(mol K)	kJ kmol^{-1} K^{-1}	205,131
molare Entropie bei Betriebsbedingungen		$\bar{S}_i(T_{\text{ELZ}}, p_{\text{ELZ}})$	S	J/(mol K)	kJ kmol^{-1} K^{-1}	178,721
Änderung Exergieanteil der mol. Enthalpie		$\Delta\bar{H}^{\text{E}}_i = \bar{H}_i(T_{\text{ELZ}}, p_{\text{ELZ}}) - \bar{H}_i(T_\circ, p_\circ) - T_{\text{U}}(\bar{S}_i(T_{\text{ELZ}}, p_{\text{ELZ}}) - \bar{S}_i(T_\circ, p_\circ))$			kJ mol^{-1}	8,153
molare Exergie bei Betriebsbedingungen		$\bar{E}^{\text{E}}_i(T_{\text{ELZ}}, p_{\text{ELZ}}) = \bar{E}^{\text{E}}_i(T_\circ, p_\circ) + \Delta\bar{H}^{\text{E}}_i$			kJ mol^{-1}	**13,120**

Abbildung 3.27: Excel-Berechnungsblatt für die Ermittlung der molaren Exergien von Wasserstoff und Sauerstoff bei vom Standardzustand abweichenden Betriebsbedingungen

unterscheidet sich leicht vom exergielosen Meerwasser durch die fehlenden gelösten Salze und den unterschiedlichen Druck, siehe [9, 27].

Bearbeitung der in Beispiel 3.7 gegebenen Aufgabenstellung

Für die Bearbeitung der Aufgabenstellung gemäß Beispiel 3.7 wird das Excel-Berechnungsblatt in Abb. 3.27 erstellt:

1. Im oberen Teil des Berechnungsblatts werden die relevanten Eingabeparameter für TREND vorgegeben. Die Zellen in diesem Teil erhalten am besten dieselben Namen, wie im Beispiel 2.1. Nicht weiter verwendete Zeilen können ausgeblendet werden. Die gegebenen Betriebsdaten, die Daten für den Zustand der Umgebung und die Daten für den Standardzustand werden eingegeben.

2. Für Wasserstoff und für Sauerstoff werden jeweils die Werte für die molaren Exergien $\bar{E}^{\text{E}}_j(T_\circ, p_\circ)$ entsprechend der Beschreibung zum Beispiel 3.6 aus Abb. 3.24 übernommen. Die molaren Enthalpien $\bar{H}_i(T_\circ, p_\circ)$ und $\bar{H}_i(T_{\text{ELZ}}, p_{\text{ELZ}})$ sowie die

molaren Entropien $\bar{S}_i(T_\circ, p_\circ)$ und $\bar{S}_i(T_{\mathrm{ELZ}}, p_{\mathrm{ELZ}})$ folgen unter Verwendung von TREND z. B. für die molare Enthalpie $\bar{H}_i(T_\circ, p_\circ)$ für Wasserstoff mit der Eingabe

```
=0,001*TRENDEOS("H";InputCode;T_o;p_o;Fluids;Composition;
EqTypes;MixingRule;PathToSubModel;Unit;ShowErrorCode)
```

3. Die Berechnung der Änderung des Exergieanteils der molaren Enthalpie aufgrund vom Standardzustand abweichender Bedingungen folgt aus Gleichung (3.85) zu

$$\Delta \bar{H}_i^{\mathrm{E}} = \bar{H}_i(T_{\mathrm{ELZ}}, p_{\mathrm{ELZ}}) - \bar{H}_i(T_\circ, p_\circ) - T_{\mathrm{U}}\left(\bar{S}_i(T_{\mathrm{ELZ}}, p_{\mathrm{ELZ}}) - \bar{S}_i(T_\circ, p_\circ)\right) \quad (3.213)$$

und stellt den thermischen Anteil der molaren Exergie einer Komponente dar.

4. Die molare Exergie einer chemischen Komponente bei den Betriebsbedingungen T_{ELZ} und p_{ELZ} folgt daraus mit

$$\bar{E}_i^{\mathrm{E}}(T_{\mathrm{ELZ}}, p_{\mathrm{ELZ}}) = \bar{E}_i^{\mathrm{E}}(T_\circ, p_\circ) + \Delta \bar{H}_i^{\mathrm{E}}(T_{\mathrm{ELZ}}, p_{\mathrm{ELZ}}) \,, \quad (3.214)$$

also einem chemischen und einem thermischen Anteil.

Unter Verwendung von TREND kann die molare Exergie bei vom Standardzustand abweichenden Bedingungen relativ einfach berechnet werden. Wird ideales Gasverhalten angenommen, ist auch die Berechnung mit der kalorischen Zustandsgleichung analog zur Gleichung (2.35) möglich.

Bearbeitung der in Beispiel 3.8 gegebenen Aufgabenstellung
Für die Bearbeitung der Aufgabenstellung gemäß Beispiel 3.8 wird das Excel-Berechnungsblatt in Abb. 3.28 erstellt:

1. Im oberen Teil des Berechnungsblatts werden die relevanten Eingabeparameter für TREND vorgegeben. Die Zellen in diesem Teil erhalten am besten dieselben Namen, wie im Beispiel 2.1. Nicht weiter verwendete Zeilen können ausgeblendet werden. Die Temperaturen, Drücke und Daten der feuchten Luft, die Betriebsdaten sowie die Daten der Umgebung werden in nächsten Bereich des Berechnungsblatts eingegeben.

2. Die Berechnung des Sättigungsdampfdrucks des Wassers $p_{\mathrm{WS}}(T_{\mathrm{L}})$ in der feuchten Luft erfolgt mit TREND über die Anweisung

```
=10*TRENDEOS("P";"TVAP";T_L;42;Fluids;Composition;EqTypes;
MixingRule;PathToSubModel;Unit;ShowErrorCode)
```

(mit dem Wert 42 für den zweiten „leeren" Parameter). Der Partialdruck des Wasserdampfs $p_{\mathrm{W}}(T_{\mathrm{L}})$ folgt mit der relativen Feuchte φ und dem Sättigungspartialdruck aus Gleichung (4.9) und daraus der Stoffmengenanteil des Wasserdampfs $x_{\mathrm{L,f,H_2O}}$ in der feuchten Luft mit Gleichung (4.4). Die universelle Gaskonstante R nach Abschnitt 2.4.1 wird für nachfolgende Berechnungen benötigt.

3. Die Stoffmengenanteile in der trockenen Luft $x_{\mathrm{L},i}$ werden aus der Tabelle in Abb. 4.2 übernommen und dort vereinfachend die Komponenten vernachlässigt, deren Anteile kleiner sind als die von Argon, z. B. CO_2. Die Umrechnung in die Stoffmengenanteile der feuchten Luft $x_{\mathrm{L,f},i}$ erfolgt unter Verwendung des

Eingabeparameter TREND

TREND — Thermodynamic Reference & Engineering Data

			HC
Path to Sub-Model			TP
Input Code			molar
Unit			FALSCH
Show Error Code			

Temperaturen, Drücke und Daten der feuchten Luft

Lufttemperatur (entspricht der Standardtemperatur)	$\vartheta_L = \vartheta_0$			°C	**25,0**
Luftdruck (entspricht dem Standarddruck)	$p_L = p_0$			bar	**1,0**
Betriebstemperatur Brennstoffzelle	ϑ_{BZ}			°C	**80,0**
Betriebsdruck Brennstoffzelle	p_{BZ}			bar	**1,2**
Umgebungstemperatur	ϑ_U			°C	**10,0**
Umgebungsdruck	p_U			bar	**1,0**
relative Feuchte der Luft	φ			1	**0,60**
Sättigungsdampfdruck	$p_{ws}(T_L)$	P	MPa	bar	0,0317
Partialdruck Wasserdampf	$p_w(T_L) = \varphi\, p_{ws}(T_L)$			bar	0,0190
Stoffmengenanteil Wasser	$x_{L,f,H2O} = p_w(T_L)/p_L$			1	0,0190
universelle Gaskonstante	R			kJ kmol⁻¹ K⁻¹	8,3145

Zusammensetzung trockene Luft

Stoffmengenanteile	Stickstoff	$x_{L,N2}$	1	0,7812
	Argon	$x_{L,Ar}$	1	0,0092
	Sauerstoff	$x_{L,O2}$	1	0,2096
	Wasser	$x_{L,H2O}$	1	0,0000

Zusammensetzung feuchte Luft

Stoffmengenanteile	Stickstoff	$x_{L,f,N2}$	1	0,7663
	Argon	$x_{L,f,Ar}$	1	0,0090
	Sauerstoff	$x_{L,f,O2}$	1	0,2056
	Wasser	$x_{L,f,H2O}$	1	0,0190

Ideales Gasgemisch und reales Gasgemisch — feuchte Luft

molare Standardexergie Gemisch ideal	$\bar{E}^{E}(T_0,p_0) = \Sigma x_i\,\bar{E}^{E}_i(T_0,p_0) + RT_U\,\Sigma x_i \ln x_i$			kJ mol⁻¹	**0,335**
molare Standardmischungsentropie ideal	$\Delta_M \bar{S}(T_0,p_0) = -R\,\Sigma x_i \ln x_i$			kJ kmol⁻¹ K⁻¹	0,005
molare Standardenthalpie Gemisch real	$\bar{H}(T_0,p_0,x_1,\dots,x_{k-1})$	H	J/mol	kJ mol⁻¹	9,351
molare Standardenthalpie Gemisch ideal	$\Sigma x_i\,\bar{H}_i(T_0,p_0)$			kJ mol⁻¹	8,514
molare Standardmischungsenthalpie real	$\Delta_M \bar{H}(T_0,p_0) = \bar{H}(T_0,p_0,x_1,\dots,x_{k-1}) - \Sigma x_i\,\bar{H}_i(T_0,p_0)$			kJ mol⁻¹	0,836
molare Standardentropie Gemisch real	$\bar{S}(T_0,p_0,x_1,\dots,x_{k-1})$	S	J/(mol K)	kJ kmol⁻¹ K⁻¹	198,2
molare Standardentropie Gemisch ideal	$\Sigma x_i\,\bar{S}_i(T_0,p_0)$			kJ kmol⁻¹ K⁻¹	190,5
molare Standardmischungsentropie real	$\Delta_M \bar{S}(T_0,p_0) = \bar{S}(T_0,p_0,x_1,\dots,x_{k-1}) - \Sigma x_i\,\bar{S}_i(T_0,p_0)$			kJ kmol⁻¹ K⁻¹	7,640
molare Standardexergie Gemisch real	$\bar{E}^{E}(T_0,p_0) = \Sigma x_i\,\bar{E}^{E}_i(T_0,p_0) + \Delta_M \bar{H}(T_0,p_0) - T_U\,\Delta_M \bar{S}(T_0,p_0)$			kJ mol⁻¹	**0,532**
molare Enthalpie Gemisch real bei T_{BZ}, p_{BZ}	$\bar{H}(T_{BZ},p_{BZ},x_1,\dots,x_{k-1})$	H	J/mol	kJ mol⁻¹	10,96
molare Entropie Gemisch real bei T_{BZ}, p_{BZ}	$\bar{S}(T_{BZ},p_{BZ},x_1,\dots,x_{k-1})$	S	J/(mol K)	kJ kmol⁻¹ K⁻¹	201,6
Exergieanteil der mol. Enthalpie	$\Delta \bar{H}^{E} = \bar{H}(T_{BZ},p_{BZ}) - \bar{H}(T_0,p_0) - T_U\,(\bar{S}(T_{BZ},p_{BZ}) - \bar{S}(T_0,p_0))$			kJ mol⁻¹	0,636
molare Exergie Gemisch bei T_{BZ}, p_{BZ}	$\bar{E}^{E}(T_{BZ},p_{BZ}) = \bar{E}^{E}(T_0,p_0) + \Delta \bar{H}^{E}$			kJ mol⁻¹	**1,167**

Komponente i			molare Enthalpie $\bar{H}_i(T_0,p_0)$	molare Entropie $\bar{S}_i(T_0,p_0)$	molare Exergie $\bar{E}^{E}_i, \bar{E}^{E}_j(T_0,p_0)$	Stoffmengenanteile $x_{L,f,i}$	$\ln x_{L,f,i}$
		CalcType	H	S			
		Unit	J/mol	J/(mol K)		1	1
		EqTypes	kJ mol⁻¹	kJ kmol⁻¹ K⁻¹	kJ mol⁻¹		
N_2	Nitrogen	1	8,66	191,59	0,743	0,7663	-0,266
Ar	Argon	1	6,19	154,83	11,642	0,0090	-4,708
O_2	Oxygen	1	8,67	205,13	4,967	0,2056	-1,582
H_2O (g)	Water	1	1,89	6,62	8,547	0,0190	-3,962

Bildungsreaktionsgleichung — $H_2O - H_2 - 0{,}5\,O_2 = 0$

molare Standardexergie H_2O (g)	$\bar{E}^{E}_i(T_0,p_0) = \bar{G}_i(T_0,p_0) + \Sigma\,|\nu_{j,i}|\,(\bar{E}^{E}_j(T_0,p_0) - \bar{G}_j(T_0,p_0))$	kJ mol⁻¹	**8,547**
Änd. Exergieanteil H_2O (g) mol. Enthalpie	$\Delta \bar{H}^{E}_i = \bar{H}_i(T_{BZ},p_{BZ}) - \bar{H}_i(T_0,p_0) - T_U\,(\bar{S}_i(T_{BZ},p_{BZ}) - \bar{S}_i(T_0,p_0))$	kJ mol⁻¹	0,533
molare Exergie H_2O (g) bei T_{BZ}, p_{BZ}	$\bar{E}^{E}_i(T_{BZ},p_{BZ}) = \bar{E}^{E}_i(T_0,p_0) + \Delta \bar{H}^{E}$	kJ mol⁻¹	**9,080**

Komponente i			molare Enthalpie $\bar{H}_i(T_{BZ},p_{BZ})$	molare Enthalpie $\bar{H}_i(T_0,p_0)$	molare Entropie $\bar{S}_i(T_{BZ},p_{BZ})$	molare Entropie $\bar{S}_i(T_0,p_0)$	molare Exergie $\bar{E}^{E}_i, \bar{E}^{E}_j(T_0,p_0)$	mol. Freie Enthalpie $\bar{G}_i, \bar{G}_j(T_0,p_0)$	stöch. Koeffizient ν_i
		CalcType	H	H	S	S			
		Unit	J/mol	J/mol	J/(mol K)	J/(mol K)			
			kJ mol⁻¹	kJ mol⁻¹	kJ kmol⁻¹ K⁻¹	kJ kmol⁻¹ K⁻¹	kJ mol⁻¹	kJ mol⁻¹	1
H_2	Hydrogen						234,683	-38,962	1,0
O_2	Oxygen						4,967	-61,165	0,5
H_2O (g)	Water		6,04	1,89	19,38	6,62	8,547	-298,164	-1,0

Abbildung 3.28: Excel-Berechnungsblatt für die Ermittlung der molaren Standardexergie von feuchter Luft

Stoffmengenanteils des Wasserdampfs

$$x_{\mathrm{L,f},i} = x_{\mathrm{L},i}(1 - x_{\mathrm{L,f,H_2O}}) \ . \tag{3.215}$$

Die Stoffmengenanteile in der feuchten Luft werden durch Änderungen des Drucks oder der Temperatur nicht verändert und gelten deshalb auch für den mit der Aufgabenstellung gegebenen Betriebszustand. Das Array mit den Stoffmengenanteilen erhält den Namen `Composition_Gasmix`.

4. Im untersten Bereich des Berechnungsblatts wird eine Tabelle für die Ermittlung der molaren Standardexergie von Wasserdampf angelegt, in die die molaren Standardexergien $\bar{E}_i^{\mathrm{E}}(T_\circ, p_\circ)$ und $\bar{E}_j^{\mathrm{E}}(T_\circ, p_\circ)$ sowie die molaren Freien Enthalpien $\bar{G}_i(T_\circ, p_\circ)$ und $\bar{G}_j(T_\circ, p_\circ)$ der Komponenten bzw. der Elemente der Luftbestandteile durch Anwendung der SVERWEIS-Funktion aus den Tabellen in den Abb. 3.18 und 3.24 übernommen und auch die Werte der stöchiometrischen Koeffizienten eingetragen werden. Daraus folgt wenige Zeilen weiter oben die molare Exergie $\bar{E}_i^{\mathrm{E}}(T_\circ, p_\circ)$ der Komponente H_2O (g) unter Verwendung von Gleichung (3.201). Die Berechnung des Exergieanteils der molaren Enthalpie $\Delta \bar{H}_i^{\mathrm{E}}$ wird analog zu Gleichung (3.213) und die Berechnung der molaren Exergie $\bar{E}_i^{\mathrm{E}}(T_{\mathrm{BZ}}, p_{\mathrm{BZ}})$ analog zu Gleichung (3.214) durchgeführt. Optional kann diese Tabelle um die molaren Enthalpien $\bar{H}_i(T_\circ, p_\circ)$ und $\bar{H}_i(T_{\mathrm{BZ}}, p_{\mathrm{BZ}})$ sowie die molaren Entropien $\bar{S}_i(T_\circ, p_\circ)$ und $\bar{S}_i(T_{\mathrm{BZ}}, p_{\mathrm{BZ}})$ unter Verwendung von TREND ergänzt werden, siehe dazu die Vorgehensweise für das Beispiel 3.7, um daraus auch direkt die molare Exergie $\bar{E}_i^{\mathrm{E}}(T_{\mathrm{BZ}}, p_{\mathrm{BZ}})$ der Komponente H_2O (g) im Betriebszustand zu ermitteln.

5. Im mittleren Bereich des Berechnungsblatts wird eine Tabelle angelegt, die die molaren Exergien $\bar{E}_j^{\mathrm{E}}(T_\circ, p_\circ)$ der beteiligten Elemente sowie die molare Exergie $\bar{E}_i^{\mathrm{E}}(T_\circ, p_\circ)$ der Komponente H_2O (g) (durch Übernahme des entsprechenden Wertes aus dem unteren Bereich) und – zur besseren Übersicht – nochmals die Stoffmengenanteile $x_{\mathrm{L,f},i}$ in der feuchten Luft enthält. Die molaren Standardexergien $\bar{E}_i^{\mathrm{E}}(T_\circ, p_\circ)$ der Elemente werden auch hier durch Anwendung der SVERWEIS-Funktion aus der Tabelle in Abb. 3.24 übernommen. Außerdem wird eine Spalte mit den Werten $\ln(x_{\mathrm{L,f},i})$ berechnet. Der Wertebereich mit den molaren Exergien $\bar{E}_j^{\mathrm{E}}(T_\circ, p_\circ)$ und $\bar{E}_i^{\mathrm{E}}(T_\circ, p_\circ)$ erhält den Namen `array_E_E_i`, die Stoffmengenanteile $x_{\mathrm{L,f},i}$ den Namen `array_x_L_f_i` und der Wertebereich mit den $\ln(x_{\mathrm{L,f},i})$ den Namen `array_ln_x_L_f_i`. Auch diese Tabelle wird um die molaren Enthalpien $\bar{H}_i(T_\circ, p_\circ)$ (mit dem Namen `array_H_i_p_o_T_o`) sowie die molaren Entropien $\bar{S}_i(T_\circ, p_\circ)$ (mit dem Namen `array_S_i_p_o_T_o`) unter Verwendung von TREND ergänzt, siehe dazu die Vorgehensweise für das Beispiel 3.7, wofür in einer Spalte auf der linken Seite die Namen der Komponenten im Array `Fluids_Gasmix` eingefügt werden. Zusätzlich werden in einer weiteren Spalte die EqTypes für die Komponenten mit dem Wert 1 und dem Namen `Array_EqTypes` eingegeben, womit auf die HELMHOLTZ-Funktion bezogen wird, siehe Abschnitt 2.2.3, da nachfolgend die Berechnungen für das Gemisch erfolgen.

6. Weiterhin im mittleren Bereich erfolgen die Berechnungen zunächst für das ideale und anschließend für das reale Gemisch. Die molare Standardexergie $\bar{E}^{\mathrm{E}}(T_\circ, p_\circ)$

der feuchten Luft als ideale Gasmischung folgt aus Gleichung (3.209) mit der Eingabe

```
=SUMMENPRODUKT(array_x_L_f_i;array_E_E_i)
+RR*T_U*SUMMENPRODUKT(array_x_L_f_i;array_ln_x_L_f_i))/1000
```

und die molare Mischungsentropie $\Delta_\mathrm{M}\bar{S}(T_\circ, p_\circ)$ aus Gleichung (3.208) mit

```
=-(RR*SUMMENPRODUKT(array_x_L_f_i;array_ln_x_L_f_i))/1000
```

7. Mit der molaren Standardenthalpie $\bar{H}(T_\circ, p_\circ, x_1, \dots, x_{k-1})$ für das reale Luftgemisch unter Verwendung von TREND mit

```
=0,001*TRENDEOS("H";InputCode;T_L;p_L;Fluids_Gasmix;
Composition_Gasmix;Array_EqTypes;MixingRule;PathToSubModel;
Unit;ShowErrorCode)
```

sowie der molaren Standardenthalpie $\sum_{i=1}^{k} x_i \bar{H}(T_\circ, p_\circ)$ für das ideale Gemisch mit

```
=SUMMENPRODUKT(Composition_Gasmix;array_H_i_p_o_T_o)
```

folgt mit Gleichung (3.202) die molare Mischungsenthalpie für das reale Gemisch

$$\Delta_\mathrm{M}\bar{H}(T, p, x_1, \dots, x_{k-1}) = \bar{H}(T, p, x_1, \dots, x_{k-1}) - \sum_{i=1}^{k} x_i \bar{H}_i(T, p) \ . \quad (3.216)$$

Diese Vorgehensweise wird auch für die Ermittlung der molaren Mischungsentropie $\Delta_\mathrm{M}\bar{S}(T, p, x_1, \dots, x_{k-1})$ angewendet und daraus die molare Standardexergie $\bar{E}^\mathrm{E}(T_\circ, p_\circ)$ für das reale Luftgemisch mit Gleichung (3.207) berechnet.

8. Für die Berechnung der molaren Exergie des Luftgemischs bei den mit der Aufgabenstellung gegebenen Betriebsbedingungen werden die molare Enthalpie $\bar{H}(T_\mathrm{BZ}, p_\mathrm{BZ}, x_1, \dots, x_{k-1})$ für das reale Luftgemisch unter Verwendung von TREND mit

```
=0,001*TRENDEOS("H";InputCode;T_BZ;p_BZ;Fluids_Gasmix;
Composition_Gasmix;Array_EqTypes;MixingRule;PathToSubModel;
Unit;ShowErrorCode)
```

und analog dazu die molare Entropie $\bar{S}(T_\mathrm{BZ}, p_\mathrm{BZ}, x_1, \dots, x_{k-1})$ berechnet. Daraus folgt der thermische Anteil der molaren Exergie des Gemischs mit

$$\Delta \bar{H}^\mathrm{E} = \bar{H}(T_\mathrm{BZ}, p_\mathrm{BZ}) - \bar{H}(T_\circ, p_\circ) - T_\mathrm{U}\left(\bar{S}(T_\mathrm{BZ}, p_\mathrm{BZ}) - \bar{S}(T_\circ, p_\circ)\right) \quad (3.217)$$

und die molare Exergie des realen Gemischs bei den Betriebsbedingungen T_BZ und p_BZ mit

$$\bar{E}^\mathrm{E}(T_\mathrm{BZ}, p_\mathrm{BZ}) = \bar{E}^\mathrm{E}(T_\circ, p_\circ) + \Delta \bar{H}^\mathrm{E}(T_\mathrm{BZ}, p_\mathrm{BZ}) \quad (3.218)$$

unter Verwendung der molaren Standardexergie für das reale Gemisch.

Der Vergleich der molaren Standardmischungsexergien für das ideale und das reale Gas ergibt erwartungsgemäß eine nur geringe Differenz. Auch bei den Betriebsbedingungen ist der Wert nur geringfügig höher, da sich die feuchte Luft hinsichtlich ihrer Zusammensetzung sowie der Temperaturen und Drücke – auch bei den Betriebsbedingungen – nur wenig von der exergielosen Luft in der Gleichgewichtsumgebung unterscheidet.

4 Verbrennungsprozesse

Mitautor: LUKAS MERKENICH

Zielsetzung
Behandlung der Grundlagen der technischen Verbrennung fester, flüssiger und gasförmiger Brennstoffe unter Beachtung des Zustands der Verbrennungsluft. Ermittlung des Sauerstoff- und des Luftbedarfs, der Abgaszusammensetzung sowie der Taupunkttemperatur. Berechnung der Heiz- und der Brennwerte fester, flüssiger und gasförmiger Brennstoffe sowie der adiabaten Verbrennungstemperatur von Gasgemischen. Bilanzierung einer Gas-Brennwerttherme.

Empfohlene Literatur
Mehrstoffsysteme und chemische Reaktionen von STEPHAN u. a. [128], *Grundlagen der Technischen Thermodynamik* von DEHLI, DOERING und SCHEDWILL [23], *Thermodynamik* von BAEHR und KABELAC [9]

Berechnungsbeispiele in Excel
- Berechnung der Zusammensetzung des Abgases bei der Verbrennung von Buchenholz (Abb. 4.4).
- Berechnung der Verbrennung eines Gasgemischs (Abb. 4.6).
- Berechnung und Bilanzierung einer Gas-Brennwerttherme (Abb. 4.9).

4.1 Grundlagen und Brennstoffe

Zur Deckung des Energiebedarfs für Heizung, Warmwasser, elektrische Energie und technische Prozesse werden nach wie vor überwiegend fossile Energieträger (Stein- und Braunkohle, Heizöl, Erdgas) eingesetzt. Erneuerbare Energieträger wie Holz, Stroh, Biodiesel, Bioethanol oder Biogas gewinnen zunehmend an Bedeutung. Ergänzend treten synthetische Energieträger hinzu, die aus Wasserstoff erzeugt werden, der durch Elektrolyse von Wasser mit elektrischer Energie aus erneuerbaren Quellen hergestellt wird, etwa Ammoniak und Methanol. Auch aufbereitete Zwischenprodukte (Koks, Prozessgase) finden Verwendung. Bei der Entsorgung werden z. B. Hausmüll und industrielle Abfälle (fest oder flüssig) verbrannt; Abgasströme werden zur Minderung von Schadstoffemissionen nachverbrannt.

Unter dem Begriff der Verbrennung versteht man die Oxidation eines Brennstoffs mit molekularem Sauerstoff. Wie in Abb. 4.1 schematisch dargestellt, werden einem Verbrennungsprozess der Brennstoff und der erforderliche Sauerstoff, zumeist als Bestandteil von Luft, zugeführt. In Abhängigkeit von der Zusammensetzung des zugeführten Brennstoffs und der feuchten Luft sowie ihres Mischungsverhältnisses

© Der/die Autor(en), exklusiv lizenziert an
Springer Fachmedien Wiesbaden GmbH, ein Teil von Springer Nature 2026
U. Feuerriegel, *Energietechnik mit EXCEL und VBA*,
https://doi.org/10.1007/978-3-658-50894-4_4

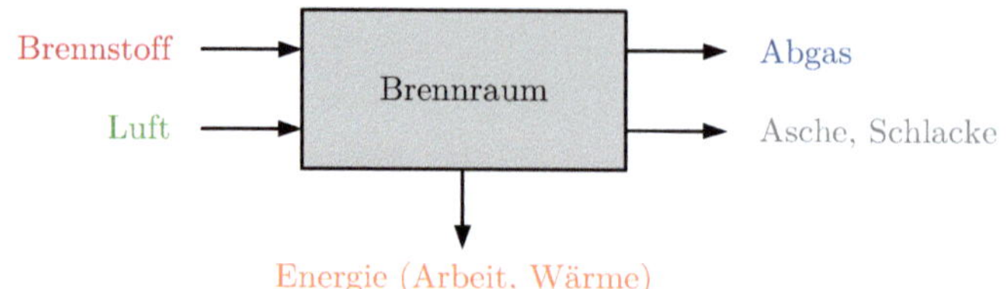

Abbildung 4.1: Bilanzschema eines technischen Verbrennungsprozesses

entstehen gasförmige und auch feste Verbrennungsprodukte, bezeichnet als Abgas bzw. als Asche oder Schlacke. Bei den exotherm ablaufenden chemischen Reaktionen wird die im Brennstoff chemisch gespeicherte Energie in Innere Energie umgewandelt und kann grundsätzlich als Arbeit oder Wärme abgeführt und genutzt werden.

Brennstoffe können als reine Stoffe oder als Gemische brennbarer und nicht brennbarer Komponenten in fester, flüssiger oder gasförmiger Form vorliegen (z. B. Holz, Erdöl, Erdgas). Für feste und für flüssige Brennstoffe empfiehlt es sich, die Zusammensetzung auf die Masse m_B des verwendeten Brennstoffs zu beziehen. Bei gasförmigen Brennstoffen wird bevorzugt auf das Normvolumen $V_\mathrm{B,n}$ des Brenngases bezogen. Das Normvolumen ist nach DIN 1343 [31] das Volumen im Normzustand bei der Normtemperatur $T_\mathrm{n} = 273{,}15\,\mathrm{K}$ und dem Normdruck $p_\mathrm{n} = 101\,325\,\mathrm{Pa} = 1{,}013\,25\,\mathrm{bar}$.

Feste und flüssige Brennstoffe bestehen vorwiegend aus den Elementen Kohlenstoff (C), Wasserstoff (H), Sauerstoff (O), Stickstoff (N) und Schwefel (S) sowie evtl. Phosphor (P) und weiteren nicht brennbaren Komponenten. Die nicht brennbaren Komponenten und die nicht flüchtigen Produkte finden sich nach der Verbrennung in der Asche wieder. Für die Massenanteile eines Gemischs aus k Komponenten gilt

$$w_i = \frac{m_i}{m} \quad \text{mit} \quad \sum_{i=1}^{k} w_i = 1 \,. \tag{4.1}$$

Die Massenanteile für feste und flüssige Brennstoffe werden aus einer Elementaranalyse erhalten und die Zusammensetzung üblicherweise über die Massenanteile der Elemente ($w_\mathrm{C}, w_\mathrm{H}, w_\mathrm{O}, ...$) angegeben.

Gasförmige Brennstoffe können aus den reinen Komponenten Wasserstoff (H_2) oder Kohlenmonoxid (CO) sowie aus Kohlenwasserstoffverbindungen (C_nH_m) – wie z. B. Methan (CH_4), Ethan (C_2H_6), Propan (C_3H_8) und weiteren Verbindungen – oder aus Gemischen dieser Komponenten bestehen. Auch enthalten sein können Stickstoff (N_2), Kohlendioxid (CO_2) und Sauerstoff (O_2) sowie Schwefelverbindungen wie z. B. Schwefelwasserstoff (H_2S). Die Angabe der Zusammensetzung von gasförmigen Brennstoffen erfolgt über die Volumen- oder Stoffmengenanteile der Komponenten und kann mittels einer Gasanalyse z. B. durch eine Gaschromatografie bestimmt werden.

Reine Gase und Gasgemische werden nachfolgend als ideale Gase bzw. als Gemische idealer Gase betrachtet, für deren Berechnung die thermische Zustandsgleichung idealer Gase

$$pV = nRT \tag{2.52}$$

mit der universellen Gaskonstante $R = 8{,}314\,462\,618\,\mathrm{kJ\,kmol^{-1}\,K^{-1}}$ [136] verwendet wird, siehe Abschnitt 2.4.1. Für die Volumenanteile eines Gasgemischs aus k Komponenten gilt

$$\chi_i = \frac{V_i}{V} \quad \text{mit} \quad \sum_{i=1}^{k} \chi_i = 1 \tag{4.2}$$

und für die Stoffmengenanteile

$$x_i = \frac{n_i}{n} \quad \text{mit} \quad \sum_{i=1}^{k} x_i = 1 \tag{4.3}$$

oder unter Verwendung der Partialdrücke der Komponenten

$$x_i = \frac{p_i}{p} \quad \text{mit} \quad \sum_{i=1}^{k} p_i = 1 \tag{4.4}$$

mit $x_i = \chi_i$ für Gemische idealer Gase. Die Massenanteile des Gasgemischs folgen mit

$$w_i = \frac{x_i M_i}{M} = \frac{\chi_i M_i}{M} \; . \tag{4.5}$$

mit der mittleren molaren Masse des sich ideal verhaltenden Gasgemischs

$$M = \sum_{i=1}^{k} x_i M_i = \sum_{i=1}^{k} \chi_i M_i \; . \tag{4.6}$$

4.2 Feuchte Verbrennungsluft

Die Verbrennung erfolgt in der Regel mit *feuchter Luft* aus der Umgebung. Feuchte Luft ist ein Gas-Dampf-Gemisch, bestehend aus der Komponente *trockene Luft* (Index L) und aus *Wasserdampf* (Index W) als kondensierbarer Komponente. Trockene Luft hat die in Abb. 4.2 aufgeführten Volumenanteile χ_i oder Stoffmengenanteile x_i, molaren Massen M_i, Massenanteile w_i und Dichten im Normzustand $\varrho_{\mathrm{n},i}$, wenn alle Komponenten vernachlässigt werden, deren Anteile kleiner sind als die von Argon (Ar), was für technische Berechnungen ausreichend genau ist. Vereinfachend hat trockene Luft einen Volumen- oder Stoffmengenanteil an Sauerstoff von 21 % und an sog. „Luftstickstoff" ($N_2 + Ar$) von 79 %.

Innerhalb der feuchten Luft hat der Wasserdampf den Partialdruck p_W. Wird die Menge an Wasser erhöht, bis die feuchte Luft mit Wasserdampf gesättigt ist, hat der Wasserdampf den Sättigungsdampfdruck p_WS erreicht. Da feuchte Luft nur eine von der Temperatur abhängige Höchstmenge an Wasserdampf aufnehmen kann, bildet sich bei weiterer Erhöhung der Menge des Wassers bei einer Temperatur $\vartheta \geq \vartheta_\mathrm{tr} = 0{,}01\,°\mathrm{C}$ (Tripeltemperatur von Wasser entsprechend $T_\mathrm{tr} = 273{,}16\,\mathrm{K}$, Tripeldruck $p_\mathrm{tr} = 6{,}116\,57\,\mathrm{hPa}$ [149]) flüssiges Wasser oder bei einer Temperatur $\vartheta \leq 0{,}01\,°\mathrm{C}$ Eis.[52]

Komponente	$\chi_i = x_i$	M_i	w_i	$\rho_{n,i}(T_n, p_n)$
	1	kg kmol^{-1}	1	kg m^{-3}
N_2	0,7812	28,013	0,75570	1,1452
Ar	0,0092	39,948	0,01269	1,6339
O_2	0,2096	31,999	0,23161	1,3088

Abbildung 4.2: Zusammensetzung trockener Luft mit den Volumenanteilen χ_i oder Stoffmengenanteilen x_i, molaren Massen M_i, Massenanteilen w_i und Dichten im Normzustand ϱ_n (unter Vernachlässigung aller Komponenten, deren Anteile kleiner sind als die von Argon) nach [129]; Normdichten berechnet mit TREND

Sättigungsdampfdruck

Der Sättigungsdampfdruck p_{WS} kann vereinfacht als vom Druck des Gas-Dampf-Gemisches unabhängig betrachtet werden. Nach [9] liegt der Fehler für $p < 10\,\text{bar}$ unter 1 %. Bei höherem Gesamtdruck steigt der Fehler, aber dann ist auch die Betrachtung des Gas-Dampf-Gemisches als ideales Gasgemisch nicht mehr zulässig. Deshalb wird der Sättigungsdampfdruck mit dem Dampfdruck des reinen flüssigen Wassers gleichgesetzt. Daraus ergeben sich die in [9, 52] aufgeführten vier Zustandsbereiche feuchter Luft, wobei für die technische Verbrennung die Berücksichtigung ausschließlich ungesättigter (oder im Grenzfall gerade gesättigter) feuchter Luft mit Wasser als Wasserdampf in der Regel ausreichend ist. Hierfür gilt $p_W \leq p_{WS}(T)$ (Dampfdruck). In der Luft ist selbst für $p_W = p_{WS}(T)$ gerade noch kein Kondensat vorhanden. Die Berechnung des Sättigungsdampfdrucks erfolgt mit der Gleichung (2.63).

Wasserbeladung

Die Wasserbeladung feuchter (Verbrennungs-)Luft

$$X = \frac{m_W}{m_L} = \frac{R_L}{R_W} \frac{p_{WS}(T)}{p/\varphi - p_{WS}(T)} = 0{,}622 \frac{p_{WS}(T)}{p/\varphi - p_{WS}(T)} \tag{4.7}$$

ist definiert als Verhältnis der Masse des Wassers m_W in der Luft zur Masse der *trockenen* Luft m_L. $p_{WS}(T)$ steht für den Sättigungsdampfdruck der feuchten Luft und φ für die relative Feuchte. Der Faktor 0,622 ergibt sich aus dem Verhältnis der spezifischen Gaskonstanten von Luft $R_L = 287{,}12\,\text{J}\,\text{kg}^{-1}\,\text{K}^{-1}$ und Wasserdampf $R_W = 461{,}526\,\text{J}\,\text{kg}^{-1}\,\text{K}^{-1}$ [52, 129].

Für die Wasserbeladung der gesättigten feuchten Luft (maximale Beladung), d. h. für $\varphi = 1$, gilt

$$X_S = \frac{R_L}{R_W} \frac{p_{WS}(T)}{p - p_{WS}(T)} \; . \tag{4.8}$$

Die Definition der relativen Feuchte

$$\varphi = \frac{p_W}{p_{WS}(T)} \tag{4.9}$$

folgt aus dem Partialdruck des Wassers in der feuchten Luft und dem Sättigungsdampfdruck und die praktische Berechnung der relativen Feuchte mit

$$\varphi = \frac{X}{R_\mathrm{L}/R_\mathrm{W} + X}\, \frac{p}{p_\mathrm{WS}(T)}\,. \tag{4.10}$$

Für die Masse feuchter Luft gilt unter Verwendung der Wasserbeladung

$$m_\mathrm{L,f} = m_\mathrm{L} + m_\mathrm{W} = m_\mathrm{L}(1 + X)\,. \tag{4.11}$$

Spezifisches Volumen und Dichte

Die gewöhnliche Definition des spezifischen Volumens feuchter Luft lautet

$$v = \frac{V}{m_\mathrm{L} + m_\mathrm{W}}\,. \tag{4.12}$$

Unter Verwendung der Wasserbeladung wird durch Bezug des Volumens der feuchten Luft V auf die Masse der trockenen Luft m_L (und Einsetzen von Gleichung (4.12)) das *spezifische Volumen feuchter Luft*

$$v_{1+X} = \frac{V}{m_\mathrm{L}} = \frac{V}{m_\mathrm{L} + m_\mathrm{W}}\, \frac{m_\mathrm{L} + m_\mathrm{W}}{m_\mathrm{L}} = v(1 + X) = \frac{1 + X}{\varrho} \tag{4.13}$$

mit der Dichte der feuchten Luft ϱ definiert. Für ungesättigte oder gerade gesättigte feuchte Luft folgt mit der Zustandsgleichung idealer Gase

$$v_{1+X} = \frac{V}{m_\mathrm{L}} = \frac{V_\mathrm{L} + V_\mathrm{W}}{m_\mathrm{L}} = v_\mathrm{L} + \frac{v_\mathrm{W} m_\mathrm{W}}{m_\mathrm{L}} = \frac{R_\mathrm{L} T}{p}\left(1 + X\frac{R_\mathrm{W}}{R_\mathrm{L}}\right) \tag{4.14}$$

oder

$$v_{1+X} = \frac{R_\mathrm{L} T}{p_\mathrm{L}} = \frac{R_\mathrm{L} T}{p - p_\mathrm{W}} = \frac{R_\mathrm{L} T}{p - \varphi p_\mathrm{WS}(T)} \tag{4.15}$$

und die Dichte der feuchten Luft gemäß Gleichung (4.13) zu

$$\varrho = \frac{1 + X}{v_{1+X}}\,. \tag{4.16}$$

Enthalpie feuchter Luft

Die Enthalpie feuchter Luft folgt aus

$$H = m_\mathrm{L} h_\mathrm{L} + m_\mathrm{W} h_\mathrm{W} \tag{4.17}$$

mit den spezifischen Enthalpien der trockenen Luft h_L und des Wassers h_W (sowie bei Vernachlässigung von Mischungs- oder Exzessenthalpien). Durch Bezug der Enthalpie der feuchten Luft auf die Masse der trockenen Luft m_L lässt sich die spezifische Enthalpie der feuchten Luft

$$h_{1+X} = \frac{H}{m_\mathrm{L}} = h_\mathrm{L} + \frac{m_\mathrm{W}}{m_\mathrm{L}} h_\mathrm{W} = h_\mathrm{L} + X h_\mathrm{W} \tag{4.18}$$

berechnen. Da Enthalpien nicht absolut bestimmt werden können, muss eine geeignete Referenztemperatur $T_\circ$ für die Berechnungen gewählt werden, z. B. $T_\circ = T_{\mathrm{tr}} = 273{,}16\,\mathrm{K}$. Damit folgt die spezifische Enthalpie der trockenen Luft aus

$$h_{\mathrm{L}}(T) = \overline{c_{p,\mathrm{L}}^{\circ}}(T - T_\circ) \,, \tag{4.19}$$

die spezifische Enthalpie des Wasserdampfs in der feuchten Luft aus

$$h_{\mathrm{W}}(T) = \Delta_{\mathrm{vap}}h(T_\circ) + \overline{c_{p,\mathrm{W}}^{\circ}}(T - T_\circ) \tag{4.20}$$

und die spezifische Enthalpie ungesättigter (oder gerade gesättigter) feuchter Luft zu

$$\begin{aligned}
h_{1+X}(T, X) &= h_{\mathrm{L}} + X h_{\mathrm{W}} \\
&= \overline{c_{p,\mathrm{L}}^{\circ}}(T - T_\circ) + X \left[\Delta_{\mathrm{vap}}h(T_\circ) + \overline{c_{p,\mathrm{W}}^{\circ}}(T - T_\circ) \right] \,,
\end{aligned} \tag{4.21}$$

siehe [9, 52]. Der Integrationsweg in den Gleichungen (4.20) und (4.21) wurde wegen der Wegunabhängigkeit der Enthalpie so gewählt, dass mit einem konstanten Wert für die spezifische Verdampfungsenthalpie von Wasser gerechnet werden kann, z. B. $\Delta_{\mathrm{vap}}h(T_\circ = T_{\mathrm{tr}}) = 2500{,}9\,\mathrm{kJ\,kg^{-1}\,K^{-1}}$ (aus [92]). Für die nachfolgenden Berechnungen sind die UDFs zu den vorstehenden Gleichungen einschließlich der erforderlichen Stoffdaten in Listing 4.1 aufgeführt.

Listing 4.1: VBA-Code für die Berechnungsgleichungen zur feuchten Luft

```
'spezifische Gaskonstanten für Luft und Wasserdampf
'[R_i] = J kg^-1 K^-1
Const R_L As Double = 287.12
Const R_W As Double = 461.526
'spezifische Verdampfungsenthalpie von Wasser bei der Tripeltemperatur
'[delta_vap_h] = kJ kg^-1
Const delta_vap_h As Double = 2500.9
'Stephan, P. u.a.: VDI-Wärmeatlas. 12. Aufl. Springer Reference Technik.
'Berlin Heidelberg: Springer Vieweg, 2019. DOI: 10.1007/978-3-662-52989-8

'Wasserbeladung, [X_Wasser] = 1
'Sättigungsdampfdruck [p_WS] = hPa, Druck [p] = hPa, relative Feuchte [phi] = 1
Function X_Wasser(p_WS As Double, p As Double, phi As Double) As Double

    X_Wasser = R_L / R_W * (p_WS / (p / phi - p_WS))

End Function

'Wasserbeladung im Sättigungszustand, [X_Wasser_S] = 1
'Sättigungsdampfdruck [p_WS] = hPa, Druck [p] = hPa, relative Feuchte [phi] = 1
Function X_Wasser_S(p_WS As Double, p As Double) As Double

    X_Wasser_S = R_L / R_W * (p_WS / (p - p_WS))

End Function

'relative Feuchte aus der Wasserbeladung, [phi_aus_X] = 1
'Wasserbeladung [X] = 1, Sättigungsdampfdruck [p_WS] = hPa, Druck [p] = hPa
Function phi_aus_X(X As Double, p_WS As Double, p As Double) As Double
```

```
30      phi_aus_X = X / (R_L / R_W + X) * (p / p_WS)

    End Function

35  'spezifisches Volumen feuchter Luft mit der Wasserbeladung, [v_1plusX_aus_X] = m^3 kg^-1
    'Temperatur [T] = K, Druck [p] = hPa, Wasserbeladung [X] = 1
    Function v_1plusX_aus_X(T As Double, p As Double, X As Double) As Double

        v_1plusX_aus_X = R_L * T * 0.01 / p * (1 + X * (R_W / R_L))

40  End Function

    'spezifisches Volumen feuchter Luft mit dem Sättigungsdampfdruck,
    '[v_1plusX_aus_p_WS] = m^3 kg^-1, Temperatur [T] = K, Druck [p] = hPa,
45  'relative Feuchte [phi] = 1, Sättigungsdampfdruck[p_WS] = hPa
    Function v_1plusX_aus_p_WS(T As Double, p_WS As Double, p As Double, phi As Double) As Double

        v_1plusX_aus_p_WS = R_L * T * 0.01 / (p - phi * p_WS)

50  End Function

    'spezifische Enthalpie ungesättigter (oder gerade gesättigter) feuchter Luft
    '[h_1plusX] = kJ kg^-1, spez. Wärmekapazität Luft [c_p_L] = kJ kg^-1 K^-1,
    'Temperatur [T] = K, spez. Verdampfungsenthalpie [delta_v_h] = kJ kg^-1
55  Function h_1plusX(c_p_L As Double, T As Double, T_o As Double, X As Double, _
        c_p_W As Double) As Double

        h_1plusX = c_p_L * (T - T_o) + X * (delta_vap_h + c_p_W * (T - T_o))

60  End Function
```

Da für die Berechnungen in diesem Kapitel zumeist die Berechnung von Änderungen der spezifischen Enthalpie feuchter Luft erforderlich ist, folgt für ungesättigte (oder gerade gesättigte) feuchte Luft für die Änderung der spezifischen Enthalpie im Temperaturintervall zwischen den Zuständen 1 und 2

$$\Delta h_{1+X} = h_{1+X,2} - h_{1+X,1} = \overline{c^{\circ}_{p,\mathrm{L}}}(T_2 - T_1) + X\,\overline{c^{\circ}_{p,\mathrm{W}}}(T_2 - T_1) \; . \tag{4.22}$$

Für praktische Berechnungen können die Mittelwerte der spezifischen Wärmekapazitäten in den vorstehenden Gleichungen bei der arithmetisch gemittelten Bezugstemperatur

$$T_{\mathrm{Bezug}} = \frac{T + T_{\circ}}{2} \quad \text{oder} \quad T_{\mathrm{Bezug}} = \frac{T_1 + T_2}{2} \tag{4.23}$$

entsprechend Gleichung (2.50) ermittelt werden [53]. Für noch genauere Berechnungen bietet sich die Verwendung der integralen Mittelwerte gemäß Gleichung (2.51) unter Verwendung der in Listing 2.3 enthaltenen UDF `c_p_G_VDI_13_arr_Integral` an. Für Berechnungen im Temperaturintervall zwischen der Tripeltemperatur und der Siedetemperatur von Wasser (im Normzustand) kann die hier geringe Temperaturabhängigkeit der beiden spezifischen Wärmekapazitäten auch vernachlässigt werden.

Taupunkttemperatur

Für die Ermittlung der Taupunkttemperatur für einen vorgegebenen Luftzustand und ebenso auch für Abgase nutzen wir die Bedingung

$$p_{\mathrm{WS}}(T_{\mathrm{Tau}}) = p_{\mathrm{W}}(T) \, , \tag{4.24}$$

dass also der Sättigungsdampfdruck bei der Taupunkttemperatur dem Partialdruck des Wasserdampfs bei der Temperatur T entspricht, da für diesen Fall die feuchte Luft isobar bis zur Sättigungs- oder Taupunkttemperatur T_{Tau}, bei der das in ihr enthaltene Wasser zu kondensieren beginnt, abgekühlt werden muss. Die Berechnung erfolgt am besten unter Verwendung der „Umkehrfunktion" T_S_VDI_12_arr, die aus Gleichung (2.63) die gesuchte Temperatur iterativ ermittelt, siehe Abschnitt 2.4.

4.3 Luft- und Abgaszusammensetzung

> **Beispiel 4.1**
>
> Buchenholz mit den Massenanteilen $w_{\mathrm{C}} = 0{,}43$, $w_{\mathrm{H}} = 0{,}05$, $w_{\mathrm{O}} = 0{,}38$ und $w_{\mathrm{H_2O}} = 0{,}14$ wird in einem Stückholzkessel mit einem Luftverhältnis von $\lambda = 1{,}2$ verbrannt. Die feuchte Luft weist eine Wasserbeladung von $X = 0{,}005$ auf. Wie hoch sind der minimale massenbezogene Sauerstoffbedarf sowie der minimale massenbezogene und der massenbezogene Luftbedarf? Berechnen Sie zudem die Massenanteile der Abgaskomponenten und die entstehende, auf die Masse des Brennstoffs bezogenen Abgasmasse, außerdem die auf die Masse des Brennstoffs bezogenen Normvolumen der Abgaskomponenten einschließlich der bezogenen Normvolumen des trockenen und des feuchten Abgases. Fällt bei der Verbrennung Asche an? (Ergebnisse im Excel-Berechnungsblatt in Abb. 4.4.)

4.3.1 Gasförmige Brennstoffe

Nachfolgend wird die Berechnung der Abgaszusammensetzung für die vollständige und vollkommene Verbrennung eines Gasgemischs erläutert, siehe dazu auch [9, 23, 128]. Mit „vollständig" ist die vollständige chemische Umsetzung des Brennstoffs gemeint, mit „vollkommen" die Umsetzung in die höchste Oxidationsstufe (vgl. [36]). Die Reaktionsgleichungen der relevanten Bestandteile eines gasförmigen Brennstoffs lauten

$$\mathrm{CO} + 0{,}5\,\mathrm{O_2} = \mathrm{CO_2} \, , \tag{4.25}$$

$$\mathrm{CH_4} + 2\,\mathrm{O_2} = \mathrm{CO_2} + 2\,\mathrm{H_2O} \, , \tag{4.26}$$

$$\mathrm{C}_n\mathrm{H}_m + \left(n + \frac{m}{4}\right)\mathrm{O_2} = n\,\mathrm{CO_2} + \frac{m}{2}\,\mathrm{H_2O} \, , \tag{4.27}$$

$$\mathrm{H_2} + 0{,}5\,\mathrm{O_2} = \mathrm{H_2O} \, . \tag{4.28}$$

Für die vollständige und vollkommene Verbrennung eines Gasgemischs (mit l Kohlenwasserstoffverbindungen C_nH_m gemäß Gleichung (4.27)) ergibt sich daraus (siehe [23]) der *minimale volumenbezogene Sauerstoffbedarf* im Normzustand

$$o_{\mathrm{min,n}} = \frac{V_{O_2,\mathrm{min,n}}}{V_{\mathrm{B,n}}} = 0{,}5\chi_{CO} + 2\chi_{CH_4} + \sum_{i=1}^{l}\left(n + \frac{m}{4}\right)\chi_{C_nH_m} + 0{,}5\chi_{H_2} - \chi_{O_2} \quad (4.29)$$

in m^3 Sauerstoff pro m^3 Brenngas. Es folgt der *minimale volumenbezogene Luftbedarf* im Normzustand bei der Verbrennung mit *trockener* Luft

$$l_{\mathrm{min,n}} = \frac{V_{\mathrm{L,min,n}}}{V_{\mathrm{B,n}}} = \frac{o_{\mathrm{min,n}}}{\chi_{\mathrm{L,O_2}}} \quad (4.30)$$

in m^3 trockene Luft pro m^3 Brenngas mit dem Volumenanteil des Sauerstoffs in der trockenen Luft $\chi_{\mathrm{L,O_2}}$ gemäß Abb. 4.2.

Die Masse der zugeführten Verbrennungsluft wird über das *Luftverhältnis*

$$\lambda = \frac{m_{\mathrm{L}}}{m_{\mathrm{L,min}}} = \frac{m_{\mathrm{L,f}}}{m_{\mathrm{L,f,min}}} = \frac{V_{\mathrm{L,n}}}{V_{\mathrm{L,min,n}}} \quad (4.31)$$

vorgegeben [9]. Der Index f kennzeichnet den Zustand der feuchten Luft. Bei der Verbrennung von Gasen folgt daraus mit dem volumenbezogenen Luftbedarf an trockener Luft l_{n} das Verhältnis

$$\lambda = \frac{l_{\mathrm{n}}}{l_{\mathrm{min,n}}} \; . \quad (4.32)$$

Für den Fall $\lambda = 1$, wenn der Sauerstoffbedarf gerade gedeckt ist, spricht man von *stöchiometrischer Verbrennung*, weil in diesem Fall mit der Verbrennungsluft gerade so viel Sauerstoff zugeführt wird, um eine vollständige und vollkommene Oxidation zu ermöglichen. Bei $\lambda > 1$ handelt es sich um eine Verbrennung mit Sauerstoffüberschuss und *oxidierender Atmosphäre*, bei $\lambda < 1$ um eine Verbrennung mit Sauerstoffmangel und *reduzierender Atmosphäre*. In der Regel erfolgt die Verbrennung mit Sauerstoffüberschuss, um die Bildung von Produkten unvollständiger Oxidation, wie z. B. CO oder höhere Kohlenwasserstoffe, zu vermeiden.

Bei der Verbrennung mit *feuchter* Luft kann die Luft gedanklich in drei Teile aufgeteilt werden: In die Masse der trockenen Luft $m_{\mathrm{L,min}}$, die gerade für die Oxidation aufgrund der Stöchiometrie erforderlich ist, in den *Luftüberschuss* $(\lambda - 1)m_{\mathrm{L,min}}$ und in die Masse des Wasserdampfs in der feuchten Luft $\lambda m_{\mathrm{L,min}}X$, entsprechend (siehe [9])

$$m_{\mathrm{L,f}} = m_{\mathrm{L,min}} + \underbrace{(\lambda - 1)m_{\mathrm{L,min}}}_{m_{\mathrm{L}} - m_{\mathrm{L,min}}} + \underbrace{\lambda m_{\mathrm{L,min}}X}_{m_{\mathrm{W}}} = \lambda m_{\mathrm{L,min}}(1 + X) \; . \quad (4.33)$$

Der Luftüberschuss und der Wasserdampf in der Verbrennungsluft nehmen an der Reaktion nicht teil und liegen im Abgas unverändert vor. Für den *volumenbezogenen Bedarf an feuchter Luft* im Normzustand folgt mit dem minimalen volumenbezogenen

Luftbedarf $l_{\text{min,n}}$ nach Gleichung (4.32) und der Wasserbeladung X nach Gleichung (4.7)

$$l_{\text{f,n}} = \frac{V_{\text{L,f,n}}}{V_{\text{B,n}}} = \frac{V_{\text{L,n}} + V_{\text{W,n}}}{V_{\text{B,n}}} = \lambda\, l_{\text{min,n}} \left(1 + X \frac{R_{\text{W}}}{R_{\text{L}}} \right) \tag{4.34}$$

mit Wasserdampf als hypothetischem idealen Gas im Normzustand.

Die auf das Volumen des Brennstoffs bezogenen Volumenanteile der Abgaskomponenten (Index A) im Normzustand bei der Verbrennung mit feuchter Luft lassen sich aus den oben aufgeführten Reaktionsgleichungen wie folgt ableiten:

$$\chi_{\text{A,CO}_2} = \frac{V_{\text{A,CO}_2,\text{n}}}{V_{\text{B,n}}} = \chi_{\text{CO}} + \chi_{\text{CH}_4} + \sum_{i=1}^{l} n\, \chi_{\text{C}_n\text{H}_m} + \chi_{\text{CO}_2} , \tag{4.35}$$

$$\chi_{\text{A,H}_2\text{O}} = \frac{V_{\text{A,H}_2\text{O,n}}}{V_{\text{B,n}}} = \chi_{\text{H}_2} + 2\chi_{\text{CH}_4} + \sum_{i=1}^{l} \frac{m}{2} \chi_{\text{C}_n\text{H}_m} + \lambda\, l_{\text{min,n}} X \frac{R_{\text{W}}}{R_{\text{L}}} , \tag{4.36}$$

$$\chi_{\text{A,O}_2} = \frac{V_{\text{A,O}_2,\text{n}}}{V_{\text{B,n}}} = \chi_{\text{O}_2} + \chi_{\text{L,O}_2}\, l_{\text{n}} - 0{,}5(\chi_{\text{H}_2} + \chi_{\text{CO}}) - 2\chi_{\text{CH}_4}$$

$$- \sum_{i=1}^{l} \left(n + \frac{m}{4} \right) \chi_{\text{C}_n\text{H}_m} = \chi_{\text{L,O}_2}\,(\lambda - 1)\, l_{\text{min,n}} = (\lambda - 1)\, o_{\text{min,n}} , \tag{4.37}$$

$$\chi_{\text{A,N}_2} = \frac{V_{\text{A,N}_2,\text{n}}}{V_{\text{B,n}}} = \chi_{\text{N}_2} + (1 - \chi_{\text{L,O}_2})\, \lambda\, l_{\text{min,n}} . \tag{4.38}$$

Die Addition der Volumenanteile der Abgaskomponenten führt zum Volumenanteil des feuchten Abgases bezogen auf das Brenngas im Normzustand

$$\chi_{\text{A,f}} = \frac{V_{\text{A,f,n}}}{V_{\text{B,n}}} = \chi_{\text{A,H}_2\text{O}} + \chi_{\text{A,CO}_2} + \chi_{\text{A,O}_2} + \chi_{\text{A,N}_2} . \tag{4.39}$$

Entsprechend gilt für den Volumenanteil des trockenen Abgases bezogen auf das Brenngas im Normzustand

$$\chi_{\text{A,tr}} = \frac{V_{\text{A,tr,n}}}{V_{\text{B,n}}} = \chi_{\text{A,f}} - \chi_{\text{A,H}_2\text{O}} = \chi_{\text{A,CO}_2} + \chi_{\text{A,O}_2} + \chi_{\text{A,N}_2} . \tag{4.40}$$

Darüber hinaus können die Volumenanteile der Abgaskomponenten i im trockenen oder im feuchten Abgas (jeweils im Normzustand) umgerechnet werden:

$$\chi_{\text{A,tr},i} = \frac{V_{\text{A},i,\text{n}}}{V_{\text{A,tr,n}}} = \frac{\chi_{\text{A},i}}{\chi_{\text{A,tr}}} \quad \text{und} \tag{4.41}$$

$$\chi_{\text{A,f},i} = \frac{V_{\text{A},i,\text{n}}}{V_{\text{A,f,n}}} = \frac{\chi_{\text{A},i}}{\chi_{\text{A,f}}} . \tag{4.42}$$

Bruttoreaktionsgleichung	$C + O_2 = CO_2$						
Stoffmengenbilanz in kmol	1	kmol C	+	1	kmol O_2	= 1	kmol CO_2
Massenbilanz in kg	1	kg C	+ 2,664	kg O_2	= 3,664	kg CO_2	
Bilanz mit den Volumen der gasförmigen Stoffe im Normzustand	1	kg C	+ 1,866	m^3 O_2	= 1,866	m^3 CO_2	
	$H_2 + 0,5\,O_2 = H_2O$						
Stoffmengenbilanz in kmol	1	kmol H_2	+ 0,5	kmol O_2	= 1	kmol H_2O	
Massenbilanz in kg	1	kg H_2	+ 7,937	kg O_2	= 8,937	kg H_2O	
Bilanz mit den Volumen der gasförmigen Stoffe im Normzustand	1	m^3 H_2	+ 0,500	m^3 O_2	= 1	m^3 H_2O	
	$S + O_2 = SO_2$						
Stoffmengenbilanz in kmol	1	kmol S	+ 1	kmol O_2	= 1	kmol SO_2	
Massenbilanz in kg	1	kg S	+ 0,998	kg O_2	= 1,998	kg SO_2	
Bilanz mit den Volumen der gasförmigen Stoffe im Normzustand	1	kg S	+ 0,699	m^3 O_2	= 0,699	m^3 SO_2	

R	kJ kmol^{-1} K^{-1}	8,314463
p_n	bar	1,013250
T_n	K	273,15

Komp. i	M_i	$\rho_i^{\,0}(T_n, p_n)$
	kg kmol^{-1}	kg m^{-3}
C	12,0110	
O_2	31,9988	1,428
CO_2	44,0098	1,963
H_2	2,0159	0,090
H_2O (g)	18,0153	0,804
S	32,0660	
SO_2	64,0648	2,858

Abbildung 4.3: Verbrennungsgleichungen der vollständigen und vollkommenen Verbrennung

Taupunkttemperatur

Die Abgase enthalten Wasser in Form von Wasserdampf, der beim Unterschreiten der Taupunkttemperatur kondensiert. Zur Bestimmung der Taupunkttemperatur T_{Tau} wird der Partialdruck des Wassers p_W bei der Temperatur T, der mit dem Sättigungsdampfdruck bei der Taupunkttemperatur identisch ist, unter Verwendung des Volumenanteils des Wasserdampfs im feuchten Abgas χ_{A,f,H_2O} ermittelt

$$p_{WS}(T_{\text{Tau}}) = p_W(T) = \chi_{A,f,H_2O}\, p \, , \tag{4.43}$$

siehe dazu Gleichung (4.24). Zur praktischen Berechnung der Taupunkttemperatur siehe die Beschreibungen und Anleitungen in [52].

4.3.2 Feste und flüssige Brennstoffe

Die Reaktionsgleichungen für die vollständige und vollkommene Verbrennung der üblichen Bestandteile eines festen Brennstoffs lauten

$$C + O_2 = CO_2 \, , \tag{4.44}$$
$$H_2 + 0,5\,O_2 = H_2O \, , \tag{4.45}$$
$$S + O_2 = SO_2 \, . \tag{4.46}$$

Die Oxidation des Stickstoffs kann vernachlässigt werden und ist nur für die Bildung von Schadstoffemissionen relevant. Unter Verwendung der in Abb. 3.18 aufgeführten molaren Massen M_i folgen daraus die Berechnungen in der Tabelle in Abb. 4.3.

In dieser Tabelle wurden zunächst die Dichten der Gase im Normzustand

$$\varrho_{i,n}^{\circ} = \frac{p_n M_i}{R T_n} \tag{4.47}$$

ermittelt und dabei für Wasserdampf ein hypothetisches ideales Gas im Normzustand angenommen. Die Stoffmengenbilanzen folgen unmittelbar aus den Reaktionsgleichungen. Bei den Massenbilanzen wird das Verhältnis der molaren Massen der Komponenten berücksichtigt (siehe Gleichung (4.48)), bei der Berechnung der Volumen der gasförmigen Produkte zusätzlich die Dichten im Normzustand.

Mit Verwendung der Massenanteile gilt gemäß der Berechnungen in der vorgenannten Tabelle für den *minimalen massenbezogenen Sauerstoffbedarf* in kg Sauerstoff pro kg Brennstoff

$$o_{\min}^* = \frac{m_{O_2,\min}}{m_B} = \frac{M_{O_2}}{M_C} w_C + 0{,}5 \frac{M_{O_2}}{M_{H_2}} w_H + \frac{M_{O_2}}{M_S} w_S - w_O$$

$$= 2{,}664 w_C + 7{,}937 w_H + 0{,}998 w_S - w_O \; . \tag{4.48}$$

Bei der Verbrennung mit *trockener* Luft folgen analog zu Gleichung (4.30) der *minimale massenbezogene Luftbedarf*

$$l_{\min}^* = \frac{m_{L,\min}}{m_B} = \frac{o_{\min}^*}{w_{L,O_2}} \tag{4.49}$$

und der massenbezogene Luftbedarf

$$l^* = \frac{m_L}{m_B} = \lambda \, l_{\min}^* \; . \tag{4.50}$$

Der minimale massenbezogene Sauerstoffbedarf in m³ Sauerstoff im Normzustand je kg Brennstoff folgt aus

$$o_{\min,n}' = \frac{V_{O_2,\min,n}}{m_B} = \frac{o_{\min}^*}{\varrho_{O_2,n}^{\circ}} \tag{4.51}$$

und daraus der minimale massenbezogene Luftbedarf in m³ Luft im Normzustand je kg Brennstoff zu

$$l_{\min,n}' = \frac{V_{L,\min,n}}{m_B} = \frac{o_{\min,n}'}{\chi_{L,O_2}} \tag{4.52}$$

sowie der massenbezogene Luftbedarf im Normzustand

$$l_n' = \frac{V_{L,n}}{m_B} = \lambda \, l_{\min,n}' \; . \tag{4.53}$$

Die Massenanteile im Abgas in kg pro kg Brennstoff ergeben sich zu

$$w_{\mathrm{A,B,CO_2}} = \frac{M_{\mathrm{CO_2}}}{M_{\mathrm{C}}} w_{\mathrm{C}} = 3{,}664 w_{\mathrm{C}} \; , \tag{4.54}$$

$$w_{\mathrm{A,B,H_2O}} = \frac{M_{\mathrm{H_2O}}}{M_{\mathrm{H_2}}} w_{\mathrm{H}} + l^* X + w_{\mathrm{H_2O}} = 8{,}937 w_{\mathrm{H}} + l^* X + w_{\mathrm{H_2O}} \; , \tag{4.55}$$

$$w_{\mathrm{A,B,SO_2}} = \frac{M_{\mathrm{SO_2}}}{M_{\mathrm{S}}} w_{\mathrm{S}} = 1{,}998 w_{\mathrm{S}} \; , \tag{4.56}$$

$$w_{\mathrm{A,B,O_2}} = (\lambda - 1)\, o^*_{\min} \; , \tag{4.57}$$

$$w_{\mathrm{A,B,N_2}} = w_{\mathrm{L,N_2}} l^* + w_{\mathrm{N}} \; . \tag{4.58}$$

Die Abgasmasse m_{A} je kg Brennstoff wird mittels Summation der Massenanteile ermittelt

$$\frac{m_{\mathrm{A}}}{m_{\mathrm{B}}} = \sum_{i}^{k} w_{\mathrm{A,B},i} \; . \tag{4.59}$$

Die Massenanteile im Abgas in kg pro kg Abgas ergeben sich mit

$$w_{\mathrm{A,A},i} = \frac{w_{\mathrm{A,B},i}}{m_{\mathrm{A}}/m_{\mathrm{B}}} \; . \tag{4.60}$$

Die Volumenanteile im Abgas folgen durch die Umrechnung von Massenanteilen auf Volumenanteile (siehe dazu die Tabelle A im Anhang in [52])

$$\chi_{\mathrm{A},i} = \frac{\frac{w_{\mathrm{A,B},i}}{M_i}}{\sum_{j=1}^{k} \frac{w_{\mathrm{A,B},j}}{M_j}} \; . \tag{4.61}$$

Für die Berechnung des Abgasvolumens sind die auf die Masse des Brennstoffs bezogenen Volumen im Normzustand erforderlich

$$v_{\mathrm{A,CO_2,n}} = \frac{V_{\mathrm{A,CO_2,n}}}{m_{\mathrm{B}}} = \frac{M_{\mathrm{CO_2}} w_{\mathrm{C}}}{M_{\mathrm{C}} \, \varrho_{\mathrm{CO_2}}} \; , \tag{4.62}$$

$$v_{\mathrm{A,H_2O,n}} = \frac{V_{\mathrm{A,H_2O,n}}}{m_{\mathrm{B}}} = \frac{\frac{M_{\mathrm{H_2O}}}{M_{\mathrm{H_2}}} w_{\mathrm{H}} + w_{\mathrm{H_2O}}}{\varrho_{\mathrm{H_2O}}} \; , \tag{4.63}$$

$$v_{\mathrm{A,SO_2,n}} = \frac{V_{\mathrm{A,SO_2,n}}}{m_{\mathrm{B}}} = \frac{M_{\mathrm{SO_2}} w_{\mathrm{S}}}{M_{\mathrm{S}} \varrho_{\mathrm{SO_2}}} \; , \tag{4.64}$$

$$v_{\mathrm{A,O_2,n}} = \frac{V_{\mathrm{A,O_2,n}}}{m_{\mathrm{B}}} = \chi_{\mathrm{L,O_2}} (\lambda - 1) l'_{\min,\mathrm{n}} \; , \tag{4.65}$$

$$v_{\mathrm{A,N_2,n}} = \frac{V_{\mathrm{A,N_2,n}}}{m_{\mathrm{B}}} = \chi_{\mathrm{L,N_2}} \lambda\, l'_{\min,\mathrm{n}} \; . \tag{4.66}$$

Daraus folgen das auf die Masse des Brennstoffs bezogene trockene Abgasvolumen

$$v_{\mathrm{A,tr,n}} = \sum_{i=1}^{k} v_{\mathrm{A},i,\mathrm{n}} - v_{\mathrm{A,H_2O,n}} \, , \tag{4.67}$$

das auf die Masse des Brennstoffs bezogene feuchte Abgasvolumen (beide im Normzustand)

$$v_{\mathrm{A,f,n}} = \sum_{i=1}^{k} v_{\mathrm{A},i,\mathrm{n}} \tag{4.68}$$

und das Volumen des feuchten Abgases in Normzustand

$$V_{\mathrm{A,f,n}} = v_{\mathrm{A,f,n}}\, m_{\mathrm{B}} \, . \tag{4.69}$$

Bearbeitung der in Beispiel 4.1 gegebenen Aufgabenstellung

Für die Bearbeitung der Aufgabenstellung gemäß Beispiel 4.1 wird ein Excel-Berechnungsblatt wie in Abb. 4.4 erstellt. Die etwas umfangreicheren Berechnungsgleichungen werden in Visual Basic for Applications (VBA) in ein Modul eingegeben, siehe Listing 4.2, und für die Berechnungen verwendet:

1. Die in der Aufgabenstellung gegebenen Daten werden in das Arbeitsblatt aufgenommen und alle relevanten Zellen mit sinnvollen Namen versehen. Die Berechnung des spezifischen Heizwerts h_{i} erfolgt mit Vorgriff auf Abschnitt 4.4.1 anhand Gleichung (4.80) unter Verwendung der UDF h_i_Verband.

2. Im unteren Teil des Berechnungsblatts wird eine Tabelle mit den molaren Massen der Komponenten mit den Werten aus Abb. 3.18 eingefügt oder besser in einem separaten Arbeitsblatt eine Tabelle entsprechend dieser Abbildung erstellt. Die für die Aufgabenstellung erforderlichen Daten werden aus dieser Tabelle mittels der SVERWEIS-Funktion übernommen. Die Gasdichten der Komponenten im Normzustand $\varrho^{\circ}_{i,\mathrm{n}}$ folgen aus Gleichung (4.47) mit der UDF Gasdichte_ideal.

3. Die Volumen- und Massenanteile in der trockenen Luft werden Abb. 4.2 entnommen. Es werden der minimale massenbezogene Sauerstoffbedarf o^{*}_{min} nach Gleichung (4.48) mit der UDF o_Stern_min, der minimale massenbezogene Mindestluftbedarf l^{*}_{min} nach Gleichung (4.49), der Luftbedarf l^{*} nach Gleichung (4.50), der minimale massenbezogene Sauerstoffbedarf im Normzustand $o'_{\mathrm{min,n}}$ nach Gleichung (4.51), der minimale massenbezogene Luftbedarf im Normzustand $l'_{\mathrm{min,n}}$ nach Gleichung (4.52) und der massenbezogene Luftbedarf im Normzustand l'_{n} nach Gleichung (4.53) bestimmt.

4. Die auf die Masse des Brennstoffs bezogenen Massenanteile der Abgaskomponenten $w_{\mathrm{A,B},i}$ werden mit den Gleichungen (4.54) bis (4.58) berechnet. Die auf die Masse des Brennstoffs bezogene Masse des Abgases folgt aus Gleichung (4.59).

5. Die auf die Masse des Brennstoffs bezogenen Volumen der Komponenten im Normzustand $v_{\mathrm{A},i,\mathrm{n}}$ folgen aus den Gleichungen (4.62) bis (4.66) unter Verwendung der UDFs v_A_CO2_n, v_A_H2O_n, v_A_SO2_n, v_A_O2_n bzw. v_A_N2_n.

Eingabedaten

Luftverhältnis	λ	1	**1,20**
Wasserbeladung Verbrennungsluft	X	1	**0,005**

Elementarzusammensetzung Brennstoff und Heizwert

Massenanteil Kohlenstoff	w_C	1	**0,43**
Massenanteil Wasserstoff	w_H	1	**0,05**
Massenanteil Sauerstoff	w_O	1	**0,38**
Massenanteil Stickstoff	w_N	1	**0,00**
Massenanteil Schwefel	w_S	1	**0,00**
Massenanteil Wasser	w_{H2O}	1	**0,14**
massenbezogener Heizwert mit "Verbandsformel"	h_1	MJ kg^{-1}	**14,5**

Sauerstoff- und Luftbedarfe (bezogen auf die Masse des Brennstoffs)

Volumenanteil Sauerstoff trockene Luft	$\chi_{L,O2} = x_{L,O2}$	1	0,210
Massenanteil Sauerstoff trockene Luft	$w_{L,O2}$	1	0,232
Volumenanteil Stickstoff trockene Luft	$\chi_{L,N2} = x_{L,N2}$	1	0,790
Massenanteil Stickstoff trockene Luft	$w_{L,N2}$	1	0,768
minimaler massenbezogener Sauerstoffbedarf	$o^*_{min} = m_{O2,min} / m_B$	1	1,16
minimaler massenbezogener Luftbedarf	$l^*_{min} = m_{L,min} / m_B = o^*_{min} / w_{L,O2}$	1	5,02
massenbezogener Luftbedarf	$l^* = \lambda\, l^*_{min}$	1	**6,02**
minimaler massenbezogener Sauerstoffbedarf i.N.	$o'_{min,n} = V_{O2,min,n} / m_B = o^*_{min} / \rho^\circ_{O2,n}$	m^3 kg^{-1}	0,81
minimaler massenbezogener Luftbedarf i.N.	$l'_{in,n} = V_{L,min,n} / m_B = o'_{min,n} / \chi_{L,O2}$	m^3 kg^{-1}	3,88
massenbezogener Luftbedarf im Normzustand	$l'_n = \lambda\, l'_{min,n}$	m^3 kg^{-1}	**4,66**

Zusammensetzung Abgas Massenanteile (bezogen auf die Masse des Brennstoffs)

Massenanteil Kohlendioxid	$w_{A,B,CO2}$	1	1,58
Massenanteil Wasser	$w_{A,B,H2O}$	1	0,62
Massenanteil Schwefeldioxid	$w_{A,B,SO2}$	1	0,00
Massenanteil Sauerstoff	$w_{A,B,O2}$	1	0,23
Massenanteil Stickstoff	$w_{A,B,N2}$	1	4,63
Masse Abgas bezogen auf Masse Brennstoff	m_A / m_B	1	**7,05**

Bezogene Volumen der Abgaskomponenten (bezogen auf die Masse des Brennstoffs und im Normzustand)

bezogenes Normvolumen Kohlendioxid	$v_{A,CO2,n}$	m^3 kg^{-1}	0,80
bezogenes Normvolumen Wasser	$v_{A,H2O,n}$	m^3 kg^{-1}	0,73
bezogenes Normvolumen Schwefeldioxid	$v_{A,SO2,n}$	m^3 kg^{-1}	0,00
bezogenes Normvolumen Sauerstoff	$v_{A,O2,n}$	m^3 kg^{-1}	0,16
bezogenes Normvolumen Stickstoff	$v_{A,N2,n}$	m^3 kg^{-1}	3,68
bezogenes Normvolumen Abgas, trocken	$v_{A,tr,n} = V_{A,tr,n} / m_B$	m^3 kg^{-1}	**4,65**
bezogenes Normvolumen Abgas, feucht	$v_{A,f,n} = V_{A,f,n} / m_B$	m^3 kg^{-1}	**5,38**

Komponente i	molare Masse M_i kg kmol^{-1}	Dichte ideales Gas i.N. $\rho_{i,n}$ kg m^{-3}
C	12,0110	
CO_2	44,0098	1,963
H_2	2,0159	0,090
H_2O (g)	18,0153	0,804
O_2	31,9988	1,428
N_2	28,0135	1,250
S	32,0660	
SO_2	64,0648	2,858

Abbildung 4.4: Excel-Berechnungsblatt für die Verbrennung von Buchenholz

Daraus lassen sich mit den Gleichungen (4.67) und (4.68) das auf die Masse des Brennstoffs bezogene trockene Abgasvolumen im Normzustand $v_{A,tr,n}$ und das auf die Masse des Brennstoffs bezogene feuchte Abgasvolumen im Normzustand $v_{A,f,n}$ berechnen.

Asche wird im Beispiel nicht gebildet, da die gegebene Zusammensetzung des Buchenholzes keine aschebildenden Elemente ausweist.

Listing 4.2: VBA-Code mit Berechnungsgleichungen für die Verbrennung von Gasgemischen oder Gemischen aus Feststoffen oder Flüssigkeiten

```vba
'spezifische Gaskonstanten für Luft und Wasserdampf, [R_i] = J kg^-1 K^-1
'Stephan, P. u.a.: VDI-Wärmeatlas. 12. Aufl. Springer Reference Technik.
'Berlin Heidelberg: Springer Vieweg, 2019. DOI: 10.1007/978-3-662-52989-8
Const R_L As Double = 287.12
Const R_W As Double = 461.526


'==================================================================
'Gemische gasförmiger Brennstoffe
'==================================================================
'Berechnung der Wasserbeladung X feuchter Luft, [X] = 1
'Sättigungsdampfdruck [p_WS] = bar, Druck [p] = bar, relative Feuchte [phi] = 1
Function X_Beladung(p_WS As Double, p As Double, phi As Double) As Double

    If phi > 0 Then
        X_Beladung = (R_L / R_W) * p_WS / (p / phi - p_WS)
    Else
        X_Beladung = 0
    End If

End Function


'Berechnungsgleichung minimaler volumenbezogener Sauerstoffbedarf, [o_min_n] =1
'Volumenanteile [chi_i] = 1
Function o_min_n(chi_CO As Double, chi_CH4 As Double, chi_C2H6 As Double, _
    chi_C3H8 As Double, chi_C4H10 As Double, chi_C5H12 As Double, chi_C6H14 As Double, _
    chi_H2 As Double, chi_O2 As Double) As Double

    o_min_n = 0.5 * chi_CO + 2 * chi_CH4 + 3.5 * chi_C2H6 + 5 * chi_C3H8 _
        + 6.5 * chi_C4H10 + 8 * chi_C5H12 + 9.5 * chi_C6H14 + 0.5 * chi_H2 - chi_O2

End Function


'Berechnungsgleichung Volumenanteil CO2 im Abgas, Volumenanteile [chi_i] = 1
Function chi_A_CO2(chi_CO As Double, chi_CO2 As Double, chi_CH4 As Double, _
    chi_C2H6 As Double, chi_C3H8 As Double, chi_C4H10 As Double, chi_C5H12 As Double, _
    chi_C6H14 As Double) As Double

    chi_A_CO2 = chi_CO + chi_CH4 + 2 * chi_C2H6 + 3 * chi_C3H8 _
        + 4 * chi_C4H10 + 5 * chi_C5H12 + 6 * chi_C6H14 + chi_CO2

End Function


'Berechnungsgleichung Volumenanteil H2O im Abgas, Volumenanteile [chi_i] = 1
'Luftverhältnis [lambda] = 1, minimaler volumenbezogener Luftbedarf [l_min_n] = 1,
'Wasserbeladung [X] = 1
```

```vba
Function chi_A_H2O(chi_CH4 As Double, chi_C2H6 As Double, chi_C3H8 As Double, _
    chi_C4H10 As Double, chi_C5H12 As Double, chi_C6H14 As Double, chi_H2 As Double, _
    lambda As Double, l_min_n As Double, X As Double) As Double

    chi_A_H2O = chi_H2 + 2 * chi_CH4 + 3 * chi_C2H6 + 4 * chi_C3H8 + 5 * chi_C4H10 _
        + 6 * chi_C5H12 + 7 * chi_C6H14 + lambda * l_min_n * X * R_W / R_L

End Function

'Berechnungsgleichung Volumenanteil O2 im Abgas, Volumenanteile [chi_i] = 1
'volumenbezogener Luftbedarf [l_n] = 1
Function chi_A_O2(chi_CO As Double, chi_CH4 As Double, chi_C2H6 As Double, _
    chi_C3H8 As Double, chi_C4H10 As Double, chi_C5H12 As Double, chi_C6H14 As Double, _
    chi_H2 As Double, chi_O2 As Double, chi_L_O2_tr As Double, l_n As Double) As Double

    chi_A_O2 = chi_O2 + chi_L_O2_tr * l_n - 0.5 * (chi_H2 + chi_CO) - 2 * chi_CH4 _
        - 3.5 * chi_C2H6 - 5 * chi_C3H8 - 6.5 * chi_C4H10 - 8 * chi_C5H12 - 9.5 * chi_C6H14

End Function

'Berechnungsgleichung Volumenanteil N2 im Abgas, Volumenanteile [chi_i] = 1
'Luftverhältnis [lambda] = 1, minimaler volumenbezogener Luftbedarf [l_min_n] = 1
Function chi_A_N2(chi_N2 As Double, chi_L_O2_tr As Double, lambda As Double, _
    l_min_n As Double) As Double

    chi_A_N2 = chi_N2 + (1 - chi_L_O2_tr) * lambda * l_min_n

End Function

'Molarer Brennwert Gasgemisch, [H_s_mix] = kJ mol^-1
'arr_x_i: Array mit den Stoffmengen- oder Volumenanteilen der Komponenten, [x_i] = 1
'arr_H_s_i: Array mit den molaren Brennwerten der Komponenten, [H_s_i] = kJ mol^-1
Function H_s_mix(arr_x_i As Range, arr_H_s_i As Range) As Double

    Dim i As Long

    For i = 1 To arr_x_i.Cells.Count
        H_s_mix = H_s_mix + arr_x_i.Cells(i) * arr_H_s_i.Cells(i)
    Next

End Function

'Molare Masse Gasgemisch, [M_mix] = kg kmol^-1
'arr_x_i: Array mit den Stoffmengen- oder Volumenanteilen der Komponenten, [x_i] = 1
'arr_M_i: Array mit den molaren Massen der Komponenten, [M_i] = kg kmol^-1
Function M_mix(arr_x_i As Range, arr_M_i As Range) As Double

    Dim i As Long

    For i = 1 To arr_x_i.Cells.Count
        M_mix = M_mix + arr_x_i.Cells(i) * arr_M_i.Cells(i)
    Next

End Function

'mittlere spezifische Wärmekapazität ideales Gasgemisch, [cp_mix] = kJ kg^-1 K^-1
'arr_x_i: Array mit den Stoffmengen- oder Volumenanteilen der Komponenten, [x_i] = 1
```

```vba
    'arr_M_i: Array mit den molaren Massen der Komponenten, [M_i] = kg kmol^-1
    'arr_cp_i: Array mit den spezifischen Wärmekapazitäten der Komponenten,
    '[cp_i] = kJ kg^-1 K^-1
    Function cp_mix(arr_x_i As Range, arr_M_i As Range, arr_cp_i As Range, _
        M_mix As Double) As Double

        Dim i As Long

        For i = 1 To arr_x_i.Cells.Count
            cp_mix = cp_mix + arr_x_i.Cells(i) * arr_M_i.Cells(i) * arr_cp_i.Cells(i)
        Next

        cp_mix = cp_mix / M_mix

    End Function


    'Adiabate Abgastemperatur eines Brenngasgemischs unter Berücksichtigung des Heizwerts
    '[T_A_ad] = K, spezifischer Heizwert [h_i] = kJ kg^-1,
    'mittlere spez. Wärmekapazitäten [cp_i] = kJ kg^-1 K^-1,
    'massenbez. Luftbedarf [l_Stern] = 1, Wasserbeladung [X] = 1, Temperaturen [T] = K
    Function T_A_ad(h_i As Double, cp_B As Double, l_Stern As Double, cp_L As Double, _
        X As Double, cp_W As Double, cp_A_f As Double, T_B As Double, T_L As Double, _
        T_Bezug As Double) As Double

        T_A_ad = T_Bezug + (h_i + cp_B * (T_B - T_Bezug) + l_Stern * (cp_L + X * cp_W) _
            * (T_L - T_Bezug)) / ((1 + l_Stern * (1 + X)) * cp_A_f)


    End Function


    '===========================================================================
    'Gemische fester und flüssiger Brennstoffe
    '===========================================================================
    'Berechnungsgleichung minimaler massenbezogener Sauerstoffbedarf, [o_Stern_min] = 1
    'molare Massen [M_i] = kg kmol^-1, Massenanteile [w_i] = 1
    Function o_Stern_min(M_O2 As Double, M_C As Double, M_H2 As Double, M_S As Double, _
        w_C As Double, w_H As Double, w_S As Double, w_O As Double) As Double

        o_Stern_min = M_O2 * w_C / M_C + 0.5 * M_O2 * w_H / M_H2 + M_O2 * w_S / M_S - w_O

    End Function


    'Berechnungsgleichung Massenanteil CO2 im Abgas, Massenanteile [w_i] = 1
    'molare Massen [M_i] = kg kmol^-1
    Function w_A_CO2(M_CO2 As Double, M_C As Double, w_C As Double) As Double

        w_A_CO2 = M_CO2 * w_C / M_C

    End Function


    'Berechnungsgleichung Massenanteil H2O im Abgas, Massenanteile [w_i] = 1
    'molare Masse [M_i] = kg kmol^-1, massenbezogener Luftbedarf [l_Stern] = 1,
    'Wasserbeladung [X] = 1
    Function w_A_H2O(M_H2O As Double, M_H2 As Double, w_H As Double, l_Stern As Double, _
        X As Double, w_H2O As Double) As Double

        w_A_H2O = M_H2O * w_H / M_H2 + l_Stern * X + w_H2O
```

```vba
      End Function

      'Berechnungsgleichung Massenanteil SO2 im Abgas, Massenanteile [w_i] = 1
      'molare Masse [M_i] = kg kmol^-1
      Function w_A_SO2(M_SO2 As Double, M_S As Double, w_S As Double) As Double

          w_A_SO2 = M_SO2 * w_S / M_S

      End Function

      'Berechnungsgleichung Massenanteil O2 im Abgas, Massenanteil [w_A_O2] = 1
      'Luftverhältnis [lambda] = 1, minimaler massenbezogener Sauerstoffbedarf [o_Stern_min] = 1
      Function w_A_O2(lambda As Double, o_Stern_min As Double) As Double

          w_A_O2 = (lambda - 1) * o_Stern_min

      End Function

      'Berechnungsgleichung Massenanteil N2 im Abgas, Massenanteile [w_i] = 1
      'massenbezogener Luftbedarf [l_Stern] = 1
      Function w_A_N2(w_N2 As Double, l_Stern As Double, w_N As Double) As Double

          w_A_N2 = w_N2 * l_Stern + w_N

      End Function

      'Auf Brennstoffmasse bezogenes Abgasvolumen von CO2 im Normzustand, [v_A_CO2_n] = m^3 kg^-1
      'molare Massen [M_i] = kg kmol^-1, Massenanteile [w_i] = 1, Normdichte [rho_i] = kg m^-3
      Function v_A_CO2_n(M_CO2 As Double, M_C As Double, w_C As Double, rho_CO2 As Double) _
          As Double

          v_A_CO2_n = M_CO2 * w_C / (M_C * rho_CO2)

      End Function

      'Auf Brennstoffmasse bezogenes Abgasvolumen von H2O im Normzustand, [v_A_H2O_n] = m^3 kg^-1
      'molare Massen [M_i] = kg kmol^-1, Massenanteile [w_i] = 1, Normdichte [rho_i] = kg m^-3
      Function v_A_H2O_n(M_H2O As Double, M_H2 As Double, w_H As Double, w_H2O As Double, _
          rho_H2O As Double) As Double

          v_A_H2O_n = ((M_H2O / M_H2) * w_H + w_H2O) / rho_H2O

      End Function

      'Auf Brennstoffmasse bezogenes Abgasvolumen von SO2 im Normzustand, [v_A_SO2_n] = m^3 kg^-1
      'molare Massen [M_i] = kg kmol^-1, Massenanteile [w_i] = 1, Normdichte [rho_i] = kg m^-3
      Function v_A_SO2_n(M_SO2 As Double, M_S As Double, w_S As Double, rho_SO2 As Double) _
          As Double

          v_A_SO2_n = M_SO2 * w_S / (M_S * rho_SO2)

      End Function

      'Auf Brennstoffmasse bezogenes Abgasvolumen von O2 im Normzustand, [v_A_O2_n] = m^3 kg^-1
      'Volumenanteile [chi_i] = 1, Luftverhältnis [lambda] = 1,
      'minimaler massenbez. Luftbedarf im Normzustand [l_Strich_min] = 1
      Function v_A_O2_n(chi_O2 As Double, lambda As Double, l_Strich_min As Double) As Double
```

```vb
        v_A_O2_n = chi_O2 * (lambda - 1) * l_Strich_min

End Function


'Auf Brennstoffmasse bezogenes Abgasvolumen von N2 im Normzustand, [v_A_N2_n] = m^3 kg^-1
'Volumenanteile [chi_i] = 1, Luftverhältnis [lambda] = 1,
'minimaler massenbez. Luftbedarf im Normzustand [l_Strich_min] = 1
Function v_A_N2_n(chi_N2 As Double, lambda As Double, l_Strich_min As Double) As Double

        v_A_N2_n = chi_N2 * lambda * l_Strich_min

End Function


'Spezifischer (auf Brennstoffmasse bezogener) Heizwert fester Brennstoffe nach
'Stephan, P. u.a. (2017): Thermodynamik - Grundlagen und technische Anwendungen
'Band 2: Mehrstoffsysteme und chemische Reaktionen. 16. Aufl. Berlin: Springer.
'[h_i_Verband] = MJ kg^-1, Gl. (15.8), Massenanteile [w_i] = 1
Function h_i_Verband(w_C As Double, w_H As Double, w_S As Double, w_O As Double, _
    w_H2O As Double) As Double

        h_i_Verband = 33.9 * w_C + 121.4 * w_H + 10.5 * w_S - 15.2 * w_O - 2.44 * w_H2O

End Function


'Spezifischer Heizwert Heizöl EL nach
'Brandt, F. (1991): Brennstoffe und Verbrennungsrechnung, 2. Aufl. Essen: Vulkan-Verlag.
'[h_i_HEL] = MJ kg^-1, [rho] = kg m^-3, [w_S] = 1
Function h_i_HEL(rho_15 As Double, w_S As Double) As Double

        h_i_HEL = 54.04 - 13.29 * rho_15 - 29.31 * w_S

End Function
```

4.4 Energetische Betrachtung des Verbrennungsprozesses

Für die energetische Bewertung eines Verbrennungsprozesses und zur Ermittlung der adiabaten Verbrennungstemperatur wird die Energiebilanz entsprechend Abb. 4.5 für eine als adiabat und isobar angenommene Verbrennung in einem offenen System aufgestellt. Ziel des in der Abbildung dargestellten Prozesses ist entweder die Bereitstellung eines Abgasenthalpiestroms bei hoher Temperatur oder die Auskopplung eines Wärmestroms für Heizzwecke.

Dem System wird der Massenstrom des Brennstoffs $\dot{m}_\mathrm{B}$ mit der spezifischen (also massenbezogenen) Enthalpie $h_\mathrm{B}(T_\mathrm{B})$ zugeführt, außerdem der Massenstrom der feuchten Luft $\dot{m}_\mathrm{L,f} = \dot{m}_\mathrm{L}(1 + X)$ nach Gleichung (4.11) mit der Wasserbeladung X und der spezifischen Enthalpien der ungesättigten (oder gerade gesättigten) feuchten Luft [9, 52]

$$h_{1+X}(T_\mathrm{L}, X) = h_\mathrm{L} + X h_\mathrm{W} \tag{4.70}$$

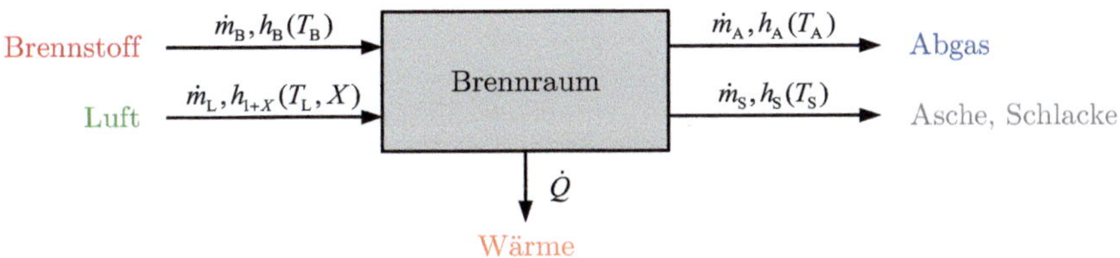

Abbildung 4.5: Bilanzschema für die Energiebilanz eines Verbrennungsprozesses

mit Wasser ausschließlich als Wasserdampf. Der Massenstrom des Abgases $\dot{m}_{\mathrm{A}}$ mit der spezifischen Enthalpie $h_{\mathrm{A}}(T_{\mathrm{A}})$ und der Massenstrom der Asche oder Schlacke $\dot{m}_{\mathrm{S}}$ mit der spezifischen Enthalpie $h_{\mathrm{S}}(T_{\mathrm{S}})$ verlassen das System. Daraus resultieren unter Annahme der Stationarität die Massenbilanz

$$\dot{m}_{\mathrm{B}} + \dot{m}_{\mathrm{L}}(1 + X) = \dot{m}_{\mathrm{A}} + \dot{m}_{\mathrm{S}} \tag{4.71}$$

und – unter Vernachlässigung von Wärmeströmen oder auch Wärmeverlustströmen ($\dot{Q} = 0$) – die Energiebilanz

$$\dot{H}_{\mathrm{B}} + \dot{H}_{\mathrm{L,f}} = \dot{H}_{\mathrm{A}} + \dot{H}_{\mathrm{S}} \tag{4.72}$$

oder

$$\dot{m}_{\mathrm{B}} h_{\mathrm{B}} + \dot{m}_{\mathrm{L}}(h_{\mathrm{L}} + X h_{\mathrm{W}}) = \dot{m}_{\mathrm{A}} h_{\mathrm{A}} + \dot{m}_{\mathrm{S}} h_{\mathrm{S}} \ . \tag{4.73}$$

Der Enthalpiestrom des Brennstoffs setzt sich – entsprechend der Betrachtungen in Abschnitt 3.6 – aus einem chemischen und einem thermischen Anteil zusammen,

$$\dot{H}_{\mathrm{B}} = \dot{H}_{\mathrm{B,chem}} + \dot{H}_{\mathrm{B,therm}} \ , \tag{4.74}$$

siehe dazu die Gleichungen (4.92) bis (4.94).

Bezogen auf den Massenstrom des Brennstoffs $\dot{m}_{\mathrm{B}}$ folgt – sinnvoll für die Verbrennung fester oder flüssiger Brennstoffe –

$$h_{\mathrm{B}} + \frac{\dot{m}_{\mathrm{L}}}{\dot{m}_{\mathrm{B}}}(h_{\mathrm{L}} + X h_{\mathrm{W}}) = \frac{\dot{m}_{\mathrm{A}}}{\dot{m}_{\mathrm{B}}} h_{\mathrm{A}} + \frac{\dot{m}_{\mathrm{S}}}{\dot{m}_{\mathrm{B}}} h_{\mathrm{S}} \tag{4.75}$$

und mit Gleichung (4.50)

$$h_{\mathrm{B}} + l^*(h_{\mathrm{L}} + X h_{\mathrm{W}}) = \frac{\dot{m}_{\mathrm{A}}}{\dot{m}_{\mathrm{B}}} h_{\mathrm{A}} + \frac{\dot{m}_{\mathrm{S}}}{\dot{m}_{\mathrm{B}}} h_{\mathrm{S}} \ . \tag{4.76}$$

Oft kann bei technischen Berechnungen der Term für die Asche vernachlässigt werden, weil z. B. bei Gasen praktisch keine Asche gebildet wird oder wenn die Massen- und Enthalpieströme der Asche vernachlässigbar klein sind. Die Energiebilanz beinhaltet dann ausschließlich die spezifischen Enthalpien des Brennstoffs, der feuchten Luft sowie der Verbrennungsprodukte. Da es sich bei diesen Strömen um unterschiedliche Stoffe oder Stoffgemische handelt, müssen jeweils die Enthalpien im selben Referenzzustand berücksichtigt werden. Der chemische Anteil der Enthalpie des Brennstoffs beinhaltet zudem auch die Reaktionsenthalpie der Verbrennung, die über den Brenn- oder den Heizwert erfasst wird, siehe dazu den folgenden Abschnitt.

4.4.1 Brenn- und Heizwerte

Bei Verbrennungsprozessen wird die im Brennstoff chemisch gespeicherte Energie in thermische Energie umgewandelt. Der *spezifische Brennwert* h_s und der *spezifische Heizwert* h_i mit

$$h_s \geq h_i \tag{4.77}$$

– beides also massenbezogene Größen – sind Maße für die dabei nutzbare Energie.[1]

Feste und flüssige Brennstoffe

Für feste und für flüssige Brennstoffe ist der spezifische Brennwert h_s nach DIN 5499 [36] definiert zu

$$h_s = -\frac{\Delta_r H(T_\circ)}{m_B} \tag{4.78}$$

mit der bei vollständiger und vollkommener Verbrennung nutzbaren Reaktionsenthalpie $\Delta_r H$, die bereits in Abschnitt 3.6 eingeführt wurde, und der Masse des trockenen Brennstoffs m_B.[2] Dabei liegen der Brennstoff sowie die Verbrennungsprodukte bei der Standardtemperatur $T_\circ = 298{,}15\,\mathrm{K}$ (siehe Abschnitt 3.6) und das gebildete Wasser im *flüssigen* Zustand vor, außerdem die Verbrennungsprodukte von Kohlenstoff und Schwefel als CO_2 und SO_2 im gasförmigen Zustand [36]. Weiterhin wird angenommen, dass die Verbrennung isobar beim konstanten Druck $p_\circ = p_n$ (Normdruck) stattfindet. Die Oxidation des Stickstoffs wird vernachlässigt, da die Bildung von Stickoxiden – insbesondere von NO und von NO_2 (sog. Sekundäremissionen) – nur für die Betrachtung der Schadstoffemissionen relevant ist, nicht aber für die Massen- und Energiebilanzen.

Liegt dagegen das durch die Reaktion gebildete Wasser im *gasförmigen* Zustand vor, wird der spezifische Heizwert h_i verwendet. Für den Zusammenhang zwischen spezifischen Heiz- und Brennwerten gilt

$$h_i = h_s - \Delta_{vap} h(T_\circ)\, w_{A,H_2O} \tag{4.79}$$

mit der spezifischen Verdampfungsenthalpie des Wassers bei der Standardtemperatur $T_\circ$. w_{A,H_2O} steht für den Massenanteil des Wassers im Abgas, gebildet durch die auf die Masse des Brennstoffs bezogene Masse des Wassers [36]. Nicht mehr verwendet

---

[1] Der Index s steht für *superior* und der Index i für *inferior*.

[2] Brenn- und Heizwerte werden üblicherweise als positive Größen definiert, Reaktionsenthalpien (bei exothermen Reaktionen) als negative Größen. Abweichend von der DIN 5499 [36] werden die spezifischen sowie auch die volumenbezogenen Brenn- und Heizwerte hier als massenbezogene Größen klein geschrieben.

werden die veralteten Begriffe „oberer Heizwert" für den Brennwert und „unterer Heizwert" für den Heizwert.

Für feste Brennstoffe bekannter Zusammensetzung kann die Berechnung des spezifischen Heizwerts mit der empirischen Zahlenwertgleichung (der sog. „Verbandsformel")

$$h_{\mathrm{i}} = \left(33{,}9 w_{\mathrm{C}} + 121{,}4 w_{\mathrm{H}} + 10{,}5 w_{\mathrm{S}} - 15{,}2 w_{\mathrm{O}} - 2{,}44 w_{\mathrm{H_2O}}\right) \mathrm{MJ\,kg^{-1}} \tag{4.80}$$

erfolgen [128]. Für den spezifischen Heizwert von Heizöl gilt nach [14, 128] in Abhängigkeit von der Dichte ϱ und vom Massenanteil des Schwefels

$$h_{\mathrm{i}} = \left(54{,}04 - 13{,}29 \frac{\varrho}{\mathrm{kg\,dm^{-3}}} - 29{,}31 w_{\mathrm{S}}\right) \mathrm{MJ\,kg^{-1}} \ . \tag{4.81}$$

Angaben zur Dichte von Heizöl EL sind z. B. in der DIN 51603-1 [35] aufgeführt und werden standardmäßig bei einer Temperatur von 15 °C angegeben.

Für ein Gemisch aus festen oder aus flüssigen Brennstoffen lassen sich der spezifische Brenn- oder der spezifische Heizwert anhand der Anteile der Komponenten i und deren spezifischer Heiz- oder spezifischer Brennwerte bestimmen

$$h_{\mathrm{s}} = \sum_{i=1}^{k} w_i\, h_{\mathrm{s},i} \quad \text{und} \quad h_{\mathrm{i}} = \sum_{i=1}^{k} w_i\, h_{\mathrm{i},i} \ . \tag{4.82}$$

Gasförmige Brennstoffe

Für den Brennwert gasförmiger Brennstoffe wird die Reaktionsenthalpie nach [36] auf das Normvolumen des gasförmigen Brennstoffs im trockenen Zustand bezogen

$$h_{\mathrm{s,n}} = -\frac{\Delta_{\mathrm{r}} H(T_\circ)}{V_{\mathrm{n}}} \ . \tag{4.83}$$

Dabei wird angenommen, dass die Verbrennung isobar beim konstanten Druck $p_\circ = p_{\mathrm{n}}$ (Normdruck) stattfindet und der Brennstoff sowie die Verbrennungsprodukte bei der Standardtemperatur $T_\circ = 298{,}15\,\mathrm{K}$ und das gebildete Wasser im flüssigen Zustand vorliegen [36]. Für den Heizwert gasförmiger Brennstoffe gilt entsprechend Gleichung (4.79) [36]

$$h_{\mathrm{i,n}} = h_{\mathrm{s,n}} - \Delta_{\mathrm{vap}} h(T_\circ)\, \varrho^\circ_{\mathrm{W,n}}(T_\circ)\, \chi_{\mathrm{A,H_2O}} \tag{4.84}$$

mit der spezifischen Verdampfungsenthalpie des Wassers $\Delta_{\mathrm{vap}} h$ und der Dichte des Wasserdampfs $\varrho^\circ_{\mathrm{W,n}} = m_{\mathrm{W}}/V_{\mathrm{W,n}}$, beide bei der Standardtemperatur $T_\circ$ sowie mit dem Volumenanteil des Wassers im Abgas $\chi_{\mathrm{A,H_2O}}$.

In der DIN EN ISO 6976 [44] sind *molare* Brennwerte $\bar{H}_{\mathrm{s},i}$ für im Erdgas vorkommende Komponenten aufgeführt. Aus den Werten der Komponenten folgt der molare oder stoffmengenbezogene Brennwert des idealen Brenngasgemischs

$$\bar{H}_{\mathrm{s}}(T_\circ) = \sum_{i=1}^{k} \chi_i \bar{H}_{\mathrm{s},i}(T_\circ) \tag{4.85}$$

und daraus der volumenbezogene Brennwert des Brenngasgemischs

$$h_{\mathrm{s,n}}(T_{\circ}) = \frac{\bar{H}_{\mathrm{s}}(T_{\circ})}{\bar{V}_{\mathrm{n}}} \tag{4.86}$$

unter Verwendung des molaren Normvolumens $\bar{V}_{\mathrm{n}} = 22{,}414\,10\,\mathrm{m^3\,kmol^{-1}}$ [31]. Mit der mittleren molaren Masse M_{B} des Brennstoffgemischs nach Gleichung (4.6) lässt sich der spezifische Brennwert

$$h_{\mathrm{s}}(T_{\circ}) = \frac{\bar{H}_{\mathrm{s}}(T_{\circ})}{M_{\mathrm{B}}} \tag{4.87}$$

berechnen.

Der molare Heizwert des Gemischs folgt aus dem molaren Brennwert mit

$$\bar{H}_{\mathrm{i}}(T_{\circ}) = \bar{H}_{\mathrm{s}}(T_{\circ}) - \Delta_{\mathrm{vap}}h(T_{\circ})M_{\mathrm{H_2O}}\chi_{\mathrm{A,H_2O}} \tag{4.88}$$

unter Verwendung der spezifischen Verdampfungsenthalpie $\Delta_{\mathrm{vap}}h(T_{\circ})$ des Wassers bei der Standardtemperatur, der molaren Masse $M_{\mathrm{H_2O}}$ und dem Volumenanteil des Wassers im Abgas $\chi_{\mathrm{A,H_2O}}$. Daraus ergeben sich der volumenbezogene Heizwert des Brenngasgemischs

$$h_{\mathrm{i,n}}(T_{\circ}) = \frac{\bar{H}_{\mathrm{i}}(T_{\circ})}{\bar{V}_{\mathrm{n}}} \tag{4.89}$$

und der spezifische Heizwert des Gemischs

$$h_{\mathrm{i}}(T_{\circ}) = \frac{\bar{H}_{\mathrm{i}}(T_{\circ})}{M_{\mathrm{B}}} \ . \tag{4.90}$$

Für ein gasförmiges ideales Brennstoffgemisch gelten entsprechend Gleichung (4.85)

$$h_{\mathrm{s,n}} = \sum_{i=1}^{k} \chi_i h_{\mathrm{s,n},i} \quad \text{und} \quad h_{\mathrm{i,n}} = \sum_{i=1}^{k} \chi_i h_{\mathrm{i,n},i} \ . \tag{4.91}$$

Feuerungswärmeleistung, Enthalpiestrom des Brennstoffs

Die sog. „Feuerungswärmeleistung" oder auch Brennerleistung ist kein Wärmestrom, sondern ein Enthalpiestrom, der dem Brennraum durch die Zufuhr des Brennstoffs zugeführt wird und – analog zu den Gleichungen (3.168) und (4.74) – aus einem chemischen und einem thermischen Anteil besteht,

$$\dot{H}_{\mathrm{B}} = \underbrace{\dot{H}_{\mathrm{B,chem}}}_{\text{chem. Anteil}} + \underbrace{\dot{m}_{\mathrm{B}} \int_{T_{\circ}}^{T_{\mathrm{B}}} c_{p,\mathrm{B}}^{\circ}(T)\,\mathrm{d}T}_{\text{therm. Anteil}} \ . \tag{4.92}$$

Über den thermischen Anteil wird berücksichtigt, dass der Brennstoff ggf. bei einer von der Standardtemperatur $T_\circ$ abweichenden Temperatur T_B zugeführt wird.

Für praktische Berechnungen – wie im nachfolgenden Abschnitt 4.4.2 – folgt für den chemischen Anteil des Enthalpiestroms

$$\dot{H}_{\mathrm{B,chem}} = \dot{m}_\mathrm{B} h_\mathrm{i}(T_\circ) = \dot{m}_\mathrm{B} \frac{\bar{H}_\mathrm{i}(T_\circ)}{M_\mathrm{B}} \tag{4.93}$$

infolge des spezifischen oder molaren Heizwerts des Brennstoffs und für den thermischen Anteil des Enthalpiestroms (siehe die Gleichungen (4.74), (4.87) und (4.92))

$$\dot{H}_{\mathrm{B,therm}} = \dot{m}_\mathrm{B} \overline{c^\circ_{p,\mathrm{B}}}(T_\mathrm{B} - T_\circ) \; . \tag{4.94}$$

Darin steht $\overline{c^\circ_{p,\mathrm{B}}}$ für die (auf die Temperatur bezogene) mittlere spezifische Wärmekapazität des idealen Brennstoffgemischs. Der Heizwert wird hier angewendet, weil davon ausgegangen wird, dass die Komponente Wasser im Abgas im gasförmigen Zustand vorliegt, sonst ist der Brennwert zu verwenden.

Die (auf die Zusammensetzung bezogene) mittlere spezifische Wärmekapazität eines Gemischs idealer Gase folgt unter Verwendung der Massenanteile w_i zu

$$c^\circ_p(T) = \sum_{i=1}^{k} w_i c^\circ_{p,i}(T) \tag{4.95}$$

und mit Gleichung (4.5) unter Verwendung der Stoffmengenanteile x_i oder Volumenanteile χ_i zu

$$c^\circ_p(T) = \sum_{i=1}^{k} \frac{x_i M_i c^\circ_{p,i}(T)}{M} = \sum_{i=1}^{k} \frac{\chi_i M_i c^\circ_{p,i}(T)}{M} \; . \tag{4.96}$$

4.4.2 Adiabate Verbrennungstemperatur von Brenngasen

Beispiel 4.2

Erdgas mit den Volumenanteilen $\chi_{\mathrm{CH_4}} = 0{,}9254$, $\chi_{\mathrm{C_2H_6}} = 0{,}0450$, $\chi_{\mathrm{C_3H_8}} = 0{,}0063$, $\chi_{\mathrm{C_4H_{10}}} = 0{,}0019$, $\chi_{\mathrm{C_5H_{12}}} = 0{,}0004$, $\chi_{\mathrm{C_6H_{14}}} = 0{,}0001$, $\chi_{\mathrm{CO_2}} = 0{,}0120$ und $\chi_{\mathrm{N_2}} = 0{,}0089$ wird mit Luft verbrannt. Das Brenngas und die Luft werden dem Prozess mit den Temperaturen $\vartheta_\mathrm{B} = 20{,}0\,°\mathrm{C}$ bzw. $\vartheta_\mathrm{L} = 12{,}0\,°\mathrm{C}$ mit einer relativen Feuchte $\varphi = 0{,}65$ und dem Umgebungsdruck $p_\mathrm{U} = 1{,}0\,\mathrm{bar}$ sowie mit dem Luftverhältnis $\lambda = 1{,}34$ zugeführt. Zu berechnen sind der minimale volumenbezogene Bedarf an trockener Luft $l_{\mathrm{min,n}}$, der volumenbezogene Bedarf an trockener Luft l_n und der volumenbezogene Bedarf an feuchter Luft $l_{\mathrm{f,n}}$; außerdem die Zusammensetzung des feuchten Abgases in Volumenanteilen im Normzustand, die Taupunkttemperatur T_Tau des Abgases, die Heiz- und Brennwerte des Erdgases (unter Verwendung der Daten in der DIN EN ISO 6976 [44]) sowie die adiabate Verbrennungstemperatur $T_{\mathrm{A,ad}}$. Der regionale Netzbetreiber gibt einen volumenbezogenen Brennwert von $h_\mathrm{s} = 11{,}382\,\mathrm{kW\,h\,m^{-3}}$ an. (Ergebnisse im Excel-Berechnungsblatt in Abb. 4.6.)

Bei der stationären Verbrennung gemäß dem Bilanzschema in Abb. 4.5 verlässt das Abgas den Prozess mit der adiabaten Verbrennungstemperatur $T_\mathrm{A,ad}$, auch als theoretische oder maximale Abgastemperatur bezeichnet. Dabei gelten die Annahmen einer vollständigen und vollkommenen Verbrennung, einer adiabaten und isobaren Prozessführung sowie die Vernachlässigung der Bildung von Asche oder Schlacke. Ausgeschlossen wird die Dissoziation der Abgaskomponenten, siehe dazu auch die Hinweise weiter unten.

Mit diesen Annahmen folgt für die Verbrennung eines Gasgemischs im adiabaten Brennraum in Abb. 4.5 entsprechend der Gleichungen (4.72), (4.74), (4.93) und (4.94)

$$\dot{H}_\mathrm{B,chem} + \dot{H}_\mathrm{B,therm} + \dot{H}_\mathrm{L,f} = \dot{H}_\mathrm{A} \tag{4.97}$$

oder ausformuliert

$$\dot{m}_\mathrm{B} h_\mathrm{i}(T_\circ) + \dot{m}_\mathrm{B}\overline{c_{p,\mathrm{B}}^\circ}(T_\mathrm{B}-T_\circ) + \dot{m}_\mathrm{L}\overline{c_{p,\mathrm{L}}^\circ}(T_\mathrm{L}-T_\circ) + \dot{m}_\mathrm{L}X\overline{c_{p,\mathrm{W}}^\circ}(T_\mathrm{L}-T_\circ) = \dot{m}_\mathrm{A}\overline{c_{p,\mathrm{A}}^\circ}(T_\mathrm{A}-T_\circ)\ . \tag{4.98}$$

Aus Abb. 4.5 lässt sich die Massenbilanz um den Brennraum

$$\dot{m}_\mathrm{B} + \dot{m}_\mathrm{L}(1 + X) = \dot{m}_\mathrm{A} \tag{4.99}$$

formulieren, woraus mit dem massenbezogenen Luftbedarf l^* in Gleichung (4.50) – nach Division durch den Massenstrom des Brennstoffs – der Massenstrom des Abgasstroms

$$\dot{m}_\mathrm{A} = \dot{m}_\mathrm{B}[1 + l^*(1 + X)] \tag{4.100}$$

berechnet werden kann.

Nach der Division auch von Gleichung (4.98) durch den Massenstrom des Brennstoffs folgt (vgl. [23, 128])

$$h_\mathrm{i}(T_\circ) + \overline{c_{p,\mathrm{B}}^\circ}(T_\mathrm{B} - T_\circ) + l^*\,(\overline{c_{p,\mathrm{L}}^\circ} + X\overline{c_{p,\mathrm{W}}^\circ})(T_\mathrm{L} - T_\circ)$$
$$= [1 + l^*(1 + X)]\,\overline{c_{p,\mathrm{A}}^\circ}(T_\mathrm{A} - T_\circ)\ . \tag{4.101}$$

T_A steht für die Abgastemperatur und $T_\circ$ für die – grundsätzlich beliebig wählbare – Referenztemperatur, für die zumeist die in Abschnitt 3.6 beschriebene Temperatur des thermochemischen Standardzustands $T_\circ = 298{,}15\,\mathrm{K}$ gewählt wird. Damit lässt sich die adiabate Verbrennungstemperatur $T_\mathrm{A,ad}$ berechnen, die der Temperatur T_A entspricht, mit der der Abgasstrom den Prozess verlässt:

$$T_\mathrm{A,ad} = T_\circ + \frac{h_\mathrm{i}(T_\circ) + \overline{c_{p,\mathrm{B}}^\circ}(T_\mathrm{B} - T_\circ) + l^*\,(\overline{c_{p,\mathrm{L}}^\circ} + X\overline{c_{p,\mathrm{W}}^\circ})(T_\mathrm{L} - T_\circ)}{[1 + l^*(1 + X)]\,\overline{c_{p,\mathrm{A,f}}^\circ}}\ . \tag{4.102}$$

Werden die spezifischen Wärmekapazitäten der Komponenten des Abgasstroms temperaturabhängig berechnet, erfordet dies eine iterative Vorgehensweise, da der Wert der adiabaten Verbrennungstemperatur von den Wärmekapazitäten abhängt.

Bearbeitung der in Beispiel 4.2 gegebenen Aufgabenstellung

Für die Bearbeitung der Aufgabenstellung gemäß Beispiel 4.2 wird ein Excel-Berechnungsblatt wie in Abb. 4.6 erstellt.

1. Zunächst werden die mit der Aufgabenstellung gegebenen Daten in den oberen Teil des Berechnungsblatts eingegeben. Anschließend wird die Tabelle im unteren Teil des Berechnungsblatts erstellt, wofür die molaren Massen der Komponenten M_i aus der Abb. 3.18 übernommen werden. Alternativ können auch die in der DIN EN ISO 6976 [44] aufgeführten Werte der molaren Massen verwendet werden, die sich nur wenig von den in Abb. 3.18 aufgeführten unterscheiden, was für die nachfolgenden Berechnungen aber unerheblich ist. Die molaren Brennwerte der Komponenten $\bar{H}_{s,i}$ stammen ebenfalls aus der DIN EN ISO 6976. Der molare Brennwert für Wasserdampf ergibt sich formal aus der Definition des Brennwerts [44] (ist aber für das aktuelle Beispiel nicht erforderlich). Weiterhin werden die Werte der spezifischen Wärmekapazitäten bei der jeweiligen Bezugstemperatur $c_{p,i}(T_{\text{Bezug}})$ berechnet – aufgeteilt auf Spalten für die Komponenten im Brenngas, für die trockene Luft, für den Wasserdampf sowie die Komponenten im feuchten Abgas. Dafür werden weiter unterhalb die Bezugstemperaturen ermittelt, anhand der die spezifischen Wärmekapazitäten unter Verwendung der UDF `c_p_G_VDI_13_arr` gemäß der Gleichungen (2.55) und (2.56) folgen, siehe dazu die Anleitung in Abschnitt 2.4.2. Für die Ermittlung der Bezugstemperatur für das Abgasgemisch $T_{\text{Bezug,A}}$ muss in einer Zeile oberhalb dieses Bereichs ein geeigneter Startwert für die Temperatur $T_\text{A} = T_{\text{A,ad}}$ vorgegeben werden.

2. Zur Ermittlung des Luftbedarfs für die Verbrennung wird der Sättigungsdampfdruck des Wassers in der feuchten Luft $p_{\text{WS}}(T_\text{L})$ mit der Gleichung (2.63) anhand der UDF `p_S_VDI_12_arr` berechnet, siehe Abschnitt 2.4.1. Die Wasserbeladung X der Verbrennungsluft folgt aus Gleichung (4.7) unter Verwendung der UDF `X_Beladung` in Listing 4.2 und der minimale volumenbezogene Sauerstoffbedarf im Normzustand $o_{\text{min,n}}$ aus Gleichung (4.29) unter Verwendung der UDF `o_min_n` (siehe ebenfalls Listing 4.2). Der Volumenanteil des Sauerstoffs in trockener Luft $\chi_{\text{L,O}_2}$ ist in der Tabelle in Abb. 4.2 aufgeführt. Weiterhin folgen der minimale volumenbezogene Luftbedarf im Normzustand $l_{\text{min,n}}$ bei der Verbrennung mit trockener Luft aus Gleichung (4.30), der volumenbezogene Luftbedarf an trockener Luft l_n aus Gleichung (4.32) und der volumenbezogene Bedarf an feuchter Luft im Normzustand $l_{\text{f,n}}$ aus Gleichung (4.34).

3. Die auf das Volumen des Brennstoffs bezogenen Volumenanteile der Abgaskomponenten im Normzustand $\chi_{\text{A},i}$ folgen aus den Gleichungen (4.35) bis (4.38) unter Verwendung der im Listing 4.2 aufgeführten UDFs `chi_A_CO2`, `chi_A_H2O`, `chi_A_O2` und `chi_A_N2`. Der Volumenanteil des feuchten Abgases bezogen auf das Brenngas im Normzustand $\chi_{\text{A,f}}$ wird mit der Gleichung (4.39) und der Volumenanteil des trockenen Abgases bezogen auf das Brenngas im Normzustand

Eingabedaten

Referenztemperatur (nicht variabel)		T_0	K	298,15
Temperatur der Luft		ϑ_L	°C	**12,0**
Temperatur des Brenngases		ϑ_B	°C	**20,0**
Umgebungsdruck		p_U	bar	**1,00**
relative Feuchte der Luft		φ	1	**0,65**
Luftverhältnis		λ	1	**1,34**

Zusammensetzung Brenngas

Volumenanteil Kohlendioxid	CO_2	χ_{CO2}	1	**0,0120**
Volumenanteil Methan	CH_4	χ_{CH4}	1	**0,9254**
Volumenanteil Ethan	C_2H_6	χ_{C2H6}	1	**0,0450**
Volumenanteil Propan	C_3H_8	χ_{C3H8}	1	**0,0063**
Volumenanteil Butan	C_4H_{10}	χ_{C4H10}	1	**0,0019**
Volumenanteil Pentan	C_5H_{12}	χ_{C5H12}	1	**0,0004**
Volumenanteil Hexan	C_6H_{14}	χ_{C6H14}	1	**0,0001**
Volumenanteil Stickstoff	N_2	χ_{N2}	1	**0,0089**

Verbrennungsluft und Luftbedarf (im Normzustand)

Sättigungsdampfdruck Wasser	$p_{ws}(T_L)$	bar	0,0140
Wasserbeladung Verbrennungsluft	X	1	0,00573
minimaler volumenbezogener Sauerstoffbedarf	$o_{min,n} = V_{O2,min,n} / V_{B,n}$	1	2,056
Volumenanteil Sauerstoff trockene Luft	$\chi_{L,O2} = x_{L,O2}$	1	0,2096
minimaler volumenbezogener Luftbedarf, trockene Luft	$l_{min,n} = V_{L,tr,min,n} / V_{B,n} = o_{min,n}/\chi_{L,O2}$	1	**9,811**
volumenbezogener Luftbedarf, trockene Luft	$l_n = V_{L,tr,n} / V_{B,n} = \lambda\, l_{min,n}$	1	**13,15**
volumenbezogener Luftbedarf, feuchte Luft	$l_{f,n} = V_{L,f,n} / V_{B,n} = \lambda\, l_{min,n}(1 + X R_w/R_L)$	1	**13,27**

Zusammensetzung und Volumenanteil Abgas (im Normzustand)

Volumenanteil Kohlendioxid (bez. auf Brennstoffvolumen)	$\chi_{A,CO2} = V_{A,CO2,n} / V_{B,n}$	1	1,057
Volumenanteil Wasser (bez. auf Brennstoffvolumen)	$\chi_{A,H2O} = V_{A,H2O,n} / V_{B,n}$	1	2,145
Volumenanteil Sauerstoff (bez. auf Brennstoffvolumen)	$\chi_{A,O2} = V_{A,O2,n} / V_{B,n}$	1	0,699
Volumenanteil Stickstoff (bez. auf Brennstoffvolumen)	$\chi_{A,N2} = V_{A,N2,n} / V_{B,n}$	1	10,40
Volumenanteil des trockenen Abgases (bez. auf Brennstoffvol.)	$\chi_{A,tr} = V_{A,tr,n} / V_{B,n}$	1	**12,16**
Volumenanteil des feuchten Abgases (bez. auf Brennstoffvol.)	$\chi_{A,f} = V_{A,f,n} / V_{B,n}$	1	**14,30**
Volumenanteil Kohlendioxid (bez. auf Abgasvolumen)	$\chi_{A,f,CO2} = V_{A,CO2,n} / V_{A,f,n}$	1	0,074
Volumenanteil Wasser (bez. auf Abgasvolumen)	$\chi_{A,f,H2O} = V_{A,H2O,n} / V_{A,f,n}$	1	0,150
Volumenanteil Sauerstoff (bez. auf Abgasvolumen)	$\chi_{A,f,O2} = V_{A,O2,n} / V_{A,f,n}$	1	0,049
Volumenanteil Stickstoff (bez. auf Abgasvolumen)	$\chi_{A,f,N2} = V_{A,N2,n} / V_{A,f,n}$	1	0,727

Taupunkttemperatur, Brenn- und Heizwerte, adiabate Verbrennungstemperatur

Sättigungsdampfdruck Wasser im Abgas	$p_{ws}(T_{Tau}) = \chi_{A,f,H2O}\, p$	bar	0,1500
Taupunkttemperatur	$T_{Tau}(p_{ws})$	K	327,1
	ϑ_{Tau}	°C	54,0
molarer Brennwert Brenngas (DIN EN ISO 6976:2016-12)	$\bar{H}_s(T_0) = \Sigma\, \chi_i\, \bar{H}_{s,i}(T_0)$	kJ mol^{-1}	915,7
volumenbez. Brennwert Brenngas (bez. auf Normvol.)	$h_{s,n}(T_0) = \bar{H}_s(T_0) / \bar{V}_n$	kWh m^{-3}	11,35
mittlere molare Masse Brenngas	$M_B = \Sigma\, \chi_i\, M_i$	kg kmol^{-1}	17,40
spezifischer Brennwert Brenngas	$h_s(T_0) = \bar{H}_s(T_0) / M_B$	kJ kg^{-1}	52617
spezifische Verdampfungsenthalpie Wasser	$\Delta_{vap}h(T_0)$	kJ kg^{-1}	2441
stöchiometrischer Volumenanteil Wasser (bez. auf Brennstoffvol.)	$\chi_{A,H2O}(\lambda=1, X=0) = V_{A,H2O,n} / V_{B,n}$	1	2,024
molarer Heizwert Brenngas	$\bar{H}_i(T_0) = \bar{H}_s(T_0) - \Delta_{vap}h(T_0) M_{H2O}\chi_{A,H2O}$	kJ mol^{-1}	826,7
volumenbez. Heizwert Brenngas (bez. auf Normvol.)	$h_{i,n}(T_0) = \bar{H}_i(T_0) / \bar{V}_n$	MJ m^{-3}	36,88
spezifischer Heizwert Brenngas	$h_i(T_0) = \bar{H}_i(T_0) / M_B$	kJ kg^{-1}	47503
Dichte Brenngas (im Normzustand)	$\rho_{B,n}(T_n, p_n)$	kg m^{-3}	0,776
Dichte Luft trocken (im Normzustand)	$\rho_{L,n}(T_n, p_n)$	kg m^{-3}	1,292
massenbezogener Luftbedarf (trockene Luft)	$l^* = \dot{m}_L/\dot{m}_B = l_n\rho_{L,n}/\rho_{B,n}$	1	21,88
mittlere molare isobare Wärmekapazität Brenngas	$\bar{c}_{p,B}°(T_{Bezug,B})$	kJ kg^{-1} K^{-1}	2,120
mittlere molare Masse Abgas	$M_A = \Sigma\, \chi_i\, M_i$	kg kmol^{-1}	27,89
mittlere spezifische isobare Wärmekapazität feuchtes Abgas	$\bar{c}_{p,A}°(T_{Bezug,A})$	kJ kg^{-1} K^{-1}	1,301
adiabate Verbrennungstemperatur (max. Abgastemp., iterativ)	$T_{A,ad}$	K	1876
	$\vartheta_{A,ad}$	°C	1602

Komponente	molare Masse	molarer Brennwert (DIN 6976)	spezifische isobare Wärmekapazität (VDI-WA)			
			Brenngas	trockene Luft	Wasserdampf	Abgas
	M_i	$\bar{H}_{s,i}(T_0)$	$c_{p,i}°(T_{Bezug,B})$	$c_{p,i}°(T_{Bezug,L})$	$c_{p,i}°(T_{Bezug,L})$	$c_{p,i}°(T_{Bezug,A})$
	kg kmol^{-1}	kJ mol^{-1}	kJ kg^{-1} K^{-1}	kJ kg^{-1} K^{-1}	kJ kg^{-1} K^{-1}	kJ kg^{-1} K^{-1}
CO_2	44,0098	0	0,840			1,255
CH_4	16,0428	890,58	2,231			
C_2H_6	30,0696	1560,69	1,739			
C_3H_8	44,0965	2219,17	1,665			
C_4H_{10}	58,1234	2877,40	1,687			
C_5H_{12}	72,1503	3535,77	1,656			
C_6H_{14}	86,1772	4194,95	1,646			
O_2	31,9988	0	0,929			1,097
N_2	28,0135	0	1,039			1,185
Luft, trocken	28,9583	0		1,013		
H_2O (g)	18,0153	44,013			1,866	2,351
		Bezugstemperaturen in K	$T_{Bezug,B}=(T_0+T_B)/2$ 295,7	$T_{Bezug,L}=(T_0+T_L)/2$ 291,7	$T_{Bezug,L}=(T_0+T_L)/2$ 291,7	$T_{Bezug,A}=(T_0+T_A)/2$ 1087

Abbildung 4.6: Excel-Berechnungsblatt für die Verbrennung eines Gasgemischs (Erdgas)

$\chi_{A,tr}$ mit der Gleichung (4.40) berechnet. Die Volumenanteile der Abgaskomponenten im feuchten Abgas $\chi_{A,f,i}$ folgen aus Gleichung (4.42).

4. Für die Bestimmung der Taupunkttemperatur wird der Sättigungsdampfdruck im Abgas $p_{WS}(T_{Tau})$ aus Gleichung (4.43) über den Volumenanteil des Wasserdampfs im feuchten Abgas χ_{A,f,H_2O} und den Umgebungsdruck p ermittelt. Die Taupunkttemperatur T_{Tau} folgt aus Gleichung (2.63) unter Verwendung der UDF `T_S_VDI_12_arr` als „Umkehrfunktion" mit der Eingabe eines in der Nähe des Erwartungswerts liegenden Startwerts für die Temperatur, siehe Abschnitt 2.4.1.

5. Der molare Brennwert des Brenngasgemischs $\bar{H}_s(T_\circ)$ folgt gemäß Gleichung (4.85) aus den Volumenanteilen des Brenngases χ_i und den molaren Brennwerten der Komponenten $\bar{H}_{s,i}(T_\circ)$ unter Verwendung der UDF `H_s_mix` in Listing 4.2. Dafür erhält der Zellbereich mit den Stoffmengenanteilen der Brenngaskomponenten den Namen `array_x_i_B` und der Zellbereich mit den entsprechenden molaren Brennwerten den Namen `array_H_s_i`. Der volumenbezogene Brennwert des Brenngasgemischs $h_{s,n}(T_\circ)$ wird mit Gleichung (4.86) und dem molaren Normvolumen $\bar{V}_n$ nach DIN 1343 [31] berechnet, siehe den Wert für $\bar{V}_n$ im Abschnitt 4.4.1. Für die Umrechnung auf den spezifischen Brennwert $h_s(T_\circ)$ mit Gleichung (4.87) ist die mittlere molare Masse M_B des Gasgemischs aus Gleichung (4.6) erforderlich, die durch Verwendung der UDF `M_mix` in Listing 4.2 ermittelt werden kann. Der spezifische Brennwert $h_s(T_\circ)$ folgt aus Gleichung (4.87).

6. Der molare Heizwert $\bar{H}_i(T_\circ)$ wird mit Gleichung (4.88) berechnet, wofür die spezifische Verdampfungsenthalpie von Wasser $\Delta_{vap}h(T_\circ)$ aus Gleichung (2.64) mit der UDF `delta_vap_h_VDI_12_arr` unter Verwendung der in Abb. 2.13 aufgeführten kritischen Temperatur T_{kr}, der molaren Masse M und der Koeffizienten erforderlich ist. Mit dem Volumenanteil für die stöchiometrische Verbrennung $\chi_{A,H_2O}(\lambda = 1, X = 0)$ mit trockener Luft unter Verwendung der im Listing 4.2 aufgeführten UDF `chi_A_H2O` folgen der volumenbezogene Heizwert des Brenngasgemischs $h_{i,n}(T_\circ)$ mit Gleichung (4.89) und der spezifische Heizwert des Gemischs $h_i(T_\circ)$ mit Gleichung (4.90).

7. Für die nachfolgende Berechnung der adiabaten Verbrennungstemperatur ist der massenbezogene Luftbedarf l^* nach Gleichung (4.50) erforderlich, der aus dem volumenbezogenen Luftbedarf l_n nach Gleichung (4.30) zu

$$l^* = l_n \frac{\varrho_{L,n}}{\varrho_{B,n}} \tag{4.103}$$

folgt. Die Normdichten der trockenen Luft $\varrho_{L,n}$ und des Brenngases $\varrho_{B,n}$ können mit Gleichung (2.54) unter Verwendung der UDF `Gasdichte_ideal` berechnet werden.

8. Für die Ermittlung der adiabaten Verbrennungstemperatur $T_{A,ad}$ sind die mittleren spezifischen Wärmekapazitäten des Brenngasgemischs $\overline{c^\circ_{p,B}}$, der trockenen Luft $\overline{c^\circ_{p,L}}$, des Wasserdampfs $\overline{c^\circ_{p,W}}$ und des Abgasgemischs $\overline{c^\circ_{p,A}}$ jeweils bei ihrer Bezugstemperatur zu berechnen. Die Berechnung der spezifischen Wärmekapazitäten der Gemische – des Brenngas- und des Abgasgemischs – erfolgt unter der

Annahme idealen Gasverhaltens mit Gleichung (4.96) mit der mittleren molaren Masse des Gemischs nach Gleichung (4.6) unter Verwendung der UDF `cp_mix` in Listing 4.2. Die dafür erforderlichen Werte der spezifischen Wärmekapazitäten $\overline{c_{p,i}^{\circ}}(T)$ der einzelnen Komponenten im Brenngas- und im Abgasgemisch, aber auch der trockenen Luft und des Wasserdampfs können bei der jeweiligen Bezugstemperatur T_{Bezug} nach Gleichung (2.50) mit guter Genauigkeit gemäß dem Fall II. in Abschnitt 2.4 ermittelt werden, da ihre Werte – verglichen mit anderen Stoffwerten – moderat von der Temperatur abhängen. Dafür bietet sich die temperaturabhängige Korrelationsgleichungen gemäß Gleichung (2.55) unter Verwendung der UDF `c_p_G_VDI_13_arr` in Listing 2.3 an.

Die gesuchte adiabate Verbrennungstemperatur T_{A} folgt mit Gleichung (4.102) unter Verwendung der UDF `T_A_ad` aus Listing 4.2, wobei in die Bezugstemperatur für die mittlere spezifische Wärmekapazität des Abgasgemischs die adiabate Verbrennungstemperatur eingeht, was durch einen Zirkelbezug lösbar ist. Dafür wird zunächst ein Startwert in die Zelle für die adiabate Verbrennungstemperatur eingegeben, daraus die Bezugstemperatur und die spezifischen Wärmekapazitäten der Komponenten und anschließend die Verbrennungstemperatur wie vorstehend berechnet, wobei für die iterative Berechnung unter der Registerkarte $\boxed{\text{Datei}}\!\!\gg\!\!\boxed{\text{Optionen}}\!\!\gg\!\!\boxed{\text{Formeln}}$ die Option $\boxed{\text{Iterative Berechnung aktivieren}}$ in den $\boxed{\text{Berechnungsoptionen}}$ aktiviert wird.

Für den Fall, dass für die spezifischen Wärmekapazitäten nur einzelne Daten bei der Temperatur $T_\circ$ (oder nahe dieser Temperatur) vorliegen, kann mit möglicherweise noch ausreichender Genauigkeit auch mit diesen Werten gerechnet werden (entsprechend dem Fall I. in Abschnitt 2.4), was gegenüber der Vorgehensweise gemäß dem Fall II. den Vorteil hat, dass eine iterative Berechnung vermieden wird.

Wie die Berechnungen in der Abb. 4.6 zeigen, stimmen der vom örtlichen Energieversorger angegebene und der nach der DIN EN ISO 6976 [44] berechnete Brennwert überein. Wie schon weiter oben beschrieben, stellt die adiabate Verbrennungstemperatur einen Maximalwert dar, der im Brennraum allein schon aufgrund nicht zu vermeidender Wärmeverluste nicht erreicht wird. Ist das Ziel der Verbrennung die Auskopplung eines Wärmestroms, siehe dazu das nachfolgende Beispiel 4.3, wird diese Temperatur im Brennraum teilweise sehr deutlich unterschritten. Zur Berechnung der adiabaten Verbrennungstemperatur von Heizöl siehe im Abschnitt 12.1 das Beispiel 12.1.

Wie eingangs dieses Abschnitts erläutert, werden Dissoziationseffekte in der vorliegenden Betrachtung nicht berücksichtigt. Nach der VDI-Richtlinie 4670 [143] treten jedoch bereits ab Temperaturen von etwa $1200\,\mathrm{K}$ signifikante Veränderungen der kalorischen Zustandsgrößen infolge der Dissoziation auf. Dabei kommt es zur temperaturinduzierten Aufspaltung stabiler Moleküle wie CO_2, H_2O oder O_2 in ihre atomaren oder radikalischen Bestandteile, was die thermodynamischen Eigenschaften des Gasgemisches erheblich beeinflusst. Die exakte Berücksichtigung dieser Effekte erfordert die numerische Lösung nichtlinearer Simultangleichgewichte. Aus diesem Grund schlägt die Richtlinie ein vereinfachtes Modell vor, das auf der Annahme eines thermodynamischen Gleichgewichts basiert. Da Dissoziationsreaktionen endotherm sind, ergeben sich für nichtdissoziierte Verbrennungsgase zu hohe adiabate Verbrennungstemperaturen [9].

4.4.3 Wirkungsgrad der Verbrennung

Bei Verbrennungsprozessen sind unterschiedliche Zielstellungen möglich, bei denen entweder ein Abgasstrom mit hoher Temperatur – also ein Enthalpiestrom – oder ein Wärmestrom genutzt werden kann [9]:

1. Die Bereitstellung thermischer Energie in Form eines Abgasenthalpiestroms für die Durchführung nachgeschalteter thermischer Prozesse, z. B. zur Trocknung (vgl. Abschnitt 12.1), zur Wärmebehandlung von Bauteilen, zur Erzeugung von Dampf oder zur Beheizung (siehe dazu das aktuelle Beispiel 4.3).

2. Die Bereitstellung thermischer Energie für die Nutzung in einer *Wärmekraftmaschine* in Form eines *äußeren Wärmeübergangs* (siehe Abschnitt 3.2.3). Beispiele für entsprechende Anwendungen sind geschlossene Gasturbinenprozesse, Stirlingmotoren oder Dampfkraftprozesse (siehe Abschnitt 9.2).

3. Die Bereitstellung thermischer Energie durch Verbrennung in einer *Verbrennungskraftmaschine* infolge eines *inneren Wärmeübergangs*. Anwendungen sind der Ottomotor (siehe Abschnitt 5.2) oder der Dieselmotor.

Für den ersten Fall wurde bereits in Abschnitt 4.4.2 im Beispiel 4.2 die adiabate Verbrennungstemperatur für das Brenngasgemisch Erdgas berechnet. Im nachfolgenden Beispiel 4.3 wird diese Berechnung unter Nutzung der Teilkondensation des im Abgasstrom enthaltenen Wassers fortgeführt. Der zweite Fall wird grundsätzlich anhand des Beispiel 4.3 anhand eines gasbefeuerten Heizkessels behandelt, bei dem ein möglichst großer Wärmestrom vom Brennraum abgeführt und dabei der Abgasstrom abgekühlt. Zum dritten Fall siehe das Beispiel 5.2 in Abschnitt 5.3 sowie das Beispiel 5.1 in Abschnitt 5.2. Die Berechnung der adiabaten Verbrennungstemperatur bei der Verbrennung von Heizöl für einen nachgeschalteten Trocknungsprozess wird in Abschnitt 12.1 im Beispiel 12.1 durchgeführt.

Abbildung 4.7 zeigt das Modell einer älteren Dampfkesselanlage zur Erzeugung von Dampf durch die Verbrennung von Kohle. Links unten im Foto erfolgt die Zufuhr des Brennstoffs. Die Verbrennung erfolgt auf einem Rost mit Vorschub. Darunter wird die Asche abgeführt. Durch die blauen Rohrleitungen, mit denen der Brennraum ausgekleidet ist, strömen das Wasser und der entstehende Dampf. Der Abgasstrom aus der Verbrennung wird durch ein Bündel dieser Rohrleitungen geführt, bevor er – hier ohne jegliche Abgasreinigung – aus dem Kamin rechts in der Abbildung austritt.

Bei der Verbrennung – nicht nur in Heizkesseln – entstehen Verluste durch unvollständige Verbrennung infolge Bildung von z. B. CO, H_2 und Kohlenwasserstoffen, durch die Bildung von Asche (die auch Unverbranntes enthalten kann) und insbesondere durch den Enthalpiestrom des Abgases. Diese Verluste können durch den Kesselwirkungsgrad oder besser Dampferzeugerwirkungsgrad η_K gemäß Gleichung (9.7) erfasst werden. Wird ausschließlich der Verlust infolge des Abgasstroms betrachtet, kann der Abgasverlust nach [9] als der ungenutzte Teil des Heizwertstroms verstanden werden.

Für einen Verbrennungsprozess gemäß dem Bilanzschema in der Abb. 4.5 folgt der Enthalpiestrom des Abgases unter Verwendung der Gleichungen (4.50) und (4.99) zu

$$\dot{H}_{\mathrm{A}}(T_{\mathrm{A}}) = \dot{m}_{\mathrm{A}}\overline{c^{\circ}_{p,\mathrm{A}}}(T_{\mathrm{A}} - T_{\circ}) = \dot{m}_{\mathrm{B}}[1 + l^*(1 + X)]\overline{c^{\circ}_{p,\mathrm{A}}}(T_{\mathrm{A}} - T_{\circ}) \,, \qquad (4.104)$$

Abbildung 4.7: Modell einer (älteren) Dampfkesselanlage zur Erzeugung von Dampf durch Verbrennung von Kohle. © U. Feuerriegel 2025. All Rights Reserved.

wobei T_A der Abgastemperatur des betrachteten Verbrennungsprozesses entspricht. Dabei wird davon ausgegangen, dass der Brennstoff und der Luftstrom mit der Referenztemperatur $T_\circ$ zugeführt werden. Für den feuerungstechnischen Wirkungsgrad der Verbrennung folgt mit dem spezifischen Heizwert, also ohne Berücksichtigung der Kondensation des Wassers,

$$\eta_{F,i} = \frac{\dot{Q}}{\dot{m}_B h_i(T_\circ)} = 1 - \frac{\dot{H}_A(T_A)}{\dot{m}_B h_i(T_\circ)} \; . \tag{4.105}$$

Im nachfolgenden Abschnitt 4.4.4 wird am Beispiel einer Gas-Brennwerttherme die (Teil-)Kondensation des durch die Verbrennung entstehenden Wassers genutzt, was sich positiv auf den Wirkungsgrad auswirkt und zu feuerungstechnischen Wirkungsgraden $\eta_{F,i} > 1$ führen kann. Für diesen Fall, der grundsätzlich in Brennwertanlagen auftritt, sollte auf den spezifischen Brennwert bezogen werden mit

$$\eta_{F,s} = \frac{\dot{Q}}{\dot{m}_B h_s(T_\circ)} = 1 - \frac{\dot{H}_A(T_A)}{\dot{m}_B h_s(T_\circ)} \; . \tag{4.106}$$

Dieser Wirkungsgrad ist in Brennwertanlagen immer kleiner als eins.[9]

Zu weiteren sinnvollen Definitionen von Wirkungsgraden – insbesondere auch für Wärmekraftmaschinen – siehe den Abschnitt 9.2.1.

4.4.4 Teilkondensation des Wasserdampfs in einer Gas-Brennwerttherme

Beispiel 4.3

Für die Beheizung eines Einfamilienhauses wird Erdgas in einer Gas-Brennwerttherme genutzt, siehe dazu die Zusammensetzung des Erdgasgemischs und die gegebenen Daten für das Beispiel 4.2. Bei der Wartung der Anlage werden eine Lufttemperatur nach der Vorwärmung von $\vartheta_{L1} = 23\,°C$ und eine Abgastemperatur von $\vartheta_{A1} = 35{,}0\,°C$ bei einer Feuerungswärmeleistung von $\dot{H}_B(T_B) = 5{,}0\,kW$ ermittelt. Berechnen Sie die adiabate Verbrennungstemperatur (unter Nutzung der Luftvorwärmung), den an den Heizkreis abgegebenen Wärmestrom, den anfallenden Kondensatmassenstrom sowie den Wirkungsgrad der Anlage. (Ergebnisse in den Excel-Berechnungsblättern in den Abb. 4.6 und 4.9.)

Ein höherer Wirkungsgrad bei der Nutzung eines Wärmestroms aus einem Verbrennungsprozess zum Zweck der Beheizung kann erzielt werden, indem das Abgas möglichst weit abgekühlt wird, sodass dabei ein Teil des im Abgas enthaltenen Wasserdampfs kondensiert, wodurch die Verdampfungsenthalpie zusätzlich nutzbar gemacht wird – entweder direkt zur Beheizung des Heizkreises, indirekt zur Vorwärmung der Verbrennungsluft oder beides gleichzeitig, wie im vorliegenden Beispiel. Voraussetzung dafür sind eine ausreichend große Fläche für die Wärmeübertragung und ein niedriges Temperaturniveau im Heizkreis als Voraussetzung für die Kondensation.

Die Brennwerttechnik eignet sich besonders für Beheizungssysteme mit niedrigem Temperaturen im Heizkreis und ist besonders geeignet für die Gebäudebeheizung mittels Flächenheizsystemen wie Fußboden- oder Wandheizungen in gut gedämmten Gebäuden mit niedrigem flächenbezogenem Heizbedarf.

Technisch umgesetzt wird dieser Effekt in sogenannten Brennwertanlagen, die bevorzugt mit nahezu schwefelfreien Brennstoffen wie Erdgas oder Heizöl EL schwefelarm betrieben werden. Hintergrund ist, dass im Brennstoff enthaltene Schwefelverbindungen bei der Verbrennung zu SO_2 und SO_3 oxidieren und mit Wasserdampf schwefelige Säure und Schwefelsäure bilden. Dies macht den Einsatz korrosionsbeständiger Werkstoffe im Abgasstrang erforderlich.

In der Abb. 4.8 ist ein vereinfachtes Fließschema für die energetische Bilanzierung einer Gas-Brennwerttherme entsprechend dem Beispiel 4.3 enthalten. Erdgas im Zustand B wird mit feuchter Frischluft verbrannt, die im Wärmeübertrager W1 vom Anfangszustand L auf den Zustand L1 vorgewärmt wird. In der Praxis erfolgt diese Vorwärmung in einem koaxialen Abgasrohr, wobei in der Regel das Abgas durch das Innenrohr und die Frischluft im Gegenstrom durch den Ringspalt geführt wird (Bauart Doppelrohrwärmeübertrager). Das Abgas im Zustand A mit einer von der bereits im Beispiel 4.2 berechneten adiabaten Verbrennungstemperatur infolge der Luftvorwärmung leicht abweichenden Temperatur wird im Wärmeübertrager W2 auf den Zustand A1 abgekühlt, wobei der Wärmestrom $\dot{Q}$ an den Heizkreislauf übertragen wird und infolge Unterschreiten der Taupunkttemperatur erstes Kondensat anfällt, das im Kondensatableiter K1 abgeschieden wird. In der Praxis erfolgen die Verbrennung und die Wärmeübertragung einschließlich der Kondensation in der Regel in einem Bauteil

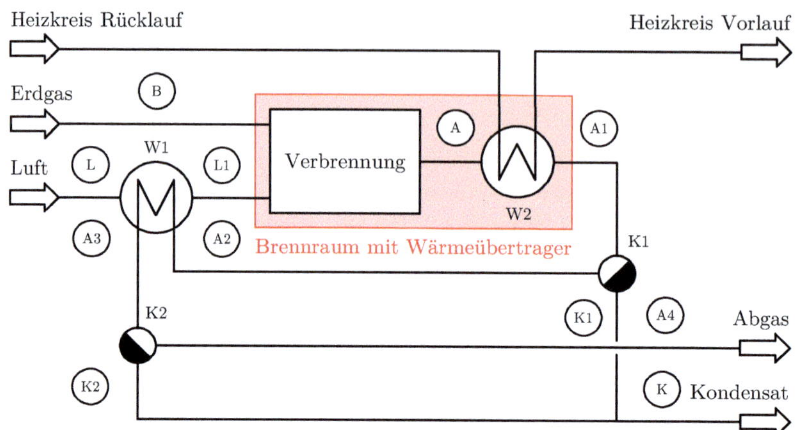

Abbildung 4.8: Fließschema für die Bilanzierung einer Gas-Brennwerttherme

– insbesondere bei Kompaktgeräten. Der als gesättigt angenommene Abgasstrom im Zustand A2 wird im Wärmeübertrager W1 für die Vorwärmung der Luft bis auf den Zustand A3 abgekühlt, wobei weiteres Kondensat anfällt, das im Kondensatableiter K2 abgeschieden wird. Der auch hier als gesättigt angenommene Abgasstrom verlässt die Anlage im Zustand A4 und die beiden Kondensatströme werden im Zustand K zusammen in die Abwasserleitung geführt.

Die Annahme, dass der Abgasstrom nach den beiden Wärmeübertragern im Sättigungszustand vorliegt, also Phasengleichgewicht zwischen dem Abgasstrom und dem Kondensat herrscht, ist in der Praxis nicht zutreffend, siehe [9], da die Übertragungsfläche endlich ist und deshalb eine Temperaturdifferenz zwischen der Temperatur in der Kernströmung und der Temperatur an der Wand auftritt, wobei im Wärmeübertrager W2 eher von einer Filmkondensation und im Luftvorwärmer W1 eher von einer Tropfenkondensation auszugehen ist, siehe [53]. Im Ergebnis bedeutet dies, dass der Abgasstrom nicht gesättigt ist und für seine relative Feuchte $\varphi < 1$ gilt, was nachfolgend vernachlässigt wird.

Der Massenstrom des Abgases aus der Verbrennung

$$\dot{m}_A = \dot{m}_B + \dot{m}_{L,f} \tag{4.107}$$

folgt aus dem Massenstrom des Brennstoffs $\dot{m}_B$ und dem Massenstrom der feuchten Verbrennungsluft $\dot{m}_{L,f}$. Der Massenstrom im Zustand A1

$$\dot{m}_{A1} = \dot{m}_{A1}^G + \dot{m}_{A1}^L = \dot{m}_{A1}^G + \dot{m}_{K1} = \dot{m}_A \tag{4.108}$$

besteht aus dem gesättigten Abgas und dem Kondensat.

Die Energiebilanz um den Wärmeübertrager W1 lautet

$$\dot{H}_{L,f} + \dot{H}_{A2} = \dot{H}_{L1} + \dot{H}_{A3} = \dot{H}_{L1} + \dot{H}_{A3}^G + \dot{H}_{A3}^L \tag{4.109}$$

und ausformuliert

$$\dot{m}_{\mathrm{L}}(\overline{c^{\circ}_{p,\mathrm{L}}} + X\,\overline{c^{\circ}_{p,\mathrm{W}}})(T_{\mathrm{L}} - T_{\circ}) + \dot{m}_{\mathrm{A}2}\,\overline{c^{\circ}_{p,\mathrm{A}2}}(T_{\mathrm{A}2} - T_{\circ})$$
$$= \dot{m}_{\mathrm{L}1}(\overline{c^{\circ}_{p,\mathrm{L}1}} + X\,\overline{c^{\circ}_{p,\mathrm{W}}})(T_{\mathrm{L}1} - T_{\circ})$$
$$+ (\dot{m}^{\mathrm{G}}_{\mathrm{A}3}\,\overline{c^{\circ}_{p,\mathrm{A}3}} + \dot{m}_{\mathrm{K}2}\,\overline{c^{\mathrm{L}}_{p,\mathrm{W}}})(T_{\mathrm{A}3} - T_{\circ}) - \dot{m}_{\mathrm{K}2}\Delta_{\mathrm{vap}}h(T_{\mathrm{A}2})\;. \tag{4.110}$$

$\dot{H}_{\mathrm{L,f}}$ steht für den Enthalpiestrom der feuchten Verbrennungsluft im Zustand L, $\dot{H}_{\mathrm{L}1}$ für den Enthalpiestrom der im Wärmeübertrager W1 vorgewärmten Luft, $\dot{H}_{\mathrm{A}2}$ für den gesättigten Abgasstrom nach der Abscheidung von Kondensat im Kondensatableiter K1 und $\dot{H}_{\mathrm{A}3}$ für den gesamten Enthalpiestrom des im Wärmeübertrager abgekühlten, gesättigten Abgasstroms einschließlich des flüssigen Kondensats mit den entsprechenden Anteilen $\dot{H}^{\mathrm{G}}_{\mathrm{A}3}$ bzw. $\dot{H}^{\mathrm{L}}_{\mathrm{A}3}$.

Aus Gleichung (4.110) folgt die Temperatur $T_{\mathrm{A}3}$ im Zustand A3

$$T_{\mathrm{A}3} = T_{\circ} + \frac{\dot{m}_{\mathrm{L}}(\overline{c^{\circ}_{p,\mathrm{L}}} + X\,\overline{c^{\circ}_{p,\mathrm{W}}})(T_{\mathrm{L}} - T_{\circ}) + \dot{m}_{\mathrm{A}2}\,\overline{c^{\circ}_{p,\mathrm{A}2}}(T_{\mathrm{A}2} - T_{\circ})}{\dot{m}_{\mathrm{A}3}\,\overline{c^{\circ}_{p,\mathrm{A}3}} + \dot{m}_{\mathrm{K}2}\,\overline{c^{\mathrm{L}}_{p,\mathrm{W}}}}$$
$$- \frac{\dot{m}_{\mathrm{L}1}(\overline{c^{\circ}_{p,\mathrm{L}1}} + X\,\overline{c^{\circ}_{p,\mathrm{W}}})(T_{\mathrm{L}1} - T_{\circ}) - \dot{m}_{\mathrm{K}2}\Delta_{\mathrm{vap}}h(T_{\mathrm{A}2})}{\dot{m}^{\mathrm{G}}_{\mathrm{A}3}\,\overline{c^{\circ}_{p,\mathrm{A}3}} + \dot{m}_{\mathrm{K}2}\,\overline{c^{\mathrm{L}}_{p,\mathrm{W}}}} \tag{4.111}$$

mit dem Teilstrom der trockenen Luft $\dot{m}_{\mathrm{L}} = \dot{m}_{\mathrm{L}1}$ sowie der mittleren spezifischen Wärmekapazität des flüssigen Wassers $\overline{c^{\mathrm{L}}_{p,\mathrm{W}}}$. Dabei gilt für die Wasserbeladung $X = \mathrm{konst}$, da aus dem Luftstrom kein Wasser abgeschieden wird, $T_{\mathrm{A}2} = T_{\mathrm{A}1}$ sowie $\overline{c^{\circ}_{p,\mathrm{A}2}}(T_{\mathrm{A}2}) = \overline{c^{\circ}_{p,\mathrm{A}1}}(T_{\mathrm{A}1})$, da sich die Temperatur und die mittlere spezifische Wärmekapazität des Gasstroms infolge der Abscheidung des Kondensats nicht ändern, außerdem $\dot{m}_{\mathrm{A}3} = \dot{m}_{\mathrm{A}2}$.

Der Massenstrom des gesättigten Gases im Zustand A2

$$\dot{m}_{\mathrm{A}2} = \dot{m}_{\mathrm{A}1} - \dot{m}_{\mathrm{K}1} = \dot{m}_{\mathrm{A}} - \dot{m}_{\mathrm{K}1} \tag{4.112}$$

folgt aus dem Massenstrom im Zustand A1 abzüglich des Kondensatmassenstroms K1, außerdem gilt $\dot{m}_{\mathrm{A}1} = \dot{m}_{\mathrm{A}}$. Der Massenstrom im Zustand A3

$$\dot{m}_{\mathrm{A}3} = \dot{m}^{\mathrm{G}}_{\mathrm{A}3} + \dot{m}^{\mathrm{L}}_{\mathrm{A}3} = \dot{m}^{\mathrm{G}}_{\mathrm{A}3} + \dot{m}_{\mathrm{K}2} = \dot{m}_{\mathrm{A}2} \tag{4.113}$$

besteht aus dem gesättigten Abgas und dem Kondensat.

Im Wärmeübertrager W2 kühlt der Enthalpiestrom des Abgases aus der Verbrennung $\dot{H}_{\mathrm{A}}$ auf die Temperatur $T_{\mathrm{A}1}$ ab, wobei eine Teilkondensation des Wasserdampfs erfolgt und dabei der Wärmestrom

$$\dot{Q}_{\mathrm{W}2} = \dot{H}_{\mathrm{A}}(T_{\mathrm{A}}) - \dot{H}_{\mathrm{A}1}(T_{\mathrm{A}1}) = \dot{H}_{\mathrm{A}}(T_{\mathrm{A}}) - \dot{H}^{\mathrm{G}}_{\mathrm{A}1}(T_{\mathrm{A}1}) - \dot{H}^{\mathrm{L}}_{\mathrm{A}1}(T_{\mathrm{A}1}) \tag{4.114}$$
$$= \dot{m}_{\mathrm{A}}\overline{c^{\circ}_{p,\mathrm{A}}}(T_{\mathrm{A}} - T_{\circ}) - \dot{m}^{\mathrm{G}}_{\mathrm{A}1}\,\overline{c^{\circ}_{p,\mathrm{A}1}}(T_{\mathrm{A}1} - T_{\circ}) - \dot{m}_{\mathrm{K}1}\,\overline{c_{p,\mathrm{W}}}(T_{\mathrm{A}1} - T_{\circ})$$
$$+ \dot{m}_{\mathrm{K}1}\Delta_{\mathrm{vap}}h(T_{\mathrm{A}1}) \tag{4.115}$$

ausgekoppelt wird.

Streng genommen erfolgt die Kondensation nicht bei der Temperatur T_{A1}, sondern beginnt bei der Taupunkttemperatur des Abgasstroms bezüglich des Zustands A und endet bei der Temperatur T_{A1} im Zustand A1. Der Enthalpiestrom des Abgases nach der Verbrennung $\dot{H}_A(T_A)$ folgt aus Gleichung (4.104) – hier mit der Abgastemperatur $T_A = T_{A,ad,LuVo}$ nach der Luftvorwärmung aus Gleichung (4.102).

Wie in [9] ausführlich beschrieben, führt die Annahme des Phasengleichgewichts zwischen dem Abgasstrom und dem Kondensat, die eine unendlich große Fläche für die Wärmeübertragung voraussetzt und damit einen theoretischen Grenzfall darstellt, zum größtmöglichen Kondensatstrom bei einem größtmöglichen Wirkungsgrad.

Bearbeitung der in Beispiel 4.3 gegebenen Aufgabenstellung

Für die Bearbeitung der Aufgabenstellung gemäß Beispiel 4.3, die auf dem Beispiel 4.2 mit dem Berechnungsblatt Abb. 4.6 basiert, wird das Berechnungsblatt in der Abb. 4.9 entweder im selben Berechnungsblatt oder auf einem neuen Berechnungsblatt, aber möglichst in derselben Arbeitsmappe erstellt.

1. Zunächst wird der mit der Aufgabenstellung gegebene Enthalpiestrom des Brennstoffs $\dot{H}_B$ in den ersten Bereich des Berechnungsblatts eingegeben und daraus der Massenstrom des Brenngases unter Berücksichtigung seiner Temperatur und mit der in Abb. 4.6 bereits aufgeführten mittleren spezifischen Wärmekapazität des Brennstoffgemischs $\overline{c^{\circ}_{p,B}}$ ermittelt,

$$\dot{m}_B = \frac{\dot{H}_B}{h_i(T_{\circ}) + \overline{c^{\circ}_{p,B}}(T_B - T_{\circ})} \ . \tag{4.116}$$

Der Volumenstrom des Brenngases im Normzustand $\dot{V}_{B,n}$ folgt mit der in der Abb. 4.6 berechneten Dichte des Brenngases im Normzustand $\varrho_{B,n}$ und daraus mit der Zustandsgleichung idealer Gase der Volumenstrom $\dot{V}_B$ bei den gegebenen Betriebsbedingungen ϑ_B und p.

2. Der Massenstrom der für die Verbrennung zuzuführenden feuchten Luft folgt mit dem in Abb. 4.6 ermittelten massenbezogenen Luftbedarf l^* aus den Gleichungen (4.11) und (4.50) zu

$$\dot{m}_{L,f} = l^* m_B (1 + X) \ , \tag{4.117}$$

daraus der Teilmassenstrom der trockenen Luft $\dot{m}_L$ mit der Wasserbeladung X aus Gleichung (4.11), der Volumenstrom der zuzuführenden feuchten Luft im Normzustand $\dot{V}_{L,f,n}$ mit dem in Abb. 4.6 ermittelten volumenbezogenen Luftbedarf der feuchten Luft $l_{f,n}$ über Gleichung (4.34), daraus mit der Zustandsgleichung idealer Gase der Volumenstrom der Luft bei den gegebenen Bedingungen $\dot{V}_{L,f}$ und aus der Massenbilanz in Gleichung (4.107) der Massenstrom des Abgasstroms im Zustand A nach der Verbrennung $\dot{m}_A$.

3. Die vorgegebene Temperatur der vorgewärmten Luft $\vartheta_{L,1}$ wird eingetragen, im unteren Bereich des Berechnungsblatts – wie in der Abb. 4.6 – eine Tabelle mit den Abgaskomponenten angelegt und mit der Berechnung der spezifischen Wärmekapazitäten bei den jeweiligen Bezugstemperaturen begonnen. Auch hier

Adiabate Verbrennungstemperatur mit Luftvorwärmung

Enthalpiestrom des Brennstoffs, "Feuerungswärmeleistung"		$\dot{H}_B\,(T_B)$	kW	**5,0**
Massenstrom Brenngas	Zustand B	$\dot{m}_B$	kg h^{-1}	**0,379**
Volumenstrom Brenngas (im Normzustand)		$\dot{V}_{B,n}(T_n,p_n)$	m^{-3} h^{-1}	0,488
Volumenstrom Brenngas (bei Betriebsbedingungen)		$\dot{V}_B(T_B,p)$	m^{-3} h^{-1}	0,517
Massenstrom Luft, feucht	Zustand L	$\dot{m}_{L,f}$	kg h^{-1}	**8,339**
Teilmassenstrom Luft, trocken	Zustand L	$\dot{m}_L$	kg h^{-1}	8,291
Volumenstrom Luft, feucht (im Normzustand)		$\dot{V}_{L,f,n}(T_n,p_n)$	m^{-3} h^{-1}	6,477
Volumenstrom Luft, feucht (bei Betriebsbedingungen)		$\dot{V}_{L,f}(T_L,p)$	m^{-3} h^{-1}	6,673
Massenstrom Abgas, feucht	Zustand A	$\dot{m}_A = \dot{m}_B + \dot{m}_{L,f} = \dot{m}_{A1}$	kg h^{-1}	**8,718**
Temperatur Luft nach W1	Zustand L1	ϑ_{L1}	°C	23,0
mittl. spez. isob. Wärmekap. feu. Abgas	Zustand A	$\bar{c}_{p,A}{}^\circ(T_{Bezug,A})$	kJ kg^{-1} K^{-1}	1,302
adiabate Verbrennungstemperatur (max. Abgastemp., iterativ)		$T_{A,ad,LuVo}$	K	1883
mit Luftvorwärmung LuVo im Wärmeübertrager W1		$\vartheta_{A,ad,LuVo}$	°C	1610

Wärmeübertrager W2, Erwärmung Heizkreis und Kondensation

Temperatur Abgas n. Wärmeübertr. W2	Zustand A1	$\vartheta_{A1}\,(=\vartheta_{A2}=\vartheta_{K1})$	°C	35,0
Sättigungsdampfdruck Wasser im Abgas	Zustand A1	$p_{ws}(T_{tau}=T_{A1})$	bar	0,056
neuer Volumenanteil Wasser (bez. auf Abgasvolumen)		$\chi'_{A1,f,H2O}=p_{ws}/p$	1	0,056
normierende Summe (exklusive Kondensat)		$S=\chi_{A,f,CO2}+\chi'_{A1,f,H2O}+\chi_{A,f,O2}+\chi_{A,f,N2}$	1	0,906
Volumenanteil Kohlendioxid (bez. auf Abgasvolumen)		$\chi_{A1,f,CO2}=\chi_{A,f,CO2}/S$	1	0,082
Volumenanteil Wasser (bez. auf Abgasvolumen)		$\chi_{A1,f,H2O}=\chi'_{A1,f,H2O}/S$	1	0,062
Volumenanteil Sauerstoff (bez. auf Abgasvolumen)		$\chi_{A1,f,O2}=\chi_{A,f,O2}/S$	1	0,054
Volumenanteil Stickstoff (bez. auf Abgasvolumen)		$\chi_{A1,f,N2}=\chi_{A,f,N2}/S$	1	0,802
mittlere molare Masse Abgas		$M_{A1}=\Sigma\,\chi_{A1,f,i}\,M_i$	kg kmol^{-1}	28,91
Massenanteil Wasser im Abgas vor W2	Zustand A	$w_{A,H2O}$	1	0,097
Massenanteil Wasser im Abgas nach W2	Zustand A1	$w_{A1,H2O}$	1	0,039
Massenstrom Kondensat nach K1	Zustand K1	$\dot{m}_{K1}$	kg h^{-1}	0,527
Massenstrom Abgas, feucht, nach K1	Zustand A2	$\dot{m}_{A2}=\dot{m}^G_{A1}=\dot{m}_A-\dot{m}_{K1}$	kg h^{-1}	8,190
mittl. spez. isob. Wärmekap. feu. Abgas	Zustand A1	$\bar{c}_{p,A1}{}^\circ(T_{Bezug,A1})\,(=\bar{c}_{p,A2}{}^\circ(T_{Bezug,A2}))$	kJ kg^{-1} K^{-1}	1,041
spezifische Verdampfungsenthalpie	Zustand A → A1	$\Delta_{vap}h\,(T_{A1})$	kJ kg^{-1}	2417
Wärmestrom an Heizkreis, Wärmeübertrager W2		$\dot{Q}_{W2}$	kW	5,32

Wärmeübertrager W1, Luftvorwärmung und Kondensation

Temperatur Abgas n. Wärmeübertrager W1 (variable Zelle Solver)		T_{A3}	K	307,7
		$\vartheta_{A3}\,(=\vartheta_{A4}=\vartheta_{K2})$	°C	34,5
Sättigungsdampfdruck Wasser im Abgas	Zustand A3	$p_{ws}(T_{tau}=T_{A3})$	bar	0,055
neuer Volumenanteil Wasser (bez. auf Abgasvolumen)		$\chi'_{A3,f,H2O}=p_{ws}/p$	1	0,055
normierende Summe		$S=\chi_{A1,f,CO2}+\chi'_{A3,f,H2O}+\chi_{A1,f,O2}+\chi_{A1,f,N2}$	1	0,993
Volumenanteil Kohlendioxid (bez. auf Abgasvolumen)		$\chi_{A3,f,CO2}=\chi_{A1,f,CO2}/S$	1	0,082
Volumenanteil Wasser (bez. auf Abgasvolumen)		$\chi_{A3,f,H2O}=\chi'_{A3,f,H2O}/S$	1	0,055
Volumenanteil Sauerstoff (bez. auf Abgasvolumen)		$\chi_{A3,f,O2}=\chi_{A1,f,O2}/S$	1	0,054
Volumenanteil Stickstoff (bez. auf Abgasvolumen)		$\chi_{A3,f,N2}=\chi_{A1,f,N2}/S$	1	0,808
mittlere molare Masse Abgas		$M_{A3}=\Sigma\,\chi_{A3,f,i}\,M_i$	kg kmol^{-1}	28,99
Massenanteil Wasser im Abgas vor W1	Zustand A2	$w_{A2,H2O}=w_{A1,H2O}$	1	0,039
Massenanteil Wasser im Abgas nach W1	Zustand A3	$w_{A3,H2O}$	1	0,034
Massenstrom Kondensat nach K2	Zustand K2	$\dot{m}_{K2}$	kg h^{-1}	0,037
Massenstrom Abgas inkl. Kondensat	Zustand A3	$\dot{m}_{A3}=\dot{m}_{A2}$	kg h^{-1}	8,190
Massenstrom Abgas, feucht, nach K2	Zustand A4	$\dot{m}_{A4}=\dot{m}^G_{A3}=\dot{m}_{A2}-\dot{m}_{K2}$	kg h^{-1}	8,153
mittl. spez. isobare Wärmekap. Abgas	Zustand A3	$\bar{c}_{p,A3}{}^\circ(T_{Bezug,A3})\,(=\bar{c}_{p,A4}{}^\circ(T_{Bezug,A4}))$	kJ kg^{-1} K^{-1}	1,037
spezifische Verdampfungsenthalpie	Zustand A2 → A3	$\Delta_{vap}h\,(T_{A3})$	kJ kg^{-1}	2418
Temperatur Abgas nach Wärmeübertrager W1 (iterativ)		$T_{A3}=T_{A4}$	K	307,7
Zielzelle für den Solver		ΔT_{A3}	K	3,93E-06
Wärmestrom an Frischluft, Wärmeübertrager W1		$\dot{Q}_{W1}$	kW	0,026

Bilanzierung, Wirkungsgrad

Kontrolle Massenbilanz		$\Sigma\dot{m}_i$	kg h^{-1}	0,000
Kontrolle Energiebilanz		$\Sigma\dot{E}_i$	kW	0,000
Enthalpiestrom Abgas Austritt Therme	Zustand A4	$\dot{H}_{A4}(T_{A4})$	kW	0,022
feuerungstechnischer Wirkungsgrad (mit spez. Heizwert)		$\eta_{F,i}=\dot{Q}_{W2}/(\dot{m}_B\,h_i(T_o))$	1	1,064
feuerungstechnischer Wirkungsgrad (mit spez. Brennwert)		$\eta_{F,s}=\dot{Q}_{W2}/(\dot{m}_B\,h_s(T_o))$	1	0,960

Komponente	molare Masse	trockene Luft	Wasserdampf	Abgas Zstd. A	Abgas Zstd. A1, A2	Abgas Zstd. A3, A4
						spezifische isobare Wärmekapazität (VDI-WA)
	M_i	$c_{p,i}{}^\circ(T_{Bezug,L1})$	$c_{p,i}{}^\circ(T_{Bezug,L1})$	$c_{p,i}{}^\circ(T_A)$	$c_{p,i}{}^\circ(T_{A1}=T_{A2})$	$c_{p,i}{}^\circ(T_{A3}=T_{A4})$
	kg kmol^{-1}	kJ kg^{-1} K^{-1}	kJ kg^{-1} K^{-1}	kJ kg^{-1} K^{-1}	kJ kg^{-1} K^{-1}	kJ kg^{-1} K^{-1}
CO_2	44,0098			1,256	0,848	0,847
O_2	31,9988			1,098	0,930	0,930
N_2	28,0135			1,185	1,039	1,039
Luft, trocken	28,9583	1,014				
H_2O (l)	18,0153				4,182	4,182
H_2O (g)	18,0153		1,867	2,354	1,869	1,869
Bezugstemperaturen in K		$T_{Bezug,L1}=(T_o+T_{L1})/2$	$T_{Bezug,L1}=(T_o+T_{L1})/2$	$T_{Bezug,A}=(T_o+T_A)/2$	$T_{Bezug,A1}=(T_o+T_{A1})/2$	$T_{Bezug,A3}=(T_o+T_{A3})/2$
		297,2	297,2	1090,4	303,2	302,9

Abbildung 4.9: Excel-Berechnungsblatt für die Bilanzierung einer Gas-Brennwerttherme

sind für die Ermittlung der adiabaten Verbrennungstemperatur $T_{\mathrm{A,ad,LuVo}}$ – unter Berücksichtigung der Vorwärmung der Luft im Wärmeübertrager W1 – die mittleren spezifischen Wärmekapazitäten des Brenngasgemischs $\overline{c^\circ_{p,\mathrm{B}}}$, der trockenen Luft $\overline{c^\circ_{p,\mathrm{L1}}}$, des Wasserdampfs $\overline{c^\circ_{p,\mathrm{W}}}$ und des Abgasgemischs $\overline{c^\circ_{p,\mathrm{A}}}$ jeweils bei ihrer Bezugstemperatur erforderlich, wobei der Wert der mittleren spezifischen Wärmekapazität des Brenngasgemischs unverändert gilt und deshalb nachfolgend aus Abb. 4.6 übernommen wird. Die weiteren spezifischen Wärmekapazitäten sind bei den neuen Bezugstemperaturen – für das Abgasgemischs unter der Annahme idealen Gasverhaltens mit Gleichung (4.96) mit der mittleren molaren Masse des Gemischs nach Gleichung (4.6) und der UDF `cp_mix` in Listing 4.2 – zu berechnen. Die dafür erforderlichen Werte der spezifischen Wärmekapazitäten $\overline{c^\circ_{p,i}}(T)$ für die trockene Luft, für den Wasserdampf und der einzelnen Komponenten im Abgasgemisch folgen – wie für das Beispiel 4.2 – bei der jeweiligen Bezugstemperatur T_{Bezug} nach Gleichung (2.50) gemäß dem Fall II. in Abschnitt 2.4 unter Verwendung der temperaturabhängigen Korrelationsgleichungen gemäß Gleichung (2.55) mit der UDF `c_p_G_VDI_13_arr` in Listing 2.3. Die gesuchte adiabate Verbrennungstemperatur $T_{\mathrm{A,ad,LuVo}}$ wird wie im Beispiel 4.2 iterativ über einen Zirkelbezug berechnet.

4. Im zweiten Bereich des Berechnungsblatts wird der mit der Aufgabenstellung vorgegebene Wert der gemessenen Abgastemperatur ϑ_{A1} eingegeben und daraus der Sättigungsdampfdruck des Wassers im Abgasgemisch $p_{\mathrm{WS}}(T_{\mathrm{A1}})$ mit der Gleichung (2.63) anhand der UDF `p_S_VDI_12_arr` berechnet, woraus mit $x_i = \chi_i$ und Gleichung (4.4) der „neue" Volumenanteil des Wasserdampfs im Abgasstrom $\chi'_{\mathrm{A1,f,W}}$ im Zustand A1 folgt. Mit der normierenden Summe

$$S = \chi_{\mathrm{A,f,CO_2}} + \chi'_{\mathrm{A1,f,H_2O}} + \chi_{\mathrm{A,f,O_2}} + \chi_{\mathrm{A,f,N_2}} \tag{4.118}$$

folgen die Volumenanteile der Abgaskomponenten im Zustand A1

$$\chi_{\mathrm{A1,f},i} = \frac{\chi_{\mathrm{A,f},i}}{S}\,, \tag{4.119}$$

worin der aktuelle Volumenanteil des Wasserdampfs mit dem „neuen" Volumenanteil $\chi'_{\mathrm{A1,f,H_2O}}$ berechnet wird. Daraus ergibt sich die mittlere molare Masse des Abgasgemischs M_{A1} für den Zustand A1 aus Gleichung (4.6) unter Verwendung der UDF `cp_mix`.

5. Für die Berechnung des im Kondensatableiter K1 anfallenden Massenstroms gelten für die Massenanteile des Wasserdampfs in den Zuständen A und A1 gemäß Gleichung (4.5)

$$w_{\mathrm{A,H_2O}} = \frac{\chi_{\mathrm{A,f,H_2O}} M_{\mathrm{H_2O}}}{M_{\mathrm{A}}} \quad \text{bzw.} \tag{4.120}$$

$$w_{\mathrm{A1,H_2O}} = \frac{\chi_{\mathrm{A1,f,H_2O}} M_{\mathrm{H_2O}}}{M_{\mathrm{A1}}}\,. \tag{4.121}$$

Der Massenstrom des Kondensats im Zustand K1 folgt aus der Differenz zwischen dem Teilmassenstrom des Wassers im Zustand A und dem Teilmassenstrom des Wassers im Zustand A1 im gasförmigen Zustand

$$\dot{m}_{K1} = \dot{m}_{A,H_2O} - \dot{m}^G_{A1,H_2O} = w_{A,H_2O}\dot{m}_A - w_{A1,H_2O}\dot{m}^G_{A1}$$
$$= w_{A,H_2O}\dot{m}_A - w_{A1,H_2O}(\dot{m}_A - \dot{m}_{K1})$$
$$= \frac{\dot{m}_A(w_{A,H_2O} - w_{A1,H_2O})}{1 - w_{A1,H_2O}} \tag{4.122}$$

mit der aus Gleichung (4.108) stammenden Beziehung für den mit Wasser gesättigten gasförmigen Massenstrom im Zustand A1

$$\dot{m}^G_{A1} = \dot{m}_A - \dot{m}_{K1} \ . \tag{4.123}$$

Daraus folgt der mit Wasserdampf gesättigte Massenstrom im Zustand A2 mit $\dot{m}_{A2} = \dot{m}^G_{A1}$.

6. Die mittlere spezifische Wärmekapazität der gasförmigen Komponenten $\overline{c^\circ_{p,A1}}$ im Zustand A1 folgt auch hier unter der Annahme idealen Gasverhaltens mit Gleichung (4.96). Die spezifische Verdampfungsenthalpie von Wasser $\Delta_{vap}h(T_\circ)$ wird – wie bereits für das Beispiel 4.2 – aus Gleichung (2.64) mit der UDF `delta_vap_h_VDI_12_arr` berechnet. Mit der Gleichung (4.115) kann der im Wärmeübertrager W2 ausgekoppelte Wärmestrom $\dot{Q}_{W2}$ bestimmt werden.

7. Im dritten Bereich des Berechnungsblatts wird zunächst ein sinnvoller Startwert für die unbekannte Temperatur des Abgasstroms T_{A3} im Zustand A3 nach dem Luftvorwärmer W2 für die nachfolgende iterative Berechnung über einen Zirkelbezug oder mit dem Solver vorgegeben. Daraus folgen – wie bereits weiter oben – der Sättigungsdampfdruck des Wassers im Abgasgemisch $p_{WS}(T_{A3})$ mit der Gleichung (2.63) anhand der UDF `p_S_VDI_12_arr` und mit Gleichung (4.4) sowie mit $x_i = \chi_i$ der „neue" Volumenanteil des Wasserdampfs im Abgasstrom $\chi'_{A3,f,W}$ im Zustand A3. Mit der normierenden Summe

$$S = \chi_{A1,f,CO_2} + \chi'_{A3,f,H_2O} + \chi_{A1,f,O_2} + \chi_{A1,f,N_2} \tag{4.124}$$

folgen die Volumenanteile der Abgaskomponenten im Zustand A3

$$\chi_{A3,f,i} = \frac{\chi_{A1,f,i}}{S} \ , \tag{4.125}$$

worin der aktuelle Volumenanteil des Wasserdampfs mit dem Volumenanteil χ'_{A3,f,H_2O} berechnet wird. Daraus ergibt sich die mittlere molare Masse des Abgasgemischs M_{A3} für den Zustand A3 aus Gleichung (4.6) unter Verwendung der UDF `cp_mix`.

8. Der Massenanteil des Wassers im Zustand A2 folgt aus $w_{A2,H_2O} = w_{A1,H_2O}$. Der Massenanteil im Zustand A3 wird gemäß Gleichung (4.5) zu

$$w_{A3,H_2O} = \frac{\chi_{A3,f,H_2O}M_{H_2O}}{M_{A3}} \tag{4.126}$$

berechnet. Der Massenstrom des Kondensats im Zustand K2 kann aus der Differenz zwischen dem Teilmassenstrom des Wassers im Zustand A3 und dem Teilmassenstrom des Wassers im Zustand A4 im gasförmigen Zustand

$$\dot{m}_{K2} = \dot{m}_{A2,H_2O} - \dot{m}^G_{A3,H_2O} = w_{A2,H_2O}\dot{m}_{A2} - w_{A3,H_2O}\dot{m}^G_{A3}$$

$$= w_{A2,H_2O}\dot{m}_{A2} - w_{A3,H_2O}(\dot{m}_{A2} - \dot{m}_{K2})$$

$$= \frac{\dot{m}_{A3}(w_{A2,H_2O} - w_{A3,H_2O})}{1 - w_{A3,H_2O}} \tag{4.127}$$

mit der aus Gleichung (4.113) stammenden Beziehung für den mit Wasser gesättigten gasförmigen Massenstrom im Zustand A3

$$\dot{m}^G_{A3} = \dot{m}_{A2} - \dot{m}_{K2} \tag{4.128}$$

berechnet werden. Daraus folgt der mit Wasserdampf gesättigte Massenstrom im Zustand A4 mit $\dot{m}_{A4} = \dot{m}^G_{A3}$.

9. Die mittlere spezifische isobare Wärmekapazität $\overline{c^\circ_{p,A3}}$ im Zustand A3 und die spezifische Verdampfungsenthalpie von Wasser $\Delta_{vap}h(T_\circ)(T_{A1})$ werden analog zur Vorgehensweise weiter oben berechnet. Es folgt der Enthalpiestrom im Zustand A4

$$\dot{H}_{A4} = \dot{m}_{A4}\overline{c^\circ_{p,A4}}(T_{A4} - T_\circ) \tag{4.129}$$

aus den Beziehungen $\dot{m}_{A4} = \dot{m}^G_{A4}$, $\overline{c^\circ_{p,A4}} = \overline{c^\circ_{p,A3}}$ und $T_{A4} = T_{A3}$. Daraus können die beiden feuerungstechnischen Wirkungsgrade $\eta_{F,i}$ mit Gleichung (4.105) und $\eta_{F,s}$ mit Gleichung (4.106) unter Verwendung des an den Heizkreis abgegebenen Wärmestroms $\dot{Q}_{W2}$ berechnet werden. Die Kontrolle der Massen- und der Energiebilanzen erfolgt optional.

Die Berechnungen zeigen, dass der energetische Beitrag der Luftvorwärmung im Wärmeübertrager W1 zwar gering ist, jedoch den Vorteil bietet, dass die Verbrennungsluft nicht mit der Umgebungstemperatur in die Brennwerttherme eintritt. Dadurch können unerwünschte Kondensationseffekte an Bauteilen vermieden werden.

Wie zuvor erläutert, führt die Annahme des Phasengleichgewichts zwischen Abgas und Kondensat zu einem überhöhten Kondensatstrom und infolgedessen zu einem zu hohen feuerungstechnischen Wirkungsgrad. Wie die berechneten Werte zeigen, sollte bei Anwendung der Brennwerttechnik ausschließlich der Wirkungsgrad auf Basis des spezifischen Brennwerts herangezogen werden.

Die Brennwerttechnik ist – wie eingangs beschrieben – insbesondere für Heizsysteme mit niedrigen Rücklauftemperaturen geeignet. Liegt die Rücklauftemperatur jedoch oberhalb der Taupunkttemperatur des Abgases, findet keine Kondensation des bei der Verbrennung entstehenden Wasserdampfs statt.

5 Blockheizkraftwerk und Kraft-Wärme-Kopplung

Mitautor: Lukas Merkenich

Zielsetzung

Behandlung der Grundlagen von Verbrennungskraftmaschinen in Blockheizkraftwerken sowie der Betriebsarten und der Maßnahmen zur Emissionsminderung. Darstellung der Grundlagen der Verbrennung in Motoren sowie Berechnung des idealisierten Viertakt-Ottomotor-Prozesses. Bilanzierung von Blockheizkraftwerken. Vergleichende Betrachtung von Blockheizkraftwerken mit Systemen ohne Kraft-Wärme-Kopplung.

Empfohlene Literatur

Thermodynamik von Baehr und Kabelac [9], *Verbrennungsmotor – kurz und bündig* von Schreiner [120], *Basiswissen Verbrennungsmotor* von Schreiner [119], *Thermische Energiesysteme* von von Böckh und Stripf [146], *Kraft-Wärme-Kopplung* von Schaumann und Schmitz [115].

Berechnungsbeispiele in Excel

- Berechnung eines idealisierten Viertakt-Ottomotor-Vergleichsprozesses (Abb. 5.4).
- Bilanzierung eines Blockheizkraftwerks (Abb. 5.6 und 5.7).
- Vergleich eines Blockheizkraftwerks mit einem Referenzsystem (Abb. 5.8).

5.1 Verbrennungskraftmaschinen in Blockheizkraftwerken

Zentrales Bauteil eines Blockheizkraftwerks (BHKW) ist eine Verbrennungskraftmaschine (VKM), siehe dazu das Bilanzschema in Abb. 5.1. Wie bei einem allgemeinen Verbrennungsprozess, dargestellt in Abb. 4.1, werden einer Verbrennungskraftmaschine der Brennstoff und der erforderliche Sauerstoff als Bestandteil von Luft zugeführt. In Abhängigkeit von der Zusammensetzung des zugeführten Brennstoffs und der feuchten Verbrennungsluft sowie ihres Mischungsverhältnisses entsteht das Abgas. Da in diesem Abschnitt ausschließlich gasförmige Brennstoffe betrachtet werden, ist die Bildung von Asche vernachlässigbar. Bei den exotherm ablaufenden chemischen Reaktionen wird die im Brennstoff chemisch gespeicherte Energie in Innere Energie umgewandelt und kann grundsätzlich in Form von Arbeit und Wärme abgeführt sowie genutzt werden.

Die Verbrennung in VKM erfolgt auf zwei grundsätzlich unterschiedliche Arten [73]:

- Als „warme Verbrennung" infolge einer hochgradig irreversiblen Oxidation des Brennstoffs in einem Verbrennungsmotor (siehe Abschnitt 5.2) oder

© Der/die Autor(en), exklusiv lizenziert an
Springer Fachmedien Wiesbaden GmbH, ein Teil von Springer Nature 2026
U. Feuerriegel, *Energietechnik mit EXCEL und VBA*,
https://doi.org/10.1007/978-3-658-50894-4_5

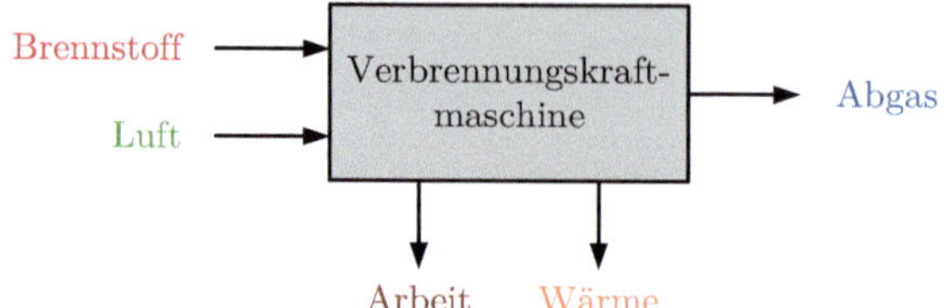

Abbildung 5.1: Bilanzschema einer Verbrennungskraftmaschine

- als „kalte Verbrennung" infolge einer nahezu reversiblen Oxidation des Brennstoffs in einem elektrochemischen Prozess in einer Brennstoffzelle (siehe Kapitel 6).

Bei der „warmen Verbrennung" in einer Verbrennungskraftmaschine wird – wie in Abschnitt 3.2.3 beschrieben – dem Prozess thermische Energie über einen *inneren* Wärmeübergang infolge der Verbrennung zugeführt, dadurch die Innere Energie im System erhöht und Arbeit sowie Wärme abgeführt. Eine Wärmekraftmaschine (WKM) dagegen realisiert einen rechtsläufigen Kreisprozess, dem thermische Energie über einen *äußeren* Wärmeübergang zugeführt und aus dem ebenfalls Arbeit und Wärme abgeführt werden, siehe dazu Kapitel 9.

Wie ebenfalls in Abschnitt 3.2.3 am Beispiel der Wärmekraftmaschinen beschrieben, kommt es auch bei Verbrennungskraftmaschinen zu einer Entropieproduktion: Da dem Prozess mit dem Brennstoff ein Entropiestrom zugeführt, aber mit der (mechanischen oder elektrischen) Arbeit keine Entropie abgeführt wird, muss zwingend ein Entropiestrom über die Wärme aus dem Prozess abgeführt werden. Dies erfolgt mit der Kühlung des Abgasstrom, des Kühlwassers und des Motoröls.

Ein Blockheizkraftwerk mit einer Verbrennungskraftmaschine ist somit eine Anlage zur gleichzeitigen Bereitstellung von mechanischer oder daraus umgewandelter elektrischer Energie und von Wärme nach dem Prinzip der Kraft-Wärme-Kopplung (KWK) oder sogar mit zusätzlicher Bereitstellung von „Kälte" nach dem Prinzip der Kraft-Wärme-Kälte-Kopplung (KWKK). Dadurch wird der Nutzungsgrad der eingesetzten Brennstoffe erhöht und die Wirtschaftlichkeit gesteigert. Typisch ist der dezentrale Einsatz dieser Anlagen infolge der Nutzung eines Wärmestroms.

Die Leistung von Blockheizkraftwerken reicht von wenigen kW bis zu mehreren MW. Häufig handelt es sich dabei um Verbrennungsmotoren mit angeschlossenem Generator. Darüber hinaus kommen auch Gasturbinen oder Brennstoffzellen zum Einsatz.

In Brennstoffzellen-Blockheizkraftwerken wird vorwiegend Wasserstoff verwendet, der nicht zu den Primärenergien gehört, sondern durch Aufbringung von Primärenergie hergestellt werden muss, siehe Kapitel 6. In Verbrennungskraftmaschinen mit „warmer Verbrennung" können ebenfalls Wasserstoff, Folgeprodukte aus „grünem" Wasserstoff wie Ammoniak oder Methanol (siehe dazu Abschnitt 7.1) oder die fossilen Primärenergieträger Erdgas, Benzin und Diesel eingesetzt werden.

Ein wesentlicher Nachteil der „warmen Verbrennung" sind die dabei entstehenden Schadstoffemissionen. Dazu zählt insbesondere das Verbrennungsprodukt CO_2, das aus rein energetischer Sicht das Zielprodukt darstellt. Weitere relevante Emissionen entstehen durch die Oxidation des in der Verbrennungsluft enthaltenen Stickstoffs, wobei vor allem Stickoxide (NO und NO_2) gebildet werden. Zudem führt die Oxidation von im Brennstoff enthaltenem Schwefel überwiegend zur Bildung von Schwefeldioxid (SO_2). Bei unvollständiger Oxidation von Kohlenstoff entsteht Kohlenmonoxid (CO); darüber hinaus können Kohlenwasserstoffe sowie Rußpartikel freigesetzt werden.

In diesem Kapitel liegt der Fokus auf den klassischen Verbrennungsmotoren, die sich durch eine vergleichsweise hohe Entropieproduktion und die damit verbundene Energiedissipation auszeichnen, wodurch ein erheblicher Wärmestrom auf einem relativ hohen Temperaturniveau zur Verfügung steht. Deutlich wird dies an den hohen Abgastemperaturen, die typischerweise bei 750 °C bis 950 °C für Ottomotoren und bei 600 °C bis 950 °C für Dieselmotoren liegen [9]. Gleichzeitig ermöglicht dieses Temperaturniveau eine technisch sinnvolle Nutzung der Abwärme.

Abhängig vom eingesetzten Brennstoff kommen sowohl Diesel- als auch Ottomotoren zum Einsatz. Typisch sind Motorwirkungsgrade für Ottomotoren von 25 % bis 36 % und für Dieselmotoren von 40 % bis 52 %, Temperaturniveaus bei der Wärmeauskopplung von 90 °C bis 160 °C und Gesamtwirkungsgrade bei der gleichzeitigen Nutzung der elektrischen und thermischen Energien bis etwa 90 % [73]. Zahlreiche Hersteller bieten BHKW in Containerbauweise an, was eine einfache und schnelle Aufstellung der Anlagen ermöglicht [115, 120].

Betriebsarten von Blockheizkraftwerken

Der Betrieb eines Blockheizkraftwerks kann grundsätzlich in drei unterschiedlichen Betriebsarten erfolgen [154]:

Wärmegeführt Die Anlage wird primär nach dem aktuellen Wärmebedarf geregelt. Diese Betriebsweise ist vor allem dann sinnvoll, wenn ein kontinuierlicher Bedarf an Nutzwärme besteht, wie in Wohngebäuden oder industriellen Prozessen. Die elektrische Energie kann vor Ort genutzt werden; ein möglicher Überschuss wird in das öffentliche Stromnetz eingespeist. Der wirtschaftliche Betrieb hängt dabei von der Wärmeauskopplung und der Höhe der Einspeisevergütung ab.

Stromgeführt In dieser Betriebsart richtet sich die Fahrweise des BHKW nach dem elektrischen Leistungsbedarf, entweder durch Lastprognosen oder durch dauerhaften Betrieb bei Nennleistung. Wärme, die nicht direkt genutzt werden kann, muss über Kühleinrichtungen an die Umgebung abgeführt werden. Um die energetische Effizienz zu erhöhen, werden Wärmespeicher eingesetzt, die eine zeitversetzte Nutzung der Wärme ermöglichen. Diese Betriebsweise ist insbesondere in Inselnetzen oder in der Kombination mit Photovoltaik sinnvoll, wenn Strombedarfsspitzen zuverlässig gedeckt werden sollen.

Netzgeführt Bei netzgeführten Anlagen erfolgt die Leistungsanforderung durch einen externen Akteur, typischerweise den Energieversorger oder Netzbetreiber. Die Anlagen werden zentral koordiniert, um das Stromnetz stabil zu halten, etwa im Rahmen von Regelenergie- oder Lastmanagementstrategien. Werden mehrere BHKWs gemeinsam mit anderen dezentralen Erzeugern und ggf. Speichern koordiniert betrieben, spricht man auch von einem *virtuellen Kraftwerk*. Diese Betriebsart ermöglicht eine systemdienliche Integration dezentraler Erzeugungskapazitäten in das Stromnetz.

Brennstoffe, Emissionen und Emissionsgrenzwerte, Emissionsminderung
Mögliche Brennstoffe für den Einsatz in Blockheizkraftwerken mit sog. „warmer Verbrennung" lassen sich in zwei Gruppen einteilen. Zum einen in die bisher verwendeten, etablierten Brennstoffe

- Erdgas – fossiler Brennstoff mit hohem Gehalt an Methan,

- Klärgas – entsteht durch anaerobe Faulung organischer Substanzen in Kläranlagen,

- Grubengas – tritt als Nebenprodukt in ehemaligen oder aktiven Steinkohlenbergwerken aus, hauptsächlich bestehend aus Methan,

- Deponiegas – entsteht bei der mikrobiellen Zersetzung organischer Abfälle unter anaeroben Bedingungen in Deponien, enthält vor allem Methan und CO_2,

- Biogas – wird durch Vergärung von Biomasse, z. B. Gülle, Pflanzen oder Bioabfällen, gewonnen und

- Heizöl – flüssiger Brennstoff fossilen Ursprungs mit mittlerem bis hohem Schwefelgehalt, abhängig von der Qualität. Zum Einsatz kommt hauptsächlich „Heizöl EL schwefelarm".

Zum anderen in die zukünftigen, klimaneutralen oder CO_2-armen Brennstoffe

- Wasserstoff – klimaneutral, sofern aus erneuerbaren Quellen („grüner" Wasserstoff, siehe Abschnitt 6.1); erfordert eine angepasste Brennkammerauslegung und Verbrennungstechnik, erhöhtes NO_x-Emissionspotenzial,

- Methan aus Power-to-Gas-Prozessen – synthetisch hergestelltes Methan aus regenerativ erzeugtem Wasserstoff und CO_2 (siehe Abschnitt 7.1),

- flüssige synthetische Brennstoffe (E-Fuels) – z. B. synthetisches Methanol (siehe Abschnitt 7.1) oder mittels der FISCHER–TROPSCH-Synthese erzeugte Kraftstoffe auf Basis regenerativer Rohstoffe,

- Ammoniak (NH_3) – kohlenstofffreier Energieträger mit hohem Wasserstoffgehalt (siehe Abschnitt 7.1); Verbrennung erfordert jedoch Maßnahmen zur Minimierung von NO_x-Emissionen.

Bei der Verbrennung dieser Brennstoffe entstehen Emissionen infolge verschiedener luftverunreinigender Stoffe, insbesondere:

- Kohlenmonoxid (CO) – infolge unvollständiger Oxidation durch Sauerstoffmangel oder unzureichende Mischung von kohlenstoffhaltigen Brennstoffen und Luft,

- Kohlenwasserstoffverbindungen (Hydrocarbons, HCs) – resultieren aus unvollständiger Oxidation organischer Bestandteile und werden häufig als Gesamt-Kohlenstoff (Gesamt-C) erfasst,

- Stickoxide (NO und NO_2) – entstehen bei hohen Verbrennungstemperaturen durch Reaktion von Luftstickstoff mit Sauerstoff sowie durch Oxidation von stickstoffhaltigen Bestandteilen im Brennstoff und

- Schwefeloxide (SO_2 und SO_3) – entstehen durch Oxidation von im Brennstoff enthaltenen Schwefel.

Die gasförmigen Stickoxide werden zusammengefasst als NO_x, die Schwefeloxide als SO_x bezeichnet. Die Emissionskonzentrationen hängen nicht nur vom eingesetzten Brennstoff, sondern auch von der Auslegung und Regelung des Verbrennungsprozesses ab. Unter den HC-Emissionen sind flüchtige organische Substanzen zu verstehen, die nach der unvollständigen Verbrennung im Abgas enthalten sind und über den Gesamt-Kohlenstoff erfasst werden.

Zur Begrenzung der Schadstoffemissionen gelten gesetzlich geregelte Emissionsgrenzwerte, siehe unten, für deren Einhaltung verschiedene Maßnahmen der primären und sekundären Emissionsminderung zum Einsatz kommen, darunter

- *Primärmaßnahmen* wie Gemischoptimierung, Absenkung der Verbrennungstemperatur oder Stufung der Luftzufuhr oder

- *Sekundärmaßnahmen* wie Katalysatoren (z. B. Dreiwegekatalysator, SCR-Verfahren), Partikelfilter oder Entschwefelungstechniken.

Dreiwegekatalysatoren werden vor allem in gasbetriebenen BHKWs mit stöchiometrischer Verbrennung eingesetzt. Sie oxidieren das Kohlenmonoxid sowie die unverbrannten Kohlenwasserstoffe (HCs) und reduzieren gleichzeitig die Stickoxide. Voraussetzung ist ein exakt geregeltes Luftverhältnis $\lambda \approx 1$ (siehe Abschnitt 4.3).

Für BHKWs mit sog. magerer Verbrennung bei einem Luftverhältnis $\lambda > 1$, bei denen der Dreiwegekatalysator nicht einsetzbar ist, eignet sich das SCR-Verfahren (Selective Catalytic Reduction). Dabei wird ein Reduktionsmittel – meist Ammoniak oder Harnstoff – in das Abgas eingedüst und reagiert im Katalysator selektiv mit den Stickoxiden zu Stickstoff und Wasser. Das SCR-Verfahren ist besonders wirksam bei niedrigen NO_x-Grenzwerten und wird auch in größeren Kraftwerken zur Reinigung der Abgasströme eingesetzt.

Die Emissionsgrenzwerte für „kleine" Verbrennungsmotoranlagen – wie in den nachfolgenden Beispielen 5.1 und 5.2 behandelt – werden in der sog. 44. BImSchV, der *Vierundvierzigsten Verordnung über mittelgroße Feuerungs-, Gasturbinen- und Verbrennungsmotoranlagen* zur Durchführung des Bundes-Immissionsschutzgesetzes (BImSchG) festgelegt [61, 145]. Danach gelten für mit dem Brennstoff Erdgas betriebene sog. Magermotoren ($\lambda > 1$) die folgenden Emissionsgrenzwerte, die sich auf das Abgasvolumen im Normzustand nach Abzug des Feuchtegehalts an Wasserdampf sowie einen Volumenanteil an Sauerstoff im Abgas von 5 % beziehen:

- CO: $250\,\mathrm{mg\,m^{-3}}$
- NO_x: $100\,\mathrm{mg\,m^{-3}}$
- Gesamt-C: $1300\,\mathrm{mg\,m^{-3}}$
- Formaldehyd: $20\,\mathrm{mg\,m^{-3}}$
- Ammoniak (nur beim Einsatz des SCR-Verfahrens): $30\,\mathrm{mg\,m^{-3}}$

Der vorgegebene Volumenanteil für Sauerstoff hat die Ziele der Vergleichbarkeit der Emissionskonzentrationen und der Verhinderung der vorsätzlichen Verdünnung von Abgasströmen, da letztlich die sog. Emissionsfrachten, also die in einem bestimmten Zeitraum insgesamt emittierten Schadstoffe relevant sind. Für weitere, detaillierte Informationen siehe die 44. BImSchV [145].

5.2 Grundlagen der Verbrennung in Motoren

Verbrennungsmotoren stellen die am weitesten verbreitete Bauart von Verbrennungskraftmaschinen dar. Sie wandeln die im Kraftstoff chemisch gespeicherte Energie durch innermotorische Verbrennung in mechanische Arbeit um. Unterschieden wird insbesondere zwischen Zwei- und Viertaktmotoren, wobei der Viertaktmotor im stationären und mobilen Einsatz dominiert. Je nach Art der Gemischbildung und Zündung unterscheidet man zudem Ottomotoren mit Fremdzündung und Dieselmotoren mit Selbstzündung. Beide Motortypen finden in verschiedenen Leistungsbereichen und Anwendungen breite Verwendung. Im nachfolgenden Abschnitt wird eine vereinfachte Betrachtung der Verbrennung in einem Viertakt-Ottomotor u. a. unter der Annahme idealen Gasverhaltens durchgeführt. Weitere Informationen zu Verbrennungsmotoren sind u. a. in [119, 120, 146] zu finden.

Beispiel 5.1

Für einen Zylinder des Viertakt-Ottomotors aus dem nachfolgenden Beispiel 5.2 soll ein stark vereinfachter, idealisierter Vergleichsprozess ohne Dissipation und Wärmeverluste unter Nutzung von Erdgas betrachtet werden, siehe dazu auch die Berechnungen für das Beispiel 4.2 in der Abb. 4.6. Der Motor arbeitet mit dem Kompressionsverhältnis $\varepsilon = 12{,}8$. Das Luft-Kraftstoffgemisch hat im Zustand 1 die Temperatur $\vartheta_1 = 25\,°C$ und den Druck $p_1 = 1{,}0\,bar$. Die Bezugstemperatur für die Stoffwerte soll ebenfalls $\vartheta_{\text{Bezug}} = 25\,°C$ betragen. Zu bestimmen sind die Temperaturen und Drücke der Zustände sowie der Wirkungsgrad dieses idealen Vergleichsprozesses. Der Prozess ist im p, V-Diagramm darzustellen. Das Arbeitsmedium ist in allen Zuständen durch die Eigenschaften trockener Luft bei der Bezugstemperatur anzunähern und die Luft dabei als ideales Gas zu betrachten. (Ergebnisse im Excel-Berechnungsblatt in Abb. 5.4.)

Realer Kreisprozess eines Viertakt-Ottomotors

In der Abb. 5.2 ist der reale Kreisprozess eines Viertakt-Ottomotors im p, V-Diagramm dargestellt. Beim Viertaktmotor besteht der periodisch ablaufende Arbeitszyklus aus vier aufeinanderfolgenden Hüben des Kolbens: Ansaugen, Verdichten, Arbeiten und Ausstoßen. Dieser Zyklus erstreckt sich über zwei vollständige Umdrehungen der Kurbelwelle.

Im ersten Takt vom Zustand 0 bis zum Zustand 1 wird das Brennstoff-Luft-Gemisch angesaugt. Bei Motoren mit Direkteinspritzung wird hingegen nur Luft angesaugt und der Brennstoff direkt in den Brennraum eingespritzt. Man spricht in diesem Fall von innerer Gemischbildung. Im zweiten Takt von 1 nach 2 wird das Gemisch verdichtet. Im dritten Takt von 2 nach 3 erfolgt die Verbrennung, gefolgt von der Expansion von 3 nach 4. Im vierten Takt von 4 nach 0 wird das entstandene Abgas aus dem Brennraum hinausgeschoben.

Idealisierter Kreisprozess eines Viertakt-Ottomotors

Die realen Vorgänge in Verbrennungsmotoren sind – u. a. aufgrund der deutlich instationären Vorgänge – nur mit hohem Aufwand zu beschreiben, weshalb nachfolgend

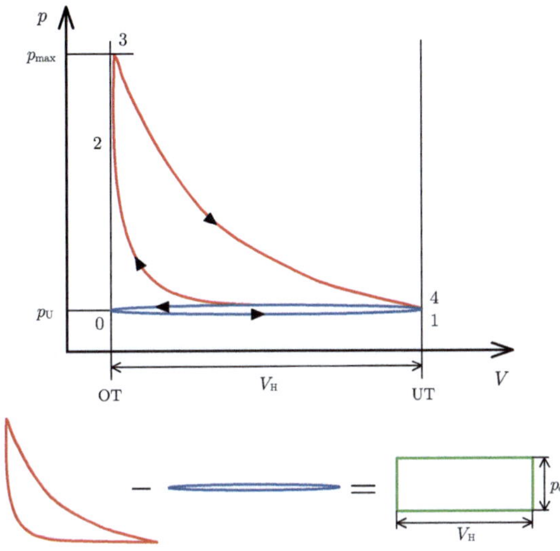

Abbildung 5.2: Realer Kreisprozess eines Viertakt-Ottomotors im p,V-Diagramm [9, 119, 120]. (OT und UT = oberer bzw. unterer Totpunkt, V_{H} = Hubvolumen, p_{e} = effektiver Mitteldruck.)

der stark vereinfachte, idealisierte und in der Abb. 5.3 dargestellte Prozess mit den nachfolgend aufgeführten Teilprozessen unter der Annahme idealen Gasverhaltens betrachtet wird, siehe [119, 120]:

- $1 \rightarrow 2$: isentrope Kompression,
- $2 \rightarrow 3$: isochore Wärmezufuhr über die innere Verbrennung
- $3 \rightarrow 4$: isentrope Expansion und
- $4 \rightarrow 1$: isochore Wärmeabfuhr über den Ladungswechsel.

Dabei gelten die weiteren Annahmen einer

- Berechnung mit ausschließlich Luft als Arbeitsmedium und eines
- geschlossenen Systems ohne Materietransport über die Systemgrenze, also einer Wärmezufuhr nur über die innere Wärmeübertragung durch die Verbrennung sowie einer Wärmeabfuhr durch eine Wärmeübertragung.

Eine isochore Wärmezufuhr über die innere Verbrennung als Gleichraumprozess ist in der Realität nicht umsetzbar, da sie eine schlagartige Energiezufuhr exakt im oberen Totpunkt erfordern würde – also eine unendlich schnelle Verbrennung. Der Gleichraumprozess dient daher lediglich als theoretisches Referenzmodell für den bestmöglichen thermodynamischen Ablauf bei vorgegebenem Verdichtungsverhältnis, wie er typischerweise für Ottomotoren angenommen wird. Komplexer ist der sog. Gleichdruckprozess, bei dem die Verbrennung ebenfalls nahe dem oberen Totpunkt einsetzt. Obwohl der Druck während der Expansion aufgrund des zunehmenden Volumens eigentlich abnehmen müsste, wird er durch die fortschreitende und intensivierte

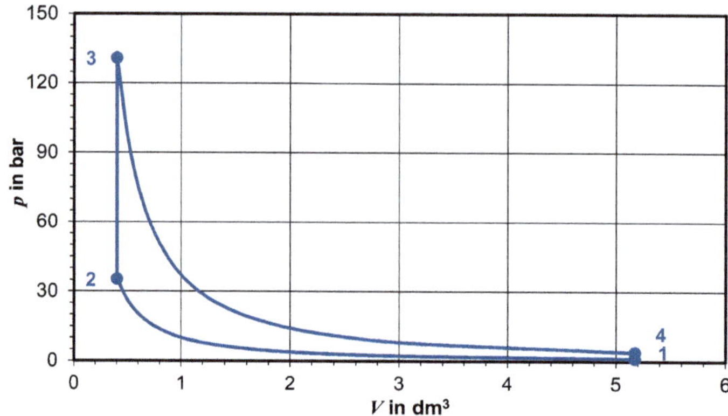

Abbildung 5.3: Idealisierter Vergleichsprozess eines Viertakt-Ottomotors im p,V-Diagramm

Verbrennung annähernd konstant gehalten. Der Gleichdruckprozess bildet die Grundlage für die vereinfachte Beschreibung von Dieselmotoren, bei denen die Verbrennung zeitlich über einen größeren Kolbenweg hinweg erfolgt. Ein weiterer, kombinierter Prozess ist der sog. SEILIGER-Prozess, der hier ebenfalls nicht behandelt wird.[119, 120]

Berechnung des idealisierten Kreisprozesses eines Viertakt-Ottomotors

Bei einem Hubkolbenmotor bewegt sich der Kolben zwischen dem oberen Totpunkt (OT) und dem unteren Totpunkt (UT). Die Differenz des maximalen und minimalen Volumens entspricht dem Hubvolumen eines einzelnen Zylinders V_h. Dagegen steht V_H für das Hubvolumen eines gesamten Motors mit mehreren Zylindern. Die mechanische Leistung eines Verbrennungsmotors P_mech ist proportional zum Hubvolumen V_H sowie der Drehzahl n des Motors [119, 120]

$$P_\mathrm{mech} \sim n V_\mathrm{H} \; . \tag{5.1}$$

Die gesamte, vom Kreisprozess umschlossene Fläche in Abb. 5.2 entspricht der sog. inneren Arbeit des Prozesses. Die kleine linksläufige Fläche wird als Ladungswechselfläche bezeichnet. Die innere Arbeit ergibt sich, wie unterhalb des p,V-Diagramms in Abb. 5.2 dargestellt, aus der Differenz der beiden Teilflächen mit dem Hubvolumen V_h und dem sog. effektiven Mitteldruck p_e, da für den Ladungswechsel Arbeit aufgewendet werden muss. Der effektive Mitteldruck stellt eine Kenngröße für die Leistungsfähigkeit eines Motors dar.

Die innere Arbeit des Prozesses ergibt sich zu

$$W_\mathrm{i} = \oint p \, \mathrm{d}V = p_\mathrm{e} V_\mathrm{H} \; . \tag{5.2}$$

Daraus folgt die mechanische Leistung

$$P_{\mathrm{mech}} = i\,n\,p_{\mathrm{e}}V_{\mathrm{H}} \quad \mathrm{mit}\ i = \begin{cases} 1 & \text{für Zweitaktmotoren} \\ 0{,}5 & \text{für Viertaktmotoren} \end{cases} \tag{5.3}$$

mit der Drehzahl des Motors n. Die Taktzahl i berücksichtigt, dass in Viertaktmotoren nur bei jeder zweiten Umdrehung ein Arbeitstakt abläuft [120].

Die Energiebilanz für den idealisierten Prozess lautet mit den spezifischen Volumenänderungsenergien und spezifischen Wärmen der Prozessschritte entsprechend Gleichung (3.132) für den zeitlich periodisch laufenden Kreisprozess

$$w_{V,12} + q_{23} - w_{V,34} - q_{41} = 0\ . \tag{5.4}$$

Die spezifischen Wärmen folgen mit Gleichung (2.38) aus den Änderungen der spezifischen Inneren Energien und entsprechend auch die spezifischen Arbeiten:

$$q_{23} = q_{\mathrm{zu}} = \overline{c_v^{\circ}}\,(T_3 - T_2) \qquad \text{für die Wärmezufuhr von 2 nach 3,} \tag{5.5}$$

$$q_{41} = q_{\mathrm{ab}} = \overline{c_v^{\circ}}\,(T_1 - T_4) \qquad \text{für die Wärmeabfuhr von 4 nach 1,} \tag{5.6}$$

$$w_{V,12} = \overline{c_v^{\circ}}\,(T_2 - T_1) \qquad \text{für die Verdichtung von 1 nach 2 und} \tag{5.7}$$

$$w_{V,34} = \overline{c_v^{\circ}}\,(T_4 - T_3) \qquad \text{für die Entspannung von 3 nach 4.} \tag{5.8}$$

Die spezifische Arbeit des Kreisprozesses ergibt sich gemäß Gleichung (3.129) zu

$$w_V = w_{V,12} - w_{V,34}\ . \tag{5.9}$$

Für die isentrope Zustandsänderung eines idealen Gases gilt nach Tabelle 3.1 mit der Isentropenbeziehung $pV^{\kappa} = \mathrm{konst}$ entsprechend Gleichung (2.47)

$$\frac{T_2}{T_1} = \left(\frac{V_1}{V_2}\right)^{\kappa-1} \qquad \text{für die isentrope Verdichtung von 1 nach 2 und} \tag{5.10}$$

$$\frac{T_3}{T_4} = \left(\frac{V_4}{V_3}\right)^{\kappa-1} \qquad \text{für die isentrope Expansion von 3 nach 4} \tag{5.11}$$

mit dem Isentropenexponenten κ nach Gleichung (2.44). Das Verhältnis der Volumen wird als Verdichtungsverhältnis bezeichnet

$$\varepsilon = \frac{V_1}{V_2} = \frac{V_4}{V_3} = \frac{V_{\mathrm{max}}}{V_{\mathrm{min}}}\ . \tag{5.12}$$

Der thermische Wirkungsgrad dieses idealen Prozesses folgt gemäß Gleichung (3.51) aus dem Verhältnis von abgegebener Volumenänderungsarbeit und zugeführter Wärme sowie mit der Annahme $\overline{c_v^{\circ}} = \mathrm{konst}$ zu

$$\eta_{\mathrm{therm}} = \frac{w_{V,34} - w_{V,12}}{q_{23}} = 1 - \frac{|q_{41}|}{q_{23}} = 1 - \frac{|q_{\mathrm{ab}}|}{q_{\mathrm{zu}}} = 1 - \frac{T_4 - T_1}{T_3 - T_2}\ . \tag{5.13}$$

Mit dem Druckverhältnis für die isochore Zustandsänderung von 2 nach 3

$$\Psi = \frac{p_3}{p_2} = \frac{T_3}{T_2} \tag{5.14}$$

und dem Verdichtungsverhältnis ε aus Gleichung (5.12) folgen (vgl. [146])

$$T_2 = T_1 \varepsilon^{\kappa-1} \, , \tag{5.15}$$
$$T_3 = \Psi T_2 = \Psi T_1 \varepsilon^{\kappa-1} \quad \text{sowie} \tag{5.16}$$
$$T_4 = T_3 \varepsilon^{1-\kappa} = \Psi T_1 \tag{5.17}$$

und daraus

$$\eta_{\text{therm}} = 1 - \frac{T_1(\Psi - 1)}{T_1 \varepsilon^{\kappa-1}(\Psi - 1)} = 1 - \frac{1}{\varepsilon^{\kappa-1}} \, . \tag{5.18}$$

Der thermische Wirkungsgrad steigt also mit zunehmendem Verdichtungsverhältnis.

Bearbeitung der in Beispiel 5.1 gegebenen Aufgabenstellung

Für die Bearbeitung der Aufgabenstellung gemäß Beispiel 5.1 wird ein Excel-Berechnungsblatt wie in Abb. 5.4 erstellt:

1. Die in der Aufgabenstellung gegebenen Größen werden in das Arbeitsblatt aufgenommen und alle relevanten Zellen mit sinnvollen Namen versehen.

2. Das Hubvolumen eines einzelnen Zylinders V_{h} folgt zu

$$V_{\text{h}} = \frac{V_{\text{H}}}{n_{\text{Zyl}}} \, . \tag{5.19}$$

Mit dem Kompressionsverhältnis nach Gleichung (5.12) werden die auftretenden Volumen bestimmt:

$$V_{\text{min}} = \frac{V_{\text{h}}}{\varepsilon - 1} \quad \text{für das minimale Volumen im oberen Totpunkt und} \tag{5.20}$$

$$V_{\text{max}} = V_{\text{min}} + V_{\text{h}} \quad \text{für das maximale Volumen im unteren Totpunkt.} \tag{5.21}$$

3. Mit der molaren Masse der trockenen Luft M_{L} aus dem Datenblatt in Abb. 2.11 wird die spezifische Gaskonstante R_{L} mit Gleichung (2.43) berechnet. Die spezifische isobare Wärmekapazität der trockenen Luft $c_{p,\text{L}}(T_{\text{Bezug}})$ folgt aus den Gleichungen (2.55) und (2.56) unter Verwendung der UDF `c_p_G_VDI_13_arr` mit den ebenfalls in Abb. 2.11 aufgeführten Koeffizienten. Daraus können die spezifische isochore Wärmekapazität $c_{v,\text{L}}(T_{\text{Bezug}})$ mit Gleichung (2.45) und der Isentropenexponent κ mit Gleichung (2.44) ermittelt werden.

4. Da der idealisierte Vergleichsprozess mit Luft als idealem Gas betrachtet wird,

Hubvolumen gesamt	V_H	dm³	**57,2**
Anzahl Zylinder	n_{Zyl}	1	**12**
Hubvolumen Einzelzylinder	V_h	dm³	4,77
Kompressionsverhältnis	ε	1	**12,8**
minimales Volumen im oberen Totpunkt OT	V_{min}	dm³	0,404
maximales Volumen im unteren Totpunkt UT	V_{max}	dm³	5,171
universelle Gaskonstante	R	kJ kmol⁻¹ K⁻¹	8,31446
molare Masse Luft	M_L	kg kmol⁻¹	28,96
spezifische Gaskonstante Luft	R_L	kJ kg⁻¹ K⁻¹	0,287
Bezugstemperatur	ϑ_{Bezug}	°C	**25,0**
	T_{Bezug}	K	298,2
spezifische isobare Wärmekapazität Luft	$c_{p,\,Luft}$	kJ kg⁻¹ K⁻¹	1,014
spezifische isochore Wärmekapazität Luft	$c_{v,\,Luft}$	kJ kg⁻¹ K⁻¹	0,727
Isentropenexponent	κ	1	1,395
Masse der trockenen Luft im Zustand 1	$m_{L,1}$	kg	0,00604
spezifischer Heizwert Brenngas	$h_i(T_o)$	kJ kg⁻¹	47503
massenbezogener Luftbedarf (trockene Luft)	$l*$	1	21,88
zugeführte spezifische Wärme 2 → 3	q_{23}	kJ kg⁻¹	2171
abgeführte spezifische Wärme 4 → 1	q_{41}	kJ kg⁻¹	-792,9
spezifische Volumenänderungsarbeit 1 → 2	$w_{V,12}$	kJ kg⁻¹	376,6
spezifische Volumenänderungsarbeit 3 → 4	$w_{V,34}$	kJ kg⁻¹	-1755
spezifische Arbeit des Kreisprozesses	w_V	kJ kg⁻¹	-1379
thermischer Wirkungsgrad	η_{therm}	1	0,635

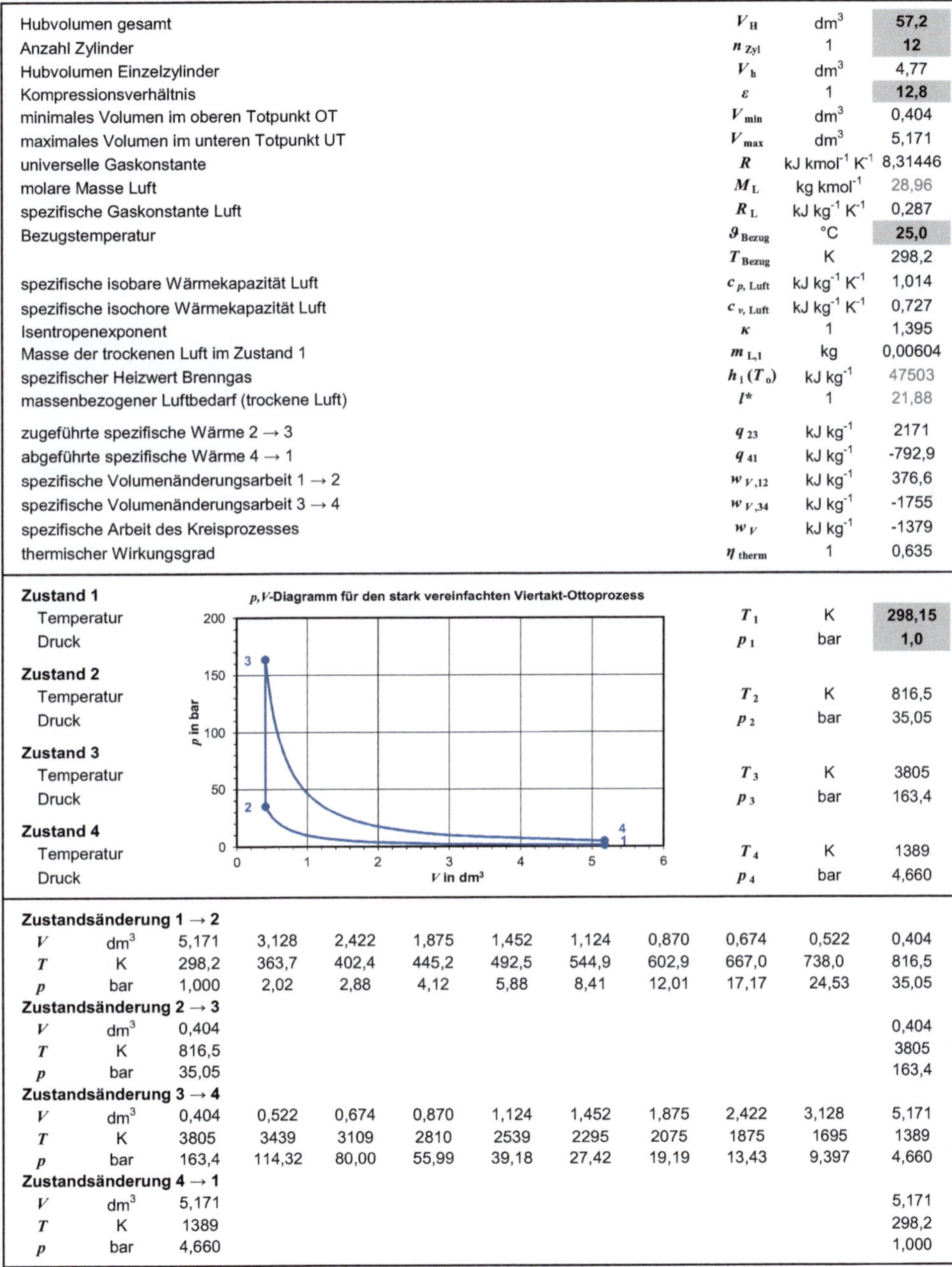

Zustand 1

Temperatur	T_1	K	**298,15**
Druck	p_1	bar	**1,0**

Zustand 2

Temperatur	T_2	K	816,5
Druck	p_2	bar	35,05

Zustand 3

Temperatur	T_3	K	3805
Druck	p_3	bar	163,4

Zustand 4

Temperatur	T_4	K	1389
Druck	p_4	bar	4,660

Zustandsänderung 1 → 2

V	dm³	5,171	3,128	2,422	1,875	1,452	1,124	0,870	0,674	0,522	0,404
T	K	298,2	363,7	402,4	445,2	492,5	544,9	602,9	667,0	738,0	816,5
p	bar	1,000	2,02	2,88	4,12	5,88	8,41	12,01	17,17	24,53	35,05

Zustandsänderung 2 → 3

V	dm³	0,404									0,404
T	K	816,5									3805
p	bar	35,05									163,4

Zustandsänderung 3 → 4

V	dm³	0,404	0,522	0,674	0,870	1,124	1,452	1,875	2,422	3,128	5,171
T	K	3805	3439	3109	2810	2539	2295	2075	1875	1695	1389
p	bar	163,4	114,32	80,00	55,99	39,18	27,42	19,19	13,43	9,397	4,660

Zustandsänderung 4 → 1

V	dm³	5,171									5,171
T	K	1389									298,2
p	bar	4,660									1,000

Abbildung 5.4: Excel-Berechnungsblatt für die Berechnung des idealisierten Vergleichsprozesses eines Viertakt-Ottomotors

folgt die Masse der Luft für den Zustand 1 mit

$$m_{\mathrm{L}} = \frac{p_1 V_{\mathrm{max}}}{R_{\mathrm{L}} T_1} \;. \tag{5.22}$$

5. Aus dem Berechnungsblatt in Abb. 4.6 werden die dort berechneten Werte für den spezifischen Heizwert des Erdgases $h_{\mathrm{i}}(T_{\circ})$ und für den massenbezogenen Luftbedarf l^* übernommen. Für das (für den idealisierten Prozess) mit trockener Luft gefüllte Zylindervolumen gilt die Energiebilanz

$$m_{\mathrm{L}} q_{\mathrm{zu}} = m_{\mathrm{B}} h_{\mathrm{i}} \;, \tag{5.23}$$

woraus mit dem in Gleichung (4.50) definierten massenbezogenen Luftbedarf l^* die dem Zylindervolumen infolge des „inneren" Wärmeübergangs durch die Verbrennung im Zylinder zugeführte spezifische Wärme berechnet werden kann:

$$q_{\mathrm{zu}} = q_{23} = \frac{h_{\mathrm{i}}}{l^*} \;. \tag{5.24}$$

6. Die Temperatur T_2 wird für die angenommene isentrope Zustandsänderung eines idealen Gases mit Gleichung (5.10) berechnet. Der Druck p_2 folgt aus der umgeformten idealen Gasgleichung mit der zuvor berechneten Luftmasse m_{L}, ebenso der Druck p_3, nachdem die Temperatur T_3 aus der umgeformten Gleichung (5.5) ermittelt wurde. Die Temperatur T_4 ergibt sich aus Gleichung (5.11), und der Druck p_4 wird analog zu den zuvor berechneten Drücken bestimmt.

7. Die spezifischen Arbeiten und Wärmen werden mit den Gleichungen (5.5) bis (5.8) sowie mit Gleichung (5.9) die spezifische Arbeit des Kreisprozesses w_V berechnet. Der thermische Wirkungsgrad des Prozesses η_{therm} folgt aus Gleichung (5.18).

8. Die Darstellung des Prozesses im p, V-Diagramm erfolgt anhand der in der Tabelle berechneten Daten. Zur grundsätzlichen Erstellung des Diagramms siehe Abschnitt 2.2.5.

Die Berechnungen für den idealisierten Prozess liefern deutlich zu hohe Temperaturen nach der Verdichtung und Verbrennung und auch einen deutlich zu hohen Wirkungsgrad. Dies resultiert u. a. aus der vereinfachten Berechnung mit Luft als Arbeitsmedium, der Annahme eines idealen Gasverhaltens mit konstanten, temperaturunabhängigen Wärmekapazitäten sowie der Vernachlässigung von Ladungswechsel-, Reibungs- und Wärmeverlusten [120, 146].
Der idealisierte Kreisprozess mit ausschließlich Luft als Arbeitsmedium kann in einem nächsten Schritt dem realen Prozess weiter angenähert werden, indem zwar weiterhin mit idealen Gasen gerechnet wird, aber für die Zustandsänderung von 1 nach 2 mit einem Gemisch aus dem Brenngas und trockener oder auch feuchter Luft, für die Zustandsänderung von 2 nach 3 mit der Verdichtung dieses Gemischs und Verbrennung, für die Zustandsänderung von 3 nach 4 mit der Entspannung des gebildeten Abgases und für die Zustandsänderung von 4 nach 1 mit der Wärmeabfuhr aus dem Abgas. Dabei sind die temperaturabhängigen spezifischen Wärmekapazitäten der Gemische zu berücksichtigen.

5.3 Bilanzierung von Blockheizkraftwerken

> **Beispiel 5.2**
>
> Im Viertakt-Ottomotor eines Blockheizkraftwerks wird Erdgas mit derselben Zusammensetzung wie im Beispiel 4.2 verwendet. Daten: Temperatur des zugeführten Brennstoffs $\vartheta_B = 18{,}0\,°C$, Lufttemperatur $\vartheta_L = 10{,}0\,°C$ mit einer relativen Feuchte $\varphi = 0{,}70$, Umgebungsdruck $p_U = 1{,}0\,bar$ und das Luftverhältnis $\lambda = 1{,}50$ (Magerbetrieb).
> Der Volumenstrom des Brenngases im Normzustand beträgt $\dot{V}_{B,n} = 295\,m^3\,h^{-1}$. Der 12-Zylinder-Motor verfügt über einen Hubraum von $V_H = 57{,}2\,dm^3$ und läuft mit der Nenndrehzahl $n = 1500\,min^{-1}$ mit einem effektiven Mitteldruck von $p_{eff} = 18{,}5\,bar$. Der Generatorwirkungsgrad beträgt $\eta_G = 0{,}98$ und die Temperatur des Abgasstroms $\vartheta_A = 120\,°C$. Aus dem BHKW wird ein Wärmestrom ausgekoppelt. Dafür zirkuliert im Warmwasserkreislauf ein Volumenstrom von $\dot{V}_{WK} = 36{,}8\,m^3\,h^{-1}$. Das Wasser wird dem Kreislauf mit der Temperatur $\vartheta_{ein} = 54{,}0\,°C$ zu- und mit der Temperatur $\vartheta_{aus} = 86{,}0\,°C$ abgeführt.
> Zu berechnen sind der Volumenstrom der Luft, die Zusammensetzung des Abgasstroms, der feuchte und der trockene Volumenstrom des Abgases, die mechanische und die elektrische Leistung des BHKW, der Massenstrom des Warmwassers sowie der Nutzwärmestrom, außerdem der Verlustwärmestrom sowie der elektrische, der thermische und der Gesamtwirkungsgrad einschließlich der Stromzahl. (Ergebnisse in den Excel-Berechnungsblättern in den Abb. 5.6 und 5.7.)

Im Fließschema in Abb. 5.5 ist der vereinfachte, beispielhafte Aufbau eines mit Erdgas betriebenen Blockheizkraftwerks mit einem angeschlossenen System zur Abführung von zwei Wärmeströmen aus dem Abgasstrom dargestellt. Der Verbrennungskraftmaschine (VKM) werden das Erdgas und die Verbrennungsluft zugeführt. Infolge der Verbrennung wird die zugeführte chemische Leistung in mechanische Leistung umgewandelt, diese im Generator in elektrische Leistung umgewandelt und aus dem Prozess abgeführt.

Im Wärmeübertrager W1 wird dem Abgasstrom ein Teil seiner Energie entzogen und auf den von der Pumpe P umgewälzten Warmwasserkreislauf übertragen. Aus diesem Kreislauf werden in den Wärmeübertragern W2 und W3 zwei separate Nutzwärmeströme ausgekoppelt. Darüber hinaus gibt das BHKW einen Verlustwärmestrom an die Umgebung ab. In der schematischen Darstellung bleibt zur Vereinfachung unberücksichtigt, dass zusätzlich auch die Wärmeströme aus dem Kühlkreislauf des Motors und der Ölkühlung zur Wärmebereitstellung beitragen können.

Die Massenbilanz für den offenen, stationären Verbrennungsprozess in einem BHKW mit Verbrennungsmotor lautet

$$\dot{m}_B + \dot{m}_{L,f} = \dot{m}_A \tag{5.25}$$

und die Energiebilanz analog zur Gleichung (4.97) mit der elektrischen Leistung P_{el}, dem Nutzwärmestrom $\dot{Q}_N = \dot{Q}_{N1} + \dot{Q}_{N2}$, dem Verlustwärmestrom $\dot{Q}_V$ sowie mit dem Enthalpiestrom des Brennstoffs $\dot{H}_B$ (nach Gleichung (4.92)) mit seinem chemischen

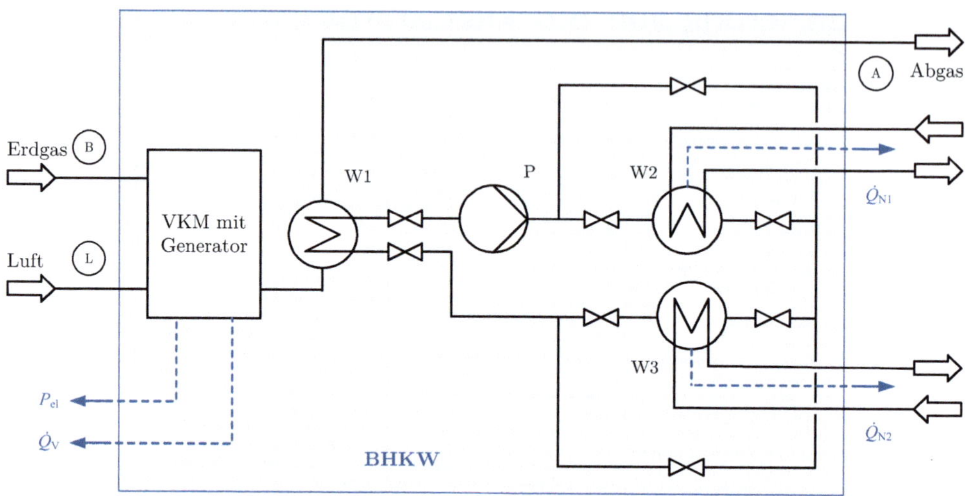

Abbildung 5.5: Vereinfachtes Fließschema eines Blockheizkraftwerks mit Auskopplung von zwei Wärmeströmen aus dem Abgasstrom

Anteil $\dot{H}_{B,chem}$ (nach Gleichung (4.93)) und seinem thermischen Anteil $\dot{H}_{B,therm}$ (nach Gleichung (4.94)), dem Enthalpiestrom der feuchten Luft $\dot{H}_{L,f}$ und dem Enthalpiestrom des Abgases $\dot{H}_A$

$$P_{el} + \dot{Q}_N + \dot{Q}_V = \dot{H}_{B,chem} + \dot{H}_{B,therm} + \dot{H}_{L,f} - \dot{H}_A \tag{5.26}$$

oder ausformuliert (analog zur Gleichung (4.98))

$$\begin{aligned} P_{el} + \dot{Q}_N + \dot{Q}_V = {} & \dot{m}_B h_i(T_\circ) + \dot{m}_B \overline{c^\circ_{p,B}}(T_B - T_\circ) + \dot{m}_L \overline{c^\circ_{p,L}}(T_L - T_\circ) \\ & + \dot{m}_L X \overline{c^\circ_{p,W}}(T_L - T_\circ) - \dot{m}_A \overline{c^\circ_{p,A}}(T_A - T_\circ) \,. \end{aligned} \tag{5.27}$$

Die Effizienz eines Blockheizkraftwerks kann mit verschiedenen Wirkungsgraden beurteilt werden [9, 58, 73, 154]. Für den mechanischen Wirkungsgrad der Verbrennungskraftmaschine (ohne Generator) gilt

$$\eta_{mech} = \frac{|P_t|}{\dot{H}_B} = \frac{|P_{mech}|}{\dot{H}_B} \tag{5.28}$$

mit der abgeführten technischen Leistung als hier rein mechanischer Leistung $P_t = P_{mech}$ und dem Enthalpiestrom des Brennstoffs, der sog. „Feuerungswärmeleistung" oder auch Brennerleistung $\dot{H}_B = \dot{H}_{B,chem} + \dot{H}_{B,therm}$. Die Ermittlung der mechanischen Leistung P_{mech} erfolgt in Abschnitt 5.2 im Zusammenhang mit den Gleichungen (5.1) und (5.3).

Der Generatorwirkungsgrad mit der elektrischen Leistung P_{el} ist definiert zu

$$\eta_{\mathrm{G}} = \frac{|P_{\mathrm{el}}|}{|P_{\mathrm{mech}}|} \; . \tag{5.29}$$

Für den elektrischen Wirkungsgrad der Verbrennungskraftmaschine einschließlich Generator, der die Umwandlung der chemischen Energie des Brennstoffs in elektrische Energie umfasst, gilt mit dem mechanischen Wirkungsgrad der Verbrennungskraftmaschine (Gleichung (5.28)) und dem Generatorwirkungsgrad (Gleichung (5.29))

$$\eta_{\mathrm{el}} = \eta_{\mathrm{mech}} \, \eta_{\mathrm{G}} = \frac{|P_{\mathrm{el}}|}{\dot{H}_{\mathrm{B}}} \; . \tag{5.30}$$

Der thermische Wirkungsgrad der Verbrennungskraftmaschine oder auch des Blockheizkraftwerks – nicht zu verwechseln mit dem thermischen Wirkungsgrad einer *Wärme*kraftmaschine in Gleichung (3.51) – folgt zu

$$\eta_{\mathrm{therm}} = \frac{|\dot{Q}_{\mathrm{N}}|}{\dot{H}_{\mathrm{B}}} \tag{5.31}$$

und daraus der Gesamtwirkungsgrad des Blockheizkraftwerks als Summe des thermischen und des elektrischen Wirkungsgrads

$$\eta = \eta_{\mathrm{el}} + \eta_{\mathrm{therm}} = \frac{|P_{\mathrm{el}}| + |\dot{Q}_{\mathrm{N}}|}{\dot{H}_{\mathrm{B}}} \; . \tag{5.32}$$

Ergänzend beschreibt die Stromzahl das Verhältnis zwischen der elektrischen Leistung und dem Nutzwärmestrom [154]

$$S = \frac{|P_{\mathrm{el}}|}{|\dot{Q}_{\mathrm{N}}|} \; . \tag{5.33}$$

Exergetische Bewertung von Blockheizkraftwerken
Für die exergetische Bewertung – die für das aktuelle Berechnungsbeispiel nicht durchgeführt wird – folgt der exergetische mechanische Wirkungsgrad der Verbrennungskraftmaschine

$$\zeta_{\mathrm{mech}} = \frac{|P_{\mathrm{mech}}|}{\dot{H}_{\mathrm{B}}^{\mathrm{E}}} \tag{5.34}$$

mit der mechanischen Leistung, die aus reiner Exergie besteht, sowie dem Exergieanteil des Enthalpiestroms des Brennstoffs $\dot{H}_{\mathrm{B}}^{\mathrm{E}}$. Der exergetische Generatorwirkungsgrad

$$\zeta_{\mathrm{G}} = \frac{|P_{\mathrm{el}}|}{|P_{\mathrm{mech}}|} \tag{5.35}$$

stimmt mit dem Generatorwirkungsgrad nach Gleichung (5.29) überein, da die beiden Leistungen aus reiner Exergie bestehen. Mit dem exergetischen elektrischen Wirkungsgrad

$$\zeta_{\mathrm{el}} = \zeta_{\mathrm{mech}}\,\zeta_{\mathrm{G}} = \frac{|P_{\mathrm{el}}|}{\dot{H}_{\mathrm{B}}^{\mathrm{E}}} \tag{5.36}$$

und dem exergetischen thermischen Wirkungsgrad

$$\zeta_{\mathrm{therm}} = \frac{|\dot{Q}_{\mathrm{N}}^{\mathrm{E}}|}{\dot{H}_{\mathrm{B}}^{\mathrm{E}}} \tag{5.37}$$

mit dem Exergieanteil des Nutzwärmestroms $\dot{Q}_{\mathrm{N}}^{\mathrm{E}}$, gilt für den exergetischen Gesamtwirkungsgrad des Blockheizkraftwerks

$$\zeta = \zeta_{\mathrm{el}} + \zeta_{\mathrm{therm}} = \frac{|P_{\mathrm{el}}| + |\dot{Q}_{\mathrm{N}}^{\mathrm{E}}|}{\dot{H}_{\mathrm{B}}^{\mathrm{E}}}\;. \tag{5.38}$$

Bearbeitung der in Beispiel 5.2 gegebenen Aufgabenstellung

Für die Bearbeitung der Aufgabenstellung gemäß Beispiel 5.2 werden die Berechnungsblätter in den Abb. 5.6 und 5.7 erstellt:

1. Zunächst werden die Daten der Aufgabenstellung in den oberen Teil des Berechnungsblatts in der Abb. 5.6 eingegeben. Da die Zusammensetzung des Erdgases derjenigen aus Beispiel 4.2 entspricht, können diese Daten aus dem Berechnungsblatt in der Abb. 4.6 übernommen werden. Für die weiteren Berechnungen u. a. der Luftbedarfe, der Zusammensetzung des Abgases, seiner Taupunkttemperatur sowie der Brenn- und Heizwerte des Erdgasgemischs siehe die Beschreibungen für das Beispiel 4.2.

2. Für die Berechnungen in der Abb. 5.7 werden die weiteren Daten aus der Aufgabenstellung eingegeben. Die Massenströme des Brennstoffs $\dot{m}_{\mathrm{B}}$ und der trocken Luft $\dot{m}_{\mathrm{L}}$ folgen aus den in Abb. 5.6 berechneten Dichten des Brenngases und der trockenen Luft im Normzustand $\varrho_{\mathrm{B,n}}$ bzw. $\varrho_{\mathrm{L,n}}$, der Massenstrom der feuchten Luft $\dot{m}_{\mathrm{L,f}}$ durch Einsetzen der linken Seite von Gleichung (4.50) in Gleichung (4.11) und der Volumenstrom der feuchten Verbrennungsluft im Normzustand $\dot{V}_{\mathrm{L,f,n}}$ aus Gleichung (4.34) über den volumenbezogenen Bedarf an feuchter Luft im Normzustand $l_{\mathrm{f,n}}$.

3. Der Massenstrom des Abgases $\dot{m}_{\mathrm{A}}$ wird mit Gleichung (5.25) berechnet, der Volumenstrom des trockenen Abgasstroms im Normzustand $\dot{V}_{\mathrm{A,tr,n}}$ mit Gleichung (4.40) über den Volumenanteil des trockenen Abgases bezogen auf das Brenngas im Normzustand $\chi_{\mathrm{A,tr}}$ und der Volumenstrom des feuchten Abgasstroms im Normzustand $\dot{V}_{\mathrm{A,f,n}}$ mit Gleichung (4.39) über den Volumenanteil des feuchten Abgases bezogen auf das Brenngas im Normzustand $\chi_{\mathrm{A,f}}$. Die mechanische Leistung des Viertakt-Ottomotors P_{mech} folgt aus Gleichung (5.3) und die elektrische Leistung P_{el} über den gegebenen Generatorwirkungsgrad η_{G} mit Gleichung (5.29).

4. Aus den gegebenen Vor- und Rücklauftemperaturen des Warmwasserkreislaufs $\vartheta_{\mathrm{WK,vor}}$ bzw. $\vartheta_{\mathrm{WK,rück}}$ wird mit Gleichung (2.50) die Bezugstemperatur T_{Bezug}

Eingabedaten				
Referenztemperatur (nicht variabel)		T_0	K	298,15
Temperatur der Luft (Umgebungstemperatur)		ϑ_L	°C	**10,0**
Temperatur des Brenngases		ϑ_B	°C	**18,0**
Umgebungsdruck		p_U	bar	**1,00**
relative Feuchte der Luft		φ	1	**0,70**
Luftverhältnis		λ	1	**1,50**
Zusammensetzung Brenngas				
Volumenanteil Kohlendioxid	CO_2	χ_{CO2}	1	**0,0120**
Volumenanteil Methan	CH_4	χ_{CH4}	1	**0,9254**
Volumenanteil Ethan	C_2H_6	χ_{C2H6}	1	**0,0450**
Volumenanteil Propan	C_3H_8	χ_{C3H8}	1	**0,0063**
Volumenanteil Butan	C_4H_{10}	χ_{C4H10}	1	**0,0019**
Volumenanteil Pentan	C_5H_{12}	χ_{C5H12}	1	**0,0004**
Volumenanteil Hexan	C_6H_{14}	χ_{C6H14}	1	**0,0001**
Volumenanteil Stickstoff	N_2	χ_{N2}	1	**0,0089**
Verbrennungsluft und Luftbedarf (im Normzustand)				
Sättigungsdampfdruck Wasser		$p_{WS}(T_L)$	bar	0,0123
Wasserbeladung Verbrennungsluft		X	1	0,00540
minimaler volumenbezogener Sauerstoffbedarf		$o_{min,n} = V_{O2,min,n} / V_{B,n}$	1	2,056
Volumenanteil Sauerstoff trockene Luft		$\chi_{L,O2} = x_{L,O2}$	1	0,2096
minimaler volumenbezogener Luftbedarf, trockene Luft		$l_{min,n} = V_{L,tr,min,n} / V_{B,n} = o_{min,n} / \chi_{L,O2}$	1	**9,811**
volumenbezogener Luftbedarf, trockene Luft		$l_n = V_{L,tr,n} / V_{B,n} = \lambda\, l_{min,n}$	1	**14,72**
volumenbezogener Luftbedarf, feuchte Luft		$l_{f,n} = V_{L,f,n} / V_{B,n} = \lambda\, l_{min,n}(1 + X R_W/R_L)$	1	**14,84**
Zusammensetzung und Volumenanteil Abgas (im Normzustand)				
Volumenanteil Kohlendioxid (bez. auf Brennstoffvolumen)		$\chi_{A,CO2} = V_{A,CO2,n} / V_{B,n}$	1	1,057
Volumenanteil Wasser (bez. auf Brennstoffvolumen)		$\chi_{A,H2O} = V_{A,H2O,n} / V_{B,n}$	1	2,151
Volumenanteil Sauerstoff (bez. auf Brennstoffvolumen)		$\chi_{A,O2} = V_{A,O2,n} / V_{B,n}$	1	1,028
Volumenanteil Stickstoff (bez. auf Brennstoffvolumen)		$\chi_{A,N2} = V_{A,N2,n} / V_{B,n}$	1	11,64
Volumenanteil des trockenen Abgases (bez. a. Brennstoffvol.)		$\chi_{A,tr} = V_{A,tr,n} / V_{B,n}$	1	**13,72**
Volumenanteil des feuchten Abgases (bez. a. Brennstoffvol.)		$\chi_{A,f} = V_{A,f,n} / V_{B,n}$	1	**15,88**
Volumenanteil Kohlendioxid (bez. auf Abgasvolumen)		$\chi_{A,f,CO2} = V_{A,CO2,n} / V_{A,f,n}$	1	0,067
Volumenanteil Wasser (bez. auf Abgasvolumen)		$\chi_{A,f,H2O} = V_{A,H2O,n} / V_{A,f,n}$	1	0,136
Volumenanteil Sauerstoff (bez. auf Abgasvolumen)		$\chi_{A,f,O2} = V_{A,O2,n} / V_{A,f,n}$	1	0,065
Volumenanteil Stickstoff (bez. auf Abgasvolumen)		$\chi_{A,f,N2} = V_{A,N2,n} / V_{A,f,n}$	1	0,733
Taupunkttemperatur, Brenn- und Heizwerte				
Sättigungsdampfdruck Wasser im Abgas		$p_{WS}(T_{Tau}) = \chi_{A,f,H2O}\, p$	bar	0,1355
Taupunkttemperatur		$T_{Tau}(p_{WS})$	K	325,0
		ϑ_{Tau}	°C	51,9
molarer Brennwert Brenngas (DIN EN ISO 6976:2016-12)		$\bar{H}_s(T_0) = \Sigma\, \chi_i\, \bar{H}_{s,i}(T_0)$	kJ mol⁻¹	915,7
mittlere molare Masse Brenngas		$M_B = \Sigma\, \chi_i\, M_i$	kg kmol⁻¹	17,40
spezifischer Brennwert Brenngas		$h_s(T_0) = \bar{H}_s(T_0) / M_B$	kJ kg⁻¹	52617
spezifische Verdampfungsenthalpie Wasser		$\Delta_{vap}h(T_0)$	kJ kg⁻¹	2441
spezifischer Heizwert Brenngas		$h_i(T_0) = \bar{H}_i(T_0) / M_B$	kJ kg⁻¹	47503
Dichte Brenngas (im Normzustand)		$\rho_{B,n}(T_n,p_n)$	kg m⁻³	0,776
Dichte Luft trocken (im Normzustand)		$\rho_{L,n}(T_n,p_n)$	kg m⁻³	1,292
massenbezogener Luftbedarf (trockene Luft)		$l^* = \dot{m}_L/\dot{m}_B = l_n \rho_{L,n}/\rho_{B,n}$	1	24,49
mittlere molare isobare Wärmekapazität Brenngas		$\bar{c}_{p,B}°(T_{Bezug,B})$	kJ kg⁻¹ K⁻¹	2,117
mittlere molare Masse Abgas		$M_A = \Sigma\, \chi_i\, M_i$	kg kmol⁻¹	27,98
mittlere spezifische isobare Wärmekapazität Abgas		$\bar{c}_{p,A}°(T_{Bezug,A})$	kJ kg⁻¹ K⁻¹	1,090

Abbildung 5.6: Excel-Berechnungsblatt für die Bilanzierung eines Blockheizkraftwerks, Teil I

Daten Verbrennungsmotor

Volumenstrom Brenngas (im Normzustand)	$\dot{V}_{B,n}$	m³ h⁻¹	**295,0**
Massenstrom Brenngas	$\dot{m}_B$	kg h⁻¹	229,0
Feuerungswärmeleistung, Enthalpiestrom Brennstoff	$\dot{H}_B(T_B)$	kW	3021
Massenstrom Verbrennungsluft trocken	$\dot{m}_L$	kg h⁻¹	5609
Massenstrom Verbrennungsluft feucht	$\dot{m}_{L,f}$	kg h⁻¹	5639
Enthalpiestrom Luft	$\dot{H}_L(T_L)$	kW	-24
Volumenstrom Verbrennungsluft feucht (im Normzstd.)	$\dot{V}_{L,f,n}$	m³ h⁻¹	4379
Massenstrom Abgas feucht	$\dot{m}_A$	kg h⁻¹	5868
Enthalpiestrom Abgas (nach Wärmeauskopplung)	$\dot{H}_A(T_A)$	kW	169
Volumenstrom Abgas trocken (im Normzustand)	$\dot{V}_{A,tr,n}$	m³ h⁻¹	4049
Volumenstrom Abgas feucht (im Normzustand)	$\dot{V}_{A,f,n}$	m³ h⁻¹	4683
Hubvolumen gesamt	V_H	dm³	**57,2**
Anzahl Zylinder	n_{Zyl}	1	**12**
Nenndrehzahl	n_N	min⁻¹	**1500**
effektiver Mitteldruck (bei Nenndrehzahl)	p_e	bar	**18,5**
mechanische Leistung Motor	P_{mech}	kW	1323
Generatorwirkungsgrad	η_G	1	**0,98**
elektrische Leistung Generator	P_{el}	kW	1296
Temperatur Abgasstrom	ϑ_A	°C	**120,0**

Daten Warmwasserkreislauf

umlaufender Volumenstrom Warmwasserkreislauf	$\dot{V}_{WK}$	m³ h⁻¹	**36,8**
		m³ s⁻¹	0,0102
Temperatur Vorlauf Warmwasser	$\vartheta_{WK,vor}$	°C	**86,0**
Temperatur Rücklauf Warmwasser	$\vartheta_{WK,rück}$	°C	**54,0**
Bezugstemperatur Warmwasser	T_{Bezug}	K	343,2
Dichte Warmwasser	$\rho_w^L(T_{Bezug})$	kg m⁻³	978,3
spezifische Wärmekapazität Warmwasser	$c_{p,w}^L(T_{Bezug})$	kJ kg⁻¹ K⁻¹	4,188
Massenstrom Warmwasser	$\dot{m}_{WK}$	kg h⁻¹	36000
Nutzwärmestrom	$\dot{Q}_N$	kW	1340

Verlustwärmestrom, Wirkungsgrade und Stromzahl

Verlustwärmestrom	$\dot{Q}_V$	kW	192
mechanischer Wirkungsgrad	η_{mech}	1	0,44
elektrischer Wirkungsgrad	η_{el}	1	0,43
thermischer Wirkungsgrad	η_{therm}	1	0,44
Gesamtwirkungsgrad	η	1	0,87
Stromzahl	S	1	0,97

Komponente	molare Masse	mol. Brennwert (DIN 6976)	spezifische isobare Wärmekapazität (VDI-WA)			
			Brenngas	trockene Luft	Wasserdampf	Abgas
	M_i	$\bar{H}_{s,i}(T_o)$	$c_{p,i}^{\circ}(T_{Bezug,B})$	$c_{p,i}^{\circ}(T_{Bezug,L})$	$c_{p,i}^{\circ}(T_{Bezug,L})$	$c_{p,i}^{\circ}(T_{Bezug,A})$
	kg kmol⁻¹	kJ mol⁻¹	kJ kg⁻¹ K⁻¹	kJ kg⁻¹ K⁻¹	kJ kg⁻¹ K⁻¹	kJ kg⁻¹ K⁻¹
CO_2	44,0098	0	0,839			0,889
CH_4	16,0428	890,58	2,229			
C_2H_6	30,0696	1560,69	1,735			
C_3H_8	44,0965	2219,17	1,660			
C_4H_{10}	58,1234	2877,40	1,683			
C_5H_{12}	72,1503	3535,77	1,652			
C_6H_{14}	86,1772	4194,95	1,642			
O_2	31,9988	0	0,929			0,937
N_2	28,0135	0	1,039			1,041
Luft, trocken	28,9583	0		1,013		
H_2O (g)	18,0153	44,013			1,866	1,882
		Bezugstemp. in K	$T_{Bezug,B}{=}(T_o{+}T_B)/2$ 294,7	$T_{Bezug,L}{=}(T_o{+}T_L)/2$ 290,7	$T_{Bezug,L}{=}(T_o{+}T_L)/2$ 290,7	$T_{Bezug,A}{=}(T_o{+}T_A)/2$ 345,7

Abbildung 5.7: Excel-Berechnungsblatt für die Bilanzierung eines Blockheizkraftwerks, Teil II

und daraus mit Gleichung (2.74) die Dichte des Warmwassers $\varrho_\mathrm{W}^\mathrm{L}$ sowie mit Gleichung (2.58) seine spezifischen Wärmekapazität $c_{p,\mathrm{W}}^\mathrm{L}$ berechnet. Über die Dichte folgen daraus der Massenstrom des Warmwassers $\dot{m}_\mathrm{WK}$ und über die spezifische Wärmekapazität der Nutzwärmestrom $\dot{Q}_\mathrm{N}$.

5. Abschließend werden mit Gleichung (5.27) der Verlustwärmestrom $\dot{Q}_\mathrm{V}$, mit Gleichung (5.28) der mechanische Wirkungsgrad η_mech, mit Gleichung (5.30) der elektrische Wirkungsgrad η_el, mit Gleichung (5.31) der thermische Wirkungsgrad η_therm, mit Gleichung (5.32) der Gesamtwirkungsgrad η und mit Gleichung (5.33) die Stromzahl S ermittelt.

Infolge der gleichzeitigen Auskopplung des Nutzwärmestroms aus dem BHKW kann ein erheblich größerer Anteil der zugeführten Feuerungswärmeleistung genutzt werden, was aber die Möglichkeit der Verwendung dieses Wärmestroms voraussetzt, die nicht bei allen Anlagen gegeben ist, siehe dazu die in Abschnitt 5.1 beschriebenen Betriebsarten von Blockheizkraftwerken. Hier bieten sich dezentrale Lösungen oder die Einspeisung von Wärme in ein Warmwasser-Versorgungsnetz an.

Die Temperatur, mit der das Warmwasser zum Wärmeübertrager W1 geführt wird, liegt nur wenig über der berechneten Taupunkttemperatur im Abgasstrom, führt jedoch noch nicht zur Kondensation des im Abgasstrom enthaltenen Wasserdampfs. Durch eine erweiterte Wärmeauskopplung aus dem Kühlkreislauf und der Ölkühlung kann der Gesamtwirkungsgrad ggf. noch weiter erhöht werden.

5.4 Vergleichende Betrachtung zur Kraft-Wärme-Kopplung

Beispiel 5.3

Das Blockheizkraftwerk aus dem Beispiel 5.2, das pro Jahr mit 2300 h betrieben werden soll (Volllaststunden), dient nun als Referenzsystem und soll mit einem System ohne Kraft-Wärme-Kopplung verglichen werden. Dieses Vergleichssystem besteht aus einem Braunkohlekraftwerk zur Produktion von elektrischer Energie mit einem elektrischen Wirkungsgrad von $\eta_\mathrm{el} = 42\,\%$ und einem mit Heizöl EL betriebenen Heizkessel zur Produktion von Warmwasser mit einem thermischen Wirkungsgrad von $\eta_\mathrm{therm} = 90\,\%$. Zu berechnen sind die jährlichen Bedarfe der Primärenergie für die beiden Systeme sowie die jährlichen CO_2-Emissionen. (Ergebnisse im Excel-Berechnungsblatt in Abb. 5.8.)

Grundsätzlich kann ein Blockheizkraftwerk mit Kraft-Wärme-Kopplung ein bestehendes System mit getrennter elektrischer und thermischer Energieerzeugung ersetzen, was Auswirkungen auf den erforderlichen (Primär-)Energiebedarf und die CO_2-Emissionen hat. Der Energiebedarf eines Blockheizkraftwerks errechnet sich über den im Zeitraum Δt zugeführten Normvolumenstrom $\dot{V}_\mathrm{B,n}$ des hier gasförmigen Brennstoffs und seinem volumenbezogenen Heizwert $h_\mathrm{i,n}$ (bei der Standardtemperatur T_o) zu

$$E_\mathrm{B} = \dot{V}_\mathrm{B,n} h_\mathrm{i,n} \Delta t \,. \tag{5.39}$$

Die umgewandelte elektrische Energie E_{el} folgt über die im Zeitraum Δt zugeführte Leistung P_{el} mit

$$E_{el} = P_{el}\Delta t \tag{5.40}$$

und entsprechend die umgewandelte Nutzwärme Q_N

$$Q_N = \dot{Q}_N \Delta t \ . \tag{5.41}$$

Für ein Referenzsystem ohne Kraft-Wärme-Kopplung mit zwei getrennten Umwandlungssystemen für die elektrische Energie und die Wärme folgt mit dem elektrischen Wirkungsgrad η_{el} und dem thermischen Wirkungsgrad η_{therm} der jeweils erforderliche chemische Energiebedarf

$$E_{B,el} = \frac{E_{el}}{\eta_{el}} \qquad \text{für den elektrischen Teil und} \tag{5.42}$$

$$E_{B,therm} = \frac{Q_N}{\eta_{therm}} \qquad \text{für den thermischen Teil.} \tag{5.43}$$

Bearbeitung der in Beispiel 5.3 gegebenen Aufgabenstellung
Für die Bearbeitung der Aufgabenstellung gemäß Beispiel 5.3 wird ein Excel-Berechnungsblatt wie in der Abb. 5.8 erstellt:

1. Die mit der Aufgabenstellung vorgegebenen Daten werden in das Berechnungsblatt eingetragen und alle relevanten Zellen mit sinnvollen Namen versehen. Der Volumenstrom $\dot{V}_{B,n}$ wird aus dem Berechnungsblatt in der Abb. 5.7 entnommen, der volumenbezogene Heizwert des Erdgases $h_{i,n}$ aus Abb. 5.6, ebenso die elektrische Leistung P_{el} sowie der Nutzwärmestrom $\dot{Q}_N$ aus Abb. 5.7. Die mit dem Brenngas zugeführte chemische Energie E_B ergibt sich aus Gleichung (5.40), wobei angenommen wird, dass das Brenngas mit der Standardtemperatur zugeführt wird. Die im Zeitraum Δt umgewandelte elektrische Energie E_{el} wird mit Gleichung (5.40) berechnet, die umgewandelte Nutzwärme Q_N mit Gleichung (5.41).

2. Mit den gemäß der Aufgabenstellung gegebenen Daten für die elektrischen und thermischen Wirkungsgrade η_{el} bzw. η_{therm} folgen der Bedarf an in der Braunkohle gespeicherter chemischer Energie $E_{B,Braunkohle} = E_{B,el}$ mit Gleichung (5.42) und der Bedarf an im Heizöl gespeicherter chemischer Energie $E_{B,Heizöl} = E_{B,therm}$ mit Gleichung (5.43). Die Differenz des Energiebedarfs zwischen dem BHKW und den beiden Vergleichssystemen wird bestimmt zu

$$\Delta E_B = E_{B,Braunkohle} + E_{B,Heizöl} - E_{B,Erdgas} \tag{5.44}$$

mit dem relativen Mehrverbrauch der beiden Vergleichssysteme

$$\frac{\Delta E_B}{\sum E_{B,i}} = \frac{\Delta E_B}{E_{B,Braunkohle} + E_{B,Heizöl}} \ . \tag{5.45}$$

3. Für den Vergleich der produzierten CO_2-Emissionen wird der in der Abb. 5.6

Referenzsystem BHKW (mit Kraft-Wärme-Kopplung)			
Anzahl Betriebsstunden pro Jahr	Δt	h	**2300**
Volumenstrom Brenngas/Erdgas (im Normzustand)	$\dot{V}_{B,n}$	$m^3\,h^{-3}$	295,0
volumenbez. Heizwert Brenngas (bez. auf Normvolumen)	$h_{i,n}(T_o)$	$MJ\,m^{-3}$	36,88
		$kWh\,m^{-3}$	10,24
chemische Energie Brenngas/Erdgas pro Jahr	$E_{B,Erdgas}$	MWh	**6951**
elektrische Leistung Generator	P_{el}	kW	1296
Nutzwärmestrom	$\dot{Q}_N$	kW	1340
pro Jahr produzierte elektrische Energie	E_{el}	MWh	**2981**
pro Jahr produzierte Nutzwärme	Q_N	MWh	**3082**
Vergleichssystem (ohne Kraft-Wärme-Kopplung)			
elektrischer Wirkungsgrad Vergleichssystem (Braunkohlekraftwerk)	η_{el}	1	**0,42**
thermischer Wirkungsgrad Vergleichssystem (Ölheizkessel)	η_{therm}	1	**0,90**
erforderliche chemische Energie Braunkohle pro Jahr	$E_{B,Braunkohle}$	MWh	**7099**
erforderliche chemische Energie Heizöl pro Jahr	$E_{B,Heizöl}$	MWh	**3425**
zusätzlicher Energiebedarf Vergleichssystem ggü. BHKW	ΔE_B	MWh	**3573**
relativer Mehrverbrauch Vergleichssystem ohne KWK	$\Delta E_B / \Sigma E_{B,i}$	%	**33,9%**
CO_2-Emissionen im Vergleich			
Volumenanteil Kohlendioxid (bez. auf Brennstoffvolumen)	$\chi_{A,CO2}$	1	1,057
Volumenstrom CO_2 BHKW (im Normzustand)	$\dot{V}_{A,CO2,n} = \chi_{A,CO2}\,\dot{V}_{B,n}$	$m^3\,h^{-3}$	311,7
Dichte CO_2 (im Normzustand)	$\rho_{CO2,n}(T_n, p_n)$	$kg\,m^{-3}$	1,963
CO_2-Emissionen BHKW pro Jahr	$m_{CO2,BHKW,Erdgas}$	kg	**1408**
CO_2-Emissionen bez. auf Heizwert Braunkohle	$m_{CO2}/(m_B\,h_i(T_o, p_o))$	$g\,MJ^{-1}$	111
		$g\,kWh^{-1}$	399
CO_2-Emissionen bez. auf Heizwert Heizöl	$m_{CO2}/(m_B\,h_i(T_o, p_o))$	$g\,MJ^{-1}$	74,0
		$g\,kWh^{-1}$	266
CO_2-Emissionen Braunkohlekraftwerk pro Jahr	$m_{CO2,Braunkohle}$	Mg	**2832**
CO_2-Emissionen Ölheizkessel pro Jahr	$m_{CO2,Heizöl}$	Mg	**912**
zusätzliche CO_2-Emissionen Vergleichssystem ggü. BHKW	Δm_{CO2}	Mg	**2336**
relative zusätzliche CO_2-Emissionen Vergleichssystem ohne KWK	$\Delta m_{CO2} / \Sigma m_{CO2}$	%	**62,4%**

Abbildung 5.8: Excel-Berechnungsblatt für den Systemvergleich eines mit Erdgas betriebenen BHKW mit einem Braunkohlekraftwerk zur Produktion von elektrischer Energie aus Braunkohle und einem Heizkessel zur Produktion von Warmwasser aus Heizöl EL

berechnete, auf das Brennstoffvolumen bezogene Volumenanteil des Kohlendioxids χ_{A,CO_2} übernommen und daraus mit Gleichung (4.35) der Teilvolumenstrom des CO_2 im Abgasstrom im Normzustand $\dot{V}_{A,CO_2,n}$ ermittelt. Mit der mit Gleichung (2.54) berechneten Dichte des CO_2 im Normzustand $\varrho_{CO_2,n}$ (unter Verwendung der UDF `Gasdichte_ideal`) folgt die im Zeitraum Δt durch Verbrennung von Erdgas im BHKW gebildete Masse des CO_2

$$m_{CO_2,\text{Erdgas}} = \dot{V}_{A,CO_2,n}\,\varrho_{CO_2,n}\,\Delta t \ . \tag{5.46}$$

Die entsprechenden gebildeten Massen $m_{CO_2,\text{Braunkohle}}$ und $m_{CO_2,\text{Heizöl}}$ der beiden Vergleichssysteme erfordern die Werte der auf den Heizwert bezogenen CO_2-Massen oder auch Kohlendioxid-Emissionsfaktoren $m_{CO_2}/m_B h_i$ dieser Brennstoffe, die bereits in der Abb. 1.3 aufgeführt sind:

$$m_{CO_2} = \frac{m_{CO_2}}{m_B h_i} E_B \ . \tag{5.47}$$

Die zusätzlichen CO_2-Emissionen des Vergleichssystems gegenüber dem BHKW folgen aus

$$\Delta m_{CO_2} = m_{CO_2,\text{Braunkohle}} + m_{CO_2,\text{Heizöl}} - m_{CO_2,\text{Erdgas}} \tag{5.48}$$

und die relativen zusätzlichen CO_2-Emissionen der beiden Vergleichssysteme aus

$$\frac{\Delta m_{CO_2}}{\sum m_{CO_2,i}} = \frac{\Delta m_{CO_2}}{m_{CO_2,\text{Braunkohle}} + m_{CO_2,\text{Heizöl}}} \ . \tag{5.49}$$

Die Berechnungen zeigen eine deutliche Reduktion des Primärenergiebedarfs und der CO_2-Emissionen beim mit Erdgas betriebenen BHKW im Vergleich zur getrennten Versorgung durch ein Braunkohlekraftwerk und einen mit Heizöl betriebenen Heizkessel. Ursache ist die gleichzeitige Nutzung von Strom und Wärme im Rahmen der Kraft-Wärme-Kopplung, vorausgesetzt, der ausgekoppelte Wärmestrom kann direkt genutzt oder in ein Nah- bzw. Fernwärmenetz eingespeist werden.

Ein zusätzlicher Vorteil ergibt sich aus dem eingesetzten Brennstoff: Erdgas verursacht aufgrund seines günstigen Wasserstoff-Kohlenstoff-Verhältnisses bei der energetischen Umwandlung deutlich weniger CO_2 als Heizöl oder Braunkohle.

Die wirtschaftliche Bewertung erfordert eine gesonderte Analyse unter Berücksichtigung von Brennstoffkosten, Einspeisevergütungen, Betriebsweise sowie der Nutzungsmöglichkeiten der ausgekoppelten Wärme (siehe [115]).

6 Elektrolyse zur Produktion von Wasserstoff

Mitautor: MUHAMMAD HAMIDUDDIN BIN HAMDAN (Abschnitte 6.4 und 6.5)

Zielsetzung

Behandlung der Grundlagen der Elektrolyse zur Wasserstofferzeugung, insbesondere der alkalischen Elektrolyse, der PEM-Elektrolyse und der Hochtemperaturelektrolyse. Behandlung der elektrochemischen und thermodynamischen Grundlagen der Elektrolyse als Basis für die Berechnung und Simulation eines PEM-Elektrolysezellen-Stacks zur Erzeugung von Wasserstoff einschließlich einer exergetischen Bewertung.

Empfohlene Literatur

Thermodynamik von BAEHR und KABELAC [9], *Hydrogen Production* von GODULA-JOPEK [65], *Wasserstofftechnologien* von NEUGEBAUER [109].

Berechnungsbeispiele in Excel

- Berechnung eines PEM-Elektrolysezellen-Stacks zur Produktion von Wasserstoff aus elektrischer Energie (Abb. 6.9 bis 6.11).

6.1 Bedeutung des Wasserstoffs und nationale Wasserstoffstrategie

Wasserstoff kommt eine besondere Bedeutung als Grundstoff für die chemische Industrie und zunehmend auch als Energieträger zu, siehe dazu die in Kapitel 1 beschriebene Sektorkopplung. Wasserstoff wird als Grundstoff in großen Mengen insbesondere für die Produktion von Ammoniak und von Methanol verwendet. Ammoniak dient wiederum als Grundstoff für die Produktion von Düngemitteln sowie Harnstoff und Methanol für die Produktion von Formaldehyd, Ameisen- und Essigsäure. Ammoniak und Methanol können auch direkt als Energieträger verwendet werden. Wasserstoff ist als Grundstoff weiterhin für die Verarbeitung von Mineralöl sowie für viele Synthesen oder Hydrierungen und Reduktionen erforderlich.[10]

Wasserstoff spielt eine entscheidende Rolle bei der Dekarbonisierung. Im Rahmen der Nationalen Wasserstoffstrategie ist in Deutschland geplant, die Elektrolysekapazität auszubauen, um die Verfügbarkeit von Wasserstoff zu gewährleisten. Dazu gehört der Aufbau einer umfassenden Infrastruktur für Wasserstoff, einschließlich Import-Infrastruktur und einem geplanten Wasserstoff-Kernnetz in Deutschland und Europa. Wasserstoff wird in verschiedenen Sektoren immer wichtiger, beispielsweise in der

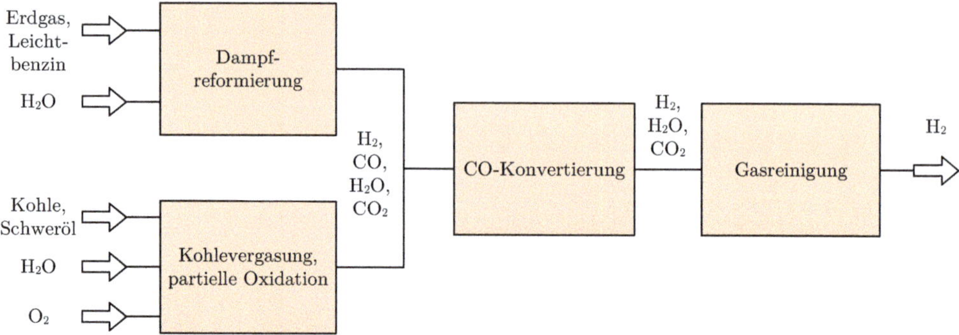

Abbildung 6.1: Grundfließschema zur Produktion von Wasserstoff aus den fossilen Rohstoffen Erdgas, Erdöl und Kohle (nach [10])

Industrie, bei schweren Nutzfahrzeugen und im Schiffsverkehr. Im Stromsektor kann Wasserstoff zukünftig zur Versorgungssicherheit beitragen, indem er gespeichert und bei Bedarf in elektrische Energie umgewandelt wird – sei es durch Gaskraftwerke oder durch Brennstoffzellen. Die Versorgung mit sicherem, klimaneutralen Wasserstoff ist unerlässlich, um die Ziele des Bundes-Klimaschutzgesetzes (KSG [16]) zu erreichen.

Farbenlehre des Wasserstoffs

Grüner Wasserstoff aus der Elektrolyse mit elektrischer Energie aus Windkraft und Photovoltaik.

Roter Wasserstoff aus der Elektrolyse mit elektrischer Energie aus Kernenergie.

Gelber Wasserstoff aus der Elektrolyse mit elektrischer Energie aus dem Netz (Strommix).

Blauer Wasserstoff aus Erdgas (Dampfreformierung), das entstehende CO_2 wird eingelagert (CCS).

Grauer Wasserstoff aus Erdgas (Dampfreformierung), das entstehende CO_2 entweicht.

Türkiser Wasserstoff aus Erdgas durch thermische Spaltung in H_2 und festen Kohlenstoff, der eingelagert wird.

6.2 Produktion von Wasserstoff aus fossilen Rohstoffen und aus Biomasse

Wasserstoff (H_2) kommt in der Natur elementar praktisch nur in der Luft in sehr geringen Konzentrationen vor und wird aus den fossilen Rohstoffen Erdgas, Erdöl und Kohle hergestellt. Abbildung 6.1 zeigt schematisch die sog. thermochemischen Verfahren bei der Produktion von Wasserstoff aus fossilen Rohstoffen (nach [10]):

- Bei der *Dampfreformierung* (*engl.*: Steam Reforming) erfolgt die katalytische Spaltung von Methan (als Hauptbestandteil des Erdgases) mit Wasserdampf an einem Nickelkatalysator im Temperaturbereich von 800 °C bis 900 °C gemäß der endothermen Reaktion

$$CH_4 + H_2O = CO + 3\,H_2 \; . \tag{6.1}$$

Alternativ dazu kann Leichtbenzin C_5 bis C_8 aus der fraktionierten Destillation von Erdöl zu denselben Bedingungen nach der ebenfalls endothermen Reaktion

$$-CH_2- + H_2O = CO + 2\,H_2 \tag{6.2}$$

umgesetzt werden [10]. Darin steht $-CH_2-$ für die zweibindige Methylen-Gruppe in Kohlenwasserstoffen C_mH_n.

- Bei der *Kohlevergasung* erfolgt die nichtkatalytische Reaktion von Kohle mit Sauerstoff oder Wasserdampf nach den beiden Gleichungen

$$C + 0{,}5\,O_2 = CO \quad \text{und} \tag{6.3}$$
$$C + H_2O = CO + H_2 \; , \tag{6.4}$$

wobei die Reaktion mit Sauerstoff exotherm und die Reaktion mit Wasser endotherm abläuft [10]. Bei der *partiellen Oxidation* von Schweröl und ggf. weiteren Rückständen aus der Destillation erfolgt die nichtkatalytische Reaktion mit Sauerstoff oder Wasserdampf nach den beiden Gleichungen

$$-CH_2- + 0{,}5\,O_2 = CO + H_2 \quad \text{und} \tag{6.5}$$
$$-CH_2- + H_2O = CO + 2\,H_2 \; , \tag{6.6}$$

wobei auch hier die Reaktion mit Sauerstoff exotherm und die Reaktion mit Wasser endotherm abläuft [10].

- In der anschließenden *CO-Konvertierung* erfolgt die Umsetzung von CO zu CO_2 exotherm nach der sog. Wassergas-Shift-Reaktion

$$CO + H_2O = CO_2 + H_2 \tag{6.7}$$

- und in der *Gasreinigung* die *ab*sorptive Abtrennung des CO_2 mit Ethanolamin- oder Kaliumcarbonat-Lösungen und abschließend die weitestgehende Entfernung verbliebener CO- oder CO_2-Spuren durch eine Methanisierung mit dem im Gasstrom enthaltenen Wasserstoff (siehe dazu die Gleichungen (7.3) und (7.4) in Abschnitt 7.1). Wenn die hierdurch entstehenden Restgehalte an Methan stören, bietet sich alternativ die *ad*sorptive Gasreinigung an Molsieben an, um höchste Reinheiten zu erhalten [10].

Wasserstoff kann auch durch Verwendung von Biomasse produziert werden. Unter Biomasse versteht man kohlenstoffhaltige Stoffe organischer Herkunft, die energetisch oder im energetischen Sinne auch stofflich nutzbar sind. Biomasse wird von Pflanzen mit Hilfe des Sonnenlichts durch die Fotosynthese aus Kohlendioxid und Wasser zu Kohlenhydraten und weiteren organischen Bausteinen unter gleichzeitiger Bildung von

Sauerstoff aufgebaut und ist ein erneuerbarer Energieträger. Zur Biomasse zählen sog. Energiepflanzen, landwirtschaftliche Rückstände oder Abfälle sowie forstwirtschaftliche Rückstände oder Abfälle. Die Nutzung von Biomasse anstelle von fossilen Brennstoffen für die Wasserstofferzeugung kann die CO_2-Emissionen in die Atmosphäre verringern, da freigesetztes CO_2 durch die Fotosynthese wieder eingebunden wird.[83]

Es gibt eine breite Palette von Verfahren für die Umwandlung von Biomasse in Wasserstoff. Die Verfahren können in thermochemische und biologische Verfahren unterteilt werden. Die thermochemischen Verfahren wurden bereits in diesem Abschnitt beschrieben. Zu den biologischen Verfahren zur Produktion von Wasserstoff gehören fotobiologische Prozesse wie die oxigene Fotosynthese unter Freisetzung von Sauerstoff durch Verwendung lebender Biomasse wie Cyanobakterien und Algen. Die Wasserstoffproduktion in fotobiologischen Systemen ist derzeit durch niedrige Ausbeuten und Produktionsraten begrenzt.[65, 83]

6.3 Produktion von Wasserstoff durch Elektrolyse

Unter der Elektrolyse versteht man einen elektrochemischen Prozess, der durch Zufuhr von elektrischer Energie über eine Gleichspannungsquelle erfolgt, wodurch eine Redoxreaktion abläuft, bei der die elektrische Energie anteilig in chemische Energie umgewandelt wird. Für die Durchführung der Elektrolyse wird eine Elektrolysezelle verwendet, die aus einem Elektrolyten und zwei Elektroden – der Anode und der Kathode – besteht. An der Anode findet eine Oxidation durch Abgabe von Elektronen und an der Kathode eine Reduktion durch Aufnahme von Elektronen statt.

Der Prozess der Elektrolyse findet in vielen industriellen Bereichen Anwendung, z. B. in der Metallindustrie zur Gewinnung von Aluminium oder Magnesium durch die Schmelzfluss-Elektrolyse oder zur Gewinnung von Chlor durch die Chloralkali-Elektrolyse. Die Elektrolyse zur Produktion von Wasserstoff ist eine über 230 Jahre alte Technik [109]. Der erste Elektrolyseur in Stackbauweise wurde bereits im Jahr 1900 vorgestellt und im selben Jahr sollen bereits mehr als 400 alkalische Elektrolyseure im Einsatz gewesen sein [109, 116].

In Abb. 6.2 sind eine Elektrolysezelle zur Produktion von Wasserstoff aus elektrischer Energie und die im nachfolgenden Kapitel 8 behandelte Brennstoffzelle zur Produktion von elektrischer Energie aus Wasserstoff schematisch dargestellt. Der Elektrolysezelle wird eine elektrische Leistung und flüssiges Wasser zugeführt; dabei entstehen die gasförmigen Komponenten H_2 und O_2. In einer Brennstoffzelle läuft der Prozess genau umgekehrt ab, wobei anstatt des Sauerstoffs grundsätzlich auch Luft verwendet werden kann. In beiden Prozessen muss ein Wärmestrom abgeführt werden. Über ein Speichersystem – siehe dazu Kapitel 7 – können die beiden Einheiten zeitlich und räumlich entkoppelt werden, um z. B. Fahrzeuge zu versorgen oder Energie zu speichern.

Prinzip der Elektrolyse von Wasser
Bei der Elektrolyse von Wasser gemäß der bereits in Abschnitt 3.5 behandelten Reaktion

$$H_2O \longrightarrow H_2 + 0{,}5\,O_2 \tag{3.140}$$

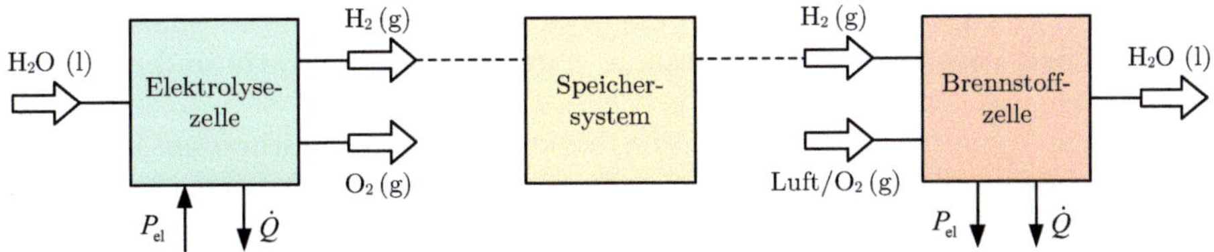

Abbildung 6.2: Grundfließschema der Elektrolysezelle und der Brennstoffzelle einschließlich Kopplung über ein Speichersystem

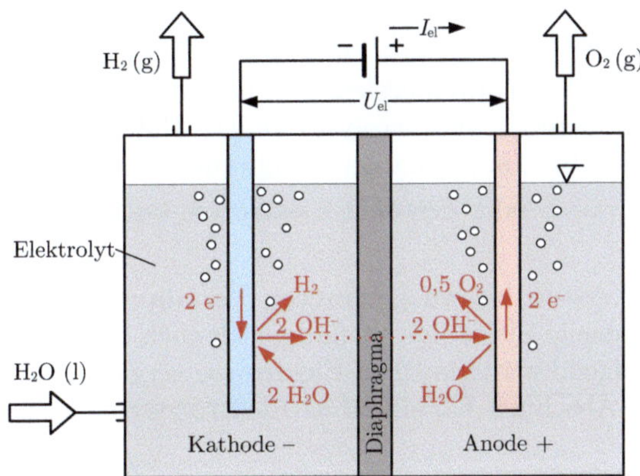

Abbildung 6.3: Schematische Darstellung der alkalischen Elektrolyse (nach [9, 23])

erfolgt die Umwandlung von – optimalerweise aus erneuerbaren Energiequellen stammender – elektrischer Energie in chemische Energie des Wasserstoffs. Diese elektrochemische Reaktion wird durch die elektrischen Ladungsträger – Ionen und Elektronen – ermöglicht. Wie im vereinfachten Schema in Abb. 6.3 für die alkalische Elektrolyse (*engl.:* Alkaline Electrolysis) (AEL) mit z. B. einer KOH-Lösung (Kalilauge) als Elektrolyt dargestellt – siehe dazu die analoge Darstellung für die alkalische Brennstoffzelle in Abschnitt 8.1 – werden der Zelle flüssiges Wasser und elektrische Energie zugeführt, wodurch die Teilreaktionen

$$2\,H_2O + 2\,e^- \longrightarrow H_2 + 2\,OH^- \qquad \text{an der Kathode und} \qquad (6.8)$$

$$2\,OH^- \longrightarrow 0{,}5\,O_2 + H_2O + 2\,e^- \qquad \text{an der Anode} \qquad (6.9)$$

ablaufen, deren Summe Gleichung (3.140) ergibt. Das Diaphragma verhindert die Mischung von Wasserstoff und Sauerstoff, lässt aber das Wasser und die OH^--Ionen hindurch, siehe dazu auch die vergleichende Darstellung der Verfahren in Abb. 6.4. Durch den infolge der äußeren Spannung hervorgerufenen Stromfluss, der in Richtung der positiven elektrischen Ladungen definiert ist, läuft die elektrochemische Reaktion mit der Oxidation infolge einer Abgabe von Elektronen an der positiv geladenen Anode und der Reduktion mit einer Aufnahme von Elektronen an der negativ geladenen

Kathode ab. In einer Brennstoffzelle dagegen wird die elektrische Spannung durch die chemischen Vorgänge erzeugt, weshalb dort die Anode negativ und die Kathode positiv geladen ist, siehe dazu Abschnitt 8.1.[9, 23]

Aus thermodynamischer Sicht ist die Elektrolyse ein endothermer Prozess, der auf einem bestimmten Temperaturniveau günstig abläuft. Anstatt einer äußeren Wärmezufuhr wird die Umwandlung von elektrischer Energie in thermische Energie – die Dissipation – über den Innenwiderstand der Elektrolysezelle anteilig genutzt, siehe die thermodynamischen Betrachtungen in Abschnitt 6.4 [109].

Nach dem Stand der Technik bieten sich insbesondere diese Verfahren der Elektrolyse zur Wasserstofferzeugung an:

- Die alkalische Elektrolyse (*engl.:* Alkaline Electrolysis) (AEL),

- die PEM-Elektrolyse (Polymerelektrolytmembran-Elektrolyse oder auch Protonenaustauschmembran-Elektrolyse) (*engl.:* Polymer Electrolyte Membrane Electrolysis bzw. Proton Exchange Membrane Electrolysis) (PEMEL) und

- die Hochtemperatur- oder Festoxid-Elektrolyse (*engl.:* Solid Oxide Electrolysis) (SOEL).

Aktuell werden die ersten beiden genannten Verfahren industriell am häufigsten verwendet. Die mikrobielle Elektrolyse befindet sich noch in der Entwicklungsphase [60, 65, 117, 122]. Nachfolgend wird die PEM-Elektrolyse vergleichsweise vertieft behandelt und anschließend in Abschnitt 6.5 ein PEM-Elektrolysezellen-Stack berechnet.

6.3.1 Alkalische Elektrolyse

Wie bereits einleitend zum Prinzip der Elektrolyse in Abschnitt 6.3 beschrieben, wird bei der alkalischen Elektrolyse eine basische KOH-Lösung (Kalilauge) oder auch eine NaOH-Lösung (Natronlauge) als Elektrolyt im Konzentrationsbereich von etwa 20 % bis 30 % eingesetzt, da in diesem Bereich die maximalen elektrischen Leitfähigkeiten erreicht werden, siehe die schematische Darstellung der alkalischen Elektrolyse in Abb. 6.3. Die Kathode und die Anode bestehen zumeist aus vernickeltem Stahl. Die Nickel-Schicht dient als Katalysator für die Reaktion. Daneben können auch andere Edelmetalle wie Platin, Rhodium oder Iridium zum Einsatz kommen. Das Diaphragma verhindert die Vermischung von Wasserstoff und Sauerstoff, lässt aber die OH^--Ionen hindurch.[65]

Bei der Elektrolyse von Wasser der in Abb. 6.4 schematisch dargestellten alkalischen Elektrolysezelle laufen die in den Gleichungen (6.8) und (6.9) aufgeführten Teilreaktionen ab, deren Summe Gleichung (3.140) ergibt.

Die Wasserstofferzeugung durch alkalische Elektrolyse ist eine gut etablierte, kommerziell eingesetzte Technik bis in den Megawattbereich und wurde erstmals von TROOSTWIJK und DIEMANN im Jahr 1789 vorgestellt. Die Betriebstemperatur liegt im Bereich von 70 °C bis 90 °C [109]. Der Hauptvorteil dieser Bauart sind die relativ kostengünstigen Materialien. Nachteilig an diesem Verfahren sind die begrenzten Stromdichten (der auf die durchflossene Querschnittsfläche bezogene elektrische Strom), der niedrige Betriebsdruck, der korrosive flüssige Elektrolyt und der – im Vergleich zu den beiden anderen in diesem Kapitel vorgestellten Elektrolyseverfahren – geringere energetische Wirkungsgrad [122].

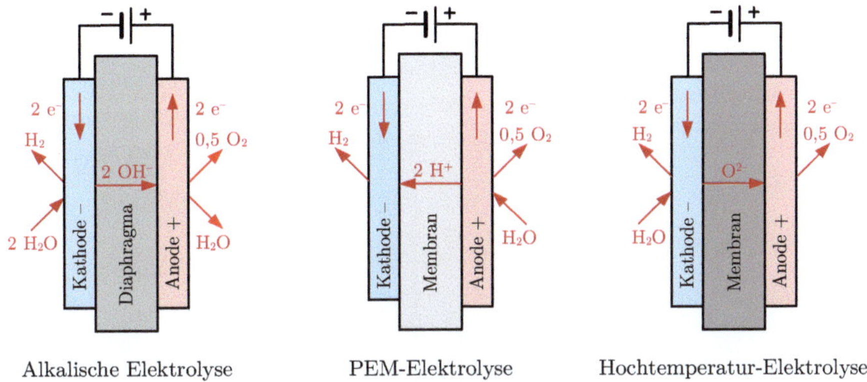

Abbildung 6.4: Vergleichende schematische Darstellung der alkalischen Elektrolyse, der PEM-Elektrolyse und der Hochtemperatur-Elektrolyse

6.3.2 PEM-Elektrolyse

Die in Abb. 6.4 schematisch dargestellte PEM-Elektrolyse ist gekennzeichnet durch eine für Protonen durchlässige Polymermembran, die zwischen zwei Elektroden eingebettet ist. Bei der Elektrolyse von Wasser in einer PEM-Elektrolysezelle treten die Teilreaktionen

$$2\,H^+ + 2\,e^- \longrightarrow H_2 \qquad \text{an der Kathode und} \qquad (6.10)$$

$$H_2O \longrightarrow 0{,}5\,O_2 + 2\,H^+ + 2\,e^- \qquad \text{an der Anode} \qquad (6.11)$$

auf, deren Summe auch hier Gleichung (3.140) ergibt. Im Unterschied zur alkalischen Elektrolyse fungieren Protonen (H^+) als Ladungsträger.

In Abb. 6.5 ist der Aufbau einer PEM-Elektrolysezelle schematisch dargestellt. Zentrales Element ist die Polymermembran, die typischerweise eine Dicke von ca. 200 µm aufweist und aus einem Ionomer, einem thermoplastischen Kunststoff, besteht, der durch eine Sulfonsäuregruppe ionenleitend wird. Diese Membran stellt einen festen Elektrolyten dar. Anforderungen an die Membran sind eine hohe Leitfähigkeit für die Protonen, eine geringe Durchlässigkeit für die Gase infolge Permeation und eine möglichst hohe Stabilität. Die Membran ist zu beiden Seiten mit Lagen aus diffusionsdurchlässigen, porösen Strukturen mit einer Dicke von wenigen µm katalytisch beschichtet. An ihnen laufen die elektrochemischen Teilreaktionen (6.10) und (6.11) ab. Auf der Seite des Wasserstoffs sind wegen der sauren Eigenschaften des Ionomers Platinmetalle erforderlich. Für die Produktion des Sauerstoffs an der Anode hat sich z. B. Iridiumoxid bewährt. Die Stromkollektoren bestehen aus diffusionsdurchlässigen, porösen Strukturen, üblicherweise aus gesinterten Titan-Partikeln. Die Strömungsverteilerplatten weisen eine Kanal-Steg-Struktur auf und haben die Aufgabe, das zugeführte Wasser zu verteilen und die produzierten Gase abzutransportieren, wobei typischerweise mit einem Überschuss an Wasser gearbeitet wird, mit dem die Gase abtransportiert und die Zelle gekühlt wird.[65, 109, 137]

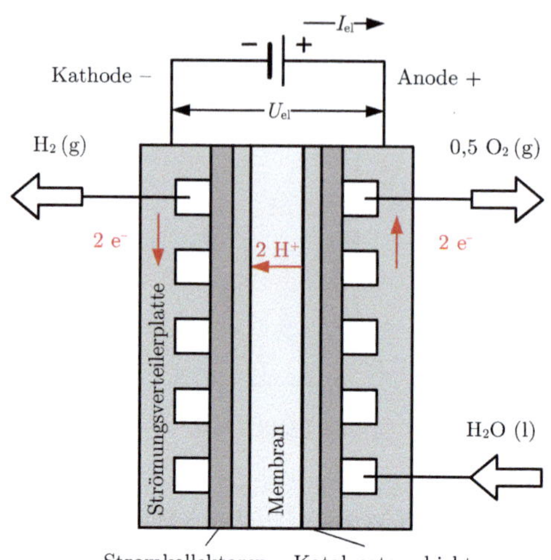

Abbildung 6.5: Schematischer Aufbau einer PEM-Elektrolysezelle (nach [65, 109, 137])

Mehrere PEM-Elektrolysezellen können zu einem sog. Stack zusammengeschaltet werden, siehe Abb. 6.6. Elektrolyse-Stacks kommen zum Einsatz, wenn große Mengen Wasserstoff gewonnen werden sollen. Die Verbindung der Zellen erfolgt mit sog. Bipolarplatten, die auch auf der Rückseite eine Kanalstruktur aufweisen und als Trägerplatten für beide Pole der Zellen dienen. Vorteile dieser Bauweise sind die Erhöhung der Fläche der Zellen und damit der Leistungsaufnahme sowie die Reduktion der Anzahl der Bauteile [65, 137]. Typisch sind derzeit ca. 50 bis 220 Zellen pro Stack mit Zelldicken von ca. 2 mm bis 5 mm und einer aktiven Fläche von ca. 300 cm^2 bis 1500 cm^2, die elektrisch in Reihe geschaltet sind, von den Fluiden parallel durchströmt werden und elektrische Leistungen bis über 1 MW aufnehmen [109]. Der Stack wird durch Endplatten verpresst, die eine definierte Vorspannkraft auf die Zellen und das Dichtungssystem übertragen und die Kräfte infolge des Druckbetriebs des Stacks aufnehmen. Wichtig sind weiterhin die Strömungsverteiler, um das Wasser gleichmäßig auf die Zellen und innerhalb der Zellebenen zu verteilen.

Die PEM-Elektrolyse wurde von GRUBB Anfang der fünfziger Jahre entwickelt, um die Nachteile der alkalischen Elektrolyse von Wasser auszugleichen [66, 67]. Vorteile der PEM-Elektrolyse sind die feste Membran, die hier als sehr guter Protonenleiter fungiert, sich durch eine hohe Gasdurchlässigkeit mit dem Vorteil sehr hoher Reinheiten des Wasserstoffs, eine geringe erforderliche Dicke sowie der Möglichkeit zum Druckbetrieb bis etwa 50 bar auszeichnet. Vorteilhaft gegenüber der alkalischen Elektrolyse ist auch, dass kein korrosiver flüssiger Elektrolyt erforderlich ist. Dazu kommen die vergleichsweise kompakte Stackbauweise, hohe Stromdichten und ein hoher Wirkungsgrad bei niedrigen Temperaturen im Bereich von 20 °C bis 80 °C. Die PEM-Elektrolyse kann kurz aufeinander folgende Ein- und Ausschaltzyklen aushalten. Nachteilig sind die teuren Metalle, was insgesamt zu relativ hohen Investitionskosten führt [65, 122].

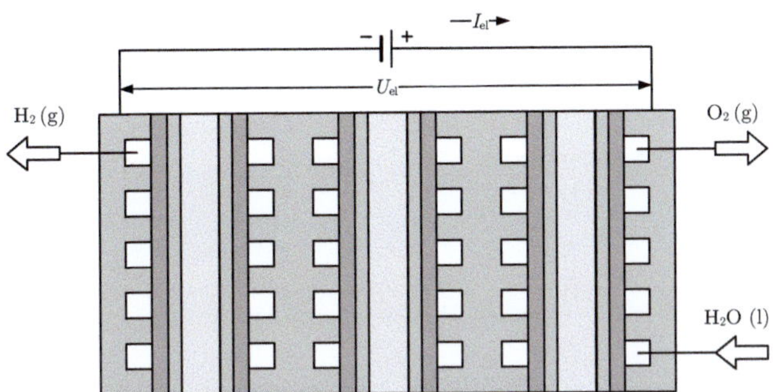

Abbildung 6.6: Schematischer Aufbau eines PEM-Elektrolysezellen-Stacks (nach [65, 137])

PEM-Elektrolyseanlage

In Abb. 6.7 ist der schematische, vereinfachte Aufbau einer PEM-Elektrolyseanlage mit dem Elektrolysezellen-Stack als zentrales Bauteil dargestellt. Für den Prozess wird das zugeführte Wasser zunächst aufbereitet und anschließend mit der Pumpe P1 in den Anodenkreislauf auf das gewünschte Druckniveau gefördert. In diesem Kreislauf sichert eine weitere Pumpe P2 die Umwälzung, wobei nach [137] der umgewälzte Volumenstrom um den Faktor 50 bis 300 größer ist als der stöchiometrisch erforderliche Strom, um konstante Temperaturen im Stack zu gewährleisten. Der Wärmeübertrager W1 dient – falls erforderlich – zur Beheizung und über den Wärmeübertrager W2 erfolgt die Kühlung des Anodenkreislaufs. Im Flüssigkeitsabscheider A1 wird das Wasser weitgehend vom entstandenen Sauerstoff abgetrennt und in der nachfolgenden Aufbereitung können z. B. Adsorptionsverfahren zur Anwendung kommen, um den Sauerstoff weiter zu reinigen.

Im Kathodenkreislauf findet sich Wasser aufgrund der Permeation durch die Membran wieder. Der Einsatz der Pumpe P3, der Wärmeübertrager W3 und W4 sowie des Flüssigkeitsabscheiders A2 erfolgt analog zum Anodenkreislauf, wobei das in diesen Kreislauf permeierte Wasser in die Aufbereitung zurückgeführt werden kann. Bei der Aufbereitung des Wasserstoffs erfolgt zunächst z. B. eine katalytische Oxidation, um Spuren von Sauerstoff zu entfernen. Anschließend können ebenfalls Adsorptionsverfahren zur Anwendung kommen, um z. B. die für die Nutzung des Wasserstoffs in Brennstoffzellen erforderlichen sehr hohen Reinheiten zu gewährleisten [65, 137]. In Abb. 6.7 nicht dargestellt sind z. B. die Anlage für die Gleichrichtung der Spannung für den Prozess oder für die Verdichtung des Wasserstoffs für eine nachfolgende Einspeicherung, siehe hierzu ggf. Kapitel 7.

Der Prozess der PEM-Elektrolyse kann auf einem vorgegebenen Druckniveau durchgeführt werden, wobei grundsätzlich unterschiedliche kathoden- und anodenseitige Druckniveaus möglich sind [137]. Der energetische Vorteil des Druckbetriebs liegt darin, dass der Druck in den beiden Kreisläufen durch Pumpen und weitgehend in der Flüssigphase aufgebracht wird, was wegen des geringeren spezifischen Volumens deutliche energetische Vorteile für die Verdichtung ergibt. Erfolgt dagegen die Verdichtung des Wasserstoffs nach der Elektrolyse in der überkritischen Phase, ist die aufzubringen-

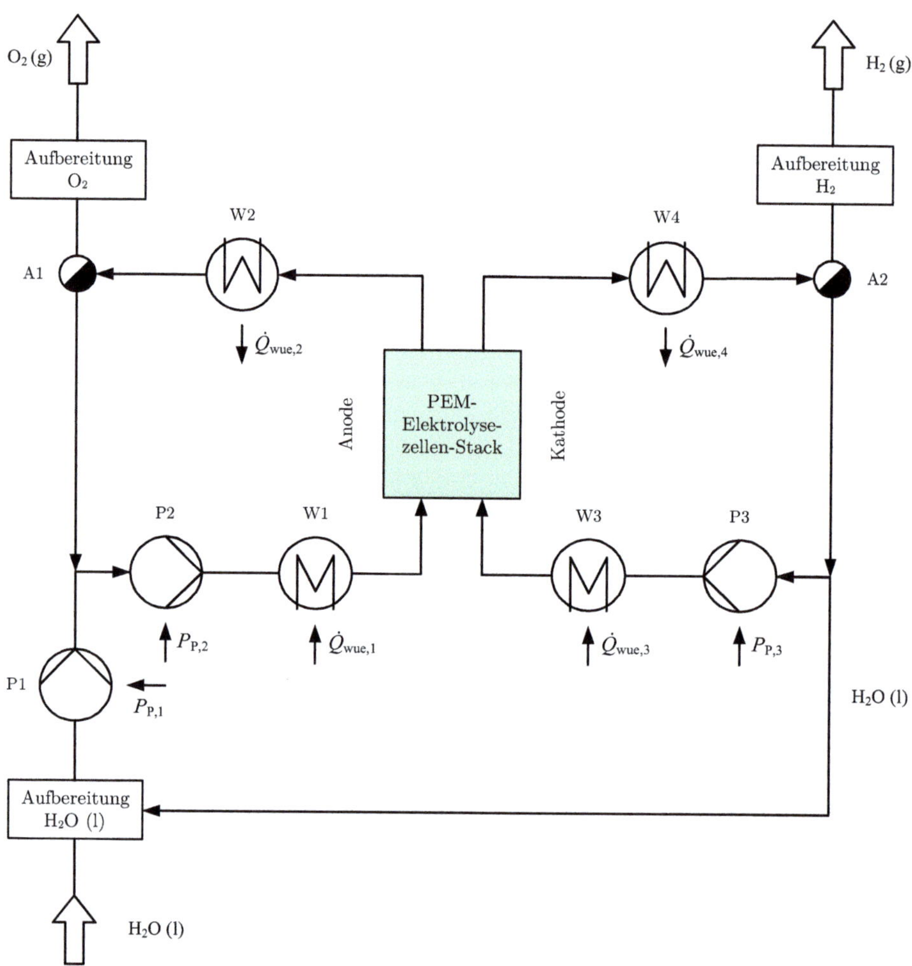

Abbildung 6.7: Fließschema einer PEM-Elektrolyseanlage (vgl. [65, 137])

de Verdichterleistung wegen des sehr geringen spezifischen Volumens deutlich höher. Zusätzlich sind – wenn die Verdichtung z. B. mit Kolben- oder Membrankompressoren erfolgt – mehrere Verdichtungsstufen inklusive Kühlung mit entsprechend hohem Investitionsaufwand erforderlich, siehe Kapitel 7.

6.3.3 Hochtemperaturelektrolyse

Die Hochtemperaturelektrolyse oder Festoxid-Elektrolyse (SOEL) arbeitet bei einer Temperatur von 650 °C bis 850 °C und hohem Druck, weshalb überhitztes, überkritisches Wasser zu Einsatz kommt, was den Bedarf an elektrischer Energie verringert, aber den Einsatz thermischer Energie für die Verdampfung und Überhitzung des Wassers erfordert [109, 122], siehe dazu die thermodynamischen Betrachtungen im Abschnitt 6.4. Bei diesem Verfahren wird häufig Yttrium-stabilisiertes Zirkonoxid als Elektrolyt verwendet, weil dieses Metalloxid eine hohe Leitfähigkeit für Oxidionen (O^{2-}) hat, eine gute mechanische Festigkeit aufweist und aufgrund des hohen Schmelzpunkts des Elektrolyten für hohe Temperaturen geeignet ist [122].

Bei der Elektrolyse von Wasser in der in Abb. 6.4 schematisch dargestellten Elektrolysezelle laufen die Teilreaktionen

$$H_2O + 2\,e^- \longrightarrow H_2 + O^{2-} \qquad \text{an der Kathode und} \qquad (6.12)$$

$$O^{2-} \longrightarrow 0{,}5\,O_2 + 2\,e^- \qquad \text{an der Anode} \qquad (6.13)$$

ab, deren Summe auch hier Gleichung (3.140) ergibt. Als Ladungsträger treten hier Oxidionen (O^{2-}) auf.[65, 122]

Die Hochtemperaturelektrolyse wurde von DÖNITZ und ERDLE in den 1980er Jahren entwickelt [48]. Wenn thermische Energie in Form von Wärme verfügbar ist, kann das für die Durchführung des Verfahrens und die Kosten günstig sein. Dabei ist aber das erforderliche Temperaturniveau der Elektrolysezelle zu berücksichtigen [65, 122]. Auf jeden Fall muss bei der Energiebilanz und beim energetischen Wirkungsgrad die Verdampfung und Überhitzung des Wassers berücksichtigt werden. Nachteile dieses Verfahrens sind insbesondere die langen Zeiten für das Erreichen der Betriebstemperatur, was eher für einen Dauerbetrieb spricht; außerdem die hohen Anforderungen an die Werkstoffe und die Dichtungen sowie der energie- und anlagentechnische Aufwand für die Versorgung mit überhitztem, überkritischem Wasser.

6.4 Thermodynamische Betrachtung der Elektrolyse

Elektrolysezellen können als isobare und isotherme stationäre offene Systeme betrachtet werden. Für die Berechnung der Elektrolyse – wie im nachfolgenden Beispiel 6.1 – ist es erforderlich, die molare Reaktionsenthalpie, die molare Reaktionsentropie und daraus die molare Freie Reaktionsenthalpie für in der Regel von den Standardbedingungen ($T_\circ = 298{,}15\,\text{K}$ und $p_\circ = 1\,\text{bar}$, siehe Abschnitt 3.6) abweichende Bedingungen zu ermitteln. Dies gelingt relativ einfach, wenn die temperatur- und druckabhängigen Änderungen der molaren Enthalpien sowie der molaren Entropien der beteiligten Komponenten z. B. mit TREND ermittelt werden.

So ergibt sich die molare Reaktionsenthalpie bei den Betriebsbedingungen der Elektrolysezelle – gegeben durch die Betriebstemperatur T_{ELZ} und den Betriebsdruck p_{ELZ} – zu

$$\Delta_{\mathrm{r}}\bar{H}(T_{\mathrm{ELZ}},p_{\mathrm{ELZ}}) = \Delta_{\mathrm{r}}\bar{H}(T_{\circ},p_{\circ}) + \sum_{i=1}^{k} \nu_i \Delta\bar{H}_i$$

$$= \Delta_{\mathrm{r}}\bar{H}(T_{\circ},p_{\circ}) + \sum_{i=1}^{k} \nu_i \left(\bar{H}_i(T_{\mathrm{ELZ}},p_{\mathrm{ELZ}}) - \bar{H}_i(T_{\circ},p_{\circ}) \right) \ , \quad (6.14)$$

die molare Reaktionsentropie zu

$$\Delta_{\mathrm{r}}\bar{S}(T_{\mathrm{ELZ}},p_{\mathrm{ELZ}}) = \Delta_{\mathrm{r}}\bar{S}(T_{\circ},p_{\circ}) + \sum_{i=1}^{k} \nu_i \Delta\bar{S}_i$$

$$= \Delta_{\mathrm{r}}\bar{S}(T_{\circ},p_{\circ}) + \sum_{i=1}^{k} \nu_i \left(\bar{S}_i(T_{\mathrm{ELZ}},p_{\mathrm{ELZ}}) - \bar{S}_i(T_{\circ},p_{\circ}) \right) \quad (6.15)$$

und daraus die molare Freie Reaktionsenthalpie bei den Betriebsbedingungen entsprechend Gleichung (3.185) zu

$$\Delta_{\mathrm{r}}\bar{G}(T_{\mathrm{ELZ}},p_{\mathrm{ELZ}}) = \Delta_{\mathrm{r}}\bar{H}(T_{\mathrm{ELZ}},p_{\mathrm{ELZ}}) - T_{\mathrm{ELZ}}\Delta_{\mathrm{r}}\bar{S}(T_{\mathrm{ELZ}},p_{\mathrm{ELZ}}) \ . \quad (6.16)$$

Wie im Abschnitt 3.8 in Zusammenhang mit Gleichung (3.191) beschrieben, stellt die molare Freie Reaktionsenthalpie $\Delta_{\mathrm{r}}\bar{G}(T_{\mathrm{ELZ}},p_{\mathrm{ELZ}})$ die mindestens für die Durchführung der Reaktion aufzuwendende technische Arbeit pro Formelumsatz dar.

In Abb. 6.8 sind die berechneten temperaturabhängigen Verläufe der molaren Reaktionsenthalpie $\Delta_{\mathrm{r}}\bar{H}(T,p_{\circ})$, der molaren Freien Reaktionsenthalpie $\Delta_{\mathrm{r}}\bar{G}(T,p_{\circ})$ und dem Produkt aus der Temperatur und der molaren Reaktionsentropie $T\Delta_{\mathrm{r}}\bar{S}(T,p_{\circ})$ für die Bruttoreaktionsgleichung (3.140) bei konstantem Standarddruck $p_{\circ}$ dargestellt. Die senkrechte Linie steht für die Siedetemperatur $T_{\mathrm{S,H_2O}}(p_{\circ})$ des Wassers beim Standarddruck. Die Unstetigkeit der Verläufe wird also durch den Phasenwechsel des Wassers vom flüssigen in den dampfförmigen Zustand verursacht. Wie anhand der Verläufe zu erkennen ist, nimmt die molare Reaktionsenthalpie für Temperaturen oberhalb der Sättigungstemperatur des Wassers leicht zu und das Produkt aus der Temperatur und der molaren Reaktionsentropie steigt oberhalb der Sättigungstemperatur deutlich an. Die molare Freie Reaktionsenthalpie sinkt dagegen über den gesamten, im Diagramm dargestellten Temperaturbereich deutlich, was bedeutet, dass die für die Durchführung der Elektrolyse mindestens aufzuwendende Arbeit sinkt. Dies macht den Vorteil der Hochtemperaturelektrolyse aus, wobei jedoch auch die Wärmezufuhr für diesen Prozess unbedingt zu berücksichtigen ist.[65, 109]

Der Elektrolysezelle wird die elektrische Leistung

$$P_{\mathrm{el}} = U_{\mathrm{el}}I_{\mathrm{el}} = U_{\mathrm{el}}\nu_{\mathrm{e^-}}\dot{n}_{\mathrm{H_2}}F \qquad (6.17)$$

als Produkt aus der Betriebs-Zellspannung U_{el} und dem Strom I_{el} zugeführt [9, 73].

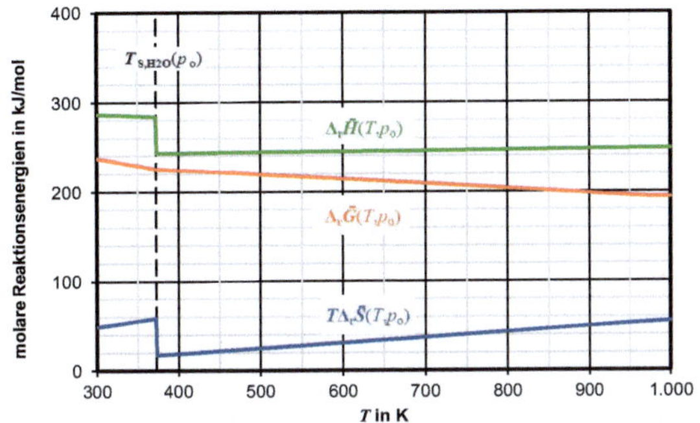

Abbildung 6.8: Temperaturabhängige Verläufe $\Delta_r\bar{H}(T,p_\circ)$, $\Delta_r\bar{G}(T,p_\circ)$ und $T\Delta_r\bar{S}(T,p_\circ)$ für die Reaktionsgleichung (3.140) der Elektrolyse von Wasser bei konstantem Standarddruck $p_\circ$ (vgl. [65, 109])

Darin steht die FARADAY-Konstante

$$F = eN_\mathrm{A} = 96\,485{,}332\,12\,\mathrm{C\,mol^{-1}} \tag{6.18}$$

als Produkt aus der Elementarladung $e = 1{,}602\,176\,634\cdot 10^{-19}\,\mathrm{C}$ und der bereits in Abschnitt 3.5 aufgeführten AVOGADRO-Konstante N_A [136]. ν_{e^-} ist der stöchiometrische Koeffizient der Elektronen (in der Anodenreaktion) und $\dot{n}_{\mathrm{H}_2}$ der Stoffmengenstrom des bei der Dissoziation des Wassers entstehenden Wasserstoffs. Bei vorgegebener elektrischer Leistung folgt aus der rechten Seite von Gleichung (6.17) der Stoffmengenstrom des produzierten Wasserstoffs

$$\dot{n}_{\mathrm{H}_2} = \frac{P_{\mathrm{el}}}{U_{\mathrm{el}}\nu_{\mathrm{e}^-}F}\,. \tag{6.19}$$

Die Betriebs-Zellspannung U_{el} kann mit der reversiblen Zellspannung nach [9, 73]

$$U_{\mathrm{el,rev}} = \frac{\Delta_r\bar{G}(T_{\mathrm{ELZ}}, p_{\mathrm{ELZ}})}{\nu_{\mathrm{e}^-}F} \tag{6.20}$$

verglichen werden, siehe die Hinweise weiter oben zur Gleichung (6.16). Die charakteristische oder sog. thermoneutrale Zellspannung

$$U_{\mathrm{el,TN}} = \frac{\Delta_r\bar{H}(T_{\mathrm{ELZ}}, p_{\mathrm{ELZ}})}{\nu_{\mathrm{e}^-}F} \tag{6.21}$$

stellt ein Maß für die chemisch umgesetzte Energie dar und muss in realen Prozessen immer größer sein als die reversible Zellspannung [73, 122].

Die molare Reaktionsarbeit

$$\bar{W}_{\mathrm{el}} = \frac{-P_{\mathrm{el}}}{\dot{n}_{\mathrm{H}_2}} \tag{6.22}$$

wird aus der zugeführten elektrischen Leistung und dem produzierten Stoffmengenstrom des Wasserstoffs berechnet und kann mit der molaren reversiblen, also mindestens aufzuwendenden, Reaktionsarbeit $\bar{W}_{\mathrm{el,rev}}$ aus Gleichung (3.191) verglichen werden, die der molaren Freien Reaktionsenthalpie $\Delta_{\mathrm{r}}\bar{G}(T_{\mathrm{ELZ}}, p_{\mathrm{ELZ}})$ nach Gleichung (6.16) bei den Bedingungen der Elektrolyse entspricht. Für die auf den Normvolumenstrom des produzierten Wasserstoffs bezogene elektrische Leistung gilt

$$\hat{W}_{\mathrm{el}} = \frac{-P_{\mathrm{el}}}{\dot{V}_{\mathrm{H_2,n}}} \ . \tag{6.23}$$

Die in der Elektrolysezelle dissipierte molare Energie ergibt sich nach den Gleichungen (3.189) und (3.190) aus der Differenz der molaren Reaktionsarbeiten zu

$$T_{\mathrm{ELZ}}\frac{\dot{S}_{\mathrm{irr}}}{\dot{n}_{\mathrm{H_2}}} = \bar{W}_{\mathrm{el}} - \bar{W}_{\mathrm{el,rev}} \ , \tag{6.24}$$

woraus die molare Entropieproduktion $\dot{S}_{\mathrm{irr}}/\dot{n}_{\mathrm{H_2}}$ berechnet werden kann [9]. Die aus der Elektrolyse abzuführende molare Wärme

$$\bar{Q} = T_{\mathrm{ELZ}}(\Delta_{\mathrm{r}}\bar{S}(T_{\mathrm{ELZ}}, p_{\mathrm{ELZ}}) - \dot{S}_{\mathrm{irr}}/\dot{n}_{\mathrm{H_2}}) \tag{6.25}$$

folgt aus Gleichung (3.188) und entsprechend zum Vergleich die reversible molare Wärme

$$\bar{Q}_{\mathrm{rev}} = T_{\mathrm{ELZ}}\Delta_{\mathrm{r}}\bar{S}(T_{\mathrm{ELZ}}, p_{\mathrm{ELZ}}) \ . \tag{6.26}$$

Für den aus der Elektrolyse abzuführenden Wärmestrom gilt

$$\dot{Q} = -\dot{n}_{\mathrm{H_2}}\bar{Q} \tag{6.27}$$

und für den sog. Spannungswirkungsgrad der Elektrolysezelle nach [9]

$$\eta_{\mathrm{U,ELZ}} = \frac{U_{\mathrm{el,rev}}}{U_{\mathrm{el}}} = \frac{P_{\mathrm{el,rev}}}{P_{\mathrm{el}}} = \frac{\dot{n}_{\mathrm{H_2}}\Delta_{\mathrm{r}}\bar{G}(T_{\mathrm{ELZ}}, p_{\mathrm{ELZ}})}{P_{\mathrm{el}}} = 1 - \frac{T_{\mathrm{ELZ}}\dot{S}_{\mathrm{irr}}}{P_{\mathrm{el}}} \ . \tag{6.28}$$

Wie die nachfolgenden Berechnungen bestätigen, ist nach Gleichung (3.188) ein Teil der in der realen, irreversiblen Elektrolysezelle dissipierten Energie für die Reaktion erforderlich und ein Teil wird als Wärme an die Umgebung abgegeben. Dagegen würde die reversible Elektrolysezelle Wärme aus der Umgebung aufnehmen [9].

Die reversible Betriebs-Zellspannung $U_{\mathrm{el,rev}}$ nach Gleichung (6.20) entspricht der erforderlichen Zellspannung unter idealisierten Bedingungen, die im realen Betrieb nicht erreichbar ist. Ursache dafür sind u. a. die ohmschen Verluste infolge der elektrischen Widerstände, die kinetischen Verluste an Anode und Kathode an der Grenzfläche zwischen Elektrolyt und Elektrode sowie Limitierungen des Stofftransports des Edukts und der Produkte bei der elektrochemischen Reaktion. Insgesamt führen diese Effekte zur realen Betriebs-Zellspannung der Elektrolyse, weshalb mit steigender Stromdichte eine höhere elektrische Leistung erforderlich ist. Ziel für Weiterentwicklungen ist, höhere Stromdichten bei deutlich geringeren Zellspannungen zu erreichen.[65, 109]

Nach [109] sind bei der alkalischen Elektrolyse Stromdichten von $0.2\,\mathrm{A\,cm^{-2}}$ bis $0.6\,\mathrm{A\,cm^{-2}}$ bei Zellspannungen unterhalb von etwa $1.9\,\mathrm{V}$ möglich. Durch höhere Stromdichten bis über $1.0\,\mathrm{A\,cm^{-2}}$ sollen zukünftig auch Zellspannungen um $1.8\,\mathrm{V}$ erreichbar sein. Bei der PEM-Elektrolyse liegt die Zellspannung aufgrund hoher Stromdichten von etwa $2.0\,\mathrm{A\,cm^{-2}}$ im Bereich von $1.8\,\mathrm{V}$ bis $1.9\,\mathrm{V}$ und soll zukünftig durch Entwicklung verbesserter Membranen auf etwa $1.7\,\mathrm{V}$ bei Stromdichten von über $3.0\,\mathrm{A\,cm^{-2}}$ gesenkt werden können. Vorteile der Hochtemperaturelektrolyse sind die relativ niedrigen Zellspannungen im Bereich von $1.3\,\mathrm{V}$ bei mit der alkalischen Elektrolyse vergleichbaren Stromdichten [109]. Auch bezüglich der Lebensdauern der Stacks sind Verbesserungen zu erwarten. In [79] werden für die in diesem Kapitel vorgestellten Verfahren in den nächsten Jahrzehnten Lebensdauern von über $80\,000\,\mathrm{h}$ erwartet, bevor einzelne Zellen oder der Stack ausgetauscht werden müssen, wobei mit der alkalischen Elektrolyse diese Lebensdauern bereits erreicht wurden [109].

6.5 Produktion von Wasserstoff in der PEM-Elektrolyse

Beispiel 6.1

In einem PEM-Elektrolysezellen-Stack soll Wasserstoff unter der Zufuhr einer elektrischen Leistung von $1000\,\mathrm{kW}$ erzeugt werden. Die Betriebstemperatur ist mit $\vartheta_{\mathrm{ELZ}} = 50.0\,°\mathrm{C}$, der Betriebsdruck mit $p_{\mathrm{ELZ}} = 30.0\,\mathrm{bar}$, die Umgebungstemperatur mit $\vartheta_{\mathrm{U}} = 15.0\,°\mathrm{C}$ und der Umgebungsdruck mit $p_{\mathrm{U}} = 1.0\,\mathrm{bar}$ vorgegeben. Die Betriebs-Zellspannung der Elektrolyse beträgt $U_{\mathrm{el}} = 1.90\,\mathrm{V}$. Zu berechnen sind u. a. die Reaktionsgrößen bei den Betriebsbedingungen, die reversible Zellspannung, die Massen-, Stoffmengen- und Normvolumenströme des erzeugten Wasserstoffs und des Sauerstoffs, der Massen- und der Volumenstrom des zuzuführenden Wassers, die molare, die reversible molare und die auf den Volumenstrom des zuzuführenden Wassers bezogene Reaktionsarbeit, die molare dissipierte Energie, der molare Entropieproduktionsstrom, der abzuführende Wärmestrom, der Reaktionsenthalpiestrom, der Spannungswirkungsgrad und der exergetische Wirkungsgrad. (Ergebnisse in den Excel-Berechnungsblättern in den Abb. 6.9 und 6.10.)

Im zweiten Teil des Beispiels soll die Betriebs-Zellspannung der PEM-Elektrolyse von $1.70\,\mathrm{V}$ bis $1.90\,\mathrm{V}$ bei sonst konstanten Bedingungen variiert und die Auswirkungen auf den Normvolumenstrom des produzierten Wasserstoffs und den zuzuführenden Volumenstrom des Wassers sowie auf den Wirkungsgrad und auf den abzuführenden Wärmestrom untersucht werden. (Ergebnisse im Excel-Berechnungsblatt in Abb. 6.11.)

Bearbeitung der in Beispiel 6.1 gegebenen Aufgabenstellung

Für die Bearbeitung der Aufgabenstellung gemäß Beispiel 6.1 wird ein Excel-Berechnungsblatt wie in den Abb. 6.9 und 6.10 erstellt:

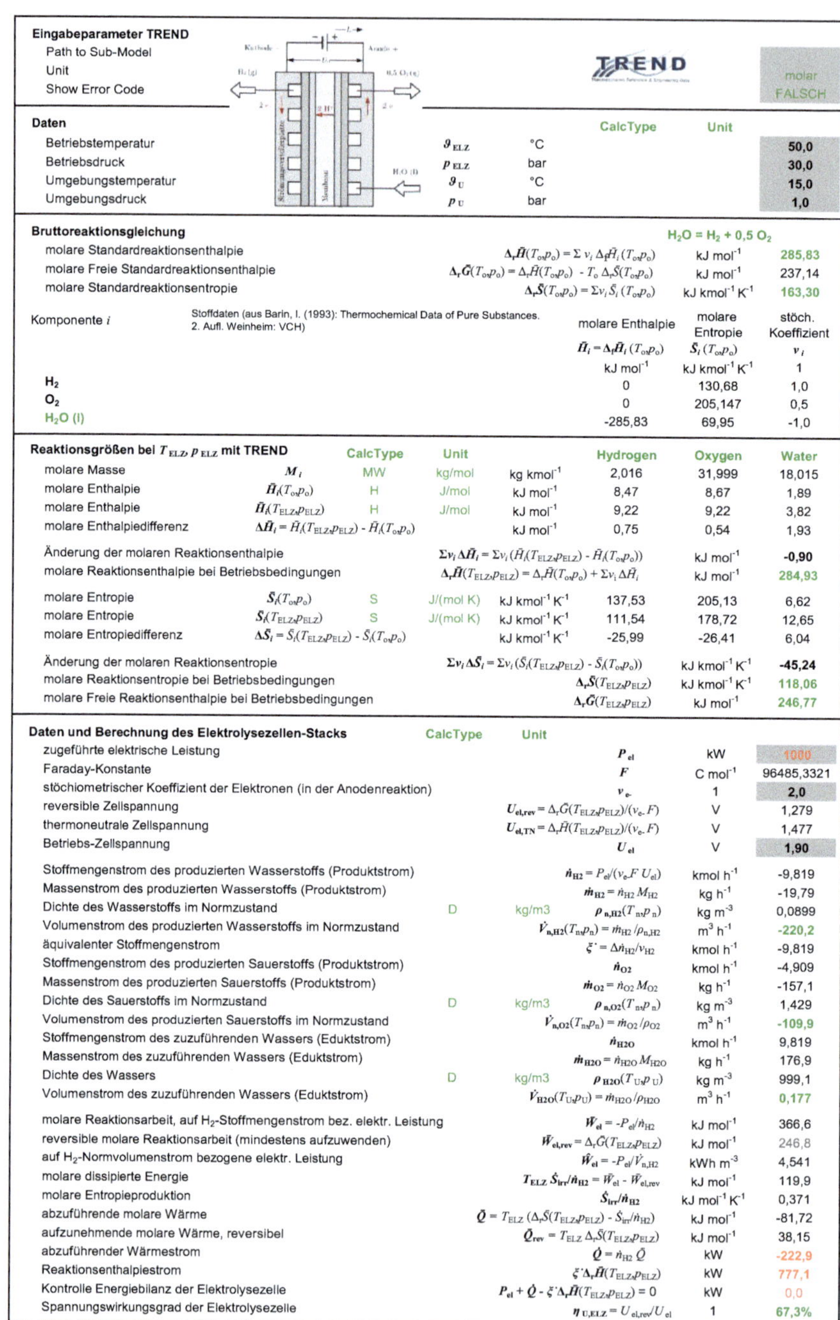

Eingabeparameter TREND
- Path to Sub-Model
- Unit — molar
- Show Error Code — FALSCH

Daten

		CalcType	Unit	
Betriebstemperatur	ϑ_{ELZ}		°C	50,0
Betriebsdruck	p_{ELZ}		bar	30,0
Umgebungstemperatur	ϑ_U		°C	15,0
Umgebungsdruck	p_U		bar	1,0

Bruttoreaktionsgleichung — $H_2O = H_2 + 0{,}5\,O_2$

		Unit	
molare Standardreaktionsenthalpie	$\Delta_r\bar{H}(T_o,p_o) = \Sigma\,\nu_i\,\Delta_f\bar{H}_i(T_o,p_o)$	kJ mol⁻¹	285,83
molare Freie Standardreaktionsenthalpie	$\Delta_r\bar{G}(T_o,p_o) = \Delta_r\bar{H}(T_o,p_o) - T_o\,\Delta_r\bar{S}(T_o,p_o)$	kJ mol⁻¹	237,14
molare Standardreaktionsentropie	$\Delta_r\bar{S}(T_o,p_o) = \Sigma\nu_i\,\bar{S}_i(T_o,p_o)$	kJ kmol⁻¹ K⁻¹	163,30

Komponente i — Stoffdaten (aus Barin, I. (1993): Thermochemical Data of Pure Substances. 2. Aufl. Weinheim: VCH)

Komponente i	molare Enthalpie $\bar{H}_i = \Delta_f\bar{H}_i(T_o,p_o)$ [kJ mol⁻¹]	molare Entropie $\bar{S}_i(T_o,p_o)$ [kJ kmol⁻¹ K⁻¹]	stöch. Koeffizient ν_i [1]
H_2	0	130,68	1,0
O_2	0	205,147	0,5
H_2O (l)	-285,83	69,95	-1,0

Reaktionsgrößen bei T_{ELZ}, p_{ELZ} mit TREND

		CalcType	Unit	Unit	Hydrogen	Oxygen	Water
molare Masse	M_i	MW	kg/mol	kg kmol⁻¹	2,016	31,999	18,015
molare Enthalpie	$\bar{H}_i(T_o,p_o)$	H	J/mol	kJ mol⁻¹	8,47	8,67	1,89
molare Enthalpie	$\bar{H}_i(T_{ELZ},p_{ELZ})$	H	J/mol	kJ mol⁻¹	9,22	9,22	3,82
molare Enthalpiedifferenz	$\Delta\bar{H}_i = \bar{H}_i(T_{ELZ},p_{ELZ}) - \bar{H}_i(T_o,p_o)$			kJ mol⁻¹	0,75	0,54	1,93

		Unit	
Änderung der molaren Reaktionsenthalpie	$\Sigma\nu_i\,\Delta\bar{H}_i = \Sigma\nu_i(\bar{H}_i(T_{ELZ},p_{ELZ}) - \bar{H}_i(T_o,p_o))$	kJ mol⁻¹	**-0,90**
molare Reaktionsenthalpie bei Betriebsbedingungen	$\Delta_r\bar{H}(T_{ELZ},p_{ELZ}) = \Delta_r\bar{H}(T_o,p_o) + \Sigma\nu_i\,\Delta\bar{H}_i$	kJ mol⁻¹	284,93

		CalcType	Unit	Unit	Hydrogen	Oxygen	Water
molare Entropie	$\bar{S}_i(T_o,p_o)$	S	J/(mol K)	kJ kmol⁻¹ K⁻¹	137,53	205,13	6,62
molare Entropie	$\bar{S}_i(T_{ELZ},p_{ELZ})$	S	J/(mol K)	kJ kmol⁻¹ K⁻¹	111,54	178,72	12,65
molare Entropiedifferenz	$\Delta\bar{S}_i = \bar{S}_i(T_{ELZ},p_{ELZ}) - \bar{S}_i(T_o,p_o)$			kJ kmol⁻¹ K⁻¹	-25,99	-26,41	6,04

		Unit	
Änderung der molaren Reaktionsentropie	$\Sigma\nu_i\,\Delta\bar{S}_i = \Sigma\nu_i(\bar{S}_i(T_{ELZ},p_{ELZ}) - \bar{S}_i(T_o,p_o))$	kJ kmol⁻¹ K⁻¹	**-45,24**
molare Reaktionsentropie bei Betriebsbedingungen	$\Delta_r\bar{S}(T_{ELZ},p_{ELZ})$	kJ kmol⁻¹ K⁻¹	118,06
molare Freie Reaktionsenthalpie bei Betriebsbedingungen	$\Delta_r\bar{G}(T_{ELZ},p_{ELZ})$	kJ mol⁻¹	246,77

Daten und Berechnung des Elektrolysezellen-Stacks

		CalcType	Unit	Unit	
zugeführte elektrische Leistung	P_{el}			kW	1000
Faraday-Konstante	F			C mol⁻¹	96485,3321
stöchiometrischer Koeffizient der Elektronen (in der Anodenreaktion)	ν_{e^-}			1	2,0
reversible Zellspannung	$U_{el,rev} = \Delta_r\bar{G}(T_{ELZ},p_{ELZ})/(\nu_{e^-}F)$			V	1,279
thermoneutrale Zellspannung	$U_{el,TN} = \Delta_r\bar{H}(T_{ELZ},p_{ELZ})/(\nu_{e^-}F)$			V	1,477
Betriebs-Zellspannung	U_{el}			V	1,90
Stoffmengenstrom des produzierten Wasserstoffs (Produktstrom)	$\dot{n}_{H2} = P_{el}/(\nu_{e^-}F\,U_{el})$			kmol h⁻¹	-9,819
Massenstrom des produzierten Wasserstoffs (Produktstrom)	$\dot{m}_{H2} = \dot{n}_{H2}\,M_{H2}$			kg h⁻¹	-19,79
Dichte des Wasserstoffs im Normzustand	$\rho_{n,H2}(T_n,p_n)$	D	kg/m3	kg m⁻³	0,0899
Volumenstrom des produzierten Wasserstoffs im Normzustand	$\dot{V}_{n,H2}(T_n,p_n) = \dot{m}_{H2}/\rho_{n,H2}$			m³ h⁻¹	-220,2
äquivalenter Stoffmengenstrom	$\xi^{\cdot} = \Delta\dot{n}_{H2}/\nu_{H2}$			kmol h⁻¹	-9,819
Stoffmengenstrom des produzierten Sauerstoffs (Produktstrom)	$\dot{n}_{O2}$			kmol h⁻¹	-4,909
Massenstrom des produzierten Sauerstoffs (Produktstrom)	$\dot{m}_{O2} = \dot{n}_{O2}\,M_{O2}$			kg h⁻¹	-157,1
Dichte des Sauerstoffs im Normzustand	$\rho_{n,O2}(T_n,p_n)$	D	kg/m3	kg m⁻³	1,429
Volumenstrom des produzierten Sauerstoffs im Normzustand	$\dot{V}_{n,O2}(T_n,p_n) = \dot{m}_{O2}/\rho_{O2}$			m³ h⁻¹	-109,9
Stoffmengenstrom des zuzuführenden Wassers (Eduktstrom)	$\dot{n}_{H2O}$			kmol h⁻¹	9,819
Massenstrom des zuzuführenden Wassers (Eduktstrom)	$\dot{m}_{H2O} = \dot{n}_{H2O}\,M_{H2O}$			kg h⁻¹	176,9
Dichte des Wassers	$\rho_{H2O}(T_U,p_U)$	D	kg/m3	kg m⁻³	999,1
Volumenstrom des zuzuführenden Wassers (Eduktstrom)	$\dot{V}_{H2O}(T_U,p_U) = \dot{m}_{H2O}/\rho_{H2O}$			m³ h⁻¹	0,177
molare Reaktionsarbeit, auf H_2-Stoffmengenstrom bez. elektr. Leistung	$\bar{W}_{el} = -P_{el}/\dot{n}_{H2}$			kJ mol⁻¹	366,6
reversible molare Reaktionsarbeit (mindestens aufzuwenden)	$\bar{W}_{el,rev} = \Delta_r\bar{G}(T_{ELZ},p_{ELZ})$			kJ mol⁻¹	246,8
auf H_2-Normvolumenstrom bezogene elektr. Leistung	$\hat{W}_{el} = -P_{el}/\dot{V}_{n,H2}$			kWh m⁻³	4,541
molare dissipierte Energie	$T_{ELZ}\,\dot{S}_{irr}/\dot{n}_{H2} = \bar{W}_{el} - \bar{W}_{el,rev}$			kJ mol⁻¹	119,9
molare Entropieproduktion	$\dot{S}_{irr}/\dot{n}_{H2}$			kJ mol⁻¹ K⁻¹	0,371
abzuführende molare Wärme	$\bar{Q} = T_{ELZ}\,(\Delta_r\bar{S}(T_{ELZ},p_{ELZ}) - \dot{S}_{irr}/\dot{n}_{H2})$			kJ mol⁻¹	-81,72
aufzunehmende molare Wärme, reversibel	$\bar{Q}_{rev} = T_{ELZ}\,\Delta_r\bar{S}(T_{ELZ},p_{ELZ})$			kJ mol⁻¹	38,15
abzuführender Wärmestrom	$\dot{Q} = \dot{n}_{H2}\,\bar{Q}$			kW	-222,9
Reaktionsenthalpiestrom	$\xi^{\cdot}\,\Delta_r\bar{H}(T_{ELZ},p_{ELZ})$			kW	777,1
Kontrolle Energiebilanz der Elektrolysezelle	$P_{el} + \dot{Q} - \xi^{\cdot}\,\Delta_r\bar{H}(T_{ELZ},p_{ELZ}) = 0$			kW	0,0
Spannungswirkungsgrad der Elektrolysezelle	$\eta_{U,ELZ} = U_{el,rev}/U_{el}$			1	67,3%

Abbildung 6.9: Excel-Berechnungsblatt für die PEM-Elektrolyse

Exergetische Analyse

zugeführter Exergiestrom	P_{el}	kW	1000
molare Exergie Wasserstoff bei Betriebsbedingungen	$\bar{E}^{E}_{H2}(T_{ELZ},p_{ELZ})$	kJ mol^{-1}	242,9
molare Exergie Sauerstoff bei Betriebsbedingungen	$\bar{E}^{E}_{O2}(T_{ELZ},p_{ELZ})$	kJ mol^{-1}	13,12
Exergiestrom Wasserstoff bei Betriebsbedingungen	$\dot{n}_{H2}\,\bar{E}^{E}_{H2}(T_{ELZ},p_{ELZ})$	kW	-662,6
Exergiestrom Sauerstoff bei Betriebsbedingungen	$\dot{n}_{O2}\,\bar{E}^{E}_{O2}(T_{ELZ},p_{ELZ})$	kW	-17,9
Exergieanteil des Wärmestroms	$\dot{Q}^{E}=\eta_{C}\,\dot{Q}$	kW	-24,1
exergetischer Wirkungsgrad b. ausschl. Nutzung d. Wasserstoffs	$\zeta_{ELZ}=-\dot{n}_{H2}\,\bar{E}^{E}_{H2}(T_{ELZ},p_{ELZ})/P_{el}$	1	66,3%
exerg. Wirkungsgrad Nutzung Wasserstoff, Sauerstoff, Wärme	$\zeta_{ELZ}=-(\dot{n}_{H2}\,\bar{E}^{E}_{H2}+\dot{n}_{O2}\,\bar{E}^{E}_{O2}+\dot{Q}^{E})/P_{el}$	1	70,5%

Abbildung 6.10: Excel-Berechnungsblatt für die exergetische Bewertung der PEM-Elektrolyse

1. Im oberen Teil des Berechnungsblatts werden die Eingabeparameter für TREND vorgegeben. Die Zellen in diesem Teil erhalten am besten dieselben Namen, wie im Beispiel 2.1; weniger relevante Zellen werden aus Platzgründen ausgeblendet. Im zweiten Teil des Berechnungsblatts werden die Betriebsdaten der Elektrolyse (jeweils Temperatur und Druck), die Daten der Umgebung, die Daten im Standardzustand und die Daten im Normzustand eingegeben und teilweise aus Platzgründen ausgeblendet.

2. Im dritten Teil werden die molaren Standardreaktionsgrößen für die gegebene Bruttoreaktionsgleichung der Dissoziation des Wassers ermittelt. Der Aufbau dieses Teils des Berechnungsblatts erfolgt analog zur Tabelle im Excel-Berechnungsblatt in Abb. 3.21 für das Beispiel 3.5, siehe dazu die entsprechende Anleitung.

3. Im vierten Teil des Berechnungsblatts erfolgt die Umrechnung der Reaktionsgrößen auf die Betriebstemperatur und den Betriebsdruck der Elektrolysezelle unter Verwendung von TREND. Dazu werden zunächst die molaren Massen M_i der an der Elektrolyse beteiligten Komponenten ermittelt, anschließend die molaren Enthalpien bei den Standard- und bei den Betriebsbedingungen $\bar{H}_i(T_\circ,p_\circ)$ bzw. $\bar{H}_i(T_{ELZ},p_{ELZ})$ und daraus die Differenzen $\Delta\bar{H}_i$. Beispielhaft lautet die Eingabe für die Ermittlung der molaren Enthalpie des Wasserstoffs bei den Betriebsbedingungen $\bar{H}_{H_2}(T_{ELZ},p_{ELZ})$ unter Verwendung der Funktion TRENDEOS

```
=0,001*TRENDEOS("H";InputCode;T_ELZ;p_ELZ_MPa;"Hydrogen";
Composition;EqTypes;MixingRule;PathToSubModel;Unit;
ShowErrorCode)
```

Die molare Reaktionsenthalpie bei den Betriebsbedingungen $\Delta_r\bar{H}(T_{ELZ},p_{ELZ})$ folgt aus Gleichung (6.14). Analog zu der beschriebenen Vorgehensweise wird die molare Reaktionsentropie $\Delta_r\bar{S}(T_{ELZ},p_{ELZ})$ aus Gleichung (6.15) und daraus die molare Freie Reaktionsenthalpie $\Delta_r\bar{G}(T_{ELZ},p_{ELZ})$ aus Gleichung (6.16) ermittelt.

4. Im fünften Teil des Berechnungsblatts wenden wir uns der Elektrolysezelle zu. Die mit der Aufgabenstellung vorgegebene elektrische Leistung P_{el}, die FARADAY-Konstante F und der stöchiometrische Koeffizient der Elektronen ν_{e^-} in der Anodenreaktion entsprechend Gleichung (6.11) werden eingetragen. Daraus folgen die reversible Zellspannung $U_{el,rev}$ mit Gleichung (6.20) und die thermoneutrale Zellspannung $U_{el,TN}$ mit Gleichung (6.21).

5. Mit Gleichung (6.19) wird der Stoffmengenstrom des produzierten Wasserstoffs $\dot{n}_{\mathrm{H}_2}$ ermittelt. Daraus folgt analog zu Gleichung (2.53) der Massenstrom $\dot{m}_{\mathrm{H}_2}$ aus dem Stoffmengenstrom und der molaren Masse mit

$$\dot{m}_i = \dot{n}_i M_i \ . \tag{6.29}$$

Die Dichte des Wasserstoffs im Normzustand $\varrho_{\mathrm{n},\mathrm{H}_2}(T_\mathrm{n}, p_\mathrm{n})$ wird unter Verwendung der Funktion TRENDEOS ermittelt

```
=TRENDEOS("H";InputCode;T_n;p_n_MPa;"Hydrogen";Composition;
EqTypes;MixingRule;PathToSubModel;"specific";ShowErrorCode)
```

Für den Parameter Unit muss hier specific eingegeben werden, da es sich bei der Dichte um eine massenbezogene Größe handelt. Mit der Dichte folgt der Normvolumenstrom des Wasserstoffs $\dot{V}_{\mathrm{n},\mathrm{H}_2}(T_\mathrm{n}, p_\mathrm{n})$ aus

$$\dot{V}_{\mathrm{n},i} = \frac{\dot{m}_i}{\varrho_{\mathrm{n},i}} \ . \tag{6.30}$$

6. Der äquivalente Stoffmengenstrom $\dot{\xi}$ wird mit Gleichung (3.149) berechnet, wobei angenommen werden kann, dass die dem Prozess zugeführten Stoffmengenströme der Produkte null sind. Daraus folgen der Stoffmengenstrom des produzierten Sauerstoffs $\dot{n}_{\mathrm{O}_2}$ ebenfalls mit Gleichung (3.149) und – analog zur Vorgehensweise für Wasserstoff – der Massenstrom $\dot{m}_{\mathrm{O}_2}$, die Dichte im Normzustand $\varrho_{\mathrm{n},\mathrm{O}_2}(T_\mathrm{n}, p_\mathrm{n})$ und der Volumenstrom im Normzustand $\dot{V}_{\mathrm{n},\mathrm{O}_2}(T_\mathrm{n}, p_\mathrm{n})$.

7. Der Stoffmengenstrom des zuzuführenden Wassers $\dot{n}_{\mathrm{H}_2\mathrm{O}}$ folgt ebenfalls aus Gleichung (3.149) und daraus die Dichte $\varrho_{\mathrm{H}_2\mathrm{O}}(T_\mathrm{U}, p_\mathrm{U})$ unter Verwendung der Funktion TRENDEOS mit

```
=TRENDEOS("H";InputCode;T_U;p_U_MPa;"Water";Composition;
EqTypes;MixingRule;PathToSubModel;"specific";ShowErrorCode)
```

und der Volumenstrom $\dot{V}_{\mathrm{H}_2\mathrm{O}}(T_\mathrm{U}, p_\mathrm{U})$, beide bei den Umgebungsbedingungen, bei denen das Wasser zugeführt wird.

8. Es folgen die molare, also die auf den Stoffmengenstrom des Wasserstoffs bezogene elektrische Leistung $\bar{W}_{\mathrm{el}}$ mit Gleichung (6.22), zum Vergleich die reversible molare, also mindestens für den Prozess aufzuwendende, Reaktionsarbeit $\bar{W}_{\mathrm{el,rev}}$ mit Gleichung (3.191) und die auf den Normvolumenstrom des produzierten Wasserstoffs bezogene elektrische Leistung $\hat{W}_{\mathrm{el}}$ mit Gleichung (6.23), die von den Herstellern von Elektrolyseanlagen häufig spezifiziert wird.

9. Mit der molaren, im Prozess dissipierten Energie $T_{\mathrm{ELZ}} \dot{S}_{\mathrm{irr}} / \dot{n}_{\mathrm{H}_2}$ nach Gleichung (6.24) folgt die molare Entropieproduktion $\dot{S}_{\mathrm{irr}} / \dot{n}_{\mathrm{H}_2}$, daraus die aus der Elektrolyse abzuführende molare Wärme $\bar{Q}$ mit Gleichung (6.25), zum Vergleich die für den reversiblen Prozess aufzunehmende molare Wärme $\bar{Q}_{\mathrm{rev}}$ mit Gleichung (6.26) und mit Gleichung (6.27) der aus der Elektrolyse zur Kühlung des Prozesses abzuführende Wärmestrom $\dot{Q}$.

10. Das Produkt aus dem äquivalenten Stoffmengenstrom und der molaren Reaktionsenthalpie bei den Betriebsbedingungen $-\dot{\xi}\,\Delta_{\mathrm{r}}\bar{H}(T_{\mathrm{ELZ}}, p_{\mathrm{ELZ}})$ steht für den „Reaktionsenthalpiestrom", der für die Dissoziation des Wassers gemäß der Bruttoreaktionsgleichung aufzubringen ist. Die Berechnungen können über die Energiebilanz für den Prozess

$$P_{\mathrm{el}} + \dot{Q} - \dot{\xi}\Delta_{\mathrm{r}}\bar{H}(T_{\mathrm{ELZ}}, p_{\mathrm{ELZ}}) = 0 \tag{6.31}$$

kontrolliert werden. Der Spannungswirkungsgrad der Elektrolysezelle $\eta_{\mathrm{U,ELZ}}$ folgt aus der linken Seite von Gleichung (6.28).

11. Im Berechnungsblatt in der Abb. 6.10 wird eine exergetische Analyse des Prozesses durchgeführt und dafür zunächst – zur besseren Übersicht – die dem Prozess zugeführte elektrische Leistung P_{el} von oben übernommen. Die molaren Exergien von Wasserstoff und Sauerstoff bei den Betriebsbedingungen $\bar{E}_{\mathrm{H}_2}^{\mathrm{E}}(T_{\mathrm{ELZ}}, p_{\mathrm{ELZ}})$ bzw. $\bar{E}_{\mathrm{O}_2}^{\mathrm{E}}(T_{\mathrm{ELZ}}, p_{\mathrm{ELZ}})$ wurden bereits im Beispiel 3.7 im Berechnungsblatt in der Abb. 3.27 ermittelt und für die aktuelle Berechnung genutzt. Durch Multiplikation mit den entsprechenden Stoffmengenströmen lassen sich die Exergieströme $\dot{n}_{\mathrm{H}_2}\bar{E}_{\mathrm{H}_2}^{\mathrm{E}}(T_{\mathrm{ELZ}}, p_{\mathrm{ELZ}})$ bzw. $\dot{n}_{\mathrm{O}_2}\bar{E}_{\mathrm{O}_2}^{\mathrm{E}}(T_{\mathrm{ELZ}}, p_{\mathrm{ELZ}})$ bilden. Der Exergieanteil des aus dem Prozess abzuführenden Wärmestroms $\dot{Q}^{\mathrm{E}}$ folgt aus Gleichung (3.83). Der exergetische Wirkungsgrad für den Prozess wird über das Verhältnis der Summe der nutzbaren Exergieströme zu der dem Prozess zugeführten elektrischen Leistung

$$\zeta_{\mathrm{ELZ}} = -\frac{\dot{n}_{\mathrm{H}_2}\bar{E}_{\mathrm{H}_2}^{\mathrm{E}}(T_{\mathrm{ELZ}}, p_{\mathrm{ELZ}}) + \dot{n}_{\mathrm{O}_2}\bar{E}_{\mathrm{O}_2}^{\mathrm{E}}(T_{\mathrm{ELZ}}, p_{\mathrm{ELZ}}) + \dot{Q}^{\mathrm{E}}}{P_{\mathrm{el}}} \tag{6.32}$$

gebildet und gemäß dieser Gleichung sowie auch nur mit dem Exergiestrom des Wasserstoffs berechnet, siehe dazu die nachfolgenden Anmerkungen.

Die wichtigsten im Berechnungsblatt in der Abb. 6.9 berechneten Bilanzgrößen sind der Massenstrom oder der Normvolumenstrom des produzierten Wasserstoffs, der Volumenstrom des zuzuführenden Wassers sowie der aus dem Prozess abzuführende Wärmestrom. Anhand der Energiebilanz nach Gleichung (6.31) kann nachvollzogen werden, wie sich die zugeführte Leistung P_{el} auf den Reaktionsenthalpiestrom $\dot{\xi}\,\Delta_{\mathrm{r}}\bar{H}$ des produzierten Wasserstoffs und Sauerstoffs sowie auf den abzuführenden Wärmestrom $\dot{Q}$ infolge der Reaktionsentropie und der Dissipation aufteilt. Bei Absenkung der Betriebs-Zellspannung bis auf den Wert der thermoneutralen Zellspannung wird der Wärmestrom null, was den Namen dieser Größe erklärt.

Eine der wichtigsten Kenngrößen zur Bewertung des Prozesses ist die auf den Normvolumenstrom des produzierten Wasserstoffs bezogene Reaktionsarbeit $\hat{W}_{\mathrm{el}}$. Dabei wird – wie deshalb auch im aktuellen Beispiel – nur die dem Stack zugeführte elektrische Leistung verwendet. Die tatsächlich für den Betrieb der Anlage erforderliche Leistung muss auch die elektrischen Leistungen für die peripheren Anlagen wie z. B. Pumpen, elektrisch beheizte Wärmeübertrager, Kühltechnik mit über Umgebungsluft betriebenen Kühlzellen sowie Prozessleittechnik berücksichtigen.

Die exergetische Analyse in Abb. 6.10 zeigt die auftretenden Exergieströme des

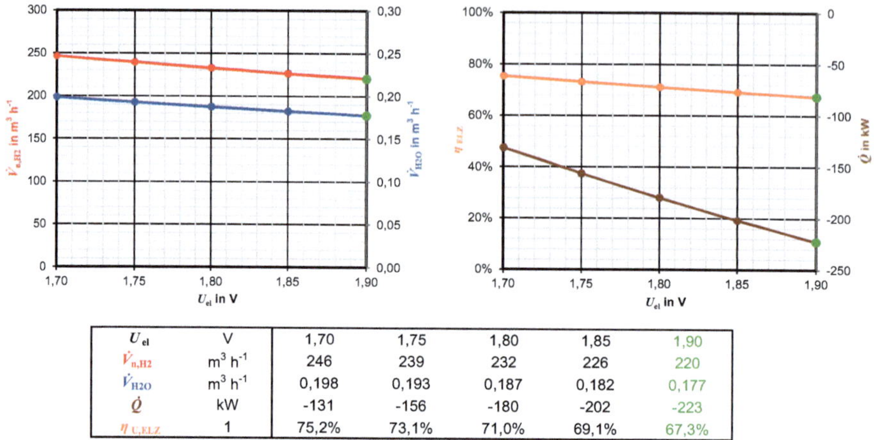

U_{el}	V	1,70	1,75	1,80	1,85	1,90
$\dot{V}_{\text{n,H2}}$	m³ h⁻¹	246	239	232	226	220
$\dot{V}_{\text{H2O}}$	m³ h⁻¹	0,198	0,193	0,187	0,182	0,177
$\dot{Q}$	kW	-131	-156	-180	-202	-223
$\eta_{\text{U,ELZ}}$	1	75,2%	73,1%	71,0%	69,1%	67,3%

Abbildung 6.11: Excel-Berechnungsblatt für Auswirkung der Variation der Betriebs-Zellspannung der PEM-Elektrolyse bei sonst konstanten Bedingungen nach Beispiel 6.1 auf den Normvolumenstrom des produzierten Wasserstoffs und den zuzuführenden Volumenstrom des Wassers sowie auf den Spannungswirkungsgrad und den abzuführenden Wärmestrom (mit den Daten aus dem Beispiel 6.1 in der rechten Spalte)

produzierten Wasserstoffs $\dot{n}_{\text{H}_2}\bar{E}^{\text{E}}_{\text{H}_2}$, des produzierten Sauerstoffs $\dot{n}_{\text{O}_2}\bar{E}^{\text{E}}_{\text{O}_2}$ und des Wärmestroms $\dot{Q}^{\text{E}}$, woran zu erkennen ist, dass der Exergiestrom des Wasserstoffs erwartungsgemäß dominant ist, der Exergieanteil des Wärmestroms und damit der maximal nutzbare Anteil des abzuführenden Wärmestroms wegen des Temperaturniveaus – relativ zur Umgebungstemperatur – aber sehr klein. Werden der produzierte Wasserstoff, der Sauerstoff und – soweit exergetisch möglich – der Wärmestrom genutzt, erfolgt die Berechnung des exergetischen Wirkungsgrads gemäß Gleichung (6.32). Wird ausschließlich der produzierte Wasserstoff genutzt, ist die Berechnung des exergetischen Wirkungsgrads nur mit diesem Exergiestrom sinnvoll.

Die Berechnungen in Abb. 6.11 zur Auswirkung der Variation der Betriebs-Zellspannung zeigen, dass die am Ende von Abschnitt 6.4 für die nächsten Jahre in Aussicht gestellten Optimierungen der PEM-Elektrolyse zu signifikanten Verbesserungen beim Wirkungsgrad bei gleichzeitig reduziertem Abwärmestrom führen können. Dieser Effekt – zusammen mit steigenden CO_2-Preisen und Senkungen der Herstellungskosten für die Elektrolyseure – wird sich positiv auf die Konkurrenzfähigkeit des „grünen" Wasserstoffs auswirken.

7 Druckspeicherung und Bereitstellung von Wasserstoff

Mitautoren: Raphael Langer (Abschnitt 7.3) und Muhammad Hamiduddin Bin Hamdan (Abschnitt 7.4)

Zielsetzung

Vorstellung der Verfahren zur Speicherung von Wasserstoff. Behandlung der reversiblen stationären Kompression in einem einstufigen Prozess und einem zweistufigen Prozess mit Zwischenkühlung. Simulation der irreversiblen stationären Kompression in einem zweistufigen Prozess mit Zwischen- und Nachkühlung. Simulation der irreversiblen instationären Einspeicherung in einen Druckbehälter in einem einstufigen Prozess mit Nachkühlung und einem zweistufigen Prozess mit Zwischen- und Nachkühlung sowie der irreversiblen instationären Ausspeicherung aus einem Druckbehälter.

Empfohlene Literatur

Thermodynamik von Baehr und Kabelac [9], *Küttner Kolbenmaschinen* von Eifler u. a. [49], *Grundlagen der Technischen Thermodynamik* von Dehli, Doering und Schedwill [23].

Berechnungsbeispiele in Excel

- (Speicher-)Dichten bei der Druckspeicherung, der kryokomprimierten Speicherung und der Speicherung von Wasserstoff in flüssiger Form (Abb. 7.1).

- Stationäre ein- oder zweistufige reversible Verdichtung von Wasserstoff (Abb. 7.5).

- Stationäre zweistufige irreversible Verdichtung von Wasserstoff (Abb. 7.6 und 7.7).

- Instationäre einstufige irreversible Einspeicherung von Wasserstoff mit Kühlung in einen Druckbehälter (Abb. 7.10).

- Instationäre zweistufige irreversible Einspeicherung von Wasserstoff mit Zwischen- und Nachkühlung in einen Druckbehälter (Abb. 7.11).

- Instationäre irreversible Ausspeicherung von Wasserstoff aus einem Druckbehälter (Abb. 7.13).

7.1 Speicherung von Wasserstoff

„Netze übernehmen den räumlichen, Speicher den zeitlichen Ausgleich" schreiben Sterner und Stadler im Vorwort zu ihrem Buch *Energiespeicher* [130]. Das aktuelle Kapitel adressiert die Einspeicherung und Ausspeicherung von Wasserstoff in bzw. aus

© Der/die Autor(en), exklusiv lizenziert an
Springer Fachmedien Wiesbaden GmbH, ein Teil von Springer Nature 2026
U. Feuerriegel, *Energietechnik mit EXCEL und VBA*,
https://doi.org/10.1007/978-3-658-50894-4_7

Druckbehältern mit der Anwendung auf eher kleinere Prozesseinheiten. Zunächst aber eine allgemeine Einordnung der Verfahren zur Speicherung von Wasserstoff.

Wie in [130] definiert, ist ein Energiespeicher „eine energietechnische Anlage zur Speicherung von Energie in Form von innerer, potenzieller oder kinetischer Energie. Ein Energiespeicher umfasst die drei Prozesse *Einspeichern* (Laden), *Speichern* (Halten) und *Ausspeichern* (Entladen) in einem Zyklus." Wasserstoff kann dabei grundsätzlich im gasförmigen, im flüssigen oder im überkritischen Zustand sowie durch physikalische oder chemische Bindung gespeichert werden:

- Druckspeicherung von Wasserstoff als Compressed Gaseous Hydrogen (CGH_2): Stand der Technik ist die Speicherung von Wasserstoff unter hohem Druck und je nach Anwendung bis hin zu 1000 bar und bei Temperaturen im Bereich um oder wenig oberhalb der Umgebungstemperatur. Aufgrund der kritischen Daten von $T_{kr} = 33{,}145$ K und $p_{kr} = 12{,}965$ bar liegt der Wasserstoff damit in der Regel im überkritischen Zustand vor. Da Wasserstoff sich bei diesen Bedingungen eher wie ein Gas verhält, wird oft von „gasförmigem" Wasserstoff gesprochen. Wie in diesem Kapitel gezeigt wird, ist der energetische Aufwand für die Verdichtung hoch. Nachteilig ist bei der Druckspeicherung, bei der kryokomprimierten Speicherung und bei der Speicherung in flüssiger Form grundsätzlich die relativ niedrige volumenbezogene Energiedichte, siehe die volumenbezogenen Heiz- und Brennwerte in Abb. 1.3, die z. B. weniger als ein Drittel der entsprechenden Werte von Erdgas betragen. Die Speicherung kann in relativ kleinen Einheiten z. B. in ortsfesten Druckbehältern – meist aus metallischen Werkstoffen – oder für mobile Anwendungen eher in Verbundstoff-Druckbehältern aus kohlenstofffaserverstärktem Kunststoff (CFK) oder auch in großem Maßstab in unterirdischen Kavernenspeichern erfolgen. Grundsätzlich ist bei der Speicherung in Druckbehältern die Permeation (als Kombination von Diffusion durch die Wand und Sorption in der Wand) zu beachten, die aber hinsichtlich der Massenbilanz oder auch sicherheitstechnisch weniger relevant ist. Ein weiterer Punkt ist die Wasserstoffversprödung von metallischen Werkstoffen. Beides ist durch die Wahl geeigneter Werkstoffe oder Beschichtungen beherrschbar [117].

- Kryokomprimierte Speicherung von Wasserstoff als Cryo-compressed Hydrogen (CcH_2): Hierbei wird der Wasserstoff ebenfalls unter hohem Druck, aber bei Temperaturen nur wenig oberhalb der kritischen Temperatur ohne eine Verflüssigung gespeichert. Der energetische Aufwand ist deutlich höher als bei der Druckspeicherung. Wie weiter unten bei den Berechnungen zum Beispiel 7.1 gezeigt wird, sind die erreichbaren (Speicher-)Dichten von Wasserstoff deutlich höher als bei der einfachen Druckspeicherung und sogar noch etwas höher als bei der Speicherung in flüssiger Form (bei Umgebungsdruck). Die niedrige Temperatur ist eine Herausforderung, weil von außen in die Behälter eingetragene Wärmeverlustströme zu einem Druckanstieg führen können.

- Speicherung von Wasserstoff in flüssiger Form als Liquefied Hydrogen (LH_2): Wie in Abschnitt 12.3 gezeigt wird, ist der energetische Aufwand deutlich höher als bei der Druckspeicherung und auch noch höher als bei der kryokomprimierten Speicherung, bietet im Ergebnis aber fast ähnlich hohe Dichten. Die niedrige Siedetemperatur von $T_S = 20{,}32$ K ist auch hier eine Herausforderung, weil von außen in die Tanks eingetragene Wärmeverlustströme zum Boil-off-Effekt führen. Die Speicherung in flüssiger Form ist für den Transport von aus Erneuerbaren Energien produziertem Wasserstoff aus Übersee relevant.

- Physikalische Speicherung von Wasserstoff durch Adsorption: Diese Art der Einspeicherung erfolgt durch Adsorption an den inneren Oberflächen von porösen Feststoffen wie Zeolithen oder Aktivkohle, erfordert sehr niedrige Temperaturen und ergibt relativ niedrige volumetrische Speicherdichten [1].

- Chemische Speicherung durch Sorption an Metallhydriden: Hierbei wird der Wasserstoff in das Metallgitter des festen Sorbens eingelagert. Der Vorgang ist exotherm und der Wasserstoff wird bei Erwärmung ausgespeichert. Die volumetrische Speicherdichte ist relativ hoch. Nachteilig ist die Zeitdauer der Ein- und der Ausspeicherung [117].

- Die nachfolgend beschriebenen Arten der chemischen Speicherung von Wasserstoff unterscheiden sich grundsätzlich von den vorgenannten Verfahren, weil der Wasserstoff nicht molekular gespeichert, sondern durch chemische Reaktionen umgewandelt wird.

  - Chemische Speicherung von Wasserstoff durch Reaktion zu Methanol (Methanolsynthese): Methanol (CH_3OH) entsteht durch die katalysierte Reaktion von Kohlenmonoxid (CO) mit Wasserstoff

$$CO + 2\,H_2 = CH_3OH \tag{7.1}$$

  oder von Kohlendioxid (CO_2) mit Wasserstoff

$$CO_2 + 3\,H_2 = CH_3OH + H_2O\ . \tag{7.2}$$

  Wie bereits in Kapitel 1 beschrieben, bietet Methanol die Vorteile der höheren Energiedichte im flüssigen Zustand bei deutlich günstigerer Siedetemperatur. Die Verbrennung von Methanol setzt das bei der Synthese eingebundene CO_2 wieder frei, weshalb es sich anbietet, das dafür erforderliche CO_2 aus Biogas oder aus CCS- oder CCU-Prozessketten (Carbon Capture and Storage or Utilization) zu gewinnen [55]. Weiterhin ist Methanol einer der wichtigsten Grundstoffe für die chemische Industrie [10].

  - Chemische Speicherung von Wasserstoff durch Reaktion zu Methan – die sog. Methanisierung – nach dem SABATIER-Verfahren[1]: Methan (CH_4) entsteht durch die katalysierte Reaktion von Kohlenmonoxid (CO) mit Wasserstoff

$$CO + 3\,H_2 = CH_4 + H_2O \tag{7.3}$$

  oder von Kohlendioxid (CO_2) mit Wasserstoff

$$CO_2 + 4\,H_2 = CH_4 + 2\,H_2O\ , \tag{7.4}$$

---

[1]Für seine Arbeiten auf dem Gebiet der katalytischen Hydrierung, die u. a. bei der Methanisierung eingesetzt werden kann, erhielt SABATIER 1912 den Nobelpreis für Chemie.

wobei Gleichung (7.3) die Rückreaktion zur Dampfreformierung in Gleichung (6.1) darstellt [10]. Das Verfahren wurde bislang nicht in großem Umfang angewendet, da Erdgas in ausreichender Menge zur Verfügung stand, sondern zur Gasreinigung eingesetzt, siehe dazu die Beschreibung am Ende von Abschnitt 6.2. Unter Verwendung von erneuerbarer elektrischer Energie produziertes Methan könnte direkt in das (noch vorhandene) Erdgasnetz eingespeist werden. Zur Bereitstellung von Kohlendioxid für die Reaktion siehe die entsprechenden Hinweise zur Methanolsynthese.

– Chemische Speicherung von Wasserstoff durch Reaktion zu Ammoniak: Ammoniak (NH_3) wird durch das HABER–BOSCH-Verfahren[2] durch die katalysierte Reaktion von Stickstoff und Wasserstoff

$$N_2 + 3\,H_2 = 2\,NH_3 \tag{7.5}$$

hergestellt. Auch Ammoniak bietet den Vorteil der höheren Energiedichte im flüssigen Zustand bei deutlich günstigerer Siedetemperatur als beim Wasserstoff. Da Ammoniak keinen Kohlenstoff enthält, entsteht bei der Verbrennung kein CO_2. Ammoniak ist ebenfalls einer der wichtigsten Grundstoffe für die chemische Industrie [10].

– Chemische Speicherung von Wasserstoff durch Reaktion mit einer ungesättigten Verbindung als Flüssige organische Wasserstoffträger (*engl.:* Liquid Organic Hydrogen Carriers) (LOHC): Dies sind ungesättigte, meist aromatische organische Verbindungen, die Wasserstoff durch eine Hydrierung aufnehmen und wieder abgeben können. Die katalytische Hydrierung ist exotherm und wird bei höheren Drücken und Temperaturen durchgeführt. Für die Rückgewinnung des Wasserstoffs wird das LOHC in einer endothermen Reaktion bei höheren Temperaturen dehydriert. Die umgewandelte Energie bei der Hydrierung kann als Prozesswärme genutzt werden. Als Wasserstoffträger bieten sich z. B. Toluol, *N*-Ethylcarbazol, Dibenzyltoluol, Benzyltoluol oder auch Dimethylether an [5, 121]. Beim Einsatz in der Mobilität wird der Wasserstoff an der Tankstelle durch Dehydrierung gewonnen und damit das Fahrzeug versorgt. Grundsätzlich ist auch die Betankung mit LOHC und die Dehydrierung im Fahrzeug möglich [5, 117].

Beispiel 7.1

Bei der Druckspeicherung von Wasserstoff (CGH_2), der kryokomprimierten Speicherung (CcH_2) und der Speicherung in flüssiger Form (LH_2) sind unterschiedliche Dichten des Wasserstoffs erreichbar, die für CGH_2 bei $p = 500\,\text{bar}$ und $T = 300\,\text{K}$, für CcH_2 bei $p = 500\,\text{bar}$ und $T = 50\,\text{K}$ sowie für LH_2 bei $p = 1{,}0\,\text{bar}$ zu berechnen und die entsprechenden Zustände in einem $\lg p, h$-Diagramm darzustellen sind. (Ergebnisse im Excel-Berechnungsblatt in Abb. 7.1.)

---

[2]Im Zusammenhang mit dem HABER–BOSCH-Verfahren erhielten HABER 1918, BOSCH 1931 und ERTL 2007 den Nobelpreis für Chemie

Bearbeitung der in Beispiel 7.1 gegebenen Aufgabenstellung

Für die Bearbeitung der Aufgabenstellung gemäß Beispiel 7.1 wird ein Excel-Berechnungsblatt wie in Abb. 7.1 erstellt:

1. Im oberen Teil des Berechnungsblatts werden die Eingabeparameter für TREND vorgegeben. Diese Zellen erhalten dieselben Namen wie im Beispiel 2.1. Damit die im Abschnitt 2.2.4 beschriebenen Korrekturen in der Datei `hydrogen.fld` bei den Berechnungen Anwendung finden, muss das Argument `PathToSubModel` leer bleiben! Aus Platzgründen wurden Zeilen ausgeblendet. Im zweiten Teil erfolgt die Berechnung der kritischen Daten, siehe dazu Abschnitt 2.2.3. Der spezifische Heizwert $h_i(T_\circ, p_\circ)$ wird aus den Berechnungen zur Tabelle in Abb. 3.19 übernommen.

2. Für die Berechnungen zur Druckspeicherung (CGH_2) werden zuerst die gegebenen Werte für den Druck und die Temperatur eingetragen und daraus mit der Funktion TRENDEOS die spezifische Enthalpie h

    ```
    =0,001*TRENDEOS("H";InputCode;T_CGH2;p_CGH2;Fluids;Composition;
    EqTypes;MixingRule;PathToSubModel;Unit;ShowErrorCode)
    ```

    und die Dichte ϱ

    ```
    =TRENDEOS("D";InputCode;T_CGH2;p_CGH2;Fluids;Composition;
    EqTypes;MixingRule;PathToSubModel;Unit;ShowErrorCode)
    ```

    ermittelt, siehe dazu Abschnitt 2.2. Zusätzlich wird zum Vergleich der volumenbezogene Heizwert jeweils als Produkt aus der aktuellen Dichte $\varrho(T, p)$ und dem spezifischen Heizwert $h_i(T_\circ, p_\circ)$ berechnet. Dafür wird der spezifische Heizwert bei Standardbedingungen verwendet und dieser Wert nicht auf den jeweiligen Zustand des Wasserstoffs umgerechnet, da eine Nutzung des Wasserstoffs nicht im komprimierten, kryogenen oder verflüssigten Zustand erfolgen würde.

3. Für die Berechnung der kryokomprimierten Speicherung (CcH_2) wird analog zur Druckspeicherung vorgegangen.

4. Bei der Speicherung von flüssigem Wasserstoff (LH_2) wird aus dem vorgegebenen Druck die Siede- oder Sättigungstemperatur T_S mittels der Eingabe

    ```
    =TRENDEOS("T";"PLIQ";p_S;42;Fluids;Composition;EqTypes;
    MixingRule;PathToSubModel;Unit;ShowErrorCode)
    ```

    und die spezifische Enthalpie im Sättigungszustand h'

    ```
    =0,001*TRENDEOS("H";"PLIQ";p_S;42;Fluids;Composition;EqTypes;
    MixingRule;PathToSubModel;Unit;ShowErrorCode)
    ```

    sowie die Dichte im Sättigungszustand ϱ'

    ```
    =TRENDEOS("D";"PLIQ";p_S;42;Fluids;Composition;EqTypes;
    MixingRule;PathToSubModel;Unit;ShowErrorCode)
    ```

    ermittelt. Für diese Berechnungen mit dem Input Code PLIQ ist nur die Angabe jeweils *eines* Parameters erforderlich und für den zweiten Parameter eine Zahl größer als null einzugeben.

Eingabeparameter TREND

Path to Sub-Model					**TREND**
Input Code					Thermodynamic Reference & Engineering Data
Unit					TP
Show Error Code					specific / FALSCH
Fluid					**Hydrogen**

Daten		CalcType	Unit		
kritische Temperatur	T_{kr}	Tcrit	K	K	33,145
	ϑ_{kr}			°C	-240,01
kritischer Druck	p_{kr}	pcrit	MPa	MPa	1,2965
				bar	12,965
spezifischer Heizwert bei Standardbedingungen	$h_i(T_o,p_o)$			MJ kg^{-1}	119,96
				kWh kg^{-1}	33,32

Compressed Gaseous Hydrogen (CGH$_2$)

Druck (beispielhaft)	p			bar	**500,0**
				MPa	50
Temperatur (beispielhaft)	T	T	K	K	**300,0**
	ϑ			°C	26,9
spezifische Enthalpie	$h(T,p)$	H	J/kg	kJ kg^{-1}	4530,8
Dichte	$\rho(T,p)$	D	kg/m3	kg m^{-3}	**30,7**
volumenbezogener Heizwert bei Standardbedg.	$\rho(T,p)\,h_i(T_o,p_o)$			MJ m^{-3}	3678
				kWh m^{-3}	1022

Cryo-compressed Hydrogen (CcH$_2$)

Druck (beispielhaft)	p			bar	**500,0**
				MPa	50
Temperatur (beispielhaft)	T	T	K	K	**50,0**
	ϑ			°C	-223,2
spezifische Enthalpie	$h(T,p)$	H	J/kg	kJ kg^{-1}	1030,5
Dichte	$\rho(T,p)$	D	kg/m3	kg m^{-3}	**83,8**
volumenbezogener Heizwert bei Standardbedg.	$\rho(T,p)\,h_i(T_o,p_o)$			MJ m^{-3}	10051
				kWh m^{-3}	2792

Liquefied Hydrogen (LH$_2$)

Druck im Sättigungszustand (Umgebungsdruck)	p			bar	**1,0**
				MPa	0,10
Temperatur im Sättigungszustand	T_s	T	K	K	20,32
	ϑ_s			°C	-252,83
spezifische Enthalpie im Sättigungszustand	$h'(T_s,p_s)$	H	J/kg	kJ kg^{-1}	268,8
Dichte gesättigte Flüssigkeit	$\rho'(T_s,p_s)$	D	kg/m3	kg m^{-3}	**70,9**
volumenbezogener Heizwert bei Standardbedg.	$\rho(T,p)\,h_i(T_o,p_o)$			MJ m^{-3}	8505
				kWh m^{-3}	2363

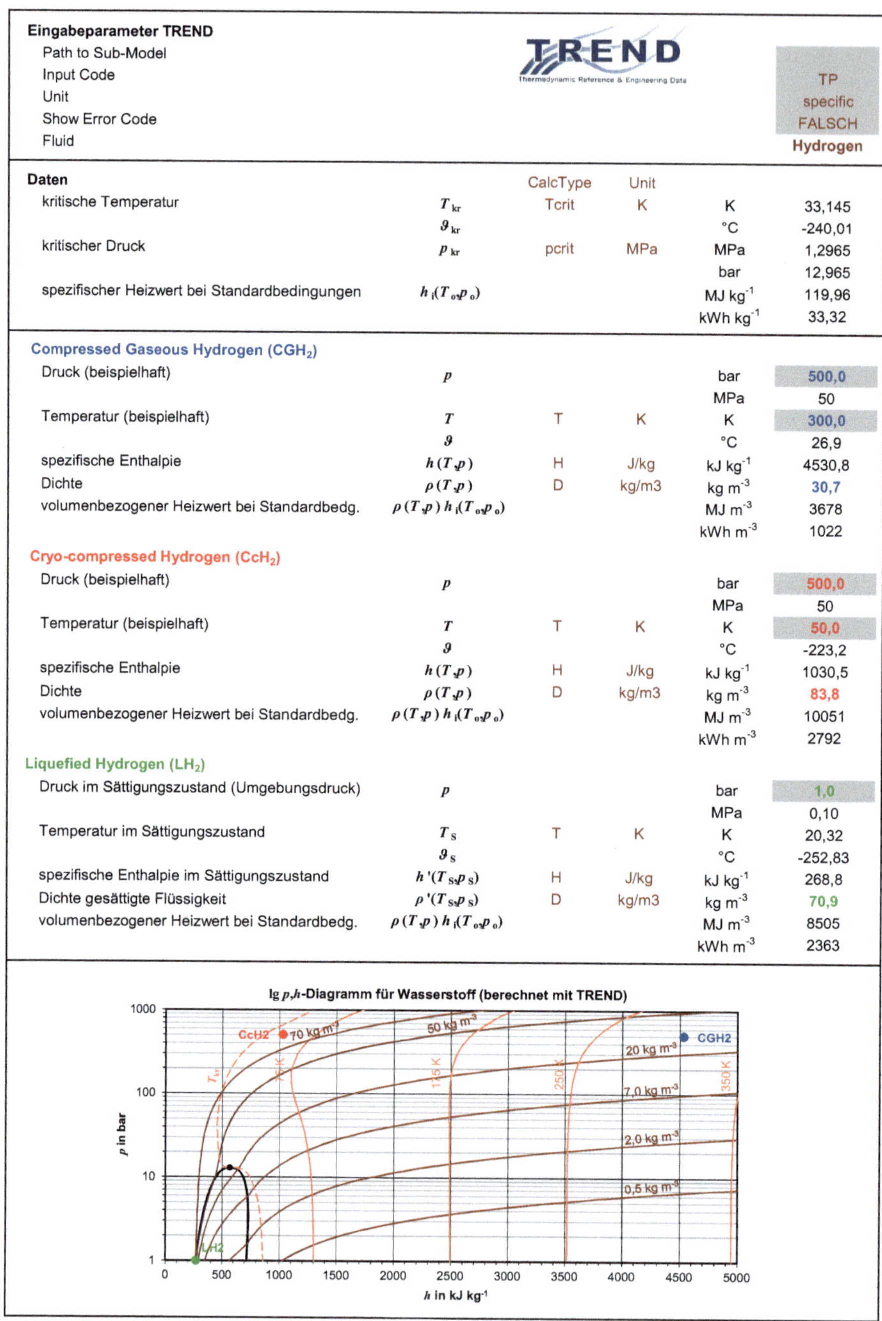

Abbildung 7.1: Typische erreichbare (Speicher-)Dichten von CGH$_2$, CcH$_2$ und LH$_2$

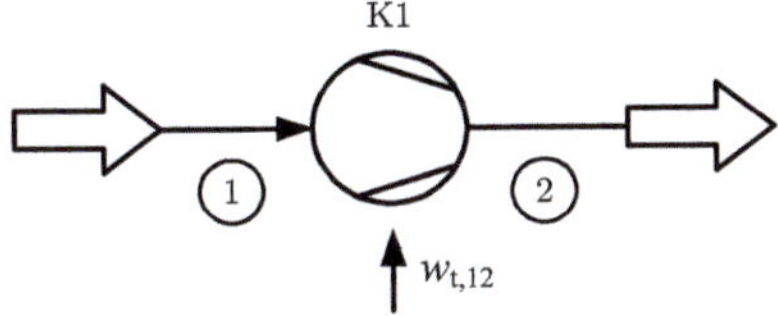

Abbildung 7.2: Fließschema stationäre einstufige Verdichtung

5. Für die Darstellung der Zustände im $\lg p, h$-Diagramm wird zunächst das Diagramm selbst erstellt, siehe dazu Abschnitt 2.2.5, und in dieses die Zustände eingetragen.

Im $\lg p, h$-Diagramm ist deutlich zu erkennen, dass die kryokomprimierte Speicherung die höchste (Speicher-)Dichte des Wasserstoffs und deshalb auch den höchsten volumenbezogenen Heizwert liefert, gefolgt von der Speicherung in flüssiger Form und mit großem Abstand dazu die „einfache" Druckspeicherung. Beim energetischen Aufwand für die Einspeicherung verhält es sich genau umgekehrt.

7.2 Verdichtung von Wasserstoff in Kompressoren

Beispiel 7.2

Ein aus einer PEM-Elektrolyse stammender Wasserstoff-Volumenstrom von $2000\,\mathrm{m^3\,h^{-1}}$ im Normzustand[a] wird in einem stationären Prozess ausgehend von einem Druck von 30 bar und einer Temperatur von 50 °C auf einen Druck von 150 bar verdichtet. Die Temperatur der Umgebung beträgt 10 °C. Für die Verdichtung sollen drei Varianten der *reversiblen* Verdichtung vergleichend betrachtet und hierfür die erforderlichen zuzuführenden technischen Leistungen, die abzuführenden Wärmeströme und die Exergieverlustströme unter Verwendung von TREND ermittelt werden: a) Die reversibel adiabate einstufige Verdichtung und b) die reversibel isotherme einstufige Verdichtung, siehe dazu das Fließschema in Abb. 7.2. c) Die zweistufige, jeweils reversibel adiabate Verdichtung mit einer Zwischenkühlung auf die Anfangstemperatur, wobei für diesen Fall der optimale Zwischendruck, für den die gesamte zuzuführende technische Leistung minimal wird, zu bestimmen ist. Zur zweistufigen Verdichtung siehe das Fließschema in Abb. 7.3. (Ergebnisse im Excel-Berechnungsblatt in Abb. 7.5.)

[a]Normzustand nach DIN 1343: $T_\mathrm{n} = 273{,}15\,\mathrm{K}$ und $p_\mathrm{n} = 101\,325\,\mathrm{Pa} = 1{,}013\,25\,\mathrm{bar}$ [31].

Beispiel 7.3

Ein aus einer PEM-Elektrolyse stammender Wasserstoff-Volumenstrom von $2000\,\mathrm{m^3\,h^{-1}}$ im Normzustand wird mit Kolbenkompressoren in einer zweistufigen, jeweils *irreversibel* adiabaten Verdichtung mit Zwischenkühlung und

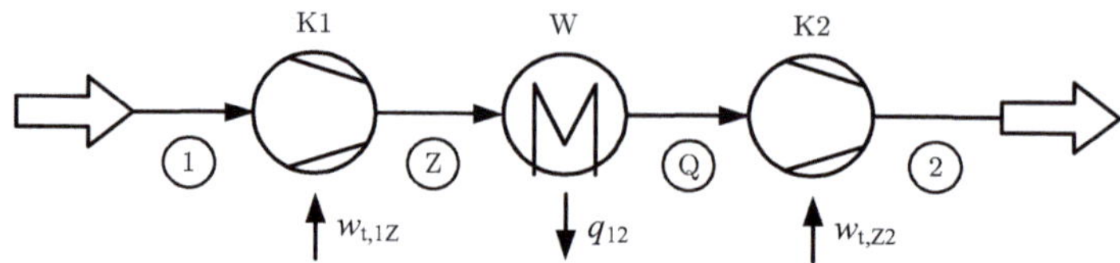

Abbildung 7.3: Fließschema stationäre zweistufige Verdichtung mit Zwischenkühlung

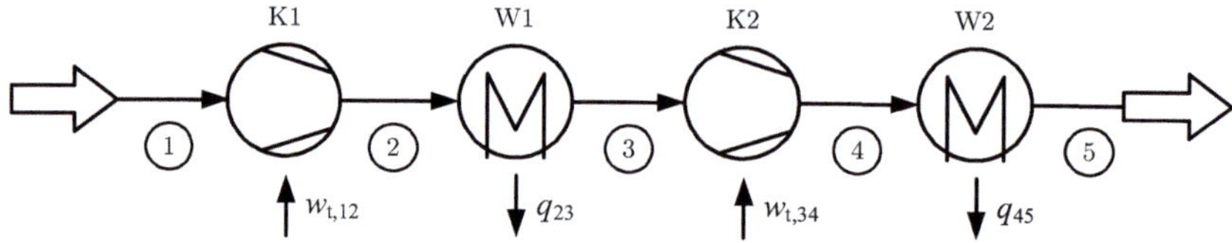

Abbildung 7.4: Fließschema stationäre zweistufige Verdichtung mit Zwischenkühlung und Nachkühlung

Nachkühlung entsprechend Abb. 7.4 in einem stationären Prozess ausgehend von einem Druck von $p_1 = 30$ bar und einer Temperatur von $\vartheta_1 = 50\,°\mathrm{C}$ verdichtet. Die Temperatur der Umgebung beträgt $\vartheta_\mathrm{U} = 10\,°\mathrm{C}$. Für die beiden Verdichtungsstufen ist jeweils ein Druckverhältnis von $\Psi = 2{,}0$ anzunehmen. Die Wärmeströme nach den beiden Verdichtungen sollen so gewählt werden, dass die Bedingung $\vartheta_1 = \vartheta_3 = \vartheta_5$ eingehalten wird. Zu berechnen sind u. a. die zuzuführenden technischen Leistungen und die abzuführenden Wärmeströme der beiden Stufen sowie die Exergieströme und die anteiligen Exergieverluste. Außerdem ist der Prozess im T,s-Diagramm darzustellen. (Ergebnisse in den Excel-Berechnungsblättern in den Abb. 7.6 und 7.7.)

Für die Berechnung der beiden Beispiele sind insbesondere die Abschnitte 3.2.5 und 3.2.6 relevant. Bei der mehrstufigen Verdichtung – wie bei der zweistufigen Verdichtung im Beispiel 7.2 – stellt sich die Frage, welcher Wert für den Zwischendruck p_Z sinnvoll ist, siehe dazu den nachfolgenden Abschnitt.

Mehrstufige Verdichtung mit Zwischenkühlung

Infolge der Erwärmung bei der Verdichtung besteht die Gefahr, dass die verwendeten Schmierstoffe pyrolysieren oder verbrennen, was z. B. beim Einsatz von Kolbenkompressoren relevant ist. Auch die verwendeten Werkstoffe haben hinsichtlich der Temperaturen nur begrenzte Einsatzbereiche. Abhilfe ist grundsätzlich durch eine mehrstufige Verdichtung mit Zwischenkühlung z. B. auf die Anfangstemperatur möglich. Wie bereits in Abb. 3.11 in Abschnitt 3.2.5 gezeigt, bietet die mehrstufige Verdichtung den Vorteil der Verringerung der Verdichterarbeit gegenüber der adiabaten einstufigen Verdichtung. Daraus ergibt sich die Fragestellung, wann die Verdichterarbeit für eine n-stufige Verdichtung minimal wird.[23, 146]

Mit dem Druck p_k am Eintritt und dem Druck p_{k+1} am Austritt der k-ten Stufe einer n-stufigen Verdichtung folgt das Gesamtdruckverhältnis aus dem Produkt der Stufendruckverhältnisse Ψ_k der einzelnen Stufen [23, 146]

$$\Psi_{\mathrm{Ges}} = \Psi_1 \Psi_2 \dots \Psi_k \dots \Psi_n = \frac{p_2}{p_1}\frac{p_3}{p_2}\dots\frac{p_{k+1}}{p_k}\dots\frac{p_{n+1}}{p_n} \ . \tag{7.6}$$

In [23, 146] wird am Beispiel der zweistufigen polytropen reversiblen Verdichtung eines *idealen* Gases gezeigt, dass die gesamte Verdichterleistung minimal wird, wenn der Zwischendruck so gewählt wird, dass das Druckverhältnis in den beiden Stufen gleich groß ist

$$p_{\mathrm{Z}} = \sqrt{p_1 p_2} \quad \text{oder} \quad \frac{p_{\mathrm{Z}}}{p_1} = \frac{p_2}{p_{\mathrm{Z}}} \ , \tag{7.7}$$

siehe dazu das Fließschema der zweistufigen Verdichtung in Abb. 7.3. Für diesen Fall wird auch die Verdichterarbeit für die beiden Stufen gleich groß [23].

Die vorstehenden Betrachtungen lassen sich entsprechend für die n-stufige Verdichtung übertragen. Nachfolgend wird der Zwischendruck der beiden Stufen bei der Bearbeitung von Beispiel 7.2 für die zweistufige Verdichtung von Wasserstoff als *reales Fluid* iterativ berechnet.

Bearbeitung der in Beispiel 7.2 gegebenen Aufgabenstellung
Für die Bearbeitung der Aufgabenstellung gemäß Beispiel 7.2 wird ein Excel-Berechnungsblatt wie in Abb. 7.5 erstellt:

1. Im oberen Teil des Berechnungsblatts werden die Eingabeparameter für TREND vorgegeben. Die Zellen in diesem Teil erhalten dieselben Namen, wie im Beispiel 2.1. Das Argument `PathToSubModel` bleibt leer, damit die im Abschnitt 2.2.4 beschriebenen Korrekturen in der Datei **hydrogen.fld** bei den Berechnungen Anwendung finden. Aus Platzgründen wurden Zeilen ausgeblendet.

2. Im zweiten Teil „Daten und Berechnung" erfolgt die Eingabe der in der Aufgabenstellung gegebenen Daten. Auch in diesem Teil des Berechnungsblatts erhalten die relevanten Zellen Namen und mehrere Zeilen sind ausgeblendet. Die Berechnung der spezifischen Enthalpie h_1 und der spezifischen Entropie s_1 wird unter Verwendung von TREND mit der Funktion TRENDEOS durchgeführt

```
=0,001*TRENDEOS("H";InputCode;T_1;p_1;Fluids;Composition;
EqTypes;MixingRule;PathToSubModel;Unit;ShowErrorCode)
```

bzw.

```
=0,001*TRENDEOS("S";InputCode;T_1;p_1;Fluids;Composition;
EqTypes;MixingRule;PathToSubModel;Unit;ShowErrorCode)
```

siehe dazu Abschnitt 2.2. Die Temperatur T_{n} und der Druck p_{n} im Normzustand werden eingegeben (und ausgeblendet). Die Dichte des Wasserstoffs im Normzustand folgt mit

```
=TRENDEOS("D";InputCode;T_n;p_n;Fluids;Composition;EqTypes;
MixingRule;PathToSubModel;Unit;ShowErrorCode)
```

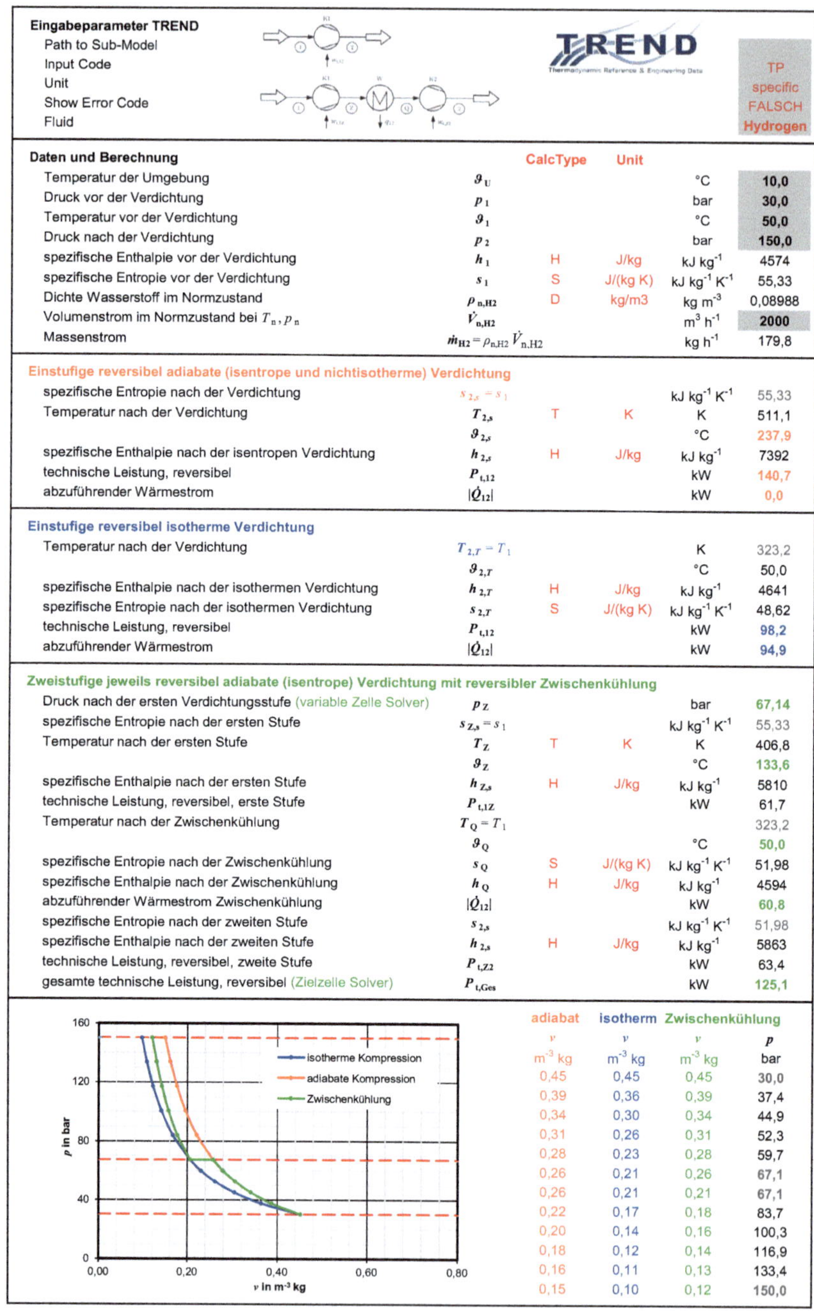

Eingabeparameter TREND
- Path to Sub-Model
- Input Code
- Unit
- Show Error Code
- Fluid

TREND — Thermodynamic Reference & Engineering Data

TP specific — FALSCH — Hydrogen

Daten und Berechnung		CalcType	Unit		
Temperatur der Umgebung	ϑ_U			°C	10,0
Druck vor der Verdichtung	p_1			bar	30,0
Temperatur vor der Verdichtung	ϑ_1			°C	50,0
Druck nach der Verdichtung	p_2			bar	150,0
spezifische Enthalpie vor der Verdichtung	h_1	H	J/kg	kJ kg⁻¹	4574
spezifische Entropie vor der Verdichtung	s_1	S	J/(kg K)	kJ kg⁻¹ K⁻¹	55,33
Dichte Wasserstoff im Normzustand	$\rho_{n,H2}$	D	kg/m3	kg m⁻³	0,08988
Volumenstrom im Normzustand bei T_n, p_n	$\dot{V}_{n,H2}$			m³ h⁻¹	2000
Massenstrom	$\dot{m}_{H2}=\rho_{n,H2}\,\dot{V}_{n,H2}$			kg h⁻¹	179,8

Einstufige reversibel adiabate (isentrope und nichtisotherme) Verdichtung

		CalcType	Unit		
spezifische Entropie nach der Verdichtung	$s_{2,s}=s_1$			kJ kg⁻¹ K⁻¹	55,33
Temperatur nach der Verdichtung	$T_{2,s}$	T	K	K	511,1
	$\vartheta_{2,s}$			°C	237,9
spezifische Enthalpie nach der isentropen Verdichtung	$h_{2,s}$	H	J/kg	kJ kg⁻¹	7392
technische Leistung, reversibel	$P_{t,12}$			kW	140,7
abzuführender Wärmestrom	$|\dot{Q}_{12}|$			kW	0,0

Einstufige reversibel isotherme Verdichtung

		CalcType	Unit		
Temperatur nach der Verdichtung	$T_{2,T}=T_1$			K	323,2
	$\vartheta_{2,T}$			°C	50,0
spezifische Enthalpie nach der isothermen Verdichtung	$h_{2,T}$	H	J/kg	kJ kg⁻¹	4641
spezifische Entropie nach der isothermen Verdichtung	$s_{2,T}$	S	J/(kg K)	kJ kg⁻¹ K⁻¹	48,62
technische Leistung, reversibel	$P_{t,12}$			kW	98,2
abzuführender Wärmestrom	$|\dot{Q}_{12}|$			kW	94,9

Zweistufige jeweils reversibel adiabate (isentrope) Verdichtung mit reversibler Zwischenkühlung

		CalcType	Unit		
Druck nach der ersten Verdichtungsstufe (variable Zelle Solver)	p_Z			bar	67,14
spezifische Entropie nach der ersten Stufe	$s_{Z,s}=s_1$			kJ kg⁻¹ K⁻¹	55,33
Temperatur nach der ersten Stufe	T_Z	T	K	K	406,8
	ϑ_Z			°C	133,6
spezifische Enthalpie nach der ersten Stufe	$h_{Z,s}$	H	J/kg	kJ kg⁻¹	5810
technische Leistung, reversibel, erste Stufe	$P_{t,1Z}$			kW	61,7
Temperatur nach der Zwischenkühlung	$T_Q=T_1$				323,2
	ϑ_Q			°C	50,0
spezifische Entropie nach der Zwischenkühlung	s_Q	S	J/(kg K)	kJ kg⁻¹ K⁻¹	51,98
spezifische Enthalpie nach der Zwischenkühlung	h_Q	H	J/kg	kJ kg⁻¹	4594
abzuführender Wärmestrom Zwischenkühlung	$|\dot{Q}_{12}|$			kW	60,8
spezifische Entropie nach der zweiten Stufe	$s_{2,s}$			kJ kg⁻¹ K⁻¹	51,98
spezifische Enthalpie nach der zweiten Stufe	$h_{2,s}$	H	J/kg	kJ kg⁻¹	5863
technische Leistung, reversibel, zweite Stufe	$P_{t,Z2}$			kW	63,4
gesamte technische Leistung, reversibel (Zielzelle Solver)	$P_{t,Ges}$			kW	125,1

adiabat	isotherm	Zwischenkühlung	
v	v	v	p
m⁻³ kg	m⁻³ kg	m⁻³ kg	bar
0,45	0,45	0,45	30,0
0,39	0,36	0,39	37,4
0,34	0,30	0,34	44,9
0,31	0,26	0,31	52,3
0,28	0,23	0,28	59,7
0,26	0,21	0,26	67,1
0,26	0,21	0,21	67,1
0,22	0,17	0,18	83,7
0,20	0,14	0,16	100,3
0,18	0,12	0,14	116,9
0,16	0,11	0,13	133,4
0,15	0,10	0,12	150,0

Abbildung 7.5: Excel-Berechnungsblatt für die Verdichtung von Wasserstoff in einer jeweils stationären reversibel adiabaten und isothermen Verdichtung, einstufig ohne sowie zweistufig mit Zwischenkühlung

und der Massenstrom des Wasserstoffs aus der Dichte im Normzustand mit

$$\dot{m}_{\mathrm{H_2}} = \varrho_{\mathrm{n,H_2}} \dot{V}_{\mathrm{n,H_2}} \; . \tag{7.8}$$

3. Für die *reversibel adiabate, also isentrope, einstufige Verdichtung* gilt $s_{2,s} = s_1$.

   - Die gesuchte Temperatur $T_{2,s}$ nach der Verdichtung folgt mit der Eingabe

     ```
     =TRENDEOS("T";"PS";p_2;1000*s_2_s;Fluids;Composition;
     EqTypes;MixingRule;PathToSubModel;Unit;ShowErrorCode)
     ```

     und die spezifische Enthalpie $h_{2,s}$ mit

     ```
     =0,001*TRENDEOS("H";InputCode;T_2_s;p_2;Fluids;Composition;
     EqTypes;MixingRule;PathToSubModel;Unit;ShowErrorCode)
     ```

   - Für die spezifische technische Arbeit des Kompressors gilt $w_{\mathrm{t},12} = h_{2,s} - h_1$ und die technische Leistung $P_{\mathrm{t},12}$ folgt aus Gleichung (3.76). Für den isentropen Prozess nehmen die spezifische Wärme q_{12} sowie der Wärmestrom $\dot{Q}_{12}$ den Wert null an, was Gleichung (3.96) bestätigt.

4. Für die *reversibel isotherme einstufige Verdichtung* gilt $T_{2,T} = T_1$.

   - Die spezifische Enthalpie $h_{2,T}$ nach der Verdichtung folgt mit der Eingabe

     ```
     =0,001*TRENDEOS("H";InputCode;T_2_T;p_2;Fluids;Composition;
     EqTypes;MixingRule;PathToSubModel;Unit;ShowErrorCode)
     ```

     und die spezifische Entropie $s_{2,T}$ mit

     ```
     =0,001*TRENDEOS("S";InputCode;T_2_T;p_2;Fluids;Composition;
     EqTypes;MixingRule;PathToSubModel;Unit;ShowErrorCode)
     ```

   - Die spezifische technische Arbeit des Kompressors $w_{\mathrm{t},12}$ folgt aus Gleichung (3.97), die technische Leistung $P_{\mathrm{t},12}$ aus Gleichung (3.76), die spezifische Wärme q_{12} aus Gleichung (3.96) und der Wärmestrom $\dot{Q}_{12}$ aus Gleichung (3.29).

5. Für die *zweistufige jeweils reversibel adiabate Verdichtung mit Zwischenkühlung* wird zunächst der Druck nach der ersten Verdichtungsstufe gesucht:

   - Für den Druck p_{Z} im Zustand Z nach der ersten Verdichtungsstufe ist ein geeigneter Startwert in der sog. *variablen Zelle* für die spätere iterative Berechnung unter Verwendung des Solvers einzugeben. Dieser Wert sollte in der Nähe des mit Gleichung (7.7) berechneten Wertes liegen (Berechnung hier ausgeblendet).

   - Die spezifische Entropie im Zustand Z nach der ersten Verdichtung folgt aus der Bedingung $s_{\mathrm{Z},s} = s_1$ für die isentrope Zustandsänderung, die Temperatur T_{Z} durch die Eingabe

     ```
     =TRENDEOS("T";"PS";p_Z;1000*s_Z;Fluids;Composition;EqTypes;
     MixingRule;PathToSubModel;Unit;ShowErrorCode)
     ```

     und die spezifische Enthalpie $h_{\mathrm{Z},s}$ im Zustand Z durch die Eingabe

```
=0,001*TRENDEOS("H";InputCode;T_Z;p_Z;Fluids;Composition;
EqTypes;MixingRule;PathToSubModel;Unit;ShowErrorCode)
```

- Die Ermittlung der erforderlichen reversiblen technischen Arbeit $w_{t,1Z}$ und der technischen Leistung $P_{t,1Z}$ für die erste Verdichtungsstufe wird analog zu den Berechnungen für die isentrope einstufige Verdichtung durchgeführt.

- Die Temperatur im Zustand Q nach der Zwischenkühlung folgt aus der Bedingung $T_Q = T_1$, die spezifische Entropie s_Q aus

```
=0,001*TRENDEOS("S";InputCode;T_Q;p_Z;Fluids;Composition;
EqTypes;MixingRule;PathToSubModel;Unit;ShowErrorCode)
```

und die spezifische Enthalpie h_Q aus

```
=0,001*TRENDEOS("H";InputCode;T_Q;p_Z;Fluids;Composition;
EqTypes;MixingRule;PathToSubModel;Unit;ShowErrorCode)
```

- Die für die Zwischenkühlung abzuführende spezifische Wärme folgt aus

$$|q_{12}| = h_Q - h_{Z,s} \tag{7.9}$$

und der Wärmestrom $|\dot{Q}_{12}|$ aus Gleichung (3.29).

- Die spezifische Entropie nach der zweiten Verdichtungsstufe folgt aus der Bedingung $s_{2,s} = s_Q$ für die isentrope Zustandsänderung und die spezifische Enthalpie $h_{2,s}$ aus der Eingabe

```
=0,001*TRENDEOS("H";"PS";p_2;1000*s_2_s_Z;Fluids;
Composition;EqTypes;MixingRule;PathToSubModel;Unit;
ShowErrorCode)
```

Die Ermittlung der erforderlichen reversiblen technischen Arbeit $w_{t,Z2}$ und der technischen Leistung $P_{t,Z2}$ für die zweite Verdichtungsstufe wird analog zu den Berechnungen für die isentrope einstufige Verdichtung durchgeführt.

- Durch Addieren folgen die gesamte spezifische technische Arbeit $w_{t,Ges} = w_{t,1Z} + w_{t,Z2}$ und die gesamte technische Leistung $P_{t,Ges} = P_{t,1Z} + P_{t,Z2}$ für die beiden Verdichtungsstufen. Unter der Registerkarte $\boxed{\text{Daten}}$ ist der Solver zu finden, für den als zu minimierendes Ziel die Zelle mit der soeben berechneten Leistung $P_{t,Ges}$ und als variable Zelle die Zelle mit dem Druck p_Z nach der ersten Verdichtungsstufe gewählt wird. Weiterhin wird die Einstellung „Nicht eingeschränkte Variablen als nicht-negativ festlegen" und die Lösungsmethode „GRG-Nichtlinear" gewählt.

6. Abschließend erfolgt die grafische Darstellung der Prozessverlaufskurven in Abhängigkeit vorgegebener Drücke. Die spezifischen Volumen folgen

   - für die einstufige reversibel adiabate Verdichtung zu

```
=1/TRENDEOS("D";"PS";0,1*p_Zeile;1000*s_1;Fluids;
Composition;EqTypes;MixingRule;PathToSubModel;Unit;
ShowErrorCode)
```

   - für die einstufige reversibel isotherme Verdichtung zu

```
=1/TRENDEOS("D";"TP";T_1;0,1*p_Zeile;Fluids;Composition;
EqTypes;MixingRule;PathToSubModel;Unit;ShowErrorCode)
```

- für die zweistufige jeweils reversibel adiabate Verdichtung in der ersten Stufe zu

```
=1/TRENDEOS("D";"PS";0,1*p_Zeile;1000*s_1;Fluids;
Composition;EqTypes;MixingRule;PathToSubModel;Unit;
ShowErrorCode)
```

sowie in der zweiten Stufe zu

```
=1/TRENDEOS("D";"PS";0,1*p_Zeile;1000*s_Q;Fluids;
Composition;EqTypes;MixingRule;PathToSubModel;Unit;
ShowErrorCode)
```

Wie aus den Daten in Abb. 7.5 hervorgeht, erfordert die einstufige reversibel adiabate Verdichtung den höchsten und die einstufige reversibel isotherme den geringsten Arbeitsaufwand. Die zweistufige, in beiden Stufen reversibel adiabate Verdichtung liegt dazwischen, siehe Abschnitt 3.2.5. Entsprechend ist bei der einstufigen reversibel isothermen Verdichtung der höchste und bei der einstufigen reversibel isentropen kein Wärmestrom abzuführen. Technisch sinnvoll ist daher eine Kühlung im Prozess, um das spezifische Volumen des zu verdichtenden Wasserstoffs gering zu halten und den Arbeitsaufwand gemäß Gleichung (3.30) zu reduzieren. Eine mehrstufige Verdichtung mit Zwischenkühlung nähert sich hinsichtlich des Arbeitsaufwands zunehmend der isothermen Verdichtung an, siehe die Prozessverläufe in Abb. 3.11 und 7.5.

Der berechnete Zwischendruck für die zweistufige Verdichtung weicht aufgrund des Realverhaltens leicht vom Zwischendruck nach Gleichung (7.7) ab. Der Arbeitsaufwand ist in den beiden Stufen fast gleich groß. Die in Abb. 7.5 in ausgeblendeten Zeilen berechneten Druckverhältnisse der beiden Stufen sind mit Kolbenkompressoren für Wasserstoff gerade noch realisierbar.

Zum Wasserstoff sei grundsätzlich angemerkt, dass er – bedingt durch die geringste Dichte oder das höchste spezifische Volumen – unter vergleichbaren Bedingungen den höchsten Arbeitsaufwand aller Gase erfordert, siehe Gleichung (3.30).

Bearbeitung der in Beispiel 7.3 gegebenen Aufgabenstellung
Für die Bearbeitung der Aufgabenstellung gemäß Beispiel 7.3 wird ein Excel-Berechnungsblatt wie in den Abb. 7.6 und 7.7 erstellt:

1. Im oberen Teil des Berechnungsblatts werden die Eingabeparameter für TREND vorgegeben. Die Zellen in diesem Teil erhalten dieselben Namen, wie im Beispiel 2.1. Das Argument PathToSubModel bleibt leer, damit die im Abschnitt 2.2.4 beschriebenen Korrekturen in der Datei hydrogen.fld bei den Berechnungen Anwendung finden. Aus Platzgründen wurden Zeilen ausgeblendet.

2. Im zweiten Teil „Daten und Berechnung" erfolgt die Eingabe der in der Aufgabenstellung gegebenen Daten. Auch in diesem Teil des Berechnungsblatts erhalten die relevanten Zellen Namen und mehrere Zeilen sind ausgeblendet. Die Temperatur T_n und der Druck p_n im Normzustand werden eingegeben (und ausgeblendet). Die Dichte des Wasserstoffs im Normzustand folgt mit

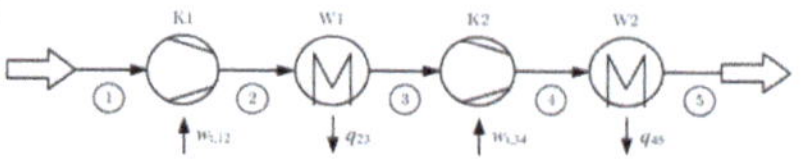

Eingabeparameter TREND

Path to Sub-Model					
Input Code					
Unit					TP
Show Error Code					specific
Fluid					FALSCH
					Hydrogen

Daten und Berechnung		CalcType	Unit		
Temperatur der Umgebung	ϑ_U			°C	10,0
Dichte Wasserstoff im Normzustand	$\rho_{n,H2}$	D	kg/m3	kg m^{-3}	0,08988
Volumenstrom im Normzustand bei p_n, T_n	$\dot{V}_{n,H2}$			m^3 h^{-1}	2000
Massenstrom	$\dot{m}_{H2} = \rho_{n.H2}\,\dot{V}_{n.H2}$			kg h^{-1}	179,8
Druckverhältnis erste und zweite Stufe	$\Psi = p_2/p_1 = p_4/p_3$			1	2,0
isentroper Gütegrad Verdichtung erste und zweite Stufe	$\eta_{s,verd}$			1	0,70

Zustand 1	vor der Verdichtung				
Druck	p_1			bar	30,0
Temperatur	ϑ_1			°C	50,0
spezifische Enthalpie	h_1	H	J/kg	kJ kg^{-1}	4574
spezifische Entropie	s_1	S	J/(kg K)	kJ kg^{-1} K^{-1}	55,33
Zustand 2	nach der ersten Verdichtung				
Druck	p_2			bar	60,0
Temperatur	ϑ_2			°C	151,6
spezifische Enthalpie, isentrop	$h_{2,s}$	H	J/kg	kJ kg^{-1}	5619
spezifische Enthalpie	h_2			kJ kg^{-1}	6067
spezifische Entropie	s_2	S	J/(kg K)	kJ kg^{-1} K^{-1}	56,42
Zustand 3	nach der ersten Zwischenkühlung				
Druck	$p_3 = p_2$			bar	60,0
Temperatur	$\vartheta_3 = \vartheta_1$			°C	50,0
spezifische Enthalpie	h_3	H	J/kg	kJ kg^{-1}	4590
spezifische Entropie	s_3	S	J/(kg K)	kJ kg^{-1} K^{-1}	52,45
Zustand 4	nach der zweiten Verdichtung				
Druck	p_4			bar	120,0
Temperatur	ϑ_4			°C	151,6
spezifische Enthalpie, isentrop	$h_{4,s}$	H	J/kg	kJ kg^{-1}	5658
spezifische Enthalpie	h_4	H	J/kg	kJ kg^{-1}	6116
spezifische Entropie	s_4	S	J/(kg K)	kJ kg^{-1} K^{-1}	53,57
Zustand 5	nach der zweiten Zwischenkühlung				
Druck	$p_5 = p_4$			bar	120,0
Temperatur	$\vartheta_5 = \vartheta_1$			°C	50,0
spezifische Enthalpie	h_5	H	J/kg	kJ kg^{-1}	4623
spezifische Entropie	s_5	S	J/(kg K)	kJ kg^{-1} K^{-1}	49,55

technische Leistung erste Stufe	$P_{t,12}$		kW	74,5
abzuführender Wärmestrom, erste Stufe	$|\dot{Q}_{23}|$		kW	73,8
technische Leistung zweite Stufe	$P_{t,34}$		kW	76,2
abzuführender Wärmestrom zweite Stufe	$|\dot{Q}_{45}|$		kW	74,5
gesamte Verdichterleistung	$P_{t,\Sigma}$		kW	150,7
gesamter abzuführender Wärmestrom	$|\dot{Q}_{\Sigma}|$		kW	148,3
Exergieverluststrom irreversibel adiabate Verdichtung 1	$\dot{E}^{E}_{V,verd,1}$		kW	15,5
Exergieverluststrom Wärmeabfuhr 1	$\dot{E}^{E}_{V,wue,1}$		kW	17,6
Exergieverluststrom irreversibel adiabate Verdichtung 2	$\dot{E}^{E}_{V,verd,2}$		kW	15,8
Exergieverluststrom Wärmeabfuhr 2	$\dot{E}^{E}_{V,wue,2}$		kW	17,8
anteiliger Exergieverlust Verdichtung 1	$\dot{E}^{E}_{V,verd,1}/P_{t,\Sigma}$		1	10,3%
anteiliger Exergieverlust Wärmeabfuhr 1	$\dot{E}^{E}_{V,wue,1}/P_{t,\Sigma}$		1	11,7%
anteiliger Exergieverlust Verdichtung 2	$\dot{E}^{E}_{V,verd,2}/P_{t,\Sigma}$		1	10,5%
anteiliger Exergieverlust Wärmeabfuhr 2	$\dot{E}^{E}_{V,wue,2}/P_{t,\Sigma}$		1	11,8%
Summe anteilige Exergieverluste	$E^{E}_{V,\Sigma}/W_{t,verd,\Sigma}$		1	44,2%

Abbildung 7.6: Excel-Berechnungsblatt Teil I für die stationäre irreversible zweistufige Verdichtung von Wasserstoff mit Zwischen- und Nachkühlung

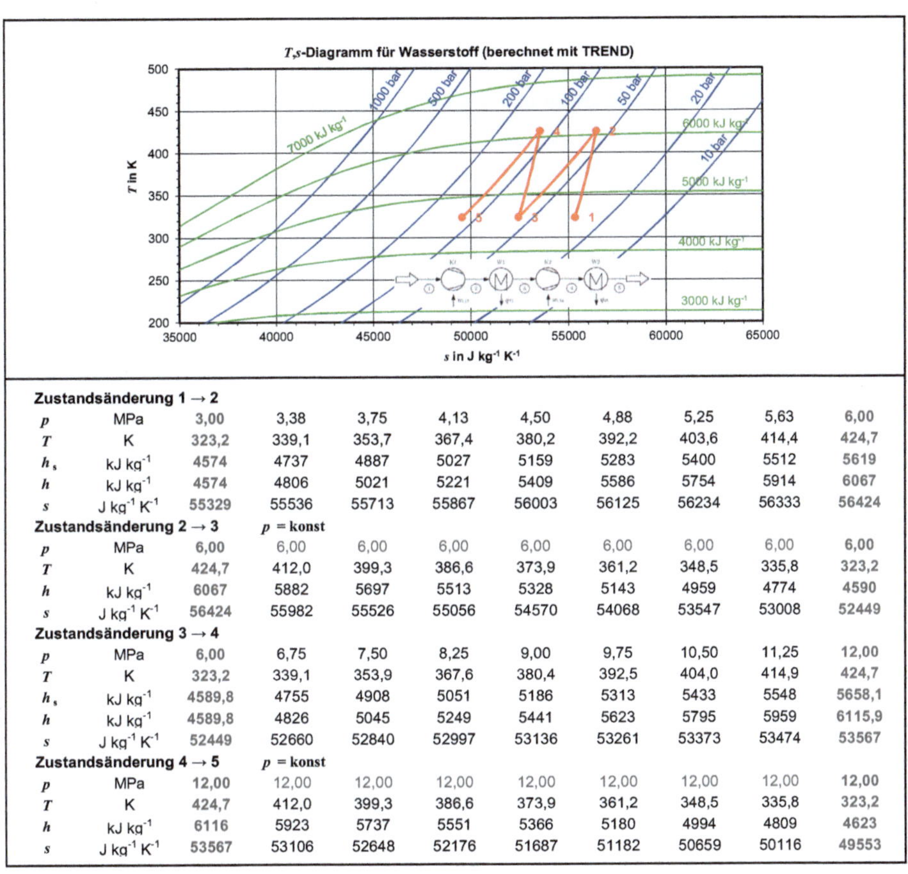

Zustandsänderung 1 → 2

p	MPa	3,00	3,38	3,75	4,13	4,50	4,88	5,25	5,63	6,00
T	K	323,2	339,1	353,7	367,4	380,2	392,2	403,6	414,4	424,7
h_s	kJ kg⁻¹	4574	4737	4887	5027	5159	5283	5400	5512	5619
h	kJ kg⁻¹	4574	4806	5021	5221	5409	5586	5754	5914	6067
s	J kg⁻¹ K⁻¹	55329	55536	55713	55867	56003	56125	56234	56333	56424

Zustandsänderung 2 → 3 p = konst

p	MPa	6,00	6,00	6,00	6,00	6,00	6,00	6,00	6,00	6,00
T	K	424,7	412,0	399,3	386,6	373,9	361,2	348,5	335,8	323,2
h	kJ kg⁻¹	6067	5882	5697	5513	5328	5143	4959	4774	4590
s	J kg⁻¹ K⁻¹	56424	55982	55526	55056	54570	54068	53547	53008	52449

Zustandsänderung 3 → 4

p	MPa	6,00	6,75	7,50	8,25	9,00	9,75	10,50	11,25	12,00
T	K	323,2	339,1	353,9	367,6	380,4	392,5	404,0	414,9	424,7
h_s	kJ kg⁻¹	4589,8	4755	4908	5051	5186	5313	5433	5548	5658,1
h	kJ kg⁻¹	4589,8	4826	5045	5249	5441	5623	5795	5959	6115,9
s	J kg⁻¹ K⁻¹	52449	52660	52840	52997	53136	53261	53373	53474	53567

Zustandsänderung 4 → 5 p = konst

p	MPa	12,00	12,00	12,00	12,00	12,00	12,00	12,00	12,00	12,00
T	K	424,7	412,0	399,3	386,6	373,9	361,2	348,5	335,8	323,2
h	kJ kg⁻¹	6116	5923	5737	5551	5366	5180	4994	4809	4623
s	J kg⁻¹ K⁻¹	53567	53106	52648	52176	51687	51182	50659	50116	49553

Abbildung 7.7: Excel-Berechnungsblatt Teil II für die stationäre irreversible zweistufige Verdichtung von Wasserstoff mit Zwischen- und Nachkühlung

```
=TRENDEOS("D";InputCode;T_n;p_n;Fluids;Composition;EqTypes;
MixingRule;PathToSubModel;Unit;ShowErrorCode)
```

und der Massenstrom des Wasserstoffs $\dot{m}_{\mathrm{H}_2}$ aus der Dichte im Normzustand mit Gleichung (7.8).

3. Für den Zustand 1 und die weiteren Zustände werden die Ergebnisse immer in der Reihenfolge p, ϑ, h und s aufgeführt – selbst wenn sie, wie hier für den Zustand 2, nicht in dieser Reihenfolge ermittelt werden. Die Berechnungen erfolgen für die Temperatur bevorzugt in K und für den Druck in MPa, aber die entsprechenden Zeilen werden aus Platzgründen ausgeblendet und nur die Temperaturen in °C und die Drücke in bar angezeigt. Die Berechnung der spezifischen Enthalpie h_1

```
=0,001*TRENDEOS("H";InputCode;T_1;p_1;Fluids;Composition;
EqTypes;MixingRule;PathToSubModel;Unit;ShowErrorCode)
```

und der spezifischen Entropie s_1

```
=0,001*TRENDEOS("S";InputCode;T_1;p_1;Fluids;Composition;
EqTypes;MixingRule;PathToSubModel;Unit;ShowErrorCode)
```

wird unter Verwendung von TREND mit der Funktion TRENDEOS durchgeführt.

4. Für den Zustand 2 folgt der Druck p_2 über das Druckverhältnis Ψ mit Gleichung (7.6) und die spezifische Entropie $h_{2,s}$ für die *isentrope* Verdichtung aus

```
=0,001*TRENDEOS("H";"PS";p_2;1000*s_1;Fluids;Composition;
EqTypes;MixingRule;PathToSubModel;Unit;ShowErrorCode)
```

Daraus ergibt sich die spezifische Enthalpie h_2 nach Gleichung (3.77) über den gegebenen isentropen Gütegrad $\eta_{s,\mathrm{verd}}$, die spezifische Entropie s_2 aus

```
=0,001*TRENDEOS(H53;"PH";p_2;1000*h_2;Fluids;Composition;
EqTypes;MixingRule;PathToSubModel;Unit;ShowErrorCode)
```

und die Temperatur T_2 aus

```
=TRENDEOS(H50;"PH";p_2;1000*h_2;Fluids;Composition;EqTypes;
MixingRule;PathToSubModel;Unit;ShowErrorCode)
```

5. Für den Zustand 3 gelten $p_3 = p_2$ und $T_3 = T_2$. Die spezifische Enthalpie h_3 und die spezifische Entropie s_3 folgen analog zur Berechnung für den Zustand 1.

6. Im Zustand 4 folgt der Druck p_4 über das vorgegebene Druckverhältnis ψ, die spezifische Entropie $h_{4,s}$ für die *isentrope* Verdichtung analog zur Berechnung für den Zustand 2, ebenso die spezifische Enthalpie h_4, die spezifische Entropie s_4 und die Temperatur T_4.

7. Für den Zustand 5 gelten $p_5 = p_4$ und $T_5 = T_1$. Die spezifische Enthalpie h_5 und die spezifische Entropie s_5 folgen analog zur Berechnung für den Zustand 1.

8. Die erforderlichen technischen Leistungen $P_{\mathrm{t},12}$ sowie $P_{\mathrm{t},34}$ werden mit den Gleichungen (3.75) und (3.76) und die erforderlichen Wärmeströme $\dot{Q}_{23}$ sowie $\dot{Q}_{45}$ analog mit Gleichung (3.29) berechnet und die Verdichterleistungen und Wärmeströme jeweils addiert.

9. Die Berechnung der Exergieverluste im Prozess erfolgt auf Basis der Gleichung (3.102) mit Gleichung (3.105) für die Exergieverlustströme $\dot{E}_{\mathrm{V,verd,1}}^{\mathrm{E}}$ und $\dot{E}_{\mathrm{V,verd,2}}^{\mathrm{E}}$ bei der adiabaten Verdichtung und mit Gleichung (3.122) für die Exergieverlustströme $\dot{E}_{\mathrm{V,wue,1}}^{\mathrm{E}}$ und $\dot{E}_{\mathrm{V,wue,1}}^{\mathrm{E}}$ bei der Wärmeübertragung. Daraus werden die anteiligen Exergieverluste und deren Summe gebildet.

10. Für die Darstellung der Verläufe der Zustandsänderungen im T,s-Diagramm bietet es sich an, eine separate Datentabelle wie in Abb. 7.7 zu berechnen. Zur grundsätzlichen Erstellung des Diagramms siehe Abschnitt 2.2.5.

Die Wahl des Zwischendrucks $p_{\mathrm{Z}} = p_2 = p_3$ ist in diesem Beispiel durch das Druckverhältnis Ψ vorgegeben und führt zu nahezu gleich großen technischen Verdichterleistungen und abzuführenden Wärmeströmen in beiden Stufen, um die Vorgabe $\vartheta_1 = \vartheta_3 = \vartheta_5$ einhalten zu können. Aufgrund der Druckabhängigkeit der spezifischen Enthalpie ergibt sich aus den Berechnungen $h_4 > h_2$ sowie $h_5 > h_3$. Die Exergieverluste teilen sich ebenfalls fast gleichmäßig auf die Prozessstufen auf.

7.3 Einspeicherung von Wasserstoff in einen Druckbehälter

Beispiel 7.4

In einer PEM-Elektrolyse erzeugter Wasserstoff wird in einem instationären Prozess ausgehend von einem Druck von $p_1 = 30\,\mathrm{bar}$ und einer Temperatur von $\vartheta_1 = 50\,^\circ\mathrm{C}$ verdichtet und mit einer konstanten Verdichterleistung in einen Druckbehälter mit einem Volumen von $V_{\mathrm{B}} = 5,0\,\mathrm{m}^3$ eingespeichert. Vor der Verdichtung liegt der Wasserstoff mit einem Druck von $p_{\mathrm{B,0}} = 50\,\mathrm{bar}$ und einer Temperatur von $\vartheta_{\mathrm{B,0}} = 50\,^\circ\mathrm{C}$ vor. Die Umgebungstemperatur beträgt $\vartheta_{\mathrm{U}} = 10\,^\circ\mathrm{C}$. Die Befüllung ist abgeschlossen, wenn der Druck im Behälter $p_{\mathrm{B},t} = 150\,\mathrm{bar}$ erreicht hat. Der Prozess soll in zwei Varianten vergleichend betrachtet werden: a) Irreversibel adiabate einstufige Verdichtung des Wasserstoffs über einen Kompressor mit einem isentropen Gütegrad von $\eta_{s,\mathrm{verd}} = 0,7$, einer konstanten Verdichterleistung $P_{\mathrm{t,verd}} = 20\,\mathrm{kW}$ und zusätzlicher Kühlung in einem Wärmeübertrager mit einem abgeführten Wärmestrom von $\dot{Q}_{\mathrm{wue}} = 20\,\mathrm{kW}$, siehe das Fließschema in Abb. 7.8. b) Zweistufige irreversibel adiabate Verdichtung des Wasserstoffs mit einer Zwischen- und einer Nachkühlung, siehe das Fließschema in Abb. 7.9. Die konstante Verdichterleistung in den beiden Stufen beträgt $P_{\mathrm{t,verd,1}} = P_{\mathrm{t,verd,2}} = 10\,\mathrm{kW}$ mit einem isentropen Gütegrad von $\eta_{s,\mathrm{verd,1}} = \eta_{s,\mathrm{verd,2}} = 0,7$. Für die Kühlung wird in den beiden Stufen ein Wärmestrom von $\dot{Q}_{\mathrm{wue,1}} = \dot{Q}_{\mathrm{wue,2}} = 10\,\mathrm{kW}$ abgeführt. Für die beiden Varianten sind die zeitlichen Verläufe der Temperaturen, des Drucks und der im Behälter eingespeicherten Masse unter Verwendung von TREND zu berechnen und grafisch darzustellen. (Ergebnisse in den Excel-Berechnungsblättern in den Abb. 7.10 und 7.11)

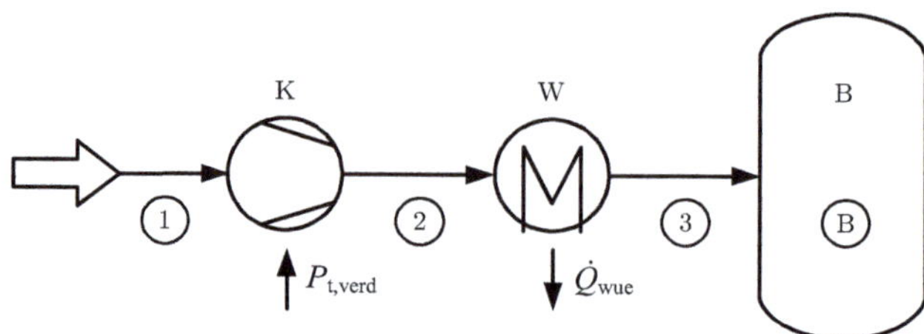

Abbildung 7.8: Fließschema der instationären einstufigen Verdichtung mit zusätzlicher Kühlung in einen Druckbehälter

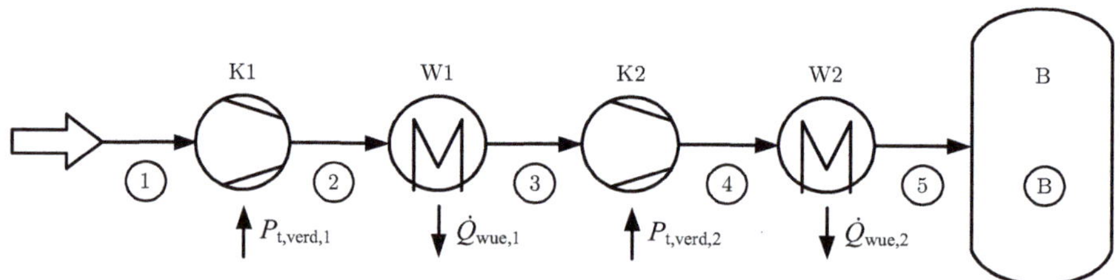

Abbildung 7.9: Fließschema der instationären zweistufigen Verdichtung mit Zwischenkühlung und Nachkühlung in einen Druckbehälter

Einstufige Verdichtung mit zusätzlicher Kühlung in einen Druckbehälter, Fall a)

Für den in Beispiel 7.4 im Fall a) vorgegebenen und in Abb. 7.8 dargestellten Prozess der einstufigen Verdichtung soll angenommen werden, dass es sich um einen irreversiblen, adiabaten, ortsfesten, instationären Prozess unter Vernachlässigung von Druckverlusten handelt und dass das Volumen in den Bauteilen vor dem Behälter und die Wärmekapazität der Bauteile vernachlässigt werden kann. Zu Beginn der Verdichtung sind der Druck $p_{B,0}$ und die Temperatur $T_{B,0}$ im Behälter mit dem konstanten Volumen V_B gegeben. Die Verdichterleistung $P_{t,\text{verd}}$ und der abgeführte Wärmestrom $\dot{Q}_{\text{wue}}$ werden als konstant angenommen.

Für die zeitliche Änderung der Masse m_B des im Behälter befindlichen – hier überkritischen – Fluids gilt aufgrund des zeitabhängigen Massenstroms

$$\frac{\mathrm{d}m_B}{\mathrm{d}t} = \dot{m}(t) \tag{7.10}$$

und für die zeitliche Änderung seiner Inneren Energie $U_B(t)$

$$\frac{\mathrm{d}U_B}{\mathrm{d}t} = P_{t,\text{verd}} - \dot{Q}_{\text{wue}} + \dot{H}_1 = P_{t,\text{verd}} - \dot{Q}_{\text{wue}} + \dot{m}(t)h_1 \tag{7.11}$$

$$= \dot{H}_3(t) = \dot{m}(t)h_3(t) . \tag{7.12}$$

Die Änderung der Inneren Energie kann über die Energiebilanz für das gesamte System direkt mit der hier konstanten spezifischen Enthalpie h_1 im Eintrittszustand oder der zeitabhängigen spezifischen Enthalpie $h_3(t)$ im Zustand 3 berechnet werden.

Zur Lösung dieser beiden Differenzialgleichungen soll ein vereinfachtes *explizites* Finite-Differenzen-Verfahren angewendet werden, siehe dazu die Beschreibung dieses Verfahrens in [53]. Beim Finite-Differenzen-Verfahren werden die Differenzialquotienten durch Differenzenquotienten ersetzt und der für die Lösung relevante Bereich in Intervalle mit vorgegebener Breite unterteilt. An den Grenzen der Intervalle lassen sich die diskreten Funktionswerte der gesuchten Variablen – hier die Temperatur T_B und der Druck p_B im Behälter – in Abhängigkeit von der Zeit t berechnen.

Aus der Massenbilanz in Gleichung (7.10) ergibt sich

$$\Delta m_B = \dot{m}(t)\Delta t \tag{7.13}$$

und daraus für die Masse im Behälter am Ende des Zeitintervalls $i+1$

$$m_{B,i+1} = m_{B,i} + \dot{m}(t)\Delta t \; . \tag{7.14}$$

Aus der Energiebilanz in den Gleichungen (7.11) und (7.12) folgt die Änderung der Inneren Energie

$$\Delta U_B = \left(P_{t,\text{verd}} - \dot{Q}_{\text{wue}} + \dot{m}(t)h_1(t) \right) \Delta t \tag{7.15}$$

$$= \dot{m}(t)h_3(t)\Delta t \; . \tag{7.16}$$

Aus der Zustandsgleichung (2.52) idealer Gase folgt für den Realgasfaktor

$$Z = \frac{pV}{nRT} = \frac{pVM}{mRT} \quad \text{mit} \quad n = \frac{m}{M} \; . \tag{7.17}$$

Für ideale Gase gilt $Z = 1$ und für reale Gase oder auch reale überkritische Fluide $Z \neq 1$. Der Realgasfaktor kann mit einer geeigneten Realgasgleichung oder direkt mit TREND ermittelt werden. Daraus ergibt sich z. B. die Masse im Behälter

$$m_B = \frac{p_B V_B M}{R T_B Z} \tag{7.18}$$

oder der Druck im Behälter

$$p_B = \frac{m_B R T_B Z}{V_B M} \; . \tag{7.19}$$

Bearbeitung der in Beispiel 7.4 im Fall a) gegebenen Aufgabenstellung

Für die Bearbeitung der Aufgabenstellung gemäß Beispiel 7.4 Fall a) wird ein Excel-Berechnungsblatt wie in Abb. 7.10 erstellt:

1. Im oberen Teil des Berechnungsblatts werden die Eingabeparameter für TREND vorgegeben. Die Zellen in diesem Teil erhalten dieselben Namen, wie im Beispiel 2.1. Das Argument `PathToSubModel` bleibt leer, damit die im Abschnitt 2.2.4 beschriebenen Korrekturen in der Datei `hydrogen.fld` bei den Berechnungen Anwendung finden. Aus Platzgründen wurden Zeilen ausgeblendet.

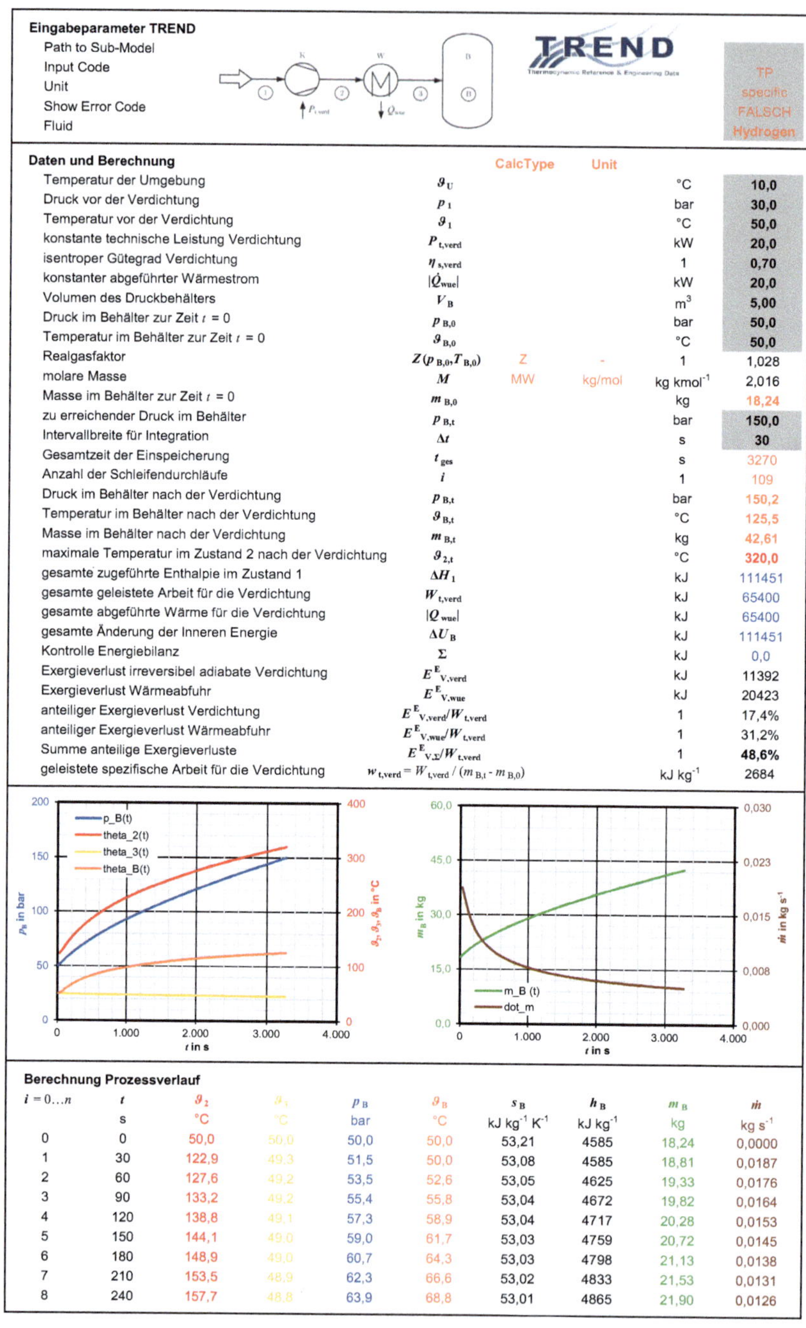

Eingabeparameter TREND

Path to Sub-Model		TP
Input Code		specific
Unit		FALSCH
Show Error Code		Hydrogen
Fluid		

Daten und Berechnung

Beschreibung	Symbol	CalcType	Unit		Wert
Temperatur der Umgebung	ϑ_U			°C	10,0
Druck vor der Verdichtung	p_1			bar	30,0
Temperatur vor der Verdichtung	ϑ_1			°C	50,0
konstante technische Leistung Verdichtung	$P_{t,verd}$			kW	20,0
isentroper Gütegrad Verdichtung	$\eta_{s,verd}$			1	0,70
konstanter abgeführter Wärmestrom	$|\dot{Q}_{wue}|$			kW	20,0
Volumen des Druckbehälters	V_B			m³	5,00
Druck im Behälter zur Zeit $t = 0$	$p_{B,0}$			bar	50,0
Temperatur im Behälter zur Zeit $t = 0$	$\vartheta_{B,0}$			°C	50,0
Realgasfaktor	$Z(p_{B,0}, T_{B,0})$	Z	-	1	1,028
molare Masse	M	MW	kg/mol	kg kmol⁻¹	2,016
Masse im Behälter zur Zeit $t = 0$	$m_{B,0}$			kg	18,24
zu erreichender Druck im Behälter	$p_{B,t}$			bar	150,0
Intervallbreite für Integration	Δt			s	30
Gesamtzeit der Einspeicherung	t_{ges}			s	3270
Anzahl der Schleifendurchläufe	i			1	109
Druck im Behälter nach der Verdichtung	$p_{B,t}$			bar	150,2
Temperatur im Behälter nach der Verdichtung	$\vartheta_{B,t}$			°C	125,5
Masse im Behälter nach der Verdichtung	$m_{B,t}$			kg	42,61
maximale Temperatur im Zustand 2 nach der Verdichtung	$\vartheta_{2,t}$			°C	320,0
gesamte zugeführte Enthalpie im Zustand 1	ΔH_1			kJ	111451
gesamte geleistete Arbeit für die Verdichtung	$W_{t,verd}$			kJ	65400
gesamte abgeführte Wärme für die Verdichtung	$|Q_{wue}|$			kJ	65400
gesamte Änderung der Inneren Energie	ΔU_B			kJ	111451
Kontrolle Energiebilanz	Σ			kJ	0,0
Exergieverlust irreversibel adiabate Verdichtung	$E^E_{V,verd}$			kJ	11392
Exergieverlust Wärmeabfuhr	$E^E_{V,wue}$			kJ	20423
anteiliger Exergieverlust Verdichtung	$E^E_{V,verd}/W_{t,verd}$			1	17,4%
anteiliger Exergieverlust Wärmeabfuhr	$E^E_{V,wue}/W_{t,verd}$			1	31,2%
Summe anteilige Exergieverluste	$E^E_{V,\Sigma}/W_{t,verd}$			1	48,6%
geleistete spezifische Arbeit für die Verdichtung	$w_{t,verd} = W_{t,verd}/(m_{B,t} - m_{B,0})$			kJ kg⁻¹	2684

Berechnung Prozessverlauf

$i = 0 \ldots n$	t	ϑ_2	ϑ_1	p_B	ϑ_B	s_B	h_B	m_B	$\dot{m}$
	s	°C	°C	bar	°C	kJ kg⁻¹ K⁻¹	kJ kg⁻¹	kg	kg s⁻¹
0	0	50,0	50,0	50,0	50,0	53,21	4585	18,24	0,0000
1	30	122,9	49,3	51,5	50,0	53,08	4585	18,81	0,0187
2	60	127,6	49,2	53,5	52,6	53,05	4625	19,33	0,0176
3	90	133,2	49,2	55,4	55,8	53,04	4672	19,82	0,0164
4	120	138,8	49,1	57,3	58,9	53,04	4717	20,28	0,0153
5	150	144,1	49,0	59,0	61,7	53,03	4759	20,72	0,0145
6	180	148,9	49,0	60,7	64,3	53,03	4798	21,13	0,0138
7	210	153,5	48,9	62,3	66,6	53,02	4833	21,53	0,0131
8	240	157,7	48,8	63,9	68,8	53,01	4865	21,90	0,0126

Abbildung 7.10: Excel-Berechnungsblatt für die einstufige Verdichtung von Wasserstoff mit zusätzlicher Kühlung in einen Druckbehälter

2. Im Teil „Daten und Berechnung" erfolgt die Eingabe der in der Aufgabenstellung gegebenen Daten. Auch in diesem Teil des Berechnungsblatts erhalten die relevanten Zellen Namen und Zeilen sind ausgeblendet, z. B. die Temperaturen und Drücke in K bzw. MPa, die in den nachfolgenden Berechnungen verwendet werden. Die Berechnung des Realgasfaktors Z zur Zeit $t = 0$

```
=TRENDEOS("Z";InputCode;T_B_0;p_B_0;Fluids;Composition;EqTypes;
MixingRule;PathToSubModel;Unit;ShowErrorCode)
```

und der molaren Masse M des Wasserstoffs

```
=1000*TRENDSPECEOS(Fluids;Composition;EqTypes;MixingRule;
PathToSubModel;Unit;ShowErrorCode;"MW")
```

erfolgen unter Verwendung von TREND mit den Funktionen TRENDEOS bzw. TRENDSPECEOS, siehe dazu Abschnitt 2.2. Mit dem in Abschnitt 2.4.1 aufgeführten Wert für die universelle Gaskonstante R folgt aus Gleichung (7.18) die Masse im Behälter $m_{B,0}$ zur Zeit $t = 0$.

3. Die weiteren Berechnungen erfolgen in VBA. Mit dem Worksheet_Change-Ereignis wird das in Listing 7.1 aufgeführte Makro bei Änderungen im Arbeitsblatt automatisch ausgeführt und die Prozedur FillTable() aufgerufen. Allerdings wird die Ausführung auf Änderungen in den grau unterlegten Zellen beschränkt, indem diesen Zellen im Berechnungsblatt über Start ⟩ Formatvorlagen die Formatvorlage „Eingabe" zugewiesen wird.

4. In der Prozedur FillTable() in Listing 7.1 werden die verwendeten Variablen einschließlich des Datenarrays arrTabelle() für die auszugebende Tabelle definiert und den Variablen über den Range-Befehl die entsprechenden Werte aus dem Berechnungsblatt zugewiesen. Ebenso werden die TREND-Parameter definiert und zugewiesen. Eine Ausnahme bildet dabei der Parameter ShowErrorCode, der im Arbeitsblatt den Wert FALSCH hat, was in VBA dem Wert False entspricht. Da dieser Parameter optional ist, wird er in VBA leergelassen. Beim Aufruf der Funktion TRENDSPECEOS dagegen, die ausschließlich für die einmalige Berechnung der molaren Masse M verwendet wird, muss der Parameter ShowErrorCode mit dem Wert False eingefügt werden:

```
M = TRENDSPECEOS(Fluids, Composition, EqTypes, MixingRule,
PathToSubModel, Unit, False, "MW").
```

5. Mit dem ReDim-Befehl wird die Größe des dynamischen Arrays arrTabelle() definiert. Die oberste linke Datenzelle in der Tabelle in Abb. 7.10 mit dem Wert $i = 0$ bekommt den Namen oberste_Zelle. Eventuell vorhandene Werte in der Tabelle im Berechnungsblatt werden automatisch gelöscht.

6. Die Berechnungen für das aktuelle Beispiel werden in VBA ausschließlich mit den von TREND standardmäßig verwendeten Dimensionen durchgeführt. Die Daten für die erste Zeile $i = 0$ der Tabelle werden zugewiesen und weitere Daten berechnet. Dazu gehören die spezifische Enthalpie h_1, die spezifische Entropie s_1 und der Realgasfaktor Z – unter Verwendung der Funktion TRENDEOS. Zur Berechnung der molaren Masse M siehe die Hinweise weiter oben. Es folgen die Masse m_B aus Gleichung (7.18), die spezifische Innere Energie u_B, die spezifische

Enthalpie h_B und die spezifische Entropie s_B sowie die Innere Energie $U_{\mathrm{B},0}$ im Behälter zur Zeit $t = 0$. Die für die erste Zeile der Tabelle erforderlichen Daten werden in das Array geschrieben.

7. Die `Do While`-Schleife wird solange ausgeführt, bis der aktuelle Behälterdruck p_B den zu erreichenden Behälterdruck $p_{\mathrm{B},t}$ gerade erreicht oder überschritten hat. Es folgen die spezifische Enthalpie $h_{2,s}$ mit der Funktion TRENDEOS, die spezifische Enthalpie h_2 mit Gleichung (3.77) über den isentropen Gütegrad $\eta_{s,\mathrm{verd}}$ der Verdichtung und der aktuelle Massenstrom $\dot{m}(t)$ über die technische Leistung $P_{\mathrm{t,verd}}$ aus den Gleichungen (3.75) und (3.76).

8. Die aktuelle Masse des Wasserstoffs m_B im Druckbehälter wird mit Gleichung (7.14) ermittelt. Es folgen die Temperatur T_2 und die spezifische Entropie s_2, die spezifische Enthalpie h_3 über den abgeführten Wärmestrom $\dot{Q}_\mathrm{wue}$ aus Gleichung (3.29) und die Temperatur T_3 sowie die spezifischen Entropie s_3 unter Verwendung der Funktion TRENDEOS.

9. Mit der Gleichung

$$\Delta H_1 = \sum_i \dot{m} h_1 \Delta t \tag{7.20}$$

wird die mit dem Enthalpiestrom zugeführte Enthalpie aufsummiert und entsprechend mit Gleichung (7.16) die Zunahme der Inneren Energie ΔU_B des Druckbehälters

$$\Delta U_\mathrm{B} = \sum_i \dot{m}(t) h_3(t) \Delta t \ . \tag{7.21}$$

10. Der aktuelle Wert der spezifischen Inneren Energie des Wasserstoffs im Druckbehälter folgt aus

$$u_\mathrm{B}(t) = \frac{U_{\mathrm{B},0} + \Delta U_\mathrm{B}(t)}{m_\mathrm{B}(t)} \ , \tag{7.22}$$

daraus unter Verwendung von Gleichung (3.25) die spezifische Enthalpie des Behälterinhalts

$$h_\mathrm{B}(t) = u_\mathrm{B}(t) + p_\mathrm{B}(t) \frac{V_\mathrm{B}}{m_\mathrm{B}(t)} \tag{7.23}$$

und mit der Funktion TRENDEOS und dem Input Code PH die aktuelle Temperatur im Behälter T_B.

11. In den weiteren Berechnungen wird der aktuelle Wert des Realgasfaktors Z ermittelt und daraus mit Gleichung (7.19) der Druck im Behälter p_B. Die Aufsummierung der Exergieverluste im Prozess erfolgt auf Basis der Gleichung (3.102) mit Gleichung (3.105) für den Exergieverlust $E^\mathrm{E}_{\mathrm{V,verd}}$ bei der irreversibel adiabaten Verdichtung und mit Gleichung (3.122) für den Exergieverlust $E^\mathrm{E}_{\mathrm{V,wue}}$ bei der irreversiblen Wärmeübertragung. Weiterhin folgen die spezifische Enthalpie

h_B und die spezifische Entropie s_B des Wasserstoffs im Druckbehälter sowie die Gesamtzeit der Einspeicherung aus

$$t_\mathrm{Ges} = \sum_i \Delta t \ . \tag{7.24}$$

12. Am Ende der Schleife werden die Daten in das Array geschrieben und abschließend ausgewählte Werte in das Berechnungsblatt übergeben sowie dort die Summe der zu- und abgeführten Energien berechnet.

Listing 7.1: VBA-Code für die einstufige Verdichtung von Wasserstoff mit zusätzlicher Kühlung in einen Druckbehälter

```vba
'Universelle Gaskonstante, [R] = kJ kmol^-1 K^-1
'Mohr, P. J., Newell, D. B. und Tiesinga, E. (2018): Data and analysis for the
'CODATA 2017 special fundamental constants adjustment. Metrologia 55 (1),S. 125-146
Const R As Double = 8.314462618

Private Sub Worksheet_Change(ByVal Target As Range)
    'Zellenformatvorlage "Eingabe" auf alle "grauen" Zellen angewendet
    If Target.Style = "Eingabe" Then
        If Range("p_B_0").Value2 < Range("p_B_t_soll").Value2 Then
            FillTable
        End If
    End If
End Sub

Sub FillTable()
    Dim T_U As Double               'Umgebungstemperatur, [T] = K
    Dim p_1 As Double               'Druck vor Verdichtung, [p] = MPa
    Dim T_1 As Double               'Temperatur Zustand 1, [T] = K
    Dim P_t As Double               'Leistung Verdichter, [P_t] = W
    Dim eta_s As Double             'isentroper Wirkungsgrad Verdichtung, [eta] = 1
    Dim dot_Q As Double             'abgeführter Wärmestrom, [dot_Q] = W
    Dim V_B As Double               'Volumen Druckbehälter, [V] = m^3
    Dim p_B_0 As Double             'Druck im Behälter für t = 0, [p] = MPa
    Dim T_B_0 As Double             'Temperatur im Behälter für t = 0, [T] = K
    Dim p_B_t As Double             'zu erreichender Druck im Behälter, [p] = MPa
    Dim delta_t As Double           'Intervallbreite für Integration, [delta_t] = s
    Dim t_i As Double               'Zeit, [t] = s
    Dim dot_m As Double             'Massenstrom, [dot_m] = kg s^-1
    Dim p_B As Double               'variabler Druck im Behälter, [p] = MPa
    Dim T_B As Double               'variable Temperatur im Behälter, [T] = K
    Dim Z As Double                 'Realgasfaktor, [Z] = 1
    Dim M As Double                 'molare Masse, [M] = kg mol^-3
    Dim m_B As Double               'variable Masse im Behälter, [m] = kg
    Dim h_B As Double               'spez. Enthalpie im Behälter, [h] = J kg^-1
    Dim s_B As Double               'spez. Entropie im Behälter, s] = J kg^-1 K^-1
    Dim u_B As Double               'spez. Innere Energie im Behälter, [u] = J kg^-1
    Dim U_B_0 As Double             'Innere Energie im Behälter für t = 0, [U] = J kg^-1
    Dim h_1 As Double               'spez. Enthalpie Zustand 1, [h] = J kg^-1
    Dim s_1 As Double               'spez. Entropie Zustand 1, [s] = J kg^-1 K^-1
    Dim h_2 As Double               'spez. Enthalpie Zustand 2, [h] = J kg^-1
    Dim h_2_s As Double             'spez. Enthalpie Zustand 2s, [h] = J kg^-1
    Dim s_2 As Double               'spez. Entropie Zustand 2, [s] = J kg^-1 K^-1
```

```vba
45    Dim T_2 As Double              'Temperatur Zustand 2, [T] = K
      Dim h_3 As Double              'spez. Enthalpie Zustand 3, [h] = J kg^-1
      Dim s_3 As Double              'spez. Entropie Zustand 3, [s] = J kg^-1 K^-1
      Dim T_3 As Double              'Temperatur Zustand 3, [T] = K
      Dim delta_U_B As Double        'Änderung der Inneren Energie, [U] = J
      Dim delta_H_1 As Double        'gesamte zugeführte Enthalpie Zustand 1, [H] = J
      Dim E_E_V_verd As Double       'Exergieverlust bei der Verdichtung, [E] = J
50    Dim E_E_V_wue As Double        'Exergieverlust bei der Wärmeübertragung, [E] = J
      Dim arrTabelle() As Double     'Datenarray
      Dim i As Integer               'Schleifenzähler

      T_U = Range("T_U")             'Einlesen Daten aus Berechnungsblatt
55    p_1 = Range("p_1")
      T_1 = Range("T_1")
      P_t = 1000 * Range("P_t")
      eta_s = Range("eta_s")
      dot_Q = 1000 * Range("dot_Q")
60    V_B = Range("V_B")
      p_B_0 = Range("p_B_0")
      T_B_0 = Range("T_B_0")
      p_B_t = Range("p_B_t_soll")
      delta_t = Range("delta_t")
65
      Dim PathToSubModel As String              'Definition Parameter TREND
      Dim Unit As String
      Dim Fluids As String
      Dim Composition As Double
70    Dim EqTypes As Double
      Dim MixingRule As Double

      PathToSubModel = Range("PathToSubModel")      'Einlesen/Zuweisung Parameter TREND
      Unit = Range("Unit")
75    Fluids = Range("Fluids")
      Composition = Range("Composition")
      EqTypes = Range("EqTypes")
      MixingRule = Range("MixingRule")

80    ReDim arrTabelle(1000, 10) 'Erzeugt den Array 'arrTable'
      'Löscht den Inhalt der (alten) Tabelle vor dem Start der Berechnungen
      Range(Range("oberste_Zelle"), _
          Range("oberste_Zelle").End(xlDown).End(xlToRight)).ClearContents

85    i = 0                          'Berechnung der ersten Zeile der Tabelle für t = 0
      t_i = 0                        'Zeit für Befüllung Druckbehälter
      p_B = p_B_0                    'Zuweisung Anfangswerte
      T_B = T_B_0
      delta_H_1 = 0
90    delta_U_B = 0
      E_E_V_verd = 0
      E_E_V_wue = 0
      h_1 = TRENDEOS("H", "TP", T_1, p_1, Fluids, Composition, EqTypes, _
          MixingRule, PathToSubModel, Unit)
95    s_1 = TRENDEOS("S", "TP", T_1, p_1, Fluids, Composition, EqTypes, _
          MixingRule, PathToSubModel, Unit)
      Z = TRENDEOS("Z", "TP", T_B, p_B, Fluids, Composition, EqTypes, MixingRule, _
          PathToSubModel, Unit)
      M = TRENDSPECEOS(Fluids, Composition, EqTypes, MixingRule, PathToSubModel, Unit, _
```

```
100        False, "MW")
       m_B = 10 ^ 6 * p_B * V_B * M / (R * T_B * Z)   'Masse im Druckbehälter für t = 0
       u_B = TRENDEOS("U", "TP", T_B, p_B, Fluids, Composition, EqTypes, _
           MixingRule, PathToSubModel, Unit)
       h_B = TRENDEOS("H", "TP", T_B, p_B, Fluids, Composition, EqTypes, _
105        MixingRule, PathToSubModel, Unit)
       s_B = TRENDEOS("S", "TP", T_B, p_B, Fluids, Composition, EqTypes, _
           MixingRule, PathToSubModel, Unit)
       U_B_0 = m_B * u_B              'Innere Energie im Behälter für t = 0

110    arrTabelle(i, 0) = i          'Speichern der Daten der ersten Zeile für die Tabelle
       arrTabelle(i, 1) = t_i
       arrTabelle(i, 2) = T_1 - 273.15
       arrTabelle(i, 3) = T_1 - 273.15
       arrTabelle(i, 4) = 10 * p_B
115    arrTabelle(i, 5) = T_B - 273.15
       arrTabelle(i, 6) = 0.001 * s_B
       arrTabelle(i, 7) = 0.001 * h_B
       arrTabelle(i, 8) = m_B
       arrTabelle(i, 9) = 0
120
       Do While p_B < p_B_t         'Berechnung der weiteren Zeilen der Tabelle
           i = i + 1
           h_2_s = TRENDEOS("H", "PS", p_B, s_1, Fluids, Composition, EqTypes, _
               MixingRule, PathToSubModel, Unit)
125        h_2 = h_1 + (h_2_s - h_1) / eta_s
           dot_m = P_t / (h_2 - h_1)
           m_B = m_B + dot_m * delta_t
           T_2 = TRENDEOS("T", "PH", p_B, h_2, Fluids, Composition, EqTypes, _
               MixingRule, PathToSubModel, Unit)
130        s_2 = TRENDEOS("S", "PH", p_B, h_2, Fluids, Composition, EqTypes, _
               MixingRule, PathToSubModel, Unit)
           h_3 = h_2 - dot_Q / dot_m
           T_3 = TRENDEOS("T", "PH", p_B, h_3, Fluids, Composition, EqTypes, _
               MixingRule, PathToSubModel, Unit)
135        s_3 = TRENDEOS("S", "PH", p_B, h_3, Fluids, Composition, EqTypes, _
               MixingRule, PathToSubModel, Unit)
           delta_H_1 = delta_H_1 + dot_m * h_1 * delta_t
           delta_U_B = delta_U_B + dot_m * h_3 * delta_t
           u_B = (U_B_0 + delta_U_B) / m_B
140        h_B = u_B + p_B * V_B * 10 ^ 6 / m_B
           T_B = TRENDEOS("T", "PH", p_B, h_B, Fluids, Composition, EqTypes, _
               MixingRule, PathToSubModel, Unit)
           Z = TRENDEOS("Z", "TP", T_B, p_B, Fluids, Composition, EqTypes, _
               MixingRule, PathToSubModel, Unit)
145        p_B = m_B * R * T_B * Z / (M * V_B * 10 ^ 6)
           E_E_V_verd = E_E_V_verd + dot_m * T_U * (s_2 - s_1) * delta_t
           E_E_V_wue = E_E_V_wue + dot_m * ((h_2 - h_3) + T_U * (s_3 - s_2)) * delta_t
           h_B = TRENDEOS("H", "TP", T_B, p_B, Fluids, Composition, EqTypes, _
               MixingRule, PathToSubModel, Unit)
150        s_B = TRENDEOS("S", "TP", T_B, p_B, Fluids, Composition, EqTypes, _
               MixingRule, PathToSubModel, Unit)
           t_i = t_i + delta_t
           arrTabelle(i, 0) = i          'Speichern der Daten für die Tabelle
           arrTabelle(i, 1) = t_i
155        arrTabelle(i, 2) = T_2 - 273.15
           arrTabelle(i, 3) = T_3 - 273.15
```

```vba
            arrTabelle(i, 4) = 10 * p_B
            arrTabelle(i, 5) = T_B - 273.15
            arrTabelle(i, 6) = 0.001 * s_B
160         arrTabelle(i, 7) = 0.001 * h_B
            arrTabelle(i, 8) = m_B
            arrTabelle(i, 9) = dot_m
        Loop

165     'Einfügen der Werte des Arrays 'arrTabelle' in das Arbeitsblatt
        Range("oberste_Zelle").Resize(UBound(arrTabelle, 1), _
            UBound(arrTabelle, 2)) = arrTabelle

        Range("t_i") = t_i
170     Range("i") = i
        Range("delta_H_1") = delta_H_1 / 1000
        Range("W_t") = P_t * t_i / 1000
        Range("Q_wue") = dot_Q * t_i / 1000
        Range("p_B_t_bar_ist") = 10 * p_B
175     Range("theta_B_t") = T_B - 273.15
        Range("m_B_t") = m_B
        Range("delta_U_B") = delta_U_B / 1000
        Range("U_B_t") = (U_B_0 + delta_U_B) / 1000
        Range("theta_2_t") = T_2 - 273.15
180     Range("E_E_V_verd") = E_E_V_verd / 1000
        Range("E_E_V_wue") = E_E_V_wue / 1000
End Sub
```

Die Ergebnisse der Berechnungen für den Fall a) zeigen, dass die Temperatur ϑ_2 direkt nach der Verdichtung sehr schnell auf hohe und für den Kompressor nicht verträgliche Werte ansteigt. Durch die Kühlung mit einem Wärmestrom $|\dot{Q}_{\mathrm{wue}}| = |P_{\mathrm{t,verd}}|$ sinkt die Temperatur ϑ_3 nach dem Wärmeübertrager gegenüber der Temperatur ϑ_1 leicht ab, was daran liegt, dass im Zustand 3 der Druck höher ist, als im Zustand 1. Dagegen nimmt die Temperatur ϑ_B im Behälter zu, aber – bedingt durch die Kühlung – nur moderat. Die in den Behälter eingespeicherte Masse m_B des Wasserstoff steigt, wobei der Massenstrom im Verlauf der Einspeicherung infolge des steigenden Gegendrucks für die Verdichtung sinkt. Es sei angemerkt, dass für den vorliegenden Datensatz die Kühlung unabhängig von der Jahreszeit mit Umgebungsluft erfolgen kann.

Anhand der Simulation kann geklärt werden, dass bei Wegfall der Kühlung mit $|\dot{Q}_{\mathrm{wue}}| = 0$ die Temperatur im Behälter schneller ansteigt und einen deutlich höheren Wert erreicht, wobei auch der vorgegebene Druck schneller erreicht wird. Wird dagegen der abzuführende Wärmestrom größer gewählt als die zugeführte Leistung ($|\dot{Q}_{\mathrm{wue}}| > |P_{\mathrm{t,verd}}|$), wird der Aufwand für die Kühlung größer und erfordert den Einsatz einer Kältemaschine, weil die zu erreichende Temperatur im Zustand 3 deutlich unter der Umgebungstemperatur liegen kann.

Erwartungsgemäß sind die Exergieverluste aufgrund der Verdichtung und der Kühlung im Prozess relativ hoch. Bezüglich der Vereinfachungen für die Berechnungen ist anzumerken, dass die Annahme adiabater Bauteile zu Abweichungen zwischen der Simulation und einer realen Anlage führen kann, wenn Wärmeverluste auftreten, was ein in der Praxis durchaus erwünschter Effekt ist.

Die Simulation kann um die Berücksichtigung des Wärmedurchgangs durch die

Behälterwand infolge der Teilprozesse des Wärmeübergangs vom Wasserstoff an die Behälterwand, der Wärmeleitung in der Wand sowie auf der Außenseite des Behälters der Wärmetransportströme infolge des konvektiven Wärmeübergangs, des Strahlungsaustauschs mit der Umgebung, der Einwirkung der Solarstrahlung oder des Strahlungsaustauschs mit dem Himmel ergänzt werden, siehe [53].

Zu der im Beispiel gewählten Randbedingung, dass die Verdichtung und die Kühlung mit konstanten Leistungen erfolgen, ist anzumerken, dass die Berechnung auch auf einen konstanten Massenstrom für die Einspeicherung umgestellt werden kann. In der Praxis kann dieser Fall mit drehzahlgeregelten Kolbenpumpen und einer ebenfalls geregelten Kühlleistung des Wärmeübertragers umgesetzt werden.

Die Intervallbreite Δt für die Integration wurde für das aktuelle und für das nachfolgende Beispiel relativ groß gewählt. Mit abnehmender Intervallbreite steigt die Genauigkeit der Ergebnisse, aber auch die Rechenzeit für die Simulation.

Zweistufige Verdichtung mit zusätzlicher Kühlung in einen Druckbehälter, Fall b)

Für den in Beispiel 7.4 im Fall b) vorgegebenen und in Abb. 7.9 dargestellten Prozess der zweistufigen Verdichtung soll ebenfalls angenommen werden, dass es sich um einen irreversiblen, adiabaten, ortsfesten, instationären Prozess unter Vernachlässigung von Druckverlusten handelt und dass das Volumen in den Bauteilen vor dem Behälter und die Wärmekapazität der Bauteile einschließlich des Behälters vernachlässigt wird. Zu Beginn der Verdichtung sind der Druck $p_{B,0}$ und die Temperatur $T_{B,0}$ im Behälter mit dem konstanten Volumen V_B gegeben. Die Leistungen der beiden Verdichter $P_{t,verd,1}$ und $P_{t,verd,2}$ sowie der beiden Wärmeströme $\dot{Q}_{wue,1}$ und $\dot{Q}_{wue,2}$ werden auch hier als konstant angenommen.

Für die zeitliche Änderung der Masse m_B des im Behälter befindlichen überkritischen Fluids gilt weiter Gleichung (7.10) und für die zeitliche Änderung der Inneren Energie $U_B(t)$ des im Behälter befindlichen Fluids

$$\frac{dU_B}{dt} = P_{t,verd,1} - \dot{Q}_{wue,1} + P_{t,verd,2} - \dot{Q}_{wue,2} + \dot{H}_1$$

$$= P_{t,verd,1} - \dot{Q}_{wue,1} + P_{t,verd,2} - \dot{Q}_{wue,2} + \dot{m}(t)h_1 \tag{7.25}$$

$$= \dot{H}_5(t) = \dot{m}(t)h_5(t) . \tag{7.26}$$

Die Änderung der Inneren Energie kann auch hier über die Energiebilanz für das gesamte System direkt mit der konstanten spezifischen Enthalpie h_1 des Fluids im Eintrittszustand oder der zeitabhängigen spezifischen Enthalpie $h_5(t)$ im Zustand 5 berechnet werden.

Zur Masse des Fluids im Behälter am Ende des Zeitintervalls $i+1$ siehe die Gleichungen (7.10) und (7.14). Analog zum einstufigen Prozess folgt aus den Gleichungen (7.25) und (7.26) für die Änderung der Inneren Energie

$$\Delta U_B = \left(P_{t,verd,1} - \dot{Q}_{wue,1} + P_{t,verd,2} - \dot{Q}_{wue,2} + \dot{m}(t)h_1 \right) \Delta t \tag{7.27}$$

$$= \dot{m}(t)h_5(t)\Delta t . \tag{7.28}$$

Bearbeitung der in Beispiel 7.4 im Fall b) gegebenen Aufgabenstellung
Für die Bearbeitung der Aufgabenstellung gemäß Beispiel 7.4 Fall b) wird ein Excel-Berechnungsblatt wie in Abb. 7.11 erstellt. Da die Berechnungen eine Erweiterung der Berechnungen zum Fall a) darstellen, werden hier nur die wesentlichen Erweiterungen zum Fall b) beschrieben.

1. Zu den wesentlichen Erweiterungen für den Fall b) im Excel-Berechnungsblatt gehören die Aufteilung der zugeführten Leistung und der abgeführten Wärmeströme, sowie die Angabe der zwei Temperaturen nach den beiden Verdichtungen. Die Tabelle unten im Berechnungsblatt muss ebenfalls ergänzt werden.

2. Ebenfalls angepasst werden muss der VBA-Code, siehe dazu Listing 7.2. Hier kommen der Zwischendruck p_Z nach der ersten Verdichtung entsprechend Gleichung (7.7) sowie die Temperaturen und Drücke nach der zweiten Verdichtung und der zweiten Wärmeabfuhr hinzu.

3. Die spezifische Enthalpie im Zustand 4 folgt aus

$$h_4 = h_3 + \frac{P_{t,\mathrm{verd},2}}{\dot{m}} \qquad (7.29)$$

und die spezifische Enthalpie im Zustand 5 aus

$$h_5 = h_4 + \frac{\dot{Q}_{\mathrm{wue},2}}{\dot{m}} \; . \qquad (7.30)$$

Mit der Gleichung (7.20) kann auch hier die mit dem Enthalpiestrom zugeführte Enthalpie ΔH_1 aufsummiert und analog zu Gleichung (7.21) die Zunahme der Inneren Energie im Behälter ΔU_B.

4. Die Berechnungen der Exergieverluste für die zweite Verdichtung und die Nachkühlung erfolgen auch hier unter Verwendung der Gleichungen (3.105) und (3.122). Bei der Ausgabe der berechneten Daten in die Tabelle im Berechnungsblatt in Abb. 7.11 werden die im Vergleich zum Fall a) zusätzlich berechneten Daten berücksichtigt und die Werte für die spezifische Enthalpie h_B und die spezifische Entropie s_B aus Platzgründen in den bei der Druckausgabe nicht sichtbaren Bereich verschoben.

Listing 7.2: VBA-Code für die zweistufige Verdichtung von Wasserstoff mit zusätzlicher Kühlung in einen Druckbehälter

```
'Universelle Gaskonstante, [R] = kJ kmol^-1 K^-1
'Mohr, P. J., Newell, D. B. und Tiesinga, E. (2018): Data and analysis for the
'CODATA 2017 special fundamental constants adjustment. Metrologia 55 (1),S. 125-146
Const R As Double = 8.314462618

Private Sub Worksheet_Change(ByVal Target As Range)
    'Zellenformatvorlage "Eingabe" auf alle "grauen" Zellen angewendet
    If Target.Style = "Eingabe" Then
        If Range("p_B_0").Value2 < Range("p_B_t_soll").Value2 Then
            FillTable
```

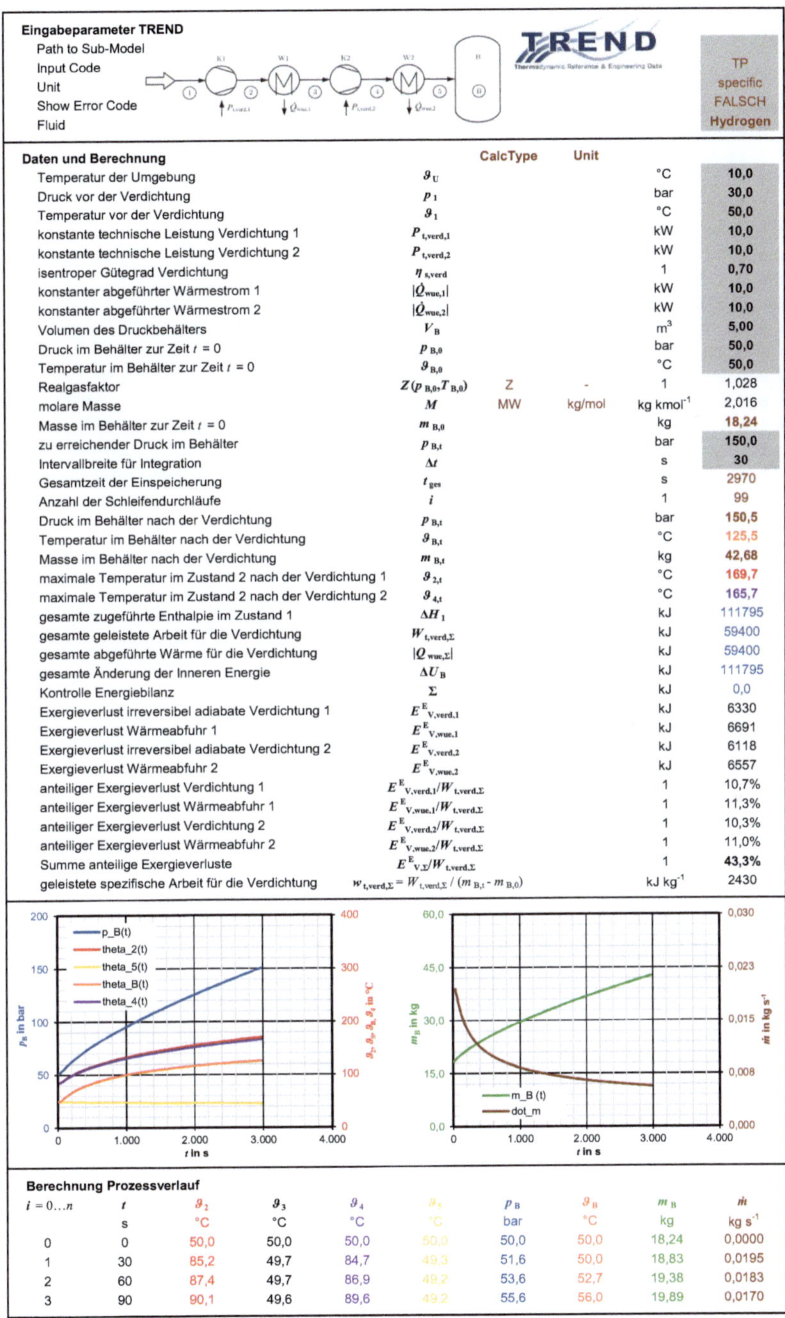

Daten und Berechnung		CalcType	Unit		
Temperatur der Umgebung	ϑ_U			°C	10,0
Druck vor der Verdichtung	p_1			bar	30,0
Temperatur vor der Verdichtung	ϑ_1			°C	50,0
konstante technische Leistung Verdichtung 1	$P_{t,verd,1}$			kW	10,0
konstante technische Leistung Verdichtung 2	$P_{t,verd,2}$			kW	10,0
isentroper Gütegrad Verdichtung	$\eta_{s,verd}$			1	0,70
konstanter abgeführter Wärmestrom 1	$|\dot{Q}_{wue,1}|$			kW	10,0
konstanter abgeführter Wärmestrom 2	$|\dot{Q}_{wue,2}|$			kW	10,0
Volumen des Druckbehälters	V_B			m³	5,00
Druck im Behälter zur Zeit $t = 0$	$p_{B,0}$			bar	50,0
Temperatur im Behälter zur Zeit $t = 0$	$\vartheta_{B,0}$			°C	50,0
Realgasfaktor	$Z(p_{B,0}, T_{B,0})$	Z	-	1	1,028
molare Masse	M	MW	kg/mol	kg kmol⁻¹	2,016
Masse im Behälter zur Zeit $t = 0$	$m_{B,0}$			kg	18,24
zu erreichender Druck im Behälter	$p_{B,t}$			bar	150,0
Intervallbreite für Integration	Δt			s	30
Gesamtzeit der Einspeicherung	t_{ges}			s	2970
Anzahl der Schleifendurchläufe	i			1	99
Druck im Behälter nach der Verdichtung	$p_{B,t}$			bar	150,5
Temperatur im Behälter nach der Verdichtung	$\vartheta_{B,t}$			°C	125,5
Masse im Behälter nach der Verdichtung	$m_{B,t}$			kg	42,68
maximale Temperatur im Zustand 2 nach der Verdichtung 1	$\vartheta_{2,t}$			°C	169,7
maximale Temperatur im Zustand 2 nach der Verdichtung 2	$\vartheta_{4,t}$			°C	165,7
gesamte zugeführte Enthalpie im Zustand 1	ΔH_1			kJ	111795
gesamte geleistete Arbeit für die Verdichtung	$W_{t,verd,\Sigma}$			kJ	59400
gesamte abgeführte Wärme für die Verdichtung	$|Q_{wue,\Sigma}|$			kJ	59400
gesamte Änderung der Inneren Energie	ΔU_B			kJ	111795
Kontrolle Energiebilanz	Σ			kJ	0,0
Exergieverlust irreversibel adiabate Verdichtung 1	$E^E_{V,verd,1}$			kJ	6330
Exergieverlust Wärmeabfuhr 1	$E^E_{V,wue,1}$			kJ	6691
Exergieverlust irreversibel adiabate Verdichtung 2	$E^E_{V,verd,2}$			kJ	6118
Exergieverlust Wärmeabfuhr 2	$E^E_{V,wue,2}$			kJ	6557
anteiliger Exergieverlust Verdichtung 1	$E^E_{V,verd,1}/W_{t,verd,\Sigma}$			1	10,7%
anteiliger Exergieverlust Wärmeabfuhr 1	$E^E_{V,wue,1}/W_{t,verd,\Sigma}$			1	11,3%
anteiliger Exergieverlust Verdichtung 2	$E^E_{V,verd,2}/W_{t,verd,\Sigma}$			1	10,3%
anteiliger Exergieverlust Wärmeabfuhr 2	$E^E_{V,wue,2}/W_{t,verd,\Sigma}$			1	11,0%
Summe anteilige Exergieverluste	$E^E_{V,\Sigma}/W_{t,verd,\Sigma}$			1	43,3%
geleistete spezifische Arbeit für die Verdichtung	$w_{t,verd,\Sigma} = W_{t,verd,\Sigma} / (m_{B,t} - m_{B,0})$			kJ kg⁻¹	2430

Berechnung Prozessverlauf

$i = 0...n$	t	ϑ_2	ϑ_3	ϑ_4	ϑ_5	p_B	ϑ_B	m_B	$\dot{m}$
	s	°C	°C	°C	°C	bar	°C	kg	kg s⁻¹
0	0	50,0	50,0	50,0	50,0	50,0	50,0	18,24	0,0000
1	30	85,2	49,7	84,7	49,3	51,6	50,0	18,83	0,0195
2	60	87,4	49,7	86,9	49,2	53,6	52,7	19,38	0,0183
3	90	90,1	49,6	89,6	49,2	55,6	56,0	19,89	0,0170

Abbildung 7.11: Excel-Berechnungsblatt für die zweistufige Verdichtung von Wasserstoff mit zusätzlicher Kühlung in einen Druckbehälter

```vba
            End If
        End If
End Sub

Sub FillTable()
        Dim T_U As Double                   'Umgebungstemperatur, [T] = K
        Dim p_1 As Double                   'Druck vor Verdichtung, [p] = MPa
        Dim T_1 As Double                   'Temperatur Zustand 1, [T] = K
        Dim P_t_1 As Double                 'Leistung Verdichter 1, [P_t] = W
        Dim P_t_2 As Double                 'Leistung Verdichter 2, [P_t] = W
        Dim eta_s As Double                 'isentroper Wirkungsgrad Verdichtung, [eta] = 1
        Dim dot_Q_1 As Double               'abgeführter Wärmestrom 1, [dot_Q] = W
        Dim dot_Q_2 As Double               'abgeführter Wärmestrom 2, [dot_Q] = W
        Dim V_B As Double                   'Volumen Druckbehälter, [V] = m^3
        Dim p_B_0 As Double                 'Druck im Behälter für t = 0, [p] = MPa
        Dim T_B_0 As Double                 'Temperatur im Behälter für t = 0, [T] = K
        Dim p_B_t As Double                 'zu erreichender Druck im Behälter, [p] = MPa
        Dim delta_t As Double               'Intervallbreite für Integration, [delta_t] = s
        Dim t_i As Double                   'Zeit, [t] = s
        Dim dot_m As Double                 'Massenstrom, [dot_m] = kg s^-1
        Dim p_B As Double                   'variabler Druck im Behälter, [p] = MPa
        Dim T_B As Double                   'variable Temperatur im Behälter, [T] = K
        Dim Z As Double                     'Realgasfaktor, [Z] = 1
        Dim M As Double                     'molare Masse, [M] = kg mol^-3
        Dim m_B As Double                   'variable Masse im Behälter, [m] = kg
        Dim h_B As Double                   'spez. Enthalpie im Behälter, [h] = J kg^-1
        Dim s_B As Double                   'spez. Entropie im Behälter, s] = J kg^-1 K^-1
        Dim u_B As Double                   'spez. Innere Energie im Behälter, [u] = J kg^-1
        Dim U_B_0 As Double                 'Innere Energie im Behälter für t = 0, [U] = J
        Dim h_1 As Double                   'spez. Enthalpie Zustand 1, [h] = J kg^-1
        Dim s_1 As Double                   'spez. Entropie Zustand 2, [s] = J kg^-1 K^-1
        Dim h_2 As Double                   'spez. Enthalpie Zustand 2, [h] = J kg^-1
        Dim h_2_s As Double                 'spez. Enthalpie Zustand 2s, [h] = J kg^-1
        Dim s_2 As Double                   'spez. Entropie Zustand 2, [s] = J kg^-1 K^-1
        Dim T_2 As Double                   'Temperatur Zustand 2, [T] = K
        Dim h_3 As Double                   'spez. Enthalpie Zustand 3, [h] = J kg^-1
        Dim s_3 As Double                   'spez. Entropie Zustand 3, [s] = J kg^-1 K^-1
        Dim T_3 As Double                   'Temperatur Zustand 3, [T] = K
        Dim p_Z As Double                   'Zwischendruck zweistufige Verdichtung, [p] = MPa
        Dim h_4 As Double                   'spez. Enthalpie Zustand 4, [h] = J kg^-1
        Dim s_4 As Double                   'spez. Entropie Zustand 4, [s] = J kg^-1 K^-1
        Dim T_4 As Double                   'Temperatur Zustand 4, [T] = K
        Dim h_5 As Double                   'spez. Enthalpie Zustand 5, [h] = J kg^-1
        Dim s_5 As Double                   'spez. Entropie Zustand 5, [s] = J kg^-1 K^-1
        Dim T_5 As Double                   'Temperatur Zustand 5, [T] = K
        Dim delta_U_B As Double             'Änderung der Inneren Energie, [U] = J
        Dim delta_H_1 As Double             'gesamte zugeführte Enthalpie Zustand 1, [H] = J
        Dim E_E_V_verd_1 As Double          'Exergieverlust bei der Verdichtung 1, [E] = J
        Dim E_E_V_wue_1 As Double           'Exergieverlust bei der Wärmeübertragung 1, [E] = J
        Dim E_E_V_verd_2 As Double          'Exergieverlust bei der Verdichtung 2, [E] = J
        Dim E_E_V_wue_2 As Double           'Exergieverlust bei der Wärmeübertragung 2, [E] = J
        Dim arrTabelle() As Double          'Datenarray
        Dim i As Integer                    'Schleifenzähler

        T_U = Range("T_U")                  'Einlesen Daten aus Berechnungsblatt
        p_1 = Range("p_1")
        T_1 = Range("T_1")
```

```vba
      P_t_1 = 1000 * Range("P_t_1")
      P_t_2 = 1000 * Range("P_t_2")
70    eta_s = Range("eta_s")
      dot_Q_1 = 1000 * Range("dot_Q_1")
      dot_Q_2 = 1000 * Range("dot_Q_2")
      V_B = Range("V_B")
      p_B_0 = Range("p_B_0")
75    T_B_0 = Range("T_B_0")
      p_B_t = Range("p_B_t_soll")
      delta_t = Range("delta_t")

      Dim PathToSubModel As String          'Definition Parameter TREND
80    Dim Unit As String
      Dim Fluids As String
      Dim Composition As Double
      Dim EqTypes As Double
      Dim MixingRule As Double

85
      PathToSubModel = Range("PathToSubModel")    'Einlesen/Zuweisung Parameter TREND
      Unit = Range("Unit")
      Fluids = Range("Fluids")
      Composition = Range("Composition")
90    EqTypes = Range("EqTypes")
      MixingRule = Range("MixingRule")

      ReDim arrTabelle(1000, 14)  'Erzeugt den Array 'arrTable'
      'Löscht den Inhalt der (alten) Tabelle vor dem Start der Berechnungen
95    Range(Range("oberste_Zelle"), _
          Range("oberste_Zelle").End(xlDown).End(xlToRight)).ClearContents

      i = 0                       'Berechnung der ersten Zeile der Tabelle für t = 0
      t_i = 0                     'Gesamtzeit für Befüllung Druckbehälter
100   p_B = p_B_0                 'Zuweisung Anfangswerte
      T_B = T_B_0
      delta_H_1 = 0
      delta_U_B = 0
      E_E_V_verd_1 = 0
105   E_E_V_wue_1 = 0
      E_E_V_verd_2 = 0
      E_E_V_wue_2 = 0
      h_1 = TRENDEOS("H", "TP", T_1, p_1, Fluids, Composition, EqTypes, _
          MixingRule, PathToSubModel, Unit)
110   s_1 = TRENDEOS("S", "TP", T_1, p_1, Fluids, Composition, EqTypes, _
          MixingRule, PathToSubModel, Unit)
      Z = TRENDEOS("Z", "TP", T_B, p_B, Fluids, Composition, EqTypes, MixingRule, _
          PathToSubModel, Unit)
      M = TRENDSPECEOS(Fluids, Composition, EqTypes, MixingRule, PathToSubModel, Unit, _
115       False, "MW")
      m_B = 10 ^ 6 * p_B * V_B * M / (R * T_B * Z) 'Masse im Druckbehälter für t = 0
      u_B = TRENDEOS("U", "TP", T_B, p_B, Fluids, Composition, EqTypes, _
          MixingRule, PathToSubModel, Unit)
      h_B = TRENDEOS("H", "TP", T_B, p_B, Fluids, Composition, EqTypes, _
120       MixingRule, PathToSubModel, Unit)
      s_B = TRENDEOS("S", "TP", T_B, p_B, Fluids, Composition, EqTypes, _
          MixingRule, PathToSubModel, Unit)
      U_B_0 = m_B * u_B           'Innere Energie im Behälter für t = 0
```

```vb
125     arrTabelle(i, 0) = i                'Speichern der Daten der ersten Zeile für die Tabelle
        arrTabelle(i, 1) = t_i
        arrTabelle(i, 2) = T_1 - 273.15
        arrTabelle(i, 3) = T_1 - 273.15
        arrTabelle(i, 4) = T_1 - 273.15
130     arrTabelle(i, 5) = T_1 - 273.15
        arrTabelle(i, 6) = 10 * p_B
        arrTabelle(i, 7) = T_B - 273.15
        arrTabelle(i, 8) = m_B
        arrTabelle(i, 9) = 0
135     arrTabelle(i, 12) = 0.001 * s_B
        arrTabelle(i, 13) = 0.001 * h_B


        Do While p_B < p_B_t            'Berechnung der weiteren Zeilen der Tabelle
            i = i + 1
140         p_Z = Sqr(p_1 * p_B)        'Zwischendruck für die Verdichtung
            h_2_s = TRENDEOS("H", "PS", p_Z, s_1, Fluids, Composition, EqTypes, _
                MixingRule, PathToSubModel, Unit)
            h_2 = h_1 + (h_2_s - h_1) / eta_s
            dot_m = P_t_1 / (h_2 - h_1)
145         m_B = m_B + dot_m * delta_t
            T_2 = TRENDEOS("T", "PH", p_Z, h_2, Fluids, Composition, EqTypes, _
                MixingRule, PathToSubModel, Unit)
            s_2 = TRENDEOS("S", "PH", p_Z, h_2, Fluids, Composition, EqTypes, _
                MixingRule, PathToSubModel, Unit)
150         h_3 = h_2 - dot_Q_1 / dot_m
            T_3 = TRENDEOS("T", "PH", p_Z, h_3, Fluids, Composition, EqTypes, _
                MixingRule, PathToSubModel, Unit)
            s_3 = TRENDEOS("S", "PH", p_Z, h_3, Fluids, Composition, EqTypes, _
                MixingRule, PathToSubModel, Unit)
155         h_4 = h_3 + P_t_2 / dot_m
            T_4 = TRENDEOS("T", "PH", p_B, h_4, Fluids, Composition, EqTypes, _
                MixingRule, PathToSubModel, Unit)
            s_4 = TRENDEOS("S", "PH", p_B, h_4, Fluids, Composition, EqTypes, _
                MixingRule, PathToSubModel, Unit)
160         h_5 = h_4 - dot_Q_2 / dot_m
            T_5 = TRENDEOS("T", "PH", p_B, h_5, Fluids, Composition, EqTypes, _
                MixingRule, PathToSubModel, Unit)
            s_5 = TRENDEOS("S", "PH", p_B, h_5, Fluids, Composition, EqTypes, _
                MixingRule, PathToSubModel, Unit)
165         delta_H_1 = delta_H_1 + dot_m * h_1 * delta_t
            delta_U_B = delta_U_B + dot_m * h_5 * delta_t
            u_B = (U_B_0 + delta_U_B) / m_B
            h_B = u_B + p_B * V_B * 10 ^ 6 / m_B
            T_B = TRENDEOS("T", "PH", p_B, h_B, Fluids, Composition, EqTypes, _
170             MixingRule, PathToSubModel, Unit)
            Z = TRENDEOS("Z", "TP", T_B, p_B, Fluids, Composition, EqTypes, MixingRule, _
                PathToSubModel, Unit)
            p_B = m_B * R * T_B * Z / (M * V_B * 10 ^ 6)
            E_E_V_verd_1 = E_E_V_verd_1 + dot_m * T_U * (s_2 - s_1) * delta_t
175         E_E_V_wue_1 = E_E_V_wue_1 + dot_m * ((h_2 - h_3) + T_U * (s_3 - s_2)) * delta_t
            E_E_V_verd_2 = E_E_V_verd_2 + dot_m * T_U * (s_4 - s_3) * delta_t
            E_E_V_wue_2 = E_E_V_wue_2 + dot_m * ((h_4 - h_5) + T_U * (s_5 - s_4)) * delta_t
            h_B = TRENDEOS("H", "TP", T_B, p_B, Fluids, Composition, EqTypes, _
                MixingRule, PathToSubModel, Unit)
180         s_B = TRENDEOS("S", "TP", T_B, p_B, Fluids, Composition, EqTypes, _
                MixingRule, PathToSubModel, Unit)
```

```vba
            t_i = t_i + delta_t
            arrTabelle(i, 0) = i          'Speichern der Daten für die Tabelle
            arrTabelle(i, 1) = t_i
            arrTabelle(i, 2) = T_2 - 273.15
            arrTabelle(i, 3) = T_3 - 273.15
            arrTabelle(i, 4) = T_4 - 273.15
            arrTabelle(i, 5) = T_5 - 273.15
            arrTabelle(i, 6) = 10 * p_B
            arrTabelle(i, 7) = T_B - 273.15
            arrTabelle(i, 8) = m_B
            arrTabelle(i, 9) = dot_m
            arrTabelle(i, 12) = 0.001 * s_B
            arrTabelle(i, 13) = 0.001 * h_B
    Loop

    'Einfügen der Werte des Arrays 'arrTabelle' in das Arbeitsblatt
    Range("oberste_Zelle").Resize(UBound(arrTabelle, 1), _
        UBound(arrTabelle, 2)) = arrTabelle

    Range("t_i") = t_i
    Range("i") = i
    Range("delta_H_1") = delta_H_1 / 1000
    Range("W_t_Summe") = (P_t_1 + P_t_2) * t_i / 1000
    Range("Q_wue_Summe") = (dot_Q_1 + dot_Q_2) * t_i / 1000
    Range("p_B_t_bar_ist") = 10 * p_B
    Range("theta_B_t") = T_B - 273.15
    Range("m_B_t") = m_B
    Range("delta_U_B") = delta_U_B / 1000
    Range("U_B_t") = (U_B_0 + delta_U_B) / 1000
    Range("theta_2_t") = T_2 - 273.15
    Range("theta_4_t") = T_4 - 273.15
    Range("E_E_V_verd_1") = E_E_V_verd_1 / 1000
    Range("E_E_V_wue_1") = E_E_V_wue_1 / 1000
    Range("E_E_V_verd_2") = E_E_V_verd_2 / 1000
    Range("E_E_V_wue_2") = E_E_V_wue_2 / 1000
End Sub
```

Ein Vergleich der Temperaturverläufe für den Fall a) mit denen für den Fall b) ergibt, dass durch die Prozessführung im Fall b) die Temperaturen nach den beiden Kompressoren deutlich gesenkt werden und noch im Bereich verträglicher Werte liegen. Die in den beiden Fällen a) und b) erreichten Temperaturen des Wasserstoffs im Behälter, die gesamten den Behältern zugeführten Enthalpien und die gesamten Änderungen der Inneren Energien unterscheiden sich leicht, weil infolge der Diskretisierung leicht unterschiedliche Drücke am Ende der Prozesse erreicht werden. Die insgesamt zugeführte Arbeit und die insgesamt abgeführte Wärme sind im ein- und im zweistufigen Prozess gleich, wobei der zweistufige Prozess schneller abläuft, siehe nachfolgend.

Beim Vergleich der Exergieverluste ist zu sehen, dass die Summe der Exergieverluste im zweistufigen Prozess erwartungsgemäß geringer ist. Erkennbar sind hier auch die niedrigeren Exergieverluste bei der Wärmeübertragung. Insgesamt – besonders wegen der deutlich niedrigeren Temperaturen nach den beiden Verdichtungen – ist somit der zweistufige Prozess bei den gegebenen Daten im Vorteil.

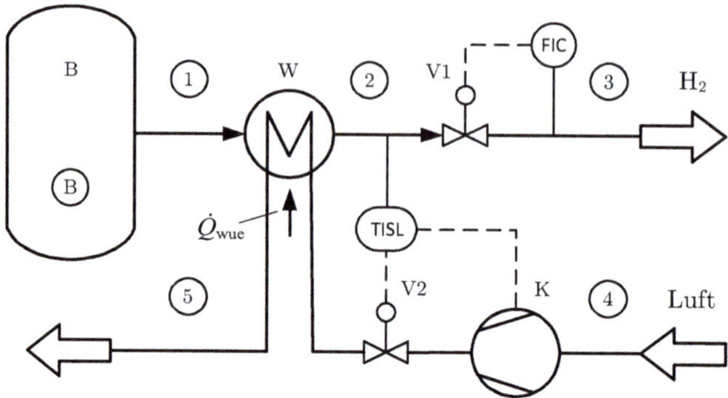

Abbildung 7.12: Fließschema der Ausspeicherung aus einem Druckbehälter (inklusive einer Durchflussregelung und einem luftbeheizten Wärmeübertrager)

7.4 Ausspeicherung von Wasserstoff aus einem Druckbehälter

Der im Beispiel 7.4 in den Druckbehälter eingespeicherte Wasserstoff soll wieder ausgespeichert werden, um z. B. zu Heizzwecken in einem angeschlossenen Hochtemperaturprozess verbrannt werden zu können. Zu Beginn des Prozesses liegt der Wasserstoff im Druckbehälter mit einem Volumen von $V_\mathrm{B} = 5{,}0\,\mathrm{m}^3$, einem Druck von $p_{\mathrm{B},0} = 150\,\mathrm{bar}$ und einer Temperatur von $\vartheta_{\mathrm{B},0} = 50\,°\mathrm{C}$ vor. Der aus dem Behälter austretende Massenstrom wird mittels einer Durchflussregelung auf $\dot{m} = 0{,}010\,\mathrm{kg\,s}^{-1} = \mathrm{konst}$ beschränkt und dabei adiabat auf einen Druck von $p_3 = 2{,}0\,\mathrm{bar} = \mathrm{konst}$ gedrosselt, bis ein minimaler Druck im Behälter von $p_{\mathrm{B},t} = 20\,\mathrm{bar}$ erreicht wird. Die Umgebungstemperatur beträgt $\vartheta_\mathrm{U} = 10\,°\mathrm{C}$. Wegen der Abkühlung des Behälterinhalts während der Ausspeicherung wird der aus dem Behälter ausströmende Wasserstoff in einem Wärmeübertrager unter Verwendung von Luft im Zustand der Umgebung nachgewärmt, sodass die Temperatur des Wasserstoffs im Zustand 2 minimal auf eine Temperatur von $10\,\mathrm{K}$ unterhalb der Temperatur der Umgebungsluft absinkt. Für den Prozess sind die zeitlichen Verläufe der Temperaturen sowie der Masse und des Drucks im Behälter unter Verwendung von TREND zu berechnen und grafisch darzustellen. (Ergebnisse im Excel-Berechnungsblatt in Abb. 7.13.)

In dem in Abb. 7.12 dargestellten Prozess wird der aus dem Druckbehälter B ausströmende Massenstrom des Wasserstoffs angezeigt und mittels der Durchflussregelung über das Ventil V1 auf einen vorgegebenen Wert geregelt. Diese mess-, steuerungs- und regelungstechnische Aufgabenstellung wird nach DIN EN 62424 [41] mit „FIC" bezeichnet. Da die Temperatur des Wasserstoffs im Behälter während der Ausspeicherung relativ niedrige Werte annehmen kann, soll der Wasserstoffstrom bei Unterschreitung eines vorgegebenen Temperatur-Grenzwerts mit Umgebungsluft nachgewärmt werden. Dafür ist die Ausführung „TISL" vorgesehen, also eine Temperaturmessung mit Anzeige und Einschaltung des Kompressors K sowie Öffnung des Ventils V2 bei Unterschreitung eines unteren Temperatur-Grenzwerts im Zustand 2.

Für den in Abb. 7.12 dargestellten Prozess der instationären Ausspeicherung des hier überkritischen Fluids aus dem Druckbehälter gilt für die zeitliche Änderung der Masse m_B des im Behälter befindlichen Fluids mit einem (hier konstanten) Massenstrom

$$\frac{\mathrm{d}m_\mathrm{B}}{\mathrm{d}t} = -\dot{m} \ . \tag{7.31}$$

Mit der Annahme der adiabaten Drosselung der Strömung folgt gemäß Abschnitt 2.2.5 für den Fall, dass keine Arbeit verrichtet wird und die Änderungen kinetischer und potenzieller Energien vernachlässigt werden können die isenthalpe Zustandsänderung

$$h_2(t) = h_3(t) \ , \tag{2.22}$$

die nachfolgend als quasistationär angenommen wird. Daraus ergibt sich für die zeitliche Änderung der Inneren Energie $U_\mathrm{B}(t)$ des Fluids im Behälter

$$\frac{\mathrm{d}U_\mathrm{B}}{\mathrm{d}t} = \dot{Q}_\mathrm{wue} - \dot{H}_3(t) = \dot{Q}_\mathrm{wue} - \dot{m}h_3(t) \tag{7.32}$$

$$= -\dot{H}_1(t) = -\dot{m}h_1(t) \ . \tag{7.33}$$

Die Änderung der Inneren Energie des Fluids kann über die Energiebilanz für das gesamte System entweder mit der hier zeitabhängigen spezifischen Enthalpie $h_1(t)$ oder der ebenfalls zeitabhängigen spezifischen Enthalpie $h_3(t)$ berechnet werden.

Wie schon für das Beispiel 7.4 wird auch im aktuellen Beispiel zur Lösung der beiden Differenzialgleichungen ein vereinfachtes *explizites* Finite-Differenzen-Verfahren angewendet, wobei die Differenzialquotienten durch Differenzenquotienten ersetzt und der für die Lösung relevante Bereich in Intervalle mit vorgegebener Breite unterteilt werden [53]. An den Grenzen der Intervalle lassen sich die diskreten Funktionswerte der gesuchten Variablen – die Temperatur T_B und der Druck p_B im Behälter – in Abhängigkeit von der Zeit t berechnen.

Aus der Massenbilanz in Gleichung (7.31) ergibt sich

$$\Delta m_\mathrm{B} = -\dot{m}\Delta t \tag{7.34}$$

und daraus für die Masse im Behälter am Ende des Zeitintervalls $i + 1$

$$m_{\mathrm{B},i+1} = m_{\mathrm{B},i} - \dot{m}\Delta t \ . \tag{7.35}$$

Aus der Energiebilanz in den Gleichungen (7.32) und (7.33) folgt

$$\Delta U_\mathrm{B} = \left(\dot{Q}_\mathrm{wue} - \dot{m}h_3(t)\right)\Delta t \tag{7.36}$$

$$= -\dot{m}h_1(t)\Delta t \ . \tag{7.37}$$

Bearbeitung der in Beispiel 7.5 gegebenen Aufgabenstellung

Für die Bearbeitung der Aufgabenstellung gemäß Beispiel 7.5 wird ein Excel-Berechnungsblatt wie in Abb. 7.13 erstellt:

1. Im oberen Teil des Berechnungsblatts werden die Eingabeparameter für TREND vorgegeben. Die Zellen in diesem Teil erhalten dieselben Namen, wie im Beispiel 2.1. Das Argument PathToSubModel bleibt leer, damit die im Abschnitt 2.2.4 beschriebenen Korrekturen in der Datei hydrogen.fld bei den Berechnungen Anwendung finden. Aus Platzgründen wurden Zeilen ausgeblendet.

2. Im Teil „Daten und Berechnung" erfolgt die Eingabe der in der Aufgabenstellung gegebenen Daten. Auch hier erhalten die relevanten Zellen Namen und mehrere Zeilen sind ausgeblendet, z. B. die in K oder MPa umgerechneten Temperaturen und Drücke, die in den nachfolgenden Berechnungen verwendet werden. Die Inversionstemperatur T_Inv folgt aus

```
=TRENDEOS(G20;InputCode;T_B_0;p_B_0;Fluids;Composition;EqTypes;
MixingRule;PathToSubModel;Unit;ShowErrorCode)
```

und der Realgasfaktor Z zur Zeit $t = 0$ aus

```
=TRENDEOS("Z";InputCode;T_B_0;p_B_0;Fluids;Composition;EqTypes;
MixingRule;PathToSubModel;Unit;ShowErrorCode)
```

sowie die molare Masse M des Wasserstoffs aus

```
=1000*TRENDSPECEOS(Fluids;Composition;EqTypes;MixingRule;
PathToSubModel;Unit;ShowErrorCode;"MW")
```

mit TREND und den Funktionen TRENDEOS bzw. TRENDSPECEOS, siehe dazu Abschnitt 2.2. Mit dem im Abschnitt 2.4.1 aufgeführten Wert für die universelle Gaskonstante R folgt aus Gleichung (7.18) die Masse im Behälter $m_\mathrm{B,0}$ zur Zeit $t = 0$.

3. Die weiteren Berechnungen erfolgen in VBA. Mit dem Worksheet_Change-Ereignis wird das in Listing 7.3 aufgeführte Makro bei Änderungen im Arbeitsblatt automatisch ausgeführt und die Prozedur FillTable() aufgerufen. Allerdings wird die Ausführung auf Änderungen in den grau unterlegten Zellen beschränkt, indem diesen Zellen im Berechnungsblatt über Start ⟩ Formatvorlagen die Formatvorlage „Eingabe" zugewiesen wird.

4. In der Prozedur FillTable() in Listing 7.3 werden die verwendeten Variablen einschließlich des Datenarrays arrTabelle() für die auszugebende Tabelle definiert und den Variablen über den Range-Befehl die entsprechenden Werte aus dem Berechnungsblatt zugewiesen. Ebenso werden die TREND-Parameter definiert und zugewiesen. Eine Ausnahme bildet dabei der Parameter ShowErrorCode, der im Arbeitsblatt den Wert FALSCH hat, was in VBA dem Wert False entspricht. Da dieser Parameter optional ist, wird er in VBA leergelassen. Beim Aufruf der Funktion TRENDSPECEOS dagegen, die ausschließlich für die einmalige Berechnung der molaren Masse M verwendet wird, muss der Parameter ShowErrorCode mit dem Wert False eingefügt werden:

```
M = TRENDSPECEOS(Fluids, Composition, EqTypes, MixingRule,
PathToSubModel, Unit, False, "MW").
```

Eingabeparameter TREND
- Path to Sub-Model
- Input Code
- Unit
- Show Error Code
- Fluid

TP specific: FALSCH — Hydrogen

Daten und Berechnung

Bezeichnung	Symbol	CalcType	Unit	Einheit	Wert
Temperatur der Umgebung	ϑ_U			°C	10,0
Druck im Behälter zur Zeit $t = 0$	$p_{B,0}$			bar	150,0
Temperatur im Behälter zur Zeit $t = 0$	$\vartheta_{B,0}$			°C	50,0
Inversionstemperatur Joule-Thomson-Effekt	$T_{inv}(T_{B,0}, p_{B,0})$	TJTINV	K	K	200,77
	ϑ_{Inv}			°C	-72,38
Volumen des Druckbehälters	V_B			m^3	5,00
Realgasfaktor	$Z(p_{B,0}, T_{B,0})$	Z	-	1	1,086
molare Masse	M	MW	kg/mol	kg kmol^{-1}	2,016
Masse im Behälter zur Zeit $t = 0$	$m_{B,0}$			kg	51,8
konstanter Massenstrom	$\dot{m}$			kg s^{-1}	0,010
max. zulässige Temperaturdifferenz zwischen ϑ_U und ϑ_2	$\Delta T = \vartheta_U - \vartheta_2$			K	10,0
Druck nach der Drosselung	p_3			bar	2,0
minimaler Druck im Behälter Ende Ausspeicherung	$p_{B,t}$			bar	20,0
Intervallbreite für Integration	Δt			s	30
Gesamtzeit der Ausspeicherung	t_{ges}			s	3840
Anzahl der Schleifendurchläufe	i			1	128
Temperatur im Behälter Ende Ausspeicherung	$\vartheta_{B,t}$			°C	-97,5
Masse im Behälter Ende Ausspeicherung	$m_{B,t}$			kg	13,42
gesamte abgeführte Enthalpie im Zustand 3	ΔH_3			kJ	-155385
gesamte zugeführte Wärme	Q_{wue}			kJ	13245
gesamte Änderung der Inneren Energie	ΔU_B			kJ	-142140
Kontrolle Energiebilanz	Σ			kJ	0,0
Exergieverlust Wärmeabfuhr	$E^E_{V,wue}$			kJ	2454
Exergieverlust isenthalpe Drosselung	$E^E_{V,dross}$			kJ	159681

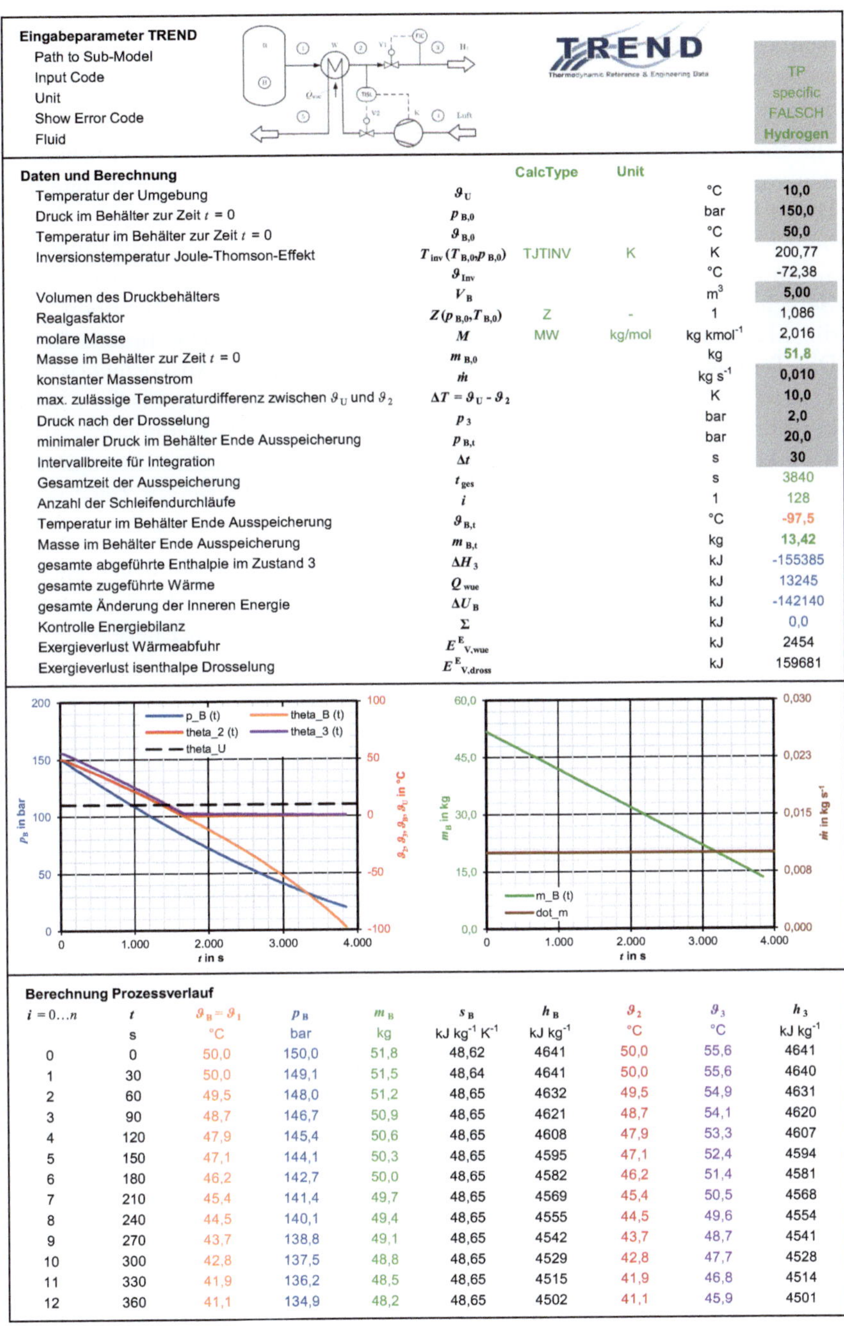

Berechnung Prozessverlauf

$i=0...n$	t	$\vartheta_B = \vartheta_1$	p_B	m_B	s_B	h_B	ϑ_2	ϑ_3	h_3
	s	°C	bar	kg	kJ kg^{-1} K^{-1}	kJ kg^{-1}	°C	°C	kJ kg^{-1}
0	0	50,0	150,0	51,8	48,62	4641	50,0	55,6	4641
1	30	50,0	149,1	51,5	48,64	4641	50,0	55,6	4640
2	60	49,5	148,0	51,2	48,65	4632	49,5	54,9	4631
3	90	48,7	146,7	50,9	48,65	4621	48,7	54,1	4620
4	120	47,9	145,4	50,6	48,65	4608	47,9	53,3	4607
5	150	47,1	144,1	50,3	48,65	4595	47,1	52,4	4594
6	180	46,2	142,7	50,0	48,65	4582	46,2	51,4	4581
7	210	45,4	141,4	49,7	48,65	4569	45,4	50,5	4568
8	240	44,5	140,1	49,4	48,65	4555	44,5	49,6	4554
9	270	43,7	138,8	49,1	48,65	4542	43,7	48,7	4541
10	300	42,8	137,5	48,8	48,65	4529	42,8	47,7	4528
11	330	41,9	136,2	48,5	48,65	4515	41,9	46,8	4514
12	360	41,1	134,9	48,2	48,65	4502	41,1	45,9	4501

Abbildung 7.13: Excel-Berechnungsblatt für die Ausspeicherung von Wasserstoff aus einem Druckbehälter mit zusätzlicher Kühlung

5. Mit dem `ReDim`-Befehl wird die Größe des dynamischen Arrays `arrTabelle()` definiert. Die oberste linke Datenzelle in der Tabelle in Abb. 7.13 mit dem Wert $i = 0$ bekommt den Namen `oberste_Zelle`. Eventuell vorhandene Werte in der Tabelle im Berechnungsblatt werden automatisch gelöscht.

6. Die Berechnungen für das aktuelle Beispiel werden in VBA ausschließlich mit den von TREND standardmäßig verwendeten Dimensionen durchgeführt. Die Daten für die erste Zeile $i = 0$ der Tabelle werden zugewiesen und weitere Daten berechnet. Dazu gehören die spezifische Enthalpie h_B, die spezifische Entropie s_B und der Realgasfaktor Z – unter Verwendung der Funktion TRENDEOS. Zur Berechnung der molaren Masse M siehe die Hinweise weiter oben. Es folgen die Masse m_B aus Gleichung (7.18) und die spezifische Innere Energie u_B. Die Temperatur im Zustand 2 wird zum Beginn der Ausspeicherung mit der Temperatur im Behälter gleichgesetzt und daraus die spezifische Enthalpie h_2 berechnet. Für die adiabate Drosselung gilt gemäß Gleichung (2.22) $h_3 = h_2$, woraus die Temperatur im Zustand 3 und die spezifische Entropie s_3 folgen. Nach der Ermittlung der Inneren Energie $U_{\mathrm{B},0}$ im Behälter zur Zeit $t = 0$ werden die für die erste Zeile der Tabelle erforderlichen Daten in das Array geschrieben.

7. Die `Do While`-Schleife wird ausgeführt, solange der Behälterdruck p_B größer ist, als der zu erreichende Behälterdruck $p_{\mathrm{B},t,\min}$. Die aktuelle Masse m_B im Behälter folgt aus Gleichung (7.35) und die Änderung der Inneren Energie

$$\Delta U_\mathrm{B} = \sum_i -\dot{m} h_\mathrm{B}(t) \Delta t \tag{7.38}$$

aus Gleichung (7.37). Mit der Gleichung

$$\Delta H_3 = \sum_i \dot{m} h_3 \Delta t \tag{7.39}$$

wird die mit Enthalpiestrom aus dem Prozess abgeführte Enthalpie aufsummiert und mit der Gleichung

$$Q_\mathrm{wue} = \sum_i \dot{m}(t) \left(h_2(t) - h_\mathrm{B} \right) \Delta t \ . \tag{7.40}$$

die für die Nachwärmung des Wasserstoffs ggf. erforderliche Wärme.

8. Die spezifische Innere Energie des Behälters u_B folgt aus Gleichung (7.22), daraus die spezifische Enthalpie h_B unter Verwendung von Gleichung (7.23) und mit der Funktion TRENDEOS und dem Input Code `PH` die aktuelle Temperatur im Behälter T_B. Aus dem Realgasfaktor Z folgt mit Gleichung (7.19) der Druck p_B im Behälter und daraus die spezifische Entropie s_B.

9. Über die `If Then Else`-Anweisung wird gewährleistet, dass die Temperatur des Wasserstoffs nicht unter den gemäß der Aufgabenstellung vorgegebenen Wert für den Zustand 2 sinkt. Mit der Temperatur T_2 folgen die spezifische Enthalpie h_2 und die spezifische Entropie s_2.

10. Für die adiabate Drosselung gilt weiter $h_3 = h_2$. Nach der Berechnung der

Temperatur T_3 und der spezifischen Entropie s_3 werden die Exergieverluste auf Basis der Gleichung (3.102) für die Wärmeübertragung $E^{\mathrm{E}}_{\mathrm{V,wue}}$ entsprechend Gleichung (3.122) und für die Drosselung $E^{\mathrm{E}}_{\mathrm{V,dross}}$ entsprechend Gleichung (3.116) aufsummiert. Weiterhin folgt die Gesamtzeit der Ausspeicherung aus

$$t_{\mathrm{Ges}} = \sum_i \Delta t \; . \tag{7.24}$$

11. Am Ende der Schleife werden die Daten in das Array geschrieben und abschließend ausgewählte Werte in das Berechnungsblatt übergeben sowie dort die Summe der zu- und abgeführten Energien kontrolliert.

Listing 7.3: VBA-Code für die für die Ausspeicherung von Wasserstoff aus einem Druckbehälter mit zusätzlicher Kühlung

```vba
'Universelle Gaskonstante, [R] = kJ kmol^-1 K^-1
'Mohr, P. J., Newell, D. B. und Tiesinga, E. (2018): Data and analysis for the
'CODATA 2017 special fundamental constants adjustment. Metrologia 55 (1),S. 125-146
Const R As Double = 8.314462618

Private Sub Worksheet_Change(ByVal Target As Range)
    'Zellenformatvorlage "Eingabe" auf alle "grauen" Zellen angewendet
    If Target.Style = "Eingabe" Then
        If Range("p_B_0").Value2 > Range("p_B_t_min").Value2 Then
            FillTable
        End If
    End If
End Sub

Sub FillTable()
    Dim T_U As Double              'Umgebungstemperatur, [T] = K
    Dim p_B_0 As Double            'Druck im Behälter für t = 0, [p] = MPa
    Dim T_B_0 As Double            'Temperatur im Behälter für t = 0, [T] = K
    Dim V_B As Double              'Volumen Druckbehälter, [V] = m^3
    Dim dot_m As Double            'Massenstrom, [dot_m] = kg s^-1
    Dim delta_T_Q                  'Temperaturdifferenz zwischen T_2 und T_U, [delta_t] = K
    Dim p_3 As Double              'Druck nach Drosselung, [p] = MPa
    Dim p_B_t_min As Double        'minimaler (End-) Druck im Behälter, [p] = MPa
    Dim delta_t As Double          'Intervallbreite für Integration, [delta_t] = s
    Dim p_B As Double              'variabler Druck im Behälter, [p] = MPa
    Dim T_B As Double              'variable Temperatur im Behälter, [T] = K
    Dim Z As Double                'Realgasfaktor, [Z] = 1
    Dim M As Double                'molare Masse, [M] = kg mol^-3
    Dim m_B As Double              'variable Masse im Behälter, [m] = kg
    Dim u_B As Double              'spez. Innere Energie im Behälter, [u] = J kg^-1
    Dim U_B_0 As Double            'Innere Energie im Behälter für t = 0, [U] = J
    Dim h_B As Double              'spez. Enthalpie im Behälter, [h] = J kg^-1
    Dim s_B As Double              'spez. Entropie im Behälter, [s] = J kg^-1 K^-1
    Dim T_2 As Double              'Temperatur Zustand 2, [T] = K
    Dim T_3 As Double              'Temperatur Zustand 3, [T] = K
    Dim h_2 As Double              'spez. Enthalpie Zustand 2, [h] = J kg^-1
    Dim s_2 As Double              'spez. Entropie Zustand 2, [s] = J kg^-1 K^-1
    Dim h_3 As Double              'spez. Enthalpie Zustand 3, [h] = J kg^-1
    Dim s_3 As Double              'spez. Entropie Zustand 3, [s] = J kg^-1 K^-1
```

```vba
40    Dim dot_Q As Double              'zugeführter Wärmestrom, [dot_Q] = W
      Dim E_E_V_wue As Double          'Exergieverlust bei der Wärmeübertragung, [E] = J
      Dim E_E_V_dross As Double        'Exergieverlust bei der Drosselung, [E] = J
      Dim t_i As Double                'Zeit, [t] = s
      Dim delta_H_3 As Double          'gesamte abgeführte Enthalpie Zustand 3, [H] = J
45    Dim delta_U_B As Double          'Änderung der Inneren Energie, [U] = J
      Dim Q_wue As Double              'abgeführt Wärme, [Q] = J
      Dim arrTabelle() As Double       'Datenarray
      Dim i As Integer                 'Schleifenzähler

50    T_U = Range("T_U")               'Einlesen Daten aus Berechnungsblatt
      p_B_0 = Range("p_B_0")
      T_B_0 = Range("T_B_0")
      V_B = Range("V_B")
      dot_m = Range("dot_m")
55    delta_T_Q = Range("delta_T_Q")
      p_3 = Range("p_3")
      p_B_t_min = Range("p_B_t_min")
      delta_t = Range("delta_t")

60    Dim PathToSubModel As String              'Definition Parameter TREND
      Dim Unit As String
      Dim Fluids As String
      Dim Composition As Double
      Dim EqTypes As Double
65    Dim MixingRule As Double

      PathToSubModel = Range("PathToSubModel")  'Einlesen/Zuweisung Parameter TREND
      Unit = Range("Unit")
      Fluids = Range("Fluids")
70    Composition = Range("Composition")
      EqTypes = Range("EqTypes")
      MixingRule = Range("MixingRule")

      ReDim arrTabelle(1000, 13)  'Erzeugt den Array 'arrTable'
75    'Löscht den Inhalt der (alten) Tabelle vor dem Start der Berechnungen
      Range(Range("oberste_Zelle"), _
          Range("oberste_Zelle").End(xlDown).End(xlToRight)).ClearContents

      i = 0                            'Berechnung der ersten Zeile der Tabelle für t = 0
80    t_i = 0                          'Gesamtzeit für Befüllung Druckbehälter
      p_B = p_B_0                      'Zuweisung Anfangswerte
      T_B = T_B_0
      delta_U_B = 0
      delta_H_3 = 0
85    Q_wue = 0
      E_E_V_wue = 0
      E_E_V_dross = 0
      h_B = TRENDEOS("H", "TP", T_B, p_B, Fluids, Composition, EqTypes, _
          MixingRule, PathToSubModel, Unit)
90    s_B = TRENDEOS("S", "TP", T_B, p_B, Fluids, Composition, EqTypes, _
          MixingRule, PathToSubModel, Unit)
      Z = TRENDEOS("Z", "TP", T_B, p_B, Fluids, Composition, EqTypes, MixingRule, _
          PathToSubModel, Unit)
      M = TRENDSPECEOS(Fluids, Composition, EqTypes, MixingRule, PathToSubModel, Unit, _
95        False, "MW")
      m_B = 10 ^ 6 * p_B * V_B * M / (R * T_B * Z) 'Masse im Druckbehälter für t = 0
```

```vba
    u_B = TRENDEOS("U", "TP", T_B, p_B, Fluids, Composition, EqTypes, _
        MixingRule, PathToSubModel, Unit)
    T_2 = T_B                        'nur für t = 0
    h_2 = TRENDEOS("H", "TP", T_2, p_B, Fluids, Composition, EqTypes, _
        MixingRule, PathToSubModel, Unit)
    h_3 = h_2                        'adiabate Drosselung
    T_3 = TRENDEOS("T", "PH", p_3, h_3, Fluids, Composition, EqTypes, _
        MixingRule, PathToSubModel, Unit)
    s_3 = TRENDEOS("S", "TP", T_3, p_3, Fluids, Composition, EqTypes, _
        MixingRule, PathToSubModel, Unit)
    U_B_0 = m_B * u_B                'Innere Energie im Behälter für t = 0

    arrTabelle(i, 0) = i            'Speichern der Daten der ersten Zeile für die Tabelle
    arrTabelle(i, 1) = t_i
    arrTabelle(i, 2) = T_B - 273.15
    arrTabelle(i, 3) = 10 * p_B
    arrTabelle(i, 4) = m_B
    arrTabelle(i, 5) = 0.001 * s_B
    arrTabelle(i, 6) = 0.001 * h_B
    arrTabelle(i, 7) = T_2 - 273.15
    arrTabelle(i, 8) = T_3 - 273.15
    arrTabelle(i, 9) = 0.001 * h_3
    arrTabelle(i, 12) = 0.001 * s_3

    Do While p_B > p_B_t_min         'Berechnung der weiteren Zeilen der Tabelle
        i = i + 1
        m_B = m_B - dot_m * delta_t
        delta_U_B = delta_U_B - dot_m * h_B * delta_t     'mit h_1 = h_B
        delta_H_3 = delta_H_3 - dot_m * h_3 * delta_t
        Q_wue = Q_wue + dot_m * (h_2 - h_B) * delta_t
        u_B = (U_B_0 + delta_U_B) / m_B
        h_B = u_B + p_B * V_B * 10 ^ 6 / m_B
        T_B = TRENDEOS("T", "PH", p_B, h_B, Fluids, Composition, EqTypes, _
            MixingRule, PathToSubModel, Unit)
        Z = TRENDEOS("Z", "TP", T_B, p_B, Fluids, Composition, EqTypes, MixingRule, _
            PathToSubModel, Unit)
        p_B = m_B * R * T_B * Z / (M * V_B * 10 ^ 6)
        s_B = TRENDEOS("S", "TP", T_B, p_B, Fluids, Composition, EqTypes, _
            MixingRule, PathToSubModel, Unit)
        If T_B < T_U - delta_T_Q Then    'ggf. Nachwärmung Wasserstoff
            T_2 = T_U - delta_T_Q
        Else
            T_2 = T_B
        End If
        h_2 = TRENDEOS("H", "TP", T_2, p_B, Fluids, Composition, EqTypes, _
            MixingRule, PathToSubModel, Unit)
        s_2 = TRENDEOS("S", "TP", T_2, p_B, Fluids, Composition, EqTypes, _
            MixingRule, PathToSubModel, Unit)
        h_3 = h_2                        'adiabate Drosselung
        T_3 = TRENDEOS("T", "PH", p_3, h_3, Fluids, Composition, EqTypes, _
            MixingRule, PathToSubModel, Unit)
        s_3 = TRENDEOS("S", "TP", T_3, p_3, Fluids, Composition, EqTypes, _
            MixingRule, PathToSubModel, Unit)
        E_E_V_wue = E_E_V_wue + dot_m * ((h_B - h_2) + T_U * (s_2 - s_B)) * delta_t
        E_E_V_dross = E_E_V_dross + dot_m * T_U * (s_3 - s_2) * delta_t
        t_i = t_i + delta_t
        arrTabelle(i, 0) = i                     'Speichern der Daten für die Tabelle
```

```
      arrTabelle(i, 1) = t_i
155   arrTabelle(i, 2) = T_B - 273.15
      arrTabelle(i, 3) = 10 * p_B
      arrTabelle(i, 4) = m_B
      arrTabelle(i, 5) = 0.001 * s_B
      arrTabelle(i, 6) = 0.001 * h_B
160   arrTabelle(i, 7) = T_2 - 273.15
      arrTabelle(i, 8) = T_3 - 273.15
      arrTabelle(i, 9) = 0.001 * h_3
      arrTabelle(i, 12) = 0.001 * s_3
    Loop
165

    'Einfügen der Werte des Arrays 'arrTabelle' in das Arbeitsblatt
    Range("oberste_Zelle").Resize(UBound(arrTabelle, 1), _
        UBound(arrTabelle, 2)) = arrTabelle

170   Range("t_i") = t_i
    Range("i") = i
    Range("theta_B_t") = T_B - 273.15
    Range("m_B_t") = m_B
    Range("delta_H_3") = delta_H_3 / 1000
175   Range("Q_wue") = Q_wue / 1000
    Range("delta_U_B") = delta_U_B / 1000
    Range("U_B_t") = (U_B_0 + delta_U_B) / 1000
    Range("E_E_V_wue") = E_E_V_wue / 1000
    Range("E_E_V_dross") = E_E_V_dross / 1000
180 End Sub
```

Die im Diagramm in Abb. 7.13 dargestellten Verläufe zeigen, dass die Behältertemperatur T_B bei der Ausspeicherung sehr niedrige Werte erreicht, was die Erfordernis der
Nachwärmung bestätigt und auch bei einem nichtadiabaten Behälter zur Eisbildung
an den Bauteilen führen kann. Ebenfalls könnte im Wasserstoff vorhandenes Wasser
im Behälter gefrieren. Infolge der Nachwärmung sinkt die Temperatur im Zustand 2
nicht weiter ab und verharrt auf dem vorgegebenen Niveau. Bei der Drosselung nimmt
die Temperatur – bedingt durch die niedrige Inversionstemperatur des Wasserstoffs –
leicht zu, wobei dieser Effekt durch den sinkenden Behälterdruck kleiner wird.

8 Brennstoffzellen zur Nutzung von Wasserstoff

Mitautor: MUHAMMAD HAMIDUDDIN BIN HAMDAN (Abschnitte 8.2 und 8.3)

Zielsetzung

Behandlung der Grundlagen der Brennstoffzelle zur direkten Erzeugung von elektrischer Energie aus Wasserstoff, insbesondere der alkalischen Brennstoffzelle, der PEM-Brennstoffzelle, der Hochtemperatur-Brennstoffzelle, der Schmelzkarbonat-Brennstoffzelle und der Phosphorsäure-Brennstoffzelle. Behandlung der elektrochemischen und thermodynamischen Grundlagen der Brennstoffzelle als Basis für die Berechnung und Simulation eines PEM-Brennstoffzellen-Stacks zur Erzeugung von elektrischer Energie einschließlich einer exergetischen Bewertung.

Empfohlene Literatur

Thermodynamik von BAEHR und KABELAC [9], *Fuel Cell Fundamentals* von O'HAYRE u. a. [111], *Wasserstofftechnologien* von NEUGEBAUER [109], *Brennstoffzellentechnik* von KURZWEIL [95].

Berechnungsbeispiele in Excel

- Berechnung der reversiblen Zellspannung und der Leerlaufspannung einer PEM-Brennstoffzelle (Abb. 8.6).
- Berechnung eines PEM-Brennstoffzellen-Stacks zur Produktion von elektrischer Energie aus Wasserstoff (Abb. 8.8 und 8.9).

8.1 Produktion von elektrischer Energie in Brennstoffzellen

In einer Brennstoffzelle läuft ein elektrochemischer Prozess ab, bei dem die im Brennstoff gespeicherte chemische Energie *direkt* in elektrische Energie und anteilig in thermische Energie umgewandelt wird. Als Brennstoffe dienen in der Regel Wasserstoff, aber auch z. B. Methan oder Methanol, wobei in diesem Kapitel ausschließlich die Wasserstoff–Sauerstoff-Brennstoffzelle betrachtet wird. Der Unterschied zwischen der Brennstoffzelle und einer Verbrennung besteht darin, dass die Verbrennung in einem Brennraum in der Regel mit Umgebungsluft, bestehend aus Sauerstoff und Stickstoff erfolgt, wobei die chemische Energie des Brennstoffs zunächst in thermische Energie des Abgasstroms, bestehend aus den Produkten der Oxidation, aus Restsauerstoff und aus Luftstickstoff umgewandelt wird und das Temperaturniveau dieses Abgasstroms bei der Verbrennung recht hoch ist. Auch können z. B. in einem Kolbenmotor oder einer Gasturbine bewegliche Teile erforderlich sein. All das führt zu einer hohen Entropieproduktion und einem entropiereichen Abgasstrom. Die im Abgasstrom enthaltene Entropie muss anschließend bei der Nutzung in einer Wärmekraftmaschine mit dem Ziel der Umwandlung in elektrische Energie wieder abgeführt werden, was zu hohen Exergieverlusten führt. In einer Brennstoffzelle dagegen wird der Zwischenschritt über die thermische Energie vermieden [9]. Im Abschnitt 3.2.3 wird gezeigt, dass der Wirkungsgrad der Wärmekraftmaschinen durch den CARNOT-Faktor η_C entsprechend der Gleichung (3.53) begrenzt ist, wobei die Verbrennungstemperatur des Abgasstroms maßgeblich ist. Im Gegensatz dazu ist dies nicht der Fall bei Brennstoffzellen, die höhere Wirkungsgrade im Vergleich zu Verbrennungsmotoren mit Generatoren aufweisen [109].

Brennstoffzellensysteme haben den weiteren Vorteil, dass der Betrieb praktisch geräuschlos ist, sie bei Nutzung von Wasserstoff kein Kohlendioxid und auch keine Sekundäremissionen wie z. B. Feinstaubpartikel oder Stickoxide verursachen. Das Prinzip der Brennstoffzelle wurde von SCHÖNBEIN im Jahr 1838 entdeckt und geriet durch die Erfindung des elektrischen Generators teilweise in Vergessenheit, bis sie ab den 1960er Jahren im militärischen Bereich sowie in der Raumfahrt und ab den 1990er Jahren im Mobilitätsbereich eingesetzt wurde.

Prinzip der Wasserstoff–Sauerstoff-Brennstoffzelle

Eine Brennstoffzelle besteht – wie eine Elektrolysezelle in Kapitel 6 – aus einem Elektrolyten und zwei Elektroden – der Anode und der Kathode. An der Anode erfolgt die Oxidation und an der Kathode die Reduktion.

In Abb. 6.2 sind eine Elektrolysezelle zur Produktion von Wasserstoff aus Wasser und eine Brennstoffzelle zur Produktion von elektrischer Energie aus Wasserstoff in einem Grundfließschema dargestellt. In einer Brennstoffzelle läuft der Prozess umgekehrt zur Elektrolyse ab. Aus den zugeführten gasförmigen Komponenten H_2 und O_2 entsteht flüssiges Wasser, das aus der Zelle abgeleitet wird. In beiden Prozessen – also auch bei der Brennstoffzelle – muss ein Wärmestrom abgeführt werden, siehe dazu Abschnitt 8.2. Über ein Speichersystem – siehe dazu Kapitel 7 – können die beiden Einheiten der Elektrolyse und der Brennstoffzelle zeitlich und räumlich entkoppelt werden, um z. B. Fahrzeuge zu versorgen oder Energie saisonal zu speichern.

In einer Brennstoffzelle erfolgt die Oxidationsreaktion

$$H_2 + 0{,}5\,O_2 \longrightarrow H_2O \ , \tag{3.139}$$

bei der der Wasserstoff mit Sauerstoff reagiert. Diese elektrochemische Reaktion wird durch die elektrischen Ladungsträger – Ionen und Elektronen – ermöglicht. Wie im vereinfachten Schema in Abb. 8.1 für die alkalische Brennstoffzelle (AFC) mit z. B. einer KOH-Lösung (Kalilauge) als Elektrolyt dargestellt, siehe dazu die analoge Darstellung für die alkalische Elektrolyse in Abschnitt 6.3, werden der Zelle Wasserstoff und Sauerstoff zugeführt, wodurch die Teilreaktionen

$$H_2 + 2\,OH^- \longrightarrow 2\,H_2O + 2\,e^- \qquad \text{an der Anode und} \tag{8.1}$$

$$0{,}5\,O_2 + H_2O + 2\,e^- \longrightarrow 2\,OH^- \qquad \text{an der Kathode} \tag{8.2}$$

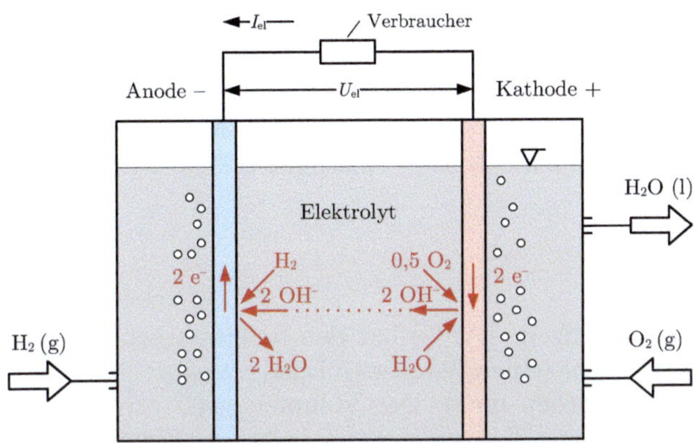

Abbildung 8.1: Schematische Darstellung der alkalischen Brennstoffzelle (nach [111])

ablaufen, deren Summe Gleichung (3.139) entspricht. Die Teilreaktionen in der alkalischen Brennstoffzelle unterscheiden sich von denen der alkalischen Elektrolyse nur durch die Richtung. Im Unterschied zur Elektrolyse ist hier jedoch kein Diaphragma erforderlich. Durch die elektrochemischen Reaktionen mit der Oxidation infolge einer Abgabe von Elektronen an der negativ geladenen Anode und der Reduktion mit einer Aufnahme von Elektronen an der positiv geladenen Kathode entsteht ein Stromfluss, der in Richtung der positiven elektrischen Ladungen definiert ist. In einer Elektrolysezelle dagegen wird der Stromfluss durch die elektrische Spannung erzeugt, weshalb dort die Anode positiv und die Kathode negativ geladen ist, siehe dazu Abschnitt 8.1.[9, 23]

Nach dem Stand der Technik bieten sich insbesondere diese Verfahren der Nutzung von Wasserstoff in Brennstoffzellen an [95, 109, 111]:

- Die alkalische Brennstoffzelle (*engl.:* Alkaline Fuel Cell) (AFC),

- die PEM-Brennstoffzelle (Polymerelektrolytmembran-Brennstoffzelle oder auch Protonenaustauschmembran-Brennstoffzelle) (*engl.:* Polymer Electrolyte Membrane Fuel Cell bzw. Proton Exchange Membrane Fuel Cell) (PEMFC),

- die Hochtemperatur- oder Festoxid-Brennstoffzelle (*engl.:* Solid Oxide Fuel Cell) (SOFC),

- die Schmelzcarbonat-Brennstoffzelle (*engl.:* Molten Carbonate Fuel Cell) (MCFC) und

- die Phosphorsäure-Brennstoffzelle (*engl.:* Phosphoric Acid Fuel Cell) (PAFC).

Die drei aufgeführten Verfahren der AFC, der PEMFC und der PAFC sind sog. Niedertemperatur-Brennstoffzellen, die SOFC und die MCFC Hochtemperatur-Brennstoffzellen [73, 111]. Die AFC erfordert reinen Wasserstoff (und als einziges Verfahren reinen Sauerstoff), die PEMFC und die PAFC können auch mit einem wasserstoffreichen Reformat aus der im Abschnitt 6.2 in Gleichung (6.1) beschriebenen Dampfreformierung betrieben werden. Bei den Hochtemperatur-Brennstoffzellen MCFC und SOFC ist sogar die interne Reformierung möglich [73].

Aktuell werden die Verfahren der AFC, der PEMFC und der PAFC industriell am häufigsten verwendet. Nachfolgend wird die PEM-Brennstoffzelle vergleichsweise vertieft behandelt und anschließend in Abschnitt 8.3 ein PEM-Brennstoffzellen-Stack berechnet.

8.1.1 AFC

Die alkalische Brennstoffzelle (AFC) hat den bereits beschriebenen entscheidenden Nachteil, dass Sie mit sehr reinem Wasserstoff und – anstatt mit Luft – mit sehr reinem Sauerstoff betrieben werden muss. Der Volumenanteil von eventuell vorhandenem Kohlenmonoxid im Wasserstoffstrom muss unter 50 ppm liegen, da es die Katalysatoren desaktiviert [9]. Die Betriebstemperatur liegt im Bereich von 20 °C bis 90 °C – teilweise auch bis 250 °C – und als Elektrolyt wird zumeist KOH-Lösung (Kalilauge) mit einem Massenanteil von 30 % verwendet [95, 111]. Bei Anwesenheit von Kohlendioxid kann sich Calciumcarbonat ($CaCO_3$) im Elektrolyten bilden. Die Zellspannung liegt im Bereich unter 1 V. Als Elektrodenmaterial kommen mit Platinkatalysatoren beschichtete Graphitelektroden oder relativ kostengünstiges Nickel zum Einsatz [95, 111].

In der in den Abb. 8.1 und 8.2 schematisch dargestellten alkalischen Brennstoffzelle (AFC) laufen die in den Gleichungen (8.1) und (8.2) aufgeführten Teilreaktionen ab, deren Summe Gleichung (3.139) ergibt. Die Nutzung von Wasserstoff in alkalischen Brennstoffzellen ist eine gut bewährte Technik im Bereich bis etwa 150 kW, aber begrenzter Lebensdauer der Elektroden [95].

8.1.2 PEMFC

Polymerelektrolytmembranen werden nicht nur in Elektrolysezellen, wie in Kapitel 6, sondern auch in PEM-Brennstoffzellen (PEMFC) eingesetzt. Bei dieser Art von Brennstoffzellen muss die Polymermembran bestimmte Anforderungen erfüllen, u. a. eine hohe Leitfähigkeit für Protonen und einen kleinen elektrischen Widerstand. Die Betriebstemperatur dieser Brennstoffzelle liegt im Bereich von 60 °C bis 120 °C, aber meist bei ca. 80 °C. Das Brenngas muss für diesen Prozess befeuchtet werden [95].

In der in den Abb. 8.2 und 8.3 schematisch dargestellten PEM-Brennstoffzelle treten die Teilreaktionen

$$H_2 \longrightarrow 2\,H^+ + 2\,e^- \qquad\qquad \text{an der Anode und} \qquad (8.3)$$
$$0{,}5\,O_2 + 2\,H^+ + 2\,e^- \longrightarrow H_2O \qquad\qquad \text{an der Kathode} \qquad (8.4)$$

auf, deren Summe Gleichung (3.139) ergibt. Die Teilreaktionen in PEM-Brennstoffzellen unterscheiden sich von denen in PEM-Elektrolysezellen nur bezüglich ihrer Richtung.

In der PEMFC wird das Wasserstoffmolekül anodenseitig aufgespalten und die dabei entstehenden Elektronen durch den äußeren Stromkreis zur Kathode überführt. Die Protonen H^+ werden über die Polymermembran zur Kathode geleitet und damit der Stromkreis geschlossen, wobei das entstehende Wasser abgeführt wird. Die eingesetzten Membranen weisen typischerweise eine Dicke von 20 μm bis 200 μm auf. Zum

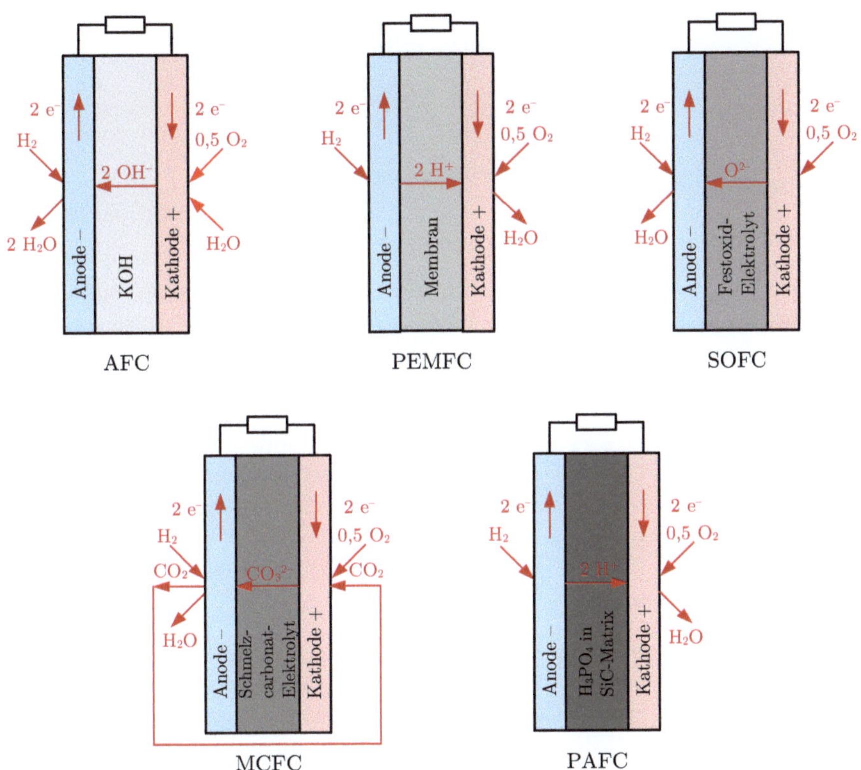

Abbildung 8.2: Vergleichende schematische Darstellung der Brennstoffzellentypen AFC, PEMFC, SOFC, MCFC und PAFC

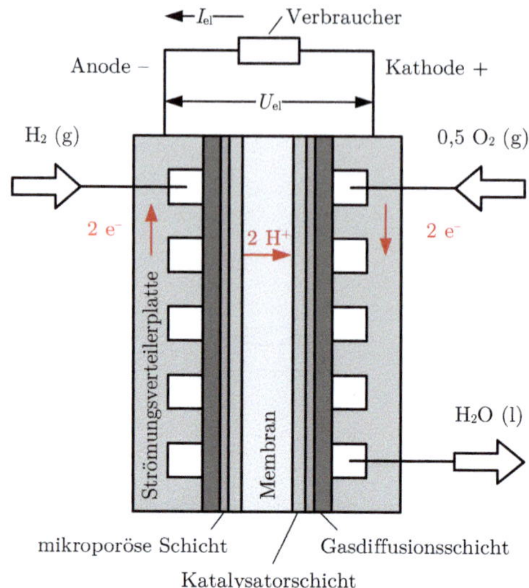

Abbildung 8.3: Schematischer Aufbau einer PEM-Brennstoffzelle (nach [65, 82])

Einsatz kommen in der Regel mit Platin beschichte poröse Kohle-Elektroden [111]. Die Produktion elektrischer Energie in PEM-Brennstoffzellen ist eine gut etablierte, kommerziell eingesetzte Technik im Bereich bis etwa $250\,\mathrm{kW}$, insbesondere auch in Brennstoffzellenfahrzeugen (Fuel Cell Electric Vehicles (FCEVs)).

PEM-Brennstoffzellenanlage

In Abb. 8.4 ist der schematische, vereinfachte Aufbau einer PEM-Brennstoffzellenanlage mit dem Brennstoffzellen-Stack als zentralem Bauteil dargestellt (vgl. [104]). Die dem Prozess im Überschuss (mit einem stöchiometrischen Verhältnis größer eins) zugeführte Frischluft wird über den Filter F gereinigt, im Kompressor K1 verdichtet und im Wärmeübertrager W gekühlt. Der im Prozess eingesetzte Membranbefeuchter dient dazu, die erforderliche Befeuchtung der Polymerelektrolytmembran zu gewährleisten, indem im Stack gebildetes Wasser an den Frischluftstrom übertragen wird [118]. Diese Variante wird z. B. in Brennstoffzellenfahrzeugen (FCEV) angewendet. Das im Prozess kathodenseitig gebildete Wasser wird mit dem Abluftstrom aus dem Prozess geführt.

Der im Druckbehälter B zwischenspeicherte Wasserstoff wird dem Prozess anodenseitig über eine Durchflussregelung im Überschuss (mit einem stöchiometrischen Verhältnis größer eins) zugeführt. Im Ejektor E erfolgt eine Impulsübertragung zwischen dem über den Kompressor K2 geförderten und im Kreislauf durch den Stack geführten Wasserstoff und dem „frischen" Wasserstoff aus dem Druckbehälter. Nicht umgesetzter Wasserstoff wird über das Ventil V4 aus dem Prozess ab- und eventuell erneut zugeführt.

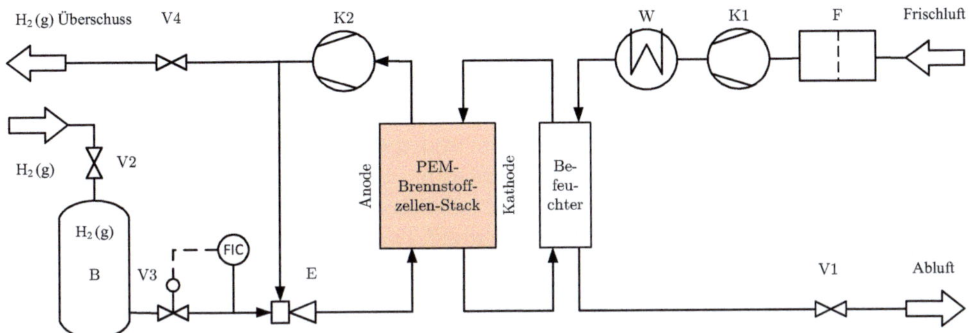

Abbildung 8.4: Fließschema einer PEM-Brennstoffzellenanlage (vgl. [104])

8.1.3 SOFC

In Hochtemperatur- oder Festoxid-Brennstoffzellen (SOFC) kommt ein Sauerstoffionen-leitender keramischer Elektrolyt aus Yttrium-stabilisiertem Zirkoniumdioxid (YSZ) zur Anwendung, um die geforderten Eigenschaften bei den hohen Betriebstemperaturen gewährleisten zu können. An den Elektroden kommen unterschiedliche Materialien zum Einsatz: An der Anode wird mit Nickel beschichtetes YSZ verwendet und an der Kathode dotierte Perowskite.[95, 111]

In der in Abb. 8.2 dargestellten SOFC laufen die Teilreaktionen

$$H_2 + O^{2-} \longrightarrow H_2O + 2\,e^- \qquad \text{an der Anode und} \qquad (8.5)$$

$$0{,}5\,O_2 + 2\,e^- \longrightarrow O^{2-} \qquad \text{an der Kathode} \qquad (8.6)$$

ab, deren Summe auch hier Gleichung (3.139) ergibt. Als Ladungsträger treten Oxid-ionen (O^{2-}) auf.

Die Betriebstemperatur der SOFC liegt zwischen 600 °C und 1000 °C und bringt sowohl Herausforderungen als auch Vorteile mit sich. Die Leistungen liegen im Bereich bis etwa 250 kW. Auf der einen Seite sind dadurch die Anforderungen an die Materialen und die Konstruktion hoch, bieten aber den Vorteil, das der entstehende Wärmestrom auf einem hohen Temperaturniveau vorliegt, sodass hohe Gesamtwirkungsgrade möglich sind.[95, 111]

8.1.4 MCFC

In Schmelzcarbonat-Brennstoffzellen (MCFC) werden schmelzflüssige Alkalicarbonate als Elektrolyt verwendet. Als Grundmaterial für die Elektroden dient Nickel. Die Anode enthält zudem Chrom und die Kathode lithiiertes Nickeloxid.[95, 111]

In der in Abb. 8.2 dargestellten MCFC laufen die Teilreaktionen

$$H_2 + CO_3{}^{2-} \longrightarrow CO_2 + H_2O + 2\,e^- \qquad \text{an der Anode und} \qquad (8.7)$$

$$0{,}5\,O_2 + CO_2 + 2\,e^- \longrightarrow CO_3{}^{2-} \qquad \text{an der Kathode} \qquad (8.8)$$

ab, deren Summe auch hier Gleichung (3.139) ergibt. Als Ladungsträger treten Carbonationen (CO_3^{2-}) auf. Anodenseitig entstehen CO_2 und H_2O. Das entstandene CO_2 wird zur Kathode geführt und dort mit dem Sauerstoff zum Carbonat reduziert.

Die Betriebstemperatur der MCFC liegt zwischen 620 °C und 650 °C. Dadurch sind die Anforderungen an die Materialen und die Konstruktion hoch, bieten aber den Vorteil, dass der entstehende Wärmestrom auf einem hohen Temperaturniveau vorliegt, sodass hohe Gesamtwirkungsgrade möglich sind. Nachteilig ist die erforderliche Rückführung des Kohlendioxids. Die Leistungen liegen im Bereich bis über 2 MW.[95, 111]

8.1.5 PAFC

In Phosphorsäure-Brennstoffzellen (PAFC) wird ein flüssiger Elektrolyt aus reiner oder hochkonzentrierter Phosphorsäure (H_3PO_4) verwendet, der sich in einer dünnen Matrix aus Siliciumcarbid zwischen zwei porösen, mit Platinkatalysatoren beschichteten Graphitelektroden befindet [95, 111].

Die Teilreaktionen der PAFC entsprechen denen der PEMFC in den Gleichungen (8.3) und (8.4). Ladungsträger sind auch hier die Protonen.

Die Schmelztemperatur von reiner Phosphorsäure liegt bei 42 °C, weshalb diese Brennstoffzellen oberhalb dieser Temperatur betrieben werden müssen. Bei Temperaturen von über 210 °C durchläuft Phosphorsäure einen ungünstigen Phasenübergang, was dazu führt, dass sie nicht mehr als Elektrolyt geeignet ist. Um thermische Belastungen infolge der Phasenwechselzyklen der Phosphorsäure zu vermeiden, wird die Betriebstemperatur von PAFC in der Regel im Bereich um 180 °C gehalten, sodass die Brennstoffzelle optimal arbeiten kann. Der Elektrolyt muss während des Betriebs nachgefüllt werden. PAFCs haben sich im praktischen Einsatz bis zu einigen MW bewährt.[95, 111]

8.2 Thermodynamische Betrachtung der Brennstoffzelle

Beispiel 8.1

In einer PEM-Brennstoffzelle sollen bei einer Betriebstemperatur von $\vartheta_{BZ} = 25{,}0$ °C a) Wasserstoff und Sauerstoff jeweils bei 1,0 bar, b) Wasserstoff und Luft jeweils bei 1,0 bar und c) Wasserstoff und Luft jeweils bei 3,0 bar zur Reaktion gebracht werden. Zu berechnen sind die reversiblen Zellspannungen und die Leerlaufspannungen. (Ergebnisse im Excel-Berechnungsblatt in Abb. 8.6.)

Brennstoffzellen können als isobare und isotherme stationäre offene Systeme betrachtet werden. Von einer Brennstoffzelle kann die elektrische Leistung

$$P_{el} = -U_{el}I_{el} = -U_{el}\nu_{e^-}\dot{n}_{H_2}F \tag{8.9}$$

als Produkt aus der Betriebs-Zellspannung U_{el} und dem Strom I_{el} abgeführt werden [9, 73], siehe die entsprechende Gleichung (6.17) für die Elektrolyse in Abschnitt 6.4.

Darin steht die bereits in Gleichung (6.18) definierte FARADAY-Konstante F als Produkt aus der Elementarladung e und der in Abschnitt 3.5 aufgeführten AVOGADRO-Konstante N_A; ν_{e^-} ist der stöchiometrische Koeffizient der Elektronen und $\dot{n}_{H_2}$ der Stoffmengenstrom des für die Reaktion erforderlichen oder bereitgestellten Wasserstoffs. Bei vorgegebener elektrischer Leistung der Brennstoffzelle folgt aus der rechten Seite von Gleichung (8.9) der erforderliche Stoffmengenstrom des Wasserstoffs

$$\dot{n}_{H_2} = \frac{-P_{el}}{U_{el}\nu_{e^-}F}\,, \tag{8.10}$$

siehe die entsprechende Gleichung (6.19) für die Elektrolyse. Die beiden vorstehenden Gleichungen unterscheiden sich von den entsprechenden Gleichungen im Abschnitt 6.4 durch die Vorzeichen, die aus den unterschiedlichen Vorzeichen des Wasserstoff-Stoffmengenstroms $\dot{n}_{H_2}$ für die Elektrolyse und für die Brennstoffzelle resultieren, da der Wasserstoff in der Elektrolyse gebildet und abgeführt und in der Brennstoffzelle zugeführt und verbraucht wird.

Zum Vergleich mit der Betriebs-Zellspannung U_{el} kann die reversible Zellspannung

$$U_{el,rev} = \frac{-\Delta_r \bar{G}(T_{BZ}, p_{BZ})}{\nu_{e^-}F} \tag{8.11}$$

nach [9, 73] unter Verwendung der molaren Freien Standardreaktionsenthalpie $\Delta_r \bar{G}$ ermittelt werden, siehe dazu Gleichung (6.16). Die charakteristische oder sog. thermoneutrale Zellspannung

$$U_{el,TN} = \frac{-\Delta_r \bar{H}(T_{BZ}, p_{BZ})}{\nu_{e^-}F} \tag{8.12}$$

mit der molaren Reaktionsenthalpie $\Delta_r \bar{H}$ stellt ein Maß für die chemisch umgesetzte Energie dar und muss in realen Prozessen immer größer sein, als die reversible Zellspannung [73, 122], siehe die entsprechenden Gleichungen (6.20) und (6.21) für die Elektrolyse. Die beiden Gleichungen (8.11) und (8.12) unterscheiden sich von den beiden letztgenannten Gleichungen durch die unterschiedlichen Vorzeichen, bedingt durch die in Brennstoffzellen ablaufende exotherme Reaktion – im Gegensatz zu der in Elektrolysezellen ablaufenden endothermen Reaktion.

Analog zur Gleichung (6.22) für die Elektrolyse gelten

$$\bar{W}_{el} = \frac{P_{el}}{\dot{n}_{H_2}} \tag{8.13}$$

für die molare Reaktionsarbeit, weiterhin Gleichung (3.191) für die molare reversible Reaktionsarbeit $\bar{W}_{el,rev}$ und analog zu Gleichung (6.23)

$$\hat{W}_{el} = \frac{P_{el}}{\dot{V}_{H_2,n}} \tag{8.14}$$

für die auf den Normvolumenstrom des zugeführten Wasserstoffs bezogene elektrische

Leistung. Sinnvoller für die Bewertung von Brennstoffzellen sind aber die auf die abgeführte elektrische Leistung bezogenen Kehrwerte $\dot{n}_{H_2}/P_{el}$ und $\dot{V}_{H_2,n}/P_{el}$.

Die in der Brennstoffzelle dissipierte molare Energie

$$T_{BZ}\frac{\dot{S}_{irr}}{\dot{n}_{H_2}} = \bar{W}_{el} - \bar{W}_{el,rev} \tag{8.15}$$

folgt analog zur Gleichung (6.24) aus der Differenz der molaren Reaktionsarbeiten und daraus die molare Entropieproduktion $\dot{S}_{irr}/\dot{n}_{H_2}$. Ebenfalls analog zur Elektrolyse folgen die abzuführende molare Wärme entsprechend Gleichung (6.25) aus Gleichung (3.188) mit

$$\bar{Q} = T_{BZ}(\Delta_r\bar{S}(T_{BZ}, p_{BZ}) - \dot{S}_{irr}/\dot{n}_{H_2}) \, , \tag{8.16}$$

die reversible molare Wärme entsprechend Gleichung (6.26) mit

$$\bar{Q}_{rev} = T_{BZ}\Delta_r\bar{S}(T_{BZ}, p_{BZ}) \tag{8.17}$$

und der aus der Brennstoffzelle abzuführende Wärmestrom analog zu Gleichung (6.27) mit

$$\dot{Q} = \dot{n}_{H_2}\bar{Q} \, . \tag{8.18}$$

Für den Spannungswirkungsgrad der Brennstoffzelle gilt nach [9] analog zu Gleichung (6.28)

$$\eta_{U,BZ} = \frac{U_{el}}{U_{el,rev}} = \frac{P_{el}}{P_{el,rev}} = \frac{P_{el}}{-\dot{n}_{H_2}\Delta_r\bar{G}(T_{BZ}, p_{BZ})} = 1 - \frac{T_{BZ}\dot{S}_{irr}}{P_{el,rev}} \, . \tag{8.19}$$

Brennstoffzellenkraftwerke sind aus thermodynamischer Sicht Verbrennungskraftmaschinen, denen ein gasförmiger Brennstoff und Sauerstoff (als Bestandteil von Luft) zugeführt und durch eine „kalte Verbrennung" in elektrische Energie (und Wärme) umgewandelt werden. Für einen Vergleich mit „klassischen" Verbrennungs- oder Wärmekraftanlagen – siehe dazu Abschnitt 5.3 – wird der Wirkungsgrad der Brennstoffzelle

$$\eta_{BZ} = \frac{|P_{el}|}{\dot{n}_{H_2}\bar{H}_i(T_{BZ}, p_{BZ})} \tag{8.20}$$

definiert, der die zu- und abgeführten Energieströme berücksichtigt, also den für die Durchführung der Reaktion zugeführten Stoffmengenstrom des Brennstoffs $\dot{n}_{H_2}$ mit seinem molaren Heizwert

$$\bar{H}_i(T_{BZ}) = -\Delta_r\bar{H}(T_{BZ}, p_{BZ}) - \Delta_{vap}\bar{H}(T_{BZ}) \tag{8.21}$$

und die abgeführte elektrische Leistung P_{el} [9, 73, 76].[1] Diese Gleichung gilt wegen

---

[1] Wie bereits in Abschnitt 4.4.1 beschrieben, werden Brenn- und Heizwerte nach DIN 5499 [36] als

Eingabeparameter TREND

Path to Sub-Model					HC
Show Error Code					FALSCH
Fluid					Water

Spezifische und molare Verdampfungsenthalpie mit TREND

vorgegebene Sättigungstemperatur $(\vartheta_{tr} < \vartheta_S < \vartheta_{kr})$	ϑ_S			°C	80,0
	T_S			K	353,15
Sättigungsdampfdruck	$p_S(T_S)$	P	MPa	bar	0,47414
spezifische Enthalpie siedendes Wasser	$h'(T_S)$	H	J/kg	kJ kg^{-1}	2643,0
spezifische Enthalpie gesättigter Dampf	$h''(T_S)$	H	J/kg	kJ kg^{-1}	335,01
spezifische Verdampfungsenthalpie Wasser	$\Delta_{vap}h(T_S) = h'(T_S)\text{-}h''(T_S)$			kJ kg^{-1}	2308,0
molare Enthalpie siedendes Wasser	$\bar{H}'(T_S)$	H	J/mol	kJ kmol^{-1}	47615
molare Enthalpie gesättigter Dampf	$\bar{H}''(T_S)$	H	J/mol	kJ kmol^{-1}	6035,3
molare Verdampfungsenthalpie Wasser	$\Delta_{vap}\bar{H}(T_S) = \bar{H}'(T_S)\text{-}\bar{H}''(T_S)$			kJ kmol^{-1}	41579

Abbildung 8.5: Excel-Berechnungsblatt für die Ermittlung der spezifischen und der molaren Verdampfungsenthalpien von Wasser

der Verwendung des Heizwerts für den Fall, dass das Wasser in flüssiger Form aus der Brennstoffzelle abgeführt wird, siehe Abschnitt 4.4.1.

Praktische Berechnung der Reaktionsgrößen

Im Zusammenhang mit der Berechnung einer Brennstoffzelle stellt sich die Frage, ob für die Berechnungen das gemäß der Oxidationsreaktion nach Gleichung (3.139) entstehende Wasser in flüssiger oder gasförmiger Form zu beachten ist, was sich auf die Werte der Reaktionsgrößen $\Delta_r\bar{H}(T_{BZ}, p_{BZ})$, $\Delta_r\bar{G}(T_{BZ}, p_{BZ})$ und $\Delta_r\bar{S}(T_{BZ}, p_{BZ})$ und die davon abhängenden Berechnungen erheblich auswirkt, siehe dazu in Abb. 8.5 die mittels TREND beispielhaft berechneten Werte der spezifischen und der molaren Verdampfungsenthalpien von Wasser

$$\Delta_{vap}h(T_S) = h'(T_S) - h''(T_S) \quad \text{bzw.} \quad \Delta_{vap}\bar{H}(T_S) = \bar{H}'(T_S) - \bar{H}''(T_S) \,. \quad (8.22)$$

In [9] wird für ein vereinfachtes Berechnungsbeispiel bei einer dort angenommenen Betriebstemperatur von $\vartheta_{BZ} = 80\,°C$ (ohne Angabe des Betriebsdrucks) aufgrund der Berechnungen angenommen, dass das gebildete Wasser aus der Brennstoffzelle in gasförmiger Form abgeführt wird. In [95] erfolgt die Berechnung der Reaktionsgrößen und der Zellspannung – abhängig von der Betriebstemperatur und beim Standarddruck $p_\circ$ – unter Beachtung, ob das gebildete Wasser flüssig mit einer Betriebstemperatur $\vartheta_{BZ} < 100\,°C$ oder gasförmig mit $\vartheta_{BZ} > 100\,°C$ vorliegt. Dagegen wird in [111] *generell* die Verwendung des Brennwerts, bei dem das Wasser in flüssiger Form abgeführt wird, empfohlen, aber für die Berechnung der weiteren Reaktionsgrößen die Berücksichtigung des Zustands des aus der Brennstoffzelle abgeführten Wassers. Die zweit- und die drittgenannten Vorgehensweisen decken sich mit der für das nachfolgende Beispiel 8.2 gewählten Vorgehensweise, da darin das Wasser allein aufgrund der Betriebsbedingungen flüssig abgeführt wird.

---

positive Größen definiert.

Nernst-Gleichung

Die NERNST-Gleichung ermöglicht es, das Gleichgewichtspotenzial einer elektrochemischen Reaktion zu berechnen und ist besonders nützlich für die Analyse von Batterien, von biologischen Systemen wie Zellmembranen und von Brennstoffzellen. Die mit einer Brennstoffzelle bereitgestellte elektrische Leistung ist gemäß Gleichung (8.10) das Produkt aus der Potenzialdifferenz oder Spannung zwischen der Anode und der Kathode und dem elektrischen Strom. Das Verhalten einer Brennstoffzelle wird durch die Strom–Spannungs-Kennlinie beschrieben, deren Berechnung recht aufwändig ist, weil sie u. a. von den ohmschen Verlusten infolge der elektrischen Widerstände, den kinetischen Verlusten an Anode und Kathode an der Grenzfläche zwischen Elektrolyt und Elektrode sowie von den Limitierungen des Stofftransports der Edukte und des Produkts bei der elektrochemischen Reaktion abhängt. Damit besitzt jede Brennstoffzelle eine eigene charakteristische Strom–Spannungs-Kennlinie. Ist diese Kennlinie oder zumindest ein Betriebspunkt daraus bekannt, ist die Berechnung der elektrischen Leistung, des Wärmestroms, der Stoffströme der Edukte und des Produkts sowie des Wirkungsgrads möglich, siehe dazu das nachfolgende Beispiel 8.2.[9, 111]

Die NERNST-Gleichung ermöglicht die Berechnung der Gleichgewichts- oder Leerlaufspannung für den Fall $I_{el} = 0$ bei vorgegebener Bruttoreaktionsgleichung [9]. Zur Herleitung der NERNST-Gleichung siehe insbesondere [9]. Sie basiert auf den Gleichgewichtsbedingungen für die Reaktionen an Anode und Kathode und lautet für die allgemeine Bruttoreaktionsgleichung (3.151)

$$U_{\text{zell},0}(T,p) = \frac{-\Delta_{\mathrm{r}}\bar{G}(T,p_{\circ})}{\nu_{\mathrm{e}^-}F} + \frac{RT}{\nu_{\mathrm{e}^-}F}\ln\prod_i\left(\frac{f_i(T,p,x_1,\dots,x_{k-1})}{p_{\circ}}\right)^{\nu_i}. \qquad (8.23)$$

Der erste Term in dieser Gleichung stellt die Leerlaufspannung beim Standarddruck $p_{\circ}$ dar; f_i steht für die sog. Fugazität der Komponente i, die für $p \to 0$ in den Partialdruck der Komponente i übergeht. Daraus folgt nach [9]

$$U_{\text{zell},0}(T,p) = \frac{-\Delta_{\mathrm{r}}\bar{G}(T,p_{\circ})}{\nu_{\mathrm{e}^-}F} + \frac{RT}{\nu_{\mathrm{e}^-}F}\ln\prod_i\left(\frac{p_i}{p_{\circ}}\right)^{\nu_i}. \qquad (8.24)$$

Für z. B. eine PEM- oder eine alkalische Brennstoffzelle ergibt sich mit $U_{\mathrm{el,rev}}$ nach Gleichung (8.11) in guter Näherung für geringe Drücke sowie in flüssiger Form abgeführtem Wasser die Berechnungsgleichung (vgl. [9, 95, 110, 111])

$$U_{\text{zell},0}(T_{\mathrm{BZ}},p_{\mathrm{BZ}}) = U_{\mathrm{el,rev}}(T_{\mathrm{BZ}},p_{\mathrm{BZ}}) + \frac{RT_{\mathrm{BZ}}}{2F}\ln\frac{p_{\mathrm{H}_2}p_{\mathrm{O}_2}^{0,5}}{p_{\circ}^{1,5}}. \qquad (8.25)$$

Die reversible Zellspannung $U_{\mathrm{el,rev}}$ unterscheidet sich nur sehr wenig von der Leerlaufspannung $U_{\text{zell},0}$, weil für die Berechnung der reversiblen Zellspannung die Bedingung $\dot{S}_{\mathrm{irr}} = 0$ erfüllt sein muss, aber für die Leerlaufspannung die Gleichgewichtsbedingung gilt, für die die Entropie maximal ist [9]. Die reversible Zellspannung $U_{\mathrm{el,rev}}$ ist wegen der Werte der Reaktionsgrößen kleiner als die thermoneutrale Zellspannung $U_{\mathrm{el,TN}}$ nach Gleichung (8.12). Die NERNST-Gleichung bildet die Temperatur-, die Druck- und die Konzentrationsabhängigkeit der Leerlaufspannung in einer Brennstoffzelle ab.

Bearbeitung der in Beispiel 8.1 gegebenen Aufgabenstellung

Für die Bearbeitung der Aufgabenstellung gemäß Beispiel 8.1 wird ein Excel-Berechnungsblatt wie in Abb. 8.6 erstellt:

1. Im oberen Teil des Berechnungsblatts werden die Eingabeparameter für TREND vorgegeben. Die Zellen in diesem Teil erhalten am besten dieselben Namen, wie im Beispiel 2.1; weniger relevante Zellen werden aus Platzgründen ausgeblendet. Im zweiten Teil des Berechnungsblatts werden die Betriebstemperatur und die Daten im Standardzustand eingegeben.

2. Im dritten Teil werden die molaren Standardreaktionsgrößen für die gegebene Bruttoreaktionsgleichung ermittelt. Der Aufbau dieses Teils des Berechnungsblatts erfolgt analog zur Tabelle im Excel-Berechnungsblatt in Abb. 3.21 für das Beispiel 3.5, siehe dazu die entsprechende Anleitung.

3. Im vierten Teil des Berechnungsblatts erfolgt die Umrechnung der Reaktionsgrößen auf die Betriebstemperatur beim Standarddruck unter Verwendung von TREND. Dazu werden zunächst die molaren Massen M_i der beteiligten Komponenten ermittelt, anschließend die molaren Enthalpien bei den Standardbedingungen $\bar{H}_i(T_\circ, p_\circ)$ sowie bei den Bedingungen $\bar{H}_i(T_{\mathrm{BZ}}, p_\circ)$ und daraus die Differenzen $\Delta \bar{H}_i$, siehe dazu die entsprechenden Beschreibungen für die Berechnung der PEM-Elektrolyse für das Beispiel 6.1 in Abschnitt 6.5.

4. Im fünften Teil des Berechnungsblatts wenden wir uns der Brennstoffzelle zu. Die FARADAY-Konstante F und der stöchiometrische Koeffizient ν_{e^-} der Elektronen in der Anodenreaktion entsprechend Gleichung (8.3) werden eingetragen. Daraus folgen die reversible Zellspannung $U_{\mathrm{el,rev}}$ mit Gleichung (6.20) und die thermoneutrale Zellspannung $U_{\mathrm{el,TN}}$ mit Gleichung (6.21).

5. Für die Berechnung der Leerlaufspannungen werden die Partialdrücke gemäß

$$p_i = x_i p_\circ \tag{8.26}$$

eingegeben, wofür vereinfachend der Stoffmengenanteil des Sauerstoffs x_{O_2} in trockener Luft aus der Tabelle in Abb. 4.2 verwendet wird. Die gesuchten Leerlaufspannungen $U_{\mathrm{zell},0}(T, p)$ folgen aus der Gleichung (8.25).

Grundsätzlich lassen die Berechnungsgleichungen die folgenden Abhängigkeiten der reversiblen Zellspannung $U_{\mathrm{el,rev}}$, der thermoneutralen Zellspannung $U_{\mathrm{el,TN}}$ und der Leerlaufspannung $U_{\mathrm{zell},0}$ (bei sonst unveränderten Daten) erwarten:

- Mit zunehmender Temperatur nehmen die drei Spannungen ab, bedingt durch die Temperaturabhängigkeit der Reaktionsgrößen und

- mit zunehmenden Partialdrücken der Komponenten steigt die Leerlaufspannung, siehe dazu den Vergleich der drei Fälle im Beispiel.

Wie die Berechnungen zeigen, ist die Leerlaufspannung – im Unterschied zur reversiblen Zellspannung – auch von den Partialdrücken abhängig. Bei allgemeiner Berücksichtigung der Druckabhängigkeit der Reaktionsgrößen – wie im nachfolgenden Beispiel 8.2 – nimmt die reversible Zellspannung mit steigendem Druck zu und die thermoneutrale

Eingabeparameter TREND

					TP
Path to Sub-Model				**TREND**	molar
Input Code					
Unit					
Show Error Code					FALSCH

Daten — CalcType — Unit

Betriebstemperatur Brennstoffzelle	ϑ_{BZ}	°C		**25,0**
	T_{BZ}	K		298,15
Standardtemperatur	T_o	K		298,15
Standarddruck	p_o	bar		1,0
		MPa		0,1

Bruttoreaktionsgleichung — $H_2 + 0{,}5\,O_2 = H_2O$

molare Standardreaktionsenthalpie	$\Delta_r\bar{H}(T_o,p_o) = \Sigma\nu_i\,\Delta_f\bar{H}_i(T_o,p_o)$	kJ mol^{-1}	**-285,83**
molare Freie Standardreaktionsenthalpie	$\Delta_r\bar{G}(T_o,p_o) = \Delta_r\bar{H}(T_o,p_o) - T_o\,\Delta_r\bar{S}(T_o,p_o)$	kJ mol^{-1}	-237,14
molare Standardreaktionsentropie	$\Delta_r\bar{S}(T_o,p_o) = \Sigma\nu_i\,\bar{S}_i(T_o,p_o)$	kJ kmol^{-1} K^{-1}	**-163,30**

Komponente i — Stoffdaten (aus Barin, I. (1993): Thermochemical Data of Pure Substances. 2. Aufl. Weinheim: VCH)

Komponente i	molare Enthalpie $\bar{H}_i = \Delta_f\bar{H}_i(T_o,p_o)$ kJ mol^{-1}	molare Entropie $\bar{S}_i(T_o,p_o)$ kJ kmol^{-1} K^{-1}	stöch. Koeffizient ν_i
H_2	0	130,68	-1,0
O_2	0	205,147	-0,5
H_2O (l)	-285,83	69,95	1,0

Reaktionsgrößen bei T_{BZ}, p_o mit TREND

		CalcType	Unit		Hydrogen	Oxygen	Water
molare Masse	M_i	MW	kg/mol	kg kmol^{-1}	2,016	31,999	18,015
molare Enthalpie	$\bar{H}_i(T_o,p_o)$	H	J/mol	kJ mol^{-1}	8,47	8,67	1,89
molare Enthalpie	$\bar{H}_i(T_{BZ},p_o)$	H	J/mol	kJ mol^{-1}	8,47	8,67	1,89
molare Enthalpiedifferenz	$\Delta\bar{H}_i = \bar{H}_i(T_{BZ},p_o) - \bar{H}_i(T_o,p_o)$			kJ mol^{-1}	0,00	0,00	0,00

Änderung der molaren Reaktionsenthalpie	$\Sigma\nu_i\,\Delta\bar{H}_i = \Sigma\nu_i\,(\bar{H}_i(T_{BZ},p_{BZ}) - \bar{H}_i(T_o,p_o))$	kJ mol^{-1}	**0,00**
molare Reaktionsenthalpie bei Betriebsbedingungen	$\Delta_r\bar{H}(T_{BZ},p_{BZ}) = \Delta_r\bar{H}(T_o,p_o) + \Sigma\nu_i\,\Delta\bar{H}_i$	kJ mol^{-1}	**-285,83**

		CalcType	Unit		Hydrogen	Oxygen	Water
molare Entropie	$\bar{S}_i(T_o,p_o)$	S	J/(mol K)	kJ kmol^{-1} K^{-1}	137,53	205,13	6,62
molare Entropie	$\bar{S}_i(T_{BZ},p_o)$	S	J/(mol K)	kJ kmol^{-1} K^{-1}	137,53	205,13	6,62
molare Entropiedifferenz	$\Delta\bar{S}_i = \bar{S}_i(T_{BZ},p_o) - \bar{S}_i(T_o,p_o)$			kJ kmol^{-1} K^{-1}	0,00	0,00	0,00

Änderung der molaren Reaktionsentropie	$\Sigma\nu_i\,\Delta\bar{S}_i = \Sigma\nu_i\,(\bar{S}_i(T_{BZ},p_o) - \bar{S}_i(T_o,p_o))$	kJ kmol^{-1} K^{-1}	**0,00**
molare Reaktionsentropie bei Betriebsbedingungen	$\Delta_r\bar{S}(T_{BZ},p_o)$	kJ kmol^{-1} K^{-1}	**-163,30**
molare Freie Reaktionsenthalpie bei Betriebsbedingungen	$\Delta_r\bar{G}(T_{BZ},p_o)$	kJ mol^{-1}	**-237,14**

Reversible und thermoneutrale Zellspannung

Faraday-Konstante	F	C mol^{-1}	96485,3321
stöchiometrische Koeffizient der Elektronen (in der Anodenreaktion)	ν_{e^-}	1	**2,0**
reversible Zellspannung	$U_{el,rev} = -\Delta_r\bar{G}(T_{BZ},p_o)/(\nu_{e^-}F)$	V	**1,229**
thermoneutrale Zellspannung	$U_{el,TN} = -\Delta_r\bar{H}(T_{BZ},p_o)/(\nu_{e^-}F)$	V	1,481

Fall a, Wasserstoff und reiner Sauerstoff

Partialdruck Wasserstoff	p_{H2}	bar	**1,000**
Partialdruck Sauerstoff	p_{O2}	bar	**1,000**
Leerlaufspannung (I_{el} = 0), berechnet mit NERNST-Gleichung	$U_{zell,0}$	V	**1,229**

Fall b, Wasserstoff und Luft

Partialdruck Wasserstoff	p_{H2}	bar	**1,000**
Partialdruck Sauerstoff in der Luft (als trockene Luft angenommen)	p_{O2}	bar	**0,210**
Leerlaufspannung (I_{el} = 0), berechnet mit NERNST-Gleichung	$U_{zell,0}$	V	**1,219**

Fall c, Wasserstoff und Luft bei höherem Betriebsdruck

Partialdruck Wasserstoff	p_{H2}	bar	**3,000**
Partialdruck Sauerstoff in der Luft (als trockene Luft angenommen)	p_{O2}	bar	**0,629**
Leerlaufspannung (I_{el} = 0), berechnet mit NERNST-Gleichung	$U_{zell,0}$	V	**1,240**

Abbildung 8.6: Excel-Berechnungsblatt für die Berechnung der reversiblen Zellspannung und der Leerlaufspannung einer PEM-Brennstoffzelle

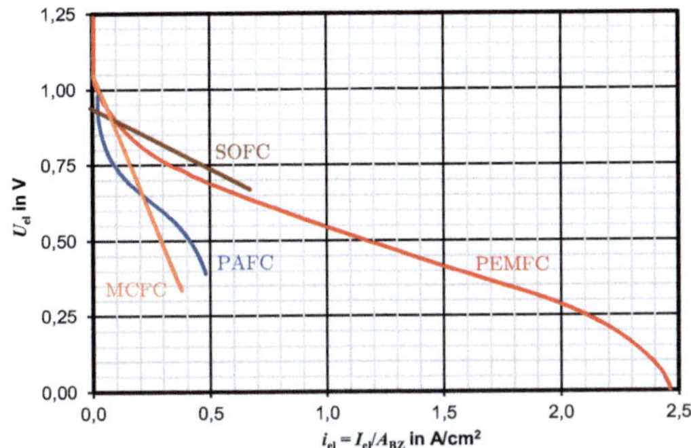

Abbildung 8.7: Typische Verläufe der Strom–Spannungs-Kennlinien unterschiedlicher Brennstoffzellen-Typen nach [9]

Zellspannung leicht ab. Der Vergleich der beiden Fälle a) und b) zeigt, dass durch die
Verwendung von Luft der Wirkungsgrad der Zelle nur wenig abnehmen wird.

Die Leistung einer Brennstoffzelle folgt aus

$$P_{el} = -U_{el} i_{el} A_{BZ} \, ,\tag{8.27}$$

also aus dem Produkt der Betriebs-Zellspannung U_{el}, der Stromdichte $i_{el} = I_{el}/A_{BZ}$
über den auf die durchflossene Querschnittsfläche bezogenen elektrischen Strom und
der Querschnittsfläche A_{BZ} der Brennstoffzelle. Die Betriebs-Zellspannung einer Brennstoffzelle U_{el} ist kleiner als die reversible Zellspannung $U_{el,rev}$ und die Leerlaufspannung
$U_{zell,0}$, siehe dazu das obige und das nachfolgende Berechnungsbeispiel. Verantwortlich
dafür sind die bereits oben und auch bei der Elektrolyse in Abschnitt 6.4 beschriebenen
Verluste infolge der ohmschen Verluste der elektrischen Widerstände, der kinetischen
Verluste an Anode und Kathode an der Grenzfläche zwischen Elektrolyt und Elektrode
sowie der Limitierungen des Stofftransports der Edukte und des Produkts bei der
elektrochemischen Reaktion. Mit steigender Stromdichte i_{el} sinkt die Betriebs-Zellspannung, weil die vorgenannten Verluste zunehmen, siehe dazu Abb. 8.7 mit typischen
Strom–Spannungs-Kennlinien von Brennstoffzellen nach einer Darstellung in [9]. Darin
sind die Verläufe der Betriebs-Zellspannung in Abhängigkeit von der Stromdichte
dargestellt. Betriebs-Zellspannungen in Brennstoffzellen liegen üblicherweise etwas
unterhalb von 1 V. Vorteilhaft für den Betrieb sind flache Kennlinien [9]. Der von
Brennstoffzellen neben der elektrischen Leistung abgegebene Wärmestrom liegt in
ähnlicher Größenordnung, wie die elektrische Leistung und kann in der Nähe der
maximalen Leistungsdichte der Brennstoffzelle sogar dominieren [73], siehe dazu auch
die Energiebilanz für das nachfolgende Beispiel 8.2 in den Abb. 8.8 und 8.9.

Brennstoffzellen werden häufig unter Bedingungen betrieben, die deutlich von den
Standardbedingungen abweichen, z. B. arbeiten Hochtemperatur-Brennstoffzellen bei
Temperaturen bis 1000 °C oder Brennstoffzellen in Kraftfahrzeugen bei Drücken bis
5 bar. Dazu kommen im praktischen Betrieb zeitlich veränderliche Partialdrücke der
Edukte [111].

8.3 Produktion von elektrischer Energie in einer PEM-Brennstoffzelle

---

Beispiel 8.2

In einem PEM-Brennstoffzellen-Stack soll eine elektrische Leistung von 100 kW unter Zufuhr von Wasserstoff und Luft produziert werden. Die Betriebstemperatur ist mit $\vartheta_{BZ} = 80{,}0\,°C$, der Betriebsdruck mit $p_{BZ} = 1{,}2\,bar$, die Umgebungstemperatur mit $\vartheta_U = 10{,}0\,°C$ und der Umgebungsdruck mit $p_U = 1{,}0\,bar$ vorgegeben. Die Betriebs-Zellspannung der Brennstoffzelle beträgt $U_{el} = 0{,}80\,V$. Der Stack arbeitet mit $\lambda_{H_2} = 1{,}20$ für Wasserstoff und $\lambda_L = 1{,}50$ für Luft, die mit einer relativen Feuchte von $\varphi = 60{,}0\,\%$ bei den Standardbedingungen $\vartheta_L = \vartheta_\circ$ und $p_L = p_\circ$ zugeführt und vor der Zuführung in die Brennstoffzelle auf die Betriebsbedingungen gebracht wird (siehe dazu Beispiel 3.8). Zu ermitteln sind u. a. die Reaktionsgrößen bei den Betriebsbedingungen, die reversible Zellspannung, die Massen-, Stoffmengen- und Normvolumenströme des erforderlichen Wasserstoffs und der Luft, der Massen- und der Volumenstrom des produzierten Wassers, die molare, die molare reversible und die auf den Volumenstrom des zuzuführenden Wassers bezogene Reaktionsarbeit, die molare dissipierte Energie, der molare Entropieproduktionsstrom, der abzuführende Wärmestrom, der Reaktionsenthalpiestrom, der Wirkungsgrad und der exergetische Wirkungsgrad. (Ergebnisse in den Excel-Berechnungsblättern in den Abb. 8.8 und 8.9.)

Bearbeitung der in Beispiel 8.2 gegebenen Aufgabenstellung

Für die Bearbeitung der Aufgabenstellung gemäß Beispiel 8.2 wird ein Excel-Berechnungsblatt wie in den Abb. 8.8 und 8.9 erstellt:

1. Im oberen Teil des Berechnungsblatts werden die Eingabeparameter für TREND vorgegeben. Die Zellen in diesem Teil erhalten am besten dieselben Namen, wie im Beispiel 2.1; weniger relevante Zellen werden aus Platzgründen ausgeblendet. Im zweiten Teil des Berechnungsblatts werden die Betriebsdaten der Brennstoffzelle (jeweils Temperatur und Druck), die Daten der Umgebung, die Daten der zugeführten Luft, die Daten im Standardzustand und die Daten im Normzustand eingegeben.

2. Im dritten Teil des Berechnungsblatts erfolgt die Berechnung der Standardreaktionsgrößen – analog zur Vorgehensweise für das Beispiel 3.5 wie im Berechnungsblatt in Abb. 3.21, siehe dazu die entsprechende Anleitung.

3. Im vierten Teil des Berechnungsblatts erfolgt die Berechnung der Reaktionsgrößen bei den Betriebsbedingungen – analog zur Vorgehensweise für das Beispiel 6.1 wie im Berechnungsblatt in Abb. 6.9, siehe dazu die entsprechende Anleitung.

4. Im fünften Teil des Berechnungsblatts wenden wir uns der Brennstoffzelle zu. Die mit der Aufgabenstellung vorgegebene abzuführende elektrische Leistung P_{el}, die FARADAY-Konstante F und der stöchiometrische Koeffizient ν_{e^-} der Elektronen in der Anodenreaktion entsprechend Gleichung (8.3) werden eingetragen.

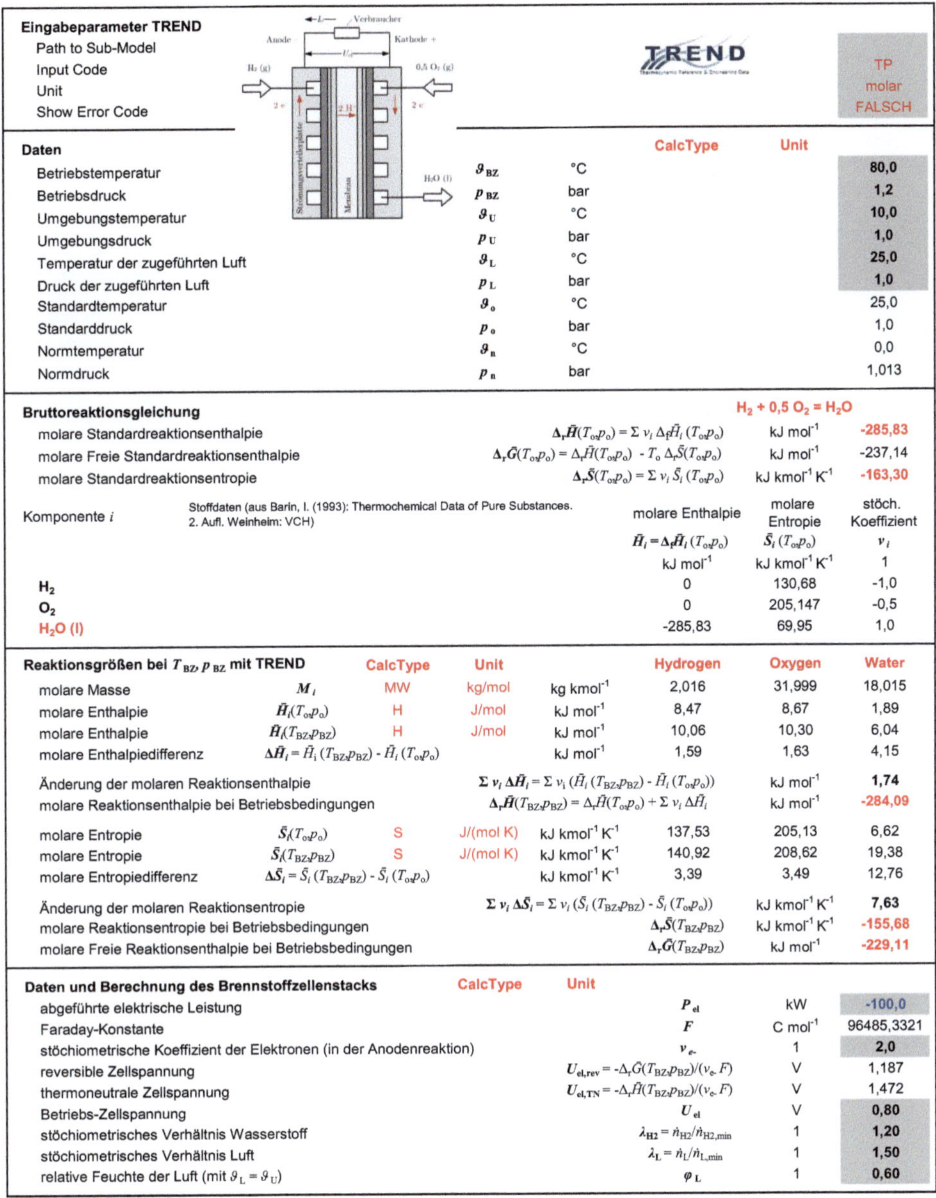

Daten			CalcType	Unit	
Betriebstemperatur		ϑ_{BZ}		°C	80,0
Betriebsdruck		p_{BZ}		bar	1,2
Umgebungstemperatur		ϑ_{U}		°C	10,0
Umgebungsdruck		p_{U}		bar	1,0
Temperatur der zugeführten Luft		ϑ_{L}		°C	25,0
Druck der zugeführten Luft		p_{L}		bar	1,0
Standardtemperatur		ϑ_{o}		°C	25,0
Standarddruck		p_{o}		bar	1,0
Normtemperatur		ϑ_{n}		°C	0,0
Normdruck		p_{n}		bar	1,013

Bruttoreaktionsgleichung $H_2 + 0,5\ O_2 = H_2O$

		Unit	
molare Standardreaktionsenthalpie	$\Delta_r \bar{H}(T_o, p_o) = \Sigma\, \nu_i\, \Delta_f \bar{H}_i(T_o, p_o)$	kJ mol⁻¹	−285,83
molare Freie Standardreaktionsenthalpie	$\Delta_r \bar{G}(T_o, p_o) = \Delta_r \bar{H}(T_o, p_o) - T_o\, \Delta_r \bar{S}(T_o, p_o)$	kJ mol⁻¹	−237,14
molare Standardreaktionsentropie	$\Delta_r \bar{S}(T_o, p_o) = \Sigma\, \nu_i\, \bar{S}_i(T_o, p_o)$	kJ kmol⁻¹ K⁻¹	−163,30

Komponente i — Stoffdaten (aus Barin, I. (1993): Thermochemical Data of Pure Substances. 2. Aufl. Weinheim: VCH)

Komponente i	molare Enthalpie $\bar{H}_i = \Delta_f \bar{H}_i(T_o, p_o)$ kJ mol⁻¹	molare Entropie $\bar{S}_i(T_o, p_o)$ kJ kmol⁻¹ K⁻¹	stöch. Koeffizient ν_i
			1
H_2	0	130,68	−1,0
O_2	0	205,147	−0,5
H_2O (l)	−285,83	69,95	1,0

Reaktionsgrößen bei T_{BZ}, p_{BZ} mit TREND		CalcType	Unit		Hydrogen	Oxygen	Water
molare Masse	M_i	MW	kg/mol	kg kmol⁻¹	2,016	31,999	18,015
molare Enthalpie	$\bar{H}_i(T_o, p_o)$	H	J/mol	kJ mol⁻¹	8,47	8,67	1,89
molare Enthalpie	$\bar{H}_i(T_{BZ}, p_{BZ})$	H	J/mol	kJ mol⁻¹	10,06	10,30	6,04
molare Enthalpiedifferenz	$\Delta \bar{H}_i = \bar{H}_i(T_{BZ}, p_{BZ}) - \bar{H}_i(T_o, p_o)$			kJ mol⁻¹	1,59	1,63	4,15
Änderung der molaren Reaktionsenthalpie	$\Sigma\, \nu_i\, \Delta \bar{H}_i = \Sigma\, \nu_i\, (\bar{H}_i(T_{BZ}, p_{BZ}) - \bar{H}_i(T_o, p_o))$			kJ mol⁻¹	1,74		
molare Reaktionsenthalpie bei Betriebsbedingungen	$\Delta_r \bar{H}(T_{BZ}, p_{BZ}) = \Delta_r \bar{H}(T_o, p_o) + \Sigma\, \nu_i\, \Delta \bar{H}_i$			kJ mol⁻¹	−284,09		
molare Entropie	$\bar{S}_i(T_o, p_o)$	S	J/(mol K)	kJ kmol⁻¹ K⁻¹	137,53	205,13	6,62
molare Entropie	$\bar{S}_i(T_{BZ}, p_{BZ})$	S	J/(mol K)	kJ kmol⁻¹ K⁻¹	140,92	208,62	19,38
molare Entropiedifferenz	$\Delta \bar{S}_i = \bar{S}_i(T_{BZ}, p_{BZ}) - \bar{S}_i(T_o, p_o)$			kJ kmol⁻¹ K⁻¹	3,39	3,49	12,76
Änderung der molaren Reaktionsentropie	$\Sigma\, \nu_i\, \Delta \bar{S}_i = \Sigma\, \nu_i\, (\bar{S}_i(T_{BZ}, p_{BZ}) - \bar{S}_i(T_o, p_o))$			kJ kmol⁻¹ K⁻¹	7,63		
molare Reaktionsentropie bei Betriebsbedingungen	$\Delta_r \bar{S}(T_{BZ}, p_{BZ})$			kJ kmol⁻¹ K⁻¹	−155,68		
molare Freie Reaktionsenthalpie bei Betriebsbedingungen	$\Delta_r \bar{G}(T_{BZ}, p_{BZ})$			kJ mol⁻¹	−229,11		

Daten und Berechnung des Brennstoffzellenstacks	CalcType	Unit			
abgeführte elektrische Leistung			P_{el}	kW	−100,0
Faraday-Konstante			F	C mol⁻¹	96485,3321
stöchiometrische Koeffizient der Elektronen (in der Anodenreaktion)			ν_{e^-}	1	2,0
reversible Zellspannung			$U_{el,rev} = -\Delta_r \bar{G}(T_{BZ}, p_{BZ})/(\nu_{e^-} F)$	V	1,187
thermoneutrale Zellspannung			$U_{el,TN} = -\Delta_r \bar{H}(T_{BZ}, p_{BZ})/(\nu_{e^-} F)$	V	1,472
Betriebs-Zellspannung			U_{el}	V	0,80
stöchiometrisches Verhältnis Wasserstoff			$\lambda_{H2} = \dot{n}_{H2}/\dot{n}_{H2,min}$	1	1,20
stöchiometrisches Verhältnis Luft			$\lambda_{L} = \dot{n}_{L}/\dot{n}_{L,min}$	1	1,50
relative Feuchte der Luft (mit $\vartheta_L = \vartheta_U$)			φ_{L}	1	0,60

Abbildung 8.8: Excel-Berechnungsblatt für die PEM-Brennstoffzelle, Teil I

Größe			Formel	Einheit	Wert
Stoffmengenstrom des mindestens zuzuführenden Wasserstoffs (Eduktstrom)			$\dot{n}_{H2,min} = -P_{el}/(\nu_e F\, U_{el})$	kmol h^{-1}	2,332
Stoffmengenstrom des zuzuführenden Wasserstoffs			$\dot{n}_{H2} = \lambda_{H2}\, \dot{n}_{H2,min}$	kmol h^{-1}	2,798
Massenstrom des mindestens zuzuführenden Wasserstoffs (Eduktstrom)			$\dot{m}_{H2,min} = \dot{n}_{H2,min}\, M_{H2}$	kg h^{-1}	4,70
Massenstrom des zuzuführenden Wasserstoffs			$\dot{m}_{H2} = \dot{n}_{H2}\, M_{H2}$	kg h^{-1}	5,64
Dichte des Wasserstoffs im Normzustand	D	kg/m3	$\rho_{n,H2}(T_n, p_n)$	kg m^{-3}	0,0899
Volumenstrom des mind. zuzuführenden Wasserstoffs im Normzustand			$\dot{V}_{n,H2,min}(T_n, p_n) = \dot{m}_{H2,min}/\rho_{n,H2}$	m^3 h^{-1}	52,3
Volumenstrom des zuzuführenden Wasserstoffs im Normzustand			$\dot{V}_{n,H2}(T_n, p_n) = \dot{m}_{H2}/\rho_{n,H2}$	m^3 h^{-1}	62,8
äquivalenter Stoffmengenstrom			$\xi^{\cdot} = \Delta\dot{n}_{H2}/\nu_{H2}$	kmol h^{-1}	2,332
Stoffmengenstrom des mindestens zuzuführenden Sauerstoffs (Eduktstrom)			$\dot{n}_{O2,min}$	kmol h^{-1}	1,166
Stoffmengenstrom des zuzuführenden Sauerstoffs			$\dot{n}_{O2} = \lambda_L\, \dot{n}_{O2,min}$	kmol h^{-1}	1,749
Massenstrom des mindestens zuzuführenden Sauerstoffs (Eduktstrom)			$\dot{m}_{O2,min} = \dot{n}_{O2}\, M_{O2}$	kg h^{-1}	37,3
Massenstrom des zuzuführenden Sauerstoffs			$\dot{m}_{O2} = \dot{n}_{O2}\, M_{O2}$	kg h^{-1}	56,0
Dichte des Sauerstoffs im Normzustand	D	kg/m3	$\rho_{n,O2}(T_n, p_n)$	kg m^{-3}	1,429
Volumenstrom des mind. zuzuführenden Sauerstoffs im Normzustand			$\dot{V}_{n,O2,min}(T_n, p_n) = \dot{m}_{O2,min}/\rho_{O2}$	m^3 h^{-1}	26,1
Volumenstrom des zuzuführenden Sauerstoffs im Normzustand			$\dot{V}_{n,O2}(T_n, p_n) = \dot{m}_{O2}/\rho_{O2}$	m^3 h^{-1}	39,2
Stoffmengenstrom des abzuführenden Wassers (Produktstrom)			$\dot{n}_{H2O}$	kmol h^{-1}	2,332
Massenstrom des abzuführenden Wassers (Produktstrom)			$\dot{m}_{H2O} = \dot{n}_{H2O}\, M_{H2O}$	kg h^{-1}	42,0
Dichte des Wassers im Betriebszustand	D	kg/m3	$\rho_{H2O}(T_{BZ}, p_{BZ})$	kg m^{-3}	971,8
Volumenstrom des abzuführenden Wassers (Produktstrom)			$\dot{V}_{H2O}(T_{BZ}, p_{BZ}) = \dot{m}_{H2O}/\rho_{H2O}$	m^3 h^{-1}	0,043
Sättigungsdampfdruck (bei $\vartheta_L = \vartheta_U$)	P	MPa	$p_{ws}(T_L)$	bar	0,0317
Wasserbeladung der feuchten Luft (bei $p_L = p_{BZ}$)			X	1	0,0121
Massenstrom der mindestens zuzuführenden trockenen Luft			$\dot{m}_{L,min} = \dot{m}_{O2,min}/(1-w_{N2}-w_{Ar})$	kg h^{-1}	161,1
Massenstrom der zuzuführenden trockenen Luft			$\dot{m}_{L} = \dot{m}_{O2}/(1-w_{N2}-w_{Ar})$	kg h^{-1}	241,6
Massenstrom der mindestens zuzuführenden feuchten Luft			$\dot{m}_{L,f,min} = \dot{m}_{L,min}\,(1-X)$	kg h^{-1}	159,1
Massenstrom der zuzuführenden feuchten Luft			$\dot{m}_{L,f} = \dot{m}_{L}\,(1-X)$	kg h^{-1}	238,7
molare Masse feuchte Luft	MW	kg/mol	$M_{L,f} = \Sigma\, x_{L,f,i}\, M_{L,f,i}$	kg kmol^{-1}	28,75
Stoffmengenstrom der zuzuführenden feuchten Luft			$\dot{n}_{L,f} = \dot{m}_{L,f}/M_{L,f}$	kmol h^{-1}	8,30
Dichte der *trockenen* Luft im Normzustand (als Näherung)			$\rho_{n,L}(T_n, p_n) = (p_n M_L)/(R T_n)$	kg m^{-3}	1,283
Dichte der feuchten Luft im Normzustand	D	kg/m3	$\rho_{n,L,f}(T_n, p_n)$	kg m^{-3}	1,305
Volumenstrom der mind. zuzuführenden feuchten Luft im Normzustand			$\dot{V}_{n,L,f,min}(T_n, p_n) = \dot{m}_{L,f,min}/\rho_{n,L,f}$	m^3 h^{-1}	122,0
Volumenstrom der zuzuführenden feuchten Luft im Normzustand			$\dot{V}_{n,L}(T_n, p_n) = \lambda_L\, \dot{V}_{n,L,min}(T_n, p_n)$	m^3 h^{-1}	183,0
molare Reaktionsarbeit, auf H$_2$-Stoffmengenstrom bez. elektr. Leistung			$\bar{W}_{el} = P_{el}/\dot{n}_{H2}$	kJ mol^{-1}	-154,4
auf elektr. Leistung bez. H$_2$-Stoffmengenstrom (Kehrwert mol. Reaktionsarbeit)			$\dot{n}_{H2,min}/P_{el}$	mol kJ^{-1}	-0,00648
reversible molare Reaktionsarbeit (maximal nutzbar)			$\bar{W}_{el,rev} = \Delta_r\bar{G}(T_{BZ}, p_{BZ})$	kJ mol^{-1}	-229,1
auf H$_2$-Normvolumenstrom bezogene elektr. Leistung			$\hat{W}_{el} = P_{el}/\dot{V}_{H2,n,min}$	kWh m^{-3}	-1,912
auf die elektr. Leistung bez. H$_2$-Normvolumenstrom			$\dot{V}_{H2,n,min}/P_{el}$	m^3 kWh^{-1}	-0,523
molare dissipierte Energie			$T_{BZ}\,\dot{S}_{irr}/\dot{n}_{H2,min} = \bar{W}_{el} - \bar{W}_{el,rev}$	kJ mol^{-1}	74,7
molare Entropieproduktion			$\dot{S}_{irr}/\dot{n}_{H2,min}$	kJ mol^{-1} K^{-1}	0,212
abzuführende molare Wärme			$\bar{Q} = T_{BZ}\,(\Delta_r\bar{S}(T_{BZ}, p_{BZ}) - \dot{S}_{irr}/\dot{n}_{H2,min})$	kJ mol^{-1}	-129,71
abzuführende molare Wärme, reversibel			$\bar{Q}_{rev} = T_{BZ}\,\Delta_r\bar{S}(T_{BZ}, p_{BZ})$	kJ mol^{-1}	-54,98
abzuführender Wärmestrom			$\dot{Q} = \dot{n}_{H2,min}\,\bar{Q}$	kW	-84,0
Reaktionsenthalpiestrom			$\xi^{\cdot}\Delta_r\bar{H}(T_{BZ}, p_{BZ})$	kW	-184,0
Kontrolle Energiebilanz der Brennstoffzelle			$P_{el} + \dot{Q} - \xi^{\cdot}\Delta_r\bar{H}(T_{BZ}, p_{BZ}) = 0$	kW	0,0
Spannungswirkungsgrad der Brennstoffzelle			$\eta_{U,BZ} = U_{el}/U_{el,rev}$	1	67,4%
molare Enthalpie siedendes Wasser	H	J/mol	$\bar{H}'(T_{BZ})$	kJ kmol^{-1}	6035
molare Enthalpie gesättigter Dampf	H	J/mol	$\bar{H}''(T_{BZ})$	kJ kmol^{-1}	47615
molare Verdampfungsenthalpie Wasser			$\Delta_{vap}\bar{H}(T_{BZ}) = \bar{H}''(T_{BZ}) - \bar{H}'(T_{BZ})$	kJ kmol^{-1}	41579
molarer Heizwert			$\bar{H}_i(T_{BZ}) = -\Delta_r\bar{H}(T_{BZ}) - \Delta_{vap}\bar{H}(T_{BZ})$	kJ mol^{-1}	242,5
Wirkungsgrad der Brennstoffzelle mit $\dot{n}_{H2,min}$			$\eta_{BZ,H2,min} = -P_{el}/(\dot{n}_{H2,min}\, \bar{H}_i(T_{BZ}))$	1	63,7%
Wirkungsgrad der Brennstoffzelle mit $\dot{n}_{H2}$			$\eta_{BZ} = -P_{el}/(\dot{n}_{H2}\, \bar{H}_i(T_{BZ})) = \eta_{BZ,min}/\lambda'_{H2}$	1	53,0%

Exergetische Analyse

Größe	Formel	Einheit	Wert
abzuführender Exergiestrom	P_{el}	kW	-100
molare Exergie Wasserstoff bei Betriebsbedingungen	$\bar{E}^E_{H2}(T_{BZ}, p_{BZ})$	kJ mol^{-1}	235,3
molare Exergie feuchte Luft bei Betriebsbedingungen	$\bar{E}^E_{L}(T_{BZ}, p_{BZ})$	kJ mol^{-1}	1,167
Exergiestrom des Wasserstoff bei Betriebsbedingungen	$\dot{n}_{H2}\, \bar{E}^E_{H2}(T_{BZ}, p_{BZ})$	kW	182,9
Exergiestrom der feuchten Luft bei Betriebsbedingungen	$\dot{n}_{L}\, \bar{E}^E_{L}(T_{BZ}, p_{BZ})$	kW	2,693
Exergieanteil des Wärmestroms	$\dot{Q}^E = \eta_C\, \dot{Q}$	kW	-16,7
exergetischer Wirkungsgrad	$\zeta_{BZ} = -(P_{el} + \dot{Q}_E)/(\dot{n}_{H2}\, \bar{E}^E_{H2}(T_{BZ}, p_{BZ}) + \dot{n}_{L}\, \bar{E}^E_{L}(T_{BZ}, p_{BZ}))$	1	62,8%

Abbildung 8.9: Excel-Berechnungsblatt für die PEM-Brennstoffzelle, Teil II

Daraus folgen die reversible Zellspannung $U_{\mathrm{el,rev}}$ mit Gleichung (8.11) und die thermoneutrale Zellspannung $U_{\mathrm{el,TN}}$ mit Gleichung (8.12). Eingegeben werden die Betriebs-Zellspannung U_{el}, das stöchiometrische Verhältnis des Wasserstoffs

$$\lambda_{\mathrm{H_2}} = \frac{\dot{n}_{\mathrm{H_2}}}{\dot{n}_{\mathrm{H_2,min}}} \tag{8.28}$$

als Vielfachem des mindestens für die Reaktion erforderlichen Wasserstoff-Stoffmengenstroms $\dot{n}_{\mathrm{H_2,min}}$, das stöchiometrische Verhältnis der Luft

$$\lambda_{\mathrm{L}} = \frac{\dot{n}_{\mathrm{L}}}{\dot{n}_{\mathrm{L,min}}} \tag{8.29}$$

als Vielfachem des mindestens für die Reaktion erforderlichen Luft-Stoffmengenstroms $\dot{n}_{\mathrm{L,min}}$ sowie die relative Feuchte φ_{L} der zugeführten Luft.

5. Im sechsten Bereich erfolgen die Berechnungen zunächst für den Stoffmengenstrom des mindestens zuzuführenden Wasserstoffs $\dot{n}_{\mathrm{H_2,min}}$ mit Gleichung (8.10), den tatsächlich zuzuführenden Stoffmengenstrom des Wasserstoffs $\dot{n}_{\mathrm{H_2}}$ mit Gleichung (8.28), den mindestens zuzuführenden Massenstrom des Wasserstoffs $\dot{m}_{\mathrm{H_2,min}}$ unter Verwendung der weiter oben berechneten molaren Masse $M_{\mathrm{H_2}}$ analog zur Gleichung (2.53) mit

$$\dot{m}_{\mathrm{H_2}} = \dot{n}_{\mathrm{H_2}} M_{\mathrm{H_2}} \tag{8.30}$$

und entsprechend dazu den tatsächlichen Massenstrom $\dot{m}_{\mathrm{H_2}}$. Die Ermittlung der Dichte des Wasserstoffs im Normzustand $\varrho_{\mathrm{n,H_2}}(T_{\mathrm{n}}, p_{\mathrm{n}})$ wird unter Verwendung von TREND mit der Funktion

```
=TRENDEOS("D";InputCode;T_n;p_n;"Hydrogen";Composition;EqTypes;
MixingRule;PathToSubModel;Unit;ShowErrorCode)
```

durchgeführt. Der Volumenstrom des mindestens zuzuführenden Wasserstoffs im Normzustand folgt über die Normdichte $\varrho_{\mathrm{n,H_2}}(T_{\mathrm{n}}, p_{\mathrm{n}})$ aus

$$\dot{V}_{\mathrm{n,H_2,min}} = \frac{\dot{m}_{\mathrm{H_2,min}}}{\varrho_{\mathrm{n,H_2}}(T_{\mathrm{n}}, p_{\mathrm{n}})} \tag{8.31}$$

und analog dazu der tatsächlich zuzuführende Volumenstrom $\dot{V}_{\mathrm{n,H_2}}$ des Wasserstoffs im Normzustand. Der äquivalente Stoffmengenstrom $\dot{\xi}$ wird mit Gleichung (3.148) berechnet.

6. Der Stoffmengenstrom des mindestens zuzuführenden Sauerstoffs $\dot{n}_{\mathrm{O_2,min}}$ wird mit Gleichung (3.149) berechnet, der tatsächlich zuzuführende Stoffmengenstrom des Sauerstoffs $\dot{n}_{\mathrm{O_2}}$ mit Gleichung (8.29), der mindestens zuzuführenden Massenstrom des Sauerstoffs $\dot{m}_{\mathrm{O_2,min}}$ mit Gleichung (2.53) und analog dazu der tatsächliche Massenstrom $\dot{m}_{\mathrm{O_2}}$. Die Ermittlung der Dichte des Sauerstoffs im Normzustand $\varrho_{\mathrm{n,O_2}}(T_{\mathrm{n}}, p_{\mathrm{n}})$ wird wie für den Wasserstoff unter Verwendung von TREND durchgeführt und der Volumenstrom des mindestens zuzuführenden

Sauerstoffs im Normzustand $\dot{V}_{\mathrm{n,O_2,min}}$ mit der Normdichte analog zur Gleichung (8.31) und entsprechend dazu der tatsächlich zuzuführende Volumenstrom $\dot{V}_{\mathrm{n,H_2}}$ des Sauerstoffs im Normzustand.

7. Der Stoffmengenstrom des entstehenden, tatsächlich abzuführenden Wassers $\dot{n}_{\mathrm{H_2O}}$ wird ebenfalls mit Gleichung (3.149) berechnet. Es kann nur soviel Wasser abgeführt werden, wie aus der Reaktion der Mindeststoffmengenströme des Wasserstoffs und des Sauerstoffs entsteht. Der abzuführende Massenstrom des Wassers $\dot{m}_{\mathrm{H_2O}}$ folgt aus Gleichung (8.30), die Dichte auch hier durch Verwendung der Funktion TRENDEOS für den Betriebszustand bei T_{BZ} und p_{BZ} und daraus der Volumenstrom des Wassers $\dot{V}_{\mathrm{H_2O}}(T_{\mathrm{BZ}}, p_{\mathrm{BZ}})$.

8. Der Sättigungsdampfdruck des Wassers in der zugeführten feuchten Luft folgt aus

```
=10*TRENDEOS("P";"TVAP";T_L;42;"water";Composition;EqTypes;
MixingRule;PathToSubModel;Unit;ShowErrorCode)
```

und die Wasserbeladung X der Luft aus Gleichung (4.7) sowie der Massenstrom der mindestens zuzuführenden trockenen Luft entsprechend Gleichung (4.1) aus

$$\dot{m}_{\mathrm{L,min}} = \frac{\dot{m}_{\mathrm{O_2,min}}}{1 - w_{\mathrm{N_2}} - w_{\mathrm{Ar}}} \ . \tag{8.32}$$

Mit Gleichung (4.11) wird daraus der Massenstrom der mindestens zuzuführenden feuchten Luft $\dot{m}_{\mathrm{L,f,min}}$ sowie der tatsächlich zuzuführenden feuchten Luft $\dot{m}_{\mathrm{L,f}}$ berechnet.

9. Für die optionale Berechnung des Stoffmengenstroms der zuzuführenden feuchten Luft $\dot{n}_{\mathrm{L,f}}$ ist die molare Masse des Gemischs der feuchten Luft $M_{\mathrm{L,f}}$ erforderlich. Die Berechnungen dafür erfolgen ähnlich, wie für das Beispiel 3.8 in Abschnitt 3.9 und sind aus Platzgründen ausgeblendet. Der Partialdruck des Wasserdampfs $p_{\mathrm{W}}(T_{\mathrm{L}})$ folgt mit der relativen Feuchte φ und dem Sättigungspartialdruck aus Gleichung (4.9) und daraus der Stoffmengenanteil des Wasserdampfs $x_{\mathrm{L,f,H_2O}}$ in der feuchten Luft mit Gleichung (4.4). Die Stoffmengenanteile in der trockenen Luft $x_{\mathrm{L},i}$ werden aus der Tabelle in Abb. 4.2 übernommen. Die Umrechnung in die Stoffmengenanteile der feuchten Luft $x_{\mathrm{L,f},i}$ erfolgt unter Verwendung des Stoffmengenanteils des Wasserdampfs $x_{\mathrm{L,f},i}$ mit Gleichung (3.215). Die Stoffmengenanteile in der feuchten Luft werden durch Änderungen des Drucks oder der Temperatur nicht verändert und gelten deshalb auch für den mit der Aufgabenstellung gegebenen Betriebszustand. Das Array mit den Stoffmengenanteilen erhält den Namen Composition_Gasmix. In das Array Fluids_Gasmix werden die Namen der Komponenten eingefügt und zusätzlich in einer weiteren Spalte die EqTypes für die Komponenten mit dem Wert 1 und dem Namen Array_EqTypes eingegeben, womit auf die HELMHOLTZ-Funktion bezogen wird. Daraus folgt die molare Masse der feuchten Luft $M_{\mathrm{L,f}}$ mit der Eingabe

```
=1000*TRENDSPECEOS(Fluids_Gasmix;Composition_Gasmix;
Array_EqTypes;MixingRule;PathToSubModel;Unit;ShowErrorCode;
"MW")
```

und der Stoffmengenstrom der feuchten Luft $\dot{n}_{\mathrm{L,f}}$ unter Verwendung der umgestellten Gleichung (8.30). Die Dichte der feuchten Luft im Normzustand $\varrho_{\mathrm{n,L,f}}(T_{\mathrm{n}}, p_{\mathrm{n}})$ lässt sich mit der Eingabe

```
=TRENDEOS("D";InputCode;T_n;p_n_MPa;Fluids_Gasmix;
Composition_Gasmix;Array_EqTypes;MixingRule;PathToSubModel;
"specific";ShowErrorCode)
```

und daraus – analog zur Gleichung (8.31) – der Volumenstrom der mindestens zuzuführenden feuchten Luft im Normzustand $\dot{V}_{\mathrm{n,L,f,min}}$ und entsprechend der Volumenstrom der tatsächlich zuzuführenden feuchten Luft im Normzustand $\dot{V}_{\mathrm{n,L,f}}$ ermitteln.

10. Die molare Reaktionsarbeit $\bar{W}_{\mathrm{el}}$ als die auf den Stoffmengenstrom des Wasserstoffs bezogene elektrische Leistung folgt aus Gleichung (8.13) und daraus der auf die elektrische Leistung bezogene Stoffmengenstrom des Wasserstoffs als Kehrwert der molaren Reaktionsarbeit. Die molare reversible Reaktionsarbeit $\bar{W}_{\mathrm{el,rev}}$ wird mit Gleichung (3.191) berechnet, die auf den Normvolumenstrom des produzierten Wasserstoffs bezogene Reaktionsarbeit $\hat{W}_{\mathrm{el}}$ mit Gleichung (8.14) und daraus der auf die elektrische Leistung bezogene Wasserstoff-Normvolumenstrom als Kehrwert der Reaktionsarbeit.

11. Die in der Brennstoffzelle dissipierte molare Energie $T_{\mathrm{BZ}}\dot{S}_{\mathrm{irr}}/\dot{n}_{\mathrm{H_2,min}}$ folgt aus Gleichung (8.15) und daraus der molare Entropieproduktionsstrom $\dot{S}_{\mathrm{irr}}/\dot{n}_{\mathrm{H_2,min}}$. Die abzuführende molare Wärme $\bar{Q}$ wird mit Gleichung (8.16) berechnet, die reversible molare Wärme $\bar{Q}_{\mathrm{rev}}$ mit Gleichung (8.17) und der aus der Brennstoffzelle abzuführende Wärmestrom $\dot{Q}$ (in kW) mit Gleichung (8.18).

12. Das Produkt aus dem äquivalenten Stoffmengenstrom und der molaren Reaktionsenthalpie bei den Betriebsbedingungen $\dot{\xi}\,\Delta_{\mathrm{r}}\bar{H}(T_{\mathrm{BZ}}, p_{\mathrm{BZ}})$ steht für den „Reaktionsenthalpiestrom" aufgrund der Oxidation des Wasserstoffs. Die Berechnungen können über die Energiebilanz für den Prozess

$$P_{\mathrm{el}} + \dot{Q} - \dot{\xi}\Delta_{\mathrm{r}}\bar{H}(T_{\mathrm{BZ}}, p_{\mathrm{BZ}}) = 0 \tag{8.33}$$

kontrolliert werden. Der Spannungswirkungsgrad der Brennstoffzelle $\eta_{\mathrm{U,BZ}}$ folgt aus der linken Seite von Gleichung (8.19).

13. Für die Ermittlung des molaren Heizwerts werden unter Verwendung von TREND die molaren Enthalpien des siedenden Wassers $\bar{H}'(T_{\mathrm{BZ}})$ und des gesättigten Dampfs $\bar{H}''(T_{\mathrm{BZ}})$ bei den Betriebsbedingungen berechnet: Für das siedende Wasser mit der Eingabe

```
=TRENDEOS("H";"TVAP";T_BZ;42;"Water";Composition;EqTypes;
MixingRule;PathToSubModel;"molar";ShowErrorCode)
```

und für den gesättigten Dampf mit dem Input Code TLIQ (mit einem ganzzahligen Wert für den zweiten Parameter) und daraus die molare Verdampfungsenthalpie $\Delta_{\mathrm{vap}}\bar{H}(T_{\mathrm{BZ}})$ aus der rechten Seite von Gleichung (8.22) sowie der molare Heizwert $\bar{H}_{\mathrm{i}}(T_{\mathrm{BZ}})$ des Wasserstoffs aus Gleichung (8.21). Aus Gleichung (8.20) folgt der mit dem an der Reaktion teilnehmenden Stoffmengenstrom des Wasserstoffs $\dot{n}_{\mathrm{H_2,min}}$

sich ergebende Wirkungsgrad der Brennstoffzelle $\eta_{\mathrm{BZ,min}}$ und entsprechend der Wirkungsgrad η_{BZ} mit dem Stoffmengenstrom $\dot{n}_{\mathrm{H_2}}$.

14. Für die exergetische Analyse des Prozesses wird zur besseren Übersicht die im Prozess zu produzierende elektrische Leistung P_{el} von oben übernommen. Die molare Exergie des Wasserstoffs bei den Betriebsbedingungen $\bar{E}_{\mathrm{H_2}}^{\mathrm{E}}(T_{\mathrm{BZ}}, p_{\mathrm{BZ}})$ folgt aus einer Berechnung analog zum Beispiel 3.7 in der Abb. 3.27 und die molare Exergie der feuchten Luft $\bar{E}_{\mathrm{L}}^{\mathrm{E}}(T_{\mathrm{BZ}}, p_{\mathrm{BZ}})$ direkt aus der Berechnung zum Beispiel 3.8 in der Abb. 3.28. Durch Multiplikation mit den tatsächlichen Stoffmengenströmen lassen sich die Exergieströme $\dot{n}_{\mathrm{H_2}} \bar{E}_{\mathrm{H_2}}^{\mathrm{E}}(T_{\mathrm{BZ}}, p_{\mathrm{BZ}})$ und $\dot{n}_{\mathrm{L}} \bar{E}_{\mathrm{L}}^{\mathrm{E}}(T_{\mathrm{BZ}}, p_{\mathrm{BZ}})$ bilden. Der Exergieanteil des aus dem Prozess abzuführenden Wärmestroms $\dot{Q}^{\mathrm{E}}$ folgt aus Gleichung (3.83). Der exergetische Wirkungsgrad für den Prozess wird über das Verhältnis der nutzbaren Exergieströme – der elektrischen Leistung P_{el} und dem Exergieanteil des Wärmestroms $\dot{Q}^{\mathrm{E}}$ – zu den zugeführten Exergieströmen – den Exergieströmen des Wasserstoffs und der feuchten Luft –

$$\zeta_{\mathrm{BZ}} = -\frac{P_{\mathrm{el}} + \dot{Q}^{\mathrm{E}}}{\dot{n}_{\mathrm{H_2}} \bar{E}_{\mathrm{H_2}}^{\mathrm{E}}(T_{\mathrm{BZ}}, p_{\mathrm{BZ}}) + \dot{n}_{\mathrm{L}} \bar{E}_{\mathrm{L}}^{\mathrm{E}}(T_{\mathrm{BZ}}, p_{\mathrm{BZ}})} \tag{8.34}$$

berechnet, siehe dazu die nachfolgenden Anmerkungen.

Die wichtigsten im zweiten Teil des Berechnungsblatts in der Abb. 8.9 ermittelten Bilanzgrößen sind der Massenstrom oder der Normvolumenstrom des zugeführten Wasserstoffs und der Volumenstrom des abzuführenden Wassers sowie der aus dem Prozess abzuführende Wärmestrom. Anhand der Energiebilanz in Gleichung (8.33) kann nachvollzogen werden, wie sich der Reaktionsenthalpiestrom $\dot{\xi}\,\Delta_{\mathrm{r}}\bar{H}(T_{\mathrm{BZ}}, p_{\mathrm{BZ}})$ auf die produzierte elektrische Leistung P_{el} und den infolge der Reaktionsentropie und der Dissipation entstehenden Wärmestrom $\dot{Q}$ aufteilt. Bei Absenkung der Betriebs-Zellspannung bis auf den Wert der thermoneutralen Zellspannung wird auch hier – wie schon bei der Elektrolyse – der Wärmestrom null. Zum Wärmestrom ist anzumerken, dass – wegen des Temperaturniveaus relativ zur Umgebungstemperatur – maximal der Exergieanteil des Wärmestroms $\dot{Q}^{\mathrm{E}}$ nutzbar ist.

Wie im aktuellen Beispiel zu sehen ist, liefern Brennstoffzellensysteme eine elektrische Leistung und einen Wärmestrom, womit sie eine Kraft-Wärme-Kopplung (KWK) darstellen und grundsätzlich mit wasserstoffbefeuerten Blockheizkraftwerken (BHKW) mit Gasottomotoren oder Gasturbinen konkurrieren, siehe Kapitel 5. Ausschlaggebend für den Vergleich kann die Auskopplung der Wärmeströme sein; hier spielt das nutzbare Temperaturniveau und damit der Exergieanteil des Wärmestroms eine Rolle. Aber auch eine Kostenrechnung kann für einen Vergleich relevant sein. Außerdem können bei der Verbrennung von Wasserstoff Sekundäremissionen entstehen, insbesondere die Stickoxide NO und NO_2.

Der Vollständigkeit halber sei darauf verwiesen, dass die Brennstoffzelle Gleichstrom liefert und bei der Umwandlung in Wechselstrom in einem elektrischen Wechselrichter dessen Wirkungsgrad zu berücksichtigen ist.

9 Wärmekraftmaschinen

Mitautor: RAPHAEL LANGER (Abschnitt 9.5)

Zielsetzung
Einführende Behandlung von Wärmekraftmaschinen, speziell von Dampfkraftprozessen und ORC-Prozessen zur Nutzung von thermischer Energie unter Abgabe von Arbeit. Behandlung des einfachen und des Dampfkraftprozesses mit Zwischenüberhitzung für die Berechnung eines Solarturmkraftwerks sowie des ORC-Prozesses für die Berechnung eines Geothermiekraftwerks einschließlich einer einfachen Pinch-Analyse.

Empfohlene Literatur
Technische Thermodynamik von HERWIG, KAUTZ und MOSCHALLSKI [76], *Thermodynamik* von BAEHR und KABELAC [9], *Organic Rankine Cycle (ORC) Power Systems* von MACCHI und ASTOLFI [101].

Berechnungsbeispiele in Excel
- Nutzung von Solarthermie im einfachen Dampfkraftprozess (Abb. 9.4 und 9.5) sowie im Dampfkraftprozess mit Zwischenüberhitzung (Abb. 9.7 und 9.8).
- Nutzung von Geothermie im ORC-Prozess (Abb. 9.14 bis 9.16).

9.1 Grundlagen zu Wärmekraftmaschinen

Dampfkraftanlagen und geschlossene Gasturbinen (sowie auch Stirlingmotoren) sind Beispiele für Wärmekraftmaschinen (WKM), in denen ein rechtsläufiger Kreisprozess realisiert wird, dem thermische Energie über einen *äußeren* Wärmeübergang zugeführt und aus dem mechanische Energie als Zielgröße abgeführt wird, siehe dazu die Beschreibungen in Abschnitt 3.2.3. In Dampfkraftprozessen erfährt das umlaufende Arbeitsmedium eine Phasenänderung von flüssig zu gasförmig oder teilweise auch in den überkritischen Zustand und zurück. In geschlossenen Gasturbinenanlagen dagegen verbleibt das Arbeitsmedium im gasförmigen oder teilweise im überkritischen Zustand. Geschlossene Gasturbinen haben in der Praxis nur eine geringe, offene Gasturbinen dagegen eine große Bedeutung und stellen Prozesse mit einem *inneren* Wärmeübergang dar, da sie zu den Verbrennungskraftmaschinen (VKM) gehören [76].

Mit Braun- oder Steinkohle betriebene Dampfkraftanlagen dienten in der Vergangenheit als Grundlastkraftwerke für eine zuverlässige Stromversorgung. Die Bedeutung von Kohlekraftwerken nimmt aber sukzessive mit dem im sog. Kohleverstromungsbeendigungsgesetz (KVBG) von 2020 [90] vorgegebenen Ausstieg aus der „Kohleverstromung" in Deutschland bis spätestens Ende 2038 ab, da mit Erdgas oder zukünftig mit Wasserstoff betriebene Gaskraftwerke vorwiegend auf den technischen Prinzipien der Gasturbinenprozesse oder gekoppelter Gas- und Dampfturbinenprozesse beruhen. Auf

© Der/die Autor(en), exklusiv lizenziert an
Springer Fachmedien Wiesbaden GmbH, ein Teil von Springer Nature 2026
U. Feuerriegel, *Energietechnik mit EXCEL und VBA*,
https://doi.org/10.1007/978-3-658-50894-4_9

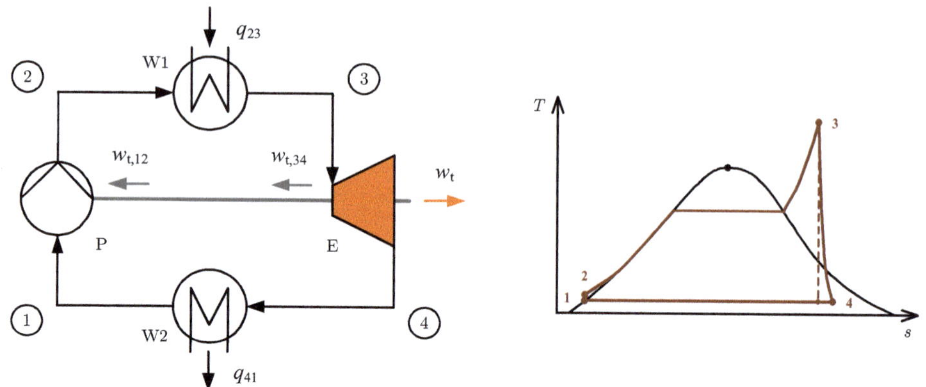

Abbildung 9.1: Fließschema und schematische Darstellung im T, s-Diagramm
für den einfachen Dampfkraftprozess

der Seite der Erneuerbaren Energien sind Dampfkraftprozesse z. B. für solarthermische
Kraftwerke oder in ORC-Prozessen relevant, siehe dazu die nachfolgenden Abschnitte
dieses Kapitels.

In mit fossilen Energieträgern betriebenen Dampfkraftanlagen wird Wärme von
einem Verbrennungsgas auf das im geschlossenen Kreisprozess umlaufende Arbeitsmedium Wasser übertragen und der dabei erzeugte Dampf in einer Expansionsmaschine oder
Turbine unter Abgabe von Arbeit entspannt. In solarthermischen Dampfkraftanlagen
dagegen erfolgt die Wärmezufuhr in den Kreisprozess je nach Temperaturbereich über
geeignete Wärmeträgermedien, z. B. Luft, Glykole, synthetische Thermoöle, Mineralöle
oder Salzschmelzen.

In einem Dampfkraftprozess durchläuft das Arbeitsmedium Wasser einen zeitlich
stationären, geschlossenen Kreisprozess, bei dem es einen Wärmestrom auf einem höheren Temperaturniveau aufnimmt und dabei verdampft, in einer Expansionsmaschine
oder Turbine unter Abgabe einer technischen Leistung entspannt wird, auf einem
niedrigeren Temperaturniveau einen Wärmestrom abgibt sowie dabei kondensiert
und in der Flüssigphase in einer Pumpe unter Aufnahme einer technischen Leistung
verdichtet wird.

Innerhalb des Kreisprozesses erfolgt ein Phasenwechsel des Arbeitsmediums. Der
rechtsläufige CLAUSIUS–RANKINE-Prozess dient als einfachst möglicher Vergleichsprozess mit den folgenden Teilprozessen, siehe dazu auf der linken Seite von Abb. 9.1
das Fließschema und auf der rechten Seite die schematische Darstellung im T, s-
Diagramm sowie in Abb. 3.16 auf der linken Seite die schematischen Arbeits- und
Wärmeteilprozesse. Im eigentlichen CLAUSIUS–RANKINE-Prozess erfolgen die Zu- und
die Abfuhr von Arbeit isentrop, aber im Hinblick auf die nachfolgenden Beispiele hier
bereits irreversibel und damit nichtisentrop. Der Prozess beginnt im Zustand 1 auf
der Siedelinie:

- Irreversibel adiabate Druckerhöhung des Arbeitsmediums vom Zustand 1 unter
  Zufuhr von Arbeit in der Speisewasserpumpe P bis auf den Zustand 2,

- isobare Wärmeübertragung bei gleichzeitiger Verdampfung vom Zustand 2 im Wärmeübertrager W1 bis auf den Zustand 3, wobei die Zustandsänderung von 2 nach 3 bei entsprechend hohem Druck auch überkritisch erfolgen kann,

- irreversibel adiabate Druckabsenkung unter Abfuhr von Arbeit in der Expansionsmaschine oder Turbine E vom Zustand 3 bis auf den Zustand 4 im Nassdampfgebiet (siehe dazu in Abb. 9.1 zum Vergleich die isentrope Zustandsänderung) sowie

- isobare Wärmeübertragung bei gleichzeitiger Kondensation vom Zustand 4 bis auf den Zustand 1 im Wärmeübertrager W2.

Anmerkungen zum Dampfkraftprozess:

- Vorteile sind die Verdichtung in der Flüssigphase und die Entspannung in der Gas- oder (Nass-)Dampfphase, siehe Gleichung (3.30), wobei die Verdichtung in der Flüssigphase nur einen kleinen Bruchteil der Leistung bei der Expansion in der Gas- oder (Nass-)Dampfphase ausmacht. Außerdem werden im Dampfkraftprozess insgesamt hohe Drücke und damit hohe Leistungen erreicht.

- Weiterhin vorteilhaft sind die vergleichsweise hohe spezifischen Wärmekapazitäten von gasförmigem und flüssigem Wasser, was zu höheren spezifischen Enthalpien und Enthalpieströmen führt.

- Der Vorteil der Phasenänderung liegt nicht in der relativ hohen spezifischen Verdampfungsenthalpie des Wassers, sondern darin, dass beim Durchlaufen des Nassdampfgebiets infolge der Verdampfung und der Kondensation die Wärmeströme bei nahezu konstanten Temperaturen übertragen werden. Das thermodynamische Optimum wären konstante Temperaturen bei der (dann reversiblen) Wärmezufuhr und Wärmeabfuhr wie im CARNOT-Prozess [76].

- Da der Zustandspunkt 1 bei der Kondensation im Wärmeübertrager W2 sicher erreicht werden muss, damit keine Gasanteile in die Pumpe eintreten, bietet sich in der Praxis eine Unterkühlung der siedenden Flüssigkeit an.

- In den Wärmeübertragern und den verbindenden Rohrleitungen treten Druckverluste auf, die angenähert als isobare Zustandsänderungen betrachtet werden können. An den gesamten Bauteilen treten auch Wärmeverluste auf, die ebenfalls vernachlässigt werden.

9.2 Dampfkraftprozess

In den nachfolgenden beiden Abschnitten wird der einfache und der um eine Zwischenüberhitzung ergänzte Dampfkraftprozess behandelt, um im Abschnitt 9.3 im Beispiel 9.1 einen typischen Dampfkraftprozess für ein Solarturmkraftwerk beispielhaft zu berechnen.

9.2.1 Einfacher Dampfkraftprozess

Wie bereits in den Abschnitten 3.2.5 und 3.4 beschrieben und in Abb. 9.1 dargestellt, wird dem Prozess ausgehend vom Zustand 1 als Aufwand über die Pumpe P die

Leistung

$$P_{\mathrm{P}} = \dot{m}\, w_{\mathrm{t},12} = \dot{m}(h_2 - h_1) \tag{9.1}$$

und anschließend im Wärmeübertrager W1 auf dem oberen Temperaturniveau der Wärmestrom

$$\dot{Q}_{\mathrm{zu}} = \dot{Q}_{23} = \dot{m}\, q_{23} = \dot{m}(h_3 - h_2) \tag{9.2}$$

zugeführt und dabei das Arbeitsmedium vom Zustand 2 des unterkühlten Fluids bis zum Sättigungszustand isobar erwärmt, verdampft und der gesättigte Dampf bis zum Zustand 3 überhitzt. Die Erwärmung von Zustand 2 auf den Zustand 3 kann – wie bereits oben erwähnt – grundsätzlich auch bei einem überkritischen Druck erfolgen, wofür Gleichung (9.2) unverändert gilt.

Durch die Entspannung in der Expansionsmaschine E oder Turbine wird die Leistung

$$P_{\mathrm{exp}} = \dot{m}\, w_{\mathrm{t},34} = \dot{m}(h_4 - h_3) \tag{9.3}$$

bereitgestellt und anschließend im Wärmeübertrager W2 der Wärmestrom

$$\dot{Q}_{\mathrm{ab}} = \dot{Q}_{41} = \dot{m}\, q_{41} = \dot{m}(h_1 - h_4) \tag{9.4}$$

auf dem unteren Temperaturniveau abgeführt und dabei das Arbeitsmedium bis zum siedend flüssigen Zustand 1 kondensiert. $\dot{m}$ steht für den Massenstrom des umlaufenden Arbeitsmediums.

Wie in Abschnitt 3.4 beschrieben, folgt die spezifische Nutzarbeit für den Prozess aus den spezifischen Arbeiten für die Entspannung zwischen den Zuständen 3 und 4 und die Verdichtung zwischen den Zuständen 1 und 2

$$w_{\mathrm{t}} = w_{\mathrm{t},34} + w_{\mathrm{t},12}\,, \tag{9.5}$$

siehe dazu Gleichung (3.129). Analog dazu folgt für die Nutzleistung

$$P_{\mathrm{t}} = P_{\mathrm{mech}} = P_{\mathrm{exp}} + P_{\mathrm{P}} = \dot{m}(w_{\mathrm{t},34} + w_{\mathrm{t},12})\,, \tag{9.6}$$

die hier, wie die Leistungen der Pumpe und der Expansionsmaschine, eine rein mechanische Leistung ist, siehe dazu die nachfolgenden Betrachtungen zu den Wirkungsgraden.

Dem „klassischen" Dampfkraftprozess vorgeschaltet ist die Feuerung unter Nutzung fossiler Primärenergieträger. In der Feuerung wird das Verbrennungsgas gebildet und sie steht teilweise selbst mit dem Verdampfer W1 im Strahlungsaustausch. Der wesentliche Teil der erforderlichen Wärme wird über das Verbrennungsgas infolge eines konvektiven Wärmeübergangs dem Verdampfer W1 und damit dem Arbeitsmedium zugeführt, siehe dazu beispielhaft Abb. 4.7 mit den Verdampferrohren in blauer Farbe (und die Beschreibungen dazu in Abschnitt 4.4).

Im Unterschied zum feuerungstechnischen Wirkungsgrad der Verbrennung $\eta_{\mathrm{F},i}$ in Gleichung (4.105) erfasst der Kesselwirkungsgrad oder besser Dampferzeugerwirkungsgrad

$$\eta_{\mathrm{K}} = \frac{\dot{Q}_{\mathrm{zu}}}{\dot{m}_{\mathrm{B}} h_{\mathrm{i}}} \qquad (9.7)$$

mit dem Massenstrom $\dot{m}_{\mathrm{B}}$ und dem spezifischen Heizwert h_{i} des Brennstoffs die Verluste durch unvollständige Verbrennung, die Wärmeverluste nach außen sowie den Abgasverlust [9, 73]. Nach [9] beträgt der Dampferzeugerwirkungsgrad für die Verbrennung von Braunkohle $\eta_{\mathrm{K}} \approx 0{,}90$, von Steinkohle $\eta_{\mathrm{K}} \approx 0{,}94$ und von Erdgas $\eta_{\mathrm{K}} \approx 0{,}97$. Der energetische Gesamtwirkungsgrad einer Wärmekraft*anlage*

$$\eta = \eta_{\mathrm{G}} \eta_{\mathrm{therm}} \eta_{\mathrm{K}} = \frac{|P_{\mathrm{el}}|}{|P_{\mathrm{mech}}|} \frac{|P_{\mathrm{mech}}|}{\dot{Q}_{\mathrm{zu}}} \frac{\dot{Q}_{\mathrm{zu}}}{\dot{m}_{\mathrm{B}} h_{\mathrm{i}}} = \frac{|P_{\mathrm{el}}|}{\dot{m}_{\mathrm{B}} h_{\mathrm{i}}} \qquad (9.8)$$

setzt sich aus dem bereits in Abschnitt 5.3 definierten Generatorwirkungsgrad

$$\eta_{\mathrm{G}} = \frac{|P_{\mathrm{el}}|}{|P_{\mathrm{mech}}|} \, , \qquad (5.29)$$

dem thermischen Wirkungsgrad η_{therm} nach Gleichung (3.51) und dem Dampferzeugerwirkungsgrad η_{K} zusammen [9, 73]. In [9] wird darauf hingewiesen, dass die „thermodynamischen Verluste der irreversiblen Umwandlung von Primärenergie in thermische Energie irreführenderweise im thermischen Wirkungsgrad der Wärmekraftmaschine" erscheinen, obwohl sie – insbesondere bei vorgeschalteten Verbrennungsprozessen – davor entstehen und „die großen Exergieverluste der Verbrennung und des Wärmeübergangs vom Verbrennungsgas zum Wasserdampf" im Dampferzeuger auftreten.

Analog zu den Wirkungsgraden gilt nach [9, 73] für den exergetischen Kesselwirkungsgrad oder besser exergetischen Dampferzeugerwirkungsgrad

$$\zeta_{\mathrm{K}} = \frac{\dot{Q}_{\mathrm{zu}}^{\mathrm{E}}}{\dot{m}_{\mathrm{B}} e_{\mathrm{B}}^{\mathrm{E}}} \qquad (9.9)$$

mit dem Exergieanteil des zugeführten Wärmestroms $\dot{Q}_{\mathrm{zu}}^{\mathrm{E}}$ sowie der spezifischen Exergie des Brennstoffs $e_{\mathrm{B}}^{\mathrm{E}}$. Der exergetische Gesamtwirkungsgrad einer Wärmekraft*anlage*

$$\zeta = \zeta_{\mathrm{G}} \zeta_{\mathrm{therm}} \zeta_{\mathrm{K}} = \frac{|P_{\mathrm{el}}|}{|P_{\mathrm{mech}}|} \frac{|P_{\mathrm{mech}}|}{\dot{Q}_{\mathrm{zu}}^{\mathrm{E}}} \frac{\dot{Q}_{\mathrm{zu}}^{\mathrm{E}}}{\dot{m}_{\mathrm{B}} e_{\mathrm{B}}^{\mathrm{E}}} = \frac{|P_{\mathrm{el}}|}{\dot{m}_{\mathrm{B}} e_{\mathrm{B}}^{\mathrm{E}}} \, . \qquad (9.10)$$

setzt sich aus dem exergetischen Generatorwirkungsgrad

$$\zeta_{\mathrm{G}} = \frac{|P_{\mathrm{el}}|}{|P_{\mathrm{mech}}|} \, , \qquad (5.35)$$

der mit dem Generatorwirkungsgrad nach Gleichung (5.29) übereinstimmt, da die beiden Leistungen aus reiner Exergie bestehen, dem exergetischen thermischen Wirkungsgrad ζ_{therm} nach Gleichung (3.56) und dem exergetischen Dampferzeugerwirkungsgrad nach Gleichung (9.9) zusammen [9, 73].

Trotz der oben angegebenen hohen Dampferzeugerwirkungsgrade bei fossiler Beheizung ergeben sich in der Praxis vergleichsweise niedrige exergetische Dampferzeugerwirkungsgrade

$$\zeta_{\mathrm{K}} = \frac{\dot{Q}_{\mathrm{zu}}^{\mathrm{E}}}{\dot{m}_{\mathrm{B}} e_{\mathrm{B}}^{\mathrm{E}}} = \frac{\dot{Q}_{\mathrm{zu}}^{\mathrm{E}}}{\dot{Q}_{\mathrm{zu}}} \frac{\dot{Q}_{\mathrm{zu}}}{\dot{m}_{\mathrm{B}} h_{\mathrm{i}}} \frac{\dot{m}_{\mathrm{B}} h_{\mathrm{i}}}{\dot{m}_{\mathrm{B}} e_{\mathrm{B}}^{\mathrm{E}}} = \eta_{\mathrm{C}} \eta_{\mathrm{K}} \frac{h_{\mathrm{i}}}{e_{\mathrm{B}}^{\mathrm{E}}} \; . \tag{9.11}$$

die sich aus niedrigen CARNOT-Wirkungsgraden aufgrund der hohen Entropieproduktion und entsprechend hohen Exergieverlusten beim Verbrennungsprozess ergeben, siehe dazu [9, 73].

Bei den nachfolgenden Beispielen dieses Kapitels werden die *beim Wärmedurchgang* in den Kreisprozess auftretenden Exergieverluste beim jeweiligen Kreisprozess selbst berücksichtigt, also im Solarturmkraftwerk im Beispiel 9.1 beim Wärmedurchgang vom Zwischenmedium Salzschmelze auf das Arbeitsmedium Wasser und im Geothermiekraftwerk im Beispiel 9.2 beim Wärmedurchgang vom Thermalwasser auf das Arbeitsmedium n-Butan. Die exergetische Bewertung dieser Wärmekraft*maschinen* beginnt mit dem Exergieanteil des von außen zugeführten Wärmestroms $\dot{Q}_{\mathrm{zu}}^{\mathrm{E}}$ und endet bei der abgegebenen Nutzleistung P_{mech}, die aus reiner Exergie besteht.

Vergleich mit dem einfachen ORC-Prozess
Der einfache Organic Rankine Cycle oder ORC-Prozess, dargestellt im linken Fließschema in Abb. 9.9, unterscheidet sich vom Dampfkraftprozess lediglich durch die Wahl des Temperatur- und Druckbereichs für den Prozess sowie dafür angepasst auch durch das verwendete Arbeitsmedium, wofür z. B. Kohlenwasserstoffe, Silikone oder Kältemittel zum Einsatz kommen, die im Vergleich zum Wasser als Arbeitsmedium bei niedrigeren Temperaturen verdampfen, was beim ORC-Prozess die Nutzung von thermischer Energie auf einem vergleichsweise geringem Temperaturniveau ermöglicht, siehe dazu die Abschnitte 9.4 und 9.5.

9.2.2 Dampfkraftprozess mit Zwischenüberhitzung

Eine Optimierung des einfachen Dampfkraftprozesses ist insbesondere mittels einer Speisewasservorwärmung und einer Zwischenüberhitzung möglich, wobei dieser Abschnitt auf die Zwischenüberhitzung fokussiert. Angestrebt wird grundsätzlich eine Erhöhung der mittleren Temperatur bei der Verdampfung und Überhitzung. Die Temperatur im Zustand 3 entspricht der Frischdampftemperatur für die Turbine und ist durch die Werkstoffeigenschaften insbesondere der Turbinenschaufeln limitiert. Sie liegt im Bereich bis etwas über 600 °C. Für den einfachen Dampfkraftprozess bleibt lediglich die Erhöhung des Verdampferdrucks, wodurch der Zustand 4 nach der Entspannung zu kleineren spezifischen Entropien und damit zu höheren Dampfgehalten wandert, was in der Turbine Erosion durch Tropfenschlag verursachen kann [9].

Eine Lösung dafür stellt die Zwischenüberhitzung dar, siehe dazu das Fließschema und die schematische Darstellung für den Prozess im T, s-Diagramm in Abb. 9.2, bei dem zwei hintereinandergeschaltete Speisewasserpumpen und zwei hintereinandergeschaltete Turbinen (Hoch- und Niederdruckturbine) verwendet werden. Der erweiterte Prozess beginnt – genau wie der einfache Prozess – im Zustand 1 auf der Siedelinie:

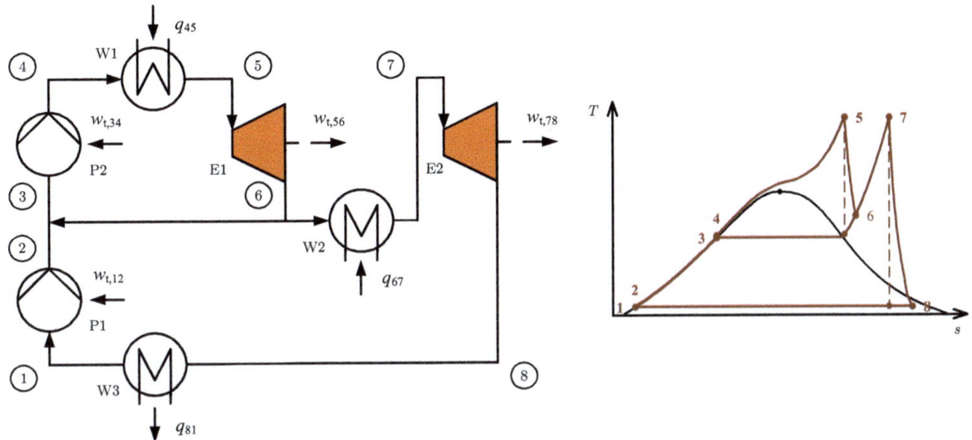

Abbildung 9.2: Fließschema und schematische Darstellung im T, s-Diagramm
für den Dampfkraftprozess mit Zwischenüberhitzung

- Irreversibel adiabate Druckerhöhung des Arbeitsmediums vom Zustand 1 unter
  Zufuhr von Arbeit in der Speisewasserpumpe P1 bis auf den Zustand 2,

- Ausgehend vom Zustand 2 Zumischung von Dampf im Zustand 6 aus der Hoch-
  druckstufe der Expansionsmaschine oder Turbine E1 und Erreichen des Zustands 3,

- irreversibel adiabate Druckerhöhung des Arbeitsmediums vom Zustand 3 unter
  Zufuhr von Arbeit in der Speisewasserpumpe P2 bis auf den Zustand 4,

- isobare Wärmeübertragung bei gleichzeitiger Verdampfung vom Zustand 4 im
  Wärmeübertrager W1 bis auf den Zustand 5, wobei die Zustandsänderung von 4
  nach 5 überkritisch erfolgen kann, wie in Abb. 9.2,

- irreversibel adiabate Druckabsenkung unter Abfuhr von Arbeit in der Expansionsmaschine oder Turbine E1 vom Zustand 5 bis auf den Zustand 6 (siehe dazu
  in Abb. 9.2 zum Vergleich die isentrope Zustandsänderung) und Aufteilung des
  Massenstroms im Zustand 6 auf den Anzapfmassenstrom, der zur Speisewasserpumpe P2 geführt wird, und den Massenstrom zum Wärmeübertrager W2,

- isobare Wärmeübertragung oder Überhitzung des verbleibenden Stroms im
  Zustand 6 im Wärmeübertrager oder auch Zwischenüberhitzer W2 bis auf den
  Zustand 7,

- irreversibel adiabate Druckabsenkung unter Abfuhr von Arbeit in der Expansionsmaschine oder Turbine E2 vom Zustand 7 bis auf den Zustand 8 bis in das
  Nassdampfgebiet (siehe dazu in Abb. 9.2 zum Vergleich die isentrope Zustandsänderung) sowie

- isobare Wärmeübertragung bei gleichzeitiger Kondensation im Wärmeübertrager W2 bis auf den Zustand 1.

Der Anzapfmassenstrom $\dot{m}_{\mathrm{Anz}}$ folgt mit dem umlaufenden Massenstrom des Arbeitsmediums $\dot{m} = \dot{m}_1 = \dot{m}_2 = \mathrm{konst}(= \dot{m}_7 = \dot{m}_8)$ aus den Massen- und Energiebilanzen am Knotenpunkt

$$\dot{m} + \dot{m}_{\mathrm{Anz}} = \dot{m}_3 \tag{9.12}$$

bzw.

$$\dot{m} h_2 + \dot{m}_{\mathrm{Anz}} h_6 = \dot{m}_3 h_3 \;, \tag{9.13}$$

wo der Anzapfmassenstrom im Zustand 6 mit dem Massenstrom aus der Pumpe P1 im Zustand 2 gemischt wird, zu

$$\dot{m}_{\mathrm{Anz}} = \dot{m}\frac{h_3 - h_2}{h_6 - h_3} \;. \tag{9.14}$$

Für die Exergieverluste des Prozesses ist – analog zu den nachfolgend zu verwendenden Berechnungen aus Abschnitt 3.2.6 – auch der Exergieverluststrom bei der Mischung des Anzapfmassenstroms $\dot{m}_{\mathrm{Anz}}$ im Zustand 6 mit dem umlaufenden Massenstrom des Arbeitsmediums $\dot{m}$ im Zustand 2 zu ermitteln. Der Exergieverluststrom bei der Mischung folgt mit den Gleichungen (9.12) und (9.13) zu

$$\dot{E}_{\mathrm{V,M}}^{\mathrm{E}} = \dot{m} h_2^{\mathrm{E}} + \dot{m}_{\mathrm{Anz}} h_6^{\mathrm{E}} - \dot{m}_3 h_3^{\mathrm{E}} = T_{\mathrm{U}}\left(\dot{m}_3 s_3 - \dot{m} s_2 - \dot{m}_{\mathrm{Anz}} s_6\right) \;. \tag{9.15}$$

Die Zwischenüberhitzung bietet den Vorteil einer höheren thermischen Effizienz, da sie den mittleren Temperaturunterschied zwischen Wärmezufuhr und Wärmeabfuhr vergrößert, was den thermischen Wirkungsgrad des Prozesses verbessert. Hochoptimierte Dampfkraftprozesse bestehen häufig hinsichtlich der Turbinen aus einem Hochdruck-, einem Mitteldruck- und einem Niederdruckteil mit intern recht komplexen Verschaltungen der Ströme.

9.3 Nutzung von Solarthermie im Dampfkraftprozess

In einem Solarturmkraftwerk als eine mögliche Bauform für ein solarthermisches Kraftwerk (Concentrating Solar Power Plant, CSP Plant oder CSP-Kraftwerk) wird die Solarstrahlung über separat gesteuerte sog. Heliostate[1] auf einen Receiver in einem Solarturm fokussiert und die thermische Energie auf das Arbeitsmedium Wasser z. B. über eine Salzschmelze als Zwischenmedium übertragen, wobei die Salzschmelze auch als Speicher für thermische Energie dienen kann [26, 131], siehe dazu die schematische Darstellung in Abb. 9.3. CSP *ergänzt* Photovoltaik, indem es thermische Energie speichert und bei Bedarf elektrische Energie liefert, insbesondere nach Sonnenuntergang. In [26] wurden zudem zwei Betriebsstrategien betrachtet: Nachtbetrieb, bei dem das Kraftwerk von Sonnenuntergang bis Sonnenaufgang läuft, und Spitzenlastbetrieb, bei dem es bis zur Entleerung des Speichers arbeitet.

---

[1]Als Heliostate werden zweiachsig nachgeführte Spiegel bezeichnet, die die Solarstrahlung auf einen ortsfesten Receiver oder Absorber reflektieren.

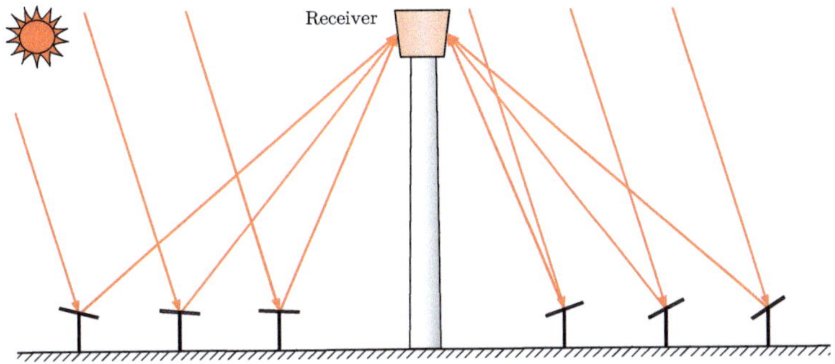

Abbildung 9.3: Schematische Darstellung eines Solarturmkraftwerks mit den Heliostaten sowie dem Turm mit dem Receiver

Beispiel 9.1

Auf Basis der in [26] vorgestellten Auslegung eines Solarturmkraftwerks soll ein einfacher und ein erweiterter Dampfkraftprozess berechnet werden, wobei die für den Tagbetrieb gegebenen Daten Anwendung finden:

a) Für den einfachen Dampfkraftprozess (gemäß Abschnitt 9.2.1) gelten: Ein Druckniveau für die Verdampfung von 140 bar, eine maximale Temperatur nach der Verdampfung von 550 °C und ein unteres Druckniveau für die Kondensation von 0,135 bar. Die thermodynamische Mitteltemperatur bei der äußeren Wärmezufuhr ist mit 700 K anzunehmen.

b) Der einfache Dampfkraftprozess soll um eine Zwischenüberhitzung (gemäß Abschnitt 9.2.2) erweitert werden, die auf dem Druckniveau von 41 bar erfolgt. Die thermodynamische Mitteltemperatur bei der äußeren Wärmezufuhr zum Wärmeübertrager W1 ist mit 650 K und zum Wärmeübertrager W2 mit 816 K anzunehmen.

Für beide Prozesse sollen gelten: Ein umlaufender Massenstrom von $174\,\mathrm{kg\,s^{-1}}$, ein isentroper Gütegrad für die Verdichtung in der oder den Speisewasserpumpen von $\eta_{s,\mathrm{verd}} = 0{,}80$ und für die Entspannung in der oder den Turbinenstufen von $\eta_{s,\mathrm{exp}} = 0{,}85$ sowie eine Umgebungstemperatur von $T_\mathrm{U} = 310\,\mathrm{K}$.
Zu berechnen sind jeweils u. a. die zu- und die abgeführten Wärmeströme, die Leistungen der Speisewasserpumpen und der Turbinen, die thermischen Wirkungsgrade, die exergetischen Wirkungsgrade sowie die Exergieverluste der Bauteile. Die Prozesse sind im T,s- und im $\lg p, h$-Diagramm darzustellen. (Ergebnisse für den Fall a) in den Excel-Berechnungsblättern in den Abb. 9.4 und 9.5 und für den Fall b) in den Abb. 9.7 und 9.8.)

Bearbeitung der in Beispiel 9.1 im Fall a) gegebenen Aufgabenstellung
Für die Bearbeitung der Aufgabenstellung wird das zweigeteilte Excel-Berechnungsblatt
in den Abb. 9.4 und 9.5 erstellt:

1. Im oberen Teil des Berechnungsblatts werden die Eingabeparameter für TREND
   vorgegeben. Die Zellen in diesem Teil erhalten am besten dieselben Namen wie im
   Beispiel 2.1. Aus Platzgründen wurden Zeilen im Berechnungsblatt ausgeblendet.

2. Zur besseren Übersicht werden die kritischen Daten des Arbeitsmediums durch
   Aufruf der Funktion TRENDSPECEOS berechnet, z. B. die kritische Temperatur T_{kr}
   mit der Eingabe

   ```
   =TRENDSPECEOS(Fluids;Composition;EqTypes;MixingRule;
   PathToSubModel;Unit;ShowErrorCode;"Tcrit")
   ```

   Siehe dazu Abschnitt 2.2. Der kritische Druck p_{kr} wird dabei in bar umgerechnet.
   Es folgen die mit der Aufgabenstellung gegebenen Daten für den isentropen
   Gütegrad der Verdichtung in der Speisewasserpumpe $\eta_{s,\mathrm{verd}}$, den isentropen
   Gütegrad für die Entspannung in der Turbine $\eta_{s,\mathrm{exp}}$, den Massenstrom des
   umlaufenden Kältemittels $\dot{m}$ und die Temperatur der Umgebung T_U.

3. Die Berechnungen in TREND beginnen mit dem Zustand 1 der siedenden
   Flüssigkeit auf der Siedelinie. Die Temperatur $T_{1'}$ folgt mit der Eingabe

   ```
   =TRENDEOS("T";"PLIQ";p_1_strich;42;Fluids;Composition;EqTypes;
   MixingRule;PathToSubModel;Unit;ShowErrorCode)
   ```

   Dafür werden auch hier in der Spalte „CALC Type" die Parameter für die
   Berechnungen vorgegeben und in der Spalte „Unit" die Dimensionen dieser
   Parameter ermittelt, siehe Abschnitt 2.2. Die Berechnungen der spezifischen
   Enthalpie $h_{1'}$

   ```
   =0,001*TRENDEOS("H";"PLIQ";p_1_strich;42;Fluids;Composition;
   EqTypes;MixingRule;PathToSubModel;Unit;ShowErrorCode)
   ```

   und der spezifischen Entropie $s_{1'}$

   ```
   =TRENDEOS("S";"PLIQ";p_1_strich;42;Fluids;Composition;EqTypes;
   MixingRule;PathToSubModel;Unit;ShowErrorCode)
   ```

   werden unter Verwendung von TREND mit der Funktion TRENDEOS durchgeführt.
   Die Zelle mit dem Druck $p_{1'}$ erhält dafür den Namen p_1_strich. Dabei ist nur
   die Angabe jeweils eines Parameters erforderlich und für den zweiten Parameter
   eine beliebige ganze Zahl (hier z. B. 42) einzugeben. Die spezifischen Enthalpien
   werden hier und nachfolgend von $\mathrm{J\,kg^{-1}}$ auf $\mathrm{kJ\,kg^{-1}}$ umgerechnet. Die Dimension
   der spezifischen Entropie wird mit $\mathrm{J\,kg^{-1}\,K^{-1}}$ beibehalten.

4. Für den Zustand 2 und die weiteren Zustände werden die Ergebnisse immer in der
   Reihenfolge p, T, h und s aufgeführt – selbst wenn sie, wie hier für den Zustand 2,
   nicht in dieser Reihenfolge berechnet werden. Die spezifische Enthalpie $h_{2,s}$ für
   die isentrope Zustandsänderung folgt mit der Eingabe

   ```
   =0,001*TRENDEOS("H";"PS";p_2;s_1;Fluids;Composition;EqTypes;
   MixingRule;PathToSubModel;Unit;ShowErrorCode)
   ```

Eingabeparameter TREND					
Path to Sub-Model					HC
Input Code					TP
Unit					specific
Show Error Code					FALSCH
Fluid					Water
kritische Temperatur	T_{kr}	Tcrit	K	K	647,10
kritischer Druck	p_{kr}	pcrit	MPa	bar	220,640
isentroper Gütegrad Verdichtung Speisewasserpumpe	$\eta_{s,verd}$			1	0,80
isentroper Gütegrad Entspannung Turbine	$\eta_{s,exp}$			1	0,85
Massenstrom umlaufendes Kältemittel	$\dot{m}$			kg s^{-1}	174,0
Temperatur der Umgebung	T_U			K	310,0

		CalcType	Unit		
Zustand 1 siedende Flüssigkeit					
Druck	$p_{1'}$			MPa	0,0135
Temperatur	$T_{1'}$	T	K	K	325,0
spezifische Enthalpie	$h_{1'}$	H	J/kg	kJ kg^{-1}	216,9
spezifische Entropie	$s_{1'}$	S	J/(kg K)	J kg^{-1} K^{-1}	727,1
Zustand 2 unterkühlte Flüssigkeit					
Druck	p_2			MPa	14,00
Temperatur	T_2	T	K	K	326,3
spezifische Enthalpie (isentrope Zustandsänderung)	$h_{2,s}$	H	J/kg	kJ kg^{-1}	231,0
spezifische Enthalpie	h_2	H	J/kg	kJ kg^{-1}	234,5
spezifische Entropie	s_2	S	J/(kg K)	J kg^{-1} K^{-1}	737,9
Zustand 3 überkritisch					
Druck	$p_3 = p_2$			MPa	14,00
Temperatur	T_3			K	823,15
spezifische Enthalpie	h_3	H	J/kg	kJ kg^{-1}	3461
spezifische Entropie	s_3	S	J/(kg K)	J kg^{-1} K^{-1}	6565
Zustand 4 Nassdampf					
Druck	$p_4 = p_{1'}$			MPa	0,0135
Temperatur	$T_4 = T_{1'}$	T	K	K	325,0
spezifische Enthalpie (isentrope Zustandsänderung)	$h_{4,s}$	H	J/kg	kJ kg^{-1}	2114
spezifische Enthalpie	h_4	H	J/kg	kJ kg^{-1}	2316
spezifische Entropie	s_4	S	J/(kg K)	J kg^{-1} K^{-1}	7187
spezifische Enthalpie (siedende Flüssigkeit)	$h_{4'} = h_{1'}$	H	J/kg	kJ kg^{-1}	216,9
spezifische Enthalpie (gesättigter Dampf)	$h_{4''}$	H	J/kg	kJ kg^{-1}	2594
Dampfgehalt	x_4			1	0,883

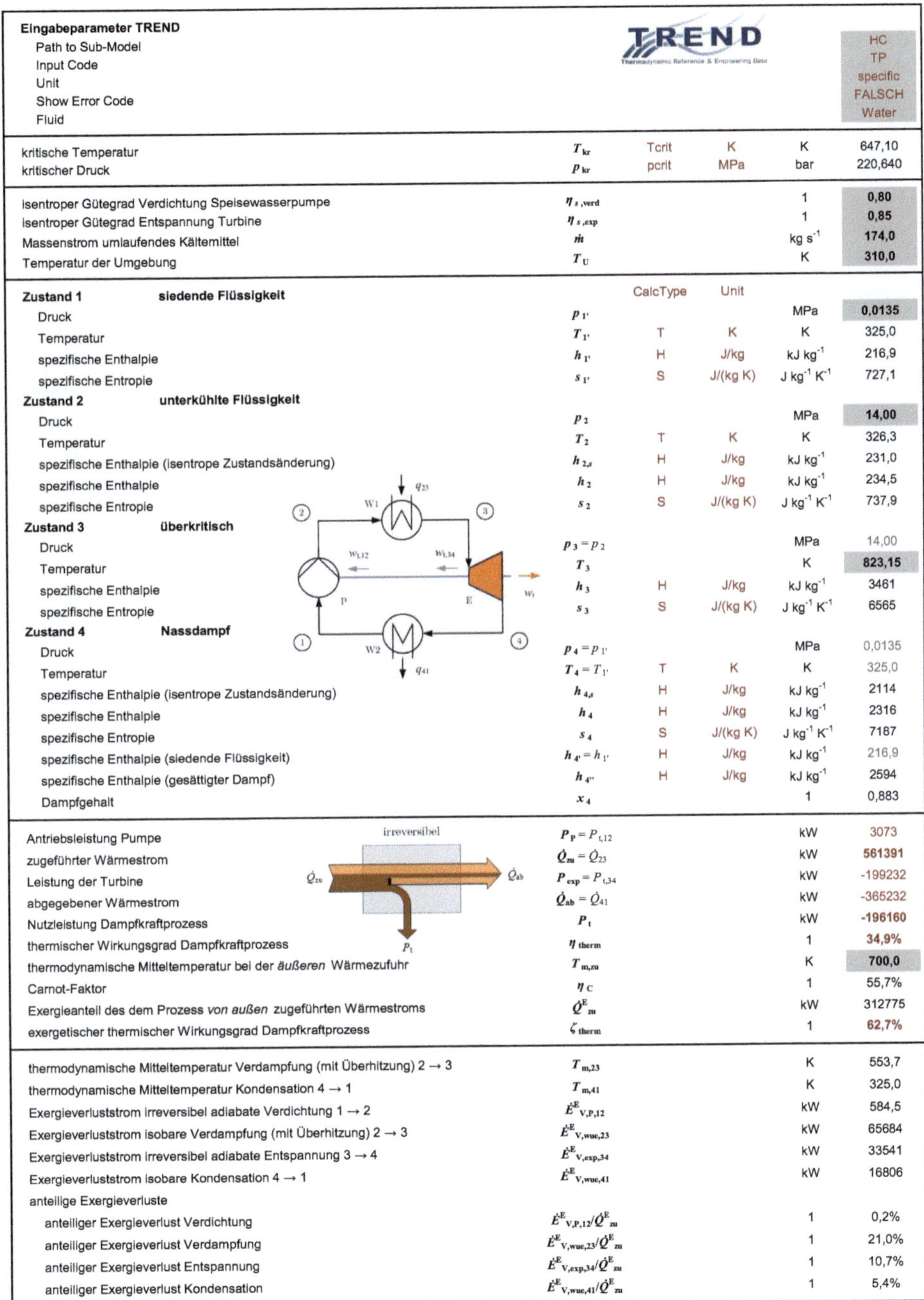

Antriebsleistung Pumpe	$P_P = P_{t,12}$	kW	3073
zugeführter Wärmestrom	$\dot{Q}_{zu} = \dot{Q}_{23}$	kW	561391
Leistung der Turbine	$P_{exp} = P_{t,34}$	kW	-199232
abgegebener Wärmestrom	$\dot{Q}_{ab} = \dot{Q}_{41}$	kW	-365232
Nutzleistung Dampfkraftprozess	P_t	kW	-196160
thermischer Wirkungsgrad Dampfkraftprozess	η_{therm}	1	34,9%
thermodynamische Mitteltemperatur bei der *äußeren* Wärmezufuhr	$T_{m,zu}$	K	700,0
Carnot-Faktor	η_C	1	55,7%
Exergieanteil des dem Prozess *von außen* zugeführten Wärmestroms	$\dot{Q}^E_{zu}$	kW	312775
exergetischer thermischer Wirkungsgrad Dampfkraftprozess	ζ_{therm}	1	62,7%

thermodynamische Mitteltemperatur Verdampfung (mit Überhitzung) 2 → 3	$T_{m,23}$	K	553,7
thermodynamische Mitteltemperatur Kondensation 4 → 1	$T_{m,41}$	K	325,0
Exergieverluststrom irreversibel adiabate Verdichtung 1 → 2	$\dot{E}^E_{V,P,12}$	kW	584,5
Exergieverluststrom isobare Verdampfung (mit Überhitzung) 2 → 3	$\dot{E}^E_{V,wue,23}$	kW	65684
Exergieverluststrom irreversibel adiabate Entspannung 3 → 4	$\dot{E}^E_{V,exp,34}$	kW	33541
Exergieverluststrom isobare Kondensation 4 → 1	$\dot{E}^E_{V,wue,41}$	kW	16806
anteilige Exergieverluste			
anteiliger Exergieverlust Verdichtung	$\dot{E}^E_{V,P,12}/\dot{Q}^E_{zu}$	1	0,2%
anteiliger Exergieverlust Verdampfung	$\dot{E}^E_{V,wue,23}/\dot{Q}^E_{zu}$	1	21,0%
anteiliger Exergieverlust Entspannung	$\dot{E}^E_{V,exp,34}/\dot{Q}^E_{zu}$	1	10,7%
anteiliger Exergieverlust Kondensation	$\dot{E}^E_{V,wue,41}/\dot{Q}^E_{zu}$	1	5,4%

Abbildung 9.4: Excel-Berechnungsblatt Teil I für den einfachen Dampfkraftprozess eines Solarkraftwerks mit Wasser als Arbeitsmedium

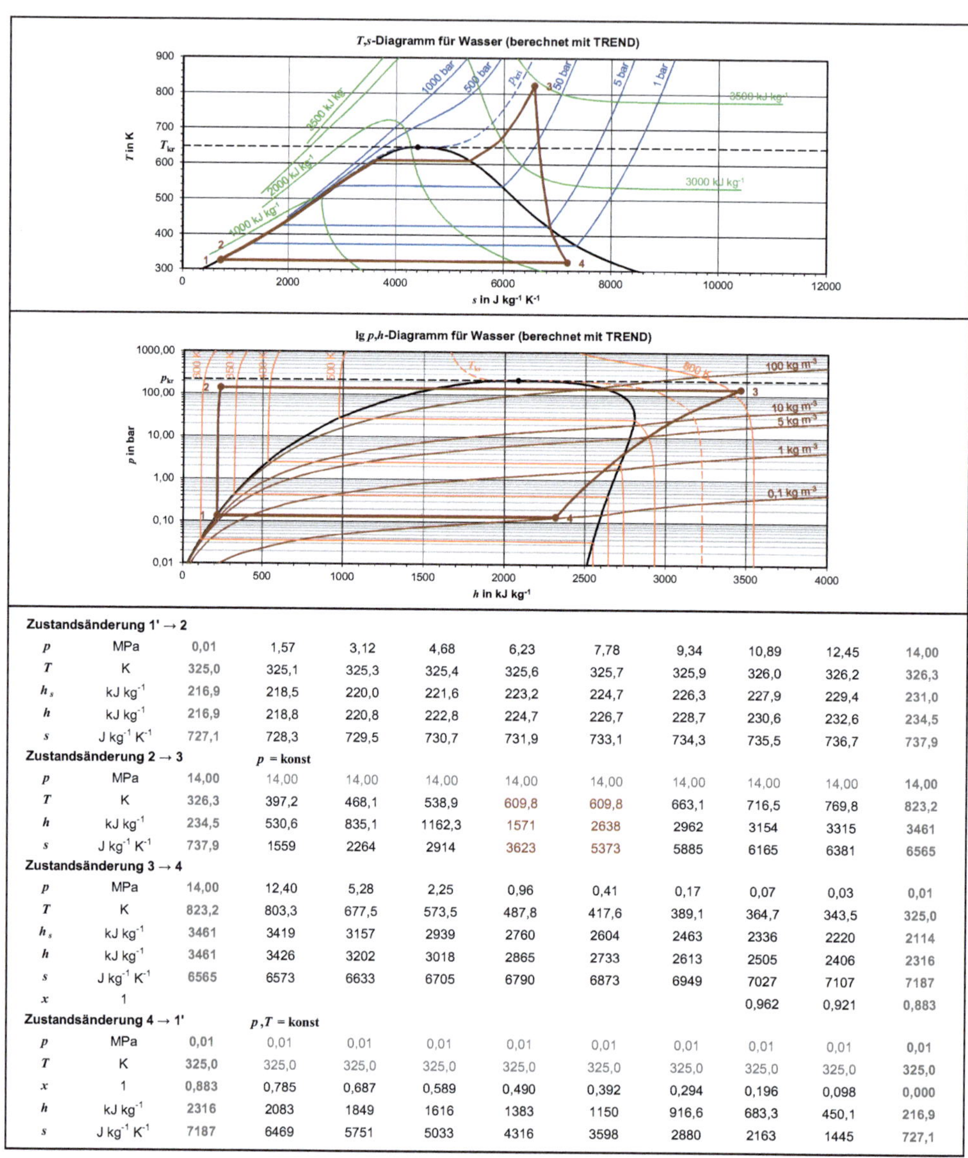

Zustandsänderung 1' → 2

p	MPa	0,01	1,57	3,12	4,68	6,23	7,78	9,34	10,89	12,45	14,00
T	K	325,0	325,1	325,3	325,4	325,6	325,7	325,9	326,0	326,2	326,3
h_s	kJ kg⁻¹	216,9	218,5	220,0	221,6	223,2	224,7	226,3	227,9	229,4	231,0
h	kJ kg⁻¹	216,9	218,8	220,8	222,8	224,7	226,7	228,7	230,6	232,6	234,5
s	J kg⁻¹ K⁻¹	727,1	728,3	729,5	730,7	731,9	733,1	734,3	735,5	736,7	737,9

Zustandsänderung 2 → 3 p = konst

p	MPa	14,00	14,00	14,00	14,00	14,00	14,00	14,00	14,00	14,00	14,00
T	K	326,3	397,2	468,1	538,9	609,8	609,8	663,1	716,5	769,8	823,2
h	kJ kg⁻¹	234,5	530,6	835,1	1162,3	1571	2638	2962	3154	3315	3461
s	J kg⁻¹ K⁻¹	737,9	1559	2264	2914	3623	5373	5885	6165	6381	6565

Zustandsänderung 3 → 4

p	MPa	14,00	12,40	5,28	2,25	0,96	0,41	0,17	0,07	0,03	0,01
T	K	823,2	803,3	677,5	573,5	487,8	417,6	389,1	364,7	343,5	325,0
h_s	kJ kg⁻¹	3461	3419	3157	2939	2760	2604	2463	2336	2220	2114
h	kJ kg⁻¹	3461	3426	3202	3018	2865	2733	2613	2505	2406	2316
s	J kg⁻¹ K⁻¹	6565	6573	6633	6705	6790	6873	6949	7027	7107	7187
x	1								0,962	0,921	0,883

Zustandsänderung 4 → 1' p,T = konst

p	MPa	0,01	0,01	0,01	0,01	0,01	0,01	0,01	0,01	0,01	0,01
T	K	325,0	325,0	325,0	325,0	325,0	325,0	325,0	325,0	325,0	325,0
x	1	0,883	0,785	0,687	0,589	0,490	0,392	0,294	0,196	0,098	0,000
h	kJ kg⁻¹	2316	2083	1849	1616	1383	1150	916,6	683,3	450,1	216,9
s	J kg⁻¹ K⁻¹	7187	6469	5751	5033	4316	3598	2880	2163	1445	727,1

Abbildung 9.5: Excel-Berechnungsblatt Teil II für den einfachen Dampf-kraftprozess eines Solarkraftwerks mit Wasser als Arbeitsmedium

und die spezifische Enthalpie h_2 nach Gleichung (3.77) über den isentropen Gütegrad $\eta_{s,\mathrm{verd}}$, der auch für die Verdichtung der Flüssigkeit gilt. Die Temperatur T_2 wird mit

```
=TRENDEOS("T";"PH";p_2;1000*h_2;Fluids;Composition;EqTypes;
MixingRule;PathToSubModel;Unit;ShowErrorCode)
```

berechnet und die spezifische Entropie s_2 mit

```
=TRENDEOS("S";"PH";p_2;1000*h_2;Fluids;Composition;EqTypes;
MixingRule;PathToSubModel;Unit;ShowErrorCode)
```

5. Im Zustand 3 nach der isobaren Erwärmung im Wärmeübertrager W1 mit $p_3 = p_2$ folgen die spezifische Enthalpie h_3 und die spezifische Entropie s_3 aus den Eingaben

```
=0,001*TRENDEOS("H";InputCode;T_3;p_3;Fluids;Composition;
EqTypes;MixingRule;PathToSubModel;Unit;ShowErrorCode)
```

bzw.

```
=TRENDEOS("S";InputCode;T_3;p_3;Fluids;Composition;EqTypes;
MixingRule;PathToSubModel;Unit;ShowErrorCode)
```

6. Der Zustand 4 nach der irreversibel adiabaten Druckabsenkung in der Expansionsmaschine oder Turbine liegt im Nassdampfgebiet mit einem Druck $p_4 = p_1'$ und einer Temperatur $T_4 = T_1'$. Die spezifische Enthalpie für die isentrope Zustandsänderung $h_{4,s}$ folgt mit der Eingabe

```
=0,001*TRENDEOS("H";"PS";p_4;s_3;Fluids;Composition;EqTypes;
MixingRule;PathToSubModel;Unit;ShowErrorCode)
```

und daraus die spezifische Enthalpie h_4 über den isentropen Gütegrad der Entspannung $\eta_{s,\mathrm{exp}}$ aus Gleichung (3.78) sowie die spezifische Entropie s_4 mit

```
=TRENDEOS("S";"PH";p_4;h_4*1000;Fluids;Composition;EqTypes;
MixingRule;PathToSubModel;Unit;ShowErrorCode)
```

Die spezifische Enthalpie der siedenden Flüssigkeit folgt aus $h_{4'} = h_{1'}$, die spezifische Enthalpie des gesättigten Dampfs $h_{4''}$ mit der Eingabe

```
=0,001*TRENDEOS("H";"PVAP";p_4;42;Fluids;Composition;EqTypes;
MixingRule;PathToSubModel;Unit;ShowErrorCode)
```

und der in Gleichung (3.136) definierte Dampfgehalt x aus Gleichung (3.137).

7. Die erforderliche Antriebsleistung P_P der Speisewasserpumpe P wird mit Gleichung (9.1) berechnet, der im Wärmeübertrager W1 zuzuführende Wärmestrom $\dot{Q}_\mathrm{zu}$ mit Gleichung (9.2), die Leistung P_exp der Expansionsmaschine oder Turbine E mit Gleichung (9.3) und der im Wärmeübertrager W2 abzuführende Wärmestrom $\dot{Q}_\mathrm{ab}$ mit Gleichung (9.4). Daraus folgt die Nutzleistung für den Prozess P_mech mit Gleichung (9.6) und sein thermischer Wirkungsgrad η_therm mit Gleichung (3.51).

8. Die vorgegebene thermodynamische Mitteltemperatur bei der Wärmezufuhr $T_\mathrm{m,zu}$ repräsentiert das Temperaturniveau des unter Nutzung der Solarstrahlung erwärmten Zwischenmediums der Salzschmelze. Daraus folgen der CARNOT-

Faktor η_C unter Verwendung der Umgebungstemperatur T_U als unteres Temperaturniveau bei der Wärmeabfuhr sowie der Exergieanteil des dem Prozess von außen zugeführten Wärmestroms $\dot{Q}^\mathrm{E}_\mathrm{zu}$ mit Gleichung (3.83) und der exergetische thermische Wirkungsgrad ζ_therm mit Gleichung (3.56).

9. Im nachfolgenden Teil des Berechnungsblatts sind für die exergetischen Berechnungen zunächst die thermodynamischen Mitteltemperaturen bei der Verdampfung einschließlich Überhitzung $T_\mathrm{m,23}$ im Wärmeübertrager W1 und bei der Kondensation $T_\mathrm{m,41}$ im Wärmeübertrager W2 mit Gleichung (3.91) erforderlich. Der Exergieverluststrom bei der irreversibel adiabaten Verdichtung $\dot{E}^\mathrm{E}_\mathrm{V,P,12}$ in der Speisewasserpumpe folgt aus Gleichung (3.105), die Exergieverlustströme bei der isobaren Verdampfung mit Überhitzung $\dot{E}^\mathrm{E}_\mathrm{V,wue,23}$ sowie bei der isobaren Kondensation $\dot{E}^\mathrm{E}_\mathrm{V,wue,41}$ aus Gleichung (3.120) und der Exergieverluststrom bei der irreversibel adiabaten Entspannung $\dot{E}^\mathrm{E}_\mathrm{V,exp,34}$ aus Gleichung (3.114). Die anteiligen Exergieverluste werden direkt durch die Division der vorstehenden Exergieverlustströme durch den Exergieanteil des dem Prozess von außen zugeführten Wärmestroms $\dot{Q}^\mathrm{E}_\mathrm{zu}$ erhalten.

10. Die Ermittlung oder Abfrage, in welchem thermodynamischen Zustand sich das Fluid jeweils befindet, kann unter Anwendung der in Listing 9.1 aufgeführten UDF Zustand_Fluid erfolgen, die die Eingabe der Parameter p, T und s für den jeweiligen Fluidzustand sowie der TREND-Parameter (aus dem oberen Bereich des Excel-Berechnungsblatts in Abb. 9.4) erfordert, siehe dazu in Abb. 9.4 z. B. rechts neben „Zustand 1" den Hinweis auf den thermodynamischen Zustand des Arbeitsmediums, der auf diese Art ermittelt wurde.

11. Für die Darstellung der Verläufe der Zustandsänderungen im T,s- und im $\lg p,h$-Diagramm bietet es sich an, eine separate Datentabelle wie in Abb. 9.5 zu berechnen. Zur grundsätzlichen Erstellung der Diagramme siehe Abschnitt 2.2.5.

Listing 9.1: VBA-Code zur Ermittlung des thermodynamischen Zustands eines Fluids

```vba
'Ermittlung des Zustands eines Fluids bei vorgegebenen Werten für den Druck, die
'Temperatur und die spezifische Entropie (oberhalb des Tripelzustands)
'[p] = MPa, [T] = K, [s] = J kg^-1 K^-1
Public Function Zustand_Fluid( _
    ByVal p As Double, _
    ByVal T As Double, _
    ByVal s As Double, _
    ByVal Fluids As Variant, _
    ByVal Composition As Variant, _
    ByVal EqTypes As Variant, _
    ByVal MixingRule As Long, _
    Optional ByVal PathToSubModel As Variant, _
    Optional ByVal Unit As Variant, _
    Optional ByVal ShowErrorCode As Variant _
        ) As Variant

    Dim p_kr As Double                      'kritischer Druck
    Dim T_kr As Double                      'kritische Temperatur
```

```vb
    Dim s_Strich As Double          'spez. Entropie siedende Flüssigkeit
20  Dim s_Strich_Strich As Double   'spez. Entropie gesättigter Dampf

    p_kr = TRENDSPECEOS(Fluids, Composition, EqTypes, MixingRule, PathToSubModel, Unit, _
        ShowErrorCode, "pcrit")
    T_kr = TRENDSPECEOS(Fluids, Composition, EqTypes, MixingRule, PathToSubModel, Unit, _
25      ShowErrorCode, "Tcrit")

    If p >= p_kr Or T >= T_kr Then              'überkritischer Zustand
        Zustand_Fluid = "überkritisch"
    Else
30      s_Strich = TRENDEOS("S", "PLIQ", p, 42, Fluids, Composition, EqTypes, MixingRule, _
            PathToSubModel, Unit, ShowErrorCode) 'spez. Entropie siedende Flüssigkeit
        s_Strich_Strich = TRENDEOS("S", "PVAP", p, 42, Fluids, Composition, EqTypes, _
            MixingRule, PathToSubModel, Unit, ShowErrorCode)  'spez. Entropie gesätt. Dampf
        If s < s_Strich Then
35          Zustand_Fluid = "unterkühlte Flüssigkeit"
        ElseIf s = s_Strich Then
            Zustand_Fluid = "siedende Flüssigkeit"
        ElseIf s = s_Strich_Strich Then
            Zustand_Fluid = "gesättigter Dampf"
40      ElseIf s > s_Strich_Strich Then
            Zustand_Fluid = "überhitzter Dampf"
        Else  's > s_Strich And s < s_Strich_Strich
            Zustand_Fluid = "Nassdampf"
        End If
45  End If

End Function
```

Wie bereits in Abschnitt 9.2.1 beschrieben, werden hier – im Unterschied zu z. B. [9] – die beim Wärmedurchgang vom Zwischenmedium Salzschmelze auf das Arbeitsmedium Wasser zwischen den Zuständen 2 und 3 auftretenden Exergieverluste beim Kreisprozess selbst berücksichtigt, was geeigneter erscheint, da auch die Exergieverluste für den Wärmedurchgang zwischen den Zuständen 4 und 1 vom Kreisprozess in die Umgebung berücksichtigt werden. So folgen der CARNOT-Faktor η_{C}, der Exergieanteil des dem Prozess von außen zugeführten Wärmestroms $\dot{Q}_{\mathrm{zu}}^{\mathrm{E}}$ sowie der exergetische thermische Wirkungsgrad ζ_{therm} über die thermodynamische Mitteltemperatur bei der Wärmezufuhr $T_{\mathrm{m,zu}}$, die das Temperaturniveau des unter Nutzung der Solarstrahlung erwärmten Zwischenmediums der Salzschmelze repräsentiert.

Zur Aufteilung der Exergieverluste im Prozess – ausgehend vom Exergieanteil des dem Prozess von außen zugeführten Wärmestroms $\dot{Q}_{\mathrm{zu}}^{\mathrm{E}}$ bis zur Nutzleistung P_{t}, die aus reiner Exergie besteht – siehe das SANKEY-Diagramm mit den Exergie- und Anergieströmen in Abb. 9.6. Wie erwartet dominieren die Exergieverluste beim Wärmedurchgang in den Prozess im Wärmeübertrager W1. Anhand des berechneten thermischen Wirkungsgrads läuft der Prozess relativ schlecht ab, aber anhand des exergetischen thermischen Wirkungsgrads noch relativ gut ab, was für Wärmekraftmaschinen im Allgemeinen gilt.

Der thermische Wirkungsgrad für den einfachen Prozess liegt wegen der hohen Verluste im erwarteten Bereich und wird im nachfolgenden Beispiel durch die Anwendung der Zwischenüberhitzung steigen. Eine Verbesserung des thermischen Wirkungsgrads

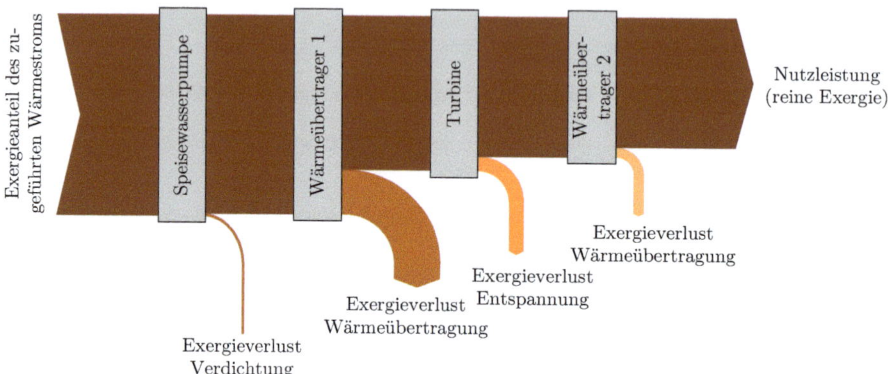

Abbildung 9.6: SANKEY-Diagramm zum einfachen Dampfkraftprozess eines
Solarkraftwerks mit den Exergieströmen (dunkel) und den Anergieströmen
(hell)

kann grundsätzlich durch die Erhöhung der mittleren Temperatur des Arbeitsmediums bei der Verdampfung und Überhitzung erfolgen, wobei dies mit einer Erhöhung
des Verdampferdrucks einhergeht, wodurch der Zustand 4 nach der Entspannung zu
kleineren spezifischen Entropien und damit zu höheren Dampfgehalten wandert, was
in der Turbine die bereits in Abschnitt 9.2.2 erwähnte Erosion durch Tropfenschlag
verursachen kann [9]. Tatsächlich erreicht der für den Fall a) berechnete Dampfgehalt
knapp den z. B. in [9] empfohlenen Bereich von $x_4 > 0{,}88$ bis $0{,}90$.

Bearbeitung der in Beispiel 9.1 im Fall b) gegebenen Aufgabenstellung

Für die Bearbeitung der Aufgabenstellung gemäß Beispiel 9.1 wird das Excel-Berechnungsblatt in den Abb. 9.7 und 9.8 erstellt:

1. Im oberen Teil des Berechnungsblatts werden die Eingabeparameter für TREND
   vorgegeben. Die Zellen in diesem Teil erhalten am besten dieselben Namen, wie im
   Beispiel 2.1. Aus Platzgründen wurden Zeilen im Berechnungsblatt ausgeblendet.

2. Die kritischen Daten des Arbeitsmediums werden – wie für den Fall a) – berechnet, bleiben aus Platzgründen jedoch ausgeblendet. Es folgen die mit der
   Aufgabenstellung gegebenen Daten für die isentropen Gütegrade der Verdichtung
   in den Speisewasserpumpen $\eta_{s,\mathrm{verd},1}$ und $\eta_{s,\mathrm{verd},2}$, die isentropen Gütegrade für
   die Entspannung in den Turbinen $\eta_{s,\mathrm{exp},1}$ und $\eta_{s,\mathrm{exp},2}$, den Massenstrom des
   umlaufenden Kältemittels $\dot{m}$ sowie die Temperatur der Umgebung T_U.

3. Nachfolgend werden die Berechnungen für die Zustände 1 bis 8 für das Arbeitsmedium analog zu den Berechnungen für den Fall a) durchgeführt und auch hier
   immer in der Reihenfolge p, T, h und s aufgeführt, selbst wenn sie nicht in dieser
   Reihenfolge berechnet werden.

4. Aus den Berechnungen für den Zustand 6 folgt mit Gleichung (9.14) der Anzapfmassenstrom $\dot{m}_\mathrm{Anz}$ und mit Gleichung (9.12) der Massenstrom $\dot{m}_3$.

Eingabeparameter TREND					**TREND** Thermodynamic Reference & Engineering Data		HC
Path to Sub-Model							TP
Input Code							specific
Unit							FALSCH
Show Error Code							
Fluid							Water
isentroper Gütegrad Verdichtung Speisewasserpumpe P1		$\eta_{s,verd1}$				1	**0,80**
isentroper Gütegrad Verdichtung Speisewasserpumpe P2		$\eta_{s,verd2}$				1	**0,80**
isentroper Gütegrad Entspannung Turbine E1		$\eta_{s,ent1}$				1	**0,85**
isentroper Gütegrad Entspannung Turbine E2		$\eta_{s,ent2}$				1	**0,85**
Massenstrom umlaufendes Kältemittel		$\dot{m}$			ka s⁻¹		174,0
Temperatur der Umgebung		T_U			K		**310,0**
Zustand 1	**siedende Flüssigkeit**		CalcType	Unit			
Druck		$p_{1'}$			MPa		**0,0135**
Temperatur		$T_{1'}$	T	K	K		325,0
spezifische Enthalpie		$h_{1'}$	H	J/kg	kJ ka⁻¹		216,9
spezifische Entropie		$s_{1'}$	S	J/(kg K)	J ka⁻¹ K⁻¹		727,1
Zustand 2	**unterkühlte Flüssigkeit**						
Druck		p_2			MPa		**4,10**
Temperatur		T_2	T	K	K		325,4
spezifische Enthalpie (isentrop)		$h_{2,s}$	H	J/kg	kJ ka⁻¹		221,0
spezifische Enthalpie		h_2	H	J/kg	kJ ka⁻¹		222,1
spezifische Entropie		s_2	S	J/(kg K)	J ka⁻¹ K⁻¹		730,2
Zustand 3	**siedende Flüssigkeit**						
Druck		$p_3 = p_2$			MPa		4,10
Temperatur		$T_{3'}$	T	K	K		525,0
spezifische Enthalpie		$h_{3'}$	H	J/kg	kJ ka⁻¹		1095
spezifische Entropie		$s_{3'}$	S	J/(kg K)	J ka⁻¹ K⁻¹		2810
Massenstrom		$\dot{m}_3 = \dot{m} + \dot{m}_{Anz}$			ka s⁻¹		248,1
Zustand 4	**unterkühlte Flüssigkeit**						
Druck		p_4			MPa		**14,00**
Temperatur		T_4	T	K	K		528,2
spezifische Enthalpie (isentrop)		$h_{4,s}$	H	J/kg	kJ ka⁻¹		1107
spezifische Enthalpie		h_4	H	J/kg	kJ ka⁻¹		1110
spezifische Entropie		s_4	S	J/(kg K)	J ka⁻¹ K⁻¹		2816
Zustand 5	**überkritisch**						
Druck		$p_5 = p_4$			MPa		14,0
Temperatur		T_5			K		**823,15**
spezifische Enthalpie		h_5	H	J/kg	kJ ka⁻¹		3461
spezifische Entropie		s_5	S	J/(kg K)	J ka⁻¹ K⁻¹		6565
Zustand 6	**überhitzter Dampf**						
Druck		$p_6 = p_2$			MPa		4,10
Temperatur		T_6	T	K	K		644,5
spezifische Enthalpie (isentrop)		$h_{6,s}$	H	J/kg	kJ ka⁻¹		3088
spezifische Enthalpie		h_6	H	J/kg	kJ ka⁻¹		3144
spezifische Entropie		s_6	S	J/(kg K)	J ka⁻¹ K⁻¹		6653
Anzapfmassenstrom		$\dot{m}_{Anz}$			ka s⁻¹		74,1
Zustand 7	**überkritisch**						
Druck		$p_7 = p_2$			MPa		4,10
Temperatur		$T_7 = T_5$			K		823,2
spezifische Enthalpie		h_7	H	J/kg	kJ ka⁻¹		3559
spezifische Entropie		s_7	S	J/(kg K)	J ka⁻¹ K⁻¹		7223
Zustand 8	**Nassdampf**						
Druck		$p_8 = p_{1'}$			MPa		0,0135
Temperatur		$T_8 = T_{1'}$	T	K	K		325,0
spezifische Enthalpie (isentrop)		$h_{8,s}$	H	J/kg	kJ ka⁻¹		2328
spezifische Enthalpie		h_8	H	J/kg	kJ ka⁻¹		2513
spezifische Entropie		s_8	S	J/(kg K)	J ka⁻¹ K⁻¹		7792
spezifische Enthalpie (siedende Flüssigkeit)		$h_{8'} = h_{1'}$	H	J/kg	kJ ka⁻¹		216,9
spezifische Enthalpie (gesättigter Dampf)		$h_{8''}$	H	J/kg	kJ ka⁻¹		2594
Dampfgehalt		x_8			1		0,966

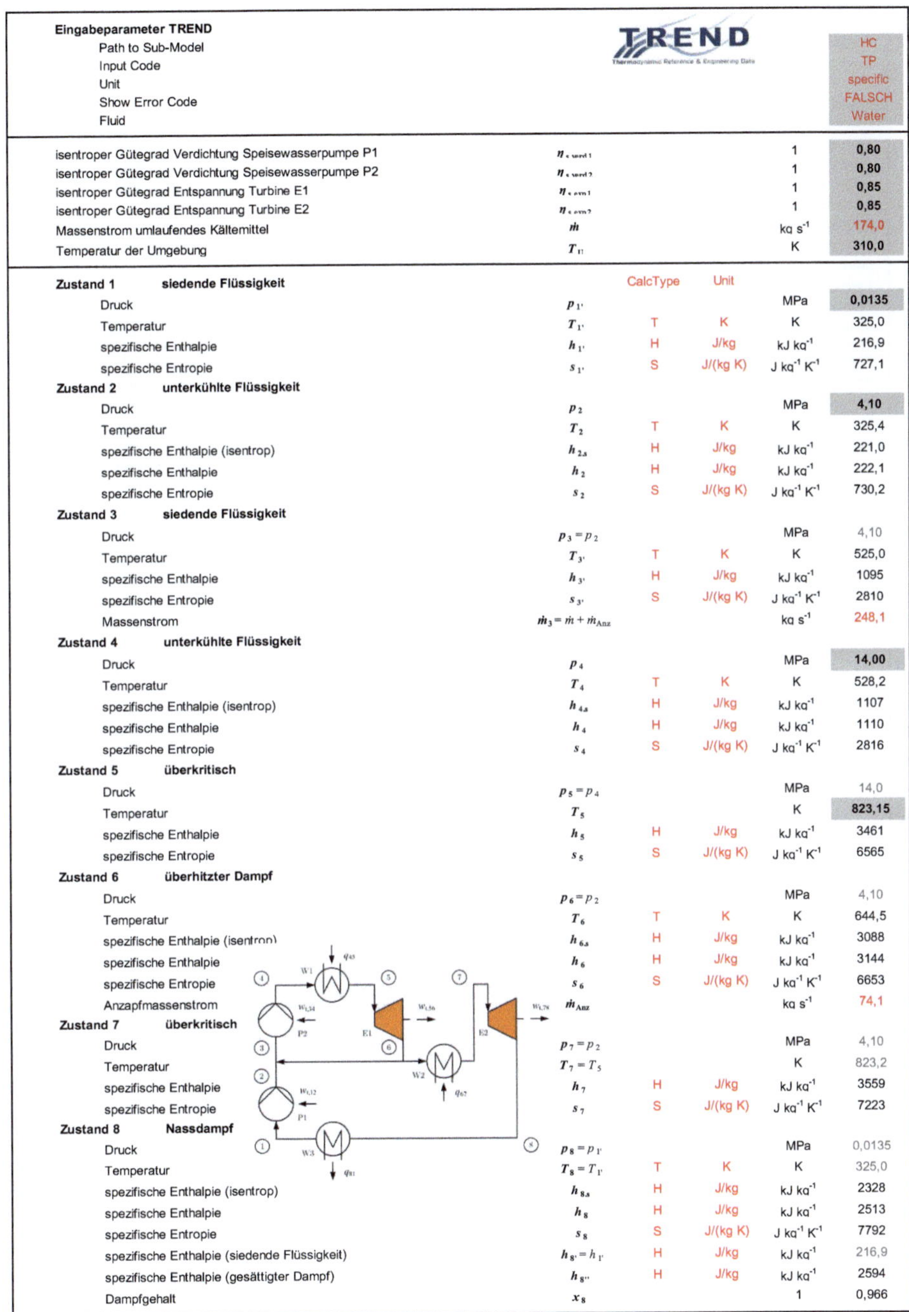

Abbildung 9.7: Excel-Berechnungsblatt Teil I für den Dampfkraftprozess eines Solarkraftwerks mit Zwischenüberhitzung

Antriebsleistung Pumpe P1	$P_{P,1}=P_{t,12}$	kW	900
Antriebsleistung Pumpe P2	$P_{P,2}=P_{t,34}$	kW	3838,4
zugeführter Wärmestrom W1	$\dot{Q}_{45}$	kW	583232
Leistung der Turbine E1	$P_{exp,1}=P_{t,56}$	kW	-78704
zugeführter Wärmestrom W2	$\dot{Q}_{67}$	kW	72330
Leistung der Turbine E2	$P_{exp,2}=P_{t,78}$	kW	-182151
abgegebener Wärmestrom W3	$\dot{Q}_{81}$	kW	-399446
Summe zugeführte Wärmeströme	$\dot{Q}_{zu}$	kW	655563
Nutzleistung Dampfkraftprozess	P_t	kW	-256117
thermischer Wirkungsgrad Dampfkraftprozess	η_{therm}	1	39,1%
thermodynamische Mitteltemperatur bei der *äußeren* Wärmezufuhr zu W2	$T_{m,zu,W2}$	K	816,0
thermodynamische Mitteltemperatur bei der *äußeren* Wärmezufuhr zu W1	$T_{m,zu,W1}$	K	650,0
Carnot-Faktor W2	$\eta_{C,W2}$	1	62,0%
Carnot-Faktor W1	$\eta_{C,W1}$	1	52,3%
Exergieanteil des dem Prozess *von außen* zugeführten Wärmestroms	$\dot{Q}^E_{zu}$	kW	349927
exergetischer thermischer Wirkungsgrad Dampfkraftprozess	ζ_{therm}	1	73,2%

thermodynamische Mitteltemperatur Erwärmung 4 → 5	$T_{m,45}$	K	627,1
thermodynamische Mitteltemperatur Erwärmung 6 → 7	$T_{m,67}$	K	729,3
thermodynamische Mitteltemperatur Erwärmung 8 → 1	$T_{m,81}$	K	325,0
Exergieverluststrom irreversibel adiabate Verdichtung 1 → 2	$\dot{E}^E_{V,P,12}$	kW	171
Exergieverluststrom irreversibel adiabate Mischung 2 + 6 → 3	$\dot{E}^E_{V,M,263}$	kW	23915
Exergieverluststrom irreversibel adiabate Verdichtung 3 → 4	$\dot{E}^E_{V,P,34}$	kW	450,8
Exergieverluststrom isobare Erwärmung 4 → 5	$\dot{E}^E_{V,wue,45}$	kW	10160
Exergieverluststrom irreversibel adiabate Entspannung 5 → 6	$\dot{E}^E_{V,exp,56}$	kW	6802
Exergieverluststrom isobare Erwärmung 6 → 7	$\dot{E}^E_{V,wue,67}$	kW	3267
Exergieverluststrom irreversibel adiabate Entspannung 7 → 8	$\dot{E}^E_{V,exp,78}$	kW	30665
Exergieverluststrom isobare Kondensation 8 → 1	$\dot{E}^E_{V,wue,81}$	kW	18380
anteilige Exergieverluste			
anteiliger Exergieverlust Verdichtung 1 → 2	$\dot{E}^E_{V,P,12}/\dot{Q}^E_{zu}$	1	0,0%
anteiliger Exergieverlust Mischung 2 + 6 → 3	$\dot{E}^E_{V,m,263}/\dot{Q}^E_{zu}$	1	6,8%
anteiliger Exergieverlust Verdichtung 3 → 4	$\dot{E}^E_{V,P,34}/\dot{Q}^E_{zu}$	1	0,1%
anteiliger Exergieverlust Erwärmung 4 → 5	$\dot{E}^E_{V,wue,45}/\dot{Q}^E_{zu}$	1	2,9%
anteiliger Exergieverlust Entspannung 5 → 6	$\dot{E}^E_{V,exp,56}/\dot{Q}^E_{zu}$	1	1,9%
anteiliger Exergieverlust Erwärmung 6 → 7	$\dot{E}^E_{V,wue,67}/\dot{Q}^E_{zu}$	1	0,9%
anteiliger Exergieverlust Entspannung 7 → 8	$\dot{E}^E_{V,exp,78}/\dot{Q}^E_{zu}$	1	8,8%
anteiliger Exergieverlust Kondensation 8 → 1	$\dot{E}^E_{V,wue,81}/\dot{Q}^E_{zu}$	1	5,3%

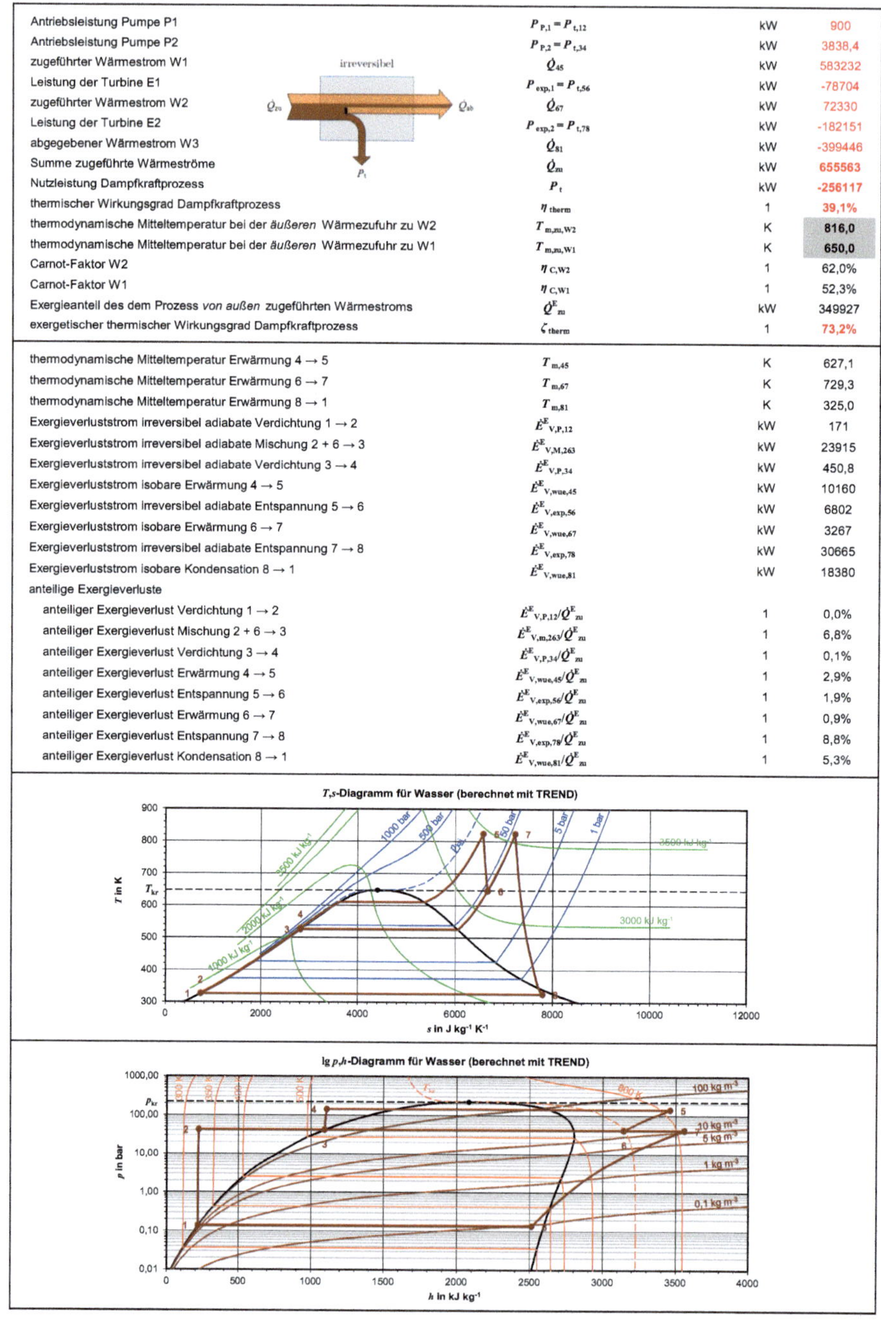

Abbildung 9.8: Excel-Berechnungsblatt Teil II für den Dampfkraftprozess eines Solarkraftwerks mit Zwischenüberhitzung

5. Weiterhin analog zum Fall a) folgen die Antriebsleistungen $P_{\mathrm{P},1}$ und $P_{\mathrm{P},2}$ der Speisewasserpumpen P1 und P2, die in den Wärmeübertragern W1, W2 und W3 zu- und abzuführenden Wärmeströme $\dot{Q}_{34}$, $\dot{Q}_{67}$ und $\dot{Q}_{81}$ sowie die Leistungen $P_{\mathrm{exp},1}$ und $P_{\mathrm{exp},2}$ der Expansionsmaschinen oder Turbinen E1 und E2. Daraus können die Nutzleistung P_{t} aus der Summe der Leistungen, die Summe der zugeführten Wärmeströme $\dot{Q}_{\mathrm{zu}}$ sowie der thermische Wirkungsgrad η_{therm} berechnet werden.

6. Mit den gemäß der Aufgabenstellung vorgegebenen thermodynamischen Mitteltemperaturen $T_{\mathrm{m,zu,W2}}$ und $T_{\mathrm{m,zu,W1}}$ und der Umgebungstemperatur T_{U} als unteres Temperaturniveau bei der Wärmeabfuhr lassen sich die CARNOT-Faktoren $\eta_{\mathrm{C,W2}}$ und $\eta_{\mathrm{C,W1}}$ mit Gleichung (3.53), der Exergieanteil des dem Prozess von außen zugeführten Wärmestroms $\dot{Q}_{\mathrm{zu}}^{\mathrm{E}}$ gemäß Gleichung (3.83) und der exergetische thermische Wirkungsgrad ζ_{therm} mit Gleichung (3.56) ermitteln.

7. Im nachfolgenden Teil des Berechnungsblatts sind für die exergetischen Berechnungen zunächst die thermodynamischen Mitteltemperaturen bei der Verdampfung einschließlich Überhitzung $T_{\mathrm{m,45}}$ im Wärmeübertrager W1, für die Zwischenüberhitzung $T_{\mathrm{m,67}}$ im Wärmeübertrager W2 und bei der Kondensation $T_{\mathrm{m,81}}$ im Wärmeübertrager W3 mit Gleichung (3.91) erforderlich. Die Exergieverlustströme bei den irreversibel adiabaten Verdichtungen $\dot{E}_{\mathrm{V,P,12}}^{\mathrm{E}}$ und $\dot{E}_{\mathrm{V,P,34}}^{\mathrm{E}}$ in den Speisewasserpumpen folgen aus Gleichung (3.105), der Exergieverluststrom $\dot{E}_{\mathrm{V,M,263}}^{\mathrm{E}}$ bei der irreversibel adiabaten Mischung der Ströme 2 und 6 zu 3 aus Gleichung (9.15), die Exergieverlustströme bei der isobaren Verdampfung mit Überhitzung $\dot{E}_{\mathrm{V,wue,34}}^{\mathrm{E}}$, bei der isobaren Zwischenüberhitzung $\dot{E}_{\mathrm{V,wue,67}}^{\mathrm{E}}$ sowie bei der isobaren Kondensation $\dot{E}_{\mathrm{V,wue,81}}^{\mathrm{E}}$ unter Verwendung der thermodynamischen Mitteltemperaturen aus Gleichung (3.120) und der Exergieverluststrom bei den irreversibel adiabaten Entspannungen $\dot{E}_{\mathrm{V,exp,56}}^{\mathrm{E}}$ und $\dot{E}_{\mathrm{V,exp,78}}^{\mathrm{E}}$ aus Gleichung (3.116). Die anteiligen Exergieverluste werden – wie für den Fall a) – durch die Division der vorstehenden Exergieverlustströme durch den Exergieanteil des dem Prozess von außen zugeführten Wärmestroms $\dot{Q}_{\mathrm{zu}}^{\mathrm{E}}$ erhalten.

8. Ebenfalls wie bereits für den Fall a) kann die Abfrage, in welchem thermodynamischen Zustand sich das Fluid jeweils befindet, unter Anwendung der in Listing 9.1 aufgeführten UDF `Zustand_Fluid` erfolgen. Für die Darstellung der Verläufe der Zustandsänderungen im T, s- und im $\lg p$, h-Diagramm bietet es sich an, eine separate Datentabelle wie in Abb. 9.5 zu berechnen, die hier jedoch aus Platzgründen ausgeblendet ist. Zur grundsätzlichen Erstellung der Diagramme siehe Abschnitt 2.2.5.

Die Ergebnisse der Berechnungen zeigen, dass beim Prozess mit Zwischenüberhitzung – im Vergleich zum einfachen Prozess – ein höherer thermischer Wirkungsgrad erreicht wird und auch ein deutlich höherer Dampfgehalt, der im typischen Bereich für Prozesse mit Zwischenüberhitzung von etwa $x \approx 0{,}95$ liegt [9]. Dies wird durch den „umlaufenden" Anzapfstrom und die daraus resultierende zweistufige Entspannung ermöglicht.

Der Prozess mit Zwischenüberhitzung liefert eine deutlich höhere Nutzleistung, was am höheren aufgenommenen Wärmestrom infolge der unterschiedlichen thermodynamischen Mitteltemperaturen bei der Wärmezufuhr für die beiden Prozesse liegt, wodurch es deutliche Verschiebungen bei den anteiligen Exergieverlusten der Teilvorgänge gibt und woraus ein höherer exergetischer Wirkungsgrad im Prozess mit Zwischenüberhitzung resultiert.

Eine weitere Optimierung des Dampfkraftprozesses ist durch Anwendung einer Speisewasservorwärmung durch Abzweigung eines weiteren Dampfstroms während der Expansion möglich, wobei die Temperatur des Speisewassers zunimmt und das bei der Vorwärmung gebildete Kondensat dem Speisewasser vor dem Vorwärmer zugemischt wird. Dadurch erhöht sich das Temperaturniveau im Verdampfer und vermindert dessen Exergieverlust; hinzu kommt jedoch der Exergieverlust im Vorwärmer. In modernen Dampfkraftprozessen werden zur Minderung der Exergieverluste im Vorwärmer mehrere Speisewasservorwärmer mit einer entsprechenden Anzahl von Entnahmen aus dem Expansionsprozess durchgeführt.[9]

Nicht in den Berechnungen für die beiden Fälle a) und b) berücksichtigt wurden der Wirkungsgrad der von den Heliostaten reflektierten und vom Receiver absorbierten Solarstrahlung bis zum von der Salzschmelze abgegebenen Wärmestrom, der analog zum Dampferzeugerwirkungsgrad definiert werden kann. Ebenso nicht berücksichtigt wurden der Generatorwirkungsgrad und der elektrische Eigenverbrauch der Anlage, wodurch sich der energetische Gesamtwirkungsgrad des Solarturmkraftwerks nochmals reduziert. Für thermische Solarkraftwerke wird der Dampferzeugerwirkungsgrad in Gleichung (9.8) durch den optischen Wirkungsgrad ersetzt, der bei senkrechtem Lichteinfall etwa $\eta_{\mathrm{opt}} = 50\,\%$ bis $70\,\%$ beträgt, wodurch der energetische Gesamtwirkungsgrad dieser Systeme in einer Größenordnung von etwa $20\,\%$ liegt [131].

9.4 ORC-Prozess

Der Organic Rankine Cycle oder ORC-Prozess, dargestellt im linken Fließschema in Abb. 9.9, ist ein thermodynamischer Kreisprozess, der es ermöglicht, einen auf einem relativ niedrigen Temperaturniveau vorliegenden Wärmestrom in mechanische oder elektrische Leistung umzuwandeln. Im Gegensatz zum klassischen Dampfkraftprozess, der Wasser als Arbeitsmedium nutzt, werden beim ORC-Prozess deshalb organische Arbeitsmedien mit niedrigeren Siedetemperaturen eingesetzt, z. B. Kohlenwasserstoffe, Silikone oder Kältemittel, die im Vergleich zum Wasser als Arbeitsmedium im Dampfkraftprozess bei niedrigeren Temperaturen verdampfen, was beim ORC-Prozess die Nutzung von thermischer Energie auf einem entsprechenden Temperaturniveau ermöglicht. Dadurch kann z. B. Abwärme aus industriellen Prozessen, Wärme aus Geothermie oder Wärme aus der Verbrennung von Biomasse wirtschaftlich genutzt werden.

Innerhalb des einfachen ORC-Prozesses (ohne inneren Wärmeübertrager) erfolgt – wie beim Dampfkraftprozess – ein Phasenwechsel des Arbeitsmediums. Der Prozess beginnt im Zustand 1 auf der Siedelinie:

- Irreversibel adiabate Druckerhöhung des Arbeitsmediums vom Zustand 1 unter Zufuhr von Arbeit in der Speisewasserpumpe P bis auf den Zustand 2,

- isobare Wärmeübertragung bei gleichzeitiger Verdampfung vom Zustand 2 im

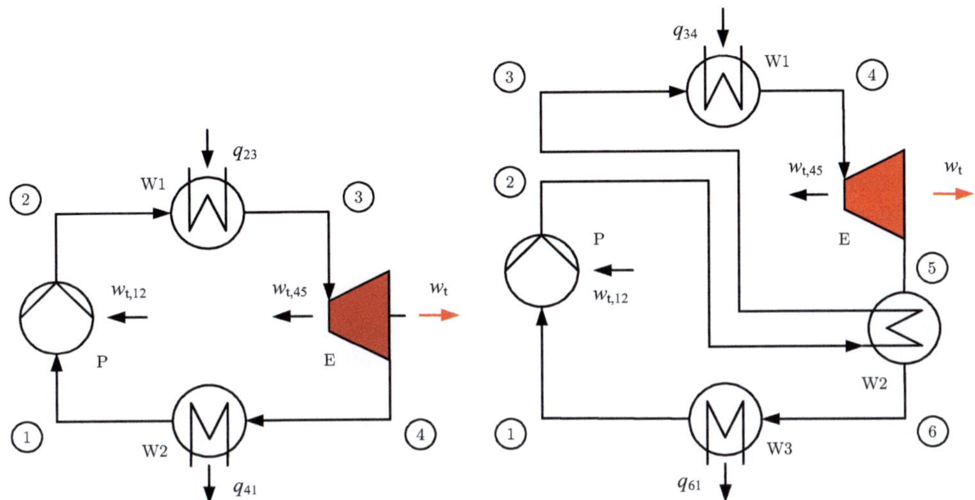

Abbildung 9.9: Fließschema für den einfachen ORC-Prozess und den ORC-Prozess mit innerem Wärmeübertrager

Wärmeübertrager W1 bis auf den Zustand 3,

- irreversibel adiabate Druckabsenkung unter Abfuhr von Arbeit in der Expansionsmaschine oder Turbine E vom Zustand 3 bis auf den Zustand 4 im Nassdampfgebiet sowie

- isobare Wärmeübertragung bei gleichzeitiger Kondensation vom Zustand 4 bis auf den Zustand 1 im Wärmeübertrager W2.

Beim ORC-Prozess mit innerem Wärmeübertrager oder Rekuperator – dargestellt im rechten Fließschema in Abb. 9.9 – beginnt der Prozess ebenfalls im Zustand 1 auf der Siedelinie:

- Irreversibel adiabate Druckerhöhung des Arbeitsmediums vom Zustand 1 unter Zufuhr von Arbeit in der Speisewasserpumpe P bis auf den Zustand 2,

- isobare Wärmezufuhr im Wärmeübertrager W2 vom Zustand 2 auf den Zustand 3 durch Abkühlung des Arbeitsmediums nach dem Austritt aus der Expansionsmaschine oder Turbine E,

- isobare Wärmeübertragung bei gleichzeitiger Verdampfung vom Zustand 3 im Wärmeübertrager W1 bis auf den Zustand 4,

- irreversibel adiabate Druckabsenkung unter Abfuhr von Arbeit in der Expansionsmaschine oder Turbine E vom Zustand 4 bis auf den Zustand 5 im Nassdampfgebiet

- isobare Abkühlung im Wärmeübertrager W2 vom Zustand 5 auf den Zustand 6 sowie

- isobare Wärmeübertragung bei gleichzeitiger Kondensation vom Zustand 6 bis auf den Zustand 1 im Wärmeübertrager W3.

Anmerkungen zum ORC-Prozess:

- ORC-Prozesse können Wärmequellen nutzen, die für klassische Dampfkraftwerke unwirtschaftlich wären, z. B. Geothermie, Wärme aus der Verbrennung von Biomasse, industrielle Abwärme sowie Motor- und Gasturbinen-Abwärme.

- ORC-Anlagen sind skalierbar und in modularen Einheiten verfügbar, wodurch sie sich für dezentrale Anwendungen und kleinere Leistungsklassen eignen.

- Durch die niedrige Siedetemperatur der organischen Arbeitsmittel wird auch bei relativ geringen Temperaturen noch ein effektiver Umwandlungsprozess ermöglicht.

- ORC-Prozesse arbeiten mit niedrigeren Drücken als Dampfkraftprozesse, was zu einer geringeren Materialbelastung führt.

- Besonderer Augenmerk ist auf die Auswahl des Arbeitsmediums für den Prozess zu beachten, siehe nachfolgend.

Arbeitsmedien für den ORC-Prozess

Den thermophysikalischen Eigenschaften der Arbeitsmedien in ORC-Prozessen kommt eine besondere Bedeutung zu, damit optimale Bedingungen für die Prozesse vorliegen, vgl. Abschnitt 10.1. Anforderungen an die Arbeitsmedien [83, 101, 131]:

- Das Arbeitsmedium ist so zu wählen, dass die chemische Stabilität auch bei der oberen Temperatur des Prozesses gewährleistet ist, da organische Fluide bei hohen Temperaturen pyrolysieren.

- Die Temperatur bei der Kondensation sollte höher sein, als die Tripelpunkttemperatur, damit das Gefrieren des Kältemittels sicher vermieden wird.

- Das spezifische Volumen im flüssigen Zustand sollte möglichst klein und die spezifische Verdampfungsenthalpie möglichst groß sein, um eine hohe spezifische Leistung zu erzielen.

- Da der Prozess dem Zweck dient, einen Wärmestrom auf relativ niedrigem Niveau zu nutzen, sollte die Überhitzung des Fluids nach der Verdampfung relativ gering gewählt werden, wodurch Arbeitsmedien mit positiver Steigung der Siedelinie im T, s-Diagramm vorteilhaft sind, in der Literatur auch als sog. retrogrades Verhalten bezeichnet, siehe dazu die nachfolgenden Ausführungen [131].

- Das Arbeitsmedium sollte möglichst nicht brennbar oder explosiv, nicht gesundheitsschädlich sowie ökologisch unbedenklich sein und eine gute Verträglichkeit mit dem verwendeten Werkstoffen sowie eine niedrige Viskosität im flüssigen Zustand aufweisen.

Die Tabelle in Abb. 9.10 enthält eine kleine Auswahl möglicher Arbeitsmedien für ORC-Prozesse, deren Tau- und Siedelinien samt kritischer Punkte auch im T, s-Diagramm in Abb. 9.11 dargestellt sind. Die Benennung der Arbeitsmedien oder Kältemittel erfolgt nach DIN 8960 [37] durch den Buchstaben „R" für „Refrigerant"

Klasse	Kältemittel	Chemische Bezeichnung	Summen-formel	T_{kr} / K	p_{kr} / MPa	GWP AR5	GWP AR6	GWP F-Gas-VO	Brenn-barkeit
HFKW	R-134a	1,1,1,2-Tetrafluorethan	$C_2H_2F_4$	374,21	4,059	1549	1530	1430	nein
HFKW	R-245fa	1,1,1,3,3-Pentafluorpropan	$C_3H_3F_5$	427,01	3,651	1032	962	1030	nein
natürlich	R-600	n-Butan	C_4H_{10}	425,13	3,796		0,006	0,0006	ja
natürlich	R-600a	Isobutan	C_4H_{10}	407,81	3,629			0	ja
natürlich	R-601	n-Pentan	C_5H_{12}	469,70	3,368			0	ja
natürlich	R-601a	Isopentan	C_5H_{12}	460,35	3,378			0	ja

Abbildung 9.10: Eigenschaften ausgewählter Arbeitsmedien (nach [37, 140]). Kritische Daten mit TREND [126]. GWP AR5: Fünfter Sachstandsbericht IPCC 2013 [108], GWP AR6: Sechster Sachstandsbericht IPCC 2021 [124], GWP F-Gas-VO: Verordnung (EU) 2024/573 über fluorierte Treibhausgase [22].

und zumeist drei oder auch zwei oder vier Ziffern und teilweise angehängten Buchstaben, siehe dazu Abb. 9.10 (und auch Abb. 10.1). Zusätzlich können bei Kreisprozessen auch Gemische zum Einsatz kommen.

In der Verordnung (EU) Nr. 517/2014 über fluorierte Treibhausgase [22] werden die Arbeitsmedien oder Kältemittel nach ihrem Treibhauspotenzial gewichtet. Das Treibhauspotenzial oder Global Warming Potential (GWP) erfasst den relativen Beitrag eines Gases im Vergleich zur gleichen Masse an CO_2. Die bis in die 1990er Jahre verwendeten Fluorchlorkohlenwasserstoffe (FCKW) schädigen die Ozonschicht der Atmosphäre und sind in Deutschland seit 1995 verboten, siehe dazu die ausführlicheren Beschreibungen in Abschnitt 10.1. In der genannten EU-Verordnung ist festgelegt, dass die Emissionen der fluorierten Treibhausgase (F-Gase) – insbesondere der teilfluorierte Kohlenwasserstoffe (HFKW) – bis 2030 um 60 % verringert werden sollen. Dies soll durch Mengenbeschränkungen infolge deutlicher Reduktion der Verkaufsmengen, den Erlass von Verwendungs- und Inverkehrbringungsverboten sowie die Erweiterung der bestehenden Regelungen zu Dichtheitsprüfungen, Entsorgung und Kennzeichnung erreicht werden. Bestandsanlagen dürfen jedoch weiter genutzt werden.

Das in den Abbildungen aufgeführte Arbeitsmedium oder Kältemittel R-134a ist in PKW schon vor Jahren wegen seines hohen, oberhalb des Grenzwerts liegenden GWP-Werts verboten. Betreiber, die dieses Mittel in ihren Anlagen verwenden, werden auf alternative Arbeitsmedien ausweichen müssen.

Wie bereits oben beschrieben, dient der ORC-Prozess dem Zweck, einen Wärmestrom zu nutzen, der auf niedrigem Niveau vorliegt. Dafür sollte die Überhitzung des Fluids nach der Verdampfung relativ gering gewählt werden, wodurch Arbeitsmedien mit positiver Steigung der Siedelinie im T, s-Diagramm (oberhalb der Umgebungstemperatur) vorteilhaft sind. Diese Medien werden wegen ihres sog. retrograden Verhaltens als sog. trockene Fluide bezeichnet [131], da ihre Entspannung nicht im Nassdampfgebiet endet. Das Gegenteil davon sind sog. nasse Fluide mit einer negativen Steigung der Taulinie. Isentrope Fluide haben eine unendliche Steigung der Taulinie. In der Abb. 9.11 zeigen die für den ORC-Prozess geeigneten Arbeitsmedien alle – bis auf R-134a – positive Steigungen der Taulinien, sind also deshalb besonders als Arbeitsmedien für den ORC-Prozess geeignet, wenn auch der Temperaturbereich passt.

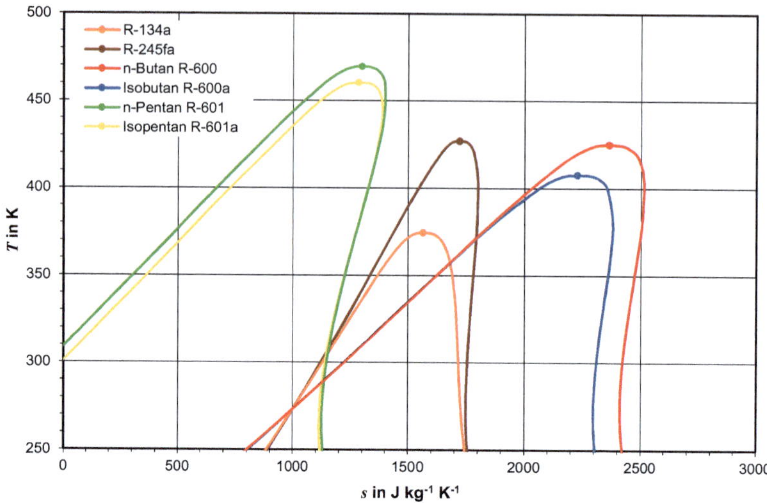

Abbildung 9.11: Tau- und Siedelinien ausgewählter Arbeitsmedien, berechnet mit TREND [126]

ORC-Prozess mit innerem Wärmeübertrager

Analog zu den Beschreibungen zum einfachen Dampfkraftprozess in Abschnitt 9.2.1 folgen

- die dem Prozess ausgehend vom Zustand 1 bis zum Zustand 2 als Aufwand über die Pumpe P zuzuführende Leistung $P_\mathrm{P} = P_{\mathrm{t},12}$ entsprechend Gleichung (9.1),

- der im Wärmeübertrager W1 auf dem oberen Temperaturniveau vom Zustand 3 bis zum Zustand 4 zuzuführende Wärmestrom $\dot{Q}_\mathrm{zu} = \dot{Q}_{34}$ entsprechend Gleichung (9.2),

- die durch die Entspannung in der Expansionsmaschine E oder Turbine vom Zustand 4 bis zum Zustand 5 bereitgestellte Leistung $P_\mathrm{exp} = P_{\mathrm{t},45}$ entsprechend Gleichung (9.3) und

- der im Wärmeübertrager W3 vom Zustand 6 bis zum Zustand 1 auf dem unteren Temperaturniveau abzuführende Wärmestrom $\dot{Q}_\mathrm{ab} = \dot{Q}_{61}$ entsprechend Gleichung (9.4).

Für den Wärmeübertrager W2 gilt die Energiebilanz

$$\dot{m}_2 h_2 + \dot{m}_5 h_5 = \dot{m}_3 h_3 + \dot{m}_6 h_6 \ , \tag{9.16}$$

woraus mit $\dot{m} = \dot{m}_2 = \dot{m}_3 = \dot{m}_5 = \dot{m}_6 = \mathrm{konst}$ bei vorgegebener Temperatur T_6 die spezifische Enthalpie im Zustand 3

$$h_3 = h_2 + h_5 - h_6 \tag{9.17}$$

bei bekanntem Zustand 6 folgt.

9.5 Nutzung von Geothermie im ORC-Prozess

Geothermie bezeichnet die im Erdinneren in Form thermischer oder Innerer Energie gespeicherte Energie. Sie stammt im Wesentlichen aus zwei Quellen: dem Wärmestrom vom heißen Erdinneren zur kühleren Erdoberfläche (ca. $70\,\mathrm{kW\,km^{-2}}$) und dem radioaktiven Zerfall von Spurenelementen wie Uran und Thorium in der Erdkruste (ca. $1\,\mathrm{kW\,km^{-2}}$). Der geothermische Gradient beträgt im Mittel etwa $30\,\mathrm{mK\,m^{-1}}$[155]. Bei der sog. tiefen Geothermie wird Wasser mit Temperaturen zwischen $100\,°\mathrm{C}$ und $200\,°\mathrm{C}$ aus großen Tiefen gefördert und im ORC-Prozess zur Stromerzeugung genutzt.

Beispiel 9.2

In einem Geothermiekraftwerk wird Thermalwasser aus einer Förderbohrung über einen Wärmeübertrager und wieder zurück in eine Injektionsbohrung gepumpt. Zur Nutzung der thermischen Energie soll der Wärmeübertrager das Arbeitsmedium in einem ORC-Prozess verdampfen und überhitzen, siehe dazu das Fließschema in Abb. 9.12.

a) Im ersten Teil der Berechnung soll in einem ORC-Prozess mit innerem Wärmeübertrager das Arbeitsmedium n-Butan im Gegenstrom verdampft und überhitzt werden. Es gelten die folgenden Annahmen: Ein Druckniveau von $0{,}30\,\mathrm{MPa}$ für die Verdampfung einschließlich einer Überhitzung um $5{,}0\,\mathrm{K}$, ein Druckniveau von $1{,}75\,\mathrm{MPa}$ bei der Kondensation mit einer Temperaturdifferenz vor der Kondensation von $5{,}0\,\mathrm{K}$, ein umlaufender Massenstrom des Arbeitsmediums von $2{,}20\,\mathrm{kg\,s^{-1}}$, ein isentroper Gütegrad für die Verdichtung in der Speisepumpe von $0{,}60$ und für die Expansion in der Turbine von $0{,}80$ sowie eine Umgebungstemperatur von $273{,}15\,\mathrm{K}$. Zu berechnen sind u. a. die zu- und abgeführten Wärmeströme, die Leistungen der Speisewasserpumpe und der Turbine, die thermischen und die exergetischen Wirkungsgrade sowie die Exergieverluste der Bauteile. Der Prozess ist im T,s- und im $\lg p,h$-Diagramm darzustellen. Für die exergetischen Berechnungen ist zunächst ein geeigneter Wert für die thermodynamische Mitteltemperatur bei der *äußeren* Wärmezufuhr $T_{\mathrm{m,zu}}$ anzunehmen und dieser Wert später aus der Berechnung zum Fall b) zu übernehmen.

b) Im zweiten Teil der Berechnung soll ermittelt werden, welcher Massenstrom des Thermalwassers erforderlich ist, um das Arbeitsmedium im ORC-Prozess zu verdampfen und zu überhitzen. Das Thermalwasser tritt mit einer Temperatur von $425\,\mathrm{K}$ und einem Druck von $2{,}00\,\mathrm{MPa}$ in den Prozess ein. Dafür ist eine einfache Pinch-Analyse mit einer minimal zulässigen Temperaturdifferenz im Pinch-Punkt von $5{,}0\,\mathrm{K}$ durchzuführen, der erforderliche Massenstrom des Thermalwassers, die sich ergebende Austrittstemperatur und daraus für den Fall a) die thermodynamische Mitteltemperatur bei der äußeren Wärmezufuhr zum ORC-Prozess $T_{\mathrm{m,zu}}$ zu berechnen und der Vorgang zur Veranschaulichung in einem $T,\dot{Q}$-Diagramm darzustellen.

(Ergebnisse für den Fall a) in den Excel-Berechnungsblättern in den Abb. 9.14 und 9.15 und für den Fall b) in Abb. 9.16.)

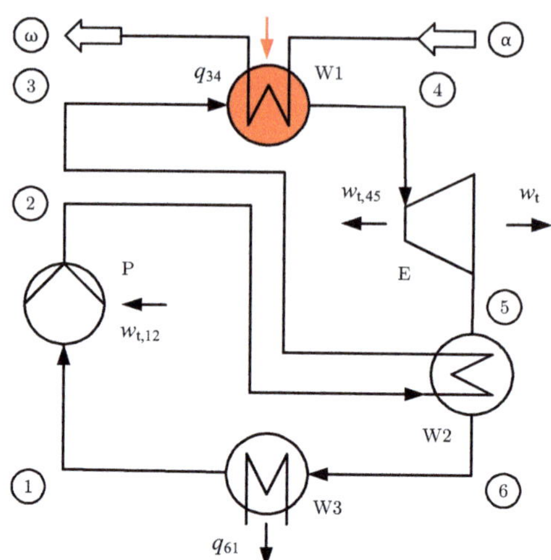

Abbildung 9.12: Fließschema für den ORC-Prozess mit innerem Wärme-übertrager zur Nutzung von Geothermie

Pinch-Analyse

Die Pinch-Analyse ist eine Methode zur energetischen Optimierung verfahrenstechni-scher Prozesse. Sie minimiert den Energiebedarf, indem sie thermodynamisch minimale Verbräuche berechnet und Wege zur Wärmerückgewinnung durch optimierte Wärme-übertragernetzwerke aufzeigt [85, 100].

In Abb. 9.13 ist der einfache Prozess der Erwärmung, Verdampfung und Überhitzung eines Arbeitsmediums (von links nach rechts) im $T, \dot{Q}$-Diagramm dargestellt. Das Wärmeträgermedium des Thermalwassers wird im Gegenstrom zum Arbeitsmedium, also von rechts nach links geführt. Es ergeben sich zwei sog. Pinch-Punkte als Punkte mit der engsten Annäherung der Temperaturverläufe. Typischerweise ist die Tempera-turdifferenz am Zustandspunkt des siedend flüssigen Arbeitsmediums am geringsten und für die Auslegung des Prozesses zu beachten.

In komplexen Wärmeübertragernetzwerken z. B. in der chemischen Industrie besteht die Herausforderung darin, die Entwurfsbeschränkungen für die Prozesse zu finden. Die wichtigsten Herausforderungen dabei sind:

- Die Erfassung präziser Daten zu Massenströmen und Temperaturprofilen ist aufwendig.

- Bestehende Anlagen sind oft nicht optimal für eine Pinch-basierte Wärmeinte-gration ausgelegt.

- Wärmeübertrager, die Wärme über die Pinch-Temperatur hinweg übertragen, führen zu erhöhtem Energieverbrauch.

Bearbeitung der in Beispiel 9.2 im Fall a) gegebenen Aufgabenstellung

Für die Bearbeitung der Aufgabenstellung wird das Excel-Berechnungsblatt in den Abb. 9.14 und 9.15 erstellt:

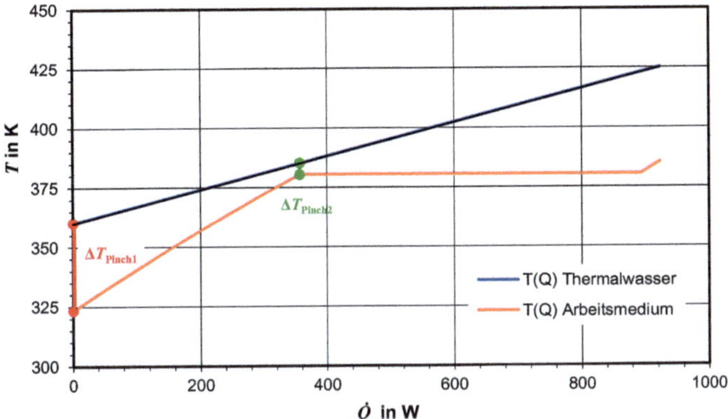

Abbildung 9.13: Pinch-Analyse im $T, \dot{Q}$-Diagramm: Dargestellt sind die Verläufe des Arbeitsmediums (Erwärmung einschließlich Verdampfung und Überhitzung) und des Wärmeträgermediums im Gegenstrom

1. Im oberen Teil des Berechnungsblatts werden die Eingabeparameter für TREND vorgegeben. Die Zellen in diesem Teil erhalten am besten dieselben Namen, wie im Beispiel 2.1. Aus Platzgründen wurden Zeilen im Berechnungsblatt ausgeblendet.

2. Die mit der Aufgabenstellung gegebenen Parameter werden eingegeben und die Berechnungen zu den Zuständen 1 und 2 analog zum Fall a) im Beispiel 9.1 durchgeführt. Der Zustand 3 wird erst weiter unten berechnet.

3. Für den Zustand 4 folgt die Temperatur $T_{4'}$ analog zu $T_{1'}$ mit der Funktion TRENDEOS unter Verwendung des Input Codes PLIQ, daraus mit der vorgegebenen Temperaturdifferenz für die Überhitzung $T_4 = T_{4'} + \Delta T_4$ und daraus wiederum h_4 und s_4. Der Zustand 5 folgt analog zum Zustand 4 im Fall a) im Beispiel 9.1, nur dass hier die Entspannung nicht im Nassdampfgebiet endet und deshalb keine Sättigungsdaten erforderlich sind.

4. Für den Zustand 6 gilt laut Aufgabenstellung anhand der vorgegebenen Temperaturdifferenz $T_6 = T_1 + \Delta T_6$, woraus die spezifische Enthalpie h_6 und die spezifische Entropie s_6 folgen. Die spezifische Enthalpie h_3 für den Zustand 3 kann aus Gleichung (9.17) und daraus die Temperatur T_3 und die spezifische Entropie s_3 ermittelt werden.

5. Analog zum Fall a) in Beispiel 9.1 wird die erforderliche Antriebsleistung P_P der Speisewasserpumpe P mit Gleichung (9.1) berechnet, der im Wärmeübertrager W1 zuzuführende Wärmestrom $\dot{Q}_{zu}$ mit Gleichung (9.2), die Leistung P_{exp} der Expansionsmaschine E oder Turbine mit Gleichung (9.3) und der im Wärmeübertrager W3 abzuführende Wärmestrom $\dot{Q}_{ab}$ mit Gleichung (9.4). Daraus folgt die Nutzleistung P_t für den Prozess mit Gleichung (9.6) und sein thermischer Wirkungsgrad η_{therm} mit Gleichung (3.51).

6. Die vorgegebene thermodynamische Mitteltemperatur bei der Wärmezufuhr $T_{m,zu}$ repräsentiert das Temperaturniveau des Thermalwassers und wird nach-

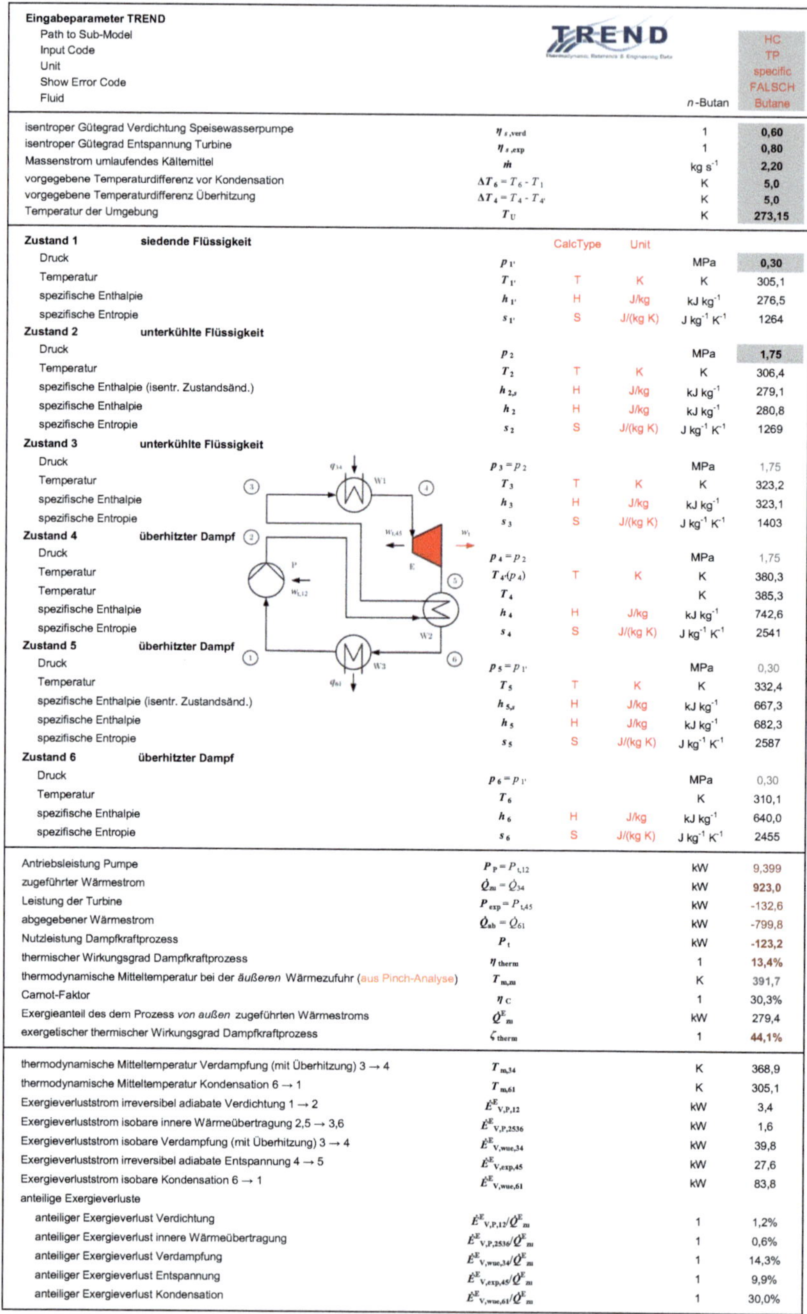

Eingabeparameter TREND					
Path to Sub-Model					HC
Input Code					TP
Unit					specific
Show Error Code					FALSCH
Fluid				n-Butan	Butane
isentroper Gütegrad Verdichtung Speisewasserpumpe	$\eta_{s,\mathrm{verd}}$			1	0,60
isentroper Gütegrad Entspannung Turbine	$\eta_{s,\mathrm{exp}}$			1	0,80
Massenstrom umlaufendes Kältemittel	$\dot{m}$			kg s^{-1}	2,20
vorgegebene Temperaturdifferenz vor Kondensation	$\Delta T_6 = T_6 - T_1$			K	5,0
vorgegebene Temperaturdifferenz Überhitzung	$\Delta T_4 = T_4 - T_{4'}$			K	5,0
Temperatur der Umgebung	T_U			K	273,15
Zustand 1 — **siedende Flüssigkeit**		CalcType	Unit		
Druck	$p_{1'}$			MPa	0,30
Temperatur	$T_{1'}$	T	K	K	305,1
spezifische Enthalpie	$h_{1'}$	H	J/kg	kJ kg^{-1}	276,5
spezifische Entropie	$s_{1'}$	S	J/(kg K)	J kg^{-1} K^{-1}	1264
Zustand 2 — **unterkühlte Flüssigkeit**					
Druck	p_2			MPa	1,75
Temperatur	T_2	T	K	K	306,4
spezifische Enthalpie (isentr. Zustandsänd.)	$h_{2,s}$	H	J/kg	kJ kg^{-1}	279,1
spezifische Enthalpie	h_2	H	J/kg	kJ kg^{-1}	280,8
spezifische Entropie	s_2	S	J/(kg K)	J kg^{-1} K^{-1}	1269
Zustand 3 — **unterkühlte Flüssigkeit**					
Druck	$p_3 = p_2$			MPa	1,75
Temperatur	T_3	T	K	K	323,2
spezifische Enthalpie	h_3	H	J/kg	kJ kg^{-1}	323,1
spezifische Entropie	s_3	S	J/(kg K)	J kg^{-1} K^{-1}	1403
Zustand 4 — **überhitzter Dampf**					
Druck	$p_4 = p_2$			MPa	1,75
Temperatur	$T_{4'}(p_4)$	T	K	K	380,3
Temperatur	T_4			K	385,3
spezifische Enthalpie	h_4	H	J/kg	kJ kg^{-1}	742,6
spezifische Entropie	s_4	S	J/(kg K)	J kg^{-1} K^{-1}	2541
Zustand 5 — **überhitzter Dampf**					
Druck	$p_5 = p_{1'}$			MPa	0,30
Temperatur	T_5	T	K	K	332,4
spezifische Enthalpie (isentr. Zustandsänd.)	$h_{5,s}$	H	J/kg	kJ kg^{-1}	667,3
spezifische Enthalpie	h_5	H	J/kg	kJ kg^{-1}	682,3
spezifische Entropie	s_5	S	J/(kg K)	J kg^{-1} K^{-1}	2587
Zustand 6 — **überhitzter Dampf**					
Druck	$p_6 = p_{1'}$			MPa	0,30
Temperatur	T_6			K	310,1
spezifische Enthalpie	h_6	H	J/kg	kJ kg^{-1}	640,0
spezifische Entropie	s_6	S	J/(kg K)	J kg^{-1} K^{-1}	2455

Antriebsleistung Pumpe	$P_P = P_{t,12}$	kW	9,399
zugeführter Wärmestrom	$\dot{Q}_{zu} = \dot{Q}_{34}$	kW	923,0
Leistung der Turbine	$P_{\mathrm{exp}} = P_{t,45}$	kW	-132,6
abgegebener Wärmestrom	$\dot{Q}_{ab} = \dot{Q}_{61}$	kW	-799,8
Nutzleistung Dampfkraftprozess	P_t	kW	-123,2
thermischer Wirkungsgrad Dampfkraftprozess	η_{therm}	1	13,4%
thermodynamische Mitteltemperatur bei der *äußeren* Wärmezufuhr (aus Pinch-Analyse)	$T_{m,zu}$	K	391,7
Carnot-Faktor	η_C	1	30,3%
Exergieanteil des dem Prozess *von außen* zugeführten Wärmestroms	$\dot{Q}^E_{zu}$	kW	279,4
exergetischer thermischer Wirkungsgrad Dampfkraftprozess	ζ_{therm}	1	44,1%

thermodynamische Mitteltemperatur Verdampfung (mit Überhitzung) 3 → 4	$T_{m,34}$	K	368,9
thermodynamische Mitteltemperatur Kondensation 6 → 1	$T_{m,61}$	K	305,1
Exergieverluststrom irreversibel adiabate Verdichtung 1 → 2	$\dot{E}^E_{V,P,12}$	kW	3,4
Exergieverluststrom isobare innere Wärmeübertragung 2,5 → 3,6	$\dot{E}^E_{V,P,2536}$	kW	1,6
Exergieverluststrom isobare Verdampfung (mit Überhitzung) 3 → 4	$\dot{E}^E_{V,wue,34}$	kW	39,8
Exergieverluststrom irreversibel adiabate Entspannung 4 → 5	$\dot{E}^E_{V,\mathrm{exp},45}$	kW	27,6
Exergieverluststrom isobare Kondensation 6 → 1	$\dot{E}^E_{V,wue,61}$	kW	83,8
anteilige Exergieverluste			
anteiliger Exergieverlust Verdichtung	$\dot{E}^E_{V,P,12}/\dot{Q}^E_{zu}$	1	1,2%
anteiliger Exergieverlust innere Wärmeübertragung	$\dot{E}^E_{V,P,2536}/\dot{Q}^E_{zu}$	1	0,6%
anteiliger Exergieverlust Verdampfung	$\dot{E}^E_{V,wue,34}/\dot{Q}^E_{zu}$	1	14,3%
anteiliger Exergieverlust Entspannung	$\dot{E}^E_{V,\mathrm{exp},45}/\dot{Q}^E_{zu}$	1	9,9%
anteiliger Exergieverlust Kondensation	$\dot{E}^E_{V,wue,61}/\dot{Q}^E_{zu}$	1	30,0%

Abbildung 9.14: Excel-Berechnungsblatt Teil I für den ORC-Prozess mit n-Butan (R-600) und innerem Wärmeübertrager

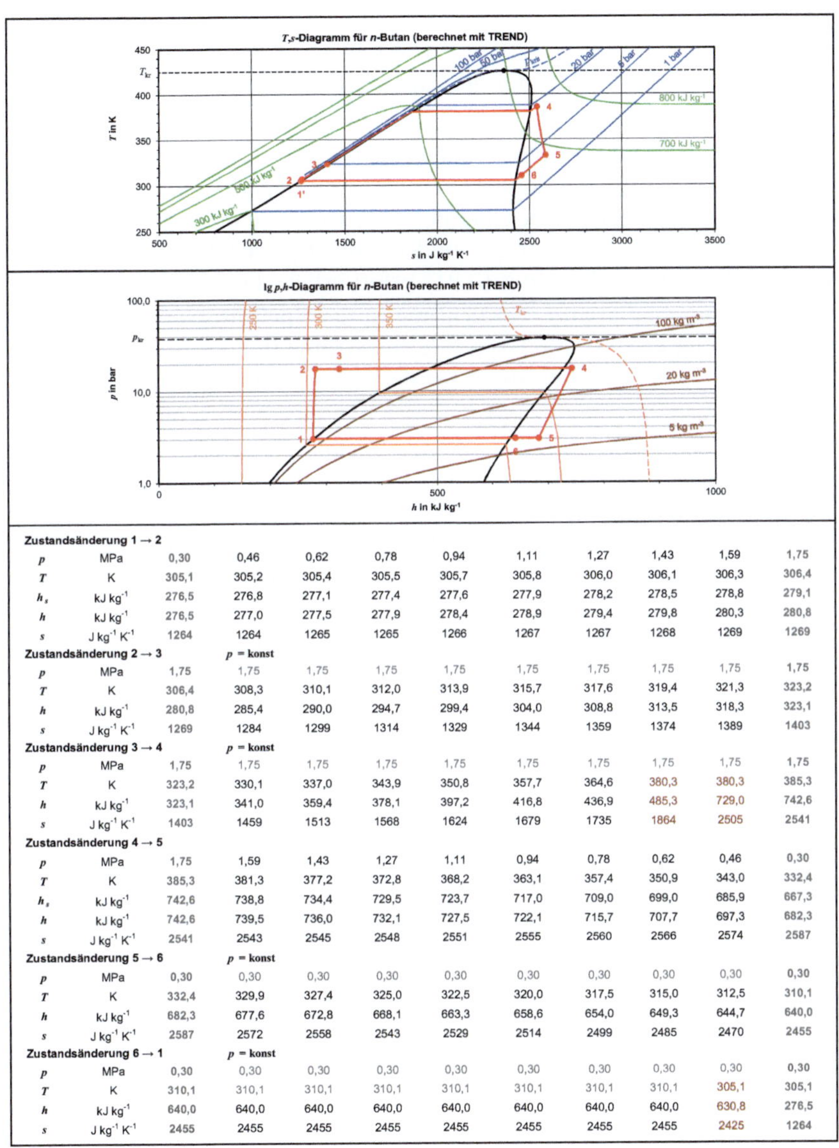

Zustandsänderung 1 → 2

p	MPa	0,30	0,46	0,62	0,78	0,94	1,11	1,27	1,43	1,59	1,75
T	K	305,1	305,2	305,4	305,5	305,7	305,8	306,0	306,1	306,3	306,4
h_s	kJ kg⁻¹	276,5	276,8	277,1	277,4	277,6	277,9	278,2	278,5	278,8	279,1
h	kJ kg⁻¹	276,5	277,0	277,5	277,9	278,4	278,9	279,4	279,8	280,3	280,8
s	J kg⁻¹ K⁻¹	1264	1264	1265	1265	1266	1267	1267	1268	1269	1269

Zustandsänderung 2 → 3 p = konst

p	MPa	1,75	1,75	1,75	1,75	1,75	1,75	1,75	1,75	1,75	1,75
T	K	306,4	308,3	310,1	312,0	313,9	315,7	317,6	319,4	321,3	323,2
h	kJ kg⁻¹	280,8	285,4	290,0	294,7	299,4	304,0	308,8	313,5	318,3	323,1
s	J kg⁻¹ K⁻¹	1269	1284	1299	1314	1329	1344	1359	1374	1389	1403

Zustandsänderung 3 → 4 p = konst

p	MPa	1,75	1,75	1,75	1,75	1,75	1,75	1,75	1,75	1,75	1,75
T	K	323,2	330,1	337,0	343,9	350,8	357,7	364,6	380,3	380,3	385,3
h	kJ kg⁻¹	323,1	341,0	359,4	378,1	397,2	416,8	436,9	485,3	729,0	742,6
s	J kg⁻¹ K⁻¹	1403	1459	1513	1568	1624	1679	1735	1864	2505	2541

Zustandsänderung 4 → 5

p	MPa	1,75	1,59	1,43	1,27	1,11	0,94	0,78	0,62	0,46	0,30
T	K	385,3	381,3	377,2	372,8	368,2	363,1	357,4	350,9	343,0	332,4
h_s	kJ kg⁻¹	742,6	738,8	734,4	729,5	723,7	717,0	709,0	699,0	685,9	667,3
h	kJ kg⁻¹	742,6	739,5	736,0	732,1	727,5	722,1	715,7	707,7	697,3	682,3
s	J kg⁻¹ K⁻¹	2541	2543	2545	2548	2551	2555	2560	2566	2574	2587

Zustandsänderung 5 → 6 p = konst

p	MPa	0,30	0,30	0,30	0,30	0,30	0,30	0,30	0,30	0,30	0,30
T	K	332,4	329,9	327,4	325,0	322,5	320,0	317,5	315,0	312,5	310,1
h	kJ kg⁻¹	682,3	677,6	672,8	668,1	663,3	658,6	654,0	649,3	644,7	640,0
s	J kg⁻¹ K⁻¹	2587	2572	2558	2543	2529	2514	2499	2485	2470	2455

Zustandsänderung 6 → 1 p = konst

p	MPa	0,30	0,30	0,30	0,30	0,30	0,30	0,30	0,30	0,30	0,30
T	K	310,1	310,1	310,1	310,1	310,1	310,1	310,1	310,1	305,1	305,1
h	kJ kg⁻¹	640,0	640,0	640,0	640,0	640,0	640,0	640,0	640,0	630,8	276,5
s	J kg⁻¹ K⁻¹	2455	2455	2455	2455	2455	2455	2455	2455	2425	1264

Abbildung 9.15: Excel-Berechnungsblatt Teil II für den ORC-Prozess mit n-Butan (R-600) und innerem Wärmeübertrager

folgend im Fall b) ermittelt, weshalb hier zunächst ein geeigneter Startwert für die Durchführung der weiteren Berechnungen einzugeben ist. Daraus folgen – wie im Fall a) in Beispiel 9.1 – der CARNOT-Faktor η_C unter Verwendung der Umgebungstemperatur T_U als unteres Temperaturniveau bei der Wärmeabfuhr sowie der Exergieanteil des dem Prozess von außen zugeführten Wärmestroms $\dot{Q}_\mathrm{zu}^\mathrm{E}$ mit Gleichung (3.83) und der exergetische thermische Wirkungsgrad ζ_therm mit Gleichung (3.56).

7. Im nachfolgenden Teil des Berechnungsblatts sind – weiterhin analog zum Fall a) im Beispiel 9.1 – für die exergetischen Berechnungen zunächst die thermodynamischen Mitteltemperaturen bei der Verdampfung einschließlich Überhitzung im Wärmeübertrager W1 $T_\mathrm{m,34}$ und bei der Kondensation im Wärmeübertrager W3 $T_\mathrm{m,61}$ mit Gleichung (3.91) erforderlich. Der Exergieverluststrom bei der irreversibel adiabaten Verdichtung in der Speisewasserpumpe $\dot{E}_\mathrm{V,P,12}^\mathrm{E}$ folgt aus Gleichung (3.105), die Exergieverlustströme bei der isobaren Verdampfung mit Überhitzung $\dot{E}_\mathrm{V,wue,34}^\mathrm{E}$ sowie bei der isobaren Abkühlung und Kondensation $\dot{E}_\mathrm{V,wue,61}^\mathrm{E}$ aus Gleichung (3.120) und der Exergieverluststrom bei der irreversibel adiabaten Entspannung $\dot{E}_\mathrm{V,exp,45}^\mathrm{E}$ aus Gleichung (3.114). Der Exergieverluststrom bei der isobaren inneren Wärmeübertragung im Wärmeübertrager W3 $\dot{E}_\mathrm{V,wue,2536}^\mathrm{E}$ wird mit Gleichung (3.118) berechnet. Die anteiligen Exergieverluste werden direkt durch die Division der vorstehenden Exergieverlustströme durch den Exergieanteil des dem Prozess von außen zugeführten Wärmestroms $\dot{Q}_\mathrm{zu}^\mathrm{E}$ erhalten.

8. Die Ermittlung oder Abfrage, in welchem thermodynamischen Zustand sich das Fluid jeweils befindet, wird auch hier wie im Fall a) in Beispiel 9.1 mittels der in Listing 9.1 aufgeführten UDF `Zustand_Fluid` durchgeführt. Für die Darstellung der Verläufe der Zustandsänderungen im T,s- und im $\lg p,h$-Diagramm wird die Datentabelle wie in Abb. 9.15 berechnet.

Wie zu erwarten, ergeben sich wegen des deutlich niedrigeren Temperaturniveaus bei der Wärmezufuhr im Vergleich mit Dampfkraftprozessen ein niedrigerer thermischer Wirkungsgrad η_therm, ein niedrigerer CARNOT-Faktor η_C und ebenso auch ein niedrigerer exergetischer thermischer Wirkungsgrad ζ_therm. Thermische Wirkungsgrade von ORC-Prozessen liegen typischerweise im Bereich um 10 % oder sogar darunter.

Die Verbesserung des ORC-Prozesses infolge des inneren Wärmeübertragers kann leicht ermittelt werden, indem die beiden mit der Aufgabenstellung vorgegebenen Temperaturdifferenzen nahe Null gewählt werden. Wie das Ergebnis zeigt, hat der innere Wärmeübertrager nur eine geringe Auswirkung auf die Wirkungsgrade, aber den Vorteil, dass das Fluid leicht überhitzt wird und keine Flüssigkeit in die Turbine gelangen kann. Weitere Steigerungen der Wirkungsgrade sind durch die Auswahl des Arbeitsmediums oder Kältemittels möglich, wofür Gemische in Betracht kommen.

Insgesamt liegt der Vorteil des ORC-Prozesses darin, dass die Temperaturniveaus des zu- und des abgeführten Wärmestroms relativ nahe beieinander liegen können und ein zulässiges niedriges Niveau des zugeführten Wärmestroms die Nutzung von Geothermie, Abwärmeströmen oder auch Solarthermie für die Umwandlung in elektrische Energie ermöglicht. Ist das Temperaturniveau für den Einsatz im ORC-Prozess zu niedrig und steht die Umwandlung in elektrische Energie nicht im Vordergrund, weil auch ein Wärmestrom genutzt werden kann, bietet sich alternativ ein Wärmepumpenprozess an, siehe dazu beispielhaft Abschnitt 10.3.3.

Bearbeitung der in Beispiel 9.2 im Fall b) gegebenen Aufgabenstellung
Für die Bearbeitung der Aufgabenstellung wird das Excel-Berechnungsblatt in Abb. 9.16 erstellt:

1. Im oberen Teil des Berechnungsblatts werden die Eingabeparameter für TREND vorgegeben. Die Zellen in diesem Teil erhalten am besten dieselben Namen, wie im Beispiel 2.1. Aus Platzgründen wurden Zeilen im Berechnungsblatt ausgeblendet.

2. Zunächst werden die relevanten Zustände des Arbeitsmediums n-Butan im ORC-Prozess aus dem Berechnungsblatt in Abb. 9.14 übernommen: Der konstante Druck $p_3 = p_4$, die Temperaturen T_3 und T_4 sowie die spezifischen Enthalpien h_3 und h_4, der Massenstrom $\dot{m}_{\mathrm{AM}}$ und der vom Arbeitsmedium aufzunehmende Wärmestrom $\dot{Q}_{34}$.

3. Da nach Abb. 9.13 zu erwarten ist, dass zwei mögliche Pinch-Punkte existieren und der Pinch 1 (beim Siedezustand des Arbeitsmediums) die engste Annäherung der Temperaturverläufe ergibt, bietet es sich an, die Temperaturen $T_{3'}$ und $T_{3''}$ (mit $T_{3'} = T_{3''}$) sowie die spezifischen Enthalpien $h_{3'}$ und $h_{3''}$ des siedend flüssigen bzw. des als gesättigtem Dampf vorliegenden Arbeitsmediums mit den Input Codes PLIQ bzw. PVAP zu berechnen. Daraus folgen die bis zum Pinch 1 und bis zum Zustand des gesättigten Dampfs an das Arbeitsmedium übertragenen Wärmeströme

$$\dot{Q}_{3'} = \dot{m}_{\mathrm{AM}}(h_{3'} - h_3) \quad \text{bzw.} \quad \dot{Q}_{3''} = \dot{m}_{\mathrm{AM}}(h_{3''} - h_3) \, . \tag{9.18}$$

4. In der Datentabelle sind die Daten für die Erstellung des $T, \dot{Q}$-Diagramms zu generieren. In der Zeile mit den Temperaturen wird links der Wert für T_3 und rechts der Wert für T_4 übernommen sowie weiter rechts in der Tabelle (in grüner Farbe für den Zustand der siedenden Flüssigkeit und in blau für den gesättigten Dampf) die Sättigungstemperaturen $T_{3'}$ und $T_{3''}$. Vor der Ermittlung der noch fehlenden Temperaturen erfolgt zunächst die Übernahme der weiter oben berechneten Werte für den an das Arbeitsmedium übertragenen Wärmestrom mit $\dot{Q}_{\mathrm{AM}}(T_3) = 0$ und $\dot{Q}_{\mathrm{AM}}(T_4) = \dot{Q}_{34}$ sowie $\dot{Q}_{\mathrm{AM}}(T_{3'}) = \dot{Q}_{3'}$ und $\dot{Q}_{\mathrm{AM}}(T_{3''}) = \dot{Q}_{3''}$. Die noch fehlenden Wärmeströme zwischen T_3 und $T_{3'}$ folgen aus einer berechneten äquidistanten Aufteilung der Intervalle. Für die spezifischen Enthalpien des Arbeitsmediums gelten $h_{\mathrm{AM}}(T_3) = h_3$ und $h_{\mathrm{AM}}(T_4) = h_4$ sowie $h_{\mathrm{AM}}(T_{3'}) = h_{3'}$ und $h_{\mathrm{AM}}(T_{3''}) = h_{3''}$. Die fehlenden spezifischen Enthalpien folgen von links nach rechts mit $h_{\mathrm{AM}} = h_{\mathrm{AM}}(T_3) + \dot{Q}_{\mathrm{AM}}(T)/\dot{m}_{\mathrm{AM}}$ mit den Werten für $\dot{Q}_{\mathrm{AM}}$ aus der jeweiligen Spalte und die fehlenden Temperaturen des Arbeitsmediums T_{AM} mit den Werten für h_{AM} aus der jeweiligen Spalte aus der Eingabe

```
=TRENDEOS("T";"PH";p_3;1000*h_AM;Fluids;Composition;EqTypes;
MixingRule;PathToSubModel;Unit;ShowErrorCode)
```

5. Im nächsten Bereich der Tabelle werden die Daten des Thermalwassers berechnet, wofür reines Wasser angenommen wird. Zunächst werden die mit der Aufga-

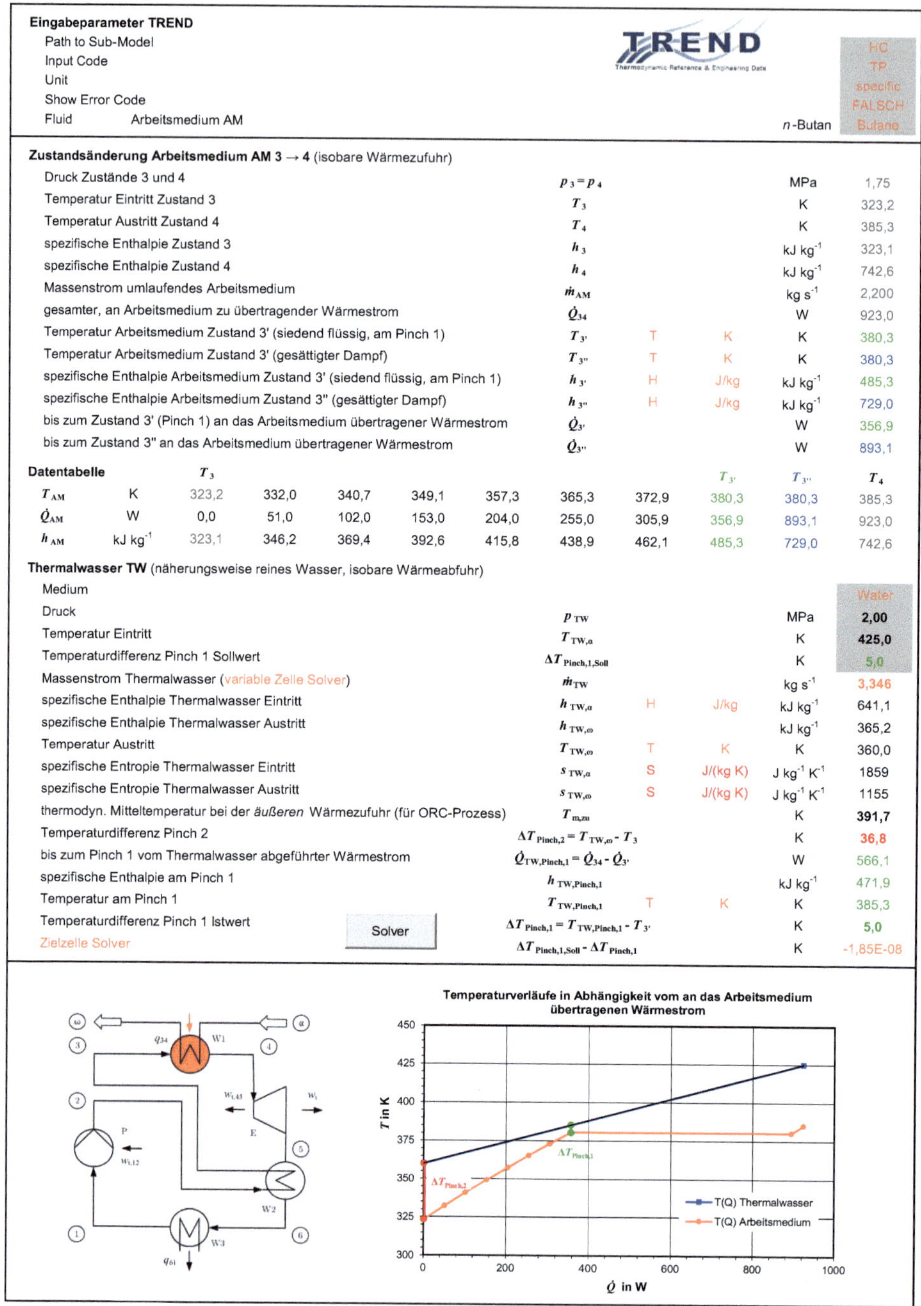

Eingabeparameter TREND

				Einheit	Wert
Path to Sub-Model					
Input Code					
Unit					
Show Error Code					
Fluid　　Arbeitsmedium AM				n-Butan	

(TREND — Thermodynamic Reference & Engineering Data)
(HC / TP / specific / FALSCH / Butane)

Zustandsänderung Arbeitsmedium AM 3 → 4 (isobare Wärmezufuhr)

Beschreibung	Formelzeichen			Einheit	Wert
Druck Zustände 3 und 4	$p_3 = p_4$			MPa	1,75
Temperatur Eintritt Zustand 3	T_3			K	323,2
Temperatur Austritt Zustand 4	T_4			K	385,3
spezifische Enthalpie Zustand 3	h_3			kJ kg^{-1}	323,1
spezifische Enthalpie Zustand 4	h_4			kJ kg^{-1}	742,6
Massenstrom umlaufendes Arbeitsmedium	$\dot{m}_{AM}$			kg s^{-1}	2,200
gesamter, an Arbeitsmedium zu übertragender Wärmestrom	$\dot{Q}_{34}$			W	923,0
Temperatur Arbeitsmedium Zustand 3' (siedend flüssig, am Pinch 1)	$T_{3'}$	T	K	K	380,3
Temperatur Arbeitsmedium Zustand 3'' (gesättigter Dampf)	$T_{3''}$	T	K	K	380,3
spezifische Enthalpie Arbeitsmedium Zustand 3' (siedend flüssig, am Pinch 1)	$h_{3'}$	H	J/kg	kJ kg^{-1}	485,3
spezifische Enthalpie Arbeitsmedium Zustand 3'' (gesättigter Dampf)	$h_{3''}$	H	J/kg	kJ kg^{-1}	729,0
bis zum Zustand 3' (Pinch 1) an das Arbeitsmedium übertragener Wärmestrom	$\dot{Q}_{3'}$			W	356,9
bis zum Zustand 3'' an das Arbeitsmedium übertragener Wärmestrom	$\dot{Q}_{3''}$			W	893,1

Datentabelle

		T_3							$T_{3'}$	$T_{3''}$	T_4
T_{AM}	K	323,2	332,0	340,7	349,1	357,3	365,3	372,9	380,3	380,3	385,3
$\dot{Q}_{AM}$	W	0,0	51,0	102,0	153,0	204,0	255,0	305,9	356,9	893,1	923,0
h_{AM}	kJ kg^{-1}	323,1	346,2	369,4	392,6	415,8	438,9	462,1	485,3	729,0	742,6

Thermalwasser TW (näherungsweise reines Wasser, isobare Wärmeabfuhr)

Beschreibung	Formelzeichen			Einheit	Wert
Medium					Water
Druck	p_{TW}			MPa	2,00
Temperatur Eintritt	$T_{TW,\alpha}$			K	425,0
Temperaturdifferenz Pinch 1 Sollwert	$\Delta T_{Pinch,1,Soll}$			K	5,0
Massenstrom Thermalwasser (variable Zelle Solver)	$\dot{m}_{TW}$			kg s^{-1}	3,346
spezifische Enthalpie Thermalwasser Eintritt	$h_{TW,\alpha}$	H	J/kg	kJ kg^{-1}	641,1
spezifische Enthalpie Thermalwasser Austritt	$h_{TW,\omega}$			kJ kg^{-1}	365,2
Temperatur Austritt	$T_{TW,\omega}$	T	K	K	360,0
spezifische Entropie Thermalwasser Eintritt	$s_{TW,\alpha}$	S	J/(kg K)	J kg^{-1} K^{-1}	1859
spezifische Entropie Thermalwasser Austritt	$s_{TW,\omega}$	S	J/(kg K)	J kg^{-1} K^{-1}	1155
thermodyn. Mitteltemperatur bei der *äußeren* Wärmezufuhr (für ORC-Prozess)	$T_{m,zu}$			K	391,7
Temperaturdifferenz Pinch 2	$\Delta T_{Pinch,2} = T_{TW,\omega} - T_3$			K	36,8
bis zum Pinch 1 vom Thermalwasser abgeführter Wärmestrom	$\dot{Q}_{TW,Pinch,1} = \dot{Q}_{34} - \dot{Q}_{3'}$			W	566,1
spezifische Enthalpie am Pinch 1	$h_{TW,Pinch,1}$			kJ kg^{-1}	471,9
Temperatur am Pinch 1	$T_{TW,Pinch,1}$	T	K	K	385,3
Temperaturdifferenz Pinch 1 Istwert	$\Delta T_{Pinch,1} = T_{TW,Pinch,1} - T_{3'}$			K	5,0
Zielzelle Solver　[Solver]	$\Delta T_{Pinch,1,Soll} - \Delta T_{Pinch,1}$			K	-1,85E-08

Abbildung 9.16: Excel-Berechnungsblatt für die Durchführung der Pinch-Analyse für den ORC-Prozess mit n-Butan (R-600) und innerem Wärmeübertrager

benstellung gegebenen Daten eingetragen. Die Zelle für den Massenstrom des Thermalwassers bildet die variable Zelle für die Verwendung des Solvers und erhält den Namen `Startwert_dot_m_TW`. Dort wird ein geeigneter Startwert eingetragen.

6. Es folgt die Berechnung der spezifischen Enthalpie des Thermalwassers am Eintritt $h_{\mathrm{TW},\alpha}$ unter Verwendung von TREND. Durch Aufstellung der Energiebilanz um den Wärmeübertrager W1 gemäß Abb. 9.12

$$\dot{m}_3 h_3 + \dot{m}_{\mathrm{TW},\alpha} h_{\mathrm{TW},\alpha} = \dot{m}_4 h_4 + \dot{m}_{\mathrm{TW},\omega} h_{\mathrm{TW},\omega} \tag{9.19}$$

mit $\dot{m}_3 = \dot{m}_4 = \dot{m}_{\mathrm{AM}}$ sowie $\dot{m}_{\mathrm{TW},\alpha} = \dot{m}_{\mathrm{TW},\omega} = \dot{m}_{\mathrm{TW}}$ lässt sich die spezifische Energie des Thermalwassers am Austritt zu

$$h_{\mathrm{TW},\omega} = h_{\mathrm{TW},\alpha} + \frac{\dot{m}_{\mathrm{AM}}}{\dot{m}_{\mathrm{TW}}}(h_3 - h_4) \tag{9.20}$$

berechnen. Daraus folgen die Austrittstemperatur $T_{\mathrm{TW},\omega}$ des Thermalwassers über den Input Code PH, die spezifischen Entropien $s_{\mathrm{TW},\alpha}$ und $s_{\mathrm{TW},\omega}$ sowie die thermodynamische Mitteltemperatur des Thermalwassers $T_{\mathrm{m,zu}}$ bei der äußeren Wärmezufuhr zum ORC-Prozess mit Gleichung (3.91). Dieser Wert kann nun für die Berechnungen zum Fall a) übernommen werden.

7. Die Temperaturdifferenz am Pinch 2, also am Eintritt des Arbeitsmediums in den Wärmeübertrager W1 folgt aus $\Delta T_{\mathrm{Pinch},2} = T_{\mathrm{TW},\omega} - T_3$ und der bis zum Pinch 1 vom Thermalwasser abgeführte Wärmestrom aus $\dot{Q}_{\mathrm{TW,Pinch},2} = \dot{Q}_{34} - \dot{Q}_{3'}$. Mit der Energiebilanz um das Thermalwasser im Wärmeübertrager W1 bis zum Pinch 1

$$\dot{m}_{\mathrm{TW}} h_{\mathrm{TW},\alpha} = \dot{Q}_{3'} + \dot{m}_{\mathrm{TW}} h_{\mathrm{Pinch},1} \tag{9.21}$$

folgt die spezifische Enthalpie des Thermalwassers am Pinch 1

$$h_{\mathrm{Pinch},1} = h_{\mathrm{TW},\alpha} - \frac{\dot{Q}_{3'}}{\dot{m}_{\mathrm{TW}}} \tag{9.22}$$

und daraus über den Input Code PH die Temperatur des Thermalwassers am Pinch 1 $T_{\mathrm{Pinch},1}$. Der Istwert der Temperaturdifferenz am Pinch 1 wird mit $\Delta T_{\mathrm{Pinch},1} = T_{\mathrm{TW,Pinch},1} - T_{3'}$ berechnet.

8. Die Aktivierung des Solvers erfolgt – wie bereits in Abschnitt 2.2 beschrieben – über die Registerkarte | Entwicklertools 》 Add-Ins 》 Excel-Add-Ins |. In der Zielzelle für den Solver wird die Abweichung zwischen dem vorgegebenen Sollwert der Temperaturdifferenz am Pinch 1 und dem Istwert der Temperaturdifferenz $\Delta T_{\mathrm{Pinch},1,\mathrm{Soll}} - \Delta T_{\mathrm{Pinch},1}$ berechnet. Zur Berechnung des gesuchten Massenstroms des Thermalwassers durch Minimierung dieser Differenz soll der Solver über eine Befehlsschaltfläche aufgerufen werden. Dazu wird unter der Registerkarte | Entwicklertools | die Schaltfläche | Einfügen 》 Befehlsschaltfläche (ActiveX-Steuerelement) | ausgewählt, wobei automatisch der Entwurfsmodus aktiviert ist, und mit dem

Cursor im Arbeitsblatt ein Rechteck aufgezogen. Der auszuführende Visual Basic for Applications (VBA)-Code kann entweder nach einem Doppelklick auf die Schaltfläche oder nach einem Rechtsklick darauf und Wahl von $\boxed{\text{Code anzeigen}}$ an der aktuellen Cursorposition eingegeben werden:

```
Private Sub Solver_Click()

    SolverOk SetCell:="Zielzelle_Solver", MaxMinVal:=3, ValueOf:=0, _
    ByChange:="Startwert_dot_m_TW", Engine:=1, EngineDesc:="GRG Nonlinear"
    SolverSolve

End Sub
```

Die Bearbeitung der Schaltfläche ist nur möglich, wenn der $\boxed{\text{Entwurfsmodus}}$ auf der Registerkarte $\boxed{\text{Entwicklertools}}$ aktiviert ist. Eine Änderung der Beschriftung der Schaltfläche ist nach Rechtsklick und Aktivieren von $\boxed{\text{Eigenschaften}}$ unter $\boxed{\text{Caption}}$ möglich. Weitere Informationen zu Makros in Excel oder z. B. zur sehr hilfreichen automatischen Aufzeichnung von Makros (wie im Listing) siehe den Abschnitt 2.2 „Grundlagen und Tipps zu VBA" in [53].

Durch Anwendung des Solvers wird der Wert in der Zielzelle minimiert und dadurch der Istwert für die Temperatur am Pinch 1 $\Delta T_{\text{Pinch},1}$ durch Variation des Massenstroms des Thermalwassers an den Sollwert angepasst.

Die Nutzung von tiefer Geothermie im Temperaturbereich von 100 °C bis 200 °C ist technisch möglich, aber aufgrund des begrenzten Wirkungsgrads des ORC-Prozesses und des hohen Aufwandes zur Erschließung wirtschaftlich nur in wenigen Fällen sinnvoll. In den mitteleuropäischen Regionen ist die oberflächennahe Geothermie mit Wärmepumpen oft die effizientere und flexiblere Lösung, da sie eine breite Anwendung ermöglicht und weniger auf spezifische geologische Gegebenheiten angewiesen ist, siehe dazu das Beispiel in Abschnitt 10.3.3.

10 Heizen mit Wärmepumpen

Mitautor: TOLGA GEZER (Abschnitt 10.3.3)

Zielsetzung

Einführende Behandlung der Methoden für die Bereitstellung von Wärme zum Heizen und für industrielle Prozesse. Behandlung der unterschiedlichen Wärmepumpensysteme, der Kältemittel und der Kompressoren sowie der thermodynamischen Grundlagen für die Berechnung von Wärmepumpen. Simulation einer Wärmepumpe im Mobilitätsbereich, einer Luft-Wasser-Wärmepumpe im Gebäudebereich auf Basis von Verbrauchsmessungen und Simulation des Einsatzes einer Wärmepumpe in der Prozessindustrie unter Nutzung von Geothermie.

Empfohlene Literatur

Technische Thermodynamik von HERWIG, KAUTZ und MOSCHALLSKI [76], *Thermodynamik* von BAEHR und KABELAC [9], *Kältetechnik für Ingenieure* von MAURER [102], *Wärmepumpenheizungen* von GLAESMANN [62], VDI-Richtlinie *Anwendung von Großwärmepumpen* [142].

Berechnungsbeispiele in Excel

- Einsatz einer Wärmepumpe im Mobilitätsbereich (Abb. 10.6 und 10.7).

- Einsatz einer Luft-Wasser-Wärmepumpe im Gebäudebereich (Abb. 10.10 bis 10.12).

- Ermittlung der erforderlichen Heizleistung einer Wärmepumpe für ein Bestandsgebäude auf Basis des bisherigen Gasverbrauchs (Abb. 10.13).

- Einsatz einer Wärmepumpe in der Prozessindustrie unter Nutzung von Geothermie (Abb. 10.15 bis 10.18).

10.1 Grundlagen zu Wärmepumpen

In diesem Kapitel wird ausschließlich auf Kompressions-Wärmepumpen, genauer auf elektrisch angetriebene Kompressions-Wärmepumpen mit geschlossenem Kältemittelkreislauf eingegangen, im folgenden vereinfacht als Wärmepumpen bezeichnet, siehe dazu die einleitenden Abschnitte 3.3 und 3.4. Weitere, hier nicht behandelte Bauarten von Wärmepumpen sind Adsorptions- oder Absorptionswärmepumpen sowie Wärmepumpen mit mechanischer Dampfkompression oder thermischer Brüdenkompression [6, 7].

Die Wärmeversorgung von Gebäuden (zur Beheizung einschließlich der Bereitung von Warmwasser) oder von industriellen Prozessen sind Kernthemen auf dem Weg zur Klimaneutralität, wobei die Anforderungen in den einzelnen Bereichen sehr unterschiedlich sind. Dazu in den nachfolgenden Absätzen ein kurzer Systemvergleich.

Nach [131] wird die Nutzung von Solarenergie im Gebäudebereich in passive und aktive Systeme unterteilt. Aktive solarthermische Systeme nutzen beispielsweise Flachkollektoren oder Vakuumröhrenkollektoren zur Absorption der Solarstrahlung und zur Erwärmung eines Wärmeträgermediums. Dieses wird mithilfe einer Pumpe in einem Kreislaufsystem transportiert, das in der Regel mit einem Speichersystem ausgestattet ist und über Flächenheizungen Wärme für die Beheizung bereitstellt. Passive solarthermische Systeme hingegen machen sich die Solarenergie ausschließlich durch bauliche Maßnahmen zunutze.

Gebäude können dezentral beheizt oder an Nah- oder Fernwärmenetze angeschlossen werden:

- Bei dezentralen Beheizungen kommen zukünftig – neben der passiven Nutzung der Solarenergie – aktive solarthermische Systeme und im Wesentlichen Wärmepumpen (in Kopplung mit Belüftungssystemen) in Betracht. Für hinreichend gedämmte Gebäude und beim Einsatz von Flächenheizungen sind Wärmeströme auf relativ niedrigen Temperaturniveaus erforderlich, die Vorlauftemperaturen in den Beheizungssystemen von $30\,°C$ bis $40\,°C$ bis maximal etwa $55\,°C$ ermöglichen.

- In Nah- oder Fernwärmenetzen sind Temperaturniveaus von etwa $70\,°C$ bis $90\,°C$ üblich, die saisonal durch die aktive Solarthermie oder durch den Einsatz sog. Großwärmepumpen erreicht werden können.

Bei der Versorgung von industriellen Prozessen mit klimaneutraler Prozesswärme sind die sehr unterschiedlichen und oft deutlich höheren Temperaturniveaus zu beachten, die ggf. weitere technische Systeme erfordern:

- Bereitstellung eines Wärmestroms aus aktiver Solarthermie. Die erreichbaren Temperaturniveaus solarthermischer Systeme sind abhängig von den Kollektortypen und reichen z. B. bei Flachkollektoren von $30\,°C$ bis $120\,°C$, bei Vakuumröhrenkollektoren von $50\,°C$ bis $150\,°C$ und bei Parabolrinnenkollektoren von $120\,°C$ bis $400\,°C$ [131]. Zu beachten sind die sehr stark von der Jahreszeit abhängigen Leistungen der Anlagen.

- Bereitstellung eines Wärmestroms aus einem Wärmepumpenprozess. Temperaturniveau bis ca. $200\,°C$.

- Direktelektrische Beheizung mit Widerstandsheizungen. Temperaturniveau bis über $1000\,°C$.

- Verbrennungssysteme unter Nutzung von z. B. Biogas oder grünem, elektrolytisch erzeugtem Wasserstoff oder auch von synthetisch erzeugtem Ammoniak, Methan oder Methanol. Temperaturniveau abhängig vom Brennstoff, vom Oxidationsmittel (Luft oder Sauerstoff) sowie vom Luft- oder Sauerstoffverhältnis.

Die beschriebenen technischen Systeme sind alle grundsätzlich verfügbar und technisch ausgereift. Die direktelektrische Beheizung wird beispielhaft in Abschnitt 12.1 und die Verbrennung in Kapitel 4 behandelt.

Wärmepumpen für die Beheizung von Gebäuden und die Versorgung industrieller Prozesse nehmen Wärmeströme auf einem unteren Temperaturniveau auf, die aus der Luft, aus Wasser oder aus dem „Untergrund" stammen, siehe dazu die nachfolgende

Einteilung der Systeme. Für größere Einheiten von Gebäuden oder für industrielle Prozesse kommen außerdem weitere Energiequellen in Betracht, siehe nachfolgend. Direktelektrische Beheizungen haben den Vorteil niedrigerer Investitionskosten und können ebenfalls aus Erneuerbaren Energien aus z. B. PV- oder Windkraftanlagen versorgt werden, sind aber – wie in den nachfolgenden Abschnitten gezeigt wird – deutlich weniger effizient als elektrisch angetriebene Wärmepumpen (siehe dazu das Beispiel 3.2 in Abschnitt 3.2).

Einteilung der Wärmepumpensysteme

Wärmepumpensysteme lassen sich nach den Quellen und den Senken für die Wärmeströme einteilen [146]:

- Luft-Wasser-Wärmepumpen (siehe die Beispiele 10.2 und 10.3) nehmen einen Wärmestrom aus der umgebenden Luft auf und führen einen Wärmestrom an das Wärmeträgermedium Wasser im System der Beheizung ab, Luft-Luft-Wärmepumpen (siehe Beispiel 10.1) dagegen führen einen Wärmestrom direkt an die Raumluft ab.

- Wasser-Wasser-Wärmepumpen nehmen einen Wärmestrom aus z. B. einem Fluss oder einem Teich auf und führen einen Wärmestrom an das Wärmeträgermedium Wasser im System der Beheizung ab, Wasser-Luft-Wärmepumpen dagegen führen einen Wärmestrom direkt an die Raumluft ab.

- Erdreich-Wasser-Wärmepumpen – möglich sind auch Bohrungen in festes Gestein – nehmen einen Wärmestrom aus dem Primärkreislauf oder durch Wärmerohre[1] auf und führen einen Wärmestrom an das Wärmeträgermedium Wasser im System der Beheizung ab, Erdreich-Luft-Wärmepumpen dagegen führen einen Wärmestrom direkt an die Raumluft ab.

- Wärmepumpen können auch über Abwärmeströme aus Abwasser, Abluft oder Geothermie (siehe Abschnitt 10.3.3) versorgt werden.

Kältemittel für Wärmepumpen und Kältemaschinen

Die umlaufenden Arbeitsmedien in Wärmepumpen, Kältemaschinen (siehe Kapitel 11) oder auch in ORC-Prozessen (siehe Kapitel 9) werden üblicherweise als Kältemittel bezeichnet. Den thermophysikalischen Eigenschaften der Kältemittel kommt für die Funktion der Kreisprozesse eine besondere Bedeutung zu, damit optimale Bedingungen für die Prozesse vorliegen. Anforderungen an Kältemittel [9]:

- Die Temperatur bei der Verdampfung sollte deutlich höher sein, als die Tripelpunkttemperatur, damit das Gefrieren des Kältemittels vermieden wird.

- Der Dampfdruck im Verdampfer muss leicht über dem Umgebungsdruck liegen, um ein Eindringen von Luft in den Prozess sicher zu vermeiden.

- Der erforderliche Dampfdruck im Verdampfer sollte nicht zu hoch sein, um den Aufwand insbesondere für die Rohrleitungen und den Kompressor möglichst gering zu halten.

---

[1]Wärmerohre sind geschlossene Kreislaufsysteme, in denen eine Flüssigkeit unter Wärmeaufnahme verdampft und unter Wärmeabgabe wieder kondensiert wird.

- Der kritische Punkt des Kältemittels sollte weit genug vom Zustand im Kondensator entfernt sein.

- Das spezifische Volumen im Ansaugzustand sollte möglichst klein und die spezifische Verdampfungsenthalpie möglichst groß sein, um eine möglichst hohe volumetrische Kälteleistung zu erzielen.

- Kältemittel sollen möglichst nicht brennbar oder explosiv, nicht gesundheitsschädlich sowie ökologisch unbedenklich sein (siehe nachfolgend) und eine gute Verträglichkeit mit dem verwendeten Werkstoffen sowie eine niedrige Viskosität im flüssigen Zustand aufweisen.

Als Kältemittel kommen natürliche oder synthetische Fluide in Frage. Besonders die synthetischen Kältemittel sind weit verbreitet und sie selbst oder ihre Abbauprodukte besitzen teilweise ein hohes Treibhauspotenzial (Global Warming Potential, GWP). Das Treibhauspotenzial erfasst den relativen Beitrag eines Gases im Vergleich zur gleichen Masse an CO_2. Die bis in die 1990er Jahre verwendeten Fluorchlorkohlenwasserstoffe FCKW schädigen die Ozonschicht der Atmosphäre und sind in Deutschland seit 1995 verboten. Die als Ersatz für die FCKW eingeführten teilhalogenierten Fluorkohlenwasserstoffe HFKW weisen noch ein hohes Treibhauspotenzial auf. Deshalb werden mehrere HFKW bis zum Jahr 2030 verboten, wie z. B. das früher in PKW häufig verwendete und für den Einsatz in neuen PKW nicht mehr zulässige Kältemittel R-134a. Das „Ersatz"-Kältemittel R-1234yf aus der Gruppe der Hydro-Fluor-Olefine HFO – ein „Low-GWP-Kältemittel" – mit einem GWP-Wert von 1 ist leider brennbar [80]. In stationären Wärmepumpen wird noch häufig das Kältemittel R-410a verwendet – ein Gemisch aus R-32 und R-125 – mit einem relativ hohen GWP-Wert, der sich aus den anteiligen GWP-Werten ergibt (siehe Abb. 10.1).

Gemäß der aktuellen F-Gase-Verordnung (EU) Nr. 517/2014 [22] soll die Menge der F-Gase in Europa bis 2030 stufenweise gesenkt werden, weshalb auch bereits R-410a nicht mehr in Verkehr gebracht, aber noch nachgefüllt werden darf. Als Ersatz in bestehenden Anlagen bietet sich R-448a mit einem moderaten GWP-Wert an [80, 140]. Thermophysikalische Stoffwerte gebräuchlicher Kältemittel sind in [56] zu finden. Eine Zusammenstellung der wichtigsten Eigenschaften ausgewählter Kältemittel ist in Abb. 10.1 aufgeführt. Die Benennung der Kältemittel erfolgt nach DIN 8960 [37] durch den Buchstaben „R" für „Refrigerant" und zumeist drei oder auch zwei oder vier Ziffern und teilweise angehängten Buchstaben.

Als Alternativen auch zu den teilhalogenierten Fluorkohlenwasserstoffen HFKW und den Hydro-Fluor-Olefinen HFO bieten sich die in Abb. 10.1 aufgeführten sog. natürlichen Kältemittel wie z. B. Propan (R-290) oder n-Butan (R-600) an, die nicht ozonschädlich, klimaschädlich oder giftig, dafür aber ebenfalls brennbar sind. Ammoniak (R-717) hat interessante thermodynamische Eigenschaften, ist aber giftig, brennbar und korrosiv. In stationären Anlagen und im Mobilitätsbereich wird deutlich zunehmend das Kältemittel CO_2 (R-744) eingesetzt. Es hat definitionsgemäß einen GWP-Wert von 1 und ist nicht brennbar, erfordert aber hohe Betriebsdrücke [80, 140].

Kompressoren als zentrale Bauteile für Wärmepumpen und Kältemaschinen
Zentrale Bauteile von Wärmepumpen und Kältemaschinen und in der Regel auch die teuersten Komponenten sind die Kompressoren, die das Kältemittel im Prozess

Klasse	Kältemittel	Chemische Bezeichnung	Summen-formel	T_{kr} / K	p_{kr} / MPa	GWP AR5	GWP AR6	GWP F-Gas-VO	Brenn-barkeit
HFKW	R-134a	1,1,1,2-Tetrafluorethan	$C_2H_2F_4$	374,21	4,059	1549	1530	1430	nein
HFKW	R-410a	50 % R-32 Difluormethan, 50 % R-125 Pentafluorethan	R-32 CH_2F_2, R-125 CHF_2CF_3	344,49	4,901	2254	2256	2088	nein
HFO	R-1234yf	2,3,3,3-Tetrafluorpropen	$C_3H_2F_4$	367,85	3,382	< 1	0,501	0,501	ja
natürlich	R-290	Propan	C_3H_8	369,89	4,251		0,02	0,02	ja
natürlich	R-600	n-Butan	C_4H_{10}	425,13	3,796		0,006	0,006	ja
natürlich	R-717	Ammoniak	NH_3	405,56	11,36	0	0	0	ja
natürlich	R-718	Wasser	H_2O	647,10	22,06	0	0	0	nein
natürlich	R-744	Kohlendioxid	CO_2	304,13	7,377	1	1	1	nein

Abbildung 10.1: Eigenschaften ausgewählter Kältemittel (nach [37, 140]). Kritische Daten mit TREND [126]. GWP AR5: Fünfter Sachstandsbericht IPCC 2013 [108], GWP AR6: Sechster Sachstandsbericht IPCC 2021 [124], GWP F-Gas-VO: Verordnung (EU) 2024/573 über fluorierte Treibhausgase [22].

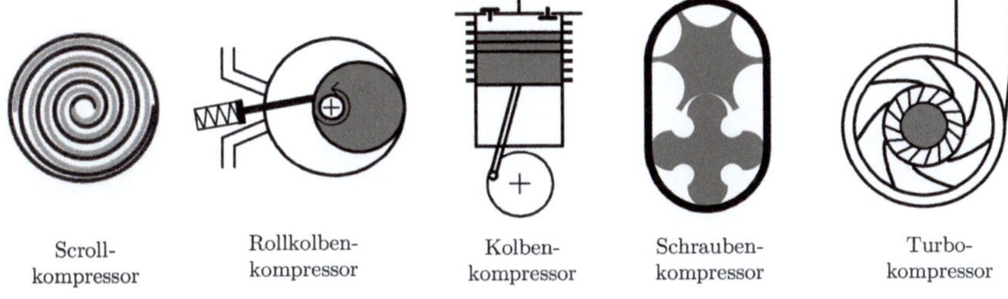

Abbildung 10.2: Schematische Darstellung der Bauarten von Kompressoren für Wärmepumpen und Kältemaschinen

verdichten. Dabei kommen die in Abb. 10.2 dargestellten Bauarten zum Einsatz, die entweder auf dem Verdrängerprinzip (Scroll-, Kolben- und Schraubenkompressor) oder auf dem Strömungsprinzip (Turbokompressor) basieren, siehe dazu [102]. Über die Verdichtung werden die Druck- und Temperaturniveaus vorgegeben, woraus die Leistungsfähigkeit des Prozesses folgt. Für Großwärmepumpen (ab 500 kW) kommen teils mehrstufige Hubkolbenkompressoren, Hochdruckschraubenkompressoren oder Turbokompressoren zum Einsatz [6, 7]:

- Scrollkompressoren sind in kleineren Einheiten z. B. für die Beheizung von Gebäuden der Standard. Sie bestehen aus zwei ineinander verschachtelten Spiralen, die durch ihre gegenläufige Bewegung verdichten. Vorteile sind der günstige Preis und die relativ hohe Laufruhe.

- Rollkolbenkompressoren oder Rotationskompressoren werden z. B. bei Kühl- oder Gefrierschränken und auch bei der Beheizung von Gebäuden eingesetzt, teilweise auch als Doppelrollkolbenkompressoren für etwas höhere Druckverhältnisse. Sie bestehen aus einem exzentrisch gelagerten Rotor und einem federbelasteten Trennschieber.

- Hubkolbenkompressoren eignen sich eher für kleinere Großwärmepumpen. Mit

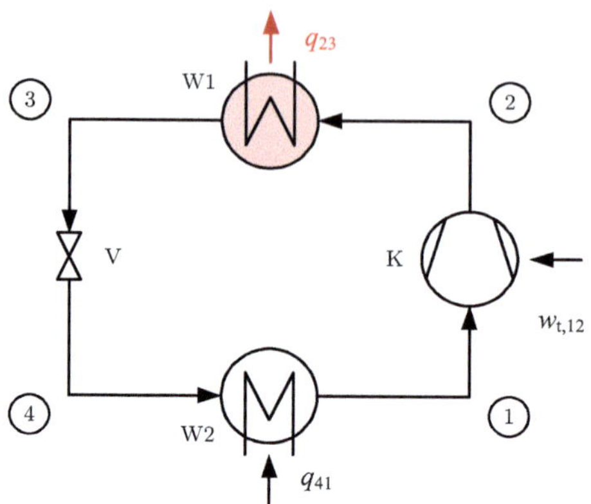

Abbildung 10.3: Fließschema für den einfachen Wärmepumpenprozess

ihnen lassen sich sehr hohe Drücke und damit große zu überbrückende Temperaturdifferenzen auch im Teillastbetrieb realisieren.

- Hochdruckschraubenkompressoren sind für höhere Leistungen geeignet, bieten die Vorteile der guten Kühlbarkeit und zeichnen sich durch Wartungsarmut bei hoher Lebensdauer sowie ölfreie Lagerungen aus.

- Turbokompressoren sind für höchste Leistungen bis in den zweistelligen Megawattbereich geeignet, haben den Nachteil einer relativ geringen Druckerhöhung je Stufe und den Vorteil der ölfreien Lagerung.

Nach [2] kommt der dynamischen Anpassung von Großwärmepumpen an den Bedarf sowie an den Strompreis – und damit insbesondere den Kompressoren – eine hohe Bedeutung zu. Dadurch können wärme- oder stromgeführte Betriebsweisen gemäß Abschnitt 5.1 erforderlich werden, was wiederum eine hohe Teillastfähigkeit sowie schnelle Lastwechsel der Systeme voraussetzt. Zukünftige Höchsttemperaturanwendungen erfordern zudem Weiterentwicklungen der Kompressoren, insbesondere in Bezug auf die Kühlung und die Temperaturbeständigkeit der Bauteile.

10.2 Kompressions-Wärmepumpen

Wie bereits in Abschnitt 3.4 beschrieben und im Fließschema in Abb. 10.3 dargestellt, wird in einer Wärmepumpe in einem linksläufigen – zeitlich stationär angenommenen – Kreisprozess als Aufwand über den Kompressor K die Leistung

$$P_{\mathrm{WP}} = P_{\mathrm{t},12} = \dot{m}\,w_{\mathrm{t},12} = \dot{m}(h_2 - h_1) \tag{10.1}$$

zugeführt und anschließend vom Wärmeübertrager W1 als Zielgröße der Wärmestrom

$$\dot{Q}_{\mathrm{H}} = \dot{Q}_{23} = \dot{m}\,q_{23} = \dot{m}(h_3 - h_2) \tag{10.2}$$

auf dem oberen Temperaturniveau T_H für Heizzwecke bereitgestellt. $\dot{m}$ steht für den Massenstrom des umlaufenden Arbeitsmediums oder Kältemittels. Die Drosselung im Ventil oder der Drossel V erfolgt isenthalp mit $h_3 = h_4 = \text{konst}$ und ohne eine Umwandlung in eine spezifische Arbeit oder Leistung. Vom Verdampfer W2 wird der Wärmestrom

$$\dot{Q}_U = \dot{Q}_{41} = \dot{m}\, q_{41} = \dot{m}(h_1 - h_4) = \dot{m}(h_1 - h_3) \tag{10.3}$$

auf dem unteren Temperaturniveau T_U vom Prozess aufgenommen, siehe Abschnitt 3.4. Bei überkritischen Prozessen ist grundsätzlich anstatt einer Drossel eine Expansionsmaschine mit dem Vorteil der Steigerung der Effizienz einsetzbar, die sich aber erst bei Großwärmepumpen lohnt, siehe dazu den Einsatz einer Expansionsmaschine in Abschnitt 12.3.

Für die Bewertung des Prozesses dienen die Wärmepumpen-Leistungszahl oder auch der Coefficient of Performance COP

$$\varepsilon_{WP} = \frac{-\dot{Q}_H}{P_{WP}} > 1 \tag{10.4}$$

und der exergetische Wirkungsgrad

$$\zeta_{WP} = \frac{-\dot{Q}_H^E}{P_{WP}} = \eta_C\, \varepsilon_{WP} \leq 1 \quad \text{mit} \quad \dot{Q}_H^E = \eta_C\, \dot{Q}_H = \left(1 - \frac{T_U}{T_H}\right) \dot{Q}_H\,, \tag{10.5}$$

siehe dazu die Gleichungen (3.83) und (3.125) [9, 73, 76].

Wie im Exergie-Anergie-Flussbild einer Wärmepumpe in Abb. 10.4 dargestellt – siehe dazu auch die Erläuterungen in Abschnitt 3.3 – wird von der Wärmepumpe der Wärmestrom $\dot{Q}_H$ auf dem oberen Temperaturniveau T_H bereitgestellt, um z. B. für einen stationären Heizfall die am zu beheizenden System auftretenden Wärmeverluste zu kompensieren. Der Heizwärmestrom hat den in den Gleichungen (3.125) und (10.5) beschriebenen Exergiestromanteil $\dot{Q}_H^E$, siehe Abb. 3.14. Bei den nachfolgenden Beispielen dieses Kapitels werden deshalb die *beim Wärmedurchgang* in den Kreisprozess auftretenden Exergieverluste beim Kreisprozess selbst berücksichtigt, analog zum Dampfkraftprozess und zum ORC-Prozess in Kapitel 9. Als erforderlicher Exergiestrom wird dem Prozess die Leistung P_{WP}, die aus reiner Exergie besteht, zugeführt, siehe dazu Abb. 10.4. Im realen, irreversiblen Prozess muss infolge des durch Dissipation auftretenden Exergieverlusts die zugeführte Leistung größer sein, als der Exergiestromanteil des Heizwärmestroms, damit ein gleich großer Heizwärmestrom bereitgestellt werden kann. Dadurch ist der von der Wärmepumpe aus der Umgebung als reine Anergie aufgenommene Wärmestrom $\dot{Q}_U$ kleiner, als im reversiblen Fall. Beim irreversiblen Prozess kommt es zu einer Entropieproduktion und damit zu einem Exergieverlust mit einer Energieentwertung.[9, 73, 76]

Vereinfachte Betrachtung eines Wärmepumpen-Kreisprozesses

Abbildung 10.5 enthält einen beispielhaften, sog. überkritischen oder transkritischen Wärmepumpenprozess entsprechend der Darstellung in Abb. 10.3. Vom Zustand 1 aus erfolgt die irreversible, nichtisentrope Verdichtung im Kompressor und anschließend die

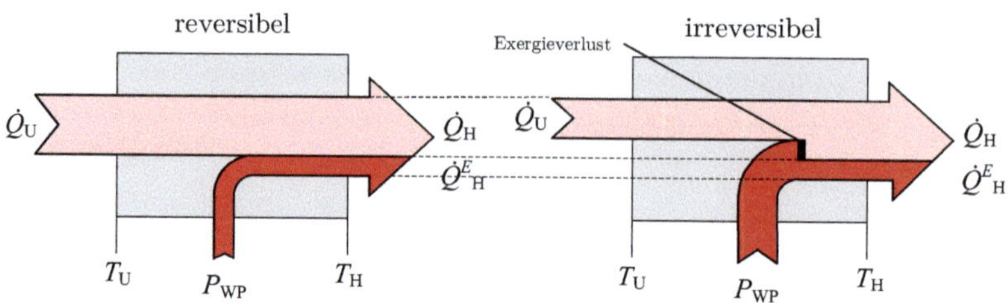

Abbildung 10.4: Exergie-Anergie-Flussbild einer Wärmepumpe zwischen den Temperaturniveaus T_U und T_H (dunkle Pfeile: Exergie; helle Pfeile: Anergie) (nach [73, 76])

isobare, überkritische Abkühlung (oberhalb des Nassdampfgebiets und damit ohne eine Kondensation). Vom überkritischen Zustand 3 aus wird das Kältemittel isenthalp bis zum Zustand 4 im Nassdampfgebiet gedrosselt und anschließend isobar und isotherm bis zum Zustand $1 = 1''$ auf der Taulinie verdampft.

Die Annahme, dass in den Wärmeübertragern eine isobare Zustandsänderung abläuft, kommt der Realität einigermaßen nahe, da die Druckverluste in diesen Bauteilen nicht sehr hoch sind. Das gilt ebenso für die verbindenden Rohrleitungen. Wärmeverluste an den Bauteilen werden hier ebenfalls vernachlässigt.

10.3 Wärmepumpen-Heizsysteme

In den folgenden Abschnitten werden verschiedene Anwendungen von Kompressions-Wärmepumpen vorgestellt.

10.3.1 Einsatz einer Wärmepumpe im Mobilitätsbereich

Beispiel 10.1

Der Betrieb eines Elektrofahrzeugs erfordert bei niedrigen Außentemperaturen die Beheizung des Fahrgastraumes und insbesondere auch der Fahrzeugbatterie, damit ein schnelles Erreichen der Betriebstemperatur der Batterie als Maßnahme gegen vorzeitiges Altern ermöglicht wird. Dafür kommt eine Kompressions-Wärmepumpe mit dem natürlichen Kältemittel Kohlendioxid (R-744) zum Einsatz. Nach der isobaren Wärmezufuhr für die Verdampfung des Kältemittels bei einem Druck von 30 bar wird der Sättigungszustand 1 auf der Taulinie erreicht und anschließend mit einem isentropen Gütegrad $\eta_{s,\mathrm{verd}} = 70\,\%$ bis auf den Zustand 2 bei 100 bar verdichtet. Auf diesem Druckniveau erfolgt die isobare, überkritische Wärmeabfuhr bis auf den Zustand 3 bei 25 °C und die isenthalpe Expansion bis zum Zustand 4. Die Umgebungsluft hat eine Temperatur von 0 °C und der Massenstrom des umlaufenden Kältemittels beträgt $0{,}040\,\mathrm{kg\,s^{-1}}$. Das Temperaturniveau der mittels der Wärmepumpe erwärmten Umgebungsluft wird mit 15 K über der Temperatur des Zustands 3 angenom-

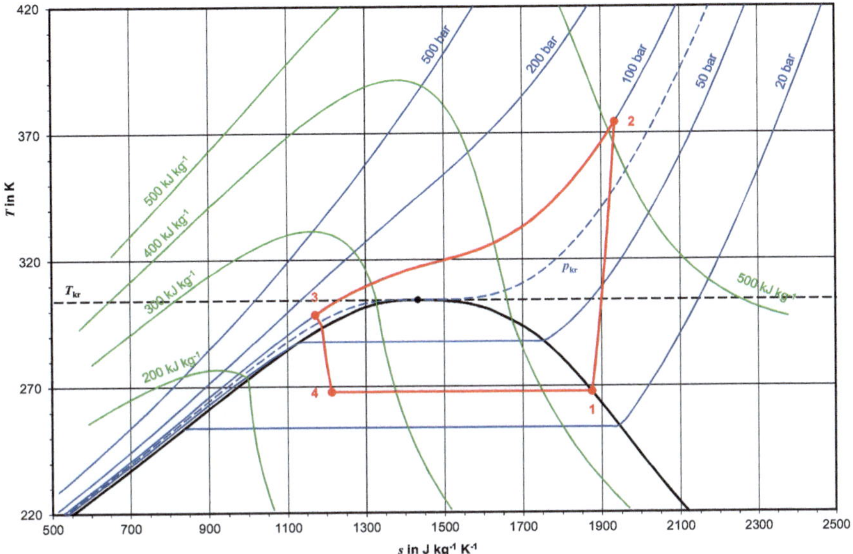

Abbildung 10.5: Überkritischer Wärmepumpenprozess mit CO_2 im T, s-Diagramm

men. Zu berechnen sind u. a. die zu- und die abgeführten Wärmeströme, die erforderliche Leistung des Verdichters, die Leistungszahl und der exergetische Wirkungsgrad der Wärmepumpe sowie die Exergieverluste der Bauteile. Der Prozess ist im T, s- und im $\lg p, h$-Diagramm darzustellen. (Ergebnisse in den Excel-Berechnungsblättern in den Abb. 10.6 und 10.7.)

Kohlendioxid bietet sich wegen seiner Nichtbrennbarkeit im Mobilitätsbereich als Kältemittel anstatt z. B. des brennbaren Kältemittels R-1234yf an, gerade auch wegen der insgesamt erforderlichen höheren Massen für die Verwendung in Großraumlimousinen oder SUVs (Sport Utility Vehicles), erfordert jedoch relativ hohe Betriebsdrücke. Wegen der unvermeidbaren Emissionen der über die Wellenabdichtungen offenen Kompressoren und der Schlauchverbindungen sind Kältemittel mit niedrigem GWP-Wert im Mobilitätsbereich grundsätzlich zu bevorzugen [102].

Bearbeitung der in Beispiel 10.1 gegebenen Aufgabenstellung
Für die Bearbeitung der Aufgabenstellung gemäß Beispiel 10.1 wird das Excel-Berechnungsblatt in den Abb. 10.6 und 10.7 erstellt:

1. Im oberen Teil des Berechnungsblatts werden die Eingabeparameter für TREND vorgegeben. Die Zellen in diesem Teil erhalten am besten dieselben Namen, wie im Beispiel 2.1. Aus Platzgründen wurden Zeilen im Berechnungsblatt ausgeblendet. Etwas weiter unten werden die mit der Aufgabenstellung gegebenen Daten eingegeben.

Eingabeparameter TREND					
Path to Sub-Model					HC
Input Code					TP
Unit					specific
Show Error Code					FALSCH
Fluid					CO2
kritische Temperatur	T_{kr}	Tcrit	K	K	304,13
kritischer Druck	p_{kr}	pcrit	MPa	bar	73,773
isentroper Gütegrad Verdichtung	$\eta_{s,verd}$			1	**0,70**
Massenstrom umlaufendes Kältemittel	$\dot{m}$			kg s^{-1}	**0,040**
Temperatur der Umgebung	T_U			K	**273,15**
Zustand 1 gesättigter Dampf		CalcType	Unit		
Druck	$p_{1''}$			MPa	**3,00**
Temperatur	$T_{1''}$	T	K	K	267,6
spezifische Enthalpie	$h_{1''}$	H	J/kg	kJ kg^{-1}	433,6
spezifische Entropie	$s_{1''}$	S	J/(kg K)	J kg^{-1} K^{-1}	1875
Zustand 2 überkritisch					
Druck	p_2			MPa	**10,00**
Temperatur	T_2	T	K	K	374,2
spezifische Enthalpie (isentrope Verdichtung)	$h_{2,s}$	H	J/kg	kJ kg^{-1}	484,0
spezifische Enthalpie (irreversible Verdichtung)	h_2	H	J/kg	kJ kg^{-1}	505,7
spezifische Entropie	s_2	S	J/(kg K)	J kg^{-1} K^{-1}	1934
Zustand 3 überkritisch					
Druck	$p_3 = p_2$			MPa	10,00
Temperatur	T_3			K	**298,15**
spezifische Enthalpie	h_3	H	J/kg	kJ kg^{-1}	256,4
spezifische Entropie	s_3	S	J/(kg K)	J kg^{-1} K^{-1}	1171
Zustand 4 Nassdampf					
Druck	$p_4 = p_1$			MPa	3,00
Temperatur	$T_4 = T_1$	T	K	K	267,6
spezifische Enthalpie	$h_4 = h_3$	H	J/kg	kJ kg^{-1}	256,4
spezifische Entropie	s_4	S	J/(kg K)	J kg^{-1} K^{-1}	1213
spezifische Enthalpie siedende Flüssigkeit	$h_{4'}$	H	J/kg	kJ kg^{-1}	186,8
Dampfgehalt	x			1	0,282
Antriebsleistung Verdichtung	P_{WP}			kW	**2,88**
aufgenommener Wärmestrom	$\dot{Q}_U = \dot{Q}_{41}$			kW	7,09
abgegebener Wärmestrom	$\dot{Q}_H = \dot{Q}_{23}$			kW	**-9,97**
Wärmepumpen-Leistungszahl	ε_{WP}			1	**3,46**
Temperaturdifferenz beim Heizen	ΔT_H			K	**15,0**
Temperaturniveau beim Heizen ("Gegenseite")	$T_H = T_3 + \Delta T_H$			K	313,2
Carnot-Faktor beim Heizen	$\eta_{C,H}$			1	12,8%
Exergieanteil des *nach außen abgegebenen* Wärmestroms zum Heizen	$\dot{Q}_H^E$			kW	-1,27
exergetischer Wirkungsgrad Wärmepumpenprozess	ζ_{WP}			1	**44,2%**
thermodynamische Mitteltemperatur Kondensation $2 \rightarrow 3$	$T_{m,23}$			K	326,7
Exergieverluststrom irreversibel adiabate Verdichtung $1 \rightarrow 2$	$\dot{E}_{V,verd,12}^E$			kW	0,64
Exergieverluststrom isobare Kondensation $2 \rightarrow 3$	$\dot{E}_{V,wue,23}^E$			kW	0,36
Exergieverluststrom adiabate Drosselung $3 \rightarrow 4$	$\dot{E}_{V,dross,34}^E$			kW	0,46
Exergieverluststrom isobare Verdampfung (mit Überhitzung) $4 \rightarrow 1$	$\dot{E}_{V,wue,41}^E$			kW	0,15
anteilige Exergieverluste					
anteiliger Exergieverlust Verdichtung	$\dot{E}_{V,verd,12}^E / P_{WP}$			1	22,3%
anteiliger Exergieverlust Kondensation	$\dot{E}_{V,wue,23}^E / P_{WP}$			1	12,6%
anteiliger Exergieverlust Drosselung	$\dot{E}_{V,dross,34}^E / P_{WP}$			1	15,8%
anteiliger Exergieverlust Verdampfung	$\dot{E}_{V,wue,41}^E / P_{WP}$			1	5,1%

Abbildung 10.6: Excel-Berechnungsblatt Teil I für eine vereinfachte, mit dem Kältemittel CO_2 (R-744) betriebene Wärmepumpe für die Beheizung eines Elektrofahrzeugs

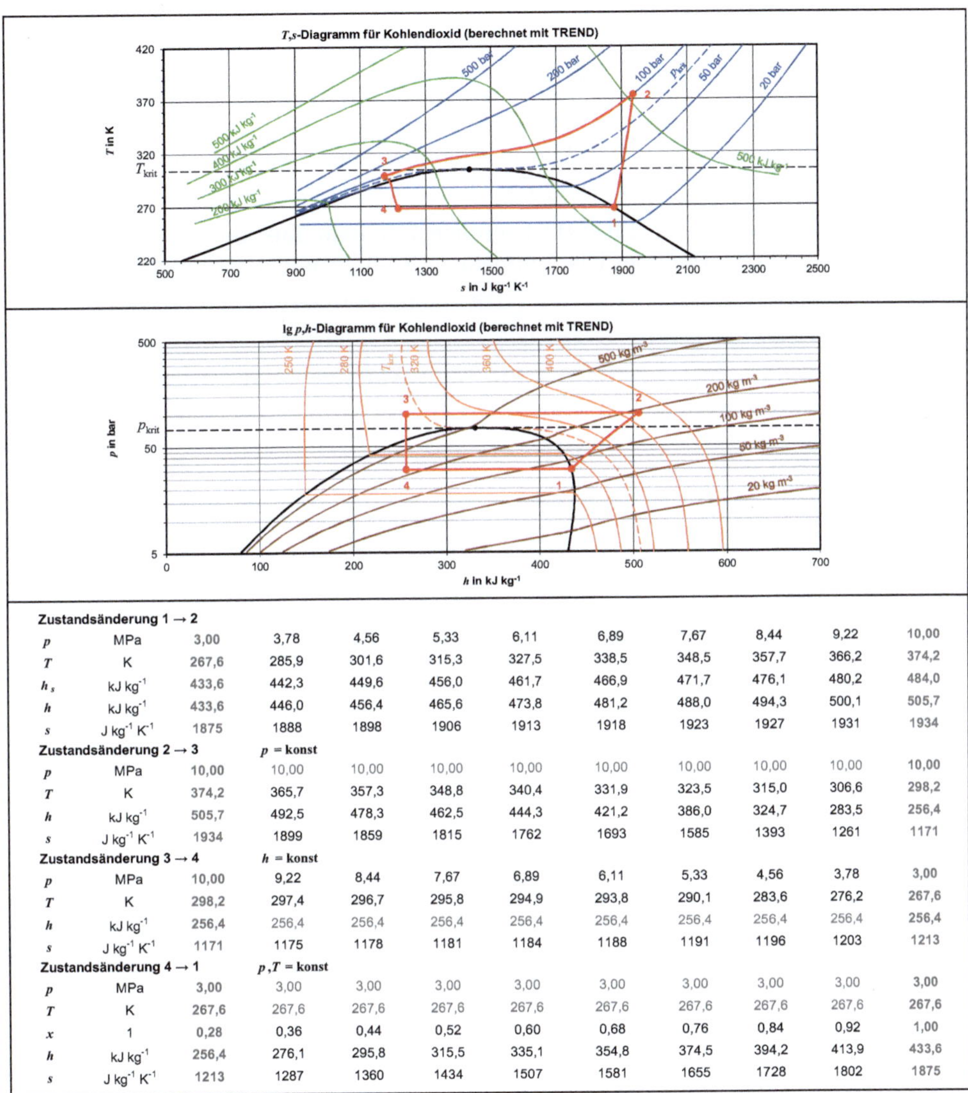

Zustandsänderung 1 → 2

p	MPa	3,00	3,78	4,56	5,33	6,11	6,89	7,67	8,44	9,22	10,00
T	K	267,6	285,9	301,6	315,3	327,5	338,5	348,5	357,7	366,2	374,2
h_s	kJ kg⁻¹	433,6	442,3	449,6	456,0	461,7	466,9	471,7	476,1	480,2	484,0
h	kJ kg⁻¹	433,6	446,0	456,4	465,6	473,8	481,2	488,0	494,3	500,1	505,7
s	J kg⁻¹ K⁻¹	1875	1888	1898	1906	1913	1918	1923	1927	1931	1934

Zustandsänderung 2 → 3 $\quad p = \text{konst}$

p	MPa	10,00	10,00	10,00	10,00	10,00	10,00	10,00	10,00	10,00	10,00
T	K	374,2	365,7	357,3	348,8	340,4	331,9	323,5	315,0	306,6	298,2
h	kJ kg⁻¹	505,7	492,5	478,3	462,5	444,3	421,2	386,0	324,7	283,5	256,4
s	J kg⁻¹ K⁻¹	1934	1899	1859	1815	1762	1693	1585	1393	1261	1171

Zustandsänderung 3 → 4 $\quad h = \text{konst}$

p	MPa	10,00	9,22	8,44	7,67	6,89	6,11	5,33	4,56	3,78	3,00
T	K	298,2	297,4	296,7	295,8	294,9	293,8	290,1	283,6	276,2	267,6
h	kJ kg⁻¹	256,4	256,4	256,4	256,4	256,4	256,4	256,4	256,4	256,4	256,4
s	J kg⁻¹ K⁻¹	1171	1175	1178	1181	1184	1188	1191	1196	1203	1213

Zustandsänderung 4 → 1 $\quad p,T = \text{konst}$

p	MPa	3,00	3,00	3,00	3,00	3,00	3,00	3,00	3,00	3,00	3,00
T	K	267,6	267,6	267,6	267,6	267,6	267,6	267,6	267,6	267,6	267,6
x	1	0,28	0,36	0,44	0,52	0,60	0,68	0,76	0,84	0,92	1,00
h	kJ kg⁻¹	256,4	276,1	295,8	315,5	335,1	354,8	374,5	394,2	413,9	433,6
s	J kg⁻¹ K⁻¹	1213	1287	1360	1434	1507	1581	1655	1728	1802	1875

Abbildung 10.7: Excel-Berechnungsblatt Teil II für eine vereinfachte, mit dem Kältemittel CO_2 (R-744) betriebene Wärmepumpe für die Beheizung eines Elektrofahrzeugs

2. Zur besseren Übersicht werden die kritischen Daten des Arbeitsmediums durch Aufruf der Funktion TRENDSPECEOS berechnet, z. B. die kritische Temperatur T_{kr} mit der Eingabe

```
=TRENDSPECEOS(Fluids;Composition;EqTypes;MixRule;
PathToSubModel;Unit;ShowErrorCode;"Tcrit")
```

Siehe dazu Abschnitt 2.2. Der kritische Druck wird dabei in bar umgerechnet. Es folgen die mit der Aufgabenstellung gegebenen Daten für den isentropen Gütegrad der Verdichtung $\eta_{s,\mathrm{verd}}$, den Massenstrom des umlaufenden Kältemittels $\dot{m}$ und die Temperatur der Umgebung T_{U}.

3. Die Berechnungen in TREND beginnen mit dem Zustand 1 des gesättigten Dampfs auf der Taulinie. Die Temperatur T_1 folgt mit der Eingabe

```
=TRENDEOS("T";"PVAP";p_1_strichstrich;42;Fluids;Composition;
EqTypes;MixRule;PathToSubModel;Unit;ShowErrorCode)
```

Dafür werden auch hier in der Spalte „CALC Type" die Parameter für die Berechnungen vorgegeben und in der Spalte „Unit" die Dimensionen dieser Parameter ermittelt, siehe Abschnitt 2.2. Die Berechnungen der spezifischen Enthalpie $h_{1''}$

```
=0,001*TRENDEOS("H";"PVAP";p_1_strichstrich;42;Fluids;
Composition;EqTypes;MixRule;PathToSubModel;Unit;ShowErrorCode)
```

und der spezifischen Entropie $s_{1''}$

```
=TRENDEOS("S";"PVAP";p_1_strichstrich;42;Fluids;Composition;
EqTypes;MixRule;PathToSubModel;Unit;ShowErrorCode)
```

werden mit der Funktion TRENDEOS durchgeführt. Dabei ist nur die Angabe jeweils eines Parameters erforderlich und für den zweiten Parameter ist eine beliebige ganze Zahl (hier z. B. 42) einzugeben. Die spezifischen Enthalpien werden hier und nachfolgend von $\mathrm{J\,kg^{-1}}$ auf $\mathrm{kJ\,kg^{-1}}$ umgerechnet. Die Dimension der spezifischen Entropie wird mit $\mathrm{J\,kg^{-1}\,K^{-1}}$ beibehalten.

4. Für den Zustand 2 und die weiteren Zustände werden die Ergebnisse immer in der Reihenfolge p, T, h und s aufgeführt – selbst wenn sie, wie hier für den Zustand 2, nicht in dieser Reihenfolge berechnet werden. Die spezifische Enthalpie h_2 folgt nach Gleichung (3.77) über den isentropen Gütegrad $\eta_{s,\mathrm{verd}}$, die spezifische Entropie s_2 mit der Eingabe

```
=TRENDEOS("S";"PH";p_2;1000*h_2;Fluids;Composition;EqTypes;
MixRule;PathToSubModel;Unit;ShowErrorCode)
```

und die spezifische Enthalpie $h_{2,s}$ für die *isentrope* Verdichtung mit

```
=0,001*TRENDEOS("H";"PS";p_2;s_1;Fluids;Composition;EqTypes;
MixRule;PathToSubModel;Unit;ShowErrorCode)
```

sowie die Temperatur T_2 mit

```
=TRENDEOS("T";"PH";p_2;1000*h_2;Fluids;Composition;EqTypes;
MixRule;PathToSubModel;Unit;ShowErrorCode)
```

5. Im Zustand 3 nach der isobaren und überkritischen Abkühlung im Wärmeüberträger W1 mit $p_3 = p_2$ soll sich das Kältemittel immer noch im überkritischen Zustand befinden. Die spezifische Enthalpie h_3 und die spezifische Entropie s_3 folgen aus den Eingaben

```
=0,001*TRENDEOS("H";InputCode;T_3;p_3;Fluids;Composition;
EqTypes;MixRule;PathToSubModel;Unit;ShowErrorCode)
```

bzw.

```
=TRENDEOS("S";InputCode;T_3;p_3;Fluids;Composition;EqTypes;
MixRule;PathToSubModel;Unit;ShowErrorCode)
```

6. Der Zustand 4 nach der isenthalpen Drosselung liegt im Nassdampfgebiet mit einem Druck $p_4 = p_1$, einer Temperatur $T_4 = T_1$ und der spezifischen Enthalpie $h_4 = h_3$ vor. Die spezifische Entropie s_4 folgt mit der Eingabe

```
=TRENDEOS("S";"PH";p_4;1000*h_4;Fluids;Composition;EqTypes;
MixRule;PathToSubModel;Unit;ShowErrorCode)
```

und die spezifische Enthalpie $h_{4'}$ der siedenden Flüssigkeit mit

```
=0,001*TRENDEOS("H";"PLIQ";p_4;42;Fluids;Composition;EqTypes;
MixRule;PathToSubModel;Unit;ShowErrorCode)
```

Der in Gleichung (3.136) definierte Dampfgehalt x ergibt sich aus Gleichung (3.137).

7. Die erforderliche Antriebsleistung P_{WP} für die Verdichtung wird mit Gleichung (10.1) berechnet, der für die Verdampfung aus der Umgebung aufgenommene Wärmestrom $\dot{Q}_{\mathrm{U}} = \dot{Q}_{41}$ mit Gleichung (10.3), der vom Prozess nach außen abgegebene Heizwärmestrom $\dot{Q}_{\mathrm{H}} = \dot{Q}_{23}$ mit Gleichung (10.2) und die Wärmepumpen-Leistungszahl $\varepsilon_{\mathrm{WP}}$ mit Gleichung (10.4).

8. Das Temperaturniveau der mittels der Wärmepumpe zu erwärmenden Umgebungsluft folgt gemäß der Aufgabenstellung mit

$$T_{\mathrm{H}} = T_3 + \Delta T_{\mathrm{H}} \, , \tag{10.6}$$

der CARNOT-Faktor $\eta_{\mathrm{C,H}}$ mit Gleichung (3.53), daraus der Exergieanteil des Wärmestroms zum Heizen $\dot{Q}_{\mathrm{H}}^{\mathrm{E}}$ und wiederum daraus der exergetische Wirkungsgrad für den Wärmepumpenprozess ζ_{WP} mit Gleichung (10.5).

9. Da die Zustandsänderung von 2 nach 3 nicht isotherm erfolgt, wird die thermodynamische Mitteltemperatur $T_{\mathrm{m,23}}$ unter Verwendung von Gleichung (3.91) berechnet. Der Exergieverluststrom $\dot{E}_{\mathrm{V,verd,12}}^{\mathrm{E}}$ für die angenommene irreversibel adiabate Verdichtung folgt aus Gleichung (3.105), der Exergieverlustrom für die Kondensation $\dot{E}_{\mathrm{V,wue,23}}^{\mathrm{E}}$ für den abgegebenen Wärmestrom entsprechend Gleichung (3.120) mit T_{H} und $T_{\mathrm{m,23}}$, der Exergieverluststrom für die adiabate Entspannung $\dot{E}_{\mathrm{V,dross,34}}^{\mathrm{E}}$ aus Gleichung (3.116) und der Exergieverluststrom $\dot{E}_{\mathrm{V,wue,41}}^{\mathrm{E}}$ für die Verdampfung aus Gleichung (3.122). Die anteiligen Exergieverluste werden direkt durch die Division der vorstehenden Exergieverlustströme durch die Antriebsleistung des Verdichters erhalten.

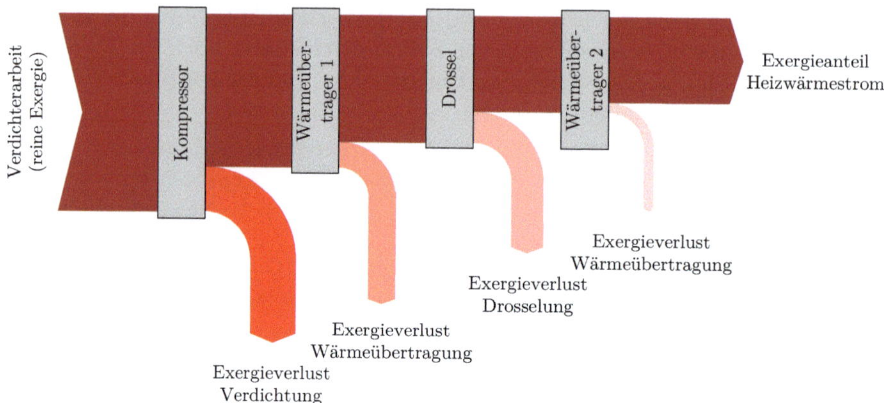

Abbildung 10.8: Sankey-Diagramm zum vereinfachten Wärmepumpenprozess mit den Exergieströmen (dunkel) und den Anergieströmen (hell)

10. Die Ermittlung oder Abfrage, in welchem thermodynamischen Zustand sich das Fluid jeweils befindet, kann unter Anwendung der in Listing 9.1 aufgeführten UDF `Zustand_Fluid` erfolgen, die die Eingabe der Parameter p, T und s für den jeweiligen Fluidzustand sowie der TREND-Parameter erfordert, siehe dazu rechts neben den Zustandsnummern die Hinweise auf die thermodynamischen Zustände des Arbeitsmediums, die auf diese Art ermittelt wurden.

11. Für die Darstellung der Verläufe der Zustandsänderungen im T, s- und im $\lg p, h$-Diagramm bietet es sich an, eine separate Datentabelle wie in Abb. 10.7 zu berechnen. Zur grundsätzlichen Erstellung der Diagramme siehe Abschnitt 2.2.5.

Wie an der Wärmepumpen-Leistungszahl abzulesen ist, stellt der Prozess erwartungsgemäß einen aus Exergie und Anergie bestehenden Heizwärmestrom bereit, der ein Vielfaches der Antriebsleistung für die Verdichtung beträgt. Dieser Wärmestrom ist der erforderliche Kompensations-Wärmestrom beim Heizen entsprechend der Erläuterungen in Abschnitt 3.3, der dem zu beheizenden System zuzuführen ist, um die Verluste auszugleichen. Wie in Abb. 3.14 beschrieben, muss dieser Wärmestrom einen Exergieanteil enthalten, der beim Wärmetransport durch die Wand aus dem System heraus entwertet wird.

Der Exergieanteil des Heizwärmestroms ist im Beispiel u. a. aufgrund der Temperaturniveaus relativ gering, was die deutliche Abweichung des exergetischen Wirkungsgrads vom theoretischen Grenzwert $\zeta_{\mathrm{WP}} = 1$ erklärt, siehe dazu das in Abb. 10.8 dargestellte maßstäbliche Sankey-Diagramm zur Veranschaulichung der Exergieverluste. Es zeigt die Verluste durch Aufteilung in Exergieströme (dunkel) und in Anergieströme (hellere Töne). Bei der Betrachtung der Exergieverluste ergeben sich die beiden größten Verluste bei der Verdichtung und bei der Drosselung, wohingegen die Exergieverluste in den Wärmeübertragern geringer ausfallen.

Bei der Verwendung des Kältemittels CO_2 (R-744) sind wegen der kritischen Daten vergleichsweise hohe Absolutdrücke erforderlich (siehe Abb. 10.1), was einen Nachteil darstellt. Dafür ist aber das Druckverhältnis für R-744 niedrig, siehe dazu einen beispielhaften Vergleich der Kältemittel R-744 und R-134a in [102], wo für R-744 auf niedrigere erforderliche Massenströme des Kältemittels (mit dem Vorteil kleinerer Bauteile), günstigere Bedingungen bei der überkritischen Abkühlung und für Wärmepumpen relevante höhere Verdichtungsendtemperaturen hingewiesen wird.

Zu dem im Beispiel 10.1 betrachteten Prozess sei angemerkt, dass das Beispiel gegenüber den tatsächlichen Ausführungen insbesondere hinsichtlich des Prozessablaufs z. B. für die Verschaltung der Bauteile zur Versorgung des Fahrgastraums und der Fahrzeugbatterie stark vereinfacht wurde. Für die Berechnungen wurde auch angenommen, dass die Prozesse der Wärmeübertragung isobar, die Drosselung isenthalp und alle Teilprozesse nach außen hin adiabat erfolgen, was auch für die Rohrleitungen gilt. Außerdem wurde auf den in der Praxis üblicherweise verwendeten inneren Wärmeübertrager verzichtet, der insbesondere beim überkritischen Prozess Anwendung findet, um das Kältemittel vor der Verdichtung sicher zu verdampfen. Die Abb. 11.4 und 11.5 zeigen ein grundsätzlich ähnliches Beispiel zu einem Kältemaschinenprozess mit CO_2 zur Kühlung im Mobilitätsbereich. Zum Einsatz eines inneren Wärmeübertragers siehe den nachfolgenden Abschnitt.

10.3.2 Einsatz einer Luft-Wasser-Wärmepumpe im Gebäudebereich

Beispiel 10.2

Ein Einfamilienhaus soll mit einer Luft-Wasser-Wärmepumpe mit dem Kältemittel Propan (R-290, C_3H_8) beheizt werden. Nach der isobaren Wärmezufuhr für die Verdampfung des Kältemittels bei einem Druck von 0,432 MPa wird der Sättigungszustand 1″ auf der Taulinie erreicht, über einen inneren Wärmeübertrager ebenfalls isobar bis auf den Zustand 1 überhitzt und anschließend mit einem isentropen Gütegrad $\eta_{s,\text{verd}} = 60{,}0\,\%$ bis auf den Zustand 2 bei 1,307 MPa verdichtet, siehe dazu das Fließschema in Abb. 10.9. Auf diesem Druckniveau erfolgt die isobare Wärmeabfuhr zur Kondensation bis auf den Sättigungszustand 3′ auf der Siedelinie und die weitere isobare Unterkühlung im inneren Wärmeübertrager um 5,0 K. In der Drossel wird das Kältemittel isenthalp bis zum Zustand 4 mit $T_4 = T_{1''}$ expandiert. Dem Prozess wird über den Kompressor eine Leistung von $P_{\text{WP}} = 1{,}0\,\text{kW}$ zugeführt. Die Umgebungsluft hat eine Temperatur von 293,15 K.

Die Temperatur des aus dem Wärmeübertrager W1 austretenden Heizwassers T_{H}, also auf der „Gegenseite" beim Heizen, wird mit 3,0 K unter der Temperatur $T_{3'}$ und die Temperatur der Umgebungsluft T_{K}, also auf der „Gegenseite" bei der Aufnahme des Wärmestroms im Wärmeübertrager W2, mit 5,0 K über der Temperatur $T_{1''}$ angenommen. Zu berechnen sind u. a. der erforderliche Massenstrom des umlaufenden Kältemittels, die zu- und abgeführten Wärmeströme, die Leistungszahl und der exergetische Wirkungsgrad der Wärmepumpe sowie die Exergieverluste der Bauteile. Der Prozess ist im T,s- und im $\lg p, h$-Diagramm darzustellen. (Ergebnisse im Excel-Berechnungsblatt in den Abb. 10.10 und 10.11.)

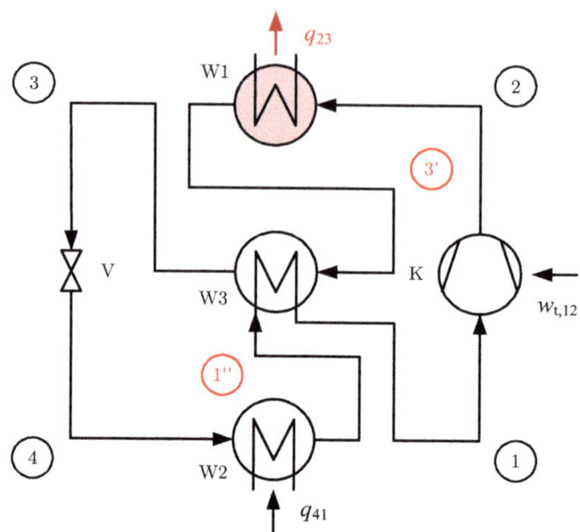

Abbildung 10.9: Fließschema für den einfachen Wärmepumpenprozess mit einem inneren Wärmeübertrager

---

Beispiel 10.3

Für eine Luft-Wasser-Wärmepumpe sollen vergleichende Berechnungen in Anlehnung an die Betriebs-Nennbedingungen nach DIN EN 14511 Teil 2 [39] durchgeführt werden. Dazu sind für den Heizbetrieb bei „niedriger" Temperatur eine Austrittstemperatur des Heizwassers aus dem Kondensator von 35 °C und Eintrittstemperaturen der Umgebungsluft in den Verdampfer von −15 °C, −7 °C, 2 °C und 7 °C zu betrachten, außerdem für eine „intermediäre" Austrittstemperaturen des Heizwassers von 45 °C und eine „mittlere" Austrittstemperaturen von 55 °C jeweils eine Eintrittstemperatur der Umgebungsluft von 2 °C. Diese sechs Betriebspunkte sind auf Basis der zum Beispiel 10.2 gegebenen Daten und Berechnungen zu vergleichen und die Prozessverläufe im T, s-Diagramm darzustellen. (Ergebnisse im T, s-Diagramm in Abb. 10.12.)

Beispiel 10.4

Für ein Bestandsgebäude soll die erforderliche Heizleistung einer neu zu installierenden Wärmepumpe auf Basis des bisherigen Gasverbrauchs ermittelt werden. Dafür stehen Messwerte zum monatlichen Gasverbrauch der bestehenden Gas-Brennwerttherme sowie die entsprechenden mittleren Monatstemperaturen zur Verfügung, außerdem der Brennwert des Gases sowie der Wirkungsgrad der Gastherme. (Siehe dazu die entsprechenden Daten und Ergebnisse in Abb. 10.13).

Aufgabe des inneren Wärmeübertragers W3 in Abb. 10.9 ist die Unterkühlung des kondensierten Kältemittels vor der Expansion in der Drossel V im Gegenstrom mit dem verdampften und zu überhitzenden Kältemittel vor der Verdichtung im Kompressor.

Die Unterkühlung bietet den Vorteil, dass das Kondensat vor der Expansion keine
Dampfblasen und die Überhitzung den Vorteil, dass das Gas beim Eintritt in den
Kompressor keine Flüssigkeitstropfen enthält. Positiver Nebeneffekt ist die Steigerung
der Leistungszahl für den Prozess, was sich aber erst bei höheren Temperaturen
auswirkt.

Aus der Energiebilanz um den inneren Wärmeübertrager W3 in Abb. 10.9

$$\dot{m}_3(h_{3'} - h_3) + \dot{m}_1(h_{1''} - h_1) = 0 \tag{10.7}$$

folgt wegen $\dot{m}_1 = \dot{m}_3 =$ konst die spezifische Enthalpie im Zustand 1

$$h_1 = h_{1''} + h_{3'} - h_3 \ . \tag{10.8}$$

Bearbeitung der in Beispiel 10.2 gegebenen Aufgabenstellung
Für die Bearbeitung der Aufgabenstellung gemäß Beispiel 10.2 wird das Excel-Berechnungsblatt in den Abb. 10.10 und 10.11 erstellt:

1. Im oberen Teil des Berechnungsblatts werden die Eingabeparameter für TREND
   vorgegeben. Die Zellen in diesem Teil erhalten am besten dieselben Namen, wie im
   Beispiel 2.1. Aus Platzgründen wurden Zeilen im Berechnungsblatt ausgeblendet.
   Etwas weiter unten werden die mit der Aufgabenstellung gegebenen Daten
   eingegeben.

2. Die Berechnungen in TREND beginnen mit dem Zustand 1″ des gesättigten
   Dampfs auf der Taulinie. Die Temperatur $T_{1''}$ folgt mit der Eingabe

   ```
   =TRENDEOS("T";"PVAP";p_1_strichstrich;42;Fluids;Composition;
   EqTypes;MixRule;PathToSubModel;Unit;ShowErrorCode)
   ```

   Dafür werden auch hier in der Spalte „CALC Type" die Parameter für die
   Berechnungen vorgegeben und in der Spalte „Unit" die Dimensionen dieser
   Parameter ermittelt, siehe Abschnitt 2.2. Die Berechnungen der spezifischen
   Enthalpie $h_{1''}$

   ```
   =0,001*TRENDEOS("H";"PVAP";p_1_strichstrich;42;Fluids;
   Composition;EqTypes;MixRule;PathToSubModel;Unit;ShowErrorCode)
   ```

   und der spezifischen Entropie $s_{1''}$

   ```
   =TRENDEOS("S";"PVAP";p_1_strichstrich;42;Fluids;Composition;
   EqTypes;MixRule;PathToSubModel;Unit;ShowErrorCode)
   ```

   werden unter Verwendung der Funktion TRENDEOS durchgeführt. Die spezifischen
   Enthalpien werden hier und nachfolgend von $J\,kg^{-1}$ auf $kJ\,kg^{-1}$ umgerechnet.
   Die Dimension der spezifischen Entropie wird mit $J\,kg^{-1}\,K^{-1}$ beibehalten.

3. Die Ermittlung oder Abfrage, in welchem thermodynamischen Zustand sich das
   Fluid jeweils befindet, kann auch hier unter Anwendung der in Listing 9.1 aufgeführten UDF `Zustand_Fluid` erfolgen, die die Eingabe der Parameter p, T und s
   für den jeweiligen Fluidzustand sowie der TREND-Parameter erfordert, siehe dazu rechts neben den Zustandsnummern die Hinweise auf die thermodynamischen
   Zustände des Arbeitsmediums, die auf diese Art ermittelt wurden.

		CalcType	Unit		Value
Eingabeparameter TREND					
Path to Sub-Model					HC
Input Code					TP
Unit					specific
Show Error Code					FALSCH
Fluid					Propane
Antriebsleistung Verdichtung	P_{WP}			kW	**1,00**
isentroper Gütegrad Verdichtung	$\eta_{s.\mathrm{verd}}$			1	**0,60**
Unterkühlung Kondensat über inneren Wärmeübertrager	ΔT_3			K	**5,0**
Temperatur der Umgebung	T_{U}			K	**293,15**
Zustand 1" gesättigter Dampf		CalcType	Unit		
Druck	$p_{1"}$			MPa	**0,432**
Temperatur	$T_{1"}$	T	K	K	270,1
spezifische Enthalpie	$h_{1"}$	H	J/kg	kJ kg^{-1}	571,5
spezifische Entropie	$s_{1"}$	S	J/(kg K)	J kg^{-1} K^{-1}	2376
Zustand 1 überhitzter Dampf					
Druck	$p_1 = p_{1"}$			MPa	0,432
Temperatur	T_1	T	K	K	278,4
spezifische Enthalpie	h_1	H	J/kg	kJ kg^{-1}	585,7
spezifische Entropie	s_1	S	J/(kg K)	J kg^{-1} K^{-1}	2428
Zustand 2 überhitzter Dampf					
Druck	p_2			MPa	**1,307**
Temperatur	T_2	T	K	K	340,7
spezifische Enthalpie (isentrope Verdichtung)	$h_{2,s}$	H	J/kg	kJ kg^{-1}	639,9
spezifische Enthalpie (irreversible Verdichtung)	h_2	H	J/kg	kJ kg^{-1}	676,1
spezifische Entropie	s_2	S	J/(kg K)	J kg^{-1} K^{-1}	2536
Zustand 3' siedende Flüssigkeit					
Druck	$p_{3'} = p_2$			MPa	1,307
Temperatur	$T_{3'}$	T	K	K	311,1
spezifische Enthalpie	$h_{3'}$	H	J/kg	kJ kg^{-1}	301,4
spezifische Entropie	$s_{3'}$	S	J/(kg K)	J kg^{-1} K^{-1}	1341
Zustand 3 unterkühlte Flüssigkeit					
Druck	$p_3 = p_2$			MPa	1,307
Temperatur	T_3			K	306,1
spezifische Enthalpie	h_3	H	J/kg	kJ kg^{-1}	287,1
spezifische Entropie	s_3	S	J/(kg K)	J kg^{-1} K^{-1}	1295
Zustand 4 Nassdampf					
Druck	$p_4 = p_{1"}$			MPa	0,432
Temperatur	$T_4 = T_{1"}$	T		K	270,1
spezifische Enthalpie	$h_4 = h_3$	H	J/kg	kJ kg^{-1}	287,1
spezifische Entropie	s_4	S	J/(kg K)	J kg^{-1} K^{-1}	1323
spezifische Enthalpie siedende Flüssigkeit	$h_{4'}$	H	J/kg	kJ kg^{-1}	192,4
Dampfgehalt	x_4			1	0,250
Massenstrom umlaufendes Kältemittel	$\dot{m}$			kg s^{-1}	0,0111
aufgenommener Wärmestrom	$\dot{Q}_{41"}$			kW	3,15
abgegebener Wärmestrom ("Heizleistung")	$\dot{Q}_{23'}$			kW	**-4,15**
Wärmepumpen-Leistungszahl	$\varepsilon_{\mathrm{WP}}$			1	**4,15**
Temperturdifferenz beim Heizen	ΔT_{H}			K	**3,0**
Temperaturniveau beim Heizen ("Gegenseite")	$T_{\mathrm{H}} = T_{3'} - \Delta T_{\mathrm{H}}$			K	308,14
erreichbare Temperatur des Heizwassers	ϑ_{H}			°C	**35,0**
Temperaturdifferenz beim Kühlen	ΔT_{K}			K	**5,0**
Temperaturniveau beim Kühlen ("Gegenseite")	$T_{\mathrm{K}} = T_{1"} + \Delta T_{\mathrm{K}}$			K	275,12
Temperatur der Umgebungsluft außen	ϑ_{K}			°C	**2,0**
Carnot-Faktor beim Heizen	$\eta_{\mathrm{C,H}}$			1	4,9%
Exergieanteil des Wärmestroms zum Heizen	$\dot{Q}^{\mathrm{E}}_{23'}$			kW	-0,202
exergetischer Wirkungsgrad Wärmepumpenprozess	ζ_{WP}			1	**20,2%**
thermodynamische Mitteltemperatur Kondensation $2 \rightarrow 3'$	$T_{\mathrm{m.23'}}$			K	313,5
Exergieverluststrom irreversibel adiabate Verdichtung $1 \rightarrow 2$	$\dot{E}^{\mathrm{E}}_{\mathrm{V.verd.12}}$			kW	0,353
Exergieverluststrom Kondensation $2 \rightarrow 3'$	$\dot{E}^{\mathrm{E}}_{\mathrm{V.wue.23'}}$			kW	0,067
Exergieverluststrom Unterkühlung $3' \rightarrow 3$ (innerer WÜ)	$\dot{E}^{\mathrm{E}}_{\mathrm{V.wue.3'3}}$			kW	0,019
Exergieverluststrom adiabate Drosselung $3 \rightarrow 4$	$\dot{E}^{\mathrm{E}}_{\mathrm{V.dross.34}}$			kW	0,091
Exergieverluststrom Verdampfung (mit Überhitzung) $4 \rightarrow 1"$	$\dot{E}^{\mathrm{E}}_{\mathrm{V.wue.41"}}$			kW	0,268
anteilige Exergieverluste					
anteiliger Exergieverlust Verdichtung	$\dot{E}^{\mathrm{E}}_{\mathrm{V.verd.12}}/P_{\mathrm{WP}}$			1	35,3%
anteiliger Exergieverlust Kondensation	$\dot{E}^{\mathrm{E}}_{\mathrm{V.wue.23'}}/P_{\mathrm{WP}}$			1	6,7%
anteiliger Exergieverlust Unterkühlung (innerer WÜ)	$\dot{E}^{\mathrm{E}}_{\mathrm{V.wue.3'3}}/P_{\mathrm{WP}}$			1	1,9%
anteiliger Exergieverlust Drosselung	$\dot{E}^{\mathrm{E}}_{\mathrm{V.dross.34}}/P_{\mathrm{WP}}$			1	9,1%
anteiliger Exergieverlust Verdampfung (mit Überhitzung)	$\dot{E}^{\mathrm{E}}_{\mathrm{V.wue.41"}}/P_{\mathrm{WP}}$			1	26,8%

Abbildung 10.10: Excel-Berechnungsblatt Teil I für eine mit dem Kältemittel Propan (R-290) betriebene Wärmepumpe mit innerem Wärmeübertrager für die Beheizung eines Gebäudes

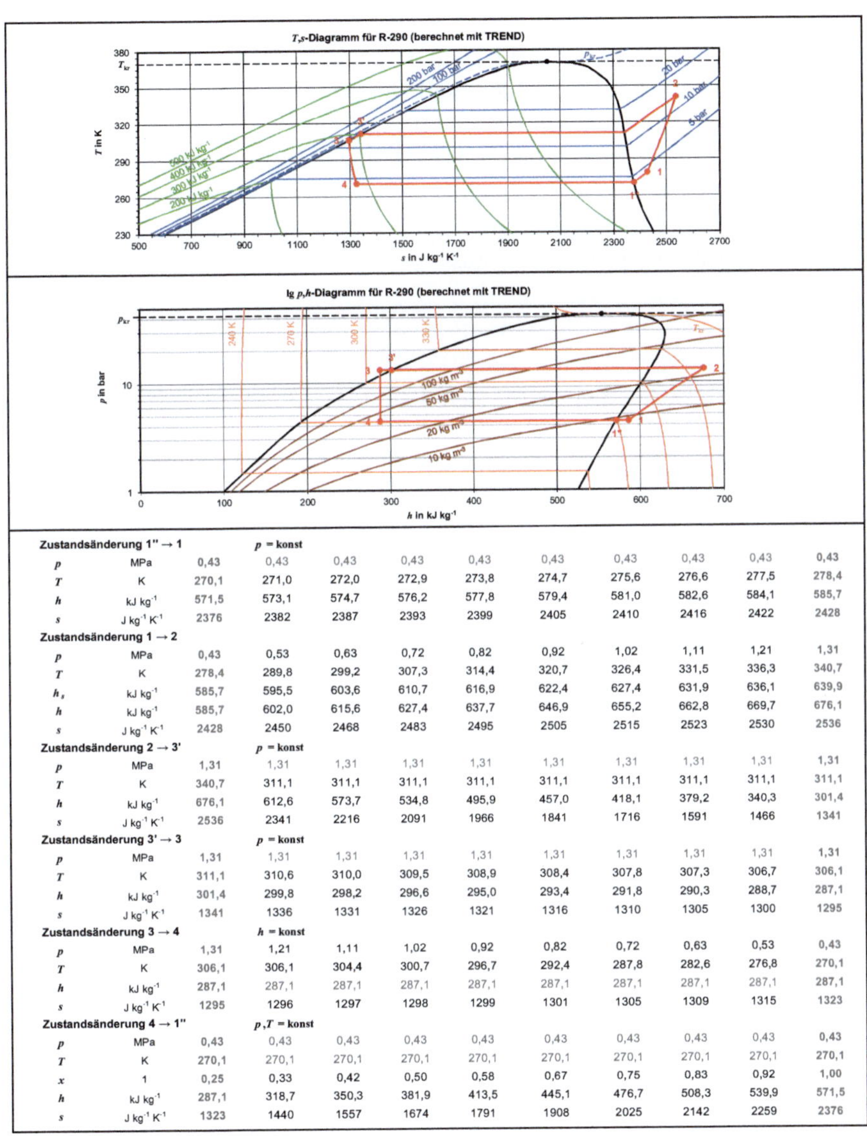

Zustandsänderung 1″ → 1	p = konst										
p	MPa	0,43	0,43	0,43	0,43	0,43	0,43	0,43	0,43	0,43	0,43
T	K	270,1	271,0	272,0	272,9	273,8	274,7	275,6	276,6	277,5	278,4
h	kJ kg⁻¹	571,5	573,1	574,7	576,2	577,8	579,4	581,0	582,6	584,1	585,7
s	J kg⁻¹ K⁻¹	2376	2382	2387	2393	2399	2405	2410	2416	2422	2428

Zustandsänderung 1 → 2											
p	MPa	0,43	0,53	0,63	0,72	0,82	0,92	1,02	1,11	1,21	1,31
T	K	278,4	289,8	299,2	307,3	314,4	320,7	326,4	331,5	336,3	340,7
h_s	kJ kg⁻¹	585,7	595,5	603,6	610,7	616,9	622,4	627,4	631,9	636,1	639,9
h	kJ kg⁻¹	585,7	602,0	615,6	627,4	637,7	646,9	655,2	662,8	669,7	676,1
s	J kg⁻¹ K⁻¹	2428	2450	2468	2483	2495	2505	2515	2523	2530	2536

Zustandsänderung 2 → 3′	p = konst										
p	MPa	1,31	1,31	1,31	1,31	1,31	1,31	1,31	1,31	1,31	1,31
T	K	340,7	311,1	311,1	311,1	311,1	311,1	311,1	311,1	311,1	311,1
h	kJ kg⁻¹	676,1	612,6	573,7	534,8	495,9	457,0	418,1	379,2	340,3	301,4
s	J kg⁻¹ K⁻¹	2536	2341	2216	2091	1966	1841	1716	1591	1466	1341

Zustandsänderung 3′ → 3	p = konst										
p	MPa	1,31	1,31	1,31	1,31	1,31	1,31	1,31	1,31	1,31	1,31
T	K	311,1	310,6	310,0	309,5	308,9	308,4	307,8	307,3	306,7	306,1
h	kJ kg⁻¹	301,4	299,8	298,2	296,6	295,0	293,4	291,8	290,3	288,7	287,1
s	J kg⁻¹ K⁻¹	1341	1336	1331	1326	1321	1316	1310	1305	1300	1295

Zustandsänderung 3 → 4	h = konst										
p	MPa	1,31	1,21	1,11	1,02	0,92	0,82	0,72	0,63	0,53	0,43
T	K	306,1	306,1	304,4	300,7	296,7	292,4	287,8	282,6	276,8	270,1
h	kJ kg⁻¹	287,1	287,1	287,1	287,1	287,1	287,1	287,1	287,1	287,1	287,1
s	J kg⁻¹ K⁻¹	1295	1296	1297	1298	1299	1301	1305	1309	1315	1323

Zustandsänderung 4 → 1″	p,T = konst										
p	MPa	0,43	0,43	0,43	0,43	0,43	0,43	0,43	0,43	0,43	0,43
T	K	270,1	270,1	270,1	270,1	270,1	270,1	270,1	270,1	270,1	270,1
x	1	0,25	0,33	0,42	0,50	0,58	0,67	0,75	0,83	0,92	1,00
h	kJ kg⁻¹	287,1	318,7	350,3	381,9	413,5	445,1	476,7	508,3	539,9	571,5
s	J kg⁻¹ K⁻¹	1323	1440	1557	1674	1791	1908	2025	2142	2259	2376

Abbildung 10.11: Excel-Berechnungsblatt Teil II für eine mit dem Kältemittel Propan (R-290) betriebene Wärmepumpe mit innerem Wärmeübertrager für die Beheizung eines Gebäudes

4. Für den Fall, dass eine Unterkühlung des Kondensats stattfindet, weil eine Temperaturdifferenz $\Delta T_3 > 0$ vorgegeben wird, existiert ein Zustand 1 für den vom Zustand 1″ aus überhitzten Dampf. Für diesen und für die weiteren Zustände werden die Ergebnisse immer in der Reihenfolge p, T, h und s aufgeführt – selbst wenn sie, wie hier für den Zustand 1, nicht in dieser Reihenfolge berechnet werden. Der Druck folgt aus der Bedingung $p_1 = p_{1''}$, die spezifische Enthalpie h_1 aus Gleichung (10.8), die Temperatur T_1 aus der Eingabe

```
=WENN(h_1=h_1_strichstrich;T_1_strichstrich;TRENDEOS("T";"PH";
p_1;1000*h_1;Fluids;Composition;EqTypes;MixRule;PathToSubModel;
Unit;ShowErrorCode))
```

und die spezifische Entropie s_1 aus

```
=WENN(h_1=h_1_strichstrich;s_1_strichstrich;TRENDEOS("S";
InputCode;T_1;p_1;Fluids;Composition;EqTypes;MixRule;
PathToSubModel;Unit;ShowErrorCode))
```

Die WENN-Abfragen dienen für den Fall 1 = 1″, für den keine Überhitzung stattfindet.

5. Die spezifische Enthalpie h_2 folgt nach Gleichung (3.77) über den isentropen Gütegrad $\eta_{s,\mathrm{verd}}$, die spezifische Entropie s_2 mit der Eingabe

```
=TRENDEOS("S";"PH";p_2;1000*h_2;Fluids;Composition;EqTypes;
MixRule;PathToSubModel;Unit;ShowErrorCode)
```

und die spezifische Enthalpie $h_{2,s}$ für die isentrope Verdichtung mit

```
=0,001*TRENDEOS("H";"PS";p_2;s_1;Fluids;Composition;EqTypes;
MixRule;PathToSubModel;Unit;ShowErrorCode)
```

sowie die Temperatur T_2 mit

```
=TRENDEOS("T";"PH";p_2;1000*h_2;Fluids;Composition;EqTypes;
MixRule;PathToSubModel;Unit;ShowErrorCode)
```

6. Für den Zustand 3′ der siedenden Flüssigkeit gilt $p_{3'} = p_2$. Die Temperatur $T_{3'}$ folgt aus

```
=TRENDEOS("T";"PLIQ";p_3_strich;42;Fluids;Composition;EqTypes;
MixRule;PathToSubModel;Unit;ShowErrorCode)
```

die spezifische Enthalpie $h_{3'}$ aus

```
=0,001*TRENDEOS("H";"PLIQ";p_3_strich;42;Fluids;Composition;
EqTypes;MixRule;PathToSubModel;Unit;ShowErrorCode)
```

und die spezifische Entropie $s_{3'}$ aus

```
=TRENDEOS("S";"PLIQ";p_3_strich;42;Fluids;Composition;EqTypes;
MixRule;PathToSubModel;Unit;ShowErrorCode)
```

7. Für den Zustand 3 der unterkühlten Flüssigkeit gilt $p_3 = p_2$. Die Temperatur T_3 folgt gemäß der Aufgabenstellung aus

$$T_3 = T_{3'} - \Delta T_3 \ , \tag{10.9}$$

die spezifische Enthalpie h_3 aus

```
=0,001*TRENDEOS("H";InputCode;T_3;p_3;Fluids;Composition;
EqTypes;MixRule;PathToSubModel;Unit;ShowErrorCode)
```

und die spezifische Entropie s_3 aus

```
=TRENDEOS("S";InputCode;T_3;p_3;Fluids;Composition;EqTypes;
MixRule;PathToSubModel;Unit;ShowErrorCode)
```

8. Für den Zustand 4 im Nassdampfgebiet gelten $p_4 = p_{1''}$, $T_4 = T_{1''}$ und $h_4 = h_3$. Die spezifische Entropie s_4 folgt aus

```
=TRENDEOS("S";"PH";p_4;1000*h_4;Fluids;Composition;EqTypes;
MixRule;PathToSubModel;Unit;ShowErrorCode)
```

die spezifischen Enthalpie der siedenden Flüssigkeit $h_{4'}$ aus

```
=0,001*TRENDEOS("H";"PLIQ";p_4;42;Fluids;Composition;EqTypes;
MixRule;PathToSubModel;Unit;ShowErrorCode)
```

und daraus der Dampfgehalt x_4 aus der umgeformten Gleichung (3.137).

9. Der Massenstrom des umlaufenden Kältemittels $\dot{m}$ folgt aus Gleichung (10.1), der vom Prozess aufgenommene Wärmestrom $\dot{Q}_{41''}$ aus Gleichung (10.3) mit der spezifischen Enthalpie $h_{1''}$, der vom Prozess als Heizleistung bereitgestellte Wärmestrom $\dot{Q}_{23'}$ aus Gleichung (10.2) mit der spezifischen Enthalpie $h_{3'}$ und die Wärmepumpen-Leistungszahl ε_{WP} aus Gleichung (10.4).

10. Für die Temperaturdifferenz beim Heizen, also die für die Erwärmung des Heizwassers erforderliche Temperaturdifferenz zwischen dem sich abkühlenden Kondensat und dem in z. B. das Verteilsystem zu den Fußbodenheizungen strömende Heizwasser, ist eine Differenz von $\Delta T_H \approx 2\,\mathrm{K}$ bis $3\,\mathrm{K}$ erforderlich. Bei der Aufnahme des Wärmestroms aus der Umgebungsluft zur Verdampfung des Kältemittels ist die erforderliche Temperaturdifferenz wegen des relativ schlechten Wärmeübergangs auf der Luftseite etwas größer mit typisch $\Delta T_K \approx 5\,\mathrm{K}$. Die Heizwassertemperatur (Temperaturniveau beim Heizen auf der „Gegenseite") folgt vereinfacht aus

$$T_H = T_{3'} - \Delta T_H \tag{10.10}$$

und die Lufttemperatur (Temperaturniveau beim Kühlen auf der „Gegenseite") vereinfacht aus

$$T_K = T_{1''} + \Delta T_K \ . \tag{10.11}$$

Um die in der Aufgabenstellung vorgegebenen Temperaturen T_H und T_K erreichen zu können, müssen die Druckniveaus im Verdampfer und im Kondensator – also die Drücke $p_{3'}$ und $p_{1''}$ – angepasst werden. Dies kann manuell oder besser mit dem Solver erfolgen, wobei als Ergebnis die beiden mit der Aufgabenstellung bereits gegebenen Drücke $p_{3'}$ und $p_{1''}$ bestätigt werden sollten.

11. Der CARNOT-Faktor beim Heizen $\eta_{C,H}$ folgt aus dem Temperaturniveau T_H, daraus der Exergieanteil des Wärmestroms zum Heizen $\dot{Q}_K^E$ und wiederum daraus der exergetische Wirkungsgrad für den Wärmepumpenprozess ζ_{WP} jeweils mit Gleichung (10.5).

12. Da die Zustandsänderung von 2 nach $3'$ nicht isotherm erfolgt, wird die thermodynamische Mitteltemperatur $T_{\mathrm{m},23'}$ mit Gleichung (3.91) berechnet. Der Exergieverluststrom $\dot{E}^{\mathrm{E}}_{\mathrm{V,verd}}$ für die angenommene irreversibel adiabate Verdichtung folgt aus Gleichung (3.105), der Exergieverluststrom für die Kondensation $\dot{E}^{\mathrm{E}}_{\mathrm{V,wue},23'}$ für den abgegebenen Wärmestrom entsprechend Gleichung (3.120) mit T_{H} und $T_{\mathrm{m},23}$, der Exergieverluststrom $\dot{E}^{\mathrm{E}}_{\mathrm{V,wue},3'3}$ im inneren Wärmeübertrager aus Gleichung (3.118) (mit $\dot{m}_1 = \dot{m}_3$), der Exergieverluststrom für die adiabate Entspannung $\dot{E}^{\mathrm{E}}_{\mathrm{V,dross}}$ aus Gleichung (3.116) und der Exergieverluststrom $\dot{E}^{\mathrm{E}}_{\mathrm{V,wue},41''}$ für die Verdampfung mit Gleichung (3.122). Die anteiligen Exergieverluste werden direkt durch die Division der Exergieverlustströme durch die Antriebsleistung des Verdichters erhalten.

13. Für die Darstellung der Verläufe der Zustandsänderungen im T,s- und im $\lg p, h$-Diagramm bietet es sich an, eine separate Datentabelle wie in Abb. 10.11 zu berechnen. Zur Erstellung der Diagramme siehe Abschnitt 2.2.5.

Getroffene Annahmen und Vereinfachungen für die Berechnung der beiden Beispiele 10.2 und 10.3:

- In den Berechnungen wurde die Verdichterleistung als konstant angenommen, was für die hier gesuchten Werte unerheblich ist, aber nicht z. B. für die Praxis, weil sich der Energiebedarf und die Heizleistung und damit auch die Verdichterleistung für die Beheizung eines Gebäudes mit abnehmender Außentemperatur erhöht, siehe dazu weiter unten die Hinweise zu erforderlichen Heizlastberechnungen. Aus niedrigen Außentemperaturen resultieren aufgrund des angepassten unteren Druckniveaus ebenfalls niedrige Wärmepumpen-Leistungszahlen, was insgesamt höhere Verdichterleistungen erfordert.

- Es wurde mit einem konstanten, grob abgeschätzten Wert für den isentropen Gütegrad der Verdichtung gerechnet, wobei dieser Wert in der Praxis nicht konstant ist und z. B. von der Bauart, vom geförderten Massenstrom und damit auch vom Energiebedarf für die Beheizung eines Gebäudes abhängt.

- Es gelten auch hier die Vereinfachungen, dass die Prozesse der Wärmeübertragung isobar, die Drosselung isenthalp und alle Teilprozesse einschließlich der Rohrleitungen nach außen hin adiabat sind.

- Es wurden für die Berechnungen keine Korrekturen nach DIN EN 14511 Teil 3 [40] durchgeführt.

Aus diesen Annahmen und Vereinfachungen folgt, dass die Leistungsdaten einer realen Wärmepumpenanlage niedriger sein können, als in den vorgestellten Berechnungen. Weiter unten erfolgt die gemeinsame Diskussion zu den beiden Beispielen.

Bearbeitung der in Beispiel 10.3 gegebenen Aufgabenstellung

Für die Bearbeitung der Aufgabenstellung gemäß Beispiel 10.3 werden das T,s-Diagramm in Abb. 10.12 und die Tabelle mit den wichtigsten Daten für den Vergleich der Prozesse erstellt:

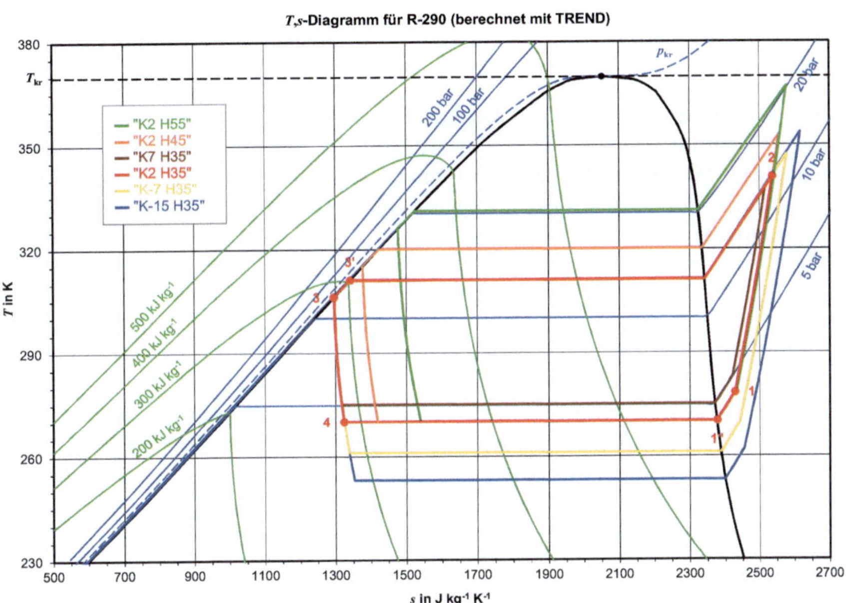

		"K-15 H35"	"K-7 H35"	"K2 H35"	"K7 H35"	"K2 H45"	"K2 H55"
$p_{1''}$	bar	2,45	3,23	4,32	5,04	4,32	4,32
p_2	bar	13,07	13,07	13,07	13,07	16,4	20,31
ϑ_H	°C	35,0	35,0	35,0	35,0	45,0	55,0
ϑ_K	°C	-15,0	-7,0	2,0	7,0	2,0	2,0
ε_{WP}	1	2,93	3,40	4,15	4,73	3,34	2,78
ζ_{WP}	1	14,3%	16,5%	20,2%	23,0%	26,2%	29,6%

Abbildung 10.12: Vergleich von Wärmepumpenprozessen für unterschiedliche Umgebungsluft- und Heizwassertemperaturen in Anlehnung an die Betriebs-Nennbedingungen nach DIN EN 14511 Teil 2 [39] (K = Temperatur der Umgebungsluft außen ϑ_K, H = erreichbare Temperatur des Heizwassers ϑ_H, jeweils in °C)

- Die Berechnungen zu diesem Beispiel können auf Basis des Berechnungsblatts zum Beispiel 10.2 in den Abb. 10.10 und 10.11 erfolgen. Der im Beispiel 10.2 berechnete Betriebspunkt ist bereits einer der aktuell zu berechnenden Betriebspunkte. Da die Temperatur des Heizwassers T_H und der isentrope Gütegrad $\eta_{s,\mathrm{verd}}$ beide konstant bleiben, ist nur das Druckniveau im Verdampfer $p_{1''}$ anzupassen, damit bei den in der Aufgabenstellung vorgegebenen Umgebungslufttemperaturen ϑ_K ein Wärmestrom vom Verdampfer aufgenommen werden kann. Wie schon weiter oben beschrieben, kann dies manuell oder besser unter Anwendung des Solvers erfolgen.

- Das T,s-Diagramm wird auf Basis von Datentabellen wie in Abb. 10.11 erstellt. Das Diagramm in Abb. 10.12 enthält zum Vergleich der Berechnungen u. a. die gesuchten Werte der Wärmepumpen-Leistungszahlen ε_WP und der Drücke $p_{1''}$ für die mit der Aufgabenstellung vorgegebenen unterschiedlichen Umgebungslufttemperaturen.

Die in der Tabelle in Abb. 10.12 dargestellten Ergebnisse der Berechnungen zum Beispiel 10.3 zeigen, dass mit abnehmender Temperatur der Umgebungsluft ϑ_K die Wärmepumpen-Leistungszahl ε_WP deutlich abnimmt, womit auch der zum Heizen bereitgestellte Wärmestrom im Verhältnis zur Antriebsleistung für die Verdichtung sinkt. Höhere Heizwassertemperaturen ϑ_H erfordern wegen höherer Druckniveaus nach der Verdichtung höhere Verdichterleistungen und ergeben wegen höherer Dissipationsverluste niedrigere Wärmepumpen-Leistungszahlen. Der exergetische Wirkungsgrad nimmt ebenfalls mit abnehmenden Temperaturniveaus ab und erreicht wegen des höheren Exergieanteils des Heizwärmestroms bei höheren Heizwassertemperaturen höhere Werte.

Im Zusammenhang mit niedrigen Umgebungstemperaturen sind zwei weitere Punkte relevant, der Einsatz von elektrischen Zusatzbeheizungen und die mögliche Vereisung des Verdampfers bei niedrigen Lufttemperaturen. Typisch für Luft-Wasser-Wärmepumpen sind elektrische Zusatzbeheizungen, die an den wenigen Tagen oder vielleicht auch nur Stunden, an denen die Lufttemperatur unterhalb eines bestimmten Grenzwerts liegt, z. B. $-10\,^\circ\mathrm{C}$, zum Einsatz kommen können. Dies kann ökonomische Vorteile gegenüber einer überdimensionierten Wärmepumpenanlage haben, siehe die Hinweise unten. Der zweite Punkt ist die Gefahr der Vereisung des Verdampfers durch Eisbildung infolge Kondensation aus der Umgebungsluft, was schon bei Lufttemperaturen oberhalb $0\,^\circ\mathrm{C}$ auftreten kann, wenn die Oberflächentemperatur des Verdampfers unter $0\,^\circ\mathrm{C}$ liegt. Ein Abtauen des Verdampfers wird üblicherweise durch eine Umkehrung des Kältemittelkreislaufs mithilfe eines Mehrwege-Umschaltventils erreicht, wodurch der Verdampfer zum Kondensator mit Abgabe eines Wärmestroms wird (und der Kondensator zum Verdampfer). Die Energie für diesen Vorgang kann z. B. aus einem Pufferspeicher bereitgestellt werden [62].

Die Wärmepumpen-Leistungszahl wurde in Gleichung (10.4) definiert. Diese Gleichung berücksichtigt aber z. B. bei einer Luft-Wasser-Wärmepumpe wie im Beispiel 10.2 nicht die erforderliche Leistung des Ventilators am Verdampfer, der sich typischerweise in der Außeneinheit einer solchen Wärmepumpe befindet und dessen Leistungsaufnahme bei höheren Außentemperaturen größer sein kann, als die Leistungsaufnahme des Kompressors. Die Leistungsaufnahme der Regelung und der Elektronik ist gering und kann hingegen meist vernachlässigt werden.

Luft-Wasser-Wärmepumpen weisen bei sehr kalter Witterung niedrigere Leistungszahlen auf, als z. B. Wasser-Wasser-Wärmepumpen oder Erdreich-Wasser-Wärmepumpen, aber nur, wenn die Temperatur der Umgebungsluft unterhalb der Temperatur des Wassers oder des Erdreichs liegt, weil dann auch das Temperaturniveau bei der Verdampfung des Kältemittels niedriger ist. Dagegen können Luft-Wasser-Wärmepumpen in der Übergangszeit im Frühjahr oder im Herbst teilweise günstiger betrieben werden. Nachteile von Wasser-Wasser-Wärmepumpen oder Erdreich-Wasser-Wärmepumpen sind die für diese beiden Systeme höheren Investitionskosten und ggf. zusätzlich anfallende Genehmigungen.

Ein Vergleich der Systeme und eine Bewertung der Performance einer Anlage kann z. B. über die über das Jahr gemittelte Leistungszahl oder auch Jahresarbeitszahl (JAZ)

$$\varepsilon_{\mathrm{WP}}^{*} = \frac{-Q_{\mathrm{H}}}{W_{\mathrm{WP}}} \tag{10.12}$$

erfolgen. Diese Definition stammt aus Gleichung (10.4), wobei hier die gesamte in einem Jahr bereitgestellte Wärme auf die gesamte, in einem Jahr von der Wärmepumpe aufgenommene elektrische Arbeit für die Verdichtung, die elektrische Zusatzbeheizung, die Umwälzpumpe und die Elektronik bezogen wird. Die für die Ermittlung der Jahresarbeitszahl erforderlichen Messeinrichtungen sind in der Regel an den installierten Anlagen vorhanden.

Ein wichtiger Aspekt ist die korrekte Dimensionierung einer Wärmepumpenanlage. Heute werden überwiegend modulierende Systeme eingesetzt, die ihre Leistung durch Drehzahlregelung des Kompressors stufenlos an den Wärmebedarf anpassen können. Dadurch arbeiten sie auch bei niedriger Heizlast mit hoher Effizienz. Ältere Anlagen mit konstantem Kompressorbetrieb und nur zwei Schaltzuständen waren dagegen deutlich ineffizienter. Wird jedoch auch eine modulierende Wärmepumpe zu groß ausgelegt, führt dies zu häufigem Takten: Die Anlage schaltet oft ein und kurz darauf wieder ab. Dieses Verhalten ist energetisch ungünstig und belastet insbesondere den Kompressor. Eine leistungsgeregelte Wärmepumpe mit etwas geringerer, aber noch ausreichender Leistung läuft dagegen gleichmäßiger, erreicht bessere Jahresarbeitszahlen und kann elektrische Energie – beispielsweise aus einer PV-Anlage – effizienter nutzen. Angestrebt werden sollte daher ein möglichst durchgängiger Betrieb mit nur wenigen Schaltzyklen pro Tag.

Wie oben beschrieben, werden für Luft-Wasser-Wärmepumpen elektrische Zusatzbeheizungen eingesetzt, die an den wenigen Tagen oder auch nur Stunden, an denen die Lufttemperatur unterhalb eines bestimmten Grenzwerts liegt, zum Einsatz kommen können. Eine wichtige Rolle beim Einsatz des Heizstabs spielt der sog. Bivalenzpunkt, als der Außentemperatur, ab dessen Unterschreitung die elektrische Zusatzbeheizung *zu*geschaltet wird. Zu beachten sind die höheren Betriebskosten durch den Einsatz der Zusatzbeheizung, die mit grundsätzlich reduzierten Investitionskosten einhergehen. Weitere Funktionen der elektrischen Zusatzbeheizung sind die schnellere Aufheizung des Warmwasserspeichers, der Einsatz als Notbeheizung oder Frostschutz und die Erwärmung des Wassers über 60 °C als Schutz vor Befall durch Legionellen.[62]

Eine wichtige Rolle im Zusammenhang mit dem energetischen Zustand des Gebäudes spielt die Vorlauftemperatur von Heizungssystemen und insbesondere von Wärmepumpen. Wie oben in der Tabelle in Abb. 10.12 zum Beispiel 10.3 gezeigt, ergeben höhere erforderliche Heizwassertemperaturen – z. B. $\vartheta_\mathrm{H} = 55\,°\mathrm{C}$ – relativ niedrige Wärmepumpen-Leistungszahlen. In Zusammenhang mit schlecht gedämmten Altbauten resultieren daraus insgesamt höhere erforderliche elektrische Leistungsaufnahmen. Sinnvolle Maßnahmen – am besten vor oder spätestens im Zusammenhang mit der Installation einer Wärmepumpe – sind inbesondere eine Optimierung der Wärmedämmung, ggf. die Installation eines Belüftungssystems mit Frischluftvorwärmung, der Einsatz von Flächenheizungen zur Senkung der erforderlichen Heizwassertemperatur sowie die Installation einer Photovoltaik-Anlage zur Eigennutzung der aus der Solarstrahlung umgewandelten elektrischen Energie.

Ermittlung der erforderlichen Heizleistung einer Wärmepumpe für ein Gebäude
Vor der Installation einer neuen Heizungsanlage sollte unbedingt die Ermittlung der erforderlichen Heizleistung (sog. Heizlast) über Messungen oder Berechnungen erfolgen. Die Auslegung einer Wärmepumpe für die Beheizung eines neuen Gebäudes oder eines Bestandsgebäudes einschließlich der Warmwasserbereitung erfolgt in der Regel auf Basis einer *Heizlastberechnung* nach der DIN EN 12831 Teil 1 [38] sowie der technischen Spezifikation DIN/TS 12831 Teil 1 [45], die die Heizlast als „die Wärmeleistung bezeichnet, die dem Raum zugeführt werden muss, damit im Inneren des Raums eine definierte Innentemperatur aufrechterhalten werden kann, während außen eine definierte Außentemperatur herrscht". Die Heizleistung oder Heizlast stellt letztlich den von den Heizflächen abgegebenen Wärmestrom $\dot{Q}_\mathrm{H}$ dar und resultiert im Wesentlichen aus den Wärmeverlusten infolge der Wärmeübergänge durch die Gebäudehülle (sog. Transmissionsverluste) und den Verlusten beim Lüften. Auf der anderen Seite gibt es auch Energieumwandlungen im Gebäude, die zu berücksichtigen sind, z. B. durch solare Einstrahlung und Dissipation der bezogenen elektrischen Leistungen sowie die Wärmeabgabe von im Gebäude sich aufhaltenden Personen (und ggf. Haustieren). Für Gebäude im Bestand bietet sich die Ermittlung der erforderlichen Heizleistung auf Basis des tatsächlichen Energiebedarfs der zu ersetzenden Heizungsanlage für das Gebäude an. Dafür wird im nachfolgenden Berechnungsbeispiel in Abb. 10.13 der monatliche Energiebedarf einer vorhandenen Gasheizung aus dem Gasverbrauch bestimmt. Viele weitere Informationen zur Auslegung einer Wärmepumpe sind in [62] zu finden.

Bearbeitung der in Beispiel 10.4 gegebenen Aufgabenstellung
Für die Bearbeitung der Aufgabenstellung gemäß Beispiel 10.4 wird das Excel-Berechnungsblatt in Abb. 10.13 erstellt:

1. Der obere Teil der Tabelle in Abb. 10.13 enthält die mittleren monatlichen Außentemperaturen für den Standort Aachen aus den betrachteten Kalenderjahren[2].

2. Weiterhin in der Tabelle aufgeführt sind die Messwerte der monatlichen Gasverbräuche für die Beheizung des Gebäudes einschließlich der Warmwasserbereitung

---

[2]Siehe `https://www.wetterkontor.de/wetter-rueckblick/monats-und-jahreswerte.asp`

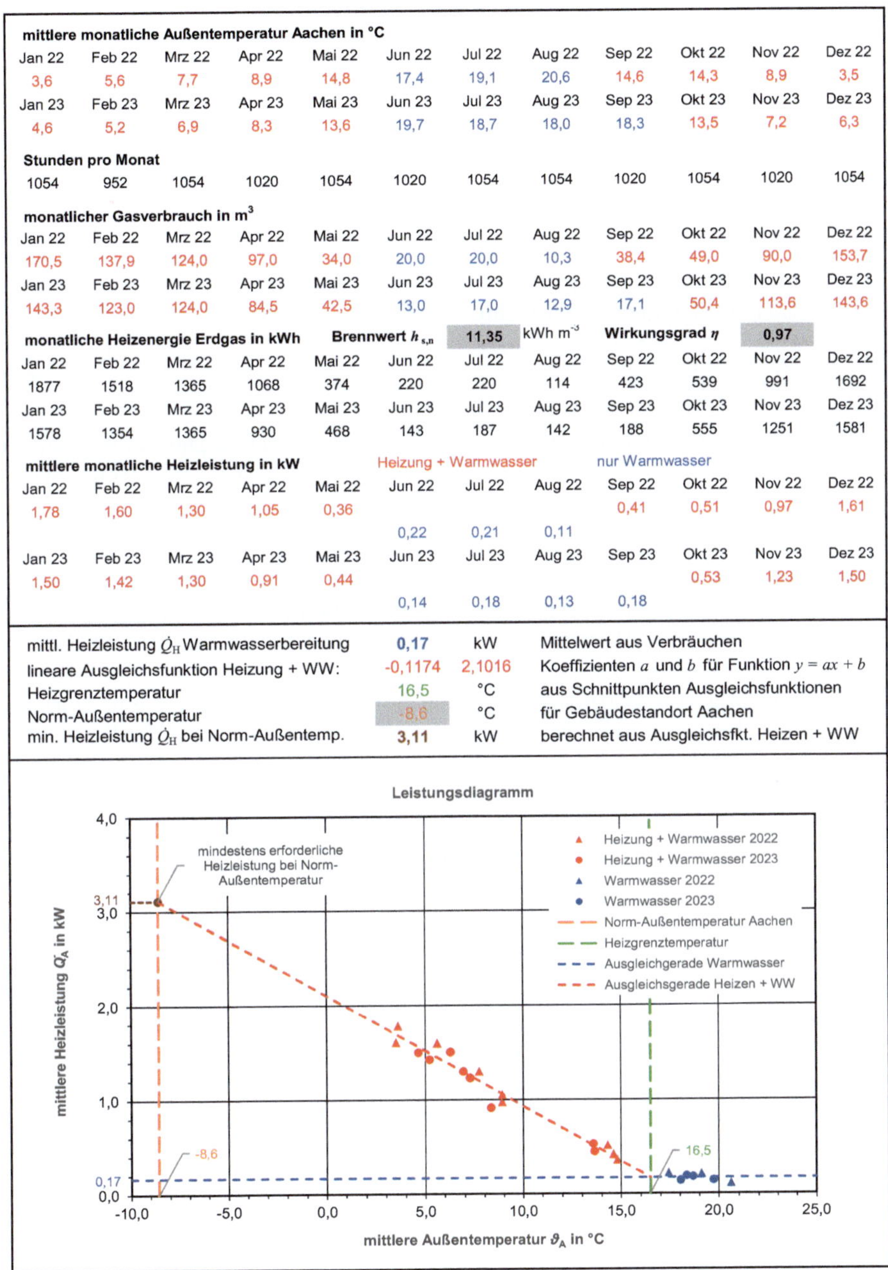

mittlere monatliche Außentemperatur Aachen in °C

Jan 22	Feb 22	Mrz 22	Apr 22	Mai 22	Jun 22	Jul 22	Aug 22	Sep 22	Okt 22	Nov 22	Dez 22
3,6	5,6	7,7	8,9	14,8	17,4	19,1	20,6	14,6	14,3	8,9	3,5
Jan 23	Feb 23	Mrz 23	Apr 23	Mai 23	Jun 23	Jul 23	Aug 23	Sep 23	Okt 23	Nov 23	Dez 23
4,6	5,2	6,9	8,3	13,6	19,7	18,7	18,0	18,3	13,5	7,2	6,3

Stunden pro Monat

1054	952	1054	1020	1054	1020	1054	1054	1020	1054	1020	1054

monatlicher Gasverbrauch in m³

Jan 22	Feb 22	Mrz 22	Apr 22	Mai 22	Jun 22	Jul 22	Aug 22	Sep 22	Okt 22	Nov 22	Dez 22
170,5	137,9	124,0	97,0	34,0	20,0	20,0	10,3	38,4	49,0	90,0	153,7
Jan 23	Feb 23	Mrz 23	Apr 23	Mai 23	Jun 23	Jul 23	Aug 23	Sep 23	Okt 23	Nov 23	Dez 23
143,3	123,0	124,0	84,5	42,5	13,0	17,0	12,9	17,1	50,4	113,6	143,6

monatliche Heizenergie Erdgas in kWh Brennwert $h_{s,n}$ [11,35] kWh m⁻³ Wirkungsgrad η [0,97]

Jan 22	Feb 22	Mrz 22	Apr 22	Mai 22	Jun 22	Jul 22	Aug 22	Sep 22	Okt 22	Nov 22	Dez 22
1877	1518	1365	1068	374	220	220	114	423	539	991	1692
Jan 23	Feb 23	Mrz 23	Apr 23	Mai 23	Jun 23	Jul 23	Aug 23	Sep 23	Okt 23	Nov 23	Dez 23
1578	1354	1365	930	468	143	187	142	188	555	1251	1581

mittlere monatliche Heizleistung in kW   Heizung + Warmwasser   nur Warmwasser

Jan 22	Feb 22	Mrz 22	Apr 22	Mai 22	Jun 22	Jul 22	Aug 22	Sep 22	Okt 22	Nov 22	Dez 22
1,78	1,60	1,30	1,05	0,36				0,41	0,51	0,97	1,61
					0,22	0,21	0,11				
Jan 23	Feb 23	Mrz 23	Apr 23	Mai 23	Jun 23	Jul 23	Aug 23	Sep 23	Okt 23	Nov 23	Dez 23
1,50	1,42	1,30	0,91	0,44					0,53	1,23	1,50
					0,14	0,18	0,13	0,18			

mittl. Heizleistung $\dot{Q}_H$ Warmwasserbereitung	**0,17**	kW	Mittelwert aus Verbräuchen
lineare Ausgleichsfunktion Heizung + WW:	-0,1174	2,1016	Koeffizienten a und b für Funktion $y = ax + b$
Heizgrenztemperatur	16,5	°C	aus Schnittpunkten Ausgleichsfunktionen
Norm-Außentemperatur	-8,6	°C	für Gebäudestandort Aachen
min. Heizleistung $\dot{Q}_H$ bei Norm-Außentemp.	**3,11**	kW	berechnet aus Ausgleichsfkt. Heizen + WW

Abbildung 10.13: Ermittlung der erforderlichen Heizleistung für die Auslegung einer Wärmepumpe für ein Einfamilienhaus in auf Basis des monatlich gemessenen Gasverbrauchs und der Norm-Außentemperatur

mit einer Gas-Brennwerttherme. Die Daten sind farblich unterteilt nach Monaten, in denen geheizt und Warmwasser bereitet oder praktisch ausschließlich Warmwasser bereitet wird.

3. Über den in der Tabelle aufgeführten Wirkungsgrad η der Gas-Brennwerttherme, das verbrauchte Gasvolumen V_{G} und den Brennwert des Erdgases wird die mittlere monatliche in Form von Wärme bereitgestellte Heizenergie

$$Q_{\mathrm{H}} = \eta V_{\mathrm{G}} h_{\mathrm{s,n}}(T_{\circ}) \tag{10.13}$$

berechnet. Daraus folgen im unteren Teil der Tabelle nach Division durch die monatlichen Stundenzahlen h mit

$$\dot{Q}_{\mathrm{H}} = \frac{Q_{\mathrm{H}}}{\Delta t} \tag{10.14}$$

die mittleren monatlichen Heizleistungen, zur grafischen Darstellung aufgeteilt in die Heizphasen und die Phasen, in denen nur Warmwasser bereitet wird.

4. Im Diagramm erfolgt die Darstellung der mittleren Heizleistung der Gastherme (die dem mittleren nutzbaren Wärmestrom $\dot{Q}_{\mathrm{H}}$ entspricht) in Abhängigkeit von der mittleren monatlichen Außentemperatur. Dafür werden die Datenpunkte unterteilt nach den Kalenderjahren in roter Farbe für die Beheizung einschließlich der Bereitung von Warmwasser oder in blauer Farbe nur für die Bereitung von Warmwasser in das Diagramm eingetragen. Für die Datenpunkte nur für die Bereitung von Warmwasser in den Sommermonaten wird eine horizontale Ausgleichsfunktion aus der berechneten mittleren Heizleistung dieser Monate erstellt.

5. Aus den Datenpunkten für die Beheizung des Gebäudes einschließlich der Bereitung von Warmwasser wird über die RGP-Funktion eine lineare Ausgleichsfunktion $y = ax + b$ ermittelt. Dafür ist ein Datenbereich erforderlich, in dem in zwei Spalten oder Zeilen nur die mittleren Monatstemperaturen und die berechneten mittleren Heizleistungen für die Monate stehen, in denen auch geheizt wurde (also nur die Daten aus den Zellen in roter Schrift). Diese Tabelle ist im Berechnungsblatt ausgeblendet. Anschließend werden im Arbeitsblatt die beiden Zellen, in denen die Koeffizienten a und b berechnet werden sollen, markiert und `=RGP(Heizleistungen;Monatstemperaturen;WAHR)` eingegeben und die Matrix-Formel mit `Strg`+`⇧`+`Enter` abgeschlossen. Die grafische Darstellung der entsprechenden Ausgleichsfunktion erfolgt anhand einer kleinen Wertetabelle, die im Berechnungsblatt ausgeblendet wurde.

6. Die sog. Heizgrenztemperatur, dargestellt als senkrechte Linie, folgt aus dem berechneten Schnittpunkt der Ausgleichsgeraden für die Beheizung einschließlich Warmwasserbereitung mit der Geraden nur für die Warmwasserbereitung.

7. Die sog. Norm-Außentemperatur[3] für den Standort des Gebäudes wird ebenfalls

---

[3]Die Norm-Außentemperatur ist durch Eingabe der Postleitzahl verfügbar unter https://www.wa ermepumpe.de/normen-technik/klimakarte/ und wurde dort aus Klimadaten von 1979 bis 2019 ermittelt.

als senkrechte Linie dargestellt. Die gesuchte mindestens erforderliche Heizleistung bei der Norm-Außentemperatur folgt aus dem Schnittpunkt der Ausgleichsgeraden für die Heizleistung einschließlich der Warmwasserbereitung mit der senkrechten Linie für die Norm-Außentemperatur.

Die Ergebnisse in Abb. 10.13 zeigen, dass sowohl die Heizleistungen mit Warmwasserbereitung als auch die reinen Warmwasser-Heizleistungen jeweils gut durch eine Ausgleichsgerade approximiert werden können. Die in der Tabelle ausgewiesene Heizleistung ausschließlich für die Bereitung von Warmwasser ist vergleichsweise niedrig, während die Norm-Außentemperatur für Aachen relativ hoch ist.

Die Norm-Außentemperatur ist definiert als das tiefste Zweitagesmittel der Lufttemperatur, das innerhalb von 20 Jahren zehnmal erreicht oder unterschritten wurde. Die Heizgrenztemperatur hingegen bezeichnet die Außentemperatur, ab der die Heizungsanlage in Betrieb genommen wird. Wie bereits beschrieben, hängt sie vom energetischen Zustand des Gebäudes ab. Häufig kann der Heizbedarf bei höheren Außentemperaturen durch solare Einstrahlung oder die Abwärme größerer Haushaltsgeräte teilweise kompensiert werden.

Die minimal erforderliche Heizleistung der Wärmepumpe bei der Norm-Außentemperatur bildet die Grundlage für deren Auslegung. Zur Bedeutung einer korrekten Dimensionierung von Wärmepumpen sowie zur Überwachung der Energieeffizienz im Betrieb siehe [15]. Die Analyse realer Betriebsdaten zeigt, dass Abweichungen zwischen Planung und tatsächlicher Effizienz häufig auftreten und Optimierungspotenzial bieten.

Abschließend sei darauf hingewiesen, dass kein linearer Zusammenhang zwischen der Heizleistung und der mittleren Außentemperatur erwartet werden kann. Daher stellt eine Extrapolation über den vorliegenden Datenbereich hinaus – wie im aktuellen Beispiel – eine unsichere Grundlage für die Auslegung dar. Eine bessere Datenbasis könnte durch zusätzliche Messungen bei besonders niedrigen Außentemperaturen geschaffen werden, idealerweise mit wöchentlichen oder täglichen Messintervallen.

10.3.3 Einsatz einer Wärmepumpe unter Nutzung von Geothermie

Beispiel 10.5

Im Abschnitt 12.1 wird im Beispiel 12.1 die Trocknung von Quarzsand in einem Drehrohrofen unter Verwendung des Abgasstroms aus der Verbrennung von Heizöl betrachtet und darauf aufbauend die klimaneutrale Trocknung ausschließlich mit direktelektrisch vorgewärmter Luft – unter Nutzung elektrischer Energie aus einer am Standort vorhandenen Photovoltaik-Anlage. Grundsätzlich sind als weitere Varianten hybride Konzepte in Kombination mit der Vorwärmung der Luft unter Verwendung einer Wärmepumpe denkbar. Im aktuellen Beispiel soll die Kombination der Vorwärmung der Luft mittels einer Wärmepumpe und die anschließende weitere direktelektrische Erwärmung bis auf die im Fall b) im Beispiel 12.1 berechnete Eintrittstemperatur ϑ_2 der Luft in den Trockner betrachtet werden.

Unter dem Betriebsgelände der Sandaufbereitung wurde bis ca. 1970 Steinkohlenbergbau betrieben, weshalb erwartet wird, dass in ca. 400 m Tiefe Grubenwasser mit einer Temperatur von ca. 20 °C vorliegt und durch eine Bohrung erschlossen werden kann. Deshalb soll untersucht werden, ob und in welchem Umfang eine mittels Nutzung von Geothermie betriebene zweistufige Wärmepumpe mit inneren Wärmeübertragern und Kohlendioxid (R-744) als Arbeitsmedium die direktelektrische Erwärmung sinnvoll unterstützen kann.

Die folgenden Daten sind für eine erste, ggf. weiter zu optimierende Auslegung des Prozesses gegeben: Ein isentroper Gütegrad für die beiden Verdichter von $\eta_{s,\mathrm{verd}} = 60{,}0\,\%$, ein umlaufender Massenstrom des Arbeitsmedium in der zweiten Stufe von $\dot{m}_{\mathrm{II}} = 0{,}90\,\mathrm{kg\,s}^{-1}$ und in der ersten Stufen von $\dot{m}_{\mathrm{I}} = 1{,}4\,\dot{m}_{\mathrm{I}}$, eine Temperaturdifferenz zwischen Arbeitsmedium und Grubenwasser im Wärmeübertrager W1 von $\Delta T_6 = 6{,}0\,\mathrm{K}$, eine Überhitzung im Wärmeübertrager W3 auf den Zustand 1 von $\Delta T_1 = 34{,}0\,\mathrm{K}$, eine Abkühlung im Wärmeübertrager W2 auf den Zustand 3 von $\Delta T_3 = 75{,}0\,\mathrm{K}$, eine Abkühlung im Wärmeübertrager W4 auf den Zustand 9 von $\Delta T_9 = 45{,}0\,\mathrm{K}$ sowie eine Umgebungstemperatur von $T_{\mathrm{U}} = 283{,}15\,\mathrm{K}$. Vorgegeben sind weiterhin der Zustand 6 als gesättigter Dampf, der Druck $p_2 = 11{,}00\,\mathrm{MPa}$, der Druck $p_7 = 15{,}00\,\mathrm{MPa}$ bei einer Temperatur $T_7 = 400{,}0\,\mathrm{K}$, der Druck $p_8 = 23{,}00\,\mathrm{MPa}$ sowie die Temperatur $T_{11} = 324{,}0\,\mathrm{K}$. Für die Daten der feuchten Luft gelten ein Druck von $p_{\mathrm{L}} = 1{,}0\,\mathrm{bar}$, eine Eintrittstemperatur $T_{\mathrm{L,f,A}} = 283{,}15\,\mathrm{K}$ und eine relative Feuchte von $\varphi = 0{,}65$. Die minimale Temperaturdifferenz im Pinch 1 oder im Pinch 2 bei der Erwärmung der Luft ist mit $\Delta T_{\mathrm{Pinch,Soll}} = 5{,}0\,\mathrm{K}$ vorgegeben.

Zu berechnen sind u. a. die erforderlichen Antriebsleistungen der Kompressoren, sämtliche Wärmeströme, auch der inneren Wärmeübertrager, die Leistungszahl und der exergetische Wirkungsgrad der Wärmepumpe sowie die Exergieverluste der Bauteile, außerdem die erreichbare Temperatur bei der Vorwärmung der Luft für den im Beispiel 12.1 berechneten Massenstrom der zu erwärmenden Luft $\dot{m}_{\mathrm{L,f}}$. Der Prozess ist im T,s- und im $\lg p,h$-Diagramm darzustellen. (Ergebnisse in den Excel-Berechnungsblättern in den Abb. 10.15 bis 10.18.)

Im Fließschema in der Abb. 10.14 ist ein zweistufiger Wärmepumpenprozess dargestellt, der in jeder Stufe einen inneren Wärmeübertrager enthält: in der ersten Stufe den Wärmeübertrager W3 und in der zweiten Stufe den Wärmeübertrager W5. Die beiden Stufen sind über den Wärmeübertrager W2 miteinander gekoppelt. Der Prozess dient zur Vorwärmung der Luft in den beiden Wärmeübertragern W4 und W6 gemäß Beispiel 10.5. Dafür wird im Wärmeübertrager W1 ein Wärmestrom vom Grubenwasser aufgenommen.

Für den als zeitlich stationär angenommenen Wärmepumpenprozess gelten die nachfolgenden Massenbilanzen, Energiebilanzen sowie Berechnungsgleichungen mit den umlaufenden Massenströmen $\dot{m}_{\mathrm{I}}$ in der ersten Stufe und $\dot{m}_{\mathrm{II}}$ in der zweiten Stufe sowie dem Massenstrom der zu erwärmenden feuchten Luft $\dot{m}_{\mathrm{L,f}}$ mit der mittleren spezifischen Wärmekapazität $\overline{c_{p,\mathrm{L,f}}}$ im jeweiligen Temperaturintervall entsprechend Gleichung (2.49) (unter Verwendung der Bezugstemperatur T_{Bezug} entsprechend der Gleichung (2.50), siehe dazu die Erläuterungen weiter unten):

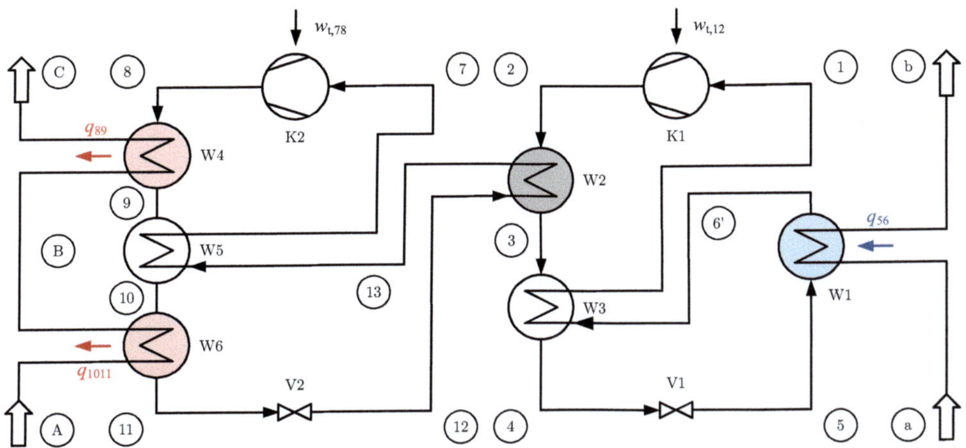

Abbildung 10.14: Fließschema für den zweistufigen Wärmepumpenprozess mit inneren Wärmeübertragern zur Vorwärmung von Luft

- Um den Wärmeübertrager W2 (mit $\dot{m}_2 = \dot{m}_3 = \dot{m}_\mathrm{I}$ und $\dot{m}_{12} = \dot{m}_{13} = \dot{m}_\mathrm{II}$)

$$\dot{m}_2 + \dot{m}_{12} = \dot{m}_3 + \dot{m}_{13} \quad \text{und} \tag{10.15}$$

$$\dot{m}_2 h_2 + \dot{m}_{12} h_{12} = \dot{m}_3 h_3 + \dot{m}_{13} h_{13} \ . \tag{10.16}$$

Daraus folgt die spezifische Enthalpie im Zustand 13

$$h_{13} = h_{12} + \frac{\dot{m}_\mathrm{I}}{\dot{m}_\mathrm{II}} (h_2 - h_3) \ . \tag{10.17}$$

- Um den Wärmeübertrager W3 (mit $\dot{m}_1 = \dot{m}_3 = \dot{m}_4 = \dot{m}_6 = \dot{m}_\mathrm{I}$)

$$\dot{m}_3 + \dot{m}_6 = \dot{m}_4 + \dot{m}_1 \quad \text{und} \tag{10.18}$$

$$\dot{m}_3 h_3 + \dot{m}_6 h_6 = \dot{m}_4 h_4 + \dot{m}_1 h_1 \ . \tag{10.19}$$

Daraus folgt die spezifische Enthalpie im Zustand 4

$$h_4 = h_3 + h_6 - h_1 \ . \tag{10.20}$$

- Um den Wärmeübertrager W5 (mit $\dot{m}_7 = \dot{m}_9 = \dot{m}_{10} = \dot{m}_{13} = \dot{m}_\mathrm{II}$)

$$\dot{m}_9 + \dot{m}_{13} = \dot{m}_{10} + \dot{m}_7 \quad \text{und} \tag{10.21}$$

$$\dot{m}_9 h_9 + \dot{m}_{13} h_{13} = \dot{m}_{10} h_{10} + \dot{m}_7 h_7 \ . \tag{10.22}$$

Daraus folgt die spezifische Enthalpie im Zustand 10

$$h_{10} = h_9 + h_{13} - h_7 \ . \tag{10.23}$$

- Um den Wärmeübertrager W6

$$\dot{m}_{\mathrm{II}} h_{10} + \dot{m}_{\mathrm{L,f}} h_{\mathrm{A}} = \dot{m}_{\mathrm{II}} h_{11} + \dot{m}_{\mathrm{L,f}} h_{\mathrm{B}} \quad \text{oder} \tag{10.24}$$

$$\dot{m}_{\mathrm{II}}(h_{10} - h_{11}) = \dot{m}_{\mathrm{L,f}}\overline{c_{p,\mathrm{L,f}}}(T_{\mathrm{L,f,B}} - T_{\mathrm{L,f,A}}) \ . \tag{10.25}$$

Daraus folgt die Temperatur der Luft im Zustand B

$$T_{\mathrm{L,f,B}} = T_{\mathrm{L,f,A}} + \frac{\dot{m}_{\mathrm{II}}(h_{10} - h_{11})}{\dot{m}_{\mathrm{L,f}}\overline{c_{p,\mathrm{L,f}}}} = T_{\mathrm{L,f,A}} + \frac{\dot{Q}_{1011}}{\dot{m}_{\mathrm{L,f}}\overline{c_{p,\mathrm{L,f}}}} \ . \tag{10.26}$$

- Um die beiden Wärmeübertrager W4 und W6

$$\dot{m}_{\mathrm{II}}(h_8 - h_9 + h_{10} - h_{11}) = \dot{m}_{\mathrm{L,f}}\overline{c_{p,\mathrm{L,f}}}(T_{\mathrm{L,f,C}} - T_{\mathrm{L,f,A}}) \ . \tag{10.27}$$

Daraus folgt die Temperatur der Luft im Zustand C

$$T_{\mathrm{L,f,C}} = T_{\mathrm{L,f,A}} + \frac{\dot{m}_{\mathrm{II}}(h_8 - h_9 + h_{10} - h_{11})}{\dot{m}_{\mathrm{L,f}}\overline{c_{p,\mathrm{L,f}}}} = \frac{\dot{Q}_{89} + \dot{Q}_{1011}}{\dot{m}_{\mathrm{L,f}}\overline{c_{p,\mathrm{L,f}}}} \ . \tag{10.28}$$

Bearbeitung der in Beispiel 10.5 gegebenen Aufgabenstellung

Für die Bearbeitung der Aufgabenstellung gemäß Beispiel 10.5 werden die Excel-Berechnungsblätter in den Abb. 10.15 bis 10.18 erstellt:

1. Im oberen Teil des Berechnungsblatts werden die Eingabeparameter für TREND vorgegeben. Die Zellen in diesem Teil erhalten am besten dieselben Namen, wie im Beispiel 2.1. Aus Platzgründen wurden Zeilen im Berechnungsblatt ausgeblendet.

2. Die mit der Aufgabenstellung gegebenen Parameter werden eingegeben. Die Berechnung des Drucks $p_{6''}$, der spezifischen Enthalpie $h_{6''}$ sowie der spezifischen Entropie $s_{6''}$ im Sättigungszustand 6 erfolgen mit dem Input Code PVAP für die Temperatur $T_{6''} = T_{\mathrm{G}} - \Delta T_6$ und daraus die Daten für den Zustand 1 mit $p_1 = p_{6''}$ und $T_1 = T_{6''} + \Delta T_1$.

3. Die Berechnungen für den Zustand 2 erfolgen analog zu den Berechnung für den Zustand 2 im Beispiel 10.1, ebenso für den Zustand 3 mit $T_3 = T_2 - \Delta T_3$. Für den Zustand 4 werden der Druck mit $p_4 = p_2$, die spezifische Enthalpie h_4 mit Gleichung (10.20) und daraus die weiteren Parameter für diesen Zustand mit dem Input Code PH ermittelt. Die Parameter für den Zustand 5 nach der Drosselung folgen analog zu den entsprechenden Berechnungen im Beispiel 10.1.

4. Die Parameter für die Zustände 7 und 8 werden wie oben berechnet. Es folgen die Parameter für die weiteren Zustände 9 mit $p_9 = p_8$ und $T_9 = T_8 - \Delta T_9$, 10 mit $p_{10} = p_9$ und der spezifischen Enthalpie h_{10} nach Gleichung (10.23) und 11 mit $p_{11} = p_{10}$. Die adiabate Drosselung auf den Zustand 12 erfolgt hier überkritisch und die isobare Erwärmung auf den Zustand 13 mit der spezifischen Enthalpie h_{13} nach Gleichung (10.17).

5. Die Antriebsleistungen P_{WP}, die Wärmeströme $\dot{Q}$ und die CARNOT-Faktoren η_{C} werden wie für das Beispiel 10.1 berechnet. Daraus folgen u. a. der Exergieanteil

Eingabeparameter TREND				TREND Thermodynamic Reference & Engineering Data	HC TP specific FALSCH CO2
Path to Sub-Model					
Input Code					
Unit					
Show Error Code					
Fluid				R-744	
isentroper Gütegrad Verdichtung K1 erste Stufe	$\eta_{s,verd,1}$			1	0,60
isentroper Gütegrad Verdichtung K2 zweite Stufe	$\eta_{s,verd,2}$			1	0,60
Massenstrom umlaufendes Kältemittel Kreisprozess zweite Stufe	$\dot{m}_{II}$			kg s^{-1}	0,90
Massenstrom umlaufendes Kältemittel Kreisprozess erste Stufe	$\dot{m}_{I}$			kg s^{-1}	1,26
Temperatur des Grubenwassers (als praktisch konst. Angenommen)	T_G			K	293,15
Temperaturdifferenz zwischen Arbeitsmedium und Grubenwasser (Wärmeübertrager W1)	ΔT_6			K	6,0
Temperaturdifferenz Überhitzung auf Zustand 1 (Wärmeübertrager W3)	ΔT_1			K	34,0
Temperaturdifferenz Abkühlung auf Zustand 3 (Wärmeübertrager W2)	ΔT_3			K	75,0
Temperaturdifferenz Abkühlung auf Zustand 9 (Wärmeübertrager W4)	ΔT_9			K	45,0
Temperatur der Umgebung	T_U			K	283,15
Zustand 6 gesättigter Dampf		CalcType	Unit		
Druck	$p_{6''}$	P	MPa	MPa	4,97
Temperatur	$T_{6''} = T_G - \Delta T_6$	T	K	K	287,2
spezifische Enthalpie	$h_{6''}$	H	J/kg	kJ kg^{-1}	418,0
spezifische Entropie	$s_{6''}$	S	J/(kg K)	J kg^{-1} K^{-1}	1756
Zustand 1 überkritisch					
Druck	$p_1 = p_{6''}$			MPa	4,97
Temperatur	$T_1 = T_{6''} + \Delta T_1$			K	321,15
spezifische Enthalpie	h_1	H	J/kg	kJ kg^{-1}	478,9
spezifische Entropie	s_1	S	J/(kg K)	J kg^{-1} K^{-1}	1958
Zustand 2 überkritisch					
Druck	p_2			MPa	11,00
Temperatur	T_2	T	K	K	408,3
spezifische Enthalpie (isentrope Verdichtung)	$h_{2,s}$	H	J/kg	kJ kg^{-1}	520,0
spezifische Enthalpie (irreversible Verdichtung)	h_2	H	J/kg	kJ kg^{-1}	547,4
spezifische Entropie	s_2	S	J/(kg K)	J kg^{-1} K^{-1}	2027
Zustand 3 überkritisch					
Druck	$p_3 = p_2$			MPa	11,00
Temperatur	$T_3 = T_2 - \Delta T_3$			K	333,3
spezifische Enthalpie	h_3	H	J/kg	kJ kg^{-1}	405,7
spezifische Entropie	s_3	S	J/(kg K)	J kg^{-1} K^{-1}	1637
Zustand 4 überkritisch					
Druck	$p_4 = p_2$			MPa	11,00
Temperatur	T_4	T	K	K	321,6
spezifische Enthalpie (aus Energiebilanz um W3)	h_4	H	J/kg	kJ kg^{-1}	344,8
spezifische Entropie	s_4	S	J/(kg K)	J kg^{-1} K^{-1}	1451
Zustand 5 Nassdampf					
Druck	$p_5 = p_6$			MPa	4,97
Temperatur	T_5	T	K	K	287,2
spezifische Enthalpie	$h_5 = h_4$	H	J/kg	kJ kg^{-1}	344,8
spezifische Entropie	s_5	S	J/(kg K)	J kg^{-1} K^{-1}	1502
spezifische Enthalpie siedende Flüssigkeit	$h_{5'}$	H	J/kg	kJ kg^{-1}	237,0
Dampfgehalt	x_5			1	0,596

Abbildung 10.15: Excel-Berechnungsblatt Teil I für eine mit dem Kältemittel CO_2 (R-744) betriebene zweistufige Wärmepumpe für die Vorwärmung von Luft unter Nutzung von Geothermie

Zustand 7 — überkritisch

	Symbol				Wert
Druck	p_7			MPa	**15,00**
Temperatur	T_7	T	K	K	**400,0**
spezifische Enthalpie	h_7	H	J/kg	kJ kg^{-1}	511,2
spezifische Entropie	s_7	S	J/(kg K)	J kg^{-1} K^{-1}	1891

Zustand 8 — überkritisch

	Symbol				Wert
Druck	p_8			MPa	**23,00**
Temperatur	T_8	T	K	K	450,1
spezifische Enthalpie (isentrope Verdichtung)	$h_{8,s}$	H	J/kg	kJ kg^{-1}	537,1
spezifische Enthalpie (irreversible Verdichtung)	h_8	H	J/kg	kJ kg^{-1}	554,4
spezifische Entropie	s_8	S	J/(kg K)	J kg^{-1} K^{-1}	1930

Zustand 9 — überkritisch

	Symbol				Wert
Druck	$p_9 = p_8$			MPa	23,00
Temperatur	$T_9 = T_8 - \Delta T_9$			K	405,1
spezifische Enthalpie (irreversible Verdichtung)	h_9	H	J/kg	kJ kg^{-1}	478,3
spezifische Entropie	s_9	S	J/(kg K)	J kg^{-1} K^{-1}	1752

Zustand 10 — überkritisch

	Symbol				Wert
Druck	$p_{10} = p_9$			MPa	23,00
Temperatur	T_{10}	T	K	K	397,3
spezifische Enthalpie (aus Energiebilanz um W5)	h_{10}	H	J/kg	kJ kg^{-1}	463,1
spezifische Entropie	s_{10}	S	J/(kg K)	J kg^{-1} K^{-1}	1714

Zustand 11 — überkritisch

	Symbol				Wert
Druck	$p_{11} = p_{10}$			MPa	23,00
Temperatur	T_{11}			K	**324,0**
spezifische Enthalpie	h_{11}	H	J/kg	kJ kg^{-1}	297,6
spezifische Entropie	s_{11}	S	J/(kg K)	J kg^{-1} K^{-1}	1252,7

Zustand 12 — überkritisch

	Symbol				Wert
Druck	$p_{12} = p_7$			MPa	15,00
Temperatur	T_{12}	T	K	K	317,6
spezifische Enthalpie	h_{12}	H	J/kg	kJ kg^{-1}	297,6
spezifische Entropie	s_{12}	S	J/(kg K)	J kg^{-1} K^{-1}	1285

Zustand 13 — überkritisch

	Symbol				Wert
Druck	$p_{13} = p_{12}$			MPa	15,00
Temperatur	T_{13}	T	K	K	391,0
spezifische Enthalpie (aus Energiebilanz um W2)	h_{13}	H	J/kg	kJ kg^{-1}	496,0
spezifische Entropie	s_{13}	S	J/(kg K)	J kg^{-1} K^{-1}	1853

	Symbol	Einheit	Wert
Antriebsleistung Verdichtung erste Stufe	$P_{WP,1}$	kW	86,3
Antriebsleistung Verdichtung zweite Stufe	$P_{WP,2}$	kW	38,9
gesamte Antriebsleistung Verdichtung	P_{WP}	kW	125,2
aufgenommener Wärmestrom W1 erste Stufe	$\dot{Q}_G = \dot{Q}_{56}$	kW	92,2
Carnot-Faktor bei der Aufnahme des Wärmestroms über W1	$\eta_{C,G}$	1	3,4%
Exergieanteil des *von außen* vom Grubenwasser aufgenommenen Wärmestroms	$\dot{Q}^E_G$	kW	3,1
gesamter, an die Luft abgegebener Wärmestrom	$\dot{Q}_{H,\Sigma} = \dot{Q}_{89} + \dot{Q}_{1011}$	kW	-217,5
Wärmepumpen-Leistungszahl	ε_{WP}	1	1,74
thermodynamische Mitteltemperatur bei der Wärmezufuhr in W6	$T_{m,AB}$	K	334,8
thermodynamische Mitteltemperatur bei der Wärmezufuhr in W4	$T_{m,BC}$	K	416,7
Carnot-Faktor beim Heizen W6	$\eta_{C,H,W6}$	1	15,4%
Carnot-Faktor beim Heizen W4	$\eta_{C,H,W4}$	1	32,0%
Exergieanteil des *nach außen abgegebenen* Wärmestroms zum Heizen	$\dot{Q}^E_H = \dot{Q}^E_{89} + \dot{Q}^E_{1011}$	kW	-44,92
exergetischer Wirkungsgrad Wärmepumpenprozess	ζ_{WP}	1	35,0%

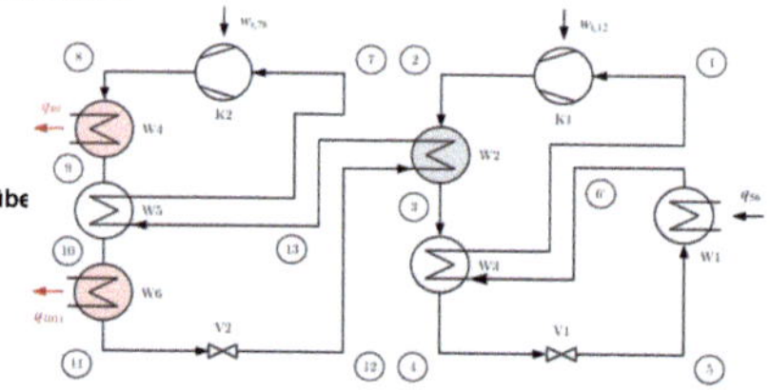

Abbildung 10.16: Excel-Berechnungsblatt Teil II für eine mit dem Kältemittel CO_2 (R-744) betriebene zweistufige Wärmepumpe für die Vorwärmung von Luft unter Nutzung von Geothermie

thermodynamische Mitteltemperatur Abkühlung 8 → 9		$T_{m,89}$	K	426,5
thermodynamische Mitteltemperatur Abkühlung 10 → 11		$T_{m,1011}$	K	358,8
Exergieverluststrom irreversibel adiabate Verdichtung 1 → 2	K1	$\dot{E}^{E}_{V,verd,12}$	kW	24,5
Exergieverluststrom isobare Wärmeübertragung 2 → 3	W2	$\dot{E}^{E}_{V,wue,23} = \dot{E}^{E}_{V,wue,1213}$	kW	5,8
Exergieverluststrom isobare Wärmeübertragung 3 → 4	W3	$\dot{E}^{E}_{V,wue,34} = \dot{E}^{E}_{V,wue,61}$	kW	5,5
Exergieverluststrom adiabate Drosselung 4 → 5	V1	$\dot{E}^{E}_{V,dross,45}$	kW	18,0
Exergieverluststrom isobare Wärmeübertragung 5 → 6	W1	$\dot{E}^{E}_{V,wue,56}$	kW	1,9
Exergieverluststrom irreversibel adiabate Verdichtung 7 → 8	K2	$\dot{E}^{E}_{V,verd,78}$	kW	9,9
Exergieverluststrom isobare Wärmeübertragung 8 → 9	W4	$\dot{E}^{E}_{V,wue,89}$	kW	1,1
Exergieverluststrom isobare Wärmeübertragung 9 → 10	W5	$\dot{E}^{E}_{V,wue,910} = \dot{E}^{E}_{V,wue,137}$	kW	0,1
Exergieverluststrom isobare Wärmeübertragung 10 → 11	W6	$\dot{E}^{E}_{V,wue,1011}$	kW	8,4
Exergieverluststrom adiabate Drosselung 11 → 12	V2	$\dot{E}^{E}_{V,dross,1112}$	kW	8,1
anteilige Exergieverluste				
anteiliger Exergieverlust Verdichtung		$\dot{E}^{E}_{V,verd,12}/(P_{WP} + \dot{Q}^{E}_{G})$	1	19,1%
anteiliger Exergieverlust Wärmeübertragung		$\dot{E}^{E}_{V,wue,23}/(P_{WP} + \dot{Q}^{E}_{G})$	1	4,5%
anteiliger Exergieverlust Wärmeübertragung		$\dot{E}^{E}_{V,wue,34}/(P_{WP} + \dot{Q}^{E}_{G})$	1	4,3%
anteiliger Exergieverlust Drosselung		$\dot{E}^{E}_{V,dross,45}/(P_{WP} + \dot{Q}^{E}_{G})$	1	14,0%
anteiliger Exergieverlust Wärmeübertragung		$\dot{E}^{E}_{V,wue,56}/(P_{WP} + \dot{Q}^{E}_{G})$	1	1,5%
anteiliger Exergieverlust Verdichtung		$\dot{E}^{E}_{V,verd,78}/(P_{WP} + \dot{Q}^{E}_{G})$	1	7,7%
anteiliger Exergieverlust Wärmeübertragung		$\dot{E}^{E}_{V,wue,89}/(P_{WP} + \dot{Q}^{E}_{G})$	1	0,8%
anteiliger Exergieverlust Wärmeübertragung		$\dot{E}^{E}_{V,wue,910}/(P_{WP} + \dot{Q}^{E}_{G})$	1	0,1%
anteiliger Exergieverlust Wärmeübertragung		$\dot{E}^{E}_{V,wue,1011}/(P_{WP} + \dot{Q}^{E}_{G})$	1	6,6%
anteiliger Exergieverlust Drosselung		$\dot{E}^{E}_{V,dross,1112}(P_{WP} + \dot{Q}^{E}_{G})$	1	6,3%

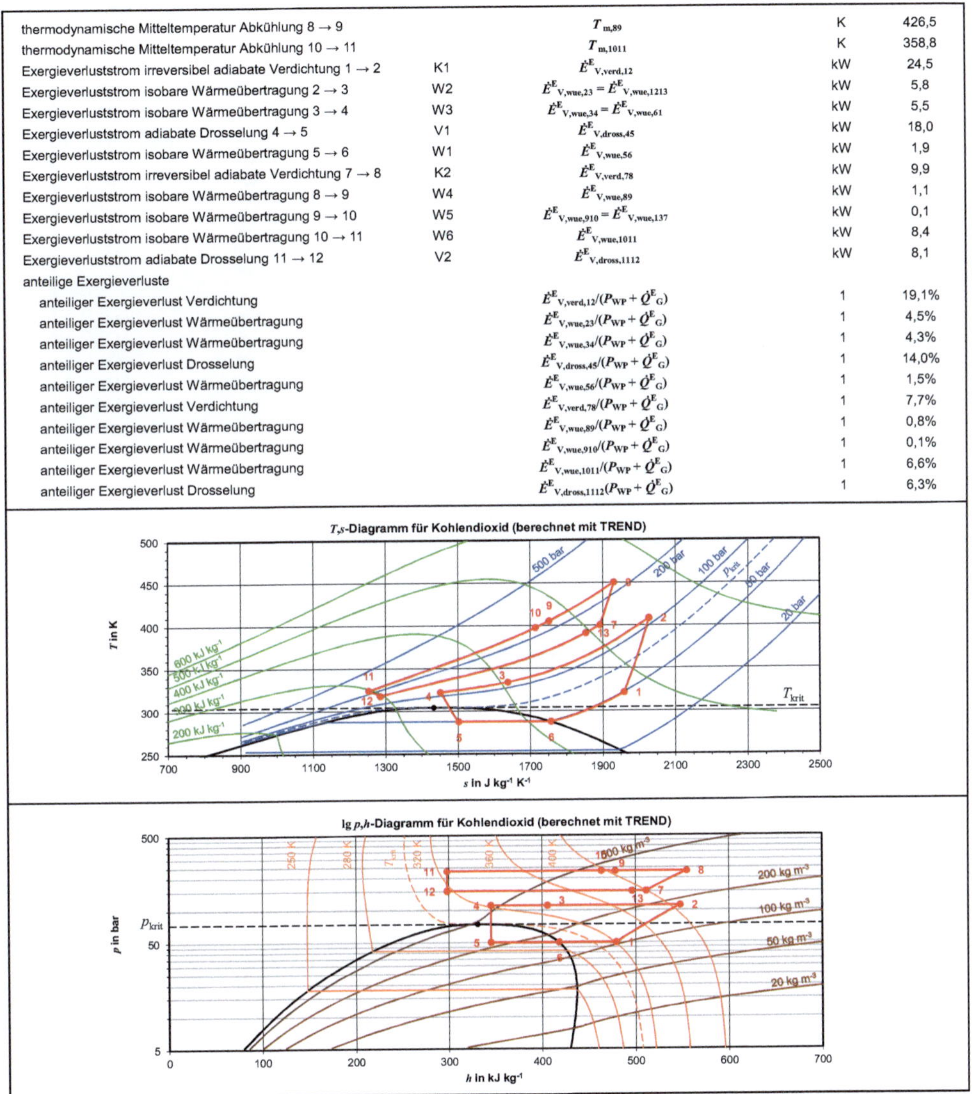

Abbildung 10.17: Excel-Berechnungsblatt Teil III für eine mit dem Kältemittel CO$_2$ (R-744) betriebene zweistufige Wärmepumpe für die Vorwärmung von Luft unter Nutzung von Geothermie

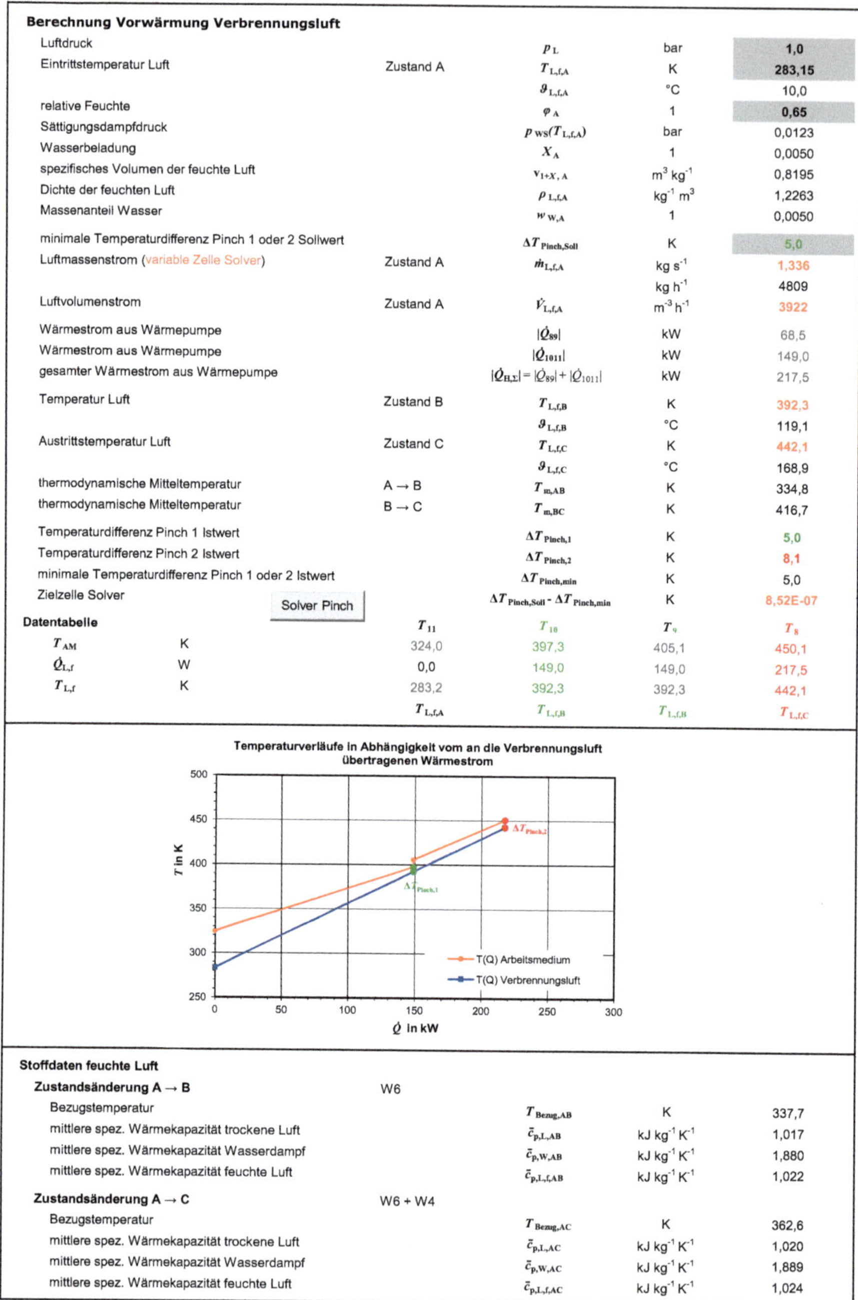

Berechnung Vorwärmung Verbrennungsluft

Luftdruck		p_L	bar	**1,0**
Eintrittstemperatur Luft	Zustand A	$T_{L,f,A}$	K	**283,15**
		$\vartheta_{L,f,A}$	°C	10,0
relative Feuchte		φ_A	1	**0,65**
Sättigungsdampfdruck		$p_{ws}(T_{L,f,A})$	bar	0,0123
Wasserbeladung		X_A	1	0,0050
spezifisches Volumen der feuchte Luft		$v_{1+X,A}$	m^3 kg^{-1}	0,8195
Dichte der feuchten Luft		$\rho_{L,f,A}$	kg^{-1} m^3	1,2263
Massenanteil Wasser		$w_{W,A}$	1	0,0050
minimale Temperaturdifferenz Pinch 1 oder 2 Sollwert		$\Delta T_{Pinch,Soll}$	K	5,0
Luftmassenstrom (variable Zelle Solver)	Zustand A	$\dot{m}_{L,f,A}$	kg s^{-1}	1,336
			kg h^{-1}	4809
Luftvolumenstrom	Zustand A	$\dot{V}_{L,f,A}$	m^{-3} h^{-1}	3922
Wärmestrom aus Wärmepumpe		$|\dot{Q}_{89}|$	kW	68,5
Wärmestrom aus Wärmepumpe		$|\dot{Q}_{1011}|$	kW	149,0
gesamter Wärmestrom aus Wärmepumpe		$|\dot{Q}_{H,\Sigma}| = |\dot{Q}_{89}| + |\dot{Q}_{1011}|$	kW	217,5
Temperatur Luft	Zustand B	$T_{L,f,B}$	K	392,3
		$\vartheta_{L,f,B}$	°C	119,1
Austrittstemperatur Luft	Zustand C	$T_{L,f,C}$	K	442,1
		$\vartheta_{L,f,C}$	°C	168,9
thermodynamische Mitteltemperatur	A → B	$T_{m,AB}$	K	334,8
thermodynamische Mitteltemperatur	B → C	$T_{m,BC}$	K	416,7
Temperaturdifferenz Pinch 1 Istwert		$\Delta T_{Pinch,1}$	K	5,0
Temperaturdifferenz Pinch 2 Istwert		$\Delta T_{Pinch,2}$	K	8,1
minimale Temperaturdifferenz Pinch 1 oder 2 Istwert		$\Delta T_{Pinch,min}$	K	5,0
Zielzelle Solver	Solver Pinch	$\Delta T_{Pinch,Soll} - \Delta T_{Pinch,min}$	K	8,52E-07

Datentabelle

		T_{11}	T_{10}	T_9	T_8
T_{AM}	K	324,0	397,3	405,1	450,1
$\dot{Q}_{L,f}$	W	0,0	149,0	149,0	217,5
$T_{L,f}$	K	283,2	392,3	392,3	442,1
		$T_{L,f,A}$	$T_{L,f,B}$	$T_{L,f,B}$	$T_{L,f,C}$

Stoffdaten feuchte Luft

Zustandsänderung A → B	W6			
Bezugstemperatur		$T_{Bezug,AB}$	K	337,7
mittlere spez. Wärmekapazität trockene Luft		$\bar{c}_{p,L,AB}$	kJ kg^{-1} K^{-1}	1,017
mittlere spez. Wärmekapazität Wasserdampf		$\bar{c}_{p,W,AB}$	kJ kg^{-1} K^{-1}	1,880
mittlere spez. Wärmekapazität feuchte Luft		$\bar{c}_{p,L,f,AB}$	kJ kg^{-1} K^{-1}	1,022
Zustandsänderung A → C	W6 + W4			
Bezugstemperatur		$T_{Bezug,AC}$	K	362,6
mittlere spez. Wärmekapazität trockene Luft		$\bar{c}_{p,L,AC}$	kJ kg^{-1} K^{-1}	1,020
mittlere spez. Wärmekapazität Wasserdampf		$\bar{c}_{p,W,AC}$	kJ kg^{-1} K^{-1}	1,889
mittlere spez. Wärmekapazität feuchte Luft		$\bar{c}_{p,L,f,AC}$	kJ kg^{-1} K^{-1}	1,024

Abbildung 10.18: Excel-Berechnungsblatt Teil IV für eine mit dem Kältemittel CO$_2$ (R-744) betriebene zweistufige Wärmepumpe für die Vorwärmung von Luft unter Nutzung von Geothermie

des von außen vom Grubenwasser aufgenommenen Wärmestroms $\dot{Q}_{\mathrm{G}}^{\mathrm{E}}$ und die Wärmepumpen-Leistungszahl $\varepsilon_{\mathrm{WP}}$. Die thermodynamischen Mitteltemperaturen für die Verbrennungsluft $T_{\mathrm{m,AB}}$ und $T_{\mathrm{m,BC}}$ werden erst in Abb. 10.18 ermittelt, weshalb hier zunächst sinnvolle Werte vorzugeben sind, um die CARNOT-Faktoren $\eta_{\mathrm{C,H,W6}}$ und $\eta_{\mathrm{C,H,W4}}$ und daraus den Exergieanteil des nach außen abgegebenen Wärmestroms zum Heizen $\dot{Q}_{\mathrm{H}}^{\mathrm{E}}$ sowie den exergetischen Wirkungsgrad ζ_{WP} mit Gleichung (10.5) berechnen zu können.

6. Die thermodynamischen Mitteltemperaturen $T_{\mathrm{m,89}}$ und $T_{\mathrm{m,1011}}$ folgen aus Gleichung (3.91), die Exergieverlustströme $\dot{E}_{\mathrm{V,verd,12}}^{\mathrm{E}}$ und $\dot{E}_{\mathrm{V,verd,78}}^{\mathrm{E}}$ für die irreversibel adiabaten Verdichtungen in den Kompressoren K1 und K2 aus Gleichung (3.105), die Exergieströme $\dot{E}_{\mathrm{V,wue,23}}^{\mathrm{E}}$ in W2, $\dot{E}_{\mathrm{V,wue,34}}^{\mathrm{E}}$ in W3 und $\dot{E}_{\mathrm{V,wue,910}}^{\mathrm{E}}$ in W5 aus Gleichung (3.118), die Exergieverlustströme $\dot{E}_{\mathrm{V,wue,56}}^{\mathrm{E}}$ in W1, $\dot{E}_{\mathrm{V,wue,89}}^{\mathrm{E}}$ in W4 und $\dot{E}_{\mathrm{V,wue,1011}}^{\mathrm{E}}$ in W6 aus Gleichung (3.120) sowie die Exergieverlustströme $\dot{E}_{\mathrm{V,dross,45}}^{\mathrm{E}}$ und $\dot{E}_{\mathrm{V,dross,1112}}^{\mathrm{E}}$ bei den adiabaten Drosselungen in den Ventilen oder Drosseln V1 bzw. V2 aus Gleichung (3.116). Die anteiligen Exergieverluste werden durch Division der Exergieverlustströme durch die Antriebsleistung der Verdichter P_{WP} plus dem Exergieanteil des von außen vom Grubenwasser aufgenommenen Wärmestroms $\dot{Q}_{\mathrm{G}}^{\mathrm{E}}$ erhalten.

7. Die Abfrage, in welchem thermodynamischen Zustand sich das Fluid jeweils befindet, kann unter Anwendung der in Listing 9.1 aufgeführten UDF `Zustand_Fluid` erfolgen, siehe dazu die entsprechenden Beschreibungen im Beispiel 10.2. Für die Darstellung der Verläufe der Zustandsänderungen im T,s- und im $\lg p,h$-Diagramm bietet es sich an, eine separate Datentabelle wie in Abb. 10.7 zu berechnen. Zur Erstellung der Diagramme siehe Abschnitt 2.2.5.

8. Vor der Durchführung der Pinch-Analyse im Berechnungsblatt in Abb. 10.18 erfolgen zunächst die Berechnungen zum Zustand der feuchten Luft entsprechend Abschnitt 4.2. Der Sättigungsdampfdruck für den Luftzustand $p_{\mathrm{W,S}}(T_{\mathrm{L,f,A}})$ folgt aus Gleichung (2.63) unter Verwendung der UDF `p_S_VDI_12_arr`, siehe dazu Abschnitt 2.4.1, daraus die Wasserbeladung X_{A} mit Gleichung (4.7), das spezifische Volumen der feuchten Luft $v_{1+X,\mathrm{A}}$ mit Gleichung (4.14), die Dichte der feuchte Luft $\varrho_{\mathrm{L,f,A}}$ mit Gleichung (4.16) und der Massenanteil des Wassers $w_{\mathrm{W,A}}$ aus der Wasserbeladung mit

$$w_{\mathrm{W,A}} = \frac{X_{\mathrm{A}}}{1 + X_{\mathrm{A}}} \; . \tag{10.29}$$

9. Zur Durchführung der Pinch-Analyse für die Berechnung des zu erwärmenden Luftstroms siehe die allgemeinen Hinweise in Abschnitt 9.5. Die Zelle für den Massenstrom der Verbrennungsluft bildet die variable Zelle für die Verwendung des Solvers und erhält den Namen `dot_m_L_f_Startwert`. Dort wird ein geeigneter Startwert eingetragen, daraus der Volumenstrom der Luft im Zustand A

mit

$$\dot{V}_{\mathrm{L,f,A}} = \frac{\dot{m}_{\mathrm{L,f,A}}}{\varrho_{\mathrm{L,f,A}}} \cdot \qquad\qquad (10.30)$$

berechnet und die Wärmeströme $\dot{Q}_{89}$, $\dot{Q}_{1011}$ und $\dot{Q}_{\mathrm{H},\sum}$ aus dem Berechnungsblatt in Abb. 10.16 übernommen.

10. Die Temperaturen der Luft $T_{\mathrm{L,f,B}}$ und $T_{\mathrm{L,f,C}}$ in den Zuständen B bzw. C folgen aus den Gleichungen (10.26) und (10.28). Am besten werden hier zunächst geeignete Startwerte eingegeben und – nach der nachfolgend beschriebenen Ermittlung der mittleren spezifischen Wärmekapazitäten – die Werte iterativ berechnet. Aus diesen Werten folgen dann die in Abb. 10.16 erforderlichen thermodynamischen Mitteltemperaturen $T_{\mathrm{m,AB}}$ und $T_{\mathrm{m,BC}}$ vereinfachend unter Annahme idealen Gasverhaltens mit Gleichung (3.92).

11. Im unteren Bereich des Berechnungsblatts werden nun die mittleren spezifischen Wärmekapazitäten der feuchten Luft für die beiden Temperaturintervalle A bis B sowie A bis C bei den arithmetisch gemittelten Bezugstemperaturen T_{Bezug} nach Gleichung (2.50) iterativ unter Nutzung eines Zirkelbezugs ermittelt. Die mittleren spezifischen Wärmekapazitäten für die trockene Luft $\overline{c_{p,\mathrm{L}}}$ und für den Wasserdampf $\overline{c_{p,\mathrm{W}}}$ werden jeweils unter Verwendung der UDF `c_p_G_VDI_13_arr` gemäß der Gleichungen (2.55) und (2.56) berechnet, siehe dazu die Abschnitte 2.4.1 und 2.4.2. Die für trockene Luft und Wasserdampf für die Berechnungen erforderlichen molaren Massen M und Koeffizienten A bis H sind in den Abb. 2.11 bzw. Abb. 2.13 aufgeführt. Für angenommenes ideales Gasverhalten folgt die spezifische Wärmekapazität für das Gemisch der feuchten Luft $\overline{c_{p,\mathrm{L,f}}}$ aus Gleichung (4.95). Beim Eingeben der Gleichungen erscheint die Meldung „Zirkelbezugswarnung". Für die iterative Berechnung durch einen Zirkelbezug wird unter der Registerkarte $\boxed{\text{Datei} \rangle\!\rangle \text{Optionen} \rangle\!\rangle \text{Formeln}}$ die Option $\boxed{\text{Iterative Berechnung aktivieren}}$ in den $\boxed{\text{Berechnungsoptionen}}$ aktiviert.

12. Wegen der Abkühlung im Wärmeübertrager W5 ist mit zwei Pinch-Punkten zu rechnen. Am besten wird dafür eine kleine Tabelle $T(\dot{Q})$ generiert, in die die bereits ermittelten Temperaturen des Arbeitsmediums und der Luft sowie die in den beiden Wärmeübertragern W4 und W6 übertragenen Wärmeströme übernommen werden. Aus den Werten in der Tabelle folgen die Temperaturdifferenzen am Pinch 1 $\Delta T_{\mathrm{Pinch,1}} = T_{10} - T_{\mathrm{L,f,B}}$ und am Pinch 2 $\Delta T_{\mathrm{Pinch,2}} = T_8 - T_{\mathrm{L,f,C}}$. Aus den beiden Werten wird unter Verwendung der Funktion MIN die kleinste Temperaturdifferenz $\Delta T_{\mathrm{Pinch,min}}$ ermittelt, woraus die Zielzelle für den Solver folgt.

13. In der Zielzelle für den Solver wird die Abweichung zwischen dem vorgegebenen Sollwert der Temperaturdifferenz am Pinch 1 oder 2 und dem Istwert der Temperaturdifferenz $\Delta T_{\mathrm{Pinch,Soll}} - \Delta T_{\mathrm{Pinch,min}}$ berechnet. Zur Ermittlung des Massenstroms des Thermalwassers durch Minimierung dieser Differenz soll der Solver über eine Befehlsschaltfläche aufgerufen werden. Dazu wird unter der Registerkarte $\boxed{\text{Entwicklertools}}$ die Schaltfläche $\boxed{\text{Einfügen} \rangle\!\rangle \text{Befehlsschaltfläche (ActiveX-Steuerelement)}}$ ausgewählt, wobei automatisch der Entwurfsmodus aktiviert ist, und mit dem

Cursor im Arbeitsblatt ein Rechteck aufgezogen. Der auszuführende Code kann entweder nach einem Doppelklick auf die Schaltfläche oder nach einem Rechtsklick darauf und Wahl von $\boxed{\text{Code anzeigen}}$ eingegeben werden:

```vba
Private Sub Solver_Click()

    SolverOk SetCell:="Zielzelle_Solver", MaxMinVal:=3, ValueOf:=0, _
    ByChange:="dot_m_L_f_Startwert", Engine:=1, EngineDesc:="GRG Nonlinear"
    SolverSolve

End Sub
```

Zur Bearbeitung der Schaltfläche siehe die Informationen für das Beispiel 10.5 in Abschnitt 10.3.3.

Wie die Ergebnisse zeigen, kann unter Verwendung einer zweistufigen Kompressionswärmepumpe mit CO_2 als Arbeitsmedium der für das Beispiel 12.1 benötigte Luftvolumenstrom auf fast 170 °C vorgewärmt werden. Allerdings lässt sich damit nur ein Bruchteil der für die Erwärmung erforderlichen Energie substituieren – und das nur mit einer im Vergleich zu den vorherigen Beispielen deutlich geringeren Leistungszahl, die auf die großen Temperatur- und Druckdifferenzen zwischen Quelle und Senke zurückzuführen ist. Da CO_2 in Wärmepumpen grundsätzlich hohe Betriebsdrücke erfordert, resultiert daraus eine besondere Herausforderung für die Anlagentechnik, im aktuellen Beispiel auch zusätzlich durch die hohe Prozesstemperatur, die z. B. für Hubkolbenkompressoren an der oberen Grenze für den Dauerbetrieb liegt.

Ein Vorteil von CO_2 in Hochtemperaturanwendungen liegt in den vergleichsweise niedrigen erforderlichen Druckverhältnissen der beiden Stufen. Dadurch kann insbesondere bei Kompressoren auf Basis des Verdrängerprinzips, wie beispielsweise Hubkolbenkompressoren, eine einstufige Verdichtung pro Stufe ausreichen. Ein weiterer Vorteil von CO_2 ist das geringe spezifische Volumen, das sich positiv auf den energetischen Aufwand und die Baugröße der Kompressoren auswirkt.

Die Wärmeaufnahme und -abgabe im überkritischen Bereich wirkt sich hingegen eher nachteilig aus. Arbeitsmedien mit einer höheren kritischen Temperatur, wie beispielsweise n-Pentan (R-601), können hier vorteilhaft sein. Allerdings sind diese brennbar und weisen höhere GWP-Werte auf.

Obwohl der zweistufige Prozess noch Optimierungspotenzial bietet, deutet die geringe Leistungszahl in Verbindung mit dem hohen anlagentechnischen Aufwand, den hohen Investitionskosten und den verbleibenden Unsicherheiten hinsichtlich der Tiefenbohrung darauf hin, dass dieser Prozess wirtschaftlich kaum rentabel ist. Zum aktuellen Stand der Entwicklung von Hochtemperaturwärmepumpen siehe [6, 7].

11 Kühlen mit Kältemaschinen

Mitautor: TOLGA GEZER (Abschnitt 11.3.2)

Zielsetzung
Einführende Behandlung der unterschiedlichen Verfahren zur Kühlung in Prozessen. Simulation einer Kältemaschine im Mobilitätsbereich und einer Kältemaschine zur Kühlung im Lebensmittelbereich.

Empfohlene Literatur
Technische Thermodynamik von HERWIG, KAUTZ und MOSCHALLSKI [76], *Thermodynamik* von BAEHR und KABELAC [9], *Kältetechnik für Ingenieure* von MAURER [102].

Berechnungsbeispiele in Excel
- Einsatz einer Kältemaschine im Mobilitätsbereich (Abb. 11.4 und 11.5).
- Einsatz einer Kältemaschine im Lebensmittelbereich (Abb. 11.8 und 11.9).

11.1 Grundlagen zu Kältemaschinen

In diesem Kapitel wird ausschließlich auf Kompressions-Kältemaschinen, genauer auf elektrisch angetriebene Kompressions-Kältemaschinen mit geschlossenem Kältemittelkreislauf eingegangen, im folgenden vereinfacht als Kältemaschinen bezeichnet, siehe dazu die einleitenden Abschnitte 3.3 und 3.4. Weitere Verfahren zur Kühlung sind

- Absorptionskältemaschinen mit einer thermischen Verdichtung,
- Adsorptionskältemaschinen, bei denen Dampf an der inneren Oberfläche von hochporösen Adsorptionsmitteln (z. B. Zeolithe oder Silikagel) exotherm aufgenommen wird,
- Verdunstungskühlung z. B. in Nasskühlzellen,
- PELTIER-Elemente als elektrothermische Wandler, die bei Stromfluss eine Temperaturdifferenz (als Gegenteil des SEEBECK-Effekts) erzeugen,
- Kühlung durch adiabate Drosselung einer Gasströmung, siehe Abschnitt 2.2.5 sowie
- Kühlung durch Verflüssigung von Gasen, siehe die Abschnitte 12.2 und 12.3.

Zu den Kältemitteln für Wärmepumpen und Kältemaschinen sowie zu Kompressoren als zentrale Bauteile für Wärmepumpen und Kältemaschinen siehe Abschnitt 10.1. Der Kältetechnik kommt aufgrund der weltweit hohen Zahl installierter Kältesysteme und des damit verbundenen Energiebedarfs eine hohe Bedeutung zu, siehe dazu die Hinweise am Ende von Abschnitt 11.3.2.

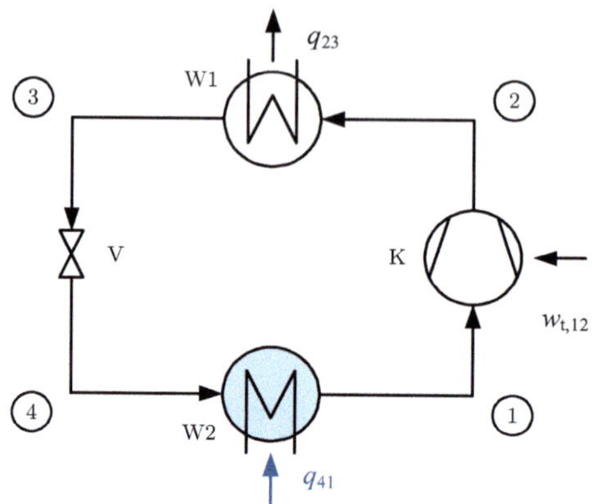

Abbildung 11.1: Fließschema für den einfachen Kältemaschinenprozess

11.2 Kompressions-Kältemaschinen

Wie bereits in Abschnitt 3.4 beschrieben und im Fließschema in Abb. 11.1 dargestellt, wird in einer Kältemaschine in einem linksläufigen – zeitlich stationär angenommenen – Kreisprozess als Aufwand über den Kompressor K die Leistung

$$P_{\mathrm{KM}} = \dot{m}\, w_{\mathrm{t},12} = \dot{m}(h_2 - h_1) \tag{11.1}$$

zugeführt und anschließend vom Wärmeübertrager W1 der Wärmestrom

$$\dot{Q}_{\mathrm{U}} = \dot{Q}_{23} = \dot{m}\, q_{23} = \dot{m}(h_3 - h_2) \tag{11.2}$$

auf dem oberen Temperaturniveau T_{U} abgegeben, siehe dazu die entsprechenden Beschreibungen für Wärmepumpen in Abschnitt 10.2. $\dot{m}$ steht für den Massenstrom des umlaufenden Arbeitsmediums oder Kältemittels. Die Drosselung im Ventil oder der Drossel V erfolgt isenthalp mit $h_3 = h_4 = $ konst und ohne eine Umwandlung in eine spezifische Arbeit oder Leistung. Vom Verdampfer W2 wird als Zielgröße der Wärmestrom

$$\dot{Q}_{\mathrm{K}} = \dot{Q}_{41} = \dot{m}\, q_{41} = \dot{m}(h_1 - h_4) = \dot{m}(h_1 - h_3) \tag{11.3}$$

auf dem unteren Temperaturniveau T_{K} vom Prozess aufgenommen, siehe Abschnitt 3.4. Bei überkritischen Prozessen ist grundsätzlich anstatt einer Drossel eine Expansionsmaschine mit dem Vorteil der Steigerung der Effizienz einsetzbar, die sich aber erst bei Großwärmepumpen lohnt, siehe dazu den Einsatz einer Expansionsmaschine bei der Verflüssigung von Wasserstoff in Abschnitt 12.3.

Für die Bewertung des Prozesses dienen die Kältemaschinen-Leistungszahl oder auch das Energy Efficiency Ratio (EER)

$$\varepsilon_{\mathrm{KM}} = \frac{\dot{Q}_{\mathrm{K}}}{P_{\mathrm{KM}}} \lessgtr 1 \tag{11.4}$$

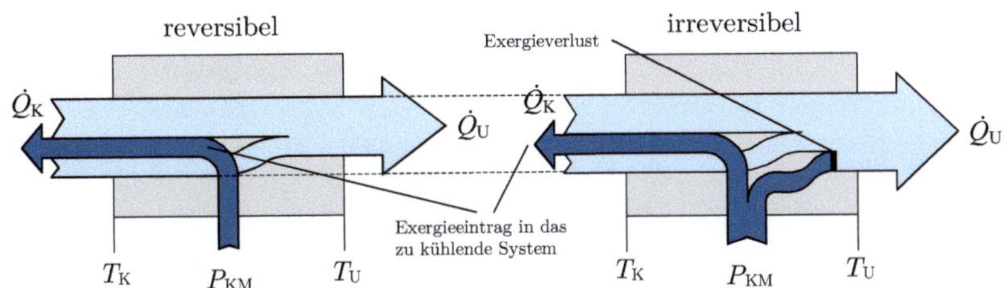

Abbildung 11.2: Exergie-Anergie-Flussbild einer Kältemaschine zwischen den Temperaturniveaus T_K und T_U (dunkle Pfeile: Exergie; helle Pfeile: Anergie) (nach [73, 76])

und der exergetische Wirkungsgrad

$$\zeta_\mathrm{KM} = \frac{-\dot{Q}_\mathrm{K}^\mathrm{E}}{P_\mathrm{KM}} = \eta_\mathrm{C}\, \varepsilon_\mathrm{KM} \leq 1 \quad \text{mit} \quad \dot{Q}_\mathrm{K}^\mathrm{E} = \eta_\mathrm{C}\, \dot{Q}_\mathrm{K} = \left(1 - \frac{T_\mathrm{U}}{T_\mathrm{K}}\right) \dot{Q}_\mathrm{K} \,, \tag{11.5}$$

siehe dazu die Gleichungen (3.83) und (3.125).[9, 73, 76]

Wie in Abb. 11.2 dargestellt – siehe dazu auch die Erläuterungen in Abschnitt 3.3 – wird im Kühlfall von der Kältemaschine der Wärmestrom $\dot{Q}_\mathrm{K}$ als Kompensations-Wärmestrom auf dem unteren Temperaturniveau T_K aufgenommen, um den vom zu kühlenden System aufgenommenen Wärmeverluststrom zu kompensieren. Dabei muss der nach außen gerichtete Exergiestrom am zu kühlenden System, der in der Wand in Anergie umgewandelt wird, als Exergieeintrag in das zu kühlende System ausgeglichen werden, weshalb der von der Wärmepumpe bereitgestellte Kompensations-Wärmestrom aus dem aufgenommenen Wärmestrom $\dot{Q}_\mathrm{K}$ und dem *in* das zu kühlende System abgeführten Exergiestrom besteht, siehe dazu auch Abb. 3.14. Der Wärmestrom hat den in den Gleichungen (3.125) und (11.5) beschriebenen negativen Exergiestromanteil $\dot{Q}_\mathrm{K}^\mathrm{E}$. Als erforderlicher Exergiestrom wird dem Prozess die Leistung P_KM, die aus reiner Exergie besteht, zugeführt, siehe dazu Abschnitt 3.2. Im realen, irreversiblen Prozess muss infolge des durch Dissipation auftretenden Exergieverlusts die zugeführte Leistung größer sein, als der Exergiestromanteil des Kühlwärmestroms. Dadurch ist der in die Umgebung als reine Anergie abgegebene Wärmestrom $\dot{Q}_\mathrm{U}$ größer als im reversiblen Fall, da es beim irreversiblen Prozess zu einer Entropieproduktion und damit zu einem Exergieverlust mit einer Energieentwertung kommt.[9, 73, 76]

Abbildung 11.3 enthält einen beispielhaften, sog. überkritischen oder transkritischen Kältemaschinenprozess entsprechend des Fließschemas in Abb. 11.1. Vom Zustand 1 aus erfolgt die irreversible, nichtisentrope Verdichtung im Kompressor bis auf den Zustand 2 und anschließend die isobare, überkritische Abkühlung (oberhalb des Nassdampfgebiets und damit ohne eine Kondensation). Vom überkritischen Zustand 3 aus wird das Kältemittel isenthalp bis zum Zustand 4 im Nassdampfgebiet gedrosselt und anschließend isobar und isotherm bis zum Zustand $1 = 1''$ auf der Taulinie verdampft. Zur nachfolgenden vereinfachten Betrachtung des Prozesses siehe die Anmerkungen am Ende von Abschnitt 10.2.

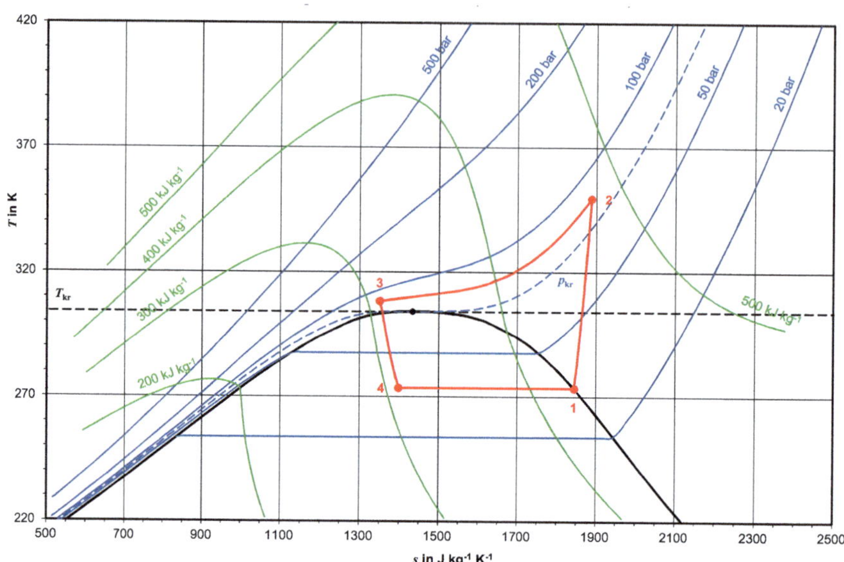

Abbildung 11.3: Überkritischer Kältemaschinenprozess mit CO_2 im T, s-Diagramm

11.3 Kältemaschinen-Kühlsysteme

In den folgenden Abschnitten werden verschiedene Anwendungen von Kompressions-Kältemaschinen vorgestellt.

11.3.1 Einsatz einer Kältemaschine im Mobilitätsbereich

Beispiel 11.1

Der Betrieb eines Elektrofahrzeugs erfordert bei hohen Außentemperaturen die Kühlung des Fahrgastraumes und der elektrischen Komponenten, insbesondere auch der Fahrzeugbatterie als Maßnahme gegen vorzeitiges Altern z. B. bei Schnellladevorgängen. Dafür kommt eine Kompressions-Kältemaschine mit dem natürlichen Kältemittel Kohlendioxid (R-744) zum Einsatz. Nach der isobaren Wärmezufuhr bei einem Druck von 35 bar wird der Sättigungszustand 1 auf der Taulinie erreicht und anschließend mit einem isentropen Gütegrad $\eta_{s,\mathrm{verd}} = 70\,\%$ bis auf den Zustand 2 bei 85 bar verdichtet. Auf diesem Druckniveau erfolgt die isobare, überkritische Wärmeabfuhr bis auf den Zustand 3 bei 35 °C und anschließend die isenthalpe Expansion bis zum Zustand 4. Die Umgebungsluft hat eine Temperatur von 30 °C und der Massenstrom des umlaufenden Kältemittels beträgt 0,030 kg s⁻¹. Das Temperaturniveau der mittels der Kältemaschine abgekühlten Umgebungsluft wird mit 10 K über der Temperatur des Zustands 4 angenommen. Zu berechnen sind u. a. die zu- und die abgeführten Wärmeströme, die erforderliche Leistung des Verdichters, die Leistungszahl und der exergetische Wirkungsgrad der Kältemaschine sowie die Exergieverluste der Bauteile. Der Prozess ist im T, s- und im $\lg p, h$-Diagramm darzustellen. (Ergebnisse in den Excel-Berechnungsblättern in den Abb. 11.4 und 11.5.)

Bezüglich der Verwendung des Kältemittels Kohlendioxid siehe die allgemeinen Hinweise am Anfang von Abschnitt 10.3.1.

Bearbeitung der in Beispiel 11.1 gegebenen Aufgabenstellung

Für die Bearbeitung der Aufgabenstellung gemäß Beispiel 11.1 wird das Excel-Berechnungsblatt in den Abb. 11.4 und 11.5 erstellt. Als Vorlage kann das Excel-Berechnungsblatt für das Beispiel 10.1 in den Abb. 10.6 und 10.7 bis einschließlich der Berechnung der Zustände 1 bis 4 verwendet werden. Ab der Berechnung der Antriebsleistung der Kältemaschine unterscheiden sich die Berechnungen:

1. Die Antriebsleistung P_{KM} der Kältemaschine folgt aus Gleichung (11.1), der in die Umgebung abgegebene Wärmestrom $\dot{Q}_{\mathrm{U}} = \dot{Q}_{23}$ aus Gleichung (11.2), der von außen aufgenommene Wärmestrom $\dot{Q}_{\mathrm{K}} = \dot{Q}_{41}$ aus Gleichung (11.3) und die Wärmepumpen-Leistungszahl $\varepsilon_{\mathrm{KM}}$ aus Gleichung (11.4).

2. Das Temperaturniveau der mittels der Kältemaschine abzukühlenden Umgebungsluft folgt gemäß der Aufgabenstellung mit

$$T_{\mathrm{K}} = T_4 + \Delta T_{\mathrm{K}} , \tag{11.6}$$

der CARNOT-Faktor beim Kühlen $\eta_{\mathrm{C,K}}$ aus dem Temperaturniveau T_{K}, daraus der Exergieanteil des Wärmestroms zum Kühlen $\dot{Q}_{\mathrm{K}}^{\mathrm{E}}$ und wiederum daraus der exergetische Wirkungsgrad für den Kältemaschinenprozess ζ_{KM} jeweils mit Gleichung (11.5).

3. Da die Zustandsänderung von 4 nach 1, falls eine Überhitzung stattfindet, nicht isotherm erfolgt, wird die thermodynamische Mitteltemperatur $T_{\mathrm{m,41}}$ mit Gleichung (3.91) berechnet. Der Exergieverluststrom $\dot{E}_{\mathrm{V,verd,12}}^{\mathrm{E}}$ für die angenommene irreversibel adiabate Verdichtung folgt aus Gleichung (3.105), der Exergieverluststrom für die Kondensation $\dot{E}_{\mathrm{V,wue,23}}^{\mathrm{E}}$ für den abgegebenen Wärmestrom entsprechend Gleichung (3.122), der Exergieverluststrom für die adiabate Entspannung $\dot{E}_{\mathrm{V,dross,34}}^{\mathrm{E}}$ aus Gleichung (3.116) und der Exergieverluststrom für die Verdampfung $\dot{E}_{\mathrm{V,wue,41}}^{\mathrm{E}}$ unter Aufnahme des Wärmestroms mit T_{K} und $T_{\mathrm{m,41}}$ aus Gleichung (3.120).

4. Die Ermittlung oder Abfrage, in welchem thermodynamischen Zustand sich das Fluid jeweils befindet, wird auch hier unter Anwendung der in Listing 9.1 aufgeführten UDF `Zustand_Fluid` durchgeführt, die die Eingabe der Parameter p, T und s für den jeweiligen Fluidzustand sowie der TREND-Parameter erfordert, siehe dazu rechts neben den Zustandsnummern die Hinweise auf die thermodynamischen Zustände des Arbeitsmediums, die auf diese Art ermittelt wurden.

Eingabeparameter TREND				TREND	
Path to Sub-Model					HC
Input Code					TP
Unit					specific
Show Error Code					FALSCH
Fluid					CO2
kritische Temperatur	T_{kr}	Tcrit	K	K	304,13
kritischer Druck	p_{kr}	pcrit	MPa	bar	73,773
isentroper Gütegrad Verdichtung	$\eta_{s,verd}$			1	**0,70**
Massenstrom umlaufendes Kältemittel	$\dot{m}$			kg s^{-1}	**0,030**
Temperatur der Umgebung	T_U			K	**303,15**
Zustand 1 **gesättigter Dampf**		CalcType	Unit		
Druck	$p_{1''}$			MPa	**3,50**
Temperatur	$T_{1''}$	T	K	K	273,3
spezifische Enthalpie	$h_{1''}$	H	J/kg	kJ kg^{-1}	430,8
spezifische Entropie	$s_{1''}$	S	J/(kg K)	J kg^{-1} K^{-1}	1844
Zustand 2 **überkritisch**					
Druck	p_2			MPa	**8,50**
Temperatur	T_2	T	K	K	349,4
spezifische Enthalpie (isentrope Verdichtung)	$h_{2,s}$	H	J/kg	kJ kg^{-1}	465,7
spezifische Enthalpie (irreversible Verdichtung)	h_2	H	J/kg	kJ kg^{-1}	480,7
spezifische Entropie	s_2	S	J/(kg K)	J kg^{-1} K^{-1}	1888
Zustand 3 **überkritisch**					
Druck	$p_3 = p_2$			MPa	8,50
Temperatur	T_3			K	**308,15**
spezifische Enthalpie	h_3	H	J/kg	kJ kg^{-1}	308,8
spezifische Entropie	s_3	S	J/(kg K)	J kg^{-1} K^{-1}	1350
Zustand 4 **Nassdampf**					
Druck	$p_4 = p_1$			MPa	3,50
Temperatur	$T_4 = T_1$	T	K	K	273,3
spezifische Enthalpie	$h_4 = h_3$	H	J/kg	kJ kg^{-1}	308,8
spezifische Entropie	s_4	S	J/(kg K)	J kg^{-1} K^{-1}	1398
spezifische Enthalpie siedende Flüssigkeit	$h_{4'}$	H	J/kg	kJ kg^{-1}	200,4
Dampfgehalt	x			1	0,471
Antriebsleistung Verdichtung	P_{KM}			kW	**1,50**
aufgenommener Wärmestrom	$\dot{Q}_K = \dot{Q}_{41}$			kW	**3,66**
abgegebener Wärmestrom	$\dot{Q}_U = \dot{Q}_{23}$			kW	**-5,16**
Kältemaschinen-Leistungszahl	ε_{KM}			1	**2,45**
Temperaturdifferenz beim Kühlen	ΔT_K			K	**10,0**
Temperaturniveau beim Kühlen ("Gegenseite")	$T_K = T_4 + \Delta T_K$			K	283,3
Carnot-Faktor beim Kühlen	$\eta_{C,K}$			1	-7,0%
(entgegengerichteter) Exergieanteil des *von außen aufgenommenen* Wärmestroms	$\dot{Q}^E_K$			kW	-0,26
exergetischer Wirkungsgrad Kältemaschinenprozess	ζ_{KM}			1	**17,1%**
thermodynamische Mitteltemperatur Verdampfung $4 \rightarrow 1$	$T_{m,41}$			K	273,3
Exergieverluststrom irreversibel adiabate Verdichtung $1 \rightarrow 2$	$\dot{E}^E_{V.verd.12}$			kW	0,39
Exergieverluststrom Kondensation $2 \rightarrow 3$	$\dot{E}^E_{V.wue.23}$			kW	0,27
Exergieverluststrom adiabate Entspannung $3 \rightarrow 4$	$\dot{E}^E_{V.dross.34}$			kW	0,43
Exergieverluststrom Verdampfung $4 \rightarrow 1$	$\dot{E}^E_{V.wue.41}$			kW	0,14
anteilige Exergieverluste					
anteiliger Exergieverlust Verdichtung	$\dot{E}^E_{V.verd.12}/P_{KM}$			1	26,4%
anteiliger Exergieverlust Kondensation	$\dot{E}^E_{V.wue.23}/P_{KM}$			1	18,0%
anteiliger Exergieverlust Entspannung	$\dot{E}^E_{V.dross.34}/P_{KM}$			1	29,0%
anteiliger Exergieverlust Verdampfung (mit Überhitzung)	$\dot{E}^E_{V.wue.41}/P_{KM}$			1	9,6%

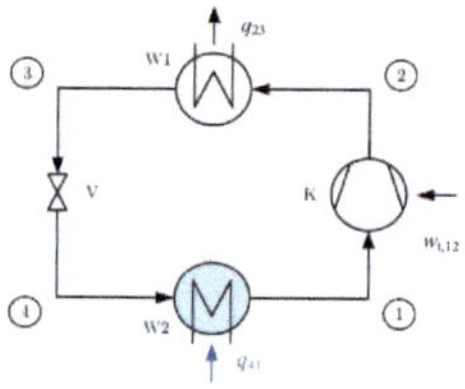

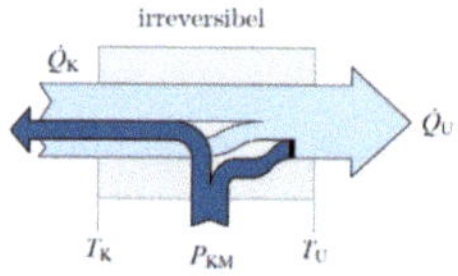

Abbildung 11.4: Excel-Berechnungsblatt Teil I für eine vereinfachte, mit dem Kältemittel CO_2 (R-744) betriebene Kältemaschine für die Kühlung eines Elektrofahrzeugs

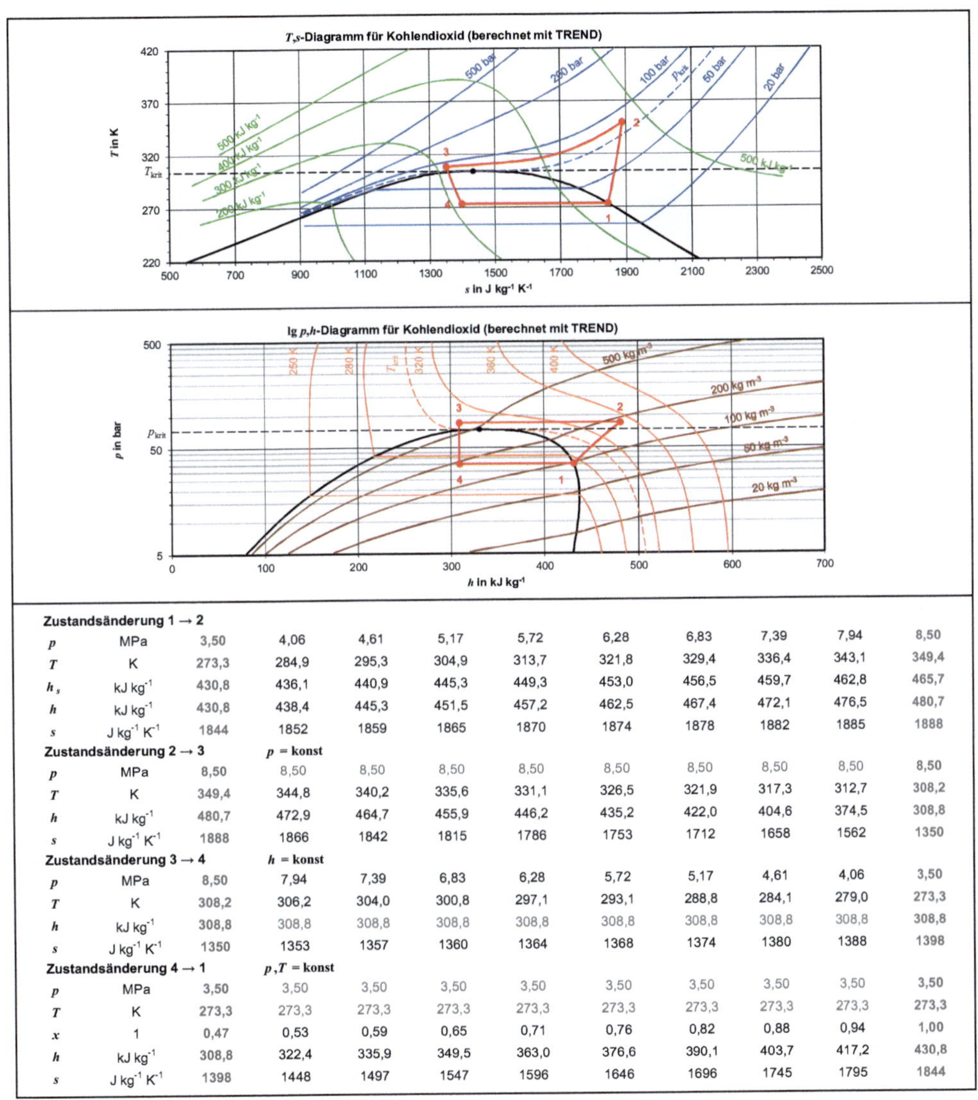

Zustandsänderung 1 → 2

p	MPa	3,50	4,06	4,61	5,17	5,72	6,28	6,83	7,39	7,94	8,50
T	K	273,3	284,9	295,3	304,9	313,7	321,8	329,4	336,4	343,1	349,4
h_s	kJ kg⁻¹	430,8	436,1	440,9	445,3	449,3	453,0	456,5	459,7	462,8	465,7
h	kJ kg⁻¹	430,8	438,4	445,3	451,5	457,2	462,5	467,4	472,1	476,5	480,7
s	J kg⁻¹ K⁻¹	1844	1852	1859	1865	1870	1874	1878	1882	1885	1888

Zustandsänderung 2 → 3 p = konst

p	MPa	8,50	8,50	8,50	8,50	8,50	8,50	8,50	8,50	8,50	8,50
T	K	349,4	344,8	340,2	335,6	331,1	326,5	321,9	317,3	312,7	308,2
h	kJ kg⁻¹	480,7	472,9	464,7	455,9	446,2	435,2	422,0	404,6	374,5	308,8
s	J kg⁻¹ K⁻¹	1888	1866	1842	1815	1786	1753	1712	1658	1562	1350

Zustandsänderung 3 → 4 h = konst

p	MPa	8,50	7,94	7,39	6,83	6,28	5,72	5,17	4,61	4,06	3,50
T	K	308,2	306,2	304,0	300,8	297,1	293,1	288,8	284,1	279,0	273,3
h	kJ kg⁻¹	308,8	308,8	308,8	308,8	308,8	308,8	308,8	308,8	308,8	308,8
s	J kg⁻¹ K⁻¹	1350	1353	1357	1360	1364	1368	1374	1380	1388	1398

Zustandsänderung 4 → 1 p,T = konst

p	MPa	3,50	3,50	3,50	3,50	3,50	3,50	3,50	3,50	3,50	3,50
T	K	273,3	273,3	273,3	273,3	273,3	273,3	273,3	273,3	273,3	273,3
x	1	0,47	0,53	0,59	0,65	0,71	0,76	0,82	0,88	0,94	1,00
h	kJ kg⁻¹	308,8	322,4	335,9	349,5	363,0	376,6	390,1	403,7	417,2	430,8
s	J kg⁻¹ K⁻¹	1398	1448	1497	1547	1596	1646	1696	1745	1795	1844

Abbildung 11.5: Excel-Berechnungsblatt Teil II für eine vereinfachte, mit dem Kältemittel CO₂ (R-744) betriebene Kältemaschine für die Kühlung eines Elektrofahrzeugs

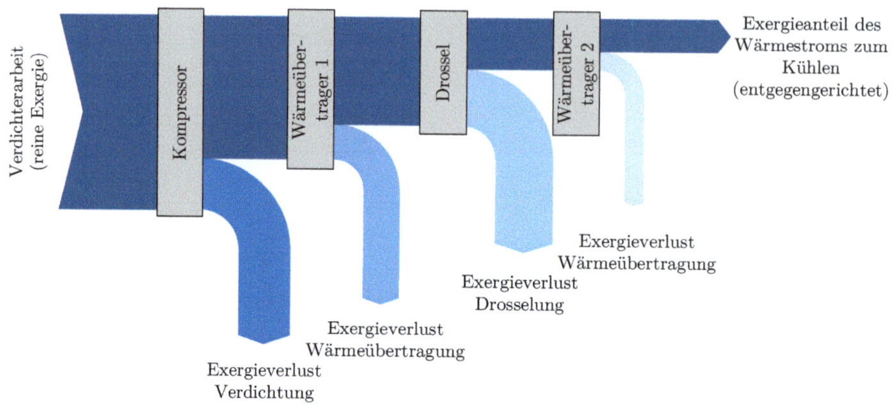

Abbildung 11.6: SANKEY-Diagramm zum vereinfachten Kältemaschinenprozess mit den Exergieströmen (dunkel) und den Anergieströmen (hell)

5. Wie schon für Beispiel 10.1 wird auch hier für die Darstellung der Verläufe der Zustandsänderungen im T, s- und im $\lg p, h$-Diagramm eine separate Datentabelle wie in Abb. 11.5 berechnet. Zur Erstellung der Diagramme siehe Abschnitt 2.2.5.

Wie an der Kältemaschinen-Leistungszahl abzulesen ist, nimmt der Prozess erwartungsgemäß einen Wärmestrom auf, der ein Vielfaches der Antriebsleistung für die Verdichtung beträgt. Dieser Wärmestrom ist der erforderliche Kompensations-Wärmestrom beim Kühlen entsprechend der Erläuterungen im Abschnitt 3.3 und oben im Abschnitt 11.2, der aus dem zu kühlenden System abzuführen ist, um die von außen in das System eintretenden Verluste auszugleichen. Wie in Abb. 3.14 und auch in Abb. 11.2 zu sehen ist, muss dieser vom zu kühlenden System abgeführte und an die Kältemaschine übertragene Wärmestrom einen entgegengerichteten Exergieanteil enthalten, der beim Wärmeverlust durch die Wand in das System entwertet wird.

Der Exergieanteil des Wärmestroms zum Kühlen ist im Beispiel u. a. aufgrund der Temperaturniveaus relativ gering, was den deutlich vom theoretischen Grenzwert $\zeta_{KM} = 1$ abweichenden exergetischen Wirkungsgrad erklärt, siehe dazu das in Abb. 11.6 dargestellte maßstäbliche SANKEY-Diagramm, das die Exergieverluste im Prozess veranschaulicht. Es zeigt die Verluste durch Aufteilung in Exergieströme (dunkel) und in Anergieströme (hellere Töne). Bei der Betrachtung der Exergieverluste ergeben sich die beiden größten Verluste bei der Verdichtung und bei der Drosselung, wohingegen die Exergieverluste in den Wärmeübertragern geringer ausfallen. Ganz rechts in Abb. 11.6 ist der Exergieanteil des Wärmestroms zu erkennen, der von der Kältemaschine aufgenommen wird.

Weil der Kompensations-Wärmestrom beim Kühlen den beschriebenen entgegengerichteten Exergiestrom enthält, ist – wie in Abschnitt 3.3 beschrieben – Kühlen grundsätzlich aufwändiger als Heizen. Dies lässt sich recht einfach verifizieren, indem die Daten aus dem Beispiel 10.1 in das Berechnungsblatt für das Beispiel 11.1 eingegeben werden (oder auch umgekehrt). Als Ergebnis folgt mit den für die Berechnungen getroffenen Annahmen beim Vergleich der Leistungszahlen

$$\varepsilon_{\mathrm{KM}} + 1 = \frac{h_1 - h_3}{h_2 - h_1} + 1 = \frac{h_2 - h_3}{h_2 - h_1} = \varepsilon_{\mathrm{WP}} \ . \tag{11.7}$$

Bei gleicher Antriebsleistung für die Verdichtung ist somit der zum Kühlen bereitgestellte Wärmestrom immer kleiner, als der zum Heizen bereitgestellte Wärmestrom, wenn für beide Prozesse die genannten vereinfachenden Annahmen gelten.

Wie schon zum Beispiel 10.1 sei auch hier angemerkt, dass das aktuelle Beispiel gegenüber den tatsächlichen Ausführungen insbesondere hinsichtlich des Prozessablaufs z. B. für die Verschaltung der Bauteile zur Versorgung des Fahrgastraums und der Fahrzeugbatterie stark vereinfacht wurde. Für die Berechnungen wurde auch hier angenommen, dass die Prozesse der Wärmeübertragung isobar, die Drosselung isenthalp und alle Teilprozesse nach außen hin adiabat erfolgen, was auch für die Rohrleitungen gilt. Außerdem wurde auf den in der Praxis üblicherweise verwendeten inneren Wärmeübertrager verzichtet, der insbesondere beim überkritischen Prozess Anwendung findet, um das Kältemittel vor der Verdichtung sicher zu verdampfen. Die Abb. 10.6 und 10.7 zeigen das grundsätzlich ähnliche Beispiel zu einem Wärmepumpenprozess mit CO_2 im Mobilitätsbereich.

11.3.2 Einsatz einer Kältemaschine im Lebensmittelbereich

Beispiel 11.2

Für einen Kühlraum zur Lagerung von Lebensmitteln ist die sog. Kälteleistung von 100 kW vorgegeben, um eine Temperatur von 4 °C bei einer Umgebungstemperatur von 20 °C gewährleisten zu können. Die Kühlung soll in einem zweistufigen Prozess mit Zwischenkühlung unter Verwendung des Kältemittels Ammoniak (R-717, NH_3) realisiert werden und erfolgt über einen Solekreislauf mit einer wässrigen Lösung von Monoethylenglykol ($C_2H_4(OH)_2$) mit einem Volumenanteil von 34 %. Weitere Details sind im Fließschema in Abb. 11.7 enthalten.

Der Solekreislauf nimmt über den Wärmeübertrager W4 einen Wärmestrom aus dem Kühlraum zur Kompensation der Wärmeverluste auf. Für die Kühlung wird die Sole mit der Pumpe P mit einer Leistungsaufnahme von 1,5 kW bei einem Massenstrom von 5,0 kg s^{-1} und einer Eintrittstemperatur in den Wärmeübertrager W1 von 269,15 K umgewälzt. Im Wärmeübertrager W1 wird das Kältemittel ausgehend vom Zustand 6 bei einem Druck von 0,290 MPa verdampft und um 5,0 K bis auf den Zustand 1 überhitzt. Anschließend erfolgt die zweistufige Verdichtung in den beiden Kompressoren mit einer Zwischenkühlung im Wärmeübertrager W2 jeweils mit einem isentropen Gütegrad von 65 %. In der ersten Stufe wird das Kältemittel auf einen Druck von 0,620 MPa bis auf den Zustand 2 verdichtet, im Wärmeübertrager W2 bis auf eine Temperatur von 311,0 K im Zustand 3 gekühlt und in der zweiten Stufe auf 1,310 MPa im Zustand 4 verdichtet. Die Abkühlung, Kondensation und Unterkühlung um 5,0 K bis auf den Zustand 5 erfolgt im Wärmeübertrager W3. Anschließend wird

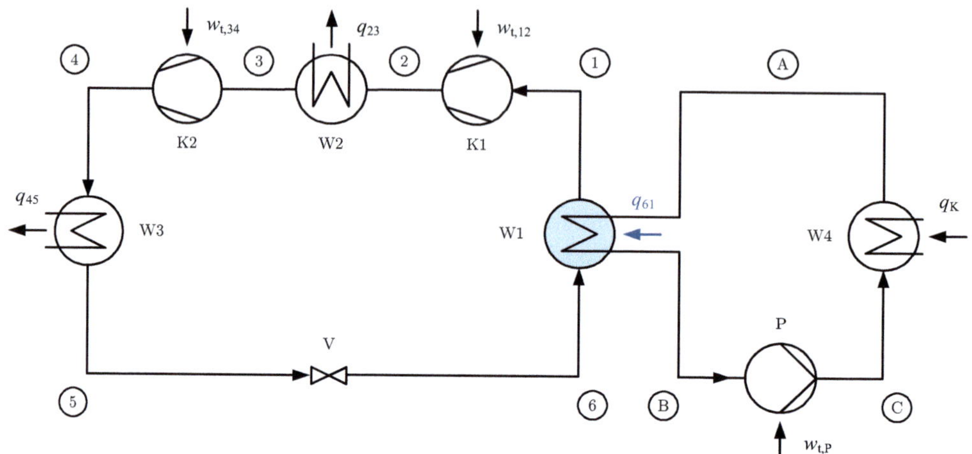

Abbildung 11.7: Fließschema für den Kältemaschinenprozess mit zweistufiger
Verdichtung zur Kühlung eines Kühlraums

das Kältemittel isenthalp bis auf den Zustand 6 expandiert.
Zu berechnen sind u. a. die zu- und die abgeführten Wärmeströme, die er-
forderliche Leistungen der Verdichter, die Leistungszahl und der exergetische
Wirkungsgrad der Kältemaschine sowie die Exergieverluste der Bauteile. Der
Prozess ist im T, s- und im $\lg p, h$-Diagramm darzustellen. (Ergebnisse in den
Excel-Berechnungsblättern in den Abb. 11.8 und 11.9.)

Bezüglich der Verwendung des Kältemittels Ammoniak siehe die allgemeinen Hinweise zu den Kältemitteln für Wärmepumpen und Kältemaschinen in Abschnitt 10.1.

Bearbeitung der in Beispiel 11.2 gegebenen Aufgabenstellung
Für die Bearbeitung der Aufgabenstellung gemäß Beispiel 11.2 wird das Excel-Berechnungsblatt in den Abb. 11.8 und 11.9 erstellt:

1. Im oberen Teil des Berechnungsblatts werden die Eingabeparameter für TREND
   vorgegeben. Die Zellen in diesem Teil erhalten am besten dieselben Namen, wie im
   Beispiel 2.1. Aus Platzgründen wurden Zeilen im Berechnungsblatt ausgeblendet.
   Die mit der Aufgabenstellung gegebenen Parameter werden eingegeben und zur
   besseren Übersicht die kritischen Daten des Kältemittels berechnet.

2. Die Berechnung startet mit dem gesättigten Dampf im Zustand 1′ unter Verwendung der Funktion TRENDEOS mit dem Input Code PVAP für die Berechnung
   der Temperatur $T_{1''}$, der spezifischen Enthalpie $h_{1''}$ und der spezifischen Entropie $s_{1''}$. Daraus folgen die Temperatur des überhitzten Dampfs im Zustand 1
   $T_1 = T_{1''} + \Delta T_1$ sowie die spezifischen Enthalpie h_1 und die spezifische Entropie s_1, siehe dazu die entsprechenden Berechnungen und Hinweise für das
   Beispiel 10.1 in Abschnitt 10.3.1.

Eingabeparameter TREND					**HC**
Path to Sub-Model					TP
Input Code					specific
Unit					FALSCH
Show Error Code					
Fluid					ammonia
kritische Temperatur	T_{kr}	Tcrit	K	K	405,6
	ϑ_{kr}			°C	132,4
kritischer Druck	p_{kr}	pcrit	MPa	bar	113,6
isentroper Gütegrad Verdichtung K1 erste Stufe	$\eta_{s,verd,1}$			1	**0,65**
isentroper Gütegrad Verdichtung K2 zweite Stufe	$\eta_{s,verd,2}$			1	**0,65**
aufzunehmender und aus dem Kühlraum abzuführender Wärmestrom ("Kälteleistung")	$\dot{Q}_K$			kW	**100,0**
Temperatur des Kühlraums	T_K			K	**277,15**
Überhitzung auf Zustand 1	ΔT_1			K	**5,0**
Unterkühlung auf Zustand 5	ΔT_5			K	**5,0**
Temperatur der Umgebung	T_U			K	**293,15**
		CalcType	Unit		
Zustand 1' gesättigter Dampf					
Druck	$p_{1''}$			MPa	**0,290**
Temperatur	$T_{1''}$	T	K	K	263,1
spezifische Enthalpie	$h_{1''}$	H	J/kg	kJ kg^{-1}	1596
spezifische Entropie	$s_{1''}$	S	J/(kg K)	J kg^{-1} K^{-1}	6239
Zustand 1 überhitzter Dampf					
Druck	$p_1 = p_{1'}$			MPa	0,29
Temperatur	$T_1 = T_{1'} + \Delta T_1$			K	268,1
spezifische Enthalpie	h_1	H	J/kg	kJ kg^{-1}	1609
spezifische Entropie	s_1	S	J/(kg K)	J kg^{-1} K^{-1}	6287
Zustand 2 überhitzter Dampf					
Druck	p_2			MPa	**0,620**
Temperatur	T_2	T	K	K	342,1
spezifische Enthalpie (isentrope Verdichtung)	$h_{2,s}$	H	J/kg	kJ kg^{-1}	1712
spezifische Enthalpie (irreversible Verdichtung)	h_2	H	J/kg	kJ kg^{-1}	1767
spezifische Entropie	s_2	S	J/(kg K)	J kg^{-1} K^{-1}	6455
Zustand 3 überhitzter Dampf					
Druck	$p_3 = p_2$			MPa	0,62
Temperatur	T_3			K	**311,0**
spezifische Enthalpie	h_3	H	J/kg	kJ kg^{-1}	1691
spezifische Entropie	s_3	S	J/(kg K)	J kg^{-1} K^{-1}	6222
Zustand 4 überhitzter Dampf					
Druck	p_4			MPa	**1,310**
Temperatur	T_4	T	K	K	393,3
spezifische Enthalpie (irreversible Verdichtung)	h_4	H	J/kg	kJ kg^{-1}	1870
spezifische Entropie	s_4	S	J/(kg K)	J kg^{-1} K^{-1}	6387
Zustand 5' siedende Flüssigkeit					
Druck	$p_{5'}$			MPa	1,310
Temperatur	$T_{5'}$	T	K	K	307,1
spezifische Enthalpie	$h_{5'}$	H	J/kg	kJ kg^{-1}	506,5
spezifische Entropie	$s_{5'}$	S	J/(kg K)	J kg^{-1} K^{-1}	2033
Zustand 5 unterkühlte Flüssigkeit					
Druck	$p_5 = p_4$			MPa	1,310
Temperatur	$T_5 = T_{5'} - \Delta T_5$	T	K	K	302,1
spezifische Enthalpie	h_5	H	J/kg	kJ kg^{-1}	482,3
spezifische Entropie	s_5	S	J/(kg K)	J kg^{-1} K^{-1}	1954
Zustand 6 Nassd...					
Druck	$p_6 = p_{1'}$			MPa	0,290
Temperatur	$T_6 = T_{1'}$	T	K	K	263,1
spezifische Enthalpie	$h_6 = h_5$	H	J/kg	kJ kg^{-1}	482,3
spezifische Entropie	s_6	S	J/(kg K)	J kg^{-1} K^{-1}	2007
spezifische Enthalpie siedende Flüssigkeit	$h_{6'}$	H	J/kg	kJ kg^{-1}	299,5
Dampfgehalt	x_6			1	0,141

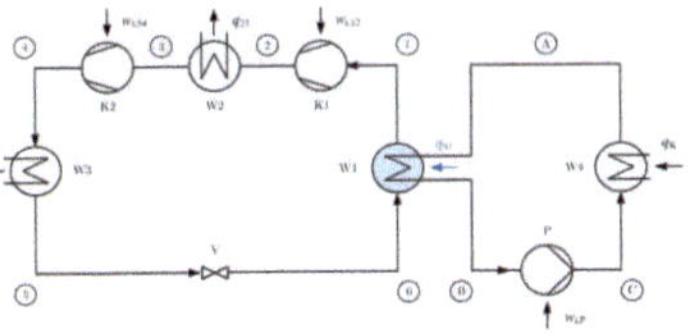

Abbildung 11.8: Excel-Berechnungsblatt Teil I für eine mit dem Kältemittel NH_3 (R-717) betriebene zweistufige Kältemaschine für die Kühlung von Lebensmitteln

Antriebsleistung Pumpe Solekreislauf (geschätzt)	P_P	kW	**1,5**
aufzunehmender Wärmestrom W1	$\dot{Q}_{61} = \dot{Q}_K + P_P$	kW	101,5
Massenstrom umlaufendes Kältemittel	$\dot{m}_{KM} = \dot{Q}_{61}/(h_1 - h_6)$	kg s^{-1}	0,0901
Antriebsleistung Verdichtung K1 erste Stufe	$P_{KM,1}$	kW	14,32
Antriebsleistung Verdichtung K2 zweite Stufe	$P_{KM,2}$	kW	16,14
gesamte Antriebsleistung Verdichtung	P_{KM}	kW	30,45
abgegebener Wärmestrom Zwischenkühlung W2	$\dot{Q}_{23}$	kW	-6,85
abgegebener Wärmestrom Kondensation W3	$\dot{Q}_{45}$	kW	-125,10
gesamter abgegebener Wärmestrom W2 + W3	$\dot{Q}_U = \dot{Q}_{23} + \dot{Q}_{45}$	kW	-131,95
Kältemaschinen-Leistungszahl	ε_{KM}	1	3,33
Massenstrom Solekreislauf	$\dot{m}_S$	kg s^{-1}	**5,0**
spezifische Wärmekapazität Monoethylenglykol 34% für -10 °C (VDI-WA, D4.2 S. 542)	$c_{p,S}$	kJ kg^{-1} K^{-1}	**3,535**
Eintrittstemperatur Sole Wärmeübertrager W1	T_A	K	**269,15**
Austrittstemperatur Sole Wärmeübertrager W1	T_B	K	263,4
thermodynamische Mitteltemperatur der Sole bei der Wärmeabfuhr in W1	$T_{m,AB}$	K	266,3
Carnot-Faktor beim Kühlen (nur Kältemaschinenprozess)	$\eta_{C,K,61}$	1	-10,1%
(entgegengerichteter) Exergieanteil des *von außen aufgenommenen* Wärmestroms	$\dot{Q}^E_{K,61}$	kW	-10,25
exergetischer Wirkungsgrad nur Kältemaschinenprozess	ζ_{KM}	1	33,6%

thermodynamische Mitteltemperatur Wärmezufuhr 6 → 1	$T_{m,61}$	K	263,1
Exergieverluststrom irreversibel adiabate Verdichtung 1 → 2	$\dot{E}^E_{V,verd,12}$	kW	4,45
Exergieverluststrom Zwischenkühlung 2 → 3	$\dot{E}^E_{V,wue,23}$	kW	0,69
Exergieverluststrom irreversibel adiabate Verdichtung 3 → 4	$\dot{E}^E_{V,verd,34}$	kW	4,35
Exergieverluststrom Kondensation + Unterkühlung 4 → 5	$\dot{E}^E_{V,wue,45}$	kW	7,98
Exergieverluststrom adiabate Entspannung 5 → 6	$\dot{E}^E_{V,dross,56}$	kW	1,40
Exergieverluststrom Verdampfung + Überhitzung 6 → 1	$\dot{E}^E_{V,wue,61}$	kW	1,32
anteilige Exergieverluste			
anteiliger Exergieverlust Verdichtung	$\dot{E}^E_{V,verd,12}/P_{KM}$	1	14,6%
anteiliger Exergieverlust Zwischenkühlung	$\dot{E}^E_{V,wue,23}/P_{KM}$	1	2,3%
anteiliger Exergieverlust Verdichtung	$\dot{E}^E_{V,verd,34}/P_{KM}$	1	14,3%
anteiliger Exergieverlust Kondensation + Unterkühlung	$\dot{E}^E_{V,wue,45}/P_{KM}$	1	26,2%
anteiliger Exergieverlust Entspannung	$\dot{E}^E_{V,dross,56}/P_{KM}$	1	4,6%
anteiliger Exergieverlust Verdampfung + Überhitzung	$\dot{E}^E_{V,wue,61}/P_{KM}$	1	4,3%

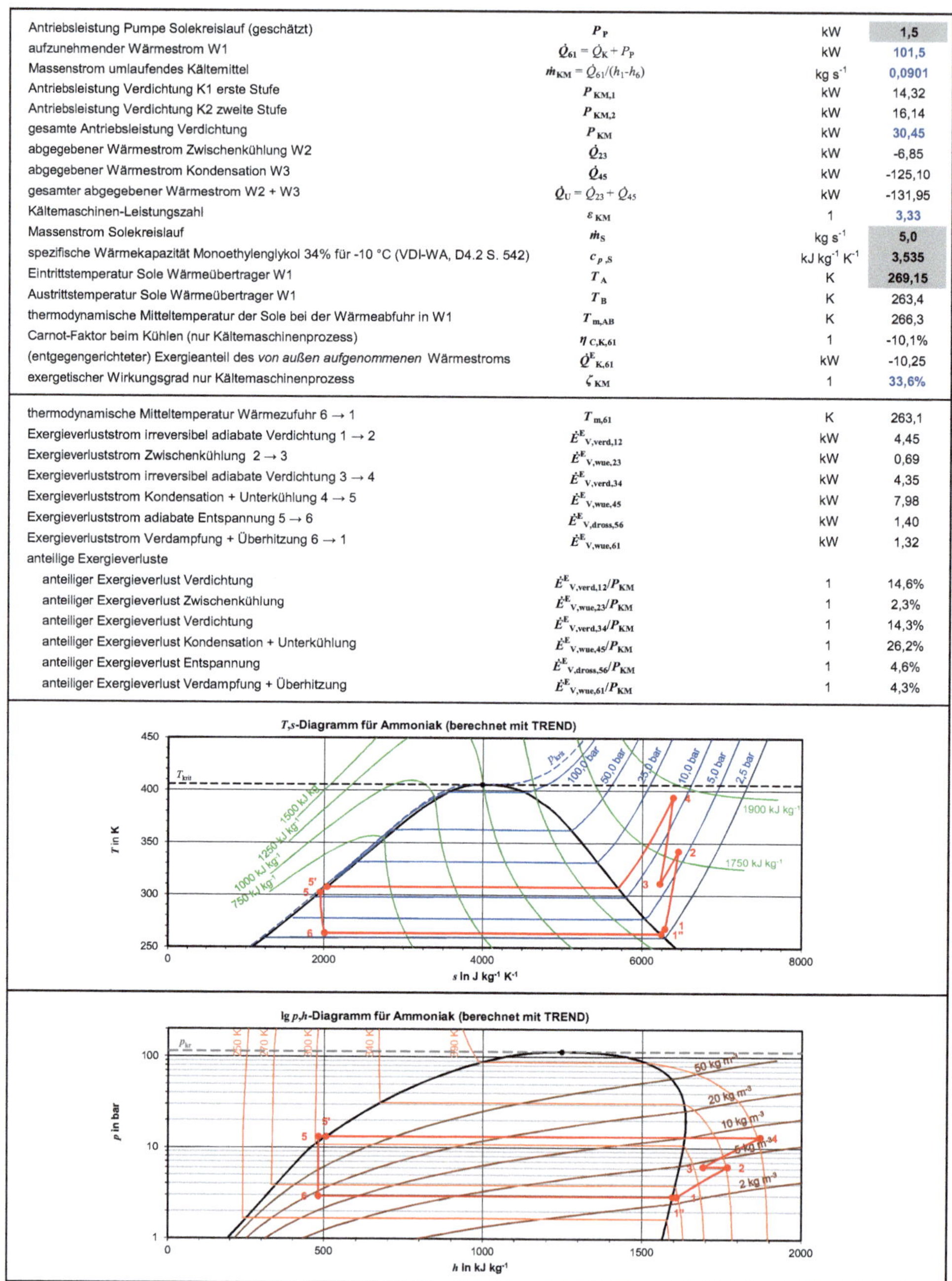

Abbildung 11.9: Excel-Berechnungsblatt Teil II für eine mit dem Kältemittel NH$_3$ (R-717) betriebene zweistufige Kältemaschine für die Kühlung von Lebensmitteln

3. Für den Zustand 2 nach der ersten Verdichtungsstufe und alle anderen Zustände werden die Ergebnisse immer in der Reihenfolge p, T, h und s aufgeführt – selbst wenn sie, wie hier für den Zustand 2, nicht in dieser Reihenfolge berechnet werden. Die spezifische Enthalpie h_2 folgt nach Gleichung (3.77) über den isentropen Gütegrad $\eta_{s,\text{verd},1}$, die spezifische Enthalpie $h_{2,s}$ für die *isentrope* Verdichtung mit dem Input Code PS und die Temperatur T_2 sowie die spezifische Entropie s_2 mit dem Input Code PH. Daraus folgen die Daten nach der isobaren und überkritischen Zwischenkühlung auf den Zustand 3 und daraus wiederum die Daten nach der zweiten Verdichtungsstufe im Zustand 4 analog zur Vorgehensweise für die erste Verdichtung.

4. Der Zustand 5 wird nach der Abkühlung und Kondensation bis auf den Zustand 5' und der anschließenden Unterkühlung auf $T_5 = T_{5'}' - \Delta T_5$ erreicht. Die Berechnung der Daten für den Zustand 5' erfolgt analog zu den Berechnungen für den Zustand 1'', hier aber mit dem Input Code PLIQ und daraus die Daten für den Zustand 5.

5. Der Zustand 6 nach der isenthalpen Drosselung liegt im Nassdampfgebiet mit einem Druck $p_6 = p_{1''}$, einer Temperatur $T_6 = T_{1''}$ und der spezifischen Enthalpie $h_6 = h_5$ vor. Die spezifische Entropie s_6 folgt mit dem Input Code PH, die spezifische Enthalpie der siedenden Flüssigkeit $h_{6'}$ mit dem Input Code PLIQ und daraus der in Gleichung (3.136) definierte Dampfgehalt x_6 aus Gleichung (3.137).

6. Der vom Kältemaschinenprozess aufzunehmende Wärmestrom folgt aus der vorgegebenen „Kälteleistung" $\dot{Q}_K$ sowie der dem Solekreislauf zugeführten Förderleistung der Pumpe P_P mit $\dot{Q}_{61} = \dot{Q}_K + P_P$ und daraus der erforderliche Massenstrom des umlaufenden Arbeitsmediums mit $\dot{m}_{KM} = \dot{Q}_{61}/(h_1 - h_6)$. Die Leistungen $P_{KM,1}$ und $P_{KM,2}$ der beiden Kompressoren werden mit Gleichung (11.1) berechnet, woraus die gesamte Leistung P_{KM} folgt. Die in den beiden Wärmeübertragern W2 und W3 übertragenen Wärmeströme $\dot{Q}_{23}$ und $\dot{Q}_{45}$ werden mit Gleichung (11.2) und daraus der gesamte abzuführende Wärmestrom $\dot{Q}_U = \dot{Q}_{23} + \dot{Q}_{45}$ ermittelt.

7. Der im Berechnungsblatt eingegebene Wert für die spezifische Wärmekapazität der Kühlsole $\overline{c_{p,S}}$ wurde aus dem Abschnitt „D4.1 Thermophysikalische Stoffwerte gebräuchlicher Kältemittel" des *VDI-Wärmeatlas* [56] entnommen. Die Austrittstemperatur T_B der Kühlsole aus dem Wärmeübertrager W1 folgt aus der Energiebilanz um W1 mit

$$T_B = T_A - \frac{\dot{Q}_{61}}{\dot{m}_S \overline{c_{p,S}}} \tag{11.8}$$

unter Verwendung des vorgegebenen Massenstroms der Kühlsole $\dot{m}_S$. Daraus kann nun die thermodynamische Mitteltemperatur der Kühlsole $T_{m,AB}$ mit Gleichung (3.92) berechnet werden.

8. Der CARNOT-Faktor beim Kühlen $\eta_{C,K,61}$ im Wärmeübertrager W1, daraus der Exergieanteil des Wärmestroms zum Kühlen $\dot{Q}_{K,61}^E$ und wiederum daraus der

exergetische Wirkungsgrad für den Kältemaschinenprozess ζ_{KM} folgen jeweils mit Gleichung (11.5).

9. Die Exergieverlustströme $\dot{E}^E_{V,verd,12}$ und $\dot{E}^E_{V,verd,34}$ für die irreversibel adiabaten Verdichtungen folgen aus Gleichung (3.105), die Exergieverlustströme $\dot{E}^E_{V,wue,23}$ und $\dot{E}^E_{V,wue,45}$ für die abgegebenen Wärmeströme aus Gleichung (3.122), der Exergieverluststrom für die adiabate Entspannung $\dot{E}^E_{V,dross,56}$ aus Gleichung (3.116) und der Exergieverluststrom für den im Wärmeübertrager W1 aufgenommenen Wärmestrom $\dot{E}^E_{V,wue,61}$ aus Gleichung (3.120) mit der thermodynamischen Mitteltemperatur $T_{m,61}$ aus Gleichung (3.91) und der bereits oben berechneten Mitteltemperatur $T_{m,AB}$.

10. Zur Ermittlung, in welchem thermodynamischen Zustand sich das Fluid jeweils befindet, siehe die Hinweise zur Verwendung der UDF `Zustand_Fluid` in Abschnitt 11.3.1.

11. Wie schon für das Beispiel 11.1 wird auch hier für die Darstellung der Verläufe der Zustandsänderungen im T, s- und im $\lg p, h$-Diagramm eine separate Datentabelle wie in Abb. 11.5 berechnet. Zur Erstellung der Diagramme siehe Abschnitt 2.2.5.

Vorteil des im aktuellen Beispiel betrachteten zweistufigen Kältemaschinenprozesses ist die Erniedrigung der Endtemperatur nach der Verdichtung infolge der Zwischenkühlung und die daraus resultierende Verminderung des energetischen Aufwands bei der Verdichtung.

Um die Irreversibilitäten und die Entropieproduktion sowie den Exergieverlust gering zu halten, müssen in der Kältetechnik kleinere Temperaturdifferenzen angestrebt werden als z. B. in Wärmepumpen oder Heizkesseln, wo auf höherem Temperaturniveau gearbeitet wird. Große Temperaturdifferenzen zwischen zwei Fluidströmen führen zu einem hohen Entropieproduktionsstrom. Dieser steigt gemäß Gleichung (3.44) bei gleicher Temperaturdifferenz mit abnehmendem Temperaturniveau des Wärmedurchgangs. Kleinere Temperaturdifferenzen erfordern jedoch grundsätzlich größere Wärmeübertragungsflächen, was zu höheren Investitionskosten führt.[9]

Die Kältetechnik spielt nicht nur im Mobilitäts- und im Gebäudebereich eine zentrale Rolle, sondern ist auch für zahlreiche industrielle Prozesse von großer Bedeutung. Die weltweit hohe Anzahl installierter Kältesysteme führt zu einem erheblichen Energiebedarf und entsprechend hohen CO_2-Emissionen. Hinzu kommen klimarelevante Emissionen von Kältemitteln mit hohem Treibhauspotenzial (GWP), insbesondere aus älteren Anlagen. Diese Faktoren haben einen maßgeblichen Einfluss auf die Umweltbilanz industrieller Anwendungen.

Gerade in der Lebensmittelverarbeitung und -lagerung ist der Kühlbedarf kontinuierlich hoch, wobei häufig überdimensionierte oder ungünstig betriebene Systeme zu vermeidbaren Energieverlusten führen. Während die Energieeffizienz einzelner Komponenten in vielen Fällen bereits auf hohem Niveau liegt, bestehen die aktuellen Herausforderungen vor allem in der systemischen Optimierung: Dazu zählen intelligente Verschaltung von Aggregaten, lastabhängige Betriebsstrategien sowie die Einbindung der Kältetechnik in übergeordnete Energie- und Wärmenutzungskonzepte, etwa zur Abwärmenutzung aus der Kälteerzeugung.

12 Beispiele energietechnischer Prozesse

Mitautor: RAPHAEL LANGER (Abschnitte 12.2 und 12.3)

Zielsetzung
Praxisnahe Berechnung und Simulation ausgewählter energietechnischer Prozesse.

Empfohlene Literatur
Thermodynamik von BAEHR und KABELAC [9], *Verfahrenstechnik mit EXCEL* von FEUERRIEGEL [52], *Tieftemperaturtechnik* von HAUSEN und LINDE [70], *Handbook of Liquefied Natural Gas* von MOKHATAB u. a. [105], *Flüssiger Wasserstoff als Energieträger* von PESCHKA [112].

Berechnungsbeispiele in Excel
- Trocknung von Quarzsand mit dem Abgas aus der Verbrennung von Heizöl (Abb. 12.3 und 12.4).
- Trocknung von Quarzsand mit elektrisch vorgewärmter Luft (Abb. 12.5).
- Verflüssigung von Erdgas (LNG) nach dem vereinfachten LINDE-Verfahren (Abb. 12.6 und 12.8 bis 12.11).
- Verflüssigung von Wasserstoff (LH_2) nach dem vereinfachten CLAUDE-Verfahren (Abb. 12.13 bis 12.15).

12.1 Elektrifizierung der Trocknung von Quarzsand in einem Drehrohrofen

Beispiel 12.1

Quarzsand mit einem Wasser-Massenanteil von $w_{W,A} = 5{,}0\,\%$ im Zustand A wird bis auf einen Massenanteil von $w_{W,B} = 0{,}1\,\%$ im Zustand B getrocknet. Der Massenstrom des getrockneten Produkts im Zustand B beträgt $\dot{m}_B = 18\,000\,\mathrm{kg\,h^{-1}}$. Die Trocknung erfolgt in einem Drehrohrofen mit dem Abgasstrom aus der Verbrennung von Heizöl EL schwefelarm. Zukünftig soll die Trocknung mit elektrisch vorgewärmter Luft durchgeführt werden (mit elektrischer Energie aus erneuerbaren Quellen). Der Zustand der Frischluft wird für beide Fälle mit $\vartheta_1 = 10\,°C$ und einer relativen Feuchte von $\varphi_1 = 65\,\%$ angenommen. Die Temperatur des Abgases nach Austritt aus der Trocknung ist mit $\vartheta_3 \approx 100\,°C$ vorgegeben. Der Sand wird mit der Temperatur $\vartheta_A = \vartheta_1$ in den Drehrohrofen gefördert und tritt mit $\vartheta_{\mathrm{B}} = 55\,°\mathrm{C}$ aus. Die Berechnungen zu dieser Aufgabenstellung sind wie folgt aufzuteilen:

a) Trocknung mit dem Abgasstrom aus der Verbrennung von Heizöl
Gesucht sind u. a. der erforderliche Luftvolumenstrom für die Verbrennung, der im Abgas enthaltene Massenstrom an Kohlendioxid, der Volumenstrom des Abgases aus der Verbrennung und die adiabate Verbrennungstemperatur (vor Eintritt in die Trocknung). Außerdem der Energiebedarf für die Trocknung unter Berücksichtigung der Enthalpieänderung des Sands einschließlich des nach der Trocknung an den Sand gebundenen Wassers, der Verdampfung des Wassers infolge der Trocknung und der Wärmeverluste des Trockners sowie die erforderliche Leistung des Brenners; weiterhin der daraus resultierende Bedarf an Heizöl und der resultierende Abgasstrom aus der Trocknung einschließlich dessen Taupunkttemperatur. (Ergebnisse in den Excel-Berechnungsblättern in den Abb. 12.3 und 12.4.)

b) Trocknung mit elektrisch vorgewärmter Luft
Zu ermitteln sind u. a. der Energiebedarf für die Trocknung unter Berücksichtigung der Enthalpieänderung des Sands einschließlich des nach der Trocknung an den Sand gebundenen Wassers und der Wärmeverluste des Trockners sowie des Luftvorwärmers. Außerdem der dafür erforderliche Luftvolumenstrom und die gesamte erforderliche elektrische Leistung für den Luftvorwärmer. (Ergebnisse im Excel-Berechnungsblatt in Abb. 12.5.)

Weitere, für die Berechnungen erforderliche Daten sind ggf. den aufgeführten Excel-Berechnungsblättern zu entnehmen.

Quarzsand ist ein wichtiger Grundstoff und findet z. B. in der Glasindustrie zur Produktion von Flachglas oder in Gießereien als Werkstoff für das Sandgussverfahren Verwendung. Aufgrund seiner thermischen Stabilität und chemischen Reinheit spielt Quarzsand zudem eine zentrale Rolle in Hochtemperaturprozessen und als Zuschlagstoff in der Baustoffindustrie.

Nachfolgend werden die Berechnungen für die Trocknung des Quarzsands für die beiden Varianten nach Fall a) und b) so beschrieben, dass sie unabhängig voneinander durchgeführt werden können. In der aus der Praxis stammenden Aufgabenstellung sind nicht alle Daten bekannt, da an der Anlage nicht alle relevanten Parameter gemessen werden. Deshalb wird nachfolgend zuerst die vorhandene Anlage nachgerechnet, die mit dem Abgasstrom aus der Verbrennung von Heizöl trocknet.

Durch die Bilanzierung des Guts in den Zuständen A und B vor bzw. nach der Trocknung leiten wir die erforderliche Berechnungsgleichung für den Massenstrom des zu entfernenden Wassers $\Delta \dot{m}_{\mathrm{W}}$ her, siehe hierzu die gleichlautende Herleitung in Abschnitt 9.11 in [52]. Der Massenstrom des feuchten Guts $\dot{m}_{\mathrm{G,A}}$ im Zustand A setzt sich aus den Teilmassenströmen des trockenen Guts $\dot{m}_{\mathrm{G}}$ und des im Zustand A enthaltenen Wassers $\dot{m}_{\mathrm{W,A}}$ additiv zusammen

$$\dot{m}_{\mathrm{G,A}} = \dot{m}_{\mathrm{G}} + \dot{m}_{\mathrm{W,A}} = \dot{m}_{\mathrm{G}} + w_{\mathrm{W,A}}\,\dot{m}_{\mathrm{G,A}} \ . \tag{12.1}$$

Darin gilt für den Massenanteil des Wassers im Zustand A

$$w_{W,A} = \frac{\dot{m}_{W,A}}{\dot{m}_{G,A}} \, . \tag{12.2}$$

Für den Zustand B kann diese Gleichung entsprechend aufgestellt werden. Hieraus ergibt sich die Beziehung

$$\dot{m}_G = \dot{m}_{G,A} - w_{W,A}\,\dot{m}_{G,A} = \dot{m}_{G,B} - w_{W,B}\,\dot{m}_{G,B}$$
$$= \dot{m}_{G,A}(1 - w_{W,A}) = \dot{m}_{G,B}(1 - w_{W,B}) \, , \tag{12.3}$$

aus der der Massenstrom des feuchten Guts im Zustand B

$$\dot{m}_{G,B} = \dot{m}_{G,A} \frac{1 - w_{W,A}}{1 - w_{W,B}} \tag{12.4}$$

folgt. Damit lässt sich der gesuchte Massenstrom des während der Trocknung zu entfernenden Wassers

$$\Delta\dot{m}_W = w_{W,A}\,\dot{m}_{G,A} - w_{W,B}\,\dot{m}_{G,B} = \dot{m}_{G,A}\left(w_{W,A} - w_{W,B}\frac{1 - w_{W,A}}{1 - w_{W,B}}\right)$$
$$= \dot{m}_{G,A}\frac{w_{W,A} - w_{W,B}}{1 - w_{W,B}} \tag{12.5}$$

aus den in Beispiel 12.1 gegebenen Zustandsgrößen des Guts berechnen.

Fall a): Trocknung mit dem Abgasstrom aus der Verbrennung von Heizöl
Das feuchte Gut tritt gemäß dem Grundfließschema in Abb. 12.1a im Zustand A in den Trockner ein und verlässt diesen getrocknet – aber nicht trocken – im Zustand B. Unter der Zufuhr von Frischluft im Zustand 1 erfolgt die Verbrennung des Heizöls. Das Abgas aus der Verbrennung tritt im Zustand 2 in den Trockner ein, liefert dort u. a. die für die Verdampfung des Wassers erforderliche Energie und nimmt das verdampfte Wasser auf, kühlt sich dabei ab und verlässt den Trockner im Zustand 3. Am Trockner tritt ein Wärmeverluststrom in die Umgebung auf. Da der Brenner direkt am Drehrohrofen angebracht ist, können die Wärmeverluste dieses Bauteils vernachlässigt werden. Abbildung 12.2 zeigt den mit Heizöl betriebenen Drehrohrofen der Nivelsteiner Sandwerke und Sandsteinbrüche GmbH in Herzogenrath für die Trocknung von Quarzsand.

Für die Trocknung mit dem Abgas aus der Verbrennung des Heizöls werden die Annahmen gegenüber Abschnitt 9.8 in [52] erweitert:

- Betrachtung der kontinuierlichen und stationären Trocknung in einem einstufigen Trocknungsprozess bei Gleichstromführung,

- Verbrennung des Heizöls mit Frischluft und Erzeugung des erwärmten Abgases vor Eintritt in den Trocknungsprozess,

- Vernachlässigung der Druckverluste im Trockner, $p = \text{konst}$,

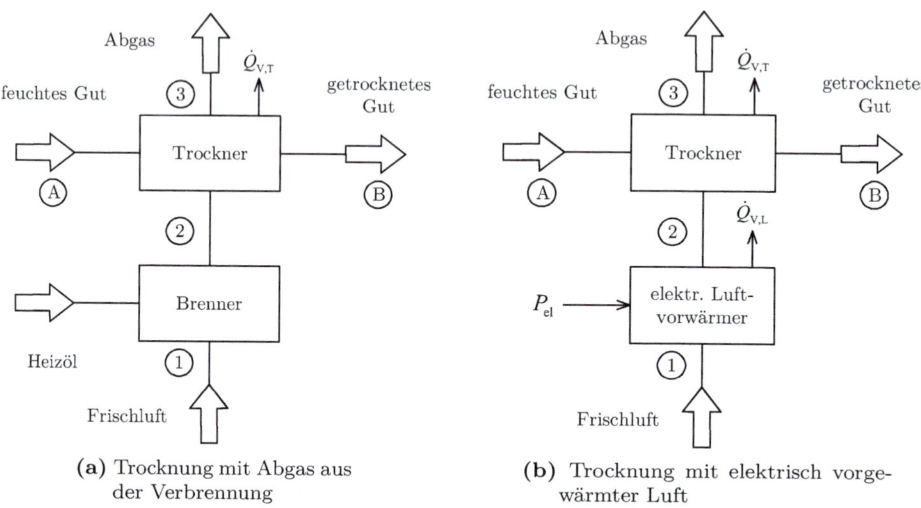

(a) Trocknung mit Abgas aus
der Verbrennung

(b) Trocknung mit elektrisch vorgewärmter Luft

Abbildung 12.1: Grundfließschemata der beiden Varianten zur Trocknung
von Quarzsand

Abbildung 12.2: Drehrohrofen für die Trocknung von Quarzsand mit Heizöl. © Nivelsteiner Sandwerke und Sandsteinbrüche GmbH, Herzogenrath
(2025). Verwendung mit freundlicher Genehmigung.

- Berücksichtigung der Enthalpieänderung des Sands (infolge der Temperaturzunahme einschließlich des im Zustand B an den Sand gebundenen Wassers)
  und

- Berücksichtigung der Wärmeverluste am Trockner infolge des Strahlungsaustauschs mit der Umgebung sowie des konvektiven Wärmeübergangs.

Für die Trocknung mit Heizöl ist eine Verbrennungsrechnung wie in Kapitel 4
erforderlich, die auch hier unter den Annahmen einer vollständigen und vollkommenen
Verbrennung, einer adiabaten und isobaren Prozessführung sowie unter Ausschluss der
Dissoziation der Abgaskomponenten durchgeführt wird und mit dem Ziel, die adiabate
Verbrennungstemperatur T_A für den Zustand 2 zu bestimmen.

Bearbeitung der in Beispiel 12.1 für den Fall a) gegebenen Aufgabenstellung
Für die Bearbeitung der Aufgabenstellung zu Fall a) in Beispiel 12.1 – Trocknung mit
dem Abgas aus der Verbrennung von Heizöl – wird ein Excel-Berechnungsblatt wie in
den Abb. 12.3 und 12.4 erstellt:

1. Die Daten aus der Aufgabenstellung werden in das Berechnungsblatt eingegeben. Für die Feuerungswärmeleistung oder auch Brennerleistung $\dot{H}_i$ und das
   Luftverhältnis λ sind geeignete Startwerte zu wählen. Der im Berechnungsblatt
   ausgeblendete Massenstrom des Heizöls $\dot{m}_{HEL} = \dot{m}_B$, der dem Massenstrom des
   Brennstoffs B in Kapitel 4 entspricht, folgt aus der Feuerungswärmeleistung und
   dem spezifischen Heizwert h_i des Heizöls zu

$$\dot{m}_{HEL} = \frac{\dot{H}_i}{h_i} \, , \tag{12.6}$$

   mit $\dot{H}_i = \dot{H}_{B,chem} = \dot{m}_{HEL} h_i(T_o)$ gemäß der Gleichungen (4.79) und (4.93).
   Daraus ergibt sich direkt der Volumenstrom des Heizöls $\dot{V}_{HEL}$ mit der Dichte
   ϱ_{HEL} zu

$$\dot{V}_{HEL} = \frac{\dot{m}_{HEL}}{\varrho_{HEL}} \, . \tag{12.7}$$

   Die Dichte und der Heizwert stehen im nachfolgenden Berechnungsblock.

2. In einem weiteren Berechnungsblock wird eine typische Elementarzusammensetzung von *leichtem Heizöl EL* eingegeben. Die Dichte des Heizöls ϱ_{HEL} ist in
   der DIN 51603-1 [35] aufgeführt und wird standardmäßig bei 15 °C angegeben.
   Der massenbezogene Heizwert h_i folgt für die gegebene Zusammensetzung aus
   Gleichung (4.81) unter Verwendung der UDF `h_i_HEL` in Listing 4.2 und der volumenbezogene Heizwert aus dem massenbezogenen Heizwert durch Multiplikation
   mit der Dichte ϱ_{HEL}.

3. Im nächsten Berechnungsblock erfolgt die Berechnung der Sauerstoff- und Luftbedarfe. Dafür wird zunächst der minimale massenbezogene Sauerstoffbedarf
   o^*_{min} nach Gleichung (4.48) mit der UDF `o_Stern_min` berechnet (ebenfalls in
   Listing 4.2 aufgeführt). Die dafür erforderlichen Volumen- und Massenanteile der

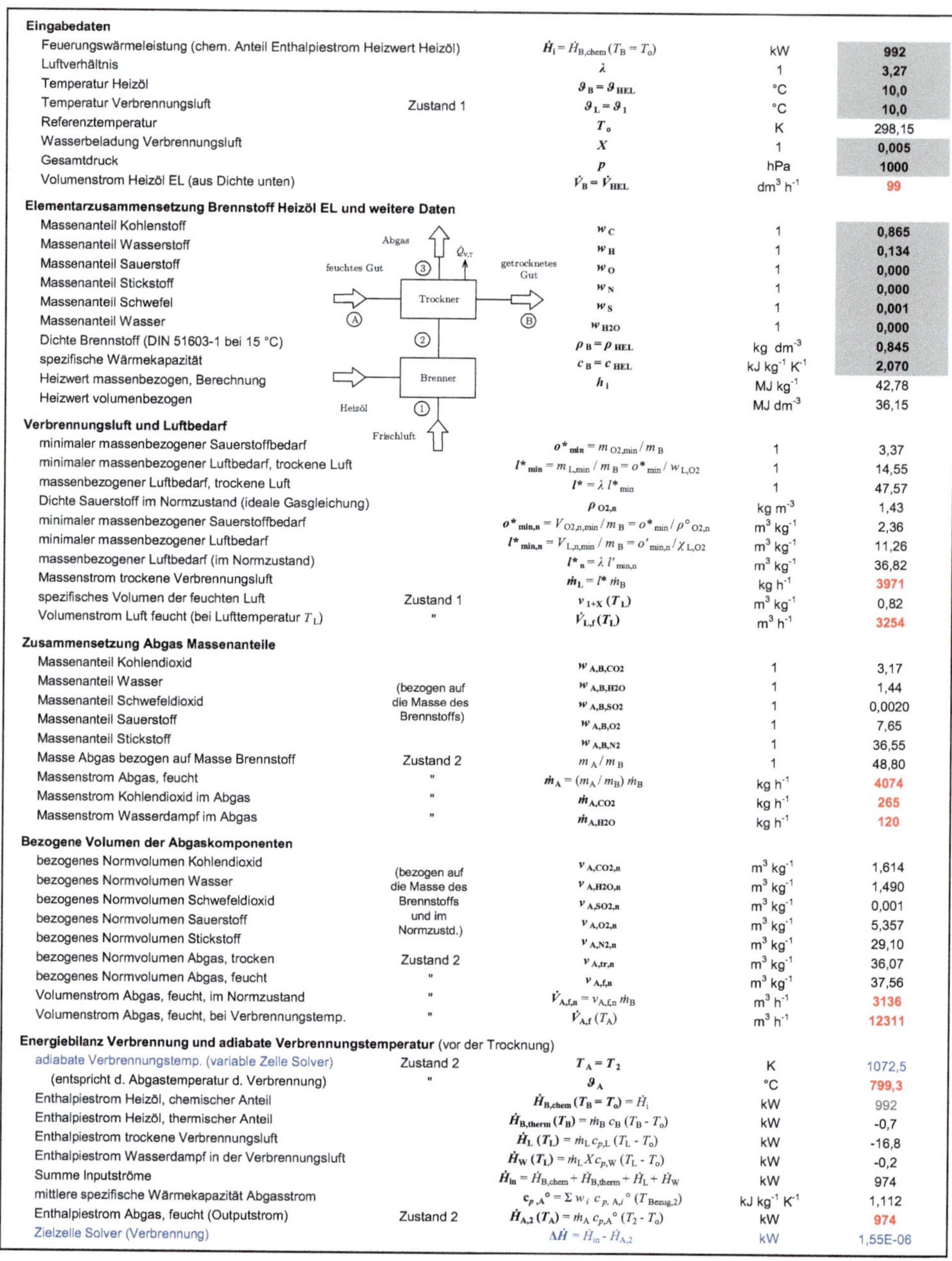

Eingabedaten

			Einheit	Wert
Feuerungswärmeleistung (chem. Anteil Enthalpiestrom Heizwert Heizöl)		$\dot{H}_1 = \dot{H}_{B,\text{chem}}\,(T_B = T_o)$	kW	992
Luftverhältnis		λ	1	3,27
Temperatur Heizöl		$\vartheta_B = \vartheta_{HEL}$	°C	10,0
Temperatur Verbrennungsluft	Zustand 1	$\vartheta_L = \vartheta_1$	°C	10,0
Referenztemperatur		T_o	K	298,15
Wasserbeladung Verbrennungsluft		X	1	0,005
Gesamtdruck		p	hPa	1000
Volumenstrom Heizöl EL (aus Dichte unten)		$\dot{V}_B = \dot{V}_{HEL}$	dm³ h⁻¹	99

Elementarzusammensetzung Brennstoff Heizöl EL und weitere Daten

		Einheit	Wert
Massenanteil Kohlenstoff	w_C	1	0,865
Massenanteil Wasserstoff	w_H	1	0,134
Massenanteil Sauerstoff	w_O	1	0,000
Massenanteil Stickstoff	w_N	1	0,000
Massenanteil Schwefel	w_S	1	0,001
Massenanteil Wasser	w_{H2O}	1	0,000
Dichte Brennstoff (DIN 51603-1 bei 15 °C)	$\rho_B = \rho_{HEL}$	kg dm⁻³	0,845
spezifische Wärmekapazität	$c_B = c_{HEL}$	kJ kg⁻¹ K⁻¹	2,070
Heizwert massenbezogen, Berechnung	h_1	MJ kg⁻¹	42,78
Heizwert volumenbezogen		MJ dm⁻³	36,15

Verbrennungsluft und Luftbedarf

			Einheit	Wert
minimaler massenbezogener Sauerstoffbedarf		$o^*_{\text{min}} = m_{O2,\text{min}} / m_B$	1	3,37
minimaler massenbezogener Luftbedarf, trockene Luft		$l^*_{\text{min}} = m_{L,\text{min}} / m_B = o^*_{\text{min}} / w_{L,O2}$	1	14,55
massenbezogener Luftbedarf, trockene Luft		$l^* = \lambda\, l^*_{\text{min}}$	1	47,57
Dichte Sauerstoff im Normzustand (ideale Gasgleichung)		$\rho_{O2,n}$	kg m⁻³	1,43
minimaler massenbezogener Sauerstoffbedarf		$o^*_{\text{min,n}} = V_{O2,n,\text{min}} / m_B = o^*_{\text{min}} / \rho^o_{O2,n}$	m³ kg⁻¹	2,36
minimaler massenbezogener Luftbedarf		$l^*_{\text{min,n}} = V_{L,n,\text{min}} / m_B = o'_{\text{min,n}} / \chi_{L,O2}$	m³ kg⁻¹	11,26
massenbezogener Luftbedarf (im Normzustand)		$l^*_n = \lambda\, l'_{\text{min,n}}$	m³ kg⁻¹	36,82
Massenstrom trockene Verbrennungsluft		$\dot{m}_L = l^*\, \dot{m}_B$	kg h⁻¹	3971
spezifisches Volumen der feuchten Luft	Zustand 1	$v_{1+X}(T_L)$	m³ kg⁻¹	0,82
Volumenstrom Luft feucht (bei Lufttemperatur T_L)	"	$\dot{V}_{L,f}(T_L)$	m³ h⁻¹	3254

Zusammensetzung Abgas Massenanteile

			Einheit	Wert
Massenanteil Kohlendioxid		$w_{A,B,CO2}$	1	3,17
Massenanteil Wasser	(bezogen auf	$w_{A,B,H2O}$	1	1,44
Massenanteil Schwefeldioxid	die Masse des	$w_{A,B,SO2}$	1	0,0020
Massenanteil Sauerstoff	Brennstoffs)	$w_{A,B,O2}$	1	7,65
Massenanteil Stickstoff		$w_{A,B,N2}$	1	36,55
Masse Abgas bezogen auf Masse Brennstoff	Zustand 2	m_A / m_B	1	48,80
Massenstrom Abgas, feucht	"	$\dot{m}_A = (m_A / m_B)\, \dot{m}_B$	kg h⁻¹	4074
Massenstrom Kohlendioxid im Abgas	"	$\dot{m}_{A,CO2}$	kg h⁻¹	265
Massenstrom Wasserdampf im Abgas	"	$\dot{m}_{A,H2O}$	kg h⁻¹	120

Bezogene Volumen der Abgaskomponenten

			Einheit	Wert
bezogenes Normvolumen Kohlendioxid	(bezogen auf	$v_{A,CO2,n}$	m³ kg⁻¹	1,614
bezogenes Normvolumen Wasser	die Masse des	$v_{A,H2O,n}$	m³ kg⁻¹	1,490
bezogenes Normvolumen Schwefeldioxid	Brennstoffs	$v_{A,SO2,n}$	m³ kg⁻¹	0,001
bezogenes Normvolumen Sauerstoff	und im	$v_{A,O2,n}$	m³ kg⁻¹	5,357
bezogenes Normvolumen Stickstoff	Normzustd.)	$v_{A,N2,n}$	m³ kg⁻¹	29,10
bezogenes Normvolumen Abgas, trocken	Zustand 2	$v_{A,tr,n}$	m³ kg⁻¹	36,07
bezogenes Normvolumen Abgas, feucht	"	$v_{A,f,n}$	m³ kg⁻¹	37,56
Volumenstrom Abgas, feucht, im Normzustand	"	$\dot{V}_{A,f,n} = v_{A,f,n}\, \dot{m}_B$	m³ h⁻¹	3136
Volumenstrom Abgas, feucht, bei Verbrennungstemp.	"	$\dot{V}_{A,f}(T_A)$	m³ h⁻¹	12311

Energiebilanz Verbrennung und adiabate Verbrennungstemperatur (vor der Trocknung)

			Einheit	Wert
adiabate Verbrennungstemp. (variable Zelle Solver)	Zustand 2	$T_A = T_2$	K	1072,5
(entspricht d. Abgastemperatur d. Verbrennung)	"	ϑ_A	°C	799,3
Enthalpiestrom Heizöl, chemischer Anteil		$\dot{H}_{B,\text{chem}}(T_B = T_o) = \dot{H}_1$	kW	992
Enthalpiestrom Heizöl, thermischer Anteil		$\dot{H}_{B,\text{therm}}(T_B) = \dot{m}_B\, c_B\,(T_B - T_o)$	kW	-0,7
Enthalpiestrom trockene Verbrennungsluft		$\dot{H}_L(T_L) = \dot{m}_L\, c_{p,L}\,(T_L - T_o)$	kW	-16,8
Enthalpiestrom Wasserdampf in der Verbrennungsluft		$\dot{H}_W(T_L) = \dot{m}_L\, X\, c_{p,W}\,(T_L - T_o)$	kW	-0,2
Summe Inputströme		$\dot{H}_{\text{in}} = \dot{H}_{B,\text{chem}} + \dot{H}_{B,\text{therm}} + \dot{H}_L + \dot{H}_W$	kW	974
mittlere spezifische Wärmekapazität Abgasstrom		$c_{p,A}^o = \sum w_i\, c_{p,A,i}^o\,(T_{\text{Bezug,2}})$	kJ kg⁻¹ K⁻¹	1,112
Enthalpiestrom Abgas, feucht (Outputstrom)	Zustand 2	$\dot{H}_{A,2}(T_A) = \dot{m}_A\, c_{p,A}^o\,(T_2 - T_o)$	kW	974
Zielzelle Solver (Verbrennung)		$\Delta \dot{H} = \dot{H}_{\text{in}} - \dot{H}_{A,2}$	kW	1,55E-06

Abbildung 12.3: Excel-Berechnungsblatt für die Trocknung von Sand mit dem Abgas aus der Verbrennung von Heizöl, Teil I

Massenbilanz Trocknungsprozess				
Massenstrom des getrockneten Guts	Zustand B	$\dot{m}_{G,B}$	kg h^{-1}	**18000**
Massenanteil des Wassers	Zustand A	$w_{W,A}$	1	**0,050**
Massenanteil des Wassers	Zustand B	$w_{W,B}$	1	**0,001**
Massenstrom des feuchten Guts	Zustand A	$\dot{m}_{G,A}$	kg h^{-1}	18928
Massenstrom des zu verdampfenden Wassers		$\Delta\dot{m}_W$	kg h^{-1}	928
Teilmassenstrom des trockenen Quarzsands		$\dot{m}_G$	kg h^{-1}	17982
Teilmassenstrom an den Sand gebundenen Wassers	Zustand B	$\dot{m}_{W,B}$	kg h^{-1}	18,0
Energiebilanz Trocknungsprozess und Austrittstemperatur Trocknung				
Austrittstemperatur Trockner (variable Zelle Solver)	Zustand 3	T_3	K	372,9
(entspricht der Abgastemperatur der Trocknung)		ϑ_3	°C	99,8
Eintrittstemperatur Quarzsand	Zustand A	$\vartheta_{G,A}$	°C	**10,0**
Austrittstemperatur Quarzsand	Zustand B	$\vartheta_{G,B}$	°C	**55,0**
spezifische Wärmekapazität Quarzsand trocken		$c_G = $ konst	kJ kg^{-1} K^{-1}	**0,85**
spezifische Wärmekapazität Wasser flüssig (als konst. angenommen)		$c_W = $ konst	kJ kg^{-1} K^{-1}	**4,20**
Enthalpiestromdifferenz (Aufwärmung trockener Quarzsand A nach B)		$\Delta\dot{H}_{G,AB}$	kW	191
Enthalpiestromdifferenz (Aufwärmung d. an d. Sand geb. fl. Wassers)		$\Delta\dot{H}_{W,AB}$	kW	0,9
spez. Verdampfungsenthalpie Wasser (VDI-WA)		$\Delta_{vap}h\,(T_{G,A})$	kJ kg^{-1}	2479
Bezugstemperatur spez. isobare Wärmekapazität		$T_{Bezug,A3} = (T_{G,A}+T_3)/2$	K	328
spez. isobare Wärmekapazität Wasserdampf (VDI-WA)		$c_{p,H2O}(T_{Bezug,A3})$	kJ kg^{-1} K^{-1}	1,876
Enthalpiestromdifferenz (Verdampf. Wasser + Erwärmg. Dampf)		$\Delta\dot{H}_{vap,A3}$	kW	683
Energiebedarf Trocknung		$\Delta\dot{H}_\Sigma = \Delta\dot{H}_{G,AB} + \Delta\dot{H}_{W,AB} + \Delta\dot{H}_{vap,A3}$	kW	875
Wärmeverluste des Drehrohrofens (summarisch infolge freier Konvektion und Strahlung)				
Durchmesser Drehrohrofen		d	m	**1,8**
effektive Länge Drehrohrofen		L	m	**10,0**
Oberfläche Drehrohrofen (einschl. Stirnseite)		A	m^2	59
Temperatur Oberfläche Drehrohrofen		ϑ_O	°C	**20,0**
Temperatur der Umgebungsluft und der umgebenden Wände		$\vartheta_\infty = \vartheta_1$	°C	10,0
Wärmeübergangskoeff. (summarisch f. freie Konvektion u. Strahlung)		α	W m^{-2} K^{-1}	**20,0**
Energiebedarf (durch die zusätzlichen Wärmeverluste)		$\dot{Q}_{V,T}$	kW	12
Enthalpiestrom Abgas				
Massenstrom Abgas nach Trocknung	Zustand 3	$\dot{m}_3 = \dot{m}_A + \Delta\dot{m}_w$	kg h^{-1}	5002
Massenstrom Wasserdampf	"	$\dot{m}_{3,H2O} = \dot{m}_{A,H2O} + \Delta\dot{m}_w$	kg h^{-1}	1048
Massenanteil Kohlendioxid	"	$w_{3,CO2} = w_{A,A,CO2}\,\dot{m}_A / \dot{m}_3$	1	0,05
Massenanteil Wasserdampf	"	$w_{3,H2O} = \dot{m}_{3,H2O} / \dot{m}_3$	1	0,21
Massenanteil Schwefeldioxid	"	$w_{3,SO2} = w_{A,A,SO2}\,\dot{m}_A / \dot{m}_3$	1	0,00
Massenanteil Sauerstoff	"	$w_{3,O2} = w_{A,A,O2}\,\dot{m}_A / \dot{m}_3$	1	0,13
Massenanteil Stickstoff	"	$w_{3,N2} = w_{A,A,N2}\,\dot{m}_A / \dot{m}_3$	1	0,61
mittl. spez. Wärmekapazität Abgas (nur aus Verbrennung)	"	$c_{p,3}^\circ = \Sigma\, w_{A,A,i}\, c_{p,i}^\circ\,(T_{Bezug,3})$	kJ kg^{-1} K^{-1}	1,038
Enthalpiestrom Abgas, feucht (nur aus Verbrennung)	"	$\dot{H}_{A,3}(T_3) = \dot{m}_A\, c_{p,3}^\circ\,(T_3 - T_o)$	kW	88
Zielzelle Solver (Trocknungsprozess)		$\Delta\dot{H} = \dot{H}_{A,2} - \dot{H}_{A,3} - \Delta\dot{H}_\Sigma - \dot{Q}_{V,T}$	kW	-1,31E-05
Taupunkttemperatur im Abgas nach der Trocknung				
Volumenanteil Wasser	Zustand 3	$\chi_{3,H2O}$	1	0,30
Sättigungsdampfdruck b. Taupunkttemp. = Partialdruck Wasserdampf		$p_{WS}(T_{Tau}) = p_W(T) = \chi_{3,H2O}\,p$	hPa	301
Taupunkttemperatur (WAGNER-Gleichung)	"	$\vartheta_{Tau}(p_{WS})$	°C	69
Teilstrom Abgas Verbrennung, feucht	"	$\dot{V}_{A,f}(T_3)$	m^3 h^{-1}	4281
Dichte Wasserdampf	"	$\rho_{H2O}(T_3,p)$	kg m^{-3}	0,581
Teilstrom Wasserdampf aus Trocknung	"	$\dot{V}_{A,H2O}(T_3)$	m^3 h^{-1}	1804
Volumenstrom Abgas, feucht, bei Austrittstemperatur	"	$\dot{V}_{A,f,3}(T_3)$	m^3 h^{-1}	6085

Komp. i	molare Masse	Dichte ideales Gas i.N.	spezifische isobare Wärmekapazität (VDI-WA)		
			feuchte Luft	Abgas Brenner	Abgas Trockner
	M_i	$\rho_{i,n}$	$c_{p,i}(T_{Bezug,1})$	$c_{p,i}(T_{Bezug,2})$	$c_{p,i}(T_{Bezug,3})$
	kg kmol^{-1}	kg m^{-3}	kJ kg^{-1} K^{-1}	kJ kg^{-1} K^{-1}	kJ kg^{-1} K^{-1}
C	12,0110				
CO$_2$	44,0098	1,963		1,121	0,879
H$_2$	2,0159	0,090			
H$_2$O (g)	18,0153	0,804	1,866	2,071	1,879
O$_2$	31,9988	1,428		1,014	0,935
N$_2$	28,0135	1,250		1,094	1,040
S	32,0660				
SO$_2$	64,0648	2,858		0,790	0,644
Luft, tr.	28,9583	1,292	1,013		
Bezugstemperaturen in K			$T_{Bezug,1} = (T_1 + T_o)/2$	$T_{Bezug,2} = (T_2 + T_o)/2$	$T_{Bezug,3} = (T_3 + T_o)/2$
			290,7	685,3	335,5

Abbildung 12.4: Excel-Berechnungsblatt für die Trocknung von Sand mit dem Abgas aus der Verbrennung von Heizöl, Teil II

trockenen Verbrennungsluft werden aus der Tabelle in Abb. 4.2 übernommen. Der minimale massenbezogene Luftbedarf $l_{\min}^*$ folgt aus Gleichung (4.49) und der massenbezogene Luftbedarf l^* aus Gleichung (4.50).

4. Die Dichte des Sauerstoffs im Normzustand $\varrho_{O_2,n}$ wird aus Gleichung (2.54) mit der UDF `Gasdichte_ideal` (siehe Abschnitt 2.4) ermittelt. Die Normtemperatur und der Normdruck sind aus Platzgründen ausgeblendet. Daraus folgen mit den Gleichungen (4.50) bis (4.53) der minimale massenbezogene Sauerstoffbedarf $o'_{\min,n}$, der minimale massenbezogene Luftbedarf $l'_{\min,n}$, der massenbezogenen Luftbedarf l'_n und der Massenstrom der Verbrennungsluft $\dot{m}_L$. Die Berechnung des Volumenstroms der feuchten Verbrennungsluft erfordert das spezifische Volumen der feuchten Luft v_{1+X} nach Gleichung (4.14) mit der UDF `v_1plusX_aus_X` aus Listing 4.1. Daraus wird der gesuchte Volumenstrom $\dot{V}_{L,f}(T_L)$ mit der linken Seite dieser Gleichung berechnet.

5. Es folgen die Ermittlung der Massenanteile der Abgaskomponenten $w_{A,B,i}$ mit Bezug auf die Brennstoffmasse mit den Gleichungen (4.54) bis (4.58) (unter Verwendung der entsprechenden UDFs in Listing 4.2) sowie die auf die Masse des Brennstoffs bezogene Abgasmasse m_A/m_B mit Gleichung (4.59) und daraus mit Gleichung (4.1) der Massenstrom des Abgases $\dot{m}_A$ sowie die Teilmassenströme des emittierten Kohlendioxids $\dot{m}_{A,CO_2}$ und des Wasserdampfs $\dot{m}_{A,H_2O}$. Für die Ermittlung des Massenanteils des Stickstoffs w_{A,B,N_2} wurde der Einfachheit halber die Komponente Argon zum Stickstoff addiert (sog. „Luftstickstoff", siehe Abb. 4.2). Die auf die Masse des Abgases bezogenen Massenanteile $w_{A,A,i}$ folgen aus Gleichung (4.60) und sind in der Tabelle ausgeblendet. Die Volumenanteile der Komponenten im Abgas $\chi_{A,i}$ folgen aus Gleichung (4.61).

6. Die auf die Masse des Brennstoffs bezogenen Volumen der Komponenten im Normzustand $v_{A,i,n}$ folgen aus den Gleichungen (4.62) bis (4.66) (unter Verwendung der entsprechenden UDFs in Listing 4.2), das auf die Masse des Brennstoffs bezogene trockene Abgasvolumen der Komponenten im Normzustand $v_{A,tr,n}$ aus Gleichung (4.67), das feuchte Abgasvolumen im Normzustand $v_{A,n,f}$ aus Gleichung (4.68) und der Volumenstrom des feuchten Abgases im Normzustand $\dot{V}_{A,n,f}$ aus Gleichung (4.69). Mit der noch zu ermittelnden adiabaten Verbrennungstemperatur T_A kann der Volumenstrom $\dot{V}_{A,f}$ auf die aktuellen Betriebsbedingungen umgerechnet werden.

7. In einem neuen Berechnungsblock wird die adiabate Verbrennungstemperatur T_A ermittelt, für die ebenfalls ein Startwert vorgegeben wird. Für die Verbrennung des Heizöls gilt – unter Vernachlässigung des Terms für die Asche – die Energiebilanz

$$\dot{H}_{B,chem} + \dot{H}_{B,therm} + \dot{H}_{L,f} = \dot{H}_A \,, \tag{4.97}$$

siehe Abschnitt 4.4. Der chemische Anteil des Enthalpiestroms des Brennstoffs entspricht der oben in der ersten Zeile eingegebenen Feuerungswärmeleistung, $\dot{H}_{B,chem} = \dot{H}_i$. Der thermische Anteil folgt mit dem Massenstrom und der spezifischen Wärmekapazität des Heizöls zu

$$\dot{H}_{\mathrm{B,therm}} = \dot{m}_{\mathrm{B}} c_{\mathrm{B}} (T_{\mathrm{B}} - T_{\circ}) \,, \tag{12.8}$$

womit korrigiert wird, dass das Heizöl mit der Temperatur T_{B} zugeführt wird. Als Referenztemperatur wählen wir für alle Berechnungen zu Fall a) – wie in Abschnitt 3.6 – $T_{\circ} = 298{,}15\,\mathrm{K}$. Die Enthalpieströme der trockenen Verbrennungsluft und des Wasserdampfs in der Verbrennungsluft folgen entsprechend der Gleichung (4.22) zu

$$\dot{H}_{\mathrm{L}}(T_{\mathrm{L}}) = \dot{m}_{\mathrm{L}} \overline{c^{\circ}_{p,\mathrm{L}}}(T_{\mathrm{L}} - T_{\circ}) \quad \text{bzw.} \tag{12.9}$$

$$\dot{H}_{\mathrm{W}}(T_{\mathrm{L}}) = \dot{m}_{\mathrm{L}} X \, \overline{c^{\circ}_{p,\mathrm{W}}}(T_{\mathrm{L}} - T_{\circ}) \,. \tag{12.10}$$

Die Berechnung der spezifischen Wärmekapazitäten erfolgt mit der jeweiligen Bezugstemperatur für die Wärmekapazitäten nach der linken Seite von Gleichung (4.23), siehe die berechneten Werte in Abb. 12.4. Die spezifischen Wärmekapazitäten wiederum folgen aus den Gleichungen (2.55) und (2.56) unter Verwendung der UDF `c_p_G_VDI_13_arr` (siehe Abschnitt 2.4). Die Koeffizienten für Luft und Wasserdampf sind in den Abb. 2.11 bis 2.14 enthalten. Anschließend werden die „Input"-Ströme der linken Seite von Gleichung (4.97) zu $\dot{H}_{\mathrm{in}}$ addiert.

8. Für die Berechnung der Enthalpie des Abgasstroms folgt gemäß Gleichung (4.95) die mittlere spezifische Wärmekapazität dieses Stroms

$$\overline{c^{\circ}_{p,\mathrm{A}}}(T_{\mathrm{Bezug,2}}) = \sum_{i=1}^{k} w_i \overline{c^{\circ}_{p,\mathrm{A},i}}(T_{\mathrm{Bezug,2}}) \tag{12.11}$$

und daraus der Enthalpiestrom des Abgases

$$\dot{H}_{\mathrm{A,2}}(T_2) = \dot{m}_{\mathrm{A}} \overline{c^{\circ}_{p,\mathrm{A}}}(T_2 - T_{\circ}) \,. \tag{12.12}$$

In der Zielzelle wird die zu minimierende Differenz

$$\Delta \dot{H} = \dot{H}_{\mathrm{in}} - \dot{H}_{\mathrm{A}} \tag{12.13}$$

berechnet und daraus unter Verwendung des Solvers die gesuchte adiabate Verbrennungstemperatur ermittelt.

9. In einem separaten Berechnungsblock – dargestellt in Abb. 12.4 – werden u. a. der Massenstrom des zu verdampfenden Wassers und der Teilmassenstrom des trockenen Guts oder Sands ermittelt und dafür die mit der Aufgabenstellung gegebenen Werte des Massenstroms des feuchten Guts $\dot{m}_{\mathrm{G,B}}$ und die beiden Massenanteile $w_{\mathrm{W,A}}$ und $w_{\mathrm{W,B}}$ eingegeben. Der Massenstrom des feuchten Guts $\dot{m}_{\mathrm{G,A}}$ folgt aus der umgestellten Gleichung (12.4), der Massenstrom des zu verdampfenden Wassers $\Delta \dot{m}_{\mathrm{W}}$ aus Gleichung (12.5), der Teilmassenstrom des trockenen Guts oder Sands $\dot{m}_{\mathrm{G}}$ aus Gleichung (12.3) und der Teilmassenstrom des im Zustand B an den Sand gebundenen Wassers $\dot{m}_{\mathrm{W,B}}$ aus Gleichung (12.2).

10. Ein weiterer Berechnungsblock dient der Berechnung der Austrittstemperatur des Abgases nach der Trocknung im Zustand 3, wofür auch hier ein Startwert erforderlich ist. Gemäß der eingangs aufgeführten Annahmen berücksichtigen wir nun die Temperaturänderung und die daraus resultierende Enthalpieänderung des Sands einschließlich des an den Sand gebundenen Wassers. Dafür werden die mit der Aufgabenstellung gegebenen Temperaturen $\vartheta_{\mathrm{G,A}}$ und $\vartheta_{\mathrm{G,B}}$ in den Zuständen A sowie B und die als konstant angenommenen spezifischen Wärmekapazitäten des trockenen Guts c_{G} und des Wassers c_{W} eingegeben. Für den Anteil der für die Erwärmung des trockenen Guts durch die Beheizung aufzubringenden Enthalpiestromdifferenz gilt mit dem Teilmassenstrom des trockenen Guts

$$\Delta \dot{H}_{\mathrm{G,AB}} = \dot{m}_{\mathrm{G}} c_{\mathrm{G}} (T_{\mathrm{G,B}} - T_{\mathrm{G,A}}) \,. \tag{12.14}$$

Mit dem Massenstrom des an den Sand gebundenen Wassers im Zustand B folgt die erforderliche Enthalpiestromdifferenz für die Erwärmung des an das Gut gebundenen Wassers

$$\Delta \dot{H}_{\mathrm{W,AB}} = \dot{m}_{\mathrm{W,B}} c_{\mathrm{W}} (T_{\mathrm{G,B}} - T_{\mathrm{G,A}}) \,. \tag{12.15}$$

Die Enthalpiestromdifferenz für die Verdampfung des Wassers und anschließende Erwärmung des Dampfes vom Zustand A bis zum Zustand 3 wird mit

$$\Delta \dot{H}_{\mathrm{vap,A3}} = \Delta \dot{m}_{\mathrm{W}} \left(\Delta_{\mathrm{vap}} h(T_{\mathrm{G,A}}) + \overline{c^{\circ}_{p,\mathrm{W}}}(T_3 - T_{\mathrm{G,A}}) \right) \tag{12.16}$$

berechnet, wofür die spezifische Verdampfungsenthalpie $\Delta_{\mathrm{vap}} h(T_{\mathrm{G,A}})$ aus Gleichung (2.64) unter Verwendung der UDF `Delta_vap_h_VDI_12_arr` folgt und die spezifische Wärmekapazität von Wasserdampf bei der aktuellen Bezugstemperatur mit der UDF `c_p_G_VDI_13_arr` ermittelt wird (siehe Abschnitt 2.4). Die Summe der drei Terme ergibt den Energiebedarf für den Trocknungsprozess.

11. Die Wärmeverluste des mit geringer Drehzahl rotierenden Drehrohrofens erfolgen über die zylindrische Mantelfläche und die Stirnseite. Die Oberflächentemperatur ϑ_{O} des relativ gut wärmegedämmten Ofens wurde anhand von Messungen ermittelt und die Temperatur der Umgebungsluft sowie der umgebenden Wände entspricht ungefähr der Temperatur der Verbrennungsluft ϑ_1. Der Wärmeverluststrom $\dot{Q}_{\mathrm{V,T}}$ wird vereinfachend mit einem angenommenen summarischen Wärmeübergangskoeffizienten für den konvektiven Wärmeübergang und den Strahlungsaustausch mit den umgebenden Wände nach dem NEWTONschen Ansatz für den Wärmeübergang

$$\dot{Q}_{\mathrm{V,T}} = \alpha A (T_{\mathrm{O}} - T_1) \tag{12.17}$$

abgeschätzt [53].

12. Für die noch ausstehende Ermittlung der Austrittstemperatur des Abgases nach der Trocknung ist der Enthalpiestrom im Zustand 3 erforderlich. Der gesamte Massenstrom in diesem Zustand folgt aus der Addition des feuchten Massenstroms aus der Verbrennung und dem Massenstrom des zu verdampfenden

Wassers $\dot{m}_3 = \dot{m}_A + \Delta\dot{m}_W$ und der Teilmassenstrom des Wassers im Zustand 3 aus $\dot{m}_{3,H_2O} = \dot{m}_{A,H_2O} + \Delta\dot{m}_W$. Die Massenanteile für alle Komponenten außer dem Wasser berechnen wir analog zu Gleichung (4.60) mit

$$w_{3,i} = \frac{w_{A,A,i}\dot{m}_A}{\dot{m}_B} \tag{12.18}$$

und für die Komponente Wasser mit

$$w_{3,H_2O} = \frac{\dot{m}_{3,H_2O}}{\dot{m}_3} \, . \tag{12.19}$$

Unter Verwendung der ermittelten Massenanteile $w_{A,A,i}$ folgt die mittlere spezifische isobare Wärmekapazität des Abgasstroms $\overline{c^{\circ}_{p,3}}(T_{Bezug,3})$ mit Gleichung (12.11) und der Enthalpiestrom im Zustand 3 analog zu Gleichung (12.12) und auch hier nur mit dem Massenstrom $\dot{m}_A$, da das Wasser aus der Trocknung $\Delta\dot{m}_W$ bereits verdampft und erwärmt wurde. Aus der Energiebilanz um die Trocknungsstufe in Abb. 12.1a folgt in der Zielzelle die zu minimierende Differenz

$$\Delta\dot{H} = \dot{H}_{A,2} - \dot{H}_{A,3} - \Delta\dot{H}_\Sigma - \dot{Q}_{V,T} \tag{12.20}$$

und daraus unter Verwendung des Solvers die gesuchte Abgastemperatur im Zustand 3.

13. Für die Ermittlung der Taupunkttemperatur des Abgases im Zustand 3 nach der Trocknung folgt der Volumenanteil des Wassers χ_{3,H_2O} aus Gleichung (4.61) und der Sättigungsdampfdruck bei der Taupunkttemperatur $p_{WS}(T_{Tau})$ aus Gleichung (4.43). Die gesuchte Taupunkttemperatur unter Verwendung der UDF `T_S_Wagner_D` wird mit der Eingabe

`=T_S_Wagner_D(350;p_WS_T_Tau/1000)-273,15`

berechnet (siehe die Hinweise zu den weiteren UDFs in Abschnitt 2.4). Dafür ist ein geeigneter Startwert erforderlich, weil innerhalb der Berechnung mit der UDF ein modifiziertes NEWTON-Verfahren aufgerufen wird (siehe [52]). Der Volumenstrom des feuchten Abgases $\dot{V}_{A,f,3}(T_3)$ setzt sich additiv aus dem Volumenstrom $\dot{V}_{A,f}(T_3)$ plus dem Teilstrom des aus der Trocknung resultierenden Wasserdampfs $\dot{V}_{A,H_2O}(T_3)$ zusammen. Der erstgenannte Strom folgt durch Umrechnung des bereits oben berechneten Volumenstroms des feuchten Abgases im Normzustand $\dot{V}_{A,n,f}$ auf die aktuelle Temperatur T_3. Der Teilstrom des Wasserdampfs

$$\dot{V}_{A,H_2O}(T_3) = \frac{\dot{m}_{3,H_2O}}{\varrho_{H_2O}(T_3,p)} \tag{12.21}$$

wird mit der Dichte des Wasserdampfs bei der Temperatur T_3 und dem Druck p aus der UDF `Gasdichte_ideal` ermittelt.

Aus den Berechnungen werden u. a. die Feuerungswärmeleistung und der erforderliche Heizölbedarf für die stationäre Trocknung erhalten. Die adiabate Verbrennungstemperatur im Bereich von 800 °C passt gut zu in den der Literatur aufgeführten Daten für die Trocknung von Sand unter Verwendung von Verbrennungsabgasen [93]. Der vorgegebene Wert für die Temperatur des Abgases nach der Trocknung wird eingehalten und die berechnete Taupunkttemperatur des Abgases nach der Trocknung gewährleistet, dass in der nachgeschalteten Anlage zur Staubabscheidung keine Kondensation erfolgt, wenn sich der Abgasstrom nicht zu sehr abkühlt.

Mit diesen zusätzlich erhaltenen Daten kann nun die bestehende Anlage nachfolgend „elektrifiziert" werden, also die Auslegung für die elektrische Beheizung nach Fall b) erfolgen. Anmerkungen: Der berechnete Heizölverbrauch berücksichtigt ausschließlich den stationären Betrieb der Anlage. An- und Abfahrvorgänge sind damit nicht betrachtet und verursachen in der Praxis zusätzliche Verbräuche. Die vorstehenden Berechnungen dienen zur Bilanzierung des Prozesses ohne Berücksichtigung der gekoppelten Wärme- und Stofftransportvorgänge bei der Trocknung, also der Trocknungskinetik.

Fall b): Trocknung mit elektrisch vorgewärmter Luft

Das feuchte Gut tritt gemäß dem Grundfließschema in Abb. 12.1b im Zustand A in den Trockner ein und verlässt diesen getrocknet im Zustand B. Die Frischluft im Zustand 1 wird im Luftvorwärmer unter Zufuhr von elektrischer Leistung vorgewärmt, tritt im Zustand 2 in den Trockner ein, stellt dort insbesondere die zur Verdampfung erforderliche Energie bereit, nimmt im Trockner das während des Prozesses verdampfte Wasser auf, kühlt sich dabei ab und verlässt den Trockner im Zustand 3. Am Luftvorwärmer und am Trockner treten Wärmeverlustströme in die Umgebung auf.

Für die Trocknung mit elektrisch vorgewärmter Luft werden die folgenden Annahmen getroffen, die gegenüber den in Abschnitt 9.8 in [52] genannten Annahmen erweitert sind:

- Betrachtung der kontinuierlichen und stationären Trocknung in einem einstufigen Trocknungsprozess bei Gleichstromführung,

- Aufheizung der Luft vor Eintritt in den Trocknungsprozess,

- Vernachlässigung der Druckverluste im Trockner, $p = $ konst,

- Berücksichtigung der Enthalpieänderung des Sands (infolge der Temperaturzunahme einschließlich des im Zustand B an den Sand gebundenen Wassers) und

- Berücksichtigung der Wärmeverluste am Trockner und am Luftvorwärmer infolge Wärmestrahlung sowie konvektiven Wärmeübergangs.

Für die Behandlung der Aufgabenstellung ist zunächst die Bilanzierung des Trocknungsprozesses zur Ermittlung des Luft- und des Energiebedarfs erforderlich, siehe dazu die gleichlautende Herleitung in Abschnitt 9.8 in [52]. Aus dem Grundfließschema in Abb. 12.1b folgt die Massenbilanz für den stationären einstufigen Trocknungsprozess

$$\dot{m}_1 + \dot{m}_A = \dot{m}_3 + \dot{m}_B \ . \tag{12.22}$$

Die Massenströme für die Frischluft und die Abluft folgen mit

$$\dot{m}_1 = \dot{m}_\mathrm{L} + \dot{m}_\mathrm{L} X_1 = \dot{m}_\mathrm{L}(1 + X_1) \quad \text{bzw.} \tag{12.23}$$

$$\dot{m}_3 = \dot{m}_\mathrm{L} + \dot{m}_\mathrm{L} X_3 = \dot{m}_\mathrm{L}(1 + X_3) \ . \tag{12.24}$$

Unter Berücksichtigung ausschließlich der Enthalpieänderungen der feuchten Luft – worin die Verdampfung des während der Trocknung zu entfernenden Wassers eingeschlossen ist – lautet die *vereinfachte* Energiebilanz

$$\dot{m}_\mathrm{L} h_{1+X,1} + \dot{Q}_\mathrm{vor} = \dot{m}_\mathrm{L} h_{1+X,3} \ . \tag{12.25}$$

Aus der Massenbilanz für die Komponente Wasser

$$\dot{m}_\mathrm{L} X_1 + \dot{m}_\mathrm{W,A} = \dot{m}_\mathrm{L} X_3 + \dot{m}_\mathrm{W,B} \tag{12.26}$$

folgt der *spezifische Luftbedarf* des Trockners als der auf den Massenstrom des entfernten Wassers $\Delta \dot{m}_\mathrm{W}$ bezogene Massenstrom der trockenen Luft

$$\frac{\dot{m}_\mathrm{L}}{\Delta \dot{m}_\mathrm{W}} = \frac{\dot{m}_\mathrm{L}}{\dot{m}_\mathrm{W,A} - \dot{m}_\mathrm{W,B}} = \frac{1}{X_3 - X_1} \tag{12.27}$$

und aus der vereinfachten Energiebilanz in Gleichung (12.25) der *spezifische Energiebedarf*

$$\frac{\dot{Q}_\mathrm{vor}}{\Delta \dot{m}_\mathrm{W}} = \frac{h_{1+X,3} - h_{1+X,1}}{X_3 - X_1} \ . \tag{12.28}$$

Unter Berücksichtigung ausschließlich der Enthalpieänderungen der feuchten Luft sind die spezifischen Luft- und Energiebedarfe also nur von den Anfangs- und Endzuständen des Prozesses abhängig [52]. In den nachfolgenden Berechnungen werden gemäß der eingangs getroffenen Annahmen zusätzlich die Enthalpieänderung des Sands (einschließlich des an den Sand gebundenen Wassers) und die Wärmeverluste berücksichtigt.

Bearbeitung der in Beispiel 12.1 für den Fall b) gegebenen Aufgabenstellung
Für die Bearbeitung der Aufgabenstellung zu Fall b) aus Beispiel 12.1 – Trocknung mit elektrisch vorgewärmter Luft – wird ein Excel-Berechnungsblatt wie in Abb. 12.5 erstellt:

1. Im ersten Block des Berechnungsblatts werden für den Zustand 1 und für den Zustand 3 die Wasserbeladung X_1 sowie die Temperaturen ϑ_1 und ϑ_3 gemäß der Aufgabenstellung vorgegeben. Für die Wasserbeladung X_3 wird ein Startwert eingetragen und mit diesen Daten für diese beiden Zustände die Sättigungspartialdrücke $p_\mathrm{WS}(T)$ nach Gleichung (2.63) mit der UDF `p_S_VDI_12_arr` (siehe Abschnitt 2.4), die Sättigungsbeladung X_S nach Gleichung (4.8) mit der UDF `X_Wasser_S` und die relative Feuchte φ nach Gleichung (4.10) mit der UDF `phi_aus_X` (beide aus Listing 4.1) berechnet. Dafür ist der Druck p erforderlich, der weiter unten eingegeben wird.

Nr.	Wasserbeladung $X(T)$	Temperatur ϑ	Temperatur T	Sätt.-Partialdruck $p_{WS}(T)$	Sätt.-Beladung $X_S(T)$	relative Feuchte φ	Tautemperatur $\vartheta_{Tau}(p_{WS})$	spez. Enthalpie $h_{1+X}(\vartheta,X)$
	1	**°C**	**K**	**hPa**	**kg kg^{-1}**	**1**	**°C**	**kJ kg^{-1}**
1	**0,0050**	**10**	283,15	12,3	0,0077	0,65	3,7	22,7
2	0,0050	799	1072,36					875,7
3	**0,2120**	**100**	373,15	1014,2		0,25	65,3	671,5

Massenbilanz Trocknungsprozess, Luft- und Energiebedarf vereinfachter Prozess

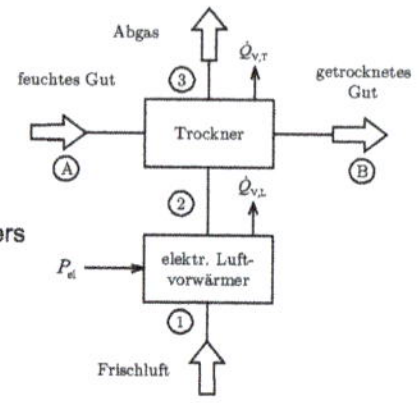

B	Massenstrom des getrockneten Guts	$\dot m_{G,B}$	kg h^{-1}	**18000**
A	Massenanteil des Wassers	$w_{W,A}$	1	**0,050**
B	Massenanteil des Wassers	$w_{W,B}$	1	**0,001**
A	Massenstrom des feuchten Guts	$\dot m_{G,A}$	kg h^{-1}	18928
	Massenstrom d. zu verdampfenden Wassers	$\Delta\dot m_w$	kg h^{-1}	928
	Teilmassenstrom des trockenen Quarzsands	$\dot m_G$	kg h^{-1}	17982
B	Teilmassenstrom d. an d. Sand gebund. Wassers	$\dot m_{W,B}$	kg h^{-1}	18,0
	Gesamtdruck	p	hPa	**1000**
	spezifischer Luftbedarf	$\dot m_L / \Delta\dot m_w$	kg kg^{-1}	4,8
	Luftbedarf	$\dot m_L$	kg s^{-1}	1,25
	spezifisches Volumen der feuchten Luft (Zustand 1)	$v_{1+X,1}(T,X)$	m³ kg^{-1}	0,820
	Volumenstrom der feuchten Luft (Zustand 1)	$\dot V_1$	m³ h^{-1}	3676
	Volumenstrom der feuchten Luft (Zustand 2)	$\dot V_2$	m³ h^{-1}	13920
	spezifisches Volumen der feuchten Luft (Zustand 3)	$v_{1+X,3}(T,X)$	m³ kg^{-1}	1,436
	Volumenstrom der feuchten Luft (Zustand 3)	$\dot V_3$	m³ h^{-1}	6443
	Änderung der spezifischen Enthalpie der feuchten Luft von 1 nach 3	$\Delta h_{1+X}(\vartheta,X)$	kJ kg^{-1}	648,8
	spezifischer Energiebedarf	$\dot Q_{vor,L} / \Delta\dot m_w$	kJ kg^{-1}	3134
	Energiebedarf (nur Verdampfung Wasser und Erwärmung feuchte Luft)	$\dot Q_{vor,L}$	kW	808

Diagramm: feuchtes Gut → Trockner → getrocknetes Gut; Abgas / $\dot Q_{V,T}$ (3); $\dot Q_{V,L}$ (2); elektr. Luftvorwärmer; P_{el}; (1); Frischluft.

Änderungen der spezifischen Enthalpie des trockenen Quarzsands und des gebundenen Wassers

	Eintrittstemperatur Quarzsand (in den Drehrohrofen)	$\vartheta_{G,A}$	°C	**10,0**
	Austrittstemperatur Quarzsand (aus dem Drehrohrofen)	$\vartheta_{G,B}$	°C	**55,0**
	spezifische Wärmekapazität Quarzsand trocken	$c_G = \text{konst}$	kJ kg^{-1} K^{-1}	**0,85**
	spezifische Wärmekapazität Wasser flüssig	$c_W = \text{konst}$	kJ kg^{-1} K^{-1}	**4,20**
	Enthalpiestromdifferenz (Aufwärmung trockener Quarzsand A nach B)	$\Delta\dot H_{G,AB}$	kW	191
	Enthalpiestromdifferenz (Aufwärmung d. an d. Sand gebund. Wassers)	$\Delta\dot H_{W,AB}$	kW	0,9
	Enthalpiestromdifferenz (Aufwärmung Quarzsand u. gebund. Wasser)	$\Delta\dot H_{G,W,AB}$	kW	192

Abschätzung der Wärmeverluste des Drehrohrofens (summarisch infolge freier Konvektion und Strahlung)

	Durchmesser Drehrohrofen	d	m	**1,8**
	effektive Länge Drehrohrofen	L	m	**10,0**
	Oberfläche Drehrohrofen (einschl. Stirnseite)	A	m²	59
	Temperatur Oberfläche Drehrohrofen	ϑ_o	°C	**20,0**
	Temperatur der Umgebungsluft und der umgebenden Wände	$\vartheta_\infty = \vartheta_1$	°C	10,0
	Wärmeübergangskoeffizient (summarisch für freie Konvektion und Strahlung)	α	W m^{-2} K^{-1}	**20,0**
	Energiebedarf (durch die zusätzlichen Wärmeverluste)	$\dot Q_{V,T}$	kW	12

Gesamter Energiebedarf (einschl. Aufheizung Quarzsand usw.)

	Gesamter Energiebedarf (einschl. Aufheizung Quarzsand usw.)	$P_{el,0} = \dot Q_{vor,L} + \Delta\dot H_{G,W,AB} + \dot Q_{V,T}$	kW	1012
	Anteil der Wärmeverluste des elektrisch beheizten Luftvorwärmers	$\dot Q_{V,L} / P_{el,0}$	1	**5%**
	Wärmeverluste elektrisch beheizter Luftvorwärmer	$\dot Q_{V,L}$	kW	51
	gesamte erforderliche elektrische Leistung	$P_{el} = P_{el,0} + \dot Q_{V,L}$	kW	1063
	Differenz der spezifischen Enthalpien (zwischen den Zuständen 1 und 2)	Δh_{1+X}	kJ kg^{-1}	853
	spezifische Enthalpie im Zustand 2	$h_{1+X,2}(\vartheta_2,X_2)$	kJ kg^{-1}	876
	Temperatur im Zustand 2, Startwert für Zirkelbezug	T_2	K	1072
	erforderliche Temperatur im Zustand 2 (aus $h_{1+X,2}$)	T_2	K	1072
		ϑ_2	°C	799

Spezifische Wärmekapazitäten in den Zuständen 1, 2 und 3

	Referenztemperatur = Tripeltemperatur von Wasser	$T_o = T_{tr}$	K	273,16
	Bezugstemperatur im Zustand 1	$T_{Bezug,1} = (T_1 + T_o)/2$	K	278,16
	spezifische Wärmekapazität Luft	$c_{p,L}°(T)$	kJ kg^{-1} K^{-1}	1,012
	spezifische Wärmekapazität Wasserdampf	$c_{p,w}°(T)$	kJ kg^{-1} K^{-1}	1,862
	Bezugstemperatur im Zustand 2 (mit dem Startwert T_2)	$T_{Bezug,2} = (T_2 + T_o)/2$	K	672,76
	spezifische Wärmekapazität Luft	$c_{p,L}°(T)$	kJ kg^{-1} K^{-1}	1,070
	spezifische Wärmekapazität Wasserdampf	$c_{p,w}°(T)$	kJ kg^{-1} K^{-1}	2,062
	Bezugstemperatur im Zustand 3	$T_{Bezug,3} = (T_3 + T_o)/2$	K	323,16
	spezifische Wärmekapazität Luft	$c_{p,L}°(T)$	kJ kg^{-1} K^{-1}	1,016
	spezifische Wärmekapazität Wasserdampf im Zustand	$c_{p,w}°(T)$	kJ kg^{-1} K^{-1}	1,875
	spezifische Verdampfungsenthalpie (bei Referenztemperatur)	$\Delta_{vap}h(T_o)$	kJ kg^{-1}	**2500,9**

Abbildung 12.5: Excel-Berechnungsblatt für die Trocknung von Sand mit elektrisch vorgewärmter Luft

2. Die Taupunkttemperaturen ϑ_{Tau} nach Gleichung (4.24) folgen mit der UDF T_S_Wagner_D (siehe die Hinweise in Abschnitt 2.4.1). Die Lufttemperatur im jeweiligen Zustand wird als Startwert gewählt, weil innerhalb der Berechnung das ZDQ-Verfahren aufgerufen wird (siehe Abschnitt 2.4.1). Beispielsweise erfolgt für den Zustand 1 die Eingabe

```
=T_S_Wagner_D(T_1;phi_1*p_WS_T_1/1000)-273,15
```

Die Wasserbeladung im Zustand 2 folgt aus der Bedingung $X_2 = X_1 =$ konst, da während der Erwärmung der feuchten Luft kein Wasser zu- oder abgeführt wird. Die spezifischen Enthalpien $h_{1+X}(T, X)$ für die Zustände 1 und 3 folgen mit Gleichung (4.21) unter Verwendung der UDF h_1plusX, sobald die spezifischen Wärmekapazitäten im nachfolgend beschriebenen Berechnungsblock ermittelt und der Wert für die spezifische Verdampfungsenthalpie eingegeben wurde. Die Temperatur ϑ_2 und die spezifische Enthalpie für den Zustand 2 werden weiter unten berechnet und auf eine explizite Angabe weiterer Werte in dieser Zeile verzichtet.

3. Für die Berechnung der spezifischen Enthalpien der Luftzustände wird ein Berechnungsblock für die temperaturabhängigen spezifischen Wärmekapazitäten von Luft und von Wasserdampf erstellt und für alle Berechnungen für Fall b) die für Trocknungsprozesse übliche Tripeltemperatur von Wasser als Referenztemperatur $T_{\mathrm{o}} = T_{\mathrm{tr}} = 273{,}16\,\mathrm{K}$ verwendet. Die Berechnung der spezifischen Wärmekapazitäten erfolgt mit der Bezugstemperatur für die Wärmekapazitäten nach der linken Seite von Gleichung (4.23). Für die Bezugstemperatur im Zustand 2 wird in einer Zelle ein Startwert für T_2 vorgegeben (Startwert für den Zirkelbezug). Die spezifischen Wärmekapazitäten wiederum folgen aus den Gleichungen (2.55) und (2.56) unter Verwendung der UDF c_p_G_VDI_13_arr (siehe Abschnitt 2.4). Die Koeffizienten für Luft und Wasserdampf für diese Gleichung sind in den Abb. 2.11 und 2.13 enthalten. Für die spezifische Verdampfungsenthalpie $\Delta_{\mathrm{vap}}h(T_{\mathrm{o}})$ wird der in Abschnitt 4.2 aufgeführte Wert explizit eingegeben.

4. In einem neuen Berechnungsblock werden – wie für den Fall a) – u.a. der Massenstrom des zu verdampfenden Wassers und der Teilmassenstrom des trockenen Guts oder Sands ermittelt und dafür die mit der Aufgabenstellung gegebenen Werte des Massenstroms des feuchten Guts $\dot{m}_{\mathrm{G,B}}$ und die beiden Massenanteile $w_{\mathrm{W,A}}$ und $w_{\mathrm{W,B}}$ eingegeben. Der Massenstrom des feuchten Guts $\dot{m}_{\mathrm{G,A}}$ folgt aus der umgestellten Gleichung (12.4), der Massenstrom des zu verdampfenden Wassers $\Delta\dot{m}_{\mathrm{W}}$ aus Gleichung (12.5), der Teilmassenstrom des trockenen Guts oder Sands $\dot{m}_{\mathrm{G}}$ aus Gleichung (12.3) und der Teilmassenstrom des im Zustand B an den Sand gebundenen Wassers $\dot{m}_{\mathrm{W,B}}$ aus Gleichung (12.2).

5. Anschließend werden der Luft- und der Energiebedarf für den vereinfachten Trocknungsprozess unter Berücksichtigung ausschließlich der Enthalpieänderungen der feuchten Luft berechnet. Der spezifische Luftbedarf $\dot{m}_{\mathrm{L}}/\Delta\dot{m}_{\mathrm{W}}$ und der Luftbedarf $\dot{m}_{\mathrm{L}}$ folgen für den vereinfachten Trocknungsprozess aus Gleichung (12.27). Für die Ermittlung der Volumenströme $\dot{V}$ der Luftzustände sind die spezifischen Volumen der feuchten Luft v_{1+X} gemäß Gleichung (4.15) unter Verwendung der

UDF `v_1plusX_aus_p_WS` in Listing 4.1 erforderlich. Die Volumenströme für die Zustände 1 und 3 folgen aus Gleichung (4.13) und der Volumenstrom im Zustand 2 aus der Isobarenbeziehung in Tabelle 3.1

$$\dot{V}_2 = \dot{V}_1 \frac{T_2}{T_1} \tag{12.29}$$

mit dem gewählten Startwert für T_2. Der spezifische Energiebedarf $\dot{Q}_{\mathrm{vor,L}}/\Delta\dot{m}_{\mathrm{W}}$ und der Energiebedarf $\dot{Q}_{\mathrm{vor,L}}$ für den vereinfachten Prozess werden mit der Gleichung (12.28) berechnet.

6. Gemäß der eingangs aufgeführten Annahmen berücksichtigen wir nun die Temperaturänderung und die daraus resultierende Enthalpieänderung des Sands einschließlich des nach der Trocknung an den Sand gebundenen Wassers. Dafür werden die mit der Aufgabenstellung gegebenen Temperaturen $\vartheta_{\mathrm{G,A}}$ und $\vartheta_{\mathrm{G,B}}$ in den Zuständen A und B eingegeben und die spezifischen Wärmekapazitäten des trockenen Guts c_{G} und des Wassers c_{W} als konstant angenommen. Für den Anteil des Energiebedarfs aufgrund der Erwärmung des Teilmassenstroms des trockenen Guts oder Sands $\dot{m}_{\mathrm{G}}$ gilt die Enthalpiestromdifferenz

$$\Delta\dot{H}_{\mathrm{G,AB}} = \dot{m}_{\mathrm{G}} c_{\mathrm{G}} (T_{\mathrm{G,B}} - T_{\mathrm{G,A}}) \ . \tag{12.14}$$

Für den Anteil des Energiebedarfs aufgrund der Erwärmung des Teilmassenstroms des an den Sand gebundenen Wassers $\dot{m}_{\mathrm{W,B}}$ folgt die Enthalpiestromdifferenz

$$\Delta\dot{H}_{\mathrm{W,AB}} = \dot{m}_{\mathrm{W,B}} c_{\mathrm{W}} (T_{\mathrm{G,B}} - T_{\mathrm{G,A}}) \tag{12.15}$$

und die gesamte Enthalpiestromdifferenz für die Erwärmung des Sands einschließlich des daran gebundenen Wassers durch Addition zu

$$\Delta\dot{H}_{\mathrm{G,W,AB}} = \Delta\dot{H}_{\mathrm{G,AB}} + \Delta\dot{H}_{\mathrm{W,AB}} \ . \tag{12.30}$$

7. Wie schon für den Fall a) wird auch hier für die Abschätzung der Wärmeverluste des mit geringer Drehzahl rotierenden Drehrohrofens die relevante Oberfläche aus der Mantelfläche einschließlich der Stirnseite berechnet. Die Temperatur der Oberfläche wird vorgegeben und für den konvektiven Wärmeübergang an die Umgebungsluft und den Strahlungsaustausch zwischen dem Drehrohr und der Umgebung eine einheitliche Temperatur für die Umgebungsluft und die Oberflächen der umgebenden Wände $\vartheta_{\infty} = \vartheta_1$ angenommen. Die Wärmeverluste folgen mit dem summarischen Wärmeübergangskoeffizienten α nach dem NEWTONschen Ansatz für den Wärmeübergang [53]

$$\dot{Q}_{\mathrm{V,T}} = \alpha A (T_{\mathrm{O}} - T_1) \ . \tag{12.17}$$

Da der Anteil dieser Wärmeverluste hier gering ist, reicht die Berechnung mit einem geschätzten Wert für α aus.

8. Die gesamte aufzubringende Heizleistung folgt aus dem Energiebedarf für die

Verdampfung des Wassers und für die Erwärmung der feuchten Luft $\dot{Q}_{\mathrm{vor,L}}$, dem Energiebedarf für die Erwärmung des Sands einschließlich des daran gebundenen Wassers $\Delta\dot{H}_{\mathrm{G,W,AB}}$ und den Wärmeverlusten des Drehrohrofens $\dot{Q}_{\mathrm{V,T}}$

$$P_{\mathrm{el,0}} = \dot{Q}_{\mathrm{vor,L}} + \Delta\dot{H}_{\mathrm{G,W,AB}} + \dot{Q}_{\mathrm{V,T}} \; . \tag{12.31}$$

Die erforderliche Leistung des Luftvorwärmers P_{el} ergibt sich zusammen mit den anteilig geschätzten Wärmeverlusten $\dot{Q}_{\mathrm{V,L}}$ dieses Bauteils.

9. Die Differenz der spezifischen Enthalpien für die Vorwärmung der Trocknungsluft vom Zustand 1 bis zum Zustand 2 folgt analog zu Gleichung (12.28) mit

$$\Delta h_{1+X} = h_{1+X,2} - h_{1+X,1} = \frac{P_{\mathrm{el}}(X_3 - X_1)}{\Delta\dot{m}_{\mathrm{W}}} \tag{12.32}$$

und daraus die spezifische Enthalpie der feuchten Luft $h_{1+X,2} = \Delta h_{1+X} + h_{1+X,1}$, dessen Wert oben in die zweite Zeile der Tabelle übernommen wird. Wegen der Temperaturabhängigkeit der Stoffwerte kann die gesuchte Temperatur im Zustand 2 nur iterativ z. B. über einen Zirkelbezug ermittelt werden, wofür der bereits eingegebene Startwert für T_2 verwendet und in einer weiteren Zelle der Endwert

$$T_2 = T_\circ + \frac{h_{1+X,2}(T_2, X_2) - X_2\Delta_{\mathrm{vap}}h(T_\circ)}{\overline{c^\circ_{p,\mathrm{L}}}(T_{\mathrm{Bezug,2}}) + X_2\overline{c^\circ_{p,\mathrm{W}}}(T_{\mathrm{Bezug,2}})} \tag{12.33}$$

durch Umformung von Gleichung (4.21) berechnet und die Zelle mit dem Startwert mit der Zelle mit dem Endwert verknüpft wird. Abschließend ist in den Zellen oben die Verwendung dieses Werts T_2 für die Berechnungen zu kontrollieren.

Durch Variation z. B. der Wasserbeladung X_3 zeigt sich ein deutlicher Einfluss auf die Temperatur im Zustand 2 und ein geringerer auf den Energiebedarf. Auf Basis der Berechnungen kann ein elektrisch beheizter Luftvorwärmer ausgelegt werden (siehe Abschnitt 8.2.3 in [53]). Für die elektrische Beheizung eignen sich z. B. ummantelte oder nichtummantelte Heizstäbe, angeordnet als quer angeströmtes Bündel.

Bei der Auslegung ist die maximal zulässige Oberflächentemperatur der Heizstäbe zu beachten, da sie über der Temperatur im Zustand 2 liegt. Der Vergleich der Fälle a) und b) zeigt, dass die Beheizung mit Heizöl prinzipiell durch eine elektrische Luftvorwärmung ersetzt werden kann.

Die Eintrittstemperatur von $\approx 800\,^\circ\mathrm{C}$ erscheint hoch, da Quarzsand auch unter $100\,^\circ\mathrm{C}$ getrocknet werden kann. Niedrigere Temperaturen erfordern jedoch längere Verweilzeiten und damit größere Ofenlängen.

Als Alternative zum Drehrohrofen bieten sich Wirbelschichttrockner an; allerdings können die abrasiven Eigenschaften des Quarzsands problematisch sein. Der in Abb. 12.2 gezeigte Trockner ist seit Jahrzehnten in Betrieb.

12.2 Verflüssigung von Erdgas, LNG

Beispiel 12.2

Erdgas wird vor dem Transport per Schiff verflüssigt und in wärmegedämmten Tanks bei atmosphärischem Druck tiefkalt eingelagert, um das Volumen und damit die Transportkosten zu reduzieren. Nach dem Transport ist die Verdampfung und die anschließende Verdichtung zur Einspeisung in das Gasverteilungsnetz erforderlich. Der Prozess der stationären Verflüssigung ist zu simulieren und hinsichtlich der Exergieverluste zu bewerten. Dafür erfolgt eine Aufteilung:

a) Im ersten Teil der Berechnungen sind zum besseren Verständnis der Aufgabenstellung jeweils für reines Methan und für Erdgas die Siedetemperaturen beim Normdruck, die Dichten für das Gas im Normzustand sowie die Dichten der siedenden Flüssigkeit beim Normdruck zu berechnen.

b) Im zweiten Teil der Berechnungen ist die Verflüssigung nach dem vereinfachten LINDE-Verfahren, dargestellt im Verfahrensfließschema in Abb. 12.6, durchzuführen. Dabei ist von reinem Methan als Hauptkomponente von Erdgas auszugehen. Das Gas ist vom Zustand 1 mit einer Temperatur $T_1 = 298{,}15\,\mathrm{K}$ und einem Druck $p_1 = 0{,}1\,\mathrm{MPa}$ auf einen Druck von $p_3 = 20\,\mathrm{MPa}$ zu verdichten. Für die isotherme Verdichtung ist ein Wirkungsgrad von $\eta_{T,\mathrm{verd}} = 0{,}72$ vorgegeben. Gesucht sind u. a. die Flüssigkeitsausbeute des Verfahrens, die bei der Verdichtung abzuführende spezifische Wärme, die spezifische Verdichterarbeit und die auf die Masse der Flüssigkeit bezogene spezifische Verdichterarbeit. Für die exergetische Bewertung sind der exergetische Wirkungsgrad des Gesamtprozesses und die spezifischen Exergieverluste der Prozessschritte zu ermitteln. Außerdem ist der Prozess im T, s-Diagramm quantitativ richtig darzustellen und die Abhängigkeit des exergetischen Wirkungsgrads vom Druck p_3 nach der Verdichtung zu ermitteln.

Die Berechnungen zu den Stoffwerten sind mit der Software TREND durchzuführen. (Ergebnisse in den Excel-Berechnungsblättern in den Abb. 12.6, 12.8 und 12.9.)

Die Lagerung von Erdgas kann entweder gasförmig bei hohem Druck als sog. Compressed Natural Gas (CNG) oder tiefkalt bei atmosphärischem Druck im flüssigen Zustand als sog. Liquefied Natural Gas (LNG) erfolgen. Auch beim Transport konkurrieren CNG in zylindrischen oder kugelförmigen Druckbehältern in je nach Anwendung unterschiedlicher Größe mit LNG in wärmegedämmten, doppelwandigen Behältern, zumeist auf Gastankschiffen. Die Siedetemperatur von LNG beim Normdruck $p_\mathrm{n} = 1013{,}25\,\mathrm{hPa}$ hängt von der Zusammensetzung des Erdgases ab und liegt im Bereich von $-165\,°\mathrm{C}$ bis $-162\,°\mathrm{C}$, die von reinem Methan bei $-161{,}5\,°\mathrm{C}$. Die Dichten von siedend flüssigem Methan oder Erdgas sind fast 600-mal so hoch wie die Dichten der Gase im Normzustand, siehe die entsprechenden Berechnungen in Abb. 12.8.

Die Entladung der Gastanker, die Regasifizierung, die Zwischenlagerung und die Ver-

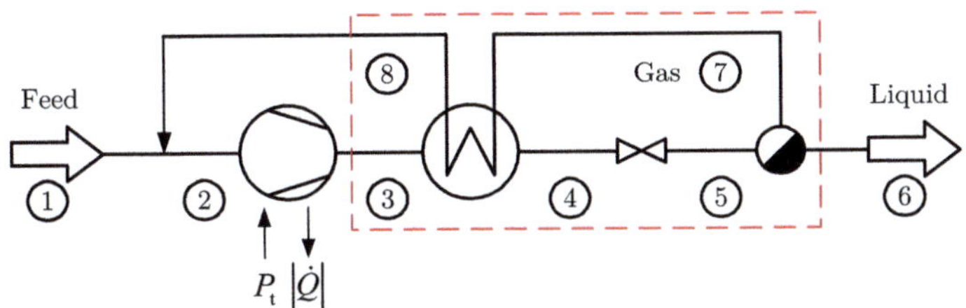

Abbildung 12.6: Verfahrensfließschema für die Verflüssigung eines Gases nach dem LINDE-Verfahren mit einfacher Entspannung (nach [9, 70, 105])

dichtung erfolgt an speziellen LNG-Terminals, sog. Floating Storage and Regasifaction Units (FSRUs). Der energetische Aufwand für die Verflüssigung vor dem Transport als LNG soll in diesem Abschnitt vereinfacht berechnet werden.

Verflüssigung durch Anwendung des vereinfachten Linde-Verfahrens

Aufbereitetes Erdgas ist ein Gemisch aus unterschiedlichen Kohlenwasserstoffverbindungen mit Methan als Hauptkomponente sowie u. a. Kohlendioxid und Stickstoff. Eine typische Zusammensetzung von Erdgas ist im Beispiel 4.2 im Abschnitt 4.4.2 aufgeführt. Für die Verflüssigung von Erdgas zur Herstellung von LNG wird der JOULE–THOMSON-Effekt genutzt, weil auch Methan und Erdgas bei bestimmten Anfangsbedingungen bei der isenthalpen Entspannung unterhalb der Inversionstemperatur abkühlen, siehe Abschnitt 2.2.5. Die Inversionstemperaturen von Methan oder Erdgas lassen sich mit TREND nicht berechnen (aufgrund des begrenzten Temperaturbereichs). Die Inversionstemperatur von Methan liegt nach [151] bei etwa 695 °C.

Beim im Verfahrensfließschema in Abb. 12.6 dargestellten LINDE-Verfahren mit einfacher Entspannung, entwickelt im Jahr 1895 für die Verflüssigung von Luft, wird das Gas verdichtet, in einem Gegenstrom-Wärmeübertrager abgekühlt und anschließend gedrosselt, wobei die Verflüssigung erfolgt. Der dabei nicht verflüssigte Anteil wird zurückgeführt und zur Abkühlung verwendet.

1. Das Gas strömt im Zustand 1 in den Prozess und wird mit nicht verflüssigtem Gas im Zustand 8 gemischt. Das Gemisch im Zustand 2 wird dem Kompressor zugeführt, isotherm verdichtet, im nach außen adiabaten Gegenstrom-Wärmeübertrager mit dem zurückgeführten Gas isobar bis auf den Zustand 4 gekühlt und anschließend isenthalp bis auf den Zustand 5 gedrosselt, siehe dazu auch die Darstellung im T, s-Diagramm in Abb. 12.7.

2. Durch die Drosselung wird das Gas infolge des JOULE–THOMSON-Effekts bis zum Zustand 5 in das Nassdampfgebiet abgekühlt. Im Kondensatableiter erfolgt die gravimetrische Aufteilung in die flüssige Phase im Zustand 6 und in die gasförmige Phase im Zustand 7, die sich beide im Sättigungszustand befinden. Die Gasphase wird dem Gegenstrom-Wärmeübertrager zur isobaren Erwärmung zugeführt.

Im Unterschied zum vereinfachten LINDE-Verfahren erfolgt im realen Prozess die Verdichtung mehrstufig mit Zwischenkühlung. Außerdem wird zur Optimierung des

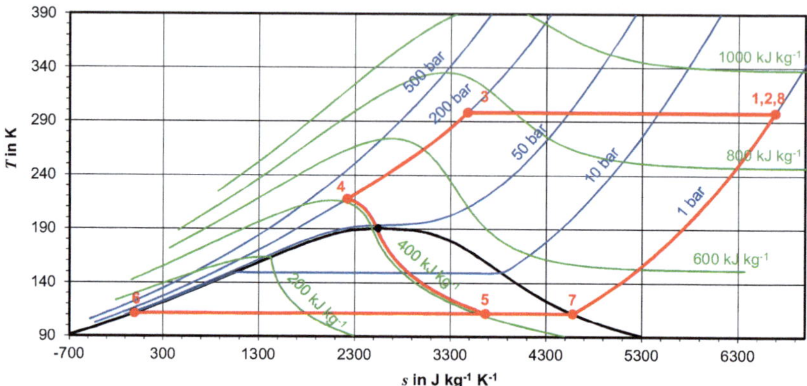

Abbildung 12.7: Darstellung des LINDE-Verfahrens mit einfacher Entspannung im T, s-Diagramm (siehe Abb. 12.9)

Prozesses anstatt der einfachen Entspannung im Ventil zusätzlich eine Expansionsmaschine eingesetzt [70, 105], siehe dazu das erweiterte Beispiel 12.3 in Abschnitt 12.3.

Der in Abb. 12.6 dargestellte Prozess ähnelt einer Kompressions-Kältemaschine. Auch hier erfährt das Arbeitsmedium eine Wärmeabfuhr auf dem höheren Temperaturniveau sowie eine Wärmezufuhr auf dem niedrigeren Temperaturniveau und ebenso eine Verdichtung sowie eine Drosselung.

Massen- und Energiebilanzen des vereinfachten Linde-Verfahrens

Für die Bilanzierung des als stationär angenommenen Prozesses stellen wir die Massen- und Energiebilanzen für den in Abb. 12.6 eingetragenen Bilanzraum auf (vgl. [9, 70, 105]). Dabei werden die von außen eingetragenen Wärmeverluste vernachlässigt. Für die Massenbilanz folgt

$$\dot{m}_3 = \dot{m}_6 + \dot{m}_8 \tag{12.34}$$

und für die Energiebilanz

$$\dot{m}_3 h_3 = \dot{m}_6 h_6' + \dot{m}_8 h_8 \ , \tag{12.35}$$

mit der spezifischen Enthalpie der siedenden Flüssigkeit $h_6 = h_6'$.

Mit der Massenbeladung oder Flüssigkeitsausbeute

$$Y = \frac{\dot{m}_6}{\dot{m}_3} \tag{12.36}$$

als dem auf den Massenstrom $\dot{m}_3$ bezogenen Strom $\dot{m}_6$ des verflüssigten Gases folgt aus der Energiebilanz

$$\dot{m}_3 h_3 = Y \dot{m}_3 h_6' + (1 - Y)\dot{m}_3 h_8 \ . \tag{12.37}$$

Befinden sich das zu- und das zurückgeführte Gas in den Zuständen 1 und 8 im selben energetischen Zustand $h_1 = h_8$, ergibt sich die Flüssigkeitsausbeute zu

$$Y = \frac{h_3 - h_8}{h_6' - h_8} = \frac{h_3 - h_1}{h_6' - h_1} \,. \tag{12.38}$$

Die Entspannung in der Drossel erfolgt bis in das Nassdampfgebiet auf den Zustand 5 mit dem Druck $p_5 = p_1$, siehe Abb. 12.7. Hier teilt sich das entstehende Dampf-Flüssigkeits-Gemisch in die siedende Flüssigkeit im Zustand 6 und den gesättigten Dampf im Zustand 7 auf. Für den Dampfgehalt x dieses Gemisches im Nassdampfgebiet gilt Gleichung (3.136). Aus der Flüssigkeitsausbeute in Gleichung (12.36) folgt

$$Y = \frac{\dot{m}_6}{\dot{m}_3} = \frac{m'}{m} = 1 - \frac{m''}{m} = 1 - x_5 \tag{12.39}$$

und daraus für den Dampfgehalt im Zustand 5

$$x_5 = 1 - Y \,. \tag{12.40}$$

Zur Berechnung der spezifischen Enthalpie und der spezifischen Entropie reiner Komponenten im Nassdampfgebiet siehe Gleichung (3.137), woraus diese Größen für den im Nassdampfgebiet liegenden Zustand 5 ermittelt werden können.

Verdichtung beim vereinfachten Linde-Verfahren

Wird für die reversible isotherme Verdichtung eines Gases angenommen, dass der Zustand 2 mit dem Zustand der Umgebung übereinstimmt, $T_1 = T_2 = T_U$, entspricht die spezifische technische Arbeit für die isotherme Verdichtung $w_{t,\text{verd,rev}}$ dem Exergieanteil der spezifischen Enthalpie des verdichteten Gases im Zustand 3

$$w_{t,\text{verd,rev}} = h_3^E = h_3 - h_U - T_U(s_3 - s_U) \,, \tag{12.41}$$

siehe Gleichung (3.97). Die reversible isotherme Verdichtung ist der thermodynamisch günstigste Prozess für die Verdichtung von Gasen, siehe die Abschnitte 3.2.5 und 7.2.

Aus dem Wirkungsgrad des Kompressors bei der isothermen Verdichtung

$$\eta_{T,\text{verd}} = \frac{w_{t,\text{verd,rev}}}{w_{t,\text{verd}}} \tag{3.81}$$

folgt die irreversible spezifische Verdichterarbeit $w_{t,\text{verd}}$, siehe Abschnitt 3.2.6.

Die auf den Massenstrom der siedenden Flüssigkeit bezogene minimale spezifische Verdichterarbeit für die Verflüssigung folgt aus der spezifischen Exergie im Zustand 6

$$w_{t,\text{verd,min}}' = h_6^E = h_6' - h_U - T_U(s_6' - s_U) \tag{12.42}$$

als dem exergetischen Nutzen des Prozesses [9, 123]. Als exergetischer Aufwand für den Prozess ergibt sich die auf den Massenstrom der Flüssigkeit bezogene irreversible

Verdichterarbeit nach [9] zu

$$w'_{t,\text{verd}} = \frac{w_{t,\text{verd}}}{Y} = \frac{h_3^{\text{E}}}{\eta_{T,\text{verd}}} \frac{h'_6 - h_8}{h_3 - h_8} \ . \tag{12.43}$$

Aus der Energiebilanz des LINDE-Verfahrens

$$\dot{m}_1 h_1 + \dot{m}_3 w_{t,\text{verd,rev}} = \dot{m}_3 q_{\text{rev}} + \dot{m}_6 h'_6 \tag{12.44}$$

folgt mit $\dot{m}_1 = \dot{m}_6 = \dot{m}_3 Y$ gemäß Gleichung (12.36) daraus

$$Y(h_1 - h'_6) + w_{t,\text{verd,rev}} - q_{\text{rev}} = 0 \ , \tag{12.45}$$

mit der abzuführenden spezifischen Wärme gemäß Gleichung (3.96)

$$q_{\text{rev}} = \frac{\dot{Q}_{\text{rev}}}{\dot{m}_3} = T_{\text{U}}(s_3 - s_2) \ . \tag{12.46}$$

Exergetische Bewertung des vereinfachten Linde-Verfahrens

Der exergetische Wirkungsgrad des gesamten Prozesses wird nach [9, 76] – analog zur Wärmekraftmaschine in Gleichung (3.56) – aus dem Verhältnis der nutzbaren spezifischen Exergie $w'_{t,\text{verd,min}} = h_6^{\text{E}}$ des verflüssigten Gases nach Gleichung (12.42) zu der für den Prozess aufgewendeten spezifischen Exergie $w'_{t,\text{verd}}$ nach Gleichung (12.43) gebildet

$$\zeta = \frac{w'_{t,\text{verd,min}}}{w'_{t,\text{verd}}} = \frac{h_6^{\text{E}}}{w'_{t,\text{verd}}} = \eta_{T,\text{verd}} \frac{h_6^{\text{E}}}{h_3^{\text{E}}} \frac{h_3 - h_8}{h'_6 - h_8} \ . \tag{12.47}$$

Für die detaillierte thermodynamische Analyse ist die exergetische Bewertung der Prozessschritte erforderlich. Bei der Verflüssigung setzt sich der gesamte spezifische Exergieverlust aus der isothermen Verdichtung im Kompressor, dem Wärmeübergang im Wärmeübertrager und der isenthalpen Drosselung am Ventil

$$e_{V,\text{ges}}^{\text{E}} = e_{V,\text{verd}}^{\text{E}} + e_{V,\text{wue}}^{\text{E}} + e_{V,\text{dross}}^{\text{E}} \tag{12.48}$$

zusammen, siehe Abschnitt 3.2.6. Auch hier werden die Änderungen der kinetischen und potenziellen Energien vernachlässigt. Der spezifische Exergieverlust bei der isothermen Verdichtung ergibt sich aus der Differenz zwischen der spezifischen irreversiblen, also der tatsächlichen Verdichterarbeit und der spezifischen Verdichterarbeit im reversiblen Fall

$$e_{V,\text{verd}}^{\text{E}} = w_{t,\text{verd}} - w_{t,\text{verd,rev}} \ . \tag{3.109}$$

Für den spezifischen Exergieverlust bei der Wärmeübertragung folgt aus Gleichung (3.119) unter Berücksichtigung der vier ein- und austretenden Exergieströme sowie mit $\dot{m}_3 = \dot{m}_4$, $\dot{m}_7 = \dot{m}_8 = \dot{m}_3(1 - Y)$ (gemäß Gleichung (12.36))

$$e_{V,\text{wue}}^{\text{E}} = T_{\text{U}} \left[s_4 - s_3 + (1 - Y)(s_8 - s''_7) \right] \ . \tag{12.49}$$

Der spezifische Exergieverlust bei der isenthalpen Drosselung ergibt sich nach Gleichung (3.117) zu

$$e_{\mathrm{V,dross}}^{\mathrm{E}} = T_{\mathrm{U}}(s_5 - s_4) \ . \tag{12.50}$$

Bearbeitung der in Beispiel 12.2 gegebenen Aufgabenstellung
Für die Bearbeitung der Aufgabenstellung gemäß Beispiel 12.2 werden die beiden Excel-Berechnungsblätter in den Abb. 12.8 und 12.9 erstellt:

1. Im oberen Teil der beiden Berechnungsblätter werden die Eingabeparameter für TREND vorgegeben. Die Zellen in diesem Teil erhalten am besten dieselben Namen wie im Beispiel 2.1.

2. Für die Berechnungen nach Teil a) der Aufgabenstellung in Abb. 12.8 wird die im Beispiel 4.2 im Abschnitt 4.4.2 gegebene Zusammensetzung des Erdgases verwendet. Für reines Methan und für Erdgas werden unter Verwendung der Funktion TRENDEOS die Siedetemperaturen beim vorgegebenen Normdruck $T_{\mathrm{S}}(p_{\mathrm{n}})$ (mit dem Input Code PLIQ), die Gasdichte im Normzustand $\varrho_{\mathrm{n}}^{\mathrm{G}}$ (mit dem Input Code TP) und die Dichte der siedenden Flüssigkeit im Normzustand $\varrho_{\mathrm{n}}^{\mathrm{L}}$ (mit dem Input Code PLIQ) ermittelt, siehe dazu Abschnitt 2.2.3.

3. Für die Berechnungen nach Teil b) der Aufgabenstellung werden die gegebenen Daten in das in Abb. 12.9 dargestellte Berechnungsblatt eingetragen und zur Orientierung die kritischen Daten unter Verwendung der Funktion TRENDSPECEOS sowie die weiter unten erforderliche Siedetemperatur im Zustand 1 $T_{\mathrm{S}}(p_1)$ mit der Funktion TRENDEOS und dem Input Code PLIQ ermittelt, siehe die Abschnitte 2.2.3 und 2.5.

4. Es folgen die spezifischen Enthalpien h und die spezifischen Entropien s für den Umgebungszustand U (aus Platzgründen ausgeblendet), den Zustand 1 (bzgl. Druck und Temperatur identisch mit den Zuständen 2 und 8) und für den Zustand 3 mit der Funktion TRENDEOS.

5. Die Temperatur T_4 folgt später aus

```
=TRENDEOS("T";"PH";p_3;1000*h_4;Fluids;Composition;EqTypes;
MixingRule;PathToSubModel;Unit;ShowErrorCode)
```

und setzt die Kenntnis der spezifischen Enthalpie im Zustand 4 voraus, die erst später aus der Bedingung $h_4 = h_5$ ermittelt werden kann. Die spezifische Entropie im Zustand 4 folgt mit T_4 und der TRENDEOS-Funktion (mit dem oben in Berechnungsblatt stehenden Input Code). Auch der Dampfgehalt x_5 kann mit Gleichung (12.40) erst ermittelt werden, wenn die Flüssigkeitsausbeute Y bekannt ist.

6. Aus Gleichung (3.137) folgen die spezifische Enthalpie und die spezifische Entropie im Zustand 5 mit

$$h_5 = h_6' + x_5(h_7'' - h_6') \quad \text{bzw.} \quad s_5 = s_6' + x_5(s_7'' - s_6') \ , \tag{12.51}$$

wenn die Zustände 6 und 7 bekannt sind. Diese beiden Sättigungszustände befinden sich auf der Siede- bzw. der Taulinie, siehe Abb. 12.7. Deshalb folgen

Eingabeparameter TREND						
Path to EOS						HC
Input Code						TP
Property 1		T			K	s.u.
Property 2		p			MPa	s.u.
Unit						specific
ShowErrorCode						FALSCH
Fluids, Composition	Erdgas					
Volumenanteil Kohlenmonoxid	CO	χ_{CO}			1	0,0000
Volumenanteil Kohlendioxid	CO_2	χ_{CO2}			1	0,0120
Volumenanteil Methan	methane	χ_{CH4}			1	0,9254
Volumenanteil Ethan	ethane	χ_{C2H6}			1	0,0450
Volumenanteil Propan	propane	χ_{C3H8}			1	0,0063
Volumenanteil Butan	butane	χ_{C4H10}			1	0,0019
Volumenanteil Pentan	pentane	χ_{C5H12}			1	0,0004
Volumenanteil Hexan	hexane	χ_{C6H14}			1	0,0001
Volumenanteil Wasserstoff	hydrogen	χ_{H2}			1	0,0000
Volumenanteil Sauerstoff	oxygen	χ_{O2}			1	0,0000
Volumenanteil Stickstoff	nitrogen	χ_{N2}			1	0,0089
Equation Type						1
Mixing Rules						1

Daten			CalcType	Unit		
Normdruck		p_n			hPa	1013,25
					MPa	0,10
Normtemperatur		ϑ_n			°C	0,0
		T_n			K	273,15
Berechnung für reines Methan						Methane
Siedetemperatur bei Normdruck		$T_S(p_n)$	T	K	K	111,7
		$\vartheta_S(p_n)$			°C	-161,5
Dichte Gas im Normzustand		ρ^{G}_{n}	D	kg/m3	kg m^{-3}	0,7175
Dichte siedende Flüssigkeit bei Normdruck		ρ^{L}_{n}	D	kg/m3	kg m^{-3}	422,4
Berechnung für Erdgas						Erdgas
Siedetemperatur bei Normdruck		$T_S(p_n)$	T	K	K	110,4
		$\vartheta_S(p_n)$			°C	-162,8
Dichte Gas im Normzustand		ρ^{G}_{n}	D	kg/m3	kg m^{-3}	0,7461
Dichte siedende Flüssigkeit bei Normdruck		ρ^{L}_{n}	D	kg/m3	kg m^{-3}	438,6

Abbildung 12.8: Excel-Berechnungsblatt für die Berechnung der Siedetemperaturen, der Gasdichten und der Flüssigkeitsdichten von Erdgas und Methan

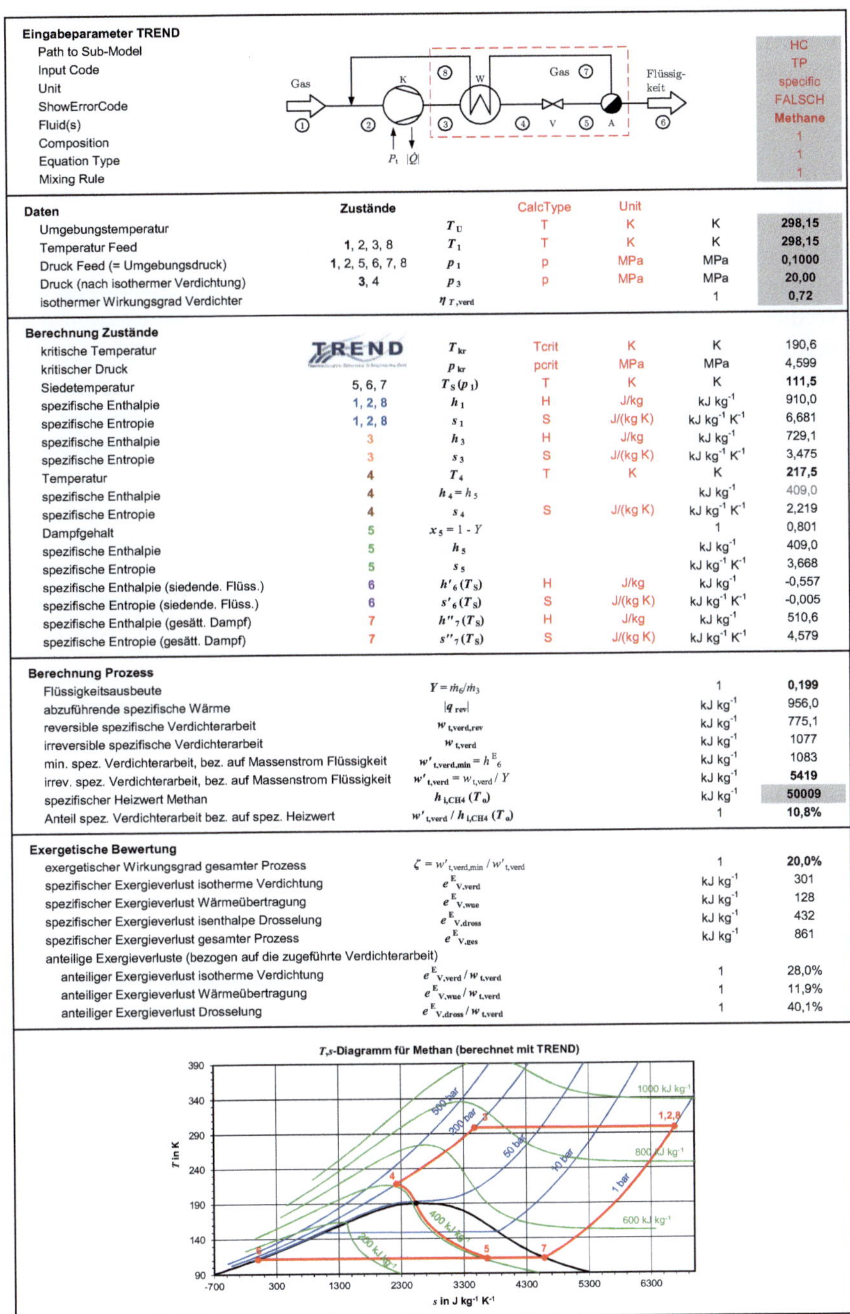

Daten	Zustände		CalcType	Unit		
Umgebungstemperatur		T_U	T	K	K	298,15
Temperatur Feed	1, 2, 3, 8	T_1	T	K	K	298,15
Druck Feed (= Umgebungsdruck)	1, 2, 5, 6, 7, 8	p_1	p	MPa	MPa	0,1000
Druck (nach isothermer Verdichtung)	3, 4	p_3	p	MPa	MPa	20,00
isothermer Wirkungsgrad Verdichter		$\eta_{T,\mathrm{verd}}$			1	0,72

Berechnung Zustände	Zustände		CalcType	Unit		
kritische Temperatur		T_kr	Tcrit	K	K	190,6
kritischer Druck		p_kr	pcrit	MPa	MPa	4,599
Siedetemperatur	5, 6, 7	$T_\mathrm{S}(p_1)$	T	K	K	111,5
spezifische Enthalpie	1, 2, 8	h_1	H	J/kg	kJ kg^{-1}	910,0
spezifische Entropie	1, 2, 8	s_1	S	J/(kg K)	kJ kg^{-1} K^{-1}	6,681
spezifische Enthalpie	3	h_3	H	J/kg	kJ kg^{-1}	729,1
spezifische Entropie	3	s_3	S	J/(kg K)	kJ kg^{-1} K^{-1}	3,475
Temperatur	4	T_4	T	K	K	217,5
spezifische Enthalpie	4	$h_4 = h_5$			kJ kg^{-1}	409,0
spezifische Entropie	4	s_4	S	J/(kg K)	kJ kg^{-1} K^{-1}	2,219
Dampfgehalt	5	$x_5 = 1 - Y$			1	0,801
spezifische Enthalpie	5	h_5			kJ kg^{-1}	409,0
spezifische Entropie	5	s_5			kJ kg^{-1} K^{-1}	3,668
spezifische Enthalpie (siedende. Flüss.)	6	$h'_6(T_\mathrm{S})$	H	J/kg	kJ kg^{-1}	-0,557
spezifische Entropie (siedende. Flüss.)	6	$s'_6(T_\mathrm{S})$	S	J/(kg K)	kJ kg^{-1} K^{-1}	-0,005
spezifische Enthalpie (gesätt. Dampf)	7	$h''_7(T_\mathrm{S})$	H	J/kg	kJ kg^{-1}	510,6
spezifische Entropie (gesätt. Dampf)	7	$s''_7(T_\mathrm{S})$	S	J/(kg K)	kJ kg^{-1} K^{-1}	4,579

Berechnung Prozess			
Flüssigkeitsausbeute	$Y = \dot{m}_6/\dot{m}_3$	1	0,199
abzuführende spezifische Wärme	$|q_\mathrm{rev}|$	kJ kg^{-1}	956,0
reversible spezifische Verdichterarbeit	$w_\mathrm{t,verd,rev}$	kJ kg^{-1}	775,1
irreversible spezifische Verdichterarbeit	$w_\mathrm{t,verd}$	kJ kg^{-1}	1077
min. spez. Verdichterarbeit, bez. auf Massenstrom Flüssigkeit	$w'_\mathrm{t,verd,min} = h_6^\mathrm{E}$	kJ kg^{-1}	1083
irrev. spez. Verdichterarbeit, bez. auf Massenstrom Flüssigkeit	$w'_\mathrm{t,verd} = w_\mathrm{t,verd}/Y$	kJ kg^{-1}	5419
spezifischer Heizwert Methan	$h_\mathrm{i,CH4}(T_0)$	kJ kg^{-1}	50009
Anteil spez. Verdichterarbeit bez. auf spez. Heizwert	$w'_\mathrm{t,verd}/h_\mathrm{i,CH4}(T_0)$	1	10,8%

Exergetische Bewertung			
exergetischer Wirkungsgrad gesamter Prozess	$\zeta = w'_\mathrm{t,verd,min}/w'_\mathrm{t,verd}$	1	20,0%
spezifischer Exergieverlust isotherme Verdichtung	$e^\mathrm{E}_\mathrm{V,verd}$	kJ kg^{-1}	301
spezifischer Exergieverlust Wärmeübertragung	$e^\mathrm{E}_\mathrm{V,wue}$	kJ kg^{-1}	128
spezifischer Exergieverlust isenthalpe Drosselung	$e^\mathrm{E}_\mathrm{V,dross}$	kJ kg^{-1}	432
spezifischer Exergieverlust gesamter Prozess	$e^\mathrm{E}_\mathrm{V,ges}$	kJ kg^{-1}	861
anteilige Exergieverluste (bezogen auf die zugeführte Verdichterarbeit)			
anteiliger Exergieverlust isotherme Verdichtung	$e^\mathrm{E}_\mathrm{V,verd}/w_\mathrm{t,verd}$	1	28,0%
anteiliger Exergieverlust Wärmeübertragung	$e^\mathrm{E}_\mathrm{V,wue}/w_\mathrm{t,verd}$	1	11,9%
anteiliger Exergieverlust Drosselung	$e^\mathrm{E}_\mathrm{V,dross}/w_\mathrm{t,verd}$	1	40,1%

Abbildung 12.9: Excel-Berechnungsblatt für die Verflüssigung von Methan nach dem LINDE-Verfahren mit einfacher Entspannung

die spezifischen Enthalpien und die spezifischen Entropien mit der TRENDEOS-
Funktion und den Input Codes PLIQ (für die siedende Flüssigkeit) bzw. PVAP
(für den gesättigten Dampf) z. B. für h_6' mit

```
=0,001*TRENDEOS("H";"PLIQ";p_1;42;Fluids;Composition;EqTypes;
MixingRule;PathToSubModel;Unit;ShowErrorCode)
```

Für den „leeren" Parameter dieser Funktion ist eine Zahl größer als null einzugeben.

7. Die Flüssigkeitsausbeute Y wird mit Gleichung (12.38), die abzuführende spezifische reversible Wärme q_{rev} mit Gleichung (12.46), die spezifische reversible
Verdichterarbeit $w_{\mathrm{t,verd,rev}}$ mit Gleichung (12.41) und die irreversible spezifische
Verdichterarbeit $w_{\mathrm{t,verd}}$ über den vorgegebenen isothermen Wirkungsgrad $\eta_{T,\mathrm{verd}}$
aus Gleichung (3.81) ermittelt. Die auf die Masse der Flüssigkeit bezogene mini-
male spezifische Verdichterarbeit als dem exergetischen Nutzen des Prozesses
$w_{\mathrm{t,verd,min}}'$ folgt gemäß Gleichung (12.42) aus der spezifischen Exergie des verflüssigten Gases im Zustand 6 und die ebenfalls auf die Masse der Flüssigkeit
bezogene irreversible Verdichterarbeit $w_{\mathrm{t,verd}}'$ als dem exergetischen Aufwand
des Prozesses aus Gleichung (12.43). Der in Abb. 1.3 aufgeführte spezifische
Heizwert $h_{\mathrm{i,CH_4}}(T_\circ)$ von Wasserstoff wird übernommen und daraus der Anteil
der spezifischen irreversiblen Verdichterarbeit $w_{\mathrm{t,verd}}$ am Heizwert berechnet.

8. Für die Bewertung des Gesamtprozesses wird der exergetische Wirkungsgrad
ζ mit Gleichung (12.47) als Quotient aus $w_{\mathrm{t,verd,min}}'$ und $w_{\mathrm{t,verd}}'$ berechnet. Es
folgen der spezifische Exergieverlust bei der isothermen Verdichtung $e_{\mathrm{V,verd}}^{\mathrm{E}}$ aus
Gleichung (3.109), der spezifische Exergieverlust bei der Wärmeübertragung
$e_{\mathrm{V,wue}}^{\mathrm{E}}$ aus Gleichung (12.49), der spezifische Exergieverlust bei der isenthalpen Drosselung $e_{\mathrm{V,dross}}^{\mathrm{E}}$ aus Gleichung (12.50) und der Exergieverlust für den
Gesamtprozess $e_{\mathrm{V,ges}}^{\mathrm{E}}$ aus Gleichung (12.48). Daraus können die anteiligen Exergieverluste durch Bezug auf die zugeführte spezifische Verdichterarbeit $w_{\mathrm{t,verd}}$
ermittelt und auf Basis dieser Daten ein SANKEY-Diagramm wie in Abb. 12.10
erstellt werden.

Das (maßstäbliche) SANKEY-Diagramm in Abb. 12.10 veranschaulicht die Exergieverluste des Prozesses. Es zeigt die Verluste durch die Aufteilung in Exergie- (dunkel) und
Anergieströme (hellere Töne). Die beiden größten Verluste ergeben sich bei der Verdichtung und insbesondere bei der Drosselung, was durch die hohen Werte der spezifischen
Volumen bei diesen Zustandsänderungen bedingt ist, siehe Gleichung (3.30).
Für die Untersuchung des Einflusses des Drucks p_3 nach dem Kompressor auf
den exergetischen Wirkungsgrad ζ werden weitere Berechnungen durchgeführt, deren
Ergebnisse in der Abb. 12.11 dargestellt sind. Zu erkennen ist die deutliche Abhängigkeit
des exergetischen Wirkungsgrads vom Druck nach der Verdichtung. Der im Diagramm
eingetragene Punkt stellt den Betriebspunkt zu den Berechnungen in der Abb. 12.9
dar. Die Tabelle in dieser Abbildung wird mit der Excel-Funktion Mehrfachoperation
erstellt:

1. Zunächst wird die Tabelle angelegt und dafür in die erste Spalte die Werte für den
   Druck p_3 vorgegeben. In die Zelle mit der „Dimension 1" für den exergetischen

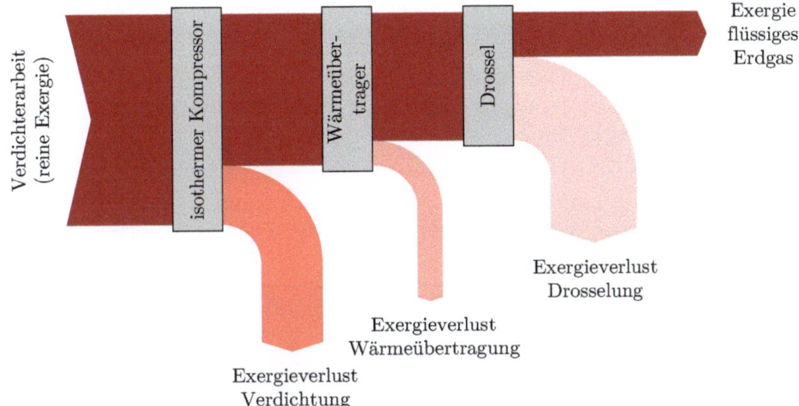

Abbildung 12.10: SANKEY-Diagramm zum vereinfachten LINDE-Verfahren zur Verflüssigung von Methan mit den Exergieströmen (dunkel) und den Anergieströmen (hell)

Wirkungsgrad ξ wird der Verweis auf den Parameter eingegeben, der berechnet werden soll, also auf den Prozentwert mit dem berechneten exergetischen Wirkungsgrad ξ im Excel-Arbeitsblatt in Abb. 12.9. In dieser Zelle erscheint zunächst der entsprechende Wert aus diesem Arbeitsblatt.

2. Der zweispaltige Zellbereich, beginnend mit der Zelle mit der Dimension MPa in der linken oberen Ecke bis einschließlich der untersten Zeile mit dem letzten vorgegebenen Druckwert, wird markiert. Anschließend wird über die Registerkarte Daten ⟩ Prognose ⟩ Was-wäre-wenn-Analyse ⟩ Datentabelle in „Werte aus Spalte" diejenige Zelle des Excel-Arbeitsblatts ausgewählt, die in Abb. 12.9 den Druck p_3 enthält und in der aktuellen Tabelle variiert werden soll.

3. Abschließend wird die Zahlenformatierung für die Zelle, in der die Dimension 1 stehen soll, angepasst: Eingabe Strg + 1 sowie Zahlen ⟩ Kategorie ⟩ Benutzerdefiniert und beim Typ "1";"1".

Für den Prozess wurden adiabate Bauteile angenommen, Änderungen der kinetischen und potenziellen Energien vernachlässigt und die Wärmeverluste (als Einträge in das System) nicht berücksichtigt. Außerdem befinden sich die Zustände 3 und 8 in der vereinfachten Berechnung auf demselben Temperaturniveau; hingegen wäre aber in der Praxis eine Temperaturdifferenz auch auf der Eintrittsseite des Wärmeübertragers erforderlich und deshalb die Exergieverluste im realen Betrieb größer.

Der Vergleich der für den Prozess aufgewendeten spezifischen Verdichterarbeit mit dem in Abb. 1.3 aufgeführten spezifischen Heizwert von Methan ergibt, dass für die Produktion von siedend flüssigem Methan in der Praxis mindestens 11 % des Heizwerts aufzuwenden ist.

Das nachfolgend am Beispiel der Verflüssigung von Wasserstoff beschriebene CLAUDE-Verfahren stellt eine grundsätzliche Verbesserung dar, indem anstatt der einfachen Entspannung in einem Ventil ein Teilstrom in einer Expansionsmaschine entspannt

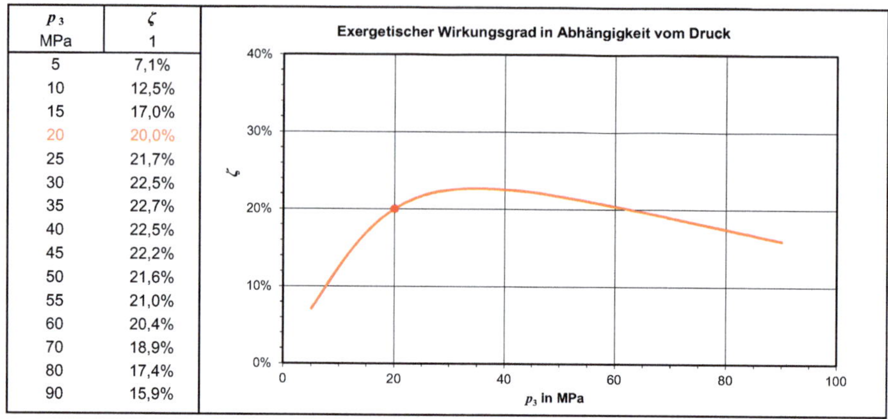

p_3 MPa	ζ 1
5	7,1%
10	12,5%
15	17,0%
20	20,0%
25	21,7%
30	22,5%
35	22,7%
40	22,5%
45	22,2%
50	21,6%
55	21,0%
60	20,4%
70	18,9%
80	17,4%
90	15,9%

Abbildung 12.11: Exergetischer Wirkungsgrad bei der Verflüssigung von
Methan in Beispiel 12.2 in Abhängigkeit vom Druck nach dem Verdichter

wird. Mit dem vereinfachten LINDE-Verfahren ist die Verflüssigung von Wasserstoff in
der Praxis nicht realisierbar.

12.3 Verflüssigung von Wasserstoff, LH$_2$

Beispiel 12.3

Zukünftig in Übersee mit elektrischer Energie insbesondere aus Windkraft- und
PV-Anlagen produzierter Wasserstoff kann für den Transport per Schiff verflüssigt und in wärmegedämmten Tanks tiefkalt bei atmosphärischem Druck
eingelagert werden, um das Volumen und damit die Transportkosten zu reduzieren. Alternativ bietet sich die chemische Speicherung durch Umwandlung des
Wasserstoffs in Ammoniak oder Methanol an.
Der Prozess der stationären Verflüssigung des Wasserstoffs ist zu simulieren
und hinsichtlich der Exergieverluste zu bewerten. Die Verflüssigung soll nach
dem vereinfachten CLAUDE-Verfahren, dargestellt im Verfahrensfließschema in
Abb. 12.12, durchgeführt werden. Dabei ist das Gas vom Zustand 1 mit ei-
ner Temperatur $T_1 = 298{,}15\,\mathrm{K}$ und einem Druck $p_1 = 0{,}10\,\mathrm{MPa}$ zunächst auf
einen Druck von $p_3 = 4{,}60\,\mathrm{MPa}$ isotherm zu verdichten. Anschließend erfolgt
im Wärmeübertrager W1 die Abkühlung auf die Temperatur $T_4 = 100\,\mathrm{K}$. Von
diesem Gasstrom wird ein Anteil von $Z = 0{,}70$ zur Expansionsmaschine geführt und dort entspannt. Für die isotherme Verdichtung ist ein Wirkungsgrad
von $\eta_{T,\mathrm{verd}} = 0{,}80$ vorgegeben und für die adiabate Entspannung ein isentroper Gütegrad von $\eta_{s,\mathrm{exp}} = 0{,}75$ sowie ein mechanischer Wirkungsgrad von
$\eta_{\mathrm{mech,exp}} = 0{,}90$.
Gesucht sind u. a. die Flüssigkeitsausbeute des Verfahrens, die bei der Ver-

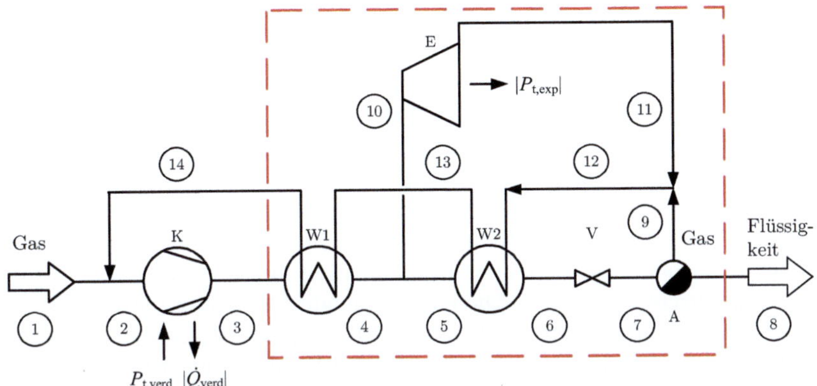

Abbildung 12.12: Verfahrensfließschema für die Verflüssigung eines Gases nach dem CLAUDE-Verfahren (nach [25])

dichtung abzuführende spezifische Wärme, die spezifische Verdichterarbeit, die spezifische Expansionsarbeit und der gesamte spezifische Arbeitsaufwand, auch bezogen auf den Massenstrom der Flüssigkeit. Für die exergetische Bewertung sind der exergetische Wirkungsgrad des Gesamtprozesses und die spezifischen Exergieverluste der Prozessschritte zu ermitteln. Außerdem ist der Prozess im T, s-Diagramm quantitativ richtig darzustellen. Die Berechnungen zu den Stoffwerten sind mit der Software TREND durchzuführen.
Auf die Berücksichtigung der im Abschnitt 2.2.4 beschriebenen exothermen Ortho-Para-Umwandlung des Wasserstoffs soll zunächst verzichtet werden. (Ergebnisse im T, s-Diagramm in Abb. 12.13 und im Excel-Berechnungsblatt in Abb. 12.14.)

Wasserstoff soll zukünftig bevorzugt dort produziert werden, wo elektrische Energie, insbesondere aus Windkraft- und PV-Anlagen, kostengünstig und in erforderlichem Umfang verfügbar ist. Die geplante Lieferkette für Wasserstoff aus Übersee – z. B. aus Südamerika, Afrika, Australien oder Saudi-Arabien – kann durch den Transport von Wasserstoff per Schiff und verflüssigt als sog. Liquefied Hydrogen (LH$_2$) erfolgen. Doch die Verflüssigung des Wasserstoffs erfordert – im Vergleich zur Verflüssigung des Erdgases in Abschnitt 12.2 – eine noch deutlich niedrigere Temperatur, was den energetischen Aufwand für den Prozess erheblich vergrößert. Die niedrige Siedetemperatur beim Umgebungsdruck $p = 1000\,\mathrm{hPa}$ von nur 20,3 K, entsprechend $-252{,}8\,°\mathrm{C}$, ist auch für die Lagerung oder beim Transport des LH$_2$ eine Herausforderung, weil von außen in die Tanks eingetragene Wärmeverlustströme zu einem Boil-off-Effekt führen.

Verflüssigung durch Anwendung des vereinfachten Claude-Verfahrens

Das im Jahr 1902 von CLAUDE entwickelte Verfahren ergänzt das Verfahren von LINDE dahingehend, dass die Kühlung des Gases nicht alleine durch eine einfache Entspannung in einem Ventil unter Nutzung des JOULE–THOMSON-Effekts, sondern

zusätzlich für einen Teilstrom durch eine Entspannung in einer Expansionsmaschine –
einer Kolbenmaschine oder einer Turbine – erfolgt. Die Verwendung einer Expansionsmaschine bringt den Vorteil, dass das Gas bei gleicher Druckabsenkung eine stärkere
Abkühlung erfährt, weil dabei Arbeit geleistet wird.[25, 70, 112]

Die ersten Versuche noch mit dem Ziel der Kondensation bei der Entspannung
scheiterten daran, dass bei den niedrigen Temperaturen die damals bekannten Schmiermittel erstarrten. Und selbst als geeignete Schmiermittel gefunden wurden, erwies sich
das Vorhaben wegen der hohen Wärmeverluste in das System aufgrund der hohen
Wärmeübergangskoeffizienten bei der Kondensation und der Neigung zu Flüssigkeits-
schlägen als undurchführbar [70]. Die entscheidende Idee von CLAUDE bestand darin,
die Expansionsmaschine nicht direkt zur Verflüssigung zu verwenden, sondern mit
dem darin abgekühlten Teilstrom des Gases den Hauptstrom des Gases abzukühlen
und erst anschließend bei der Drosselung im Ventil zu verflüssigen [70]:

1. Beim dem in der Abb. 12.12 dargestellten CLAUDE-Verfahren wird das zu verflüs-
   sigende Gas im Zustand 1 – wie schon beim LINDE-Verfahren in Abb. 12.6 – mit
   dem nicht verflüssigten Gas im Zustand 14 gemischt. Das Gemisch im Zustand 2
   wird dem Kompressor K zugeführt, isotherm verdichtet und anschließend im
   Gegenstrom-Wärmeübertrager W1 isobar bis auf den Zustand 4 abgekühlt, siehe
   dazu auch die Darstellung des Prozesses im T, s-Diagramm in Abb. 12.13.

2. Ein Teilstrom des Gases im Zustand 10 wird, wie beschrieben, über die Ex-
   pansionsmaschine E unter Abfuhr von Arbeit bis auf den Zustand 11 adiabat
   entspannt. Dieser Zustand 11 kann im Nassdampfgebiet oder überhitzt in der
   Gas- oder überkritischen Phase liegen. Der verbleibende Gasstrom im Zustand 5
   wird im Gegenstrom-Wärmeübertrager W2 weiter isobar abgekühlt und im
   Ventil V infolge des JOULE–THOMSON-Effekts isenthalp bis zum Zustand 7 im
   Nassdampfgebiet gedrosselt. Im Kondensatableiter A erfolgt die gravimetrische
   Aufteilung in die flüssige Phase im Zustand 8 und in die gasförmige Phase im
   Zustand 9. Diese beiden Phasen befinden sich dabei – wie schon beim LINDE-
   Verfahren – im Sättigungszustand beim Druck $p_1 = p_8$.

3. Die beiden Ströme in den Zuständen 9 aus dem Kondensatableiter und 11 aus der
   Expansionsmaschine werden zum Strom im Zustand 12 vereint und nacheinander
   isobar durch die beiden Wärmeübertrager W2 und W1 geführt, um dem Feed
   mit dem Zustand 1 zugemischt zu werden.

Massen- und Energiebilanzen des vereinfachten Claude-Verfahrens

Für die Bilanzierung des als stationär angenommenen Prozesses stellen wir die Massen-
und Energiebilanzen für den in Abb. 12.12 eingetragenen Bilanzraum auf (vgl. [24,
46, 47, 84]). Dabei werden die von außen eingetragenen Wärmeverluste vernachlässigt,
die Bauteile also als adiabat angenommen. Analog zu den Herleitungen zum LINDE-
Verfahren in Abschnitt 12.2 folgt für die Massenbilanz

$$\dot{m}_3 = \dot{m}_8 + \dot{m}_{14} \tag{12.52}$$

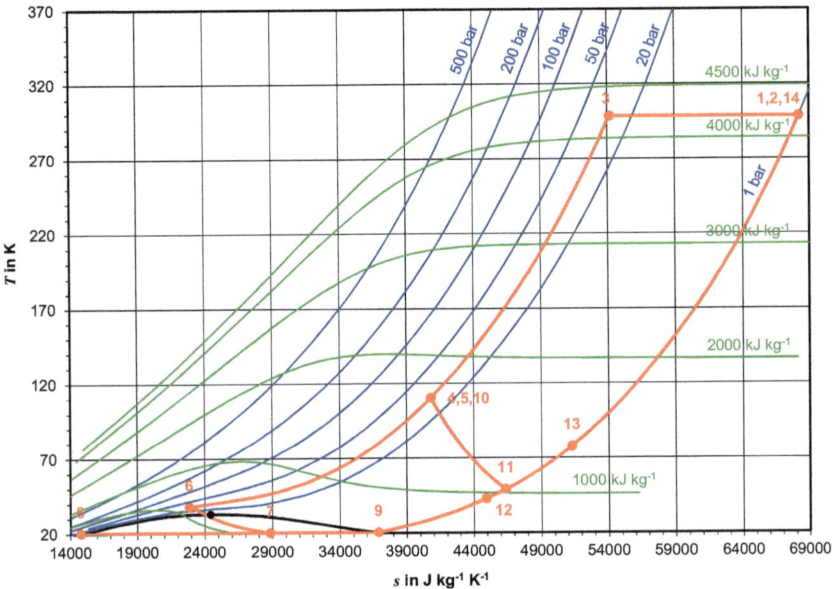

Abbildung 12.13: Darstellung des CLAUDE-Verfahrens im T, s-Diagramm (siehe Abb. 12.14)

und für die Energiebilanz

$$\dot{m}_3 h_3 = \dot{m}_8 h_8' + \dot{m}_{14} h_{14} + \dot{m}_{10} w_{\text{t,exp,rev}} \tag{12.53}$$

mit dem abgeführten Enthalpiestrom der siedenden Flüssigkeit $\dot{m}_8 h_8'$ und der *inneren* spezifischen Arbeit bei der adiabaten Expansion

$$w_{\text{t,exp,rev}} = h_{10} - h_{11} \, , \tag{12.54}$$

siehe dazu die Hinweise am Ende des Abschnitts 3.2.5.

Wir definieren – analog zu Gleichung (12.38) – die Flüssigkeitsausbeute

$$Y = \frac{\dot{m}_8}{\dot{m}_3} \tag{12.55}$$

als den auf den Massenstrom $\dot{m}_3$ bezogenen Strom $\dot{m}_8$ des verflüssigten Gases und

$$Z = \frac{\dot{m}_{10}}{\dot{m}_3} \tag{12.56}$$

als den auf den Massenstrom $\dot{m}_3$ bezogenen Strom $\dot{m}_{10}$ des zur Expansionsmaschine geführten Gases. Daraus folgen die Beziehungen

$$\dot{m}_8 = \dot{m}_3 Y \quad \text{sowie} \tag{12.57}$$

$$\dot{m}_{10} = \dot{m}_3 Z \tag{12.58}$$

und mit Gleichung (12.52)

$$\dot{m}_{14} = \dot{m}_3 (1 - Y) \ . \tag{12.59}$$

Durch Einsetzen der Gleichungen (12.57) und (12.59) in die Energiebilanz in Gleichung (12.53) folgt (vgl. [24])

$$\dot{m}_3 h_3 = \dot{m}_3 Y h_8' + \dot{m}_3 (1 - Y) h_{14} + \dot{m}_3 Z w_{t,\text{exp,rev}} \tag{12.60}$$

und daraus nach Division durch $\dot{m}_3$ und weiteren Umformungen

$$Y = Z \frac{h_4 - h_{11}}{h_{14} - h_8'} + \frac{h_{14} - h_3}{h_{14} - h_8'} \ . \tag{12.61}$$

Der hochgestellte Strich kennzeichnet den Zustand der gesättigten oder siedenden Flüssigkeit, zwei hochgestellte Striche nachfolgend den Zustand des gesättigten Dampfs.

Aus Gleichung (12.60) folgt – zu Kontrollzwecken – die Energiebilanz für den in Abb. 12.12 eingetragenen Bilanzraum

$$h_3 - h_{14} + Y(h_{14} - h_8') - Z(h_4 - h_{11}) = 0 \ . \tag{12.62}$$

Die spezifische Enthalpie im Zustand 2 nach der Mischung des Stroms 1 mit dem Strom 14 folgt über die Massenbilanz

$$\dot{m}_1 + \dot{m}_{14} = \dot{m}_2 \tag{12.63}$$

und die Energiebilanz

$$\dot{m}_1 h_1 + \dot{m}_{14} h_{14} = \dot{m}_2 h_2 \tag{12.64}$$

mit $\dot{m}_1 = \dot{m}_8$ sowie $\dot{m}_2 = \dot{m}_3$ und den Gleichungen (12.57) und (12.59) zu

$$h_2 = h_{14} + Y(h_1 - h_{14}) \ . \tag{12.65}$$

Für die Ermittlung der spezifischen Enthalpie im Zustand 11 nach der Entspannung gilt der isentrope Gütegrad gemäß Gleichung (3.78)

$$\eta_{s,\text{exp}} = \frac{h_{11} - h_{10}}{h_{11,s} - h_{10}} \tag{12.66}$$

für die Entspannung vom Zustand 10 auf den Zustand 11, wobei der Zustand 11 als überhitztes Gas oder als Nassdampf vorliegen kann. Daraus lässt sich die spezifische Enthalpie im Zustand 11 berechnen, wenn die spezifische Enthalpie $h_{11,s}$ für die zum

Vergleich angenommene isentrope Entspannung bekannt ist:

$$h_{11} = h_{10} + \eta_{s,\mathrm{exp}}(h_{11,s} - h_{10}) \, . \tag{12.67}$$

Die Berechnung der spezifischen Enthalpie für die isentrope Entspannung $h_{11,s}$ ist direkt mit TREND möglich, sowohl für die Entspannung bis in das Nassdampfgebiet als auch die Zustandsänderung ausschließlich in der Gasphase. Der Dampfgehalt x_{11} am Ende der Entspannung folgt aus der linken Seite von Gleichung (3.137) zu

$$x_{11} = \frac{h_{11} - h_{11}'}{h_{11}'' - h_{11}'} \, . \tag{12.68}$$

Abweichend zum LINDE-Verfahren – dort Gleichung (12.40) – ergibt sich der in Gleichung (3.136) definierte Dampfgehalt für den Zustand 7 zu

$$x_7 = 1 - \frac{Y}{1 - Z} \tag{12.69}$$

und folgt damit aus der Flüssigkeitsausbeute Y sowie dem Verhältnis Z. Wie schon beim LINDE-Verfahren lassen sich die spezifische Enthalpie sowie die spezifische Entropie in diesem Zustand aus Gleichung (3.137) ermitteln.

Die Berechnung der spezifischen Enthalpie im Zustand 12 nach der Mischung der beiden Ströme 9 und 11 erfolgt über die Massenbilanz

$$\dot{m}_9 + \dot{m}_{11} = \dot{m}_{12} \tag{12.70}$$

und die Energiebilanz

$$\dot{m}_9 h_9'' + \dot{m}_{11} h_{11} = \dot{m}_{12} h_{12} \tag{12.71}$$

mit $\dot{m}_{10} = \dot{m}_{11}$, $\dot{m}_{12} = \dot{m}_{14}$ sowie den Gleichungen (12.58) und (12.59) zu

$$h_{12} = \frac{Z(h_{11} - h_9'') + h_9''(1 - Y)}{1 - Y} \, . \tag{12.72}$$

Für die Berechnung der spezifischen Enthalpie im Zustand 13 wird die Energiebilanz um den Wärmeübertrager W2 aufgestellt (vgl. [24])

$$\dot{m}_5 h_5 + \dot{m}_{12} h_{12} = \dot{m}_6 h_6 + \dot{m}_{13} h_{13} \quad \text{oder} \quad \dot{m}_5(h_5 - h_6) = \dot{m}_{12}(h_{13} - h_{12}) \, . \tag{12.73}$$

Es gelten $\dot{m}_5 = \dot{m}_6 = \dot{m}_7$, $\dot{m}_{12} = \dot{m}_{13} = \dot{m}_{14}$ und $h_4 = h_5$. Mit der Massenbilanz

$$\dot{m}_4 = \dot{m}_5 + \dot{m}_{10} \tag{12.74}$$

und Gleichung (12.56) folgt

$$\dot{m}_5 = \dot{m}_3(1 - Z) \, . \tag{12.75}$$

Aus den Gleichungen (12.59) und (12.75) ergibt sich die spezifische Enthalpie im

Zustand 13

$$h_{13} = h_{12} + (h_5 - h_6)\frac{1-Z}{1-Y} \; . \tag{12.76}$$

Die spezifische Enthalpie im Zustand 14 folgt aus der Energiebilanz um den Wärmeübertrager W1 (vgl. [24])

$$\dot{m}_3 h_3 + \dot{m}_{13} h_{13} = \dot{m}_4 h_4 + \dot{m}_{14} h_{14} \quad \text{oder} \quad \dot{m}_3(h_3 - h_4) = \dot{m}_{14}(h_{14} - h_{13}) \tag{12.77}$$

mit $\dot{m}_3 = \dot{m}_4$ und $\dot{m}_{13} = \dot{m}_{14}$. Aus Gleichung (12.59) folgt

$$h_{14} = h_{13} + \frac{h_3 - h_4}{1-Y} \; . \tag{12.78}$$

Die gesamte Energiebilanz für das CLAUDE-Verfahren lautet

$$\dot{m}_1 h_1 + \dot{m}_3 w_{\text{t,verd,rev}} = \dot{m}_3 q_{\text{verd,rev}} + \dot{m}_{10} w_{\text{t,exp,rev}} + \dot{m}_8 h_8' \tag{12.79}$$

mit der reversiblen spezifischen Wärme und den reversiblen spezifischen Arbeiten, also den *inneren* spezifischen Energieumwandlungen und ohne die Reibungsverluste, die durch den mechanischen Wirkungsgrad gemäß Gleichung (3.82) erfasst werden können, siehe dazu die Hinweise am Ende des Abschnitts 3.2.5. Mit den Gleichungen (12.55) und (12.56) ergibt sich daraus

$$Y(h_1 - h_8') + w_{\text{t,verd,rev}} - q_{\text{verd,rev}} - Z w_{\text{t,exp,rev}} = 0 \; . \tag{12.80}$$

Zur Berechnung der spezifischen Arbeiten und der spezifischen Wärme siehe den nachfolgenden Abschnitt.

Verdichtung und Entspannung beim vereinfachten Claude-Verfahren

Analog zum LINDE-Verfahren folgt die im reversiblen Grenzprozess aufzuwendende spezifische Verdichterarbeit $w_{\text{t,verd,rev}}$ aus Gleichung (3.97), wobei hier grundsätzlich zwischen der Umgebungstemperatur T_U und der Temperatur bei der isothermen Verdichtung $T_2 = T_3$ unterschieden wird:

$$w_{\text{t,verd,rev}} = h_3 - h_2 - T_2(s_3 - s_2) = h_3 - h_2 - q_{\text{verd,rev}} \; . \tag{12.81}$$

Die irreversible spezifische Verdichterarbeit $w_{\text{t,verd}}$ kann über den vorgegebenen Wirkungsgrad $\eta_{T,\text{verd}}$ aus Gleichung (3.81) ermittelt werden und die für die isotherme Verdichtung des Gases abzuführende spezifische Wärme $q_{\text{verd,rev}}$ aus Gleichung (12.46) gemäß Gleichung (3.96).

In der Expansionsmaschine wird ein Teilstrom des Gases adiabat entspannt. Für die spezifische reversible Expansionsarbeit $w_{\text{t,exp,rev}}$ gilt Gleichung (12.54), woraus die irreversible spezifische Expansionsarbeit über den mechanischen Wirkungsgrad

$$\eta_{\text{mech,exp}} = \frac{w_{\text{t,exp}}}{w_{\text{t,exp,rev}}} \tag{12.82}$$

als Verhältnis der abgegebenen spezifischen technischen Arbeit $w_{t,exp}$ zur reversiblen spezifischen technischen Arbeit $w_{t,exp,rev}$ folgt.

Der gesamte spezifische Arbeitsaufwand für den Prozess ergibt sich aus

$$w_{t,ges} = w_{t,verd} - Z w_{t,exp} \; , \tag{12.83}$$

wobei $w_{t,verd}$ auf den Massenstrom $\dot{m}_3$ und $w_{t,exp}$ auf den Massenstrom $\dot{m}_{10}$ bezogen ist; darum der Faktor Z in dieser Gleichung. Die auf die Masse des verflüssigten Gases bezogene minimale spezifische Arbeit als dem exergetischen Nutzen des Prozesses folgt analog zur Gleichung (12.42) aus der spezifischen Exergie des verflüssigten Gases im Zustand 8

$$w'_{t,ges,min} = h_8^E = h'_8 - h_U - T_U(s'_8 - s_U) \; . \tag{12.84}$$

Der auf die Masse des verflüssigten Gases bezogene irreversible spezifische Arbeitsaufwand entspricht dem exergetischen Aufwand des Prozesses analog zu Gleichung (12.43) mit

$$w'_{t,ges} = \frac{w_{t,ges}}{Y} \; . \tag{12.85}$$

Exergetische Bewertung des vereinfachten Claude-Verfahrens

Der exergetische Wirkungsgrad des gesamten Prozesses wird – wie schon beim vereinfachten LINDE-Verfahren in Gleichung (12.47) – nach [9, 76] aus dem Verhältnis

$$\zeta = \frac{w'_{t,ges,min}}{w'_{t,ges}} = \frac{h_8^E}{w'_{t,ges}} \tag{12.86}$$

mit der nutzbaren spezifischen Exergie $w'_{t,verd,min} = h_8^E$ des verflüssigten Gases nach Gleichung (12.84) zu der für den Prozess aufgewendeten spezifischen Exergie $w'_{t,ges}$ nach Gleichung (12.83) gebildet. Die spezifische Leistung, die von der Expansionsmaschine abgegeben wird, fand bereits in Gleichung (12.83) Berücksichtigung.

Bei der Verflüssigung nach dem CLAUDE-Verfahren in Abb. 12.12 setzt sich der gesamte spezifische Exergieverlust

$$e_{V,ges}^E = e_{V,M,2}^E + e_{V,verd}^E + e_{V,wue,1}^E + e_{V,exp}^E + e_{V,wue,2}^E + e_{V,dross}^E + e_{V,M,12}^E \tag{12.87}$$

aus der adiabaten Mischung infolge der Rückführung auf den Zustand 2, der isothermen Verdichtung im Kompressor, den Wärmeübergängen in den beiden Wärmeübertragern, der adiabaten Entspannung in der Expansionsmaschine, der isenthalpen Drosselung durch das Ventil und der adiabaten Mischung infolge der Rückführung auf den Zustand 12 zusammen.

Der Exergieverluststrom bei der Mischung auf den Zustand 2 ergibt sich mit den Gleichungen (12.63) und (12.64) sowie den Gleichungen (12.55) und (12.59) zu

$$e_{V,M,2}^E = \dot{m}_1 h_1^E + \dot{m}_{14} h_{14}^E - \dot{m}_2 h_2^E = T_U \left(s_2 - Y s_1 + (Y-1)s_{14} \right) \; . \tag{12.88}$$

Der spezifische Exergieverlust bei der isothermen Verdichtung

$$e^{\mathrm{E}}_{\mathrm{V,verd}} = w_{\mathrm{t,verd}} - w_{\mathrm{t,verd,rev}} \tag{3.109}$$

folgt nach Gleichung (3.109) aus der Differenz zwischen der spezifischen irreversiblen Verdichterarbeit und der spezifischen reversiblen Verdichterarbeit. Für den spezifischen Exergieverlust bei der adiabaten Entspannung in der Expansionsmaschine gilt mit Gleichung (3.112) und darin dem mechanischen Wirkungsgrad η_{exp} nach Gleichung (12.82)

$$e^{\mathrm{E}}_{\mathrm{V,exp}} = Z\left[(h_{10} - h_{11})(1 - \eta_{\mathrm{exp}}) + T_{\mathrm{U}}(s_{11} - s_{10})\right] . \tag{12.89}$$

Der spezifische Exergieverlust im Wärmeübertrager W1 folgt entsprechend Gleichung (3.119) mit $\dot{m}_3 = \dot{m}_4$ und $\dot{m}_{13} = \dot{m}_{14} = \dot{m}_3(1 - Y)$ nach Gleichung (12.36) zu

$$e^{\mathrm{E}}_{\mathrm{V,wue,1}} = T_{\mathrm{U}}\left[s_4 - s_3 + (1 - Y)(s_{14} - s_{13})\right] \tag{12.90}$$

und analog für den Wärmeübertrager W2 mit $\dot{m}_5 = \dot{m}_6 = \dot{m}_3(1 - Z)$ nach Gleichung (12.75) und $\dot{m}_{12} = \dot{m}_{13} = \dot{m}_{14} = \dot{m}_3(1 - Y)$ nach Gleichung (12.59) sowie den Gleichungen (12.55) und (12.56)

$$e^{\mathrm{E}}_{\mathrm{V,wue,2}} = T_{\mathrm{U}}\left[(1 - Z)(s_6 - s_5) + (1 - Y)(s_{13} - s_{12})\right] . \tag{12.91}$$

Für den spezifischen Exergieverlust bei der isenthalpen Drosselung gilt mit $\dot{m}_5 = \dot{m}_6 = \dot{m}_7 = \dot{m}_3(1 - Z)$ nach Gleichung (12.75) und Gleichung (3.117)

$$e^{\mathrm{E}}_{\mathrm{V,dross}} = T_{\mathrm{U}}(1 - Z)(s_7 - s_6) . \tag{12.92}$$

Der spezifische Exergieverlust bei der Mischung auf den Zustand 12 folgt aus den Massen- und Energiebilanzen um den Mischungspunkt sowie der Beziehung

$$\dot{m}_9 = \dot{m}_{12} - \dot{m}_{11} = \dot{m}_3(1 - Y) - \dot{m}_3 Z = \dot{m}_3(1 - Y - Z) \tag{12.93}$$

zu

$$e^{\mathrm{E}}_{\mathrm{V,M,12}} = \dot{m}_9 h^{\mathrm{E}}_9 + \dot{m}_{11} h^{\mathrm{E}}_{11} - \dot{m}_{12} h^{\mathrm{E}}_{12} = T_{\mathrm{U}}\left[(1 - Y)s_{12} - (1 - Y - Z)s_9 - Z s_{11}\right] . \tag{12.94}$$

Bearbeitung der in Beispiel 12.3 gegebenen Aufgabenstellung

Für die Bearbeitung der Aufgabenstellung gemäß Beispiel 12.3 wird ein Excel-Berechnungsblatt wie in Abb. 12.14 erstellt:

1. Im oberen Teil des Berechnungsblatts werden die Eingabeparameter für TREND vorgegeben. Die Zellen in diesem Teil erhalten am besten dieselben Namen wie im Beispiel 2.1.

2. Zunächst werden die mit der Aufgabenstellung gegebenen Daten in das Berechnungsblatt eingegeben und zur Orientierung die kritischen Daten unter

Eingabeparameter TREND

	Wert
Path to Sub-Model	
Input Code	TP
Unit	specific
ShowErrorCode	FALSCH
Fluid(s)	hydrogen
Composition	1
Equation Type	1
Mixing Rule	1

Daten	Zustände	Symbol	CalcType	Unit	Unit	Wert
Umgebungstemperatur		T_U	T	K	K	298,15
Temperatur Feed	1	T_1	T	K	K	298,15
Druck Feed (= Umgebungsdruck)	1-2, 7-9, 11-14	p_1	p	MPa	MPa	0,10
Druck nach Verdichtung	3-6, 10	p_3	p	MPa	MPa	4,60
Temperatur nach Wärmeübertrager W1	4, 5, 10	T_4	T	K	K	100,0
Anteil zur Expansion		$Z = \dot{m}_{10} / \dot{m}_3$			1	0,70
isothermer Wirkungsgrad Verdichter		$\eta_{T,\text{verd}}$			1	0,80
isentroper Gütegrad Expansion		$\eta_{s,\text{exp}}$			1	0,75
mechanischer Wirkungsgrad adiabate Expansion		$\eta_{\text{exp,mech}}$			1	0,90

Berechnung Zustände	Zustände	Symbol	CalcType	Unit	Unit	Wert
kritische Temperatur		T_{kr}	Tcrit	K	K	33,15
kritischer Druck		p_{kr}	pcrit	MPa	MPa	1,296
Siedetemperatur	7, 8, 9	$T_s(p_1)$	T	K	K	20,32
spezifische Enthalpie	1	h_1	H	J/kg	kJ kg^{-1}	4201
spezifische Entropie	1	s_1	S	J/(kg K)	kJ kg^{-1} K^{-1}	68,22
spezifische Enthalpie	2	h_2			kJ kg^{-1}	4201
spezifische Entropie	2	s_2	S	J/(kg K)	kJ kg^{-1} K^{-1}	68,22
Temperatur	2, 3	T_2	T	K	K	298,15
spezifische Enthalpie	3	h_3	H	J/kg	kJ kg^{-1}	4221
spezifische Entropie	3	s_3	S	J/(kg K)	kJ kg^{-1} K^{-1}	52,39
spezifische Enthalpie	4, 5, 10	h_4	H	J/kg	kJ kg^{-1}	1514
spezifische Entropie	4, 5, 10	s_4	S	J/(kg K)	kJ kg^{-1} K^{-1}	37,68
spezifische Enthalpie (siedende Flüssigkeit)	8	$h'_s(T_s)$	H	J/kg	kJ kg^{-1}	268,8
spezifische Entropie (siedende Flüssigkeit)	8	$s'_s(T_s)$	S	J/(kg K)	kJ kg^{-1} K^{-1}	14,77
spezifische Enthalpie (gesättigter Dampf)	9	$h''_s(T_s)$	H	J/kg	kJ kg^{-1}	717,7
spezifische Entropie (gesättigter Dampf)	9	$s''_s(T_s)$	S	J/(kg K)	kJ kg^{-1} K^{-1}	36,86
Dampfgehalt (isentrope Expansion mit $s_{11} = s_{10} = s_4$)	11,s	$h_{11,s}$	H	J/kg	kJ kg^{-1}	735,0
spezifische Enthalpie	11	h_{11}	H	J/kg	kJ kg^{-1}	929,8
Dampfgehalt	11	x_{11}			1	-
Zustand 11 liegt im Nassdampfgebiet (ja/nein)	11					nein
spezifische Entropie	11	s_{11}	S	J/(kg K)	kJ kg^{-1} K^{-1}	44,23
Temperatur	11	T_{11}	T	K	K	39,71
Dampfgehalt	7	x_7			1	0,670
spezifische Enthalpie	7	h_7			kJ kg^{-1}	569,7
spezifische Entropie	7	s_7			kJ kg^{-1} K^{-1}	29,58
spezifische Enthalpie	6	$h_6 = h_7$			kJ kg^{-1}	569,7
spezifische Entropie	6	s_6	S	J/(kg K)	kJ kg^{-1} K^{-1}	22,39
Temperatur	6	T_6	T	K	K	39,80
spezifische Enthalpie	12	h_{12}			kJ kg^{-1}	882,5
spezifische Entropie	12	s_{12}	S	J/(kg K)	kJ kg^{-1} K^{-1}	42,97
Temperatur	12	T_{12}	T	K	K	35,25
spezifische Enthalpie	13	h_{13}			kJ kg^{-1}	1197
spezifische Entropie	13	s_{13}	S	J/(kg K)	kJ kg^{-1} K^{-1}	49,43
Temperatur	13	T_{13}	T	K	K	65,16
spezifische Enthalpie	14	h_{14}			kJ kg^{-1}	4201
spezifische Entropie	14	s_{14}	S	J/(kg K)	kJ kg^{-1} K^{-1}	68,22
Temperatur	14	T_{14}	T	K	K	298,2

Berechnung Prozess	Symbol	Unit	Wert
Flüssigkeitsausbeute	$Y = \dot{m}_8 / \dot{m}_3$	1	0,099
reversible isotherme spezifische Verdichterarbeit	$w_{t,\text{verd,rev}}$	kJ kg^{-1}	4741
irreversible isotherme spezifische Verdichterarbeit (bez. auf $\dot{m}_3$)	$w_{t,\text{verd}}$	kJ kg^{-1}	5926
abzuführende spez. Wärme bei der Verdichtung (bez. auf $\dot{m}_3$)	$|q_{\text{verd,rev}}|$	kJ kg^{-1}	4721
reversible adiabate spezifische Expansionsarbeit (bez. auf $\dot{m}_{10}$)	$|w_{t,\text{exp,rev}}|$	kJ kg^{-1}	584,5
irreversible adiabate spezifische Expansionsarbeit (bez. auf $\dot{m}_{10}$)	$|w_{t,\text{exp}}|$	kJ kg^{-1}	526,0
gesamter spezifischer Arbeitsaufwand (bez. auf $\dot{m}_3$)	$w_{t,\text{ges}} = w_{t,\text{verd}} - Z\,|w_{t,\text{exp}}|$	kJ kg^{-1}	5558
minimale spezifischer Verdichterarbeit (bez. auf $\dot{m}_8$)	$w'_{t,\text{ges,min}} = h^E_s$	kJ kg^{-1}	12004
irreversibler spezifischer Arbeitsaufwand (bez. auf $\dot{m}_8$)	$w'_{t,\text{ges}} = w_{t,\text{ges}} / Y$	kJ kg^{-1}	56176
spez. Heizwert Wasserstoff	$h_{l,\text{H2}}(T_u)$	kJ kg^{-1}	119961
Anteil spez. Arbeitsaufwand bezogen auf spezifischen Heizwert	$w'_{t,\text{ges}} / h_{l,\text{H2}}(T_u)$	1	46,8%

Exergetische Bewertung	Symbol	Unit	Wert
exergetischer Wirkungsgrad gesamter Prozess	$\zeta = w'_{t,\text{ges,min}} / w'_{t,\text{ges}}$	1	21,4%
spezifischer Exergieverlust adiabate Mischung	$e^E_{V,M,2}$	kJ kg^{-1}	0
spezifischer Exergieverlust isotherme Verdichtung	$e^E_{V,\text{verd}}$	kJ kg^{-1}	1185
spezifischer Exergieverlust Wärmeübertragung 1	$e^E_{V,\text{wue,1}}$	kJ kg^{-1}	663
spezifischer Exergieverlust Expansion	$e^E_{V,\text{exp}}$	kJ kg^{-1}	1408
spezifischer Exergieverlust Wärmeübertragung 2	$e^E_{V,\text{wue,2}}$	kJ kg^{-1}	369
spezifischer Exergieverlust Drosselung	$e^E_{V,\text{dross}}$	kJ kg^{-1}	643
spezifischer Exergieverlust adiabate Mischung	$e^E_{V,M,12}$	kJ kg^{-1}	102
spezifischer Exergieverlust gesamter Prozess	$e^E_{V,\text{ges}}$	kJ kg^{-1}	4370
anteilige Exergieverluste (bezogen auf die zugeführte spezifische Arbeit)			
anteiliger Exergieverlust adiabate Mischung	$e^E_{V,M,2} / w_{t,\text{ges}}$	1	0,0%
anteiliger Exergieverlust isotherme Verdichtung	$e^E_{V,\text{verd}} / w_{t,\text{ges}}$	1	21,3%
anteiliger Exergieverlust Wärmeübertragung 1	$e^E_{V,\text{wue,1}} / w_{t,\text{ges}}$	1	11,9%
anteiliger Exergieverlust Expansion	$e^E_{V,\text{exp}} / w_{t,\text{ges}}$	1	25,3%
anteiliger Exergieverlust Wärmeübertragung 2	$e^E_{V,\text{wue,2}} / w_{t,\text{ges}}$	1	6,6%
anteiliger Exergieverlust Drosselung	$e^E_{V,\text{dross}} / w_{t,\text{ges}}$	1	11,6%
anteiliger Exergieverlust adiabate Mischung	$e^E_{V,M,12} / w_{t,\text{ges}}$	1	1,8%

Abbildung 12.14: Excel-Berechnungsblatt für die Verflüssigung von Wasserstoff nach dem CLAUDE-Verfahren

Verwendung der Funktion TRENDSPECEOS und die weiter unten erforderliche Siedetemperatur im Zustand 1 $T_S(p_1)$ mit der Funktion TRENDEOS und dem Input Code PLIQ ermittelt, siehe dazu die Abschnitte 2.2.3 und 2.5.

3. Es folgen die spezifischen Enthalpien und die spezifischen Entropien für den Umgebungszustand U (aus Platzgründen ausgeblendet) sowie für den Zustand 1 mit der Funktion TRENDEOS und dem oben im Arbeitsblatt stehenden Input Code. Die spezifische Enthalpie h_2 folgt eigentlich aus Gleichung (12.65), wird aber hier aus der Bedingung $h_2 = h_1$ ermittelt, um einen Zirkelbezug zu vermeiden. Die spezifische Entropie s_2 und die Temperatur T_2 werden beide mit dem Input Code PH mit der Funktion TRENDEOS berechnet; ebenso die spezifischen Enthalpien und spezifischen Entropien für die Zustände 3 und 4, diese aber mit dem oben im Arbeitsblatt stehenden Input Code. Die Zustände 5 und 10 sind bzgl. Druck und Temperatur identisch mit dem Zustand 4, weshalb diese beiden Zustände nicht erforderlich sind.

4. In den Zuständen 7, 8, 9 und gegebenenfalls auch im Zustand 11 liegen Sättigungszustände vor, die sich auf der Siede- bzw. der Taulinie befinden, siehe Abb. 12.13. Die spezifischen Enthalpien und die spezifischen Entropien folgen deshalb mit der TRENDEOS-Funktion und den Input Codes PLIQ für die siedende Flüssigkeit bzw. PVAP für den gesättigten Dampf, z. B. für h'_8 mit

```
=0,001*TRENDEOS("H";"PLIQ";p_1;42;Fluids;Composition;EqTypes;
MixingRule;PathToSubModel;Unit;ShowErrorCode)
```

Für den „leeren" Parameter dieser Funktion ist eine Zahl größer als null einzugeben.

5. Wie oben beschrieben, kann die Entspannung auf den Zustand 11 vollständig in der Gas- oder der überkritischen Phase oder auch bis in das Nassdampfgebiet erfolgen. Dafür ist zunächst die spezifische Enthalpie $h_{11,s}$ für die isentrope Entspannung mit der Funktion TRENDEOS und dem Input Code PH erforderlich. Hierzu sei angemerkt, dass TREND für die Input Codes T, TP, PH und PS die gesuchte Eigenschaft unabhängig davon berechnet, in welcher Phase sich die Flüssigkeit oder das Gemisch bei den gegebenen Eingabeparametern befindet. Intern wird das System auf Stabilität geprüft. Stellt sich heraus, dass das System instabil ist, also bei den gegebenen Parametern mehr als eine Phase vorhanden ist, wird eine Flash-Berechnung aufgerufen, siehe Manual [126]. Es folgen die spezifische Enthalpie h_{11} unter Verwendung von Gleichung (12.66) mit dem gegebenen isentropen Wirkungsgrad $\eta_{s,\exp}$, der Dampfgehalt x_{11} mit Gleichung (12.68) über die Abfrage

```
=WENN((h_11-h_Strich)/(h_Strichstrich-h_Strich)<1;
(h_11-h_Strich)/(h_Strichstrich-h_Strich);"-")
```

und die spezifische Entropie s_{11} sowie die Temperatur T_{11} jeweils mit der Funktion TRENDEOS und dem Input Code PH. Über die Abfrage

```
=WENN(UND(p_1<p_kr;s_11<s_Strichstrich);"ja";"nein")
```

kann ermittelt werden, ob der Zustand 11 im Nassdampfgebiet liegt.

6. Der Dampfgehalt x_7 folgt aus Gleichung (12.69) (mit der weiter unten zu berechnenden Flüssigkeitsausbeute Y), die spezifische Enthalpie h_7 sowie die spezifische Entropie s_7 aus Gleichung (3.137), die spezifische Enthalpie im Zustand 6 – analog zu Gleichung (2.22) – aus der Bedingung $h_6 = h_7$ und die spezifische Entropie s_6 sowie die Temperatur T_6 beide ebenfalls mit der Funktion TRENDEOS und dem Input Code PH.

7. Die spezifischen Enthalpien h_{12} und h_{13} folgen aus den Gleichungen (12.72) und (12.76) und die spezifischen Entropien s_{12} und s_{13} sowie die Temperatur T_{13} mit der Funktion TRENDEOS und dem Input Code PH. Die spezifische Enthalpie im Zustand 14 ergibt sich eigentlich aus Gleichung (12.78), wird aber hier aus der Bedingung $h_{14} = h_1$ ermittelt, um einen Zirkelbezug zu vermeiden. Die spezifische Entropie s_{14} und die Temperatur T_{14} werden mit der Funktion TRENDEOS und dem Input Code PH berechnet.

8. Die Flüssigkeitsausbeute Y wird mit Gleichung (12.61), die mindestens aufzuwendende spezifische Verdichterarbeit $w_{\mathrm{t,verd,rev}}$ mit Gleichung (12.41), die irreversible spezifische Verdichterarbeit $w_{\mathrm{t,verd}}$ über den vorgegebenen isothermen Wirkungsgrad des gekühlten Verdichters $\eta_{T,\mathrm{verd}}$ mit Gleichung (3.81) und die abzuführende spezifische Wärme $q_{\mathrm{verd,rev}}$ mit Gleichung (12.46) berechnet. Die reversible spezifische Expansionsarbeit $w_{\mathrm{t,exp,rev}}$ folgt aus Gleichung (12.54) (mit $h_4 = h_{10}$), die irreversible spezifische Expansionsarbeit $w_{\mathrm{t,exp}}$ mit dem vorgegebenen mechanischen Wirkungsgrad η_{exp} aus Gleichung (12.82) und der gesamte spezifische Arbeitsaufwand für den Prozess $w_{\mathrm{t,ges}}$ aus Gleichung (12.83).

9. Die auf die Masse des verflüssigten Gases bezogene minimale spezifische Verdichterarbeit als dem exergetischen Nutzen des Prozesses $w'_{\mathrm{t,verd,min}}$ folgt gemäß Gleichung (12.84) aus der spezifischen Exergie des verflüssigten Gases im Zustand 8 und der ebenfalls auf die Masse der Flüssigkeit bezogene irreversible spezifische Arbeitsaufwand $w'_{\mathrm{t,ges}}$ als dem exergetischen Aufwand des Prozesses aus Gleichung (12.85). Mit dem in Abb. 1.3 aufgeführten spezifischen Heizwert $h_{\mathrm{i,H_2}}(T_\circ)$ von Wasserstoff wird der Anteil der spezifischen irreversiblen Verdichterarbeit $w_{\mathrm{t,verd}}$ am Heizwert berechnet.

10. Der exergetische Wirkungsgrad ζ des gesamten Prozesses ergibt sich aus Gleichung (12.86) und die spezifischen Exergieverluste für die adiabate Mischung auf den Zustand 2 $e^{\mathrm{E}}_{\mathrm{V,M,2}}$, die isotherme Verdichtung $e^{\mathrm{E}}_{\mathrm{V,verd}}$, die Wärmeübertragung $e^{\mathrm{E}}_{\mathrm{V,wue,1}}$, die adiabate Entspannung $e^{\mathrm{E}}_{\mathrm{V,exp}}$, die Wärmeübertragung $e^{\mathrm{E}}_{\mathrm{V,wue,2}}$, die Drosselung $e^{\mathrm{E}}_{\mathrm{V,dross}}$ sowie die adiabate Mischung auf den Zustand 12 $e^{\mathrm{E}}_{\mathrm{V,M,12}}$ aus den Gleichungen (3.109), (12.88) bis (12.92) und (12.94). Der gesamte spezifische Exergieverlust $e^{\mathrm{E}}_{\mathrm{V,ges}}$ folgt aus Gleichung (12.87). Abschließend können die anteiligen Exergieverluste durch Bezug auf die irreversible spezifische Verdichterarbeit $w_{\mathrm{t,verd}}$ ermittelt und auf Basis dieser Daten ein SANKEY-Diagramm wie in Abb. 12.15 erstellt werden.

Das (maßstäbliche) SANKEY-Diagramm in Abb. 12.15 veranschaulicht die Exergieverluste während des Prozesses. Es zeigt die Verluste durch Aufteilung in Exergieströme (dunkel) und in Anergieströme (hellere Töne). Bei der Betrachtung der Exergieverluste ergibt sich der größte Verlust bei der Verdichtung, was – wie schon beim LINDE-

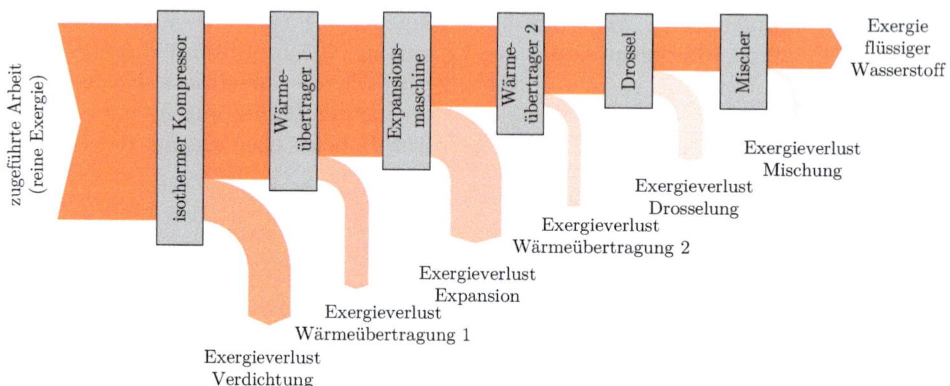

Abbildung 12.15: SANKEY-Diagramm zum vereinfachten CLAUDE-Verfahren zur Verflüssigung von Wasserstoff mit den Exergieströmen (dunkel) und den Anergieströmen (hell)

Verfahren erläutert – durch den hohen Wert des spezifischen Volumens bei dieser Zustandsänderung bedingt ist.

Zu den in der Aufgabenstellung vorgegebenen Wirkungsgraden sei angemerkt, dass bei der Entspannung – im Unterschied zur Verdichtung – zwei Wirkungsgrade berücksichtigt werden: der isentrope und der mechanische Wirkungsgrad. Bei der isothermen Verdichtung dagegen gehen der thermische und der mechanische Wirkungsgrad ein, die in den Berechnungen vereinfachend im mechanischen Wirkungsgrad zusammengefasst wurden.

Wie bereits beim LINDE-Verfahren in Abschnitt 12.2 angenommen, werden auch hier die Bauteile als adiabat betrachtet, Änderungen der kinetischen und potenziellen Energien vernachlässigt und Wärmeverluste (als Einträge in das kalte System) nicht berücksichtigt. Die Zustände 2 und 14 liegen auf demselben Temperaturniveau, wenngleich in der Praxis auch auf der Eintrittsseite des Wärmeübertragers eine endliche Temperaturdifferenz erforderlich wäre. Die Exergieverluste fallen im realen Betrieb daher noch größer aus. Für die Verdichtung ist zudem zu beachten, dass diese in der Praxis mehrstufig in Kolbenkompressoren mit Zwischenkühlungen erfolgt (vgl. Abschnitt 7.2).

Die spezifischen Enthalpien h_2 und h_{14} wurden in den Berechnungen vereinfachend über die Bedingung $h_1 = h_2 = h_{14}$ bestimmt und nicht über die Gleichungen (12.65) und (12.78), um Zirkelbezüge zu vermeiden. Dies führt jedoch zu denselben Ergebnissen.

Gegenüber dem LINDE-Verfahren stellt das CLAUDE-Verfahren eine Verbesserung dar, da anstelle der einfachen Entspannung in einem Ventil ein Teilstrom in einer Expansionsmaschine entspannt wird. Mit dem vereinfachten LINDE-Verfahren ist die Verflüssigung von Wasserstoff praktisch nicht realisierbar. Dennoch bleiben die exergetischen Verluste erheblich und der energetische Aufwand für die Verflüssigung ist sehr hoch. Ein Vergleich der aufgewendeten spezifischen Verdichterarbeit mit dem in Abb. 1.3 angegebenen spezifischen Heizwert von Wasserstoff zeigt, dass für die Produktion von flüssigem Wasserstoff etwa die Hälfte des Heizwerts benötigt wird.

Wie in der Aufgabenstellung zu diesem Beispiel vorgegeben, wurde die in Abschnitt 2.2.4 beschriebene exotherme Ortho-Para-Umwandlung nicht berücksichtigt und mit der in TREND vorgegebenen festen Zusammensetzung von o-H$_2$ zu p-H$_2$ im Verhältnis drei zu eins gerechnet. Die Berücksichtigung der Umwandlung würde einen zusätzlichen energetischen Aufwand erfordern.

Die im Beispiel 12.3 zugrunde gelegten Daten sind vereinfachte Annahmen und repräsentieren nicht den Stand der Technik. Ziel ist hier die Verdeutlichung der prinzipiellen Machbarkeit und des grundsätzlichen Verständnisses des Verfahrens.

In der Praxis wird die Prozessführung durch eine Vorkühlung mit flüssigem Stickstoff verbessert [112, 117]. Eine Integration in das hier dargestellte Berechnungsmodell wäre jedoch zu aufwendig; hierfür bieten sich Prozess-Simulationsprogramme wie z. B. AspenPlus® oder CHEMCAD® an. Großtechnische Anlagen mit Vorkühlung durch flüssigen Stickstoff und Berücksichtigung der Ortho-Para-Umwandlung erreichen typische Verflüssigungsarbeiten von knapp einem Drittel des Heizwerts [112, 117].

Darüber hinaus zeigen neuere Untersuchungen, dass durch alternative Konzepte zur Vorkühlung weitere Optimierungen möglich sind. So wird in [84] ein Verfahren beschrieben, bei dem die Vorkühlung des Wasserstoffs mit einer geothermisch betriebenen Absorptionskältemaschine erfolgt, was zu einer energetischen Verbesserung des Gesamtprozesses führt.

Ein zusätzlicher Vorteil der Verflüssigung besteht darin, dass Verunreinigungen ausfrieren und dadurch zurückgehalten werden, sodass Reinheiten $x_{\mathrm{H}_2} > 99{,}999\,99\,\%$ erreicht werden. Lediglich Helium ist die einzige verbleibende Komponente, die jedoch unkritisch ist. Besonders PEM-Brennstoffzellen profitieren von dieser hohen Gasqualität.[69]

Zusammenfassend lässt sich festhalten, dass das CLAUDE-Verfahren eine wesentliche Verbesserung gegenüber dem vereinfachten LINDE-Verfahren darstellt, da durch den Einsatz einer Expansionsmaschine anstelle einer reinen Drosselung höhere Verflüssigungsgrade erzielt werden können. Dennoch bleiben die exergetischen Verluste groß, und der spezifische Energieaufwand liegt selbst bei optimierter Prozessführung noch bei einem erheblichen Anteil des Heizwerts. Damit wird deutlich, dass die Verflüssigung von Wasserstoff zwar technisch machbar ist, in energetischer Hinsicht jedoch einen der aufwändigsten Prozesse der Wasserstofftechnologie darstellt.

Abbildungsverzeichnis

Tabellenverzeichnis

Listingsverzeichnis

Literaturverzeichnis

[1] ADAMETZ, P., MÜLLER, K. und ARLT, W. „Energetische Bewertung von adsorptiven Wasserstoffspeichern". In: *Chem. Ing. Tech.* 86.9 (2014), S. 1427. DOI: 10.1002/cite.201450249.

[2] AGORA ENERGIEWENDE, FRAUNHOFER IEG. *Roll-out von Großwärmepumpen in Deutschland. Strategien für den Markthochlauf in Wärmenetzen und Industrie.* 2023. URL: https://www.agora-energiewende.de/publikationen/roll-out-von-grosswaermepumpen-in-deutschland (besucht am 31.10.2025).

[3] AHLUWALIA, R. K., PENG, J.-K. und HUA, T. Q. „Cryo-compressed hydrogen storage". In: *Compendium of Hydrogen Energy.* Hrsg. von Gupta, R. B., Basile, A. und Veziroğlu, T. N. Woodhead Publishing Series in Energy. Woodhead Publishing, 2016, S. 119–145. DOI: 10.1016/B978-1-78242-362-1.00005-5. (Besucht am 31.10.2025).

[4] AHRENDTS, J. *Die Exergie chemisch reaktionsfähiger Systeme.* VDI-Forschungsheft 579. Düsseldorf: VDI-Verlag, 1977.

[5] ARLT, W. und OBERMEIER, J. *Machbarkeitsstudie. Wasserstoff und Speicherung im Schwerlastverkehr.* 2017. URL: https://www.encn.de/fileadmin/user_upload/Studie_Wasserstoff_und_Schwerlastverkehr_WEB.pdf (besucht am 31.10.2025).

[6] ARPAGAUS, C. *Hochtemperatur-Wärmepumpen: Marktübersicht, Stand der Technik und Anwendungspotenziale.* Berlin und Offenbach: VDE Verlag GmbH, 2019.

[7] ARPAGAUS, C. u.a. „High temperature heat pumps: Market overview, state of the art, research status, refrigerants, and application potentials". In: *Energy* 152 (2018), S. 985–1010. DOI: 10.1016/j.energy.2018.03.166.

[8] ASIMPTOTE BV. *FluidProp.* URL: https://asimptote.com/fluidprop/ (besucht am 31.10.2025).

[9] BAEHR, H. D. und KABELAC, S. *Thermodynamik.* 16. Aufl. Berlin und Heidelberg: Springer, 2016. DOI: 10.1007/978-3-662-49568-1.

[10] BAERNS, M. u.a. *Technische Chemie.* Weinheim: Wiley-VCH, 2006.

[11] BARIN, I. *Thermochemical Data of Pure Substances.* 2. Aufl. Weinheim: VCH, 1993.

[12] BELL, I. H. u.a. „Pure and Pseudo-pure Fluid Thermophysical Property Evaluation and the Open-Source Thermophysical Property Library CoolProp". In: *Ind. Eng. Chem. Res.* 53.6 (2014), S. 2498–2508. DOI: 10.1021/ie4033999. (Besucht am 31.10.2025).

[13] BOŠNJAKOVIĆ, F. und KNOCHE, K. F. *Technische Thermodynamik: Teil I.* 8. Aufl. Darmstadt: Steinkopff, 1998. DOI: 10.1007/978-3-642-59001-6.

[14] BRANDT, F. *Brennstoffe und Verbrennungsrechnung.* 3. Aufl. Bd. 1. FDBR-Fachbuchreihe. Essen: Vulkan-Verlag, 1999.

[15] BRUDERMUELLER, T. u. a. „Estimation of energy efficiency of heat pumps in residential buildings using real operation data". In: *Nat. Commun.* 16.1 (2025), S. 1–15. DOI: 10.1038/s41467-025-58014-y.

[16] *Bundes-Klimaschutzgesetz (KSG).* 2024. URL: https://www.gesetze-im-int ernet.de/ksg/BJNR251310019.html (besucht am 31.10.2025).

[17] CARNOT, S. „Réflexions sur la puissance motrice du feu et sur les machines propres à développer cette puissance". In: *Ann. sci. Éc. Norm. Supér.* 2. Ser. 1 (1872), S. 393–457. DOI: 10.24033/asens.88.

[18] COHEN, E. R. u. a. *Quantities, Units and Symbols in Physical Chemistry.* IUPAC Green Book. 3. Aufl. Cambridge: IUPAC & RSC Publishing, 2008. DOI: 10.1039/9781847557889.

[19] *CoolProp.* URL: https://www.coolprop.org/ (besucht am 31.10.2025).

[20] COX, J. D., WAGMAN, D. D. und MEDVEDEV, V. A. *CODATA Key Values for Thermodynamics.* New York: Hemisphere Publishing Corporation, 1989.

[21] COX, J. D., WAGMAN, D. D. und MEDVEDEV, V. A. *CODATA Key Values for Thermodynamics.* URL: https://www.codata.info/resources/databases/k ey1.html (besucht am 31.10.2025).

[22] DAS EUROPÄISCHE PARLAMENT UND DER RAT DER EUROPÄISCHEN UNION. *Verordnung (EU) Nummer 2024/573 über fluorierte Treibhausgase und zur Aufhebung der Verordnung (EG) Nummer 517/2014.* 2024. URL: https://eur-lex.europa.eu/eli/reg/2024/573/2024-02-20 (besucht am 31.10.2025).

[23] DEHLI, M., DOERING, E. und SCHEDWILL, H. *Grundlagen der Technischen Thermodynamik.* 9. Aufl. Wiesbaden: Springer Vieweg, 2020. DOI: 10.1007/97 8-3-658-31727-0.

[24] DEMIREL, Y. *Nonequilibrium Thermodynamics: Transport and Rate Processes in Physical, Chemical and Biological Systems.* 2. Aufl. Amsterdam: Elsevier, 2007. DOI: 10.1016/B978-0-444-53079-0.X5000-7.

[25] DEMIREL, Y. *Nonequilibrium Thermodynamics: Transport and Rate Processes in Physical, Chemical and Biological Systems.* 4. Aufl. Amsterdam: Elsevier, 2018. DOI: 10.1016/C2017-0-02734-9.

[26] DERSCH, J. u. a. *Blueprint for Molten Salt CSP Power Plant.* Final report of the research project „CSP-Reference Power Plant" No. 0324253. Köln, 2021. URL: https://elib.dlr.de/141315/ (besucht am 31.10.2025).

[27] DIEDERICHSEN, C. *Referenzumgebungen zur Berechnung der chemischen Exergie.* Bd. 50. Fortschritt-Berichte VDI Reihe 19, Wärmetechnik, Kältetechnik. Düsseldorf: VDI-Verlag, 1991.

[28] DIN 1313:1998-12. *Größen.*

[29] DIN 1333:1992-2. *Zahlenangaben.*

[30] DIN 1338:2011-03. *Formelschreibweise und Formelsatz.*

[31] DIN 1343:1990-01. *Referenzzustand, Normzustand, Normvolumen.*

[32] DIN 323-1:1974-08. *Normzahlen und Normzahlreihen; Hauptwerte, Genauwerte, Rundwerte.*

[33] DIN 323-2:1974-11. *Normzahlen und Normzahlreihen; Einführung.*

[34] DIN 476-2:2008-02. *Papier-Endformate – C-Reihe.*

[35] DIN 51603-1:2020-09. *Flüssige Brennstoffe – Heizöle – Teil 1: Heizöl EL, Mindestanforderungen.*

[36] DIN 5499:2018-07. *Brennwert und Heizwert.*

[37] DIN 8960:1998-11. *Kältemittel – Anforderungen und Kurzzeichen.*

[38] DIN EN 12831-1:2017-09. *Energetische Bewertung von Gebäuden – Verfahren zur Berechnung der Norm-Heizlast – Teil 1: Raumheizlast.*

[39] DIN EN 14511-2:2023-08. *Luftkonditionierer, Flüssigkeitskühlsätze und Wärmepumpen für die Raumbeheizung und -kühlung und Prozesskühler mit elektrisch angetriebenen Verdichtern – Teil 2: Prüfbedingungen.*

[40] DIN EN 14511-2:2023-08. *Luftkonditionierer, Flüssigkeitskühlsätze und Wärmepumpen für die Raumbeheizung und -kühlung und Prozesskühler mit elektrisch angetriebenen Verdichtern – Teil 3: Prüfverfahren.*

[41] DIN EN 62424:2017-12. *Darstellung von Aufgaben der Prozessleittechnik – Fließbilder und Datenaustausch zwischen EDV-Werkzeugen zur Fließbilderstellung und CAE-Systemen.*

[42] DIN EN ISO 10628-1:2015-04. *Schemata für die chemische und petrochemische Industrie – Teil 1: Spezifikation der Schemata.*

[43] DIN EN ISO 10628-2:2013-04. *Schemata für die chemische und petrochemische Industrie – Teil 2: Graphische Symbole.*

[44] DIN EN ISO 6976:2016-12. *Erdgas – Berechnung von Brenn- und Heizwert, Dichte, relativer Dichte und Wobbeindex aus der Zusammensetzung.*

[45] DIN/TS 12831-1:2020-04. *Verfahren zur Berechnung der Raumheizlast – Teil 1: Nationale Ergänzungen zur DIN EN 12831-1.*

[46] DINÇER, İ. und KANOĞLU, M. *Refrigeration Systems and Applications.* 2. Aufl. Chichester und West Sussex: Wiley, 2011.

[47] DINÇER, İ. und KANOĞLU, M. *Refrigeration Systems and Applications.* 3. Aufl. Chichester und West Sussex: Wiley, 2017. DOI: 10.1002/9781119230793.

[48] DÖNITZ, W. und ERDLE, E. „High-temperature electrolysis of water vapor – status of development and perspectives for application". In: *Int. J. Hydrog. Energy* 10.5 (1985), S. 291–295. DOI: 10.1016/0360-3199(85)90181-8.

[49] EIFLER, W. u. a. *Küttner Kolbenmaschinen.* 7. Aufl. Wiesbaden: Vieweg + Teubner, 2009. DOI: 10.1007/978-3-8348-9302-4.

[50] EMIG, G. und KLEMM, E. *Chemische Reaktionstechnik*. 6. Aufl. Berlin und Heidelberg: Springer Vieweg, 2017. DOI: 10.1007/978-3-662-49268-0.

[51] ESSLER, J. „Physikalische und technische Aspekte der Ortho-Para-Umwandlung von Wasserstoff". Diss. TU Dresden, 2013. URL: https://nbn-resolving.org/urn:nbn:de:bsz:14-qucosa-125767 (besucht am 31.10.2025).

[52] FEUERRIEGEL, U. *Verfahrenstechnik mit EXCEL: Verfahrenstechnische Berechnungen effektiv durchführen und professionell dokumentieren*. Wiesbaden: Springer Vieweg, 2016. DOI: 10.1007/978-3-658-02903-6.

[53] FEUERRIEGEL, U. *Wärmeübertragung mit EXCEL und VBA: Wärmetechnische Berechnungen und Simulationen effektiv durchführen und professionell dokumentieren*. Wiesbaden: Springer Vieweg, 2021. DOI: 10.1007/978-3-658-35906-5.

[54] FEUERRIEGEL, U. „Zur Desaktivierung eines Palladium-Trägerkatalysators durch Schwefelwasserstoff bei der katalytischen Methanoxidation". Diss. Universität Kassel, 1993.

[55] FISCHEDICK, M., GÖRNER, K. und THOMECZEK, M. *CO_2: Abtrennung, Speicherung, Nutzung: Ganzheitliche Bewertung im Bereich von Energiewirtschaft und Industrie*. Berlin und Heidelberg: Springer Vieweg, 2015. DOI: 10.1007/978-3-642-19528-0.

[56] FLOHR, F. „D4.1 Thermophysikalische Stoffwerte gebräuchlicher Kältemittel". In: *VDI-Wärmeatlas*. Hrsg. von Stephan, P. u.a. 12. Aufl. Berlin und Heidelberg: Springer Vieweg, 2019. DOI: 10.1007/978-3-662-52991-1_22-1.

[57] FLYNN, T. M. *Cryogenic Engineering*. 2. Aufl. New York: Dekker, 2020.

[58] FRANGOPOULOS, C. A. *Cogeneration: Technologies, Optimisation and Implementation*. London: The Institution of Engineering und Technology, 2017. DOI: 10.1049/PBPO087E.

[59] FRATZSCHER, W., BRODJANSKIJ, V. M. und MICHALEK, K. *Exergie: Theorie und Anwendung*. 1. Aufl. Wien und New York: Springer und Dt. Verlag für Grundstoffindustrie, 1986.

[60] GALLANDAT, N., ROMANOWICZ, K. und ZÜTTEL, A. „An Analytical Model for the Electrolyser Performance Derived from Materials Parameters". In: *J. Power Energy Eng.* 5 (2017), S. 34–49. DOI: 10.4236/jpee.2017.510003.

[61] *Gesetz zum Schutz vor schädlichen Umwelteinwirkungen durch Luftverunreinigungen, Geräusche, Erschütterungen und ähnliche Vorgänge (Bundes-Immissionsschutzgesetz – BImSchG)*. 2024. URL: https://www.gesetze-im-internet.de/bimschg/ (besucht am 31.10.2025).

[62] GLAESMANN, N. *Wärmepumpenheizungen: Planungshilfe und Ratgeber für Neubauten und Bestandsgebäude*. Wiesbaden und Heidelberg: Springer Vieweg, 2022. DOI: 10.1007/978-3-658-39031-0.

[63] GMEHLING, J. u.a. *Chemical Thermodynamics for Process Simulation*. 2. Aufl. Weinheim: Wiley-VCH, 2019.

[64] *Gnuplot Homepage*. URL: http://www.gnuplot.info/ (besucht am 31.10.2025).

[65] GODULA-JOPEK, A., Hrsg. *Hydrogen Production: by Electrolysis.* Weinheim: Wiley-VCH, 2015. DOI: 10.1002/9783527676507.

[66] GRUBB, W. T. „Batteries with Solid Ion Exchange Electrolytes: I. Secondary Cells Employing Metal Electrodes". In: *J. Electrochem. Soc.* 106.4 (1959), S. 275–278. DOI: 10.1149/1.2427329.

[67] GRUBB, W. T. und NIEDRACH, L. W. „Batteries with Solid Ion-Exchange Membrane Electrolytes: II. Low-Temperature Hydrogen-Oxygen Fuel Cells". In: *J. Electrochem. Soc.* 107.2 (1960), S. 131–135. DOI: 10.1149/1.2427622.

[68] GÜTTEL, R. und TUREK, T. *Chemische Reaktionstechnik.* Berlin und Heidelberg: Springer, 2021. DOI: 10.1007/978-3-662-63150-8.

[69] HABERSTROH, C. „Wasserstoff: Ortho/Para-Umwandlung und Verflüssigung". In: *Chem. Ing. Tech.* 96.1-2 (2024), S. 43–54. DOI: 10.1002/cite.202300128.

[70] HAUSEN, H. und LINDE, H. *Tieftemperaturtechnik: Erzeugung sehr tiefer Temperaturen, Gasverflüssigung und Zerlegung von Gasgemischen.* 2. Aufl. Berlin und Heidelberg: Springer, 1985. DOI: 10.1007/978-3-662-10553-5.

[71] HERWIG, H. *Energie: Richtig bewerten und sinnvoll nutzen.* Essentials. Wiesbaden: Springer Vieweg, 2016. DOI: 10.1007/978-3-658-12920-0.

[72] HERWIG, H. „How to Teach Heat Transfer More Systematically by Involving Entropy". In: *Entropy* 20.10 (2018). DOI: 10.3390/e20100791.

[73] HERWIG, H. *Technische Thermodynamik A-Z.* Hamburg: TuTech Innovation, 2008.

[74] HERWIG, H. *Wärme und Entropie: Doch, sie gehören zusammen!* Essentials. Wiesbaden: Springer Vieweg, 2019. DOI: 10.1007/978-3-658-26970-8.

[75] HERWIG, H. *Wärmeübertragung: Ein nahezu allgegenwärtiges Phänomen.* Essentials. Wiesbaden: Springer Vieweg, 2017. DOI: 10.1007/978-3-658-17338-8.

[76] HERWIG, H., KAUTZ, C. und MOSCHALLSKI, A. *Technische Thermodynamik.* Wiesbaden: Springer Vieweg, 2016. DOI: 10.1007/978-3-658-11888-4.

[77] HERWIG, H. und KAUTZ, C. H. *Technische Thermodynamik.* München: Pearson Studium, 2007.

[78] HERWIG, H. und WENTERODT, T. *Entropie für Ingenieure: Erfolgreich das Entropie-Konzept bei energietechnischen Fragestellungen anwenden.* 1. Aufl. Wiesbaden: Vieweg+Teubner, 2012. DOI: 10.1007/978-3-8348-8628-6.

[79] HERZ, G. u. a. „Economic assessment of Power-to-Liquid processes – Influence of electrolysis technology and operating conditions". In: *Applied Energy* 292, 116655 (2021). DOI: 10.1016/j.apenergy.2021.116655.

[80] INFRASERV GMBH & CO. HÖCHST KG. *Verwendung, Neuregelungen und Verbote von Kältemitteln.* URL: https://www.infraserv.com/de/leistung en/facility-management/expertenwissen/f-gase/kaeltemittel/ (besucht am 31.10.2025).

[81] IPCC. *Climate Change 2021: The Physical Science Basis. Contribution of Working Group I to the Sixth Assessment Report of the Intergovernmental Panel on Climate Change*. Hrsg. von Masson-Delmotte, V. u. a. Cambridge, UK und New York, NY, USA: Cambridge University Press, 2021. 2391 S. DOI: 10.1017/9781009157896. URL: https://report.ipcc.ch/ar6/wg1/IPCC_AR6_WGI_FullReport.pdf.

[82] IRMSCHER, P. „Mechanische Eigenschaften von Polymer-Elektrolyt-Membran-Brennstoffzellen". Diss. RWTH Aachen, 2019. HDL: 2128/23252.

[83] KALTSCHMITT, M., HARTMANN, H. und HOFBAUER, H. *Energie aus Biomasse: Grundlagen, Techniken und Verfahren*. 3. Aufl. Berlin und Heidelberg: Springer Vieweg, 2016. DOI: 10.1007/978-3-662-47438-9.

[84] KANOGLU, M., YILMAZ, C. und ABUSOGLU, A. „Geothermal energy use in absorption precooling for Claude hydrogen liquefaction cycle". In: *Int. J. Hydrog. Energy* 41.26 (2016), S. 11185–11200. DOI: 10.1016/j.ijhydene.2016.04.068.

[85] KEMP, I. C. und LIM, J. S. *Pinch Analysis for Energy and Carbon Footprint Reduction: User Guide to Process Integration for the Efficient Use of Energy*. 3. Aufl. IChemE. Kidlington und Oxford: Butterworth-Heinemann, 2020. DOI: 10.1016/C2017-0-01085-6.

[86] KLEIBER, M. *Persönliche Information*. 2021.

[87] KLEIBER, M. *Stoffdaten im VDI-Wärmeatlas – Aufzucht und Hege*. Fachkolloquium: Verfahrenstechnische Berechnungen mit Excel-VBA. FH Aachen. FH Aachen, 19. Sep. 2014.

[88] KLEIBER, M. und JOH, R. „D1 Berechnungsmethoden für thermophysikalische Stoffeigenschaften". In: *VDI-Wärmeatlas*. Hrsg. von Stephan, P. u. a. 12. Aufl. Berlin und Heidelberg: Springer Vieweg, 2019. DOI: 10.1007/978-3-662-52991-1_11-2.

[89] KLEIBER, M. und JOH, R. „D3.1 Thermophysikalische Stoffwerte sonstiger reiner Flüssigkeiten und Gase". In: *VDI-Wärmeatlas*. Hrsg. von Stephan, P. u. a. 12. Aufl. Berlin und Heidelberg: Springer Vieweg, 2019. DOI: 10.1007/978-3-662-52989-8_20.

[90] *Kohleverstromungsbeendigungsgesetz (KVBG)*. 2024. URL: https://www.gesetze-im-internet.de/kvbg/BJNR181810020.html (besucht am 31.10.2025).

[91] KORTÜM, G. und LACHMANN, H. *Einführung in die chemische Thermodynamik: Phänomenologische und statistische Behandlung*. 7. Aufl. Weinheim, Deerfield Beach, Florida und Göttingen: Verlag Chemie und Vandenhoeck & Ruprecht, 1981.

[92] KRETZSCHMAR, H.-J. und WAGNER, W. „D2.1 Thermophysikalische Stoffwerte von Wasser". In: *VDI-Wärmeatlas*. Hrsg. von Stephan, P. u. a. 12. Aufl. Berlin und Heidelberg: Springer Vieweg, 2019. DOI: 10.1007/978-3-662-52989-8_12.

[93] KRISCHER, O., KAST, W. und KRÖLL, K. *Die wissenschaftlichen Grundlagen der Trocknungstechnik*. 3. Aufl. Bd. 1. Trocknungstechnik. Berlin und Heidelberg: Springer, 1992.

[94]   KUNZ, O. u. a. *The GERG-2004 wide-range equation of state for natural gases and other mixtures*. GERG technical monograph GERG TM15 2007. Düsseldorf: VDI-Verlag, 2007.

[95]   KURZWEIL, P. *Brennstoffzellentechnik*. 2. Aufl. Wiesbaden: Springer Fachmedien Wiesbaden, 2013. DOI: 10.1007/978-3-658-00085-1.

[96]   LE ROY, R. J., CHAPMAN, S. G. und MCCOURT, F. R. W. „Accurate Thermodynamic Properties of the Six Isotopomers of Diatomic Hydrogen". In: *J. Phys. Chem.* 94.2 (1990), S. 923–929. DOI: 10.1021/j100365a077.

[97]   LEACHMAN, J. W. u. a. „Fundamental Equations of State for Parahydrogen, Normal Hydrogen, and Orthohydrogen". In: *J. Phys. Chem. Ref. Data* 38.3 (2009), S. 721–748. DOI: 10.1063/1.3160306.

[98]   LEMMON, E. W. u. a. *NIST Standard Reference Database 23: Reference Fluid Thermodynamic and Transport Properties-REFPROP*. Version 10.0. National Institute of Standards und Technology, 2018. DOI: 10.18434/T4/1502528. (Besucht am 31.10.2025).

[99]   LUCIA, U. „Entropy and exergy in irreversible renewable energy systems". In: *Renew. Sust. Energ. Rev.* 20 (2013), S. 559–564. DOI: 10.1016/j.rser.2012.12.017.

[100] LUO, X. und ROETZEL, W. „C4 Wärmeübertragernetzwerke". In: *VDI-Wärmeatlas*. Hrsg. von Stephan, P. u. a. 12. Aufl. Berlin und Heidelberg: Springer Vieweg, 2019. DOI: 10.1007/978-3-662-52989-8_8.

[101] MACCHI, E. und ASTOLFI, M., Hrsg. *Organic Rankine Cycle (ORC) Power Systems: Technologies and Applications*. Woodhead Publishing series in energy. Amsterdam: Elsevier, 2016. DOI: 10.1016/C2014-0-04239-6.

[102] MAURER, T. *Kältetechnik für Ingenieure*. Beuth Praxis. Berlin: VDE-Verlag, 2016.

[103] MCCARTY, R. D., HORD, J. und RODER, H. M. *Selected Properties of Hydrogen (Engineering Design Data)*. Gaithersburg, MD, USA: National Bureau of Standards, 1981. DOI: 10.6028/NBS.MONO.168. URL: https://www.nist.gov/publications/selected-properties-hydrogen-engineering-design-data (besucht am 31.10.2025).

[104] *Membranbefeuchtung für PEM-Brennstoffzellen*. URL: https://www.epe.ed.tum.de/apt/forschung/themen/membranbefeuchtung-fuer-pem-brennstoffzellen/ (besucht am 31.10.2025).

[105] MOKHATAB, S. u. a. *Handbook of Liquefied Natural Gas*. Burlington: Elsevier Science, 2013. DOI: 10.1016/C2011-0-07476-8.

[106] MORAN, M. J. u. a. *Fundamentals of Engineering Thermodynamics*. 9. Aufl. Wiley, 2018.

[107] MORRIS, D. R. und SZARGUT, J. „Standard chemical exergy of some elements and compounds on the planet earth". In: *Energy* 11.8 (1986), S. 733–755. DOI: 10.1016/0360-5442(86)90013-7.

[108] MYHRE, G. u. a. „Anthropogenic and Natural Radiative Forcing". Supplementary Material. In: *Climate Change 2013: The Physical Science Basis. Contribution of Working Group I to the Fifth Assessment Report of the Intergovernmental Panel on Climate Change.* Hrsg. von Stocker, T. u. a. Cambridge, UK und New York, NY, USA: Cambridge University Press, 2013. Kap. 8.SM. DOI: `10.1017/CBO9781107415324`. URL: `https://www.ipcc.ch/site/assets/upl oads/2018/07/WGI_AR5.Chap_.8_SM.pdf`.

[109] NEUGEBAUER, R., Hrsg. *Wasserstofftechnologien.* Berlin und Heidelberg: Springer Vieweg, 2022. DOI: `10.1007/978-3-662-64939-8`.

[110] NICKEL, U. *Lehrbuch der Thermodynamik: Eine verständliche Einführung.* Erlangen: PhysChem Verlag, 2010.

[111] O'HAYRE, R. u. a. *Fuel Cell Fundamentals.* 3. Aufl. Hoboken, NJ, USA: John Wiley & Sons, Inc, 2016. DOI: `10.1002/9781119191766`.

[112] PESCHKA, W. *Flüssiger Wasserstoff als Energieträger: Technologie und Anwendungen.* Wien: Springer, 1984. DOI: `10.1007/978-3-7091-8748-7`.

[113] REYNOLDS, W. C. und COLONNA, P. *Thermodynamics: Fundamentals and Engineering Applications.* Cambridge: Cambridge University Press, 2018. DOI: `10.1017/9781139050616`.

[114] RIVERO, R. und GARFIAS, M. „Standard chemical exergy of elements updated". In: *Energy* 31.15 (2006), S. 3310–3326. DOI: `10.1016/j.energy.2006.03.020`.

[115] SCHAUMANN, G. und SCHMITZ, K. W. *Kraft-Wärme-Kopplung.* 4. Aufl. Berlin und Heidelberg: Springer, 2016. DOI: `10.1007/978-3-642-01425-3`.

[116] SCHMIDT, O. „Über elektrische Wasserzersetzung im Grossen". In: *Z. Elektrochem.* 7.20 (1900), S. 295–300. DOI: `10.1002/bbpc.19000072005`.

[117] SCHMIDT, T. *Wasserstofftechnik: Grundlagen, Systeme, Anwendung, Wirtschaft.* München: Hanser, 2022.

[118] SCHÖNFELD, L. u. a. „Modeling mass and heat transfer in membrane humidifiers for polymer electrolyte membrane fuel cells". In: *Int. J. Heat Mass Transfer* 223, 125260 (2024). DOI: `10.1016/j.ijheatmasstransfer.2024.125260`.

[119] SCHREINER, K. *Basiswissen Verbrennungsmotor: Fragen – rechnen – verstehen – bestehen.* 2. Aufl. Wiesbaden: Springer Vieweg, 2020. DOI: `10.1007/978-3-6 58-29226-3`.

[120] SCHREINER, K. *Verbrennungsmotor – kurz und bündig.* Wiesbaden: Springer Vieweg, 2017. DOI: `10.1007/978-3-658-19426-0`.

[121] SCHÜHLE, P. u. a. „Dimethyl ether/CO_2 – a hitherto underestimated H_2 storage cycle". In: *Energy Environ. Sci.* 16.7 (2023), S. 3002–3013. DOI: `10.1039/d3ee 00228d`.

[122] SHIVA KUMAR, S. und HIMABINDU, V. „Hydrogen production by PEM water electrolysis – A review". In: *Mater. Sci. Energy Technol.* 2.3 (2019), S. 442–454. DOI: `10.1016/j.mset.2019.03.002`.

[123] SKOGESTAD, S. *Chemical and Energy Process Engineering*. Boca Raton: CRC Press, 2009. DOI: 10.1201/9781420087567.

[124] SMITH, C. u. a. „The Earth's Energy Budget, Climate Feedbacks, and Climate Sensitivity". Supplementary Material. In: *Climate Change 2021: The Physical Science Basis. Contribution of Working Group I to the Sixth Assessment Report of the Intergovernmental Panel on Climate Change*. Hrsg. von Masson-Delmotte, V. u. a. Cambridge, UK und New York, NY, USA: Cambridge University Press, 2021. Kap. 7.SM. DOI: 10.1017/9781009157896. URL: https://www.ipcc.ch /report/ar6/wg1/downloads/report/IPCC_AR6_WGI_Chapter07_SM.pdf.

[125] SPAN, R. *Multiparameter equations of state: An accurate source of thermodynamic property data*. Engineering online library. Berlin und Heidelberg: Springer, 2000. DOI: 10.1007/978-3-662-04092-8.

[126] SPAN, R. u. a. *TREND: Thermodynamic Reference and Engineering Data 5.0*. Lehrstuhl für Thermodynamik, Ruhr-Universität Bochum, 2020. URL: https: //www.thermo.ruhr-uni-bochum.de/thermo/forschung/modellierung.ht ml.de.

[127] STEPHAN, P. u. a. *Thermodynamik: Grundlagen und technische Anwendungen*. Bd. 1: *Einstoffsysteme*. 19. Aufl. Berlin: Springer, 2013. DOI: 10.1007/978-3-642-30098-1.

[128] STEPHAN, P. u. a. *Thermodynamik: Grundlagen und technische Anwendungen*. Bd. 2: *Mehrstoffsysteme und chemische Reaktionen*. 16. Aufl. Berlin: Springer, 2017. DOI: 10.1007/978-3-662-54439-6.

[129] STEPHAN, P. u. a., Hrsg. *VDI-Wärmeatlas: Fachlicher Träger VDI-Gesellschaft Verfahrenstechnik und Chemieingenieurwesen*. 12. Aufl. Springer Reference Technik. Berlin und Heidelberg: Springer Vieweg, 2019. DOI: 10.1007/978-3-662-52989-8.

[130] STERNER, M. und STADLER, I., Hrsg. *Energiespeicher: Bedarf, Technologien, Integration*. 2. Aufl. Berlin und Heidelberg: Springer Vieweg, 2017. DOI: 10.10 07/978-3-662-48893-5.

[131] STIEGLITZ, R. und HEINZEL, V. *Thermische Solarenergie: Grundlagen, Technologie, Anwendungen*. Berlin und Heidelberg: Springer, 2012. DOI: 10.1007/9 78-3-642-29475-4.

[132] SZARGUT, J. „Chemical exergies of the elements". In: *Applied Energy* 32.4 (1989), S. 269–286. DOI: 10.1016/0306-2619(89)90016-0.

[133] SZARGUT, J. *Exergy Method: Technical and Ecological Applications*. Bd. 18. International series on developments in heat transfer. Southampton: WIT Press, 2005.

[134] THOL, M. *Persönliche Information*. Lehrstuhl für Thermodynamik, Ruhr-Universität Bochum. 2023.

[135] THOL, M. und NGUYEN, T.-T.-G. *Persönliche Information*. Lehrstuhl für Thermodynamik, Ruhr-Universität Bochum. 2024.

[136] TIESINGA, E. u. a. „CODATA Recommended Values of the Fundamental Physical Constants: 2018". In: *J. Phys. Chem. Ref. Data* 50.3, 033105 (2021). DOI: 10.1063/5.0064853.

[137] TJARKS, G. „PEM-Elektrolyse-Systeme zur Anwendung in Power-to-Gas Anlagen". Diss. RWTH Aachen, 2017. HDL: 2128/14724.

[138] UMWELTBUNDESAMT. *Kohlendioxid-Emissionsfaktoren für die deutsche Berichterstattung atmosphärischer Emissionen.* 2022. URL: https://www.umweltbundesamt.de/sites/default/files/medien/361/dokumente/co2_ef_liste_2022_brennstoffe_und_industrie_final.xlsx (besucht am 31.10.2025).

[139] UMWELTBUNDESAMT. *Nationale Treibhausgas-Inventare 1990 bis 2021 (Stand März 2023).* URL: https://www.umweltbundesamt.de/daten/klima/treibhausgas-emissionen-in-deutschland#emissionsentwicklung (besucht am 31.10.2025).

[140] UMWELTBUNDESAMT. *Treibhauspotentiale (Global Warming Potential, GWP) ausgewählter Verbindungen und deren Gemische gemäß Viertem (AR4) und Fünftem (AR5) Sachstandsbericht des IPCC sowie Verordnung (EU) 2024/573 (F-Gas-VO) bezogen auf einen Zeitraum von 100 Jahren.* 2024. URL: https://www.umweltbundesamt.de/dokument/treibhauspotentiale-global-warming-potential-gwp (besucht am 31.10.2025).

[141] UNIVERSITY OF YORK, CENTRE FOR HYPERPOLARISATION IN MAGNETIC RESONANCE. *Parahydrogen.* URL: https://www.york.ac.uk/chym/parahydrogen/ (besucht am 31.10.2025).

[142] VDI 4646:2024-01. *Anwendung von Großwärmepumpen.*

[143] VDI 4760:2016-04. *Blatt 1, Thermodynamische Stoffwerte von feuchter Luft und Verbrennungsgasen.*

[144] VDI-GESELLSCHAFT VERFAHRENSTECHNIK UND CHEMIEINGENIEURWESEN. *VDI-Wärmeatlas.* 11. Aufl. Berlin und Heidelberg: Springer, 2013. DOI: 10.1007/978-3-642-19981-3.

[145] *Vierundvierzigste Verordnung zur Durchführung des Bundes-Immissionsschutzgesetzes (Verordnung über mittelgroße Feuerungs-, Gasturbinen- und Verbrennungsmotoranlagen – 44. BImSchV).* 2021. URL: https://www.gesetze-im-internet.de/bimschv_44/ (besucht am 31.10.2025).

[146] VON BÖCKH, P. und STRIPF, M. *Thermische Energiesysteme.* 1. Aufl. Berlin und Heidelberg: Springer Vieweg, 2018. DOI: 10.1007/978-3-662-55335-0.

[147] WAGMAN, D. D. u. a. The NBS tables of chemical thermodynamic properties: Selected values for inorganic and C_1 and C_2 organic substances in SI units. In: *J. Phys. Chem. Ref. Data* Bd. 11.Suppl. 2 (1982). URL: https://srd.nist.gov/JPCRD/jpcrdS2Vol11.pdf.

[148] WAGNER, W. und PRUSS, A. „International Equations for the Saturation Properties of Ordinary Water Substance. Revised According to the International Temperature Scale of 1990. Addendum to J. Phys. Chem. Ref. Data 16, 893 (1987)". In: *J. Phys. Chem. Ref. Data* 22.3 (1993), S. 783–787. DOI: 10.1063/1.555926.

[149] WAGNER, W. und PRUSS, A. „The IAPWS Formulation 1995 for the Thermodynamic Properties of Ordinary Water Substance for General and Scientific Use". In: *J. Phys. Chem. Ref. Data* 31.2 (2002), S. 387–535. DOI: 10.1063/1.1461829.

[150] WAGNER, W. u. a. „New Equations for the Sublimation Pressure and Melting Pressure of H_2O Ice Ih". In: *J. Phys. Chem. Ref. Data* 40.4 (2011), S. 1–11. DOI: 10.1063/1.3657937.

[151] WALKER, G. und BINGHAM, E. R. *Low-capacity Cryogenic Refrigeration*. 9. Aufl. New York: Oxford University Press, 1994.

[152] WEBER, I. *VBA für Office-Automatisierung und Digitalisierung*. Wiesbaden: Springer Vieweg, 2024. DOI: 10.1007/978-3-658-42717-7.

[153] WOOLLEY, H. W., SCOTT, R. B. und BRICKWEDDE, F. G. „Compilation of thermal properties of hydrogen in its various isotopic and ortho-para modifications". In: *J. Res. Natl. Bur. Stand.* 41.5 (1948), S. 379–475. DOI: 10.6028/jres.041.037.

[154] ZAHORANSKY, R. *Energietechnik: Systeme zur konventionellen und erneuerbaren Energieumwandlung*. 8. Aufl. Wiesbaden: Springer Vieweg, 2019. DOI: 10.1007/978-3-658-21847-8.

[155] ZHAO, C., HOBBS, B. E. und ORD, A. *Convective and Advective Heat Transfer in Geological Systems*. Advances in Geophysical and Environmental Mechanics and Mathematics. Berlin und Heidelberg: Springer, 2008. DOI: 10.1007/978-3-540-79511-7.

Stichwortverzeichnis

If you have any concerns about our products,
you can contact us on
ProductSafety@springernature.com

In case Publisher is established outside the EU,
the EU authorized representative is:
Springer Nature Customer Service Center GmbH
Europaplatz 3, 69115 Heidelberg, Germany

Printed by Libri Plureos GmbH
in Hamburg, Germany